新編
家畜比較発生学

元九州大学名誉教授　農学博士　**加藤嘉太郎**
大阪府立大学名誉教授　農学博士　**山内昭二**
共　著

養賢堂

A　牛妊娠子宮。動脈系に赤色樹脂を注入。組織腐食後の鋳型。妊娠後期。
　　　　　　　　　　　　　（×1/5）
1．卵巣動脈　　4．弓状動脈
2．子宮動脈　　5．胎盤葉（子宮
3．腟動脈　　　　小丘）

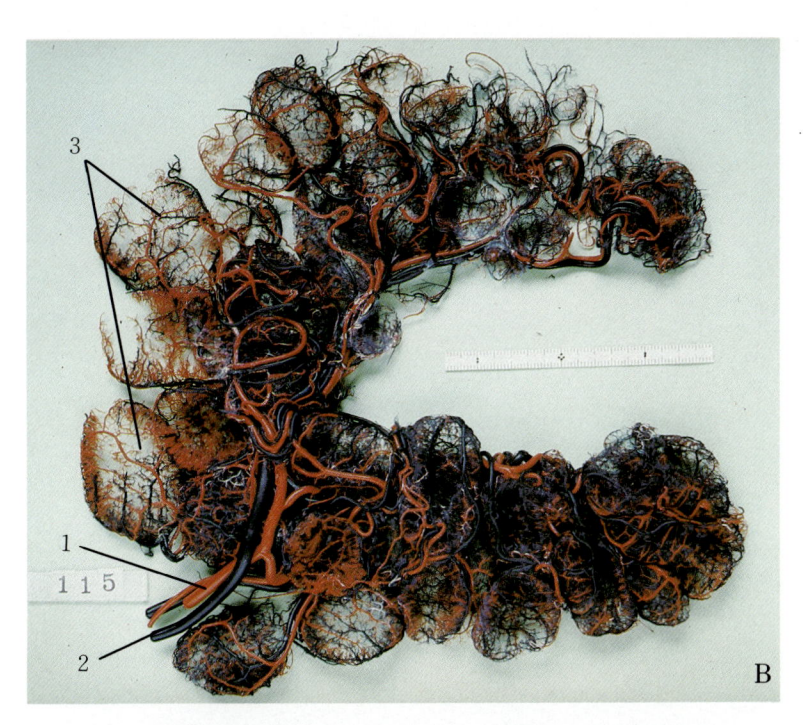

B　牛胎子胎盤血管系。臍動脈より赤色樹脂，臍静脈より青色樹脂を注入。血管系の鋳型。胎子頂尾長 42cm。（×1/4）

　　　1．臍動脈　　2．臍静脈　　3．胎盤葉

新編序文

　本書初版（加藤）は昭和44年（1969）に刊行され，すでに35年が経過した．本書執筆の動機は初版序文に述べられているように，家畜・家禽を主題にした発生学の成書はそれまで皆無に近かっただけに，本書刊行の意義はまさに画期的であり，以降約20年間にわたり，江湖に高く評価された．

　その間，発生学が時代の焦点となってきたことは周知のとおりである．また，いわゆる先端技術を応用した産業活動の中で生物工学的あるいは発生工学的な発想と，それらに基ずく応用面の貢献が動植物の産業上大きく裨益するようになってきた．こうした時代的背景の中で本書の改訂が求められ，「改著　家畜比較発生学」（加藤・山内）は平成元年（1989）に刊行された．改著版刊行の趣旨は，当時の経済成長の中で，先天的または後天的に，人間を含む動物社会に発生した発生異常の根源を明らかにして，動物生態系の種の保全を訴えるものであった．このため，改著版では染色体に関する記述を充実し，また受精の成立および胎盤形成の詳細な比較と経過に特に留意して，時代の期待にこたえたつもりである．

　改著の刊行からさらに十数年が経過した．この間，獣医学および畜産学の世界にも急速な進歩と発展が見られた．近年は中・小動物を利用する医学的研究活動も多岐にわたり，これら動物は医学の進歩にも少なからぬ貢献を果たしてきている．さらに，最近の傾向として「胚性幹細胞」または「遺伝子」を臨床医学に応用する時代に至っている．発生学の正しい知識と重要性が改めて痛感される時期にあるといえようか．こうした背景も本書新編を刊行する大きな動機となった．一方，これまでの本書では，学名用語はラテン名併記を踏襲してきたが，時代的要望に従い出来る限り英名併記に変更した．また，改著刊行以後に発表された内外の研究論文を脚注に紹介して研究者の関心にもこたえたと思っている．

　本書に使用した用語については「新編 家畜比較解剖図説」と同様，下記に準拠した．
1. 獣医解剖・組織・発生学用語．日本獣医解剖学会編．改訂3版．日本中央競馬会．1996.
2. 解剖学用語　一般解剖学用語・組織学用語・発生学用語．日本解剖学会編．改訂12版．丸善．1987.
3. Nomina Anatomica Veterinaria 4th ed.・Nomina Histologica Rev. 2nd ed.・Nomina Embryologica Veterinaria. 1994.

　本書の刊行に際し，養賢堂社長　及川　清氏のご好意に深謝し，編集に当たり多大のご尽力をいただいた同社取締役　池上　徹氏に深くお礼申し上げる．また，本書の原著者であった．故加藤嘉太郎　先生の偉大な卓見と業績をしのび，本書刊行の喜びをともにしたい．

平成16年　晩秋　　　　　　　　　　　　　　　　　　　　　　　　　　　　山内昭二

目次

第1編 生殖子（生殖細胞）

第1章 生殖子形成（発生） …………… 1
- 第1節 精子形成（発生） ………………… 1
  1. 増加期 ………………………………… 1
  2. 成長期 ………………………………… 2
  3. 成熟期 ………………………………… 2
  4. 精子形成（精子完成） ……………… 3
- 第2節 卵子形成（発生） ………………… 4
  1. 家畜の卵子形成 ……………………… 4
  2. 卵の成熟 ……………………………… 6
  3. 家禽の卵子発生 ……………………… 7
- 第3節 細胞分裂 …………………………… 7
  1. 有糸分裂 ……………………………… 7
  2. 成熟分裂 ……………………………… 8
- 第4節 染色体 ……………………………… 10
  1. 染色体の構成 ………………………… 10
  2. 染色体異常の種類 …………………… 11
  3. 性染色体の異常 ……………………… 13
  4. 常染色体の異常 ……………………… 13
- 第5節 精子の形態 ………………………… 14
- 第6節 卵子の形態 ………………………… 17
  1. 家畜の卵子の形態 …………………… 17
  2. 卵膜 …………………………………… 17
  3. 家禽の卵子の形態 …………………… 20
- 第7節 生殖子の生存期間 ………………… 21
  1. 精子 …………………………………… 21
  2. 卵子 …………………………………… 22
- 第8節 性の決定と性比 …………………… 22

第2章 受精 …………………………………… 23
- 第1節 排卵 ………………………………… 23
  1. 家畜 …………………………………… 23
  2. 家禽 …………………………………… 24
- 第2節 受精 ………………………………… 24
  1. 精子の成熟 …………………………… 25
  2. 受精の細胞学的機構 ………………… 25
  3. 多精拒否 ……………………………… 27
  4. 受精の種特異性 ……………………… 28

第2編 胚子発生

第3章 受精卵の卵割 ……………………… 29
- 第1節 各種動物による分割の経過 ……… 29
- 第2節 胞胚期の意義 ……………………… 33
- 第3節 受精卵（胚）の移植 ……………… 34
  1. 受精卵移植の技術 …………………… 34
  2. 受精卵移植の応用 …………………… 36
- 第4節 発生工学的展望 …………………… 38

第4章 胚子着床 …………………………… 39
- 第1節 胚子の子宮への到達経過 ………… 39
- 第2節 着床の意義と様式 ………………… 42
  1. 中心付着 ……………………………… 43
  2. 偏心付着 ……………………………… 43
  3. 壁内付着 ……………………………… 43
- 第3節 脱落膜 ……………………………… 44
  1. 形質と出現 …………………………… 44
  2. 脱落膜の機能 ………………………… 45
- 第4節 発生経過で変わる「胚子」の名称 ………………………………………… 45

第5章 胚葉の発生——原腸胚期 ……… 47
- 第1節 原腸胚期の意義 …………………… 47
- 第2節 ナメクジウオの原腸形成 ………… 47
- 第3節 カエルの原腸形成 ………………… 48
- 第4節 家禽の原腸形成 …………………… 49
- 第5節 家畜の原腸形成 …………………… 52
  1. 胚（子）部の出現 …………………… 52
  2. 原始線条の出現 ……………………… 54
  3. 胚盤胞の成長 ………………………… 56

第6章 胚葉の分化 ………………………… 60
- 第1節 脊索の形成 ………………………… 60
- 第2節 神経管の出現 ……………………… 62
- 第3節 体節の出現と体腔の形成 ………… 63
  1. 体節 …………………………………… 63
  2. 中間中胚葉 …………………………… 64
  3. 側板中胚葉 …………………………… 64
- 第4節 消化管の出現 ……………………… 65

第5節　各胚葉から分化する組織と
　　　　器官 ………………………………… 66
　　　1. 内胚葉から分化する器官 ………… 68
　　　2. 中胚葉から分化する器官 ………… 68
　　　3. 外胚葉から分化する器官 ………… 69
第7章　胚子被膜と胚子器官の発生 … 72
　第1節　羊膜 …………………………… 72
　第2節　絨毛膜 ………………………… 75
　第3節　卵黄嚢 ………………………… 76
　　　1. 卵黄嚢の発生 ……………………… 76
　　　2. 家畜と家禽での卵黄嚢の機能の比較 … 76
　　　3. 卵黄嚢の血管分布 ………………… 78
　第4節　尿膜 …………………………… 79
　第5節　臍帯 …………………………… 83
　　　1. 家畜の臍帯 ………………………… 83
　　　2. 家禽の臍帯 ………………………… 84
第8章　胎盤 …………………………… 85
　第1節　胎盤の意義 …………………… 85
　第2節　胎盤の分類 …………………… 86
　　　1. 胎盤形成の様式による分類 ……… 86
　　　　a) 無脱落膜胎盤 ………………… 87
　　　　b) 脱落膜胎盤 …………………… 87
　　　2. 絨毛膜絨毛の分布による分類 …… 88
　　　　a) 汎毛胎盤 ……………………… 88
　　　　b) 子葉状胎盤（叢毛胎盤） …… 89
　　　　c) 帯状胎盤 ……………………… 92
　　　　d) 盤状胎盤 ……………………… 93
　　　3. 絨毛膜と子宮内膜の結合の経過
　　　　による分類 ………………………… 93
　第3節　胎盤膜の型式 ………………… 94
　　　1. 上皮漿膜性胎盤膜 ………………… 94
　　　2. 結合組織漿膜性胎盤膜 …………… 94
　　　3. 内皮漿膜性胎盤膜 ………………… 97
　　　4. 血漿膜性胎盤膜 …………………… 98
　　　5. 血内皮胎盤 ………………………… 99
　第4節　胎盤の血液循環 ……………… 99
　第5節　胎子胎盤系 ……………………101
第9章　妊娠 ……………………………103
　第1節　家畜の妊娠期間と産子数 ……103
　第2節　多胎妊娠 ………………………104
　　　1. 本来が多胎のもの …………………104
　　　2. 本来が単胎のもの …………………105

　第3節　発生中の胚子の外形の変化 …105
　　　1. 湾曲 …………………………………107
　　　2. 捻転 …………………………………107
　第4節　胚子の体長の測定 ……………108
第10章　出産 ……………………………109
　第1節　陣痛 ……………………………109
　第2節　出産の経過 ……………………109
　第3節　孵化（家禽） …………………111
　第4節　各家畜（家禽）による新産
　　　　子の発育度の違い ………………112
　　　1. 袋内新生子 …………………………112
　　　2. 巣内新生子 …………………………112
　　　3. 抱よう新生子 ………………………112
　　　4. 疾走新生子 …………………………113

第3編　器官発生

A. 内胚葉を起原とする器官 ……………115
第11章　消化器の発生 …………………116
　第1節　消化管両端と外界との交通 …116
　第2節　口腔とその付属器官 …………119
　　　1. 口腔の成立 …………………………119
　　　2. 舌の発生 ……………………………120
　　　3. 口唇または嘴の発生 ………………121
　　　4. 歯の発生 ……………………………122
　　　　a) 乳歯の発生 ……………………122
　　　　b) 永久歯の発生 …………………125
　　　　c) 特殊な形の歯の発生 …………125
　　　5. 口蓋の発生 …………………………126
　　　6. 口腔腺の発生 ………………………126
　　　7. 下垂体の発生 ………………………127
　第3節　鰓腸の分化 ……………………128
　　　1. 耳管および鼓室の発生 ……………129
　　　2. 鰓溝性器官 …………………………130
　第4節　食道と胃の発生 ………………131
　　　1. 食道 …………………………………131
　　　2. 胃 ……………………………………132
　第5節　腸の発生 ………………………133
　第6節　肝臓の発生 ……………………136
　第7節　膵臓の発生 ……………………137
第12章　呼吸器の発生 …………………139
　第1節　喉頭と気管の発生 ……………139

第2節　気管支と肺の発生 …………140
第13章　体腔，腸間膜および横隔
　　　　膜の成立 ………………142
　第1節　体腔と腸間膜 ……………142
　第2節　横隔膜の出現 ……………143
B．中胚葉を起原とする組織および器官…145
I．間葉系器官の発生 …………………146
第14章　支持組織の発生 ……………146
　第1節　結合組織の発生 …………146
　第2節　軟骨の発生 ………………146
　第3節　骨の発生 …………………147
　　1．軟骨性骨の発生 ……………147
　　2．膜性骨の発生 ………………151
　　3．家禽の骨の発生 ……………152
　第4節　軸性骨格の形態発生 ……152
　　1．脊柱の発生 …………………152
　　2．肋骨の発生 …………………153
　　3．胸骨の発生 …………………154
　第5節　頭蓋骨の形態発生 ………155
　　1．神経頭蓋の発生 ……………155
　　2．内臓頭蓋の発生 ……………156
　　3．家禽の頭蓋骨の発生 ………157
　　　a）神経頭蓋 …………………158
　　　b）内臓頭蓋 …………………158
　第6節　体肢の形態発生 …………159
第15章　筋の発生 ……………………161
　第1節　筋の組織発生 ……………161
　　1．平滑筋の発生 ………………161
　　2．心筋の発生 …………………161
　　3．骨格筋の発生 ………………161
　第2節　骨格筋の形態発生 ………162
　　1．体幹および頚部の筋の発生 …162
　　2．頭部の筋の発生 ……………163
　　3．体肢の筋の発生 ……………164
第16章　循環器系の発生 ……………164
　第1節　血管の初期発生 …………164
　第2節　心臓の発生 ………………165
　　1．単一管状心の形成 …………165
　　2．単一管状心の発達 …………167
　　3．心房の分画 …………………167
　　4．心室の分画 …………………169

　　5．房室弁，乳頭筋および半月弁の発生…170
　第3節　血管の分化 ………………170
　　1．動脈 …………………………170
　　2．動脈系について鶏胚子との顕著な
　　　　相違点 ………………………172
　　3．静脈 …………………………173
　　　a）発生初期 …………………173
　　　b）前大静脈の成立 …………173
　　　c）後大静脈の形成 …………173
　　　d）門脈の成立 ………………174
　　4．静脈系について鶏胚子との顕著な
　　　　相違点 ………………………175
　　　a）前大静脈 …………………175
　　　b）臍腸間膜静脈 ……………175
　　　c）臍静脈 ……………………175
　　5．胎子の血液循環 ……………176
　第4節　リンパ系の発生 …………178
　　1．リンパ管の発生 ……………178
　　2．リンパ節の発生 ……………178
　　3．血リンパ節の発生 …………178
　　4．脾臓の発生 …………………178
　第5節　血球の発生 ………………178
II．狭義の中胚葉系器官 ……………180
第17章　泌尿器の発生 ………………180
　第1節　前腎の発生 ………………180
　第2節　中腎の発生 ………………183
　第3節　家畜の後腎とその導管の発生…184
　　1．後腎の成立 …………………184
　　2．腎盤と腎杯の成立 …………185
　　3．葉状腎について ……………186
　　4．膀胱と尿道の発生 …………187
　第4節　家禽の後腎とその導管および
　　　　排泄腔の発生 ………………187
第18章　生殖器の発生 ………………188
　第1節　生殖巣（生殖腺）の初期発生…188
　第2節　生殖巣と生殖道の発生 …190
　第3節　生殖巣の下降 ……………193
　第4節　家禽の生殖巣と生殖道の発生，
　　　　特に家畜との違い …………195
　第5節　外生殖器の発生 …………196
　　1．性的に未分化の時期 ………196
　　2．雄の外生殖器の発生 ………197

3. 雌の外生殖器の発生 …………………198
　　4. 家禽の交尾器の発生 …………………198
C. 外胚葉を起原とする器官 ………………200
第19章　神経系の発生 ………………………200
　第1節　神経管の組織発生 …………………200
　第2節　脊髄の発生 …………………………201
　第3節　脳の初期発生 ………………………202
　　1. 脳管の分画 ……………………………202
　　2. 脳管の湾曲と脳室の形成 ……………203
　第4節　脳の各部の発生 ……………………205
　　1. 髄脳の発生 ……………………………205
　　2. 後脳の発生 ……………………………205
　　　a) 小脳 …………………………………205
　　　b) 橋 ……………………………………206
　　3. 中脳の発生 ……………………………208
　　4. 間脳の発生 ……………………………208
　　5. 終脳の発生 ……………………………209
　第5節　末梢神経の発生 ……………………210
　　1. 脳脊髄神経 ……………………………210
　　2. 自律神経系 ……………………………211
　　〔付〕副腎の発生 ………………………211
第20章　感覚器の発生 ………………………213
　第1節　視覚器の発生 ………………………213
　　1. 眼球の発生 ……………………………213
　　　1) 外胚葉起原のもの …………………213
　　　2) 間葉起原のもの ……………………216
　　2. 副眼器の発生 …………………………217
　　3. 眼球発生についての家畜と家禽の
　　　　相違 …………………………………217
　第2節　平衡聴覚器の発生 …………………218
　　1. 内耳の発生 ……………………………218
　　2. 中耳と外耳の発生 ……………………220
　第3節　味覚器および嗅覚器の発生 ………220
第21章　外皮の発生 …………………………222
　第1節　皮膚の発生 …………………………222
　第2節　毛の発生 ……………………………222
　第3節　羽および脚鱗の発生 ………………223
　　1. 初生羽の発生 …………………………223
　　2. 脚鱗の発生 ……………………………224
　第4節　蹄，鉤爪および角の発生 …………225
　第5節　皮膚腺の発生 ………………………226
　　1. 汗腺の発生 ……………………………226
　　2. 脂腺の発生 ……………………………226
　　3. 尾腺（家禽）の発生 …………………227
　第6節　乳腺の発生 …………………………227

附I　胚（胎）子発生経過一覧 ………………231
　　1. 鶏の胚子の発生経過一覧 ……………231
　　2. 豚の胚〔胎〕子の発生経過一覧 ……236
　　3. 牛の胚〔胎〕子の発生経過一覧 ……237
　　4. 犬の胚〔胎〕子の発生経過一覧 ……238

附II　参考文献 ………………………………239
　　1. 単行本・綜説等 ………………………239
　　　1) 発生学一般 …………………………239
　　　2) 細胞遺伝 ……………………………241
　　　3) 生殖巣，精子，精子発生，卵子，
　　　　　卵子発生 ……………………………242
　　　4) 受精，分割，着床，脱落膜，卵
　　　　　操作 …………………………………242
　　　5) 胎盤 …………………………………243
　　　6) 組織発生，器官発生 ………………245
　　2. 論文・報告 ……………………………246
　　　1) 原始生殖細胞，精子発生，卵子
　　　　　発生 …………………………………246
　　　2) 受精，受精卵，細胞分化，胚子
　　　　　発生 …………………………………247
　　　3) 着床，脱落膜 ………………………250
　　　4) 胎盤 …………………………………251
　　　5) 受精卵と胚の操作 …………………261
　　　6) 染色体，細胞遺伝，性分化，性比，
　　　　　間性 …………………………………263
　　　7) 奇形 …………………………………265
　　　8) 組織発生，器官発生 ………………266
　　　9) 個体発生 ……………………………269
　　　　a. 馬 …………………………………269
　　　　b. 牛 …………………………………270
　　　　c. 羊，山羊，鹿 ……………………273
　　　　d. 豚 …………………………………275
　　　　e. 犬 …………………………………277
　　　　f. 猫 …………………………………278
　　　　g. 兎 …………………………………279
　　　　h. 猿 …………………………………280
　　　　i. 鶏 …………………………………280

附III　用語索引（和英羅対照）……………283

第1編　生殖子（生殖細胞）

受精卵が一個体として発生のスタートを切ることによって**胚子発生（形成）**embryogenesis が始まるが，その以前に精子と卵子がどのように出現し，受精が行なわれるかを最初に探る必要がある．

第1章　生殖子形成（発生）

家畜や家禽のような高等動物では，すべて個体により雌雄の性的差別がある．雄の**生殖子（生殖細胞）**germ cell, gamete, gonocyte は精巣から生産される**精子**[1] spermatozoon, sperm cell であり，雌の生殖子は卵巣で生産される**卵子**[2] ovum, egg である．卵子は精子と合体することによって付活され，受精卵として細胞分裂（卵割）が始まる．これが胚子発生（**個体発生**[3] ontogenesis）の第一歩であり，終局においてその動物特有の形態を備えた雄または雌の一個体となる．

生殖子形成（発生） gametogenesis の始めはまず**原始生殖細胞** primordial germ cell が胚子（胎芽）embryo の生殖巣堤中に現われ，この時代にはまだ形態的に雄，雌の区別がつかないが，発生の進行につれて生殖巣堤に性的分化が認められて，雄では精巣，雌では卵巣となり，原始生殖細胞は精子のもとである精祖細胞，あるいは卵子のもとである卵祖細胞となる．

第1節　精子形成（発生）

精子形成 spermatogenesis を時期的に増加期，成長期，成熟期の3期に分ける．

1. 増加期 multiplication period

幼若な**家畜**や**家禽**では精巣精細管の基底膜に沿って**精祖細胞** spermatogonium（図1-1の2）がその**支持細胞** sustentacular cell である**セルトリ細胞**とまじって単層またはそれに近い状態で認められる．精祖細胞は分裂をくり返してしだいに数が増してくる．例えば，牛（ホルスタイン種）では生後5カ月齢，豚（ヨークシャー種）では40日齢ころまでの精巣でこのような状態の精細管が認められる．もっとも，精祖細胞の増加はこの時期にスタートをきってからは，雄の性的活動期の全生涯を通じて行なわれる．

精祖細胞は増殖分裂をくり返す過程でA型とB型の2型に分化する．**精祖細胞 A** sperma-

---

[1], [2] 成熟した生殖細胞は精子，卵子というように「子」をつける．
[3] 個体発生に対して宗族発生（系統発生）phylogenesis という語がある．これはその動物の属する種が現在の形態に達するまでの進化の過程を追求する目的のものである．一個体の発生の経過をたどってみても，その動物の原始的形態から現在に至るまでの進化の有様が短時間で再現されているように推察される（例，高級な陸生脊椎動物でも発生の一時期に鰓が出現する．129頁など）．

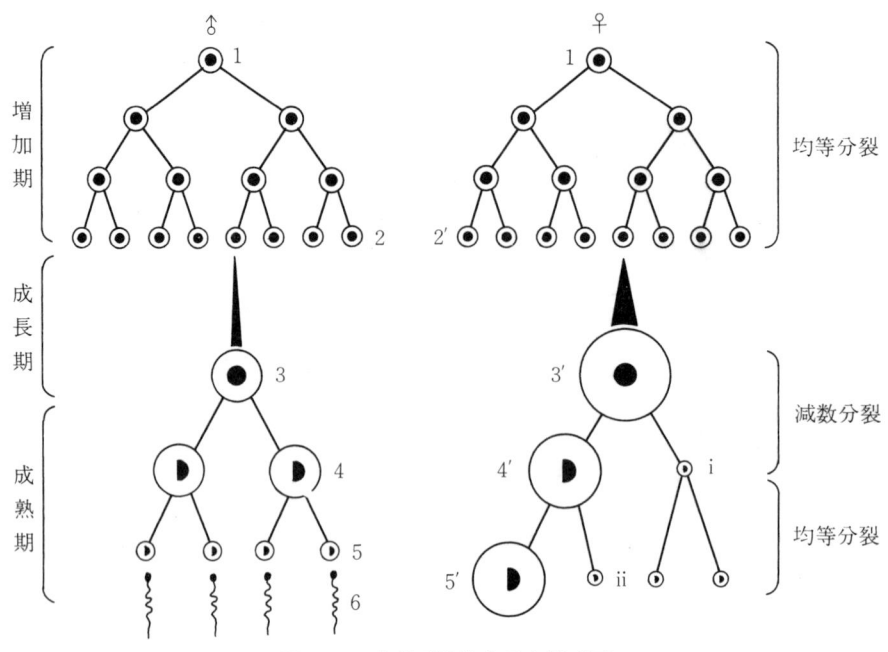

図1-1　生殖子発生を示す模式図
1. 原始生殖細胞　2. 精祖細胞　2′. 卵祖細胞　3. 一次精母細胞　3′. 一次卵母細胞　4. 二次精母細胞
4′. 二次卵母細胞　5. 精子細胞　5′. 卵子　6. 精子　　i, ii 一, 二次極細胞

togonium A は微細な**染色質** chromatin および1～2個の核小体をもつ円形または楕円形の核を特徴とし，細胞質は均等な染色性を示す．一方，**精祖細胞 B** spermatogonium B は大小不同の染色質および1個の核小体をもつ円形の核を特徴とする．細胞質の形質は A 型と同様である．精祖細胞 A のあるものは精祖細胞の幹細胞として留まり，他のものは中間型を経て精祖細胞 B となり，次の成長期に進む．

2. 成長期 growth period

増加期を過ぎると，さかんに分裂をくり返して増加していた精祖細胞の中で，精祖細胞 B に分化したものは分裂を中止して，細胞自体が栄養分をとり入れて肥大してくる．このような精祖細胞を**一次精母細胞** primary spermatocyte（図1-1の3）とよぶ．この細胞は大型な円形のもので，核は核質に富む．

3. 成熟期 maturation period

家畜で幼若期がすぎて性成熟期[1]になると，一次精母細胞は引き続いて2回の細胞分裂を

---

[1] 家畜では性的に成熟した雄は年間を通して精子が生産され，老齢期に達してはじめて止む．もっとも，1回の射出精液量は季節的に変動があり，これは雌の繁殖期（馬・羊・山羊）と関係がある．例えば馬では5～6月の繁殖期には精液量約160mlで最高となり，12月～1月では，40～50mlで最低を示す．牛・豚のように年間を通じて繁殖できるものでも夏期高温時には精液量が減少する（加藤浩，星，1959）．雄鶏では秋の換羽期になると精巣が萎縮して精子の生産が中断する．

行なう．この分裂を**成熟分裂** maturation division（後項8頁）と言う．1回目の分裂によって一次精母細胞は2個の**二次精母細胞** secondary spermatocyte（4）となり，続く2回目の分裂で**精子細胞** spermatid（5）となる．精子細胞は変形して**精子** sperm cell（6）となる．結局，1個の一次精母細胞から4個の等しい精子が生産されるわけである．

4．精子形成（精子完成） sperm transformation, spermiogenesis

精子細胞が精子に変形する過程は，核および細胞質の濃縮と分化を伴うもので次の相に区分される．

1）**ゴルジ相** Golgi phase　ゴルジ装置中に炭水化物を主成分とする小顆粒が出現する．これを**前先（尖）体顆粒** proacrosomic granule とよぶ．これらがさらに癒合して**先（尖）体顆粒** acrosomal granule を形成する．先体顆粒は**先（尖）体** acrosome または**先（尖）体小胞** acrosomal vesicle ともよばれる（図1-2）．

2）**帽相** cap phase　先体顆粒の膜と核膜の接着部が広がり，核上半部を包んで**頭帽**[1] head cap を形成する（図1-3）．

3）**先体相** acrosomal phase　先体物質の再配分と核質の濃縮，精子細胞の伸長といった劇的な変化を特徴とする．頭帽がさらに拡大して先体帽が外形的に完成するとともに炭水化物と水解酵素の存在が明らかとなる（図1-4）．

4）**成熟期** maturation phase　核内物質の濃縮がさらに進行して一見無構造，形は扁平となり，動物により特有な形状をもつ．先体形成の進行中に**中心子** centriole は精子細胞反対側に移動し，遠位中心子は細胞表面に垂直となり，ここから**鞭毛（尾）** tail（cauda）が発生する．同時期に細胞質の**微細管** microtubule が発達して円柱状になるように並列して**尾鞘** manchette とよばれる構造と

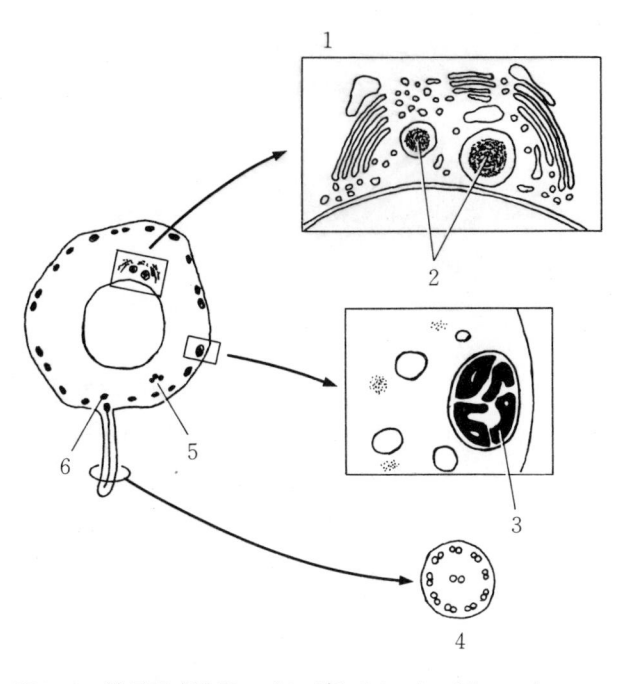

図1-2　精子形成過程のゴルジ相（ラット，MONESI）
1．ゴルジ装置　2．前先体顆粒　3．ミトコンドリア　4．鞭毛と軸糸
5．類染色質体（クロマトイド体）　6．中心子

---

[1]　頭帽は先体または**先体帽** Galea acrosomalis ともよばれる．

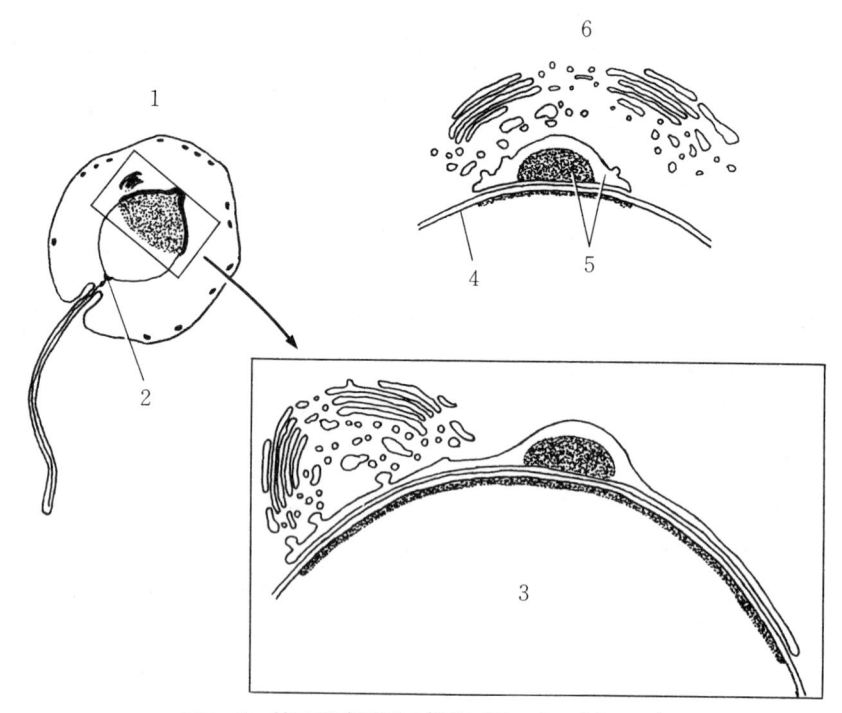

図1-3 精子形成過程の帽相（ラット，MONESI）
1. 帽相　2. 中心子　3. 核　4. 核膜　5. 先体（頭帽）　6. ゴルジ装置

なり[1]，尾の完成で細胞質は**遺残体** residual body となって上皮内に残る（図1-4）．

第2節　卵子形成（発生）

1. 家畜の卵子形成

卵子発生 oogenesis も原則的には精子発生と同じ様式である．ただ，精祖細胞は家畜のその後の全生涯を通じて増加するが，**卵祖細胞** oogonium（図1-1の2′）は**増加期**が短く，幼若期にすでに増数を中止して，卵祖細胞をそれぞれ1個ずつ**原始卵胞** primordial follicle の中に収め，卵巣皮質中に顕微鏡的存在として無数に認められる．したがって，卵巣内の卵胞を数えれば，ほぼ卵細胞の数を知ることができる．表1-1はこの結果を示している．

次頁表の示す意味は，卵巣内の卵胞の数は幼若な時代でもっとも多く，年齢が進むとともに目立って減少する．言い換えれば，卵祖細胞の増加はその家畜の幼若な時代でしか行なわれない事実を明らかに表わしている．牛・羊・山羊のような単胎（1回の出産に1頭生む）の家畜では，原則として排卵は左右いずれかの卵巣で1個であり，豚のような多胎のも

---

[1] これは尖体帽の後縁にある細胞膜の輪状の特殊な部分（輪ring）から後方に伸びている．精子の形態（14頁）参照．

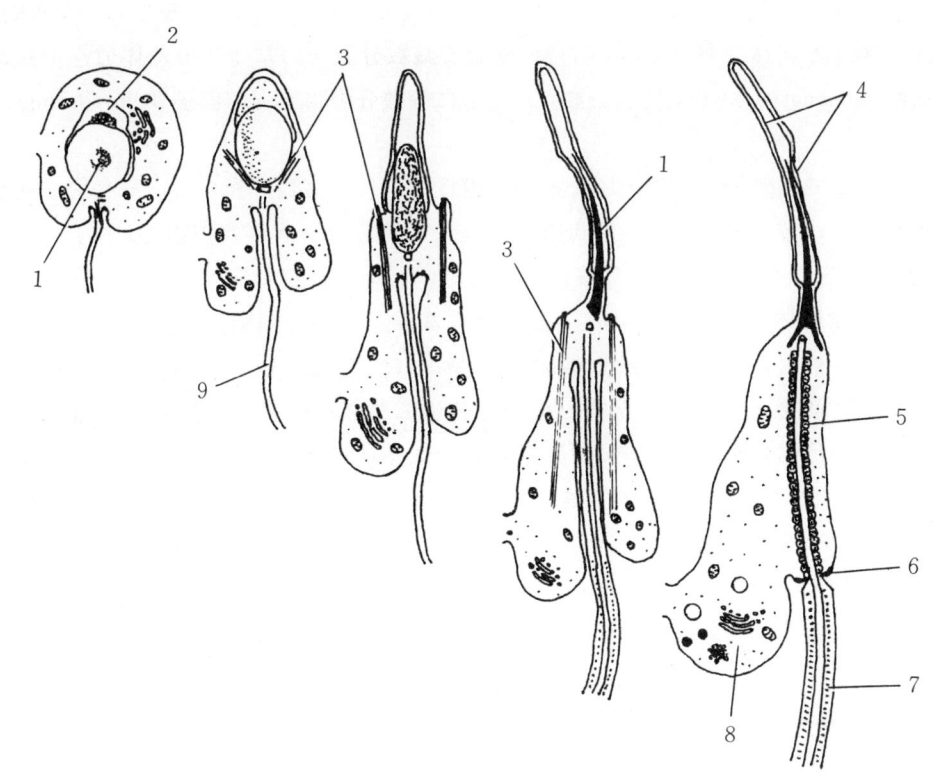

図1-4 精子形成過程,特に先体相と成熟期を示す(Bloom と Fawcett)
1. 核 2. 先体 3. 尾鞘 4. 頭帽(先体) 5. ミトコンドリア鞘 6. 輪 7. 線維鞘 8. 遺残体 9. 鞭毛

のでも1回の排卵数は左右の卵巣を合わせてせいぜい10数個に限られる.もし,すべての卵胞が必ず成熟し排卵が行なわれると仮定したら,単胎の家畜で1年にせいぜい10数個(それも受胎しないとして)であるから,1万年以上も生存しなければ排卵が完了しないことになる.したがって,右表の意味は大多数の卵胞は成熟,排卵に至るより以前に**閉鎖卵胞** atretic follicle として退化または消滅することを意味しており,ごく一部の卵胞だけが排卵にまでたどりつくわけである.

原始卵胞 primordial follicle に含まれる卵祖細胞は,これをとり囲む**卵胞細胞** follicular [epithelial] cell から栄養分をとり入れて,**卵黄質** deuteroplasm として蓄積し,しだいに肥大する(**成長期**).このような状態のものが**一次卵母細胞** primary oocyte(3′)で,雄の一次精母細胞と同じ時期のものであ

表1-1 牛・山羊・豚で一側の卵巣に含まれた卵胞の数の年齢による違いを示す(Käppeli による)

	期　間	個　数
牛	生後3ヵ月 1.5～3年 10年以上	75,000 21,000 2,500
山羊	生後6ヵ月 3年	24,000 12,000
豚	生後10日 9ヵ月 2～10年	60,000 50,000 16,000

るが細胞体ははるかに大きい．さて，その後この家畜が性成熟期に達するころ，一次卵母細胞は，一次精母細胞が行なったと同様に，引き続き2回の成熟分裂をする（**成熟期**）．この際も雄の場合と同様であって，1回目の分裂で減数分裂を行なって染色体数を半減させ**二次卵母細胞** secondary oocyte（4′）となり，さらに等数分裂によって**卵子** ovum（ootid）（5′）となる．

しかし，ここで雄の精子発生の場合と全く違うことは，減数分裂によって2個の細胞に分裂した場合に，一方のものは一次卵母細胞と全く変わらない大型の細胞として残るが（二次卵母細胞），他方のものは半減した核質が主体でほとんど細胞形質を持たない微小な不完全な細胞で，**一次極体** first polar body（i）とよばれる．二次卵母細胞は引き続いて分裂し，卵母細胞と変わらぬ大きさを持つ**卵子** ovum と，微小な**二次極体** second polar body（ii）となる．この度の分裂は等数分裂であるから，染色体数は二次卵母細胞と同数で，結局は一次卵母細胞の半数の染色体を持っているわけである．一次極体は分裂して2個の同大の**極体**となるが，すべての極体は全く受精能を欠き，やがて消滅する運命にある．二次極体は排卵後卵管内で排出される場合が多い[1,2]．

以上を精子発生の場合と比較してみると，精子では1個の一次精母細胞から4個の同質な精子が形成されるのに対して，卵子の場合には1個の一次卵母細胞から終局においても1個の卵子だけが作られる．すなわち，卵子では極体を犠牲にして，ただ1個の卵子にエネルギー（栄養）を集中蓄積させて，他日に精子との会合（受精）を待機させることになる．

2．卵の成熟

原始生殖細胞 primordial germ cell は**卵黄嚢内胚葉**（後出189頁）に初めて出現し，腸間膜に沿って**生殖巣堤** gonadal ridge へ移動する[3]．この期間中も分裂をくり返しながら増数する．ついで生殖巣内に定着した後もなおしばらくの間分裂が進行する．

一次卵母細胞は第一成熟分裂（減数分裂）前期に入りいわゆる**網状期** dictyate stage へと進むが分裂活動はここで中断する．従って卵細胞はこのままで胎子期，未成熟期の間とどまり，**思春期**（発情）puberty を迎える．

各家畜に固有の発情周期に1個または数個の卵細胞が成熟して排卵直前に減数分裂は完了する．減数分裂が中断したままで相当長期間を経過することは哺乳動物に共通する事実であるが，極めて特異的な現象である．

一次極体を出した二次卵母細胞は第二成熟分裂（均等分裂）に入るが，中期まで進んでここで停止する．排卵された卵細胞（二次卵母細胞）が受精されないと，この分裂はこれ以上

---

[1] 豚では成熟分裂は排卵直後引き続き2回行なわれる．
[2] 極体は極細胞 polocyte, polar cell ともよばれる．一次極体が分裂して作られた極体も二次極体とよばれる．
[3] 桑実胚期あるいは胞胚期（後項31頁）に一般の割球とは別種の割球として生ずる．原始生殖細胞の特徴および移動については後項189頁参照．

進行しない．従って二次極体の放出は精子が侵入した後に行なわれる．

3. 家禽の卵子発生

鶏の場合も卵祖細胞の**増加期**はまだ孵卵中の胚子の時代にみられ，孵化してヒナとなった時にはすでにこの期を終わっている．この時期が卵祖細胞である．これ以後，性成熟期までかかってしだいに大きさを増して卵母細胞の時代となり（**成長期**），細胞の大きさは極限に達する．このようにして**成熟期**に入り，成熟分裂は家畜と同様で排卵に先立ってまず減数分裂を行なって一次極体を排出して二次卵母細胞となり，排卵後精子の侵入によって普通分裂と同じ様式を採って二次極体を放出して完全な卵子となる．

第3節 細胞分裂

高等動物の特殊分化した細胞の多くは，その寿命が限られており，そのため常に更新されなければならない．そのため生体の成長と維持に必要な細胞の更新は**細胞分裂** cell division によって遂行される．体細胞は**有糸分裂** mitosis によって増殖する．この過程では核の染色体は正確に分裂して分離するから，数と型が全く同じ2組が2つの娘細胞にそれぞれ移行し，親細胞の細胞質はくびれて同じ大きさの2つの細胞体となる．核が分裂する過程を**核分裂** karyokinesis, nucleokinesis といい，細胞質の分断を**細胞体分裂** cytokinesis という．正常の有糸分裂では核分裂の後に細胞体分裂が続き，2つの娘細胞を生ずる．しかし，細胞体分裂なしの核分裂もあり得るのでその結果は二核細胞がつくられる．

1. 有糸分裂

細胞分裂と次にくる細胞分裂との間の**細胞周期** cell cycle における休止期は**分裂間期** interphase とよばれる．有糸分裂は連続した過程であるが次の4期すなわち前期，中期，後期，終期に分けられる．

分裂間期にある生きている核では核小体以外に顕微鏡的に見える構造はほとんどない．染色標本でも2,3の成分すなわち辺縁の染色質と少数の**染色質顆粒** chromatin (granule) が見られる程度であり，染色体ははっきりとした構造としては認められない．しかし細胞分裂が近くなるにつれて染色体は複製され，濃染し生きた状態でも見えるようになり，染色標本では連続した糸状の構造となる．

有糸分裂の**前期** prophase は**染色体** chromosome が初めて見えてくる時に始まる．前期の間に染色体は濃縮を続け，より太く，より明瞭となる．染色体の変化に加えて前期では**核小体** nucleolus は大きさを減じ，結局は消失する．**中心子** centriole は複製されその結果生じた2対の中心子は核の反対極へと移動する．**核膜** nuclear membrane は破れ，核膜の消失が前期の終わりを示す．

中期 metaphase は**有糸分裂紡錘** mitotic spindle の発達と，染色体が**赤道板** equatorial plate という分裂細胞の中央の同じ平面上に集まることで始まる．紡錘は染色体を規則正しく配列

させ，分裂に際して染色体の半数を正確に分離するのに働く小器官である．

後期 anaphase は染色体の**動原体** centromere（kinetochore）の倍数化によって始まり，各染色体（**母染色体** parental chromosome）の2つの染色分体の分離と，それらが紡錘装置の反対極への移動の開始を特徴とする．後期の終わりには染色分体の2群（**娘染色体** daughter chromosome）は互いに分かれて紡錘極の近くに集合する．

終期 telophase ではそれまで分断していた核膜が極に集合した染色体のまわりに再生を始める．染色体はコイルを解き始め，不明瞭となり染色性を失う．正常の核小体が再構成され，核膜は徐々に復活する．これらの過程を経て核分裂は完了し，遺伝的に同一な2つの娘核は分裂間期の状態となる．

約30年前に人を含めた大部分の哺乳動物の分裂間期の核に性的二相性が認められた．雌性ではX染色体が分裂間期中も濃縮状態のままで留まり，核膜の内面に接した濃染性染色質の小塊として見える．この**性染色質小体**〔Barr〕sex chromatin（Barr body）は正常の雄性の核には見られない．この発見によって細胞を光学顕微鏡で検索することで個体の遺伝的性の判定が可能となった．

2. 成熟分裂

体細胞の分裂はすべて有糸分裂によって起こるが，**生殖細胞**（精子と卵子）の成立は**成熟分裂** maturation division とよばれる特殊な型式の細胞分裂で行なわれる（前出）．これは引き続いて起こる2回の核分裂からなり，その間唯1回の染色体の複製を伴う．第1回目の分裂[1]（**減数分裂** meiosis, reductional division）では**相同染色体** homologous chromosome の各対のそれぞれが分離するので娘細胞での染色体の数は正常の半数に減ずる．第2回目の分裂（**均等分裂** equational division）では各染色体の2つの染色分体が分離するので結果としては半数の染色体をもつ4つの核ができる．成熟分裂の後に形成される生殖細胞はそれゆえ**一倍性** haploidy[2]とよばれ，雌雄の**生殖子**（生殖細胞）gamete, gonocyte が受精によって合一した受精卵では正常（**二倍性**）diploidy の染色体が回復され**接合子** zygote とよばれるようになる．

1）減数分裂の特徴は極めて長い**前期** prophase にありこれを更に6期に分ける[3]．その最初は**細糸期**（レプテン期）leptotene phase とよばれ，染色体は長く細い単一の糸としてみえる．**接合期**（シナプス期）synapsis phase では相同染色体が近づき相同部分が長軸に沿って同じ位置に並び密接する．この有対化の時期は**合糸期**（ザイゴテン期）zygotene phase ともよばれる．ついで染色体は短縮を始め，**厚糸期**（パキテン期）pachytene phase では太く短くなる．この時期では染色体はその相同のものが密着しているので半数しか存在しないように見えることがある．この時期の染色体対は**二価染色体** bivalent chromosome とよばれる．

---

[1] 還元分裂ともいう．
[2] **一価染色体** univalent chromosome ともよばれる．
[3] **細糸前期**（レプトテン前期）preleptotene phase を含める．

複糸期（双糸期，ディプロテン期）diplotene phase では対の染色体はその長軸に沿って分離する．ラセン巻の性質は明瞭であり，またそれぞれが縦裂する．それゆえ各二価染色体は4個の**染色分体** chromatid からなる．その長軸に沿ったあるいくつかの点では相同染色体相互は互いに交叉し分節を交換する．交叉の場所は〔**染色体**〕**交叉** chiasmata とよばれ，

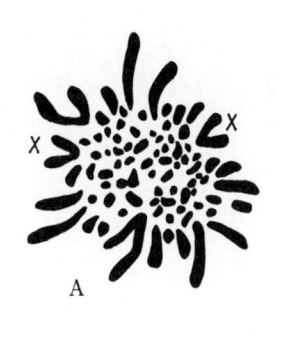

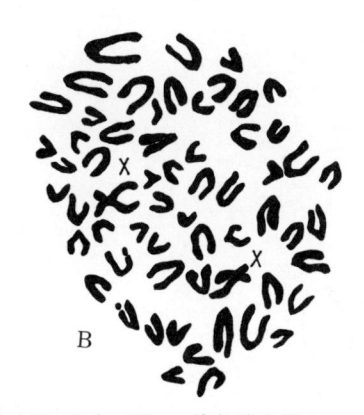

図1-5 赤道板に配置された鶏（A）と牛（B）の染色体を示す
X は X 染色体を示す

遺伝現象における乗り換え crossing over の形態学的現われである．前期の始め頃は残っていた核小体が複糸期では断裂し始め次の**分離期**（ディアキネシス）diakinesis ではすべて消失してしまう．

2) **中期** mataphase では核膜は消失し，紡錘が体細胞の核分裂と同じようにつくられる．二価染色体は中期赤道板に集合する（図1-5）．**後期** anaphase では二価染色体の動原体は体細胞分裂のようには分裂しない．その結果，第一分裂の後期では娘染色体ではなく全体の染色体が分離し反対極に移動する．

赤道板に現われる染色体の形は種々で，V 状，棒状，点状その他である．家禽の赤道板では小さな点状の染色体が数多く認められ，これらのものが中心部に集合し，これを囲むようにして大形の V 状，棒状の染色体が位置する．しかし家畜ではこのような点状の染色体が少ないから，赤道板の形を見ただけで直ちに家禽との区別がつく（図1-5，B）．

3) 哺乳類では核は**終期** telophase で短期間再構成されるが，他の動物では染色体が核を完全に再構築することなく直接第二分裂へと進む場合がある．第二成熟分裂（均等分裂）では一倍性核は体細胞分裂と本質的に同一の機構で分かれる．染色体は縦裂し動原体も分裂し，娘染色分体は反対極へ移動し，一倍性核をもつ4個の細胞がつくられる．染色体数の減少は第一成熟分裂で起こる．それゆえこれは**減数分裂** reductional division とよばれ，それに対し第二分裂は**均等分裂** equational division とよばれる（図1-6）．

成熟分裂の意義は一倍性の**生殖細胞**〔生殖子〕を作り，世代から世代へと染色体数の恒常性を維持することにある．染色体交叉によって成熟分裂の結果生じる染色分体が遺伝的に成熟分裂前より極めて異なることで，変異性がもたらされる．

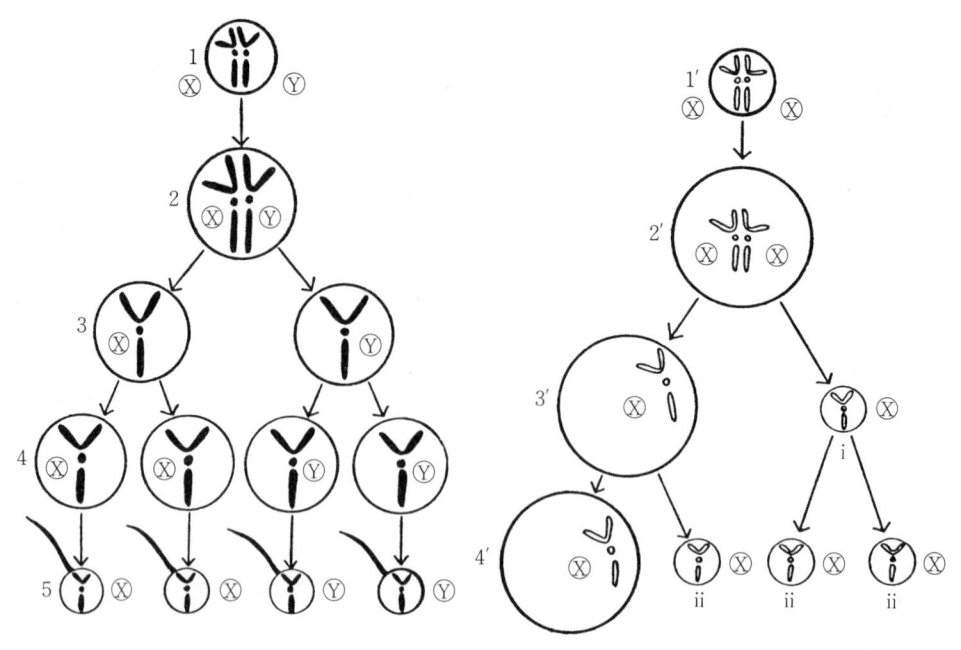

図1-6 一次精母細胞（左図）および一次卵母細胞（右図）の成熟分裂を示す模式図
染色体全数8個の場合
1. 精祖細胞　2. 一次精母細胞　3. 二次精母細胞　4. 精子細胞　5. 精子
1'. 卵祖細胞　2'. 一次卵母細胞　3'. 二次卵母細胞　4'. 卵子　i. 一次極体　ii. 二次極体

第4節　染色体

1. 染色体の構成

染色体の数は動物種によって一定している．各家畜の染色体数を表1-2に示した．動物の体を構成している細胞の染色体は父親と母親からもらった相同の染色体の対によって構成され，一対の**性染色体**[1] sex chromosome（哺乳動物ではXX（♀）またはXY（♂），鳥類ではZW（♀），またはZZ（♂）で表わされる）と残りの**常染色体** autosome とに分けられる．例えば牛の染色体数は60（2n）でこの中の2本が性染色体，残りの58本が常染色体である（図1-7参照）．雌は2n＝60, XX：雄は2n＝60, XYとして表わされる（表1-2）．おのおのの染色体には一定の位置に一次狭窄があり，これによって各染色体は2本の**染色体脚** arm of chromosome に分けられる（図1-8）．一次狭窄の位置には**動原体** centromere, kinetochore があり，これはすべての高等生物の染色体がもつ運動小器官である．染色体紡錘糸はここに付着してこの小器官を紡錘極と結合する．おのおのの染色体は動原体の位置によって図1-9

---

1) X－**染色体** X‐chromosome と Y－**染色体** Y‐chromosome

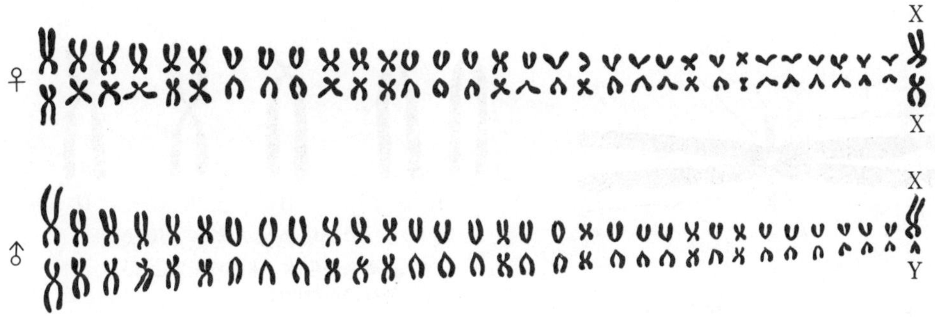

図1-7 馬の染色体を示す．右端の1対が性染色体（X, Y），その他はすべて常染色体で，それぞれ向かい合っているのが相同染色体

のように分類される．牛の場合，常染色体はすべて**末端着糸染色体** acrocentric chromosome または**終着糸染色体** telocentric chromosome であり（A），その大きさの順に1～29まで配列され，X染色体は**亜中央着糸染色体** submetacentric chromosome（D），Y染色体は小さな亜中央着糸染色体である．

豚の染色体では総数（2n）38対の中，終着糸型のものが12対，**中央着糸染色体** metacentric chromosome（C）が26対である（表1-2）．

これらの染色体を識別するために種々の染色方法が開発され，それぞれの染色体に特徴のある縞模様を染め出すことができるようになった．こうした染色技術の進歩によって各対の染色体が容易に識別されるようになり，また種々の染色体異常を解明することも可能となった．

動原体の位置を正確に示すために染色体脚比，すなわち動原体を中心とした左右の染色体脚の長さの比率を求める場合がある．これは長脚の長さLを短脚の長さSで割った値，すなわちL/Sで表わすことが多い．

2. 染色体異常の種類

染色体の異常は1）数的異常，2）構造異常，3）モザイクとキメラの3群に大別される．

1）**染色体の数的異常** これには異数性と多倍性の異常がある．**異数性**[2] heteroploidy 染色体が正常のものに比べ，1本な

2) 非正倍数性 aneuploidy ともいう．

表1-2 家畜と家禽の染色体数と染色体の型構成
（NODEN と DE LAHUNTA）

動物種	染色体数 (2n)	性染色体[1] ♂	性染色体[1] ♀	染色体の型構成
人	46	XY	XX	終着糸型 11，中央着糸型 35
馬	64	XY	XX	終着糸型 38，中央着糸型 26
牛	60	XY	XX	終着糸型 58，亜中央着糸型 2（性染色体）
羊	54	XY	XX	終着糸型 48，中央着糸型 6
山羊	60	XY	XX	終着糸型 58，中央着糸型 2
豚	38	XY	XX	終着糸型 12，中央着糸型 26
犬	78	XY	XX	終着糸型 76，中央着糸型 2（性染色体）
猫	38	XY	XX	終着糸型 5，中央着糸型 33
兎	44	XY	XX	
鶏	78	XX	XY	
七面鳥	♂82 ♀81	XX	X	
アヒル	♂80 ♀79	XX	X	

[1] 哺乳類では性染色体において雄がヘテロ（XY）または（XO），鳥類では反対に雌がヘテロである．

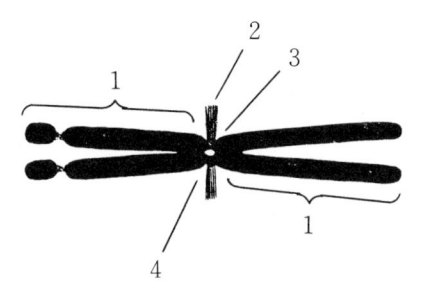

図1-8 マイトーシス中期染色体の模式図
1. 染色体脚　2. 染色体糸　3. 動原体　4. 一次狭窄

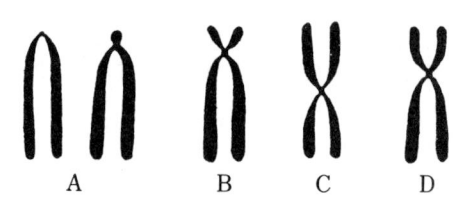

図1-9 中期染色体の形態（模式図）
A 終着糸染色体（末端着糸染色体）
B 亜終着糸染色体
C 中央着糸染色体
D 亜中央着糸染色体

いし数本増減している異常である．相同染色体の片方がない状態を**モノソミー** monosomy といい，染色体の総数が1少ない．これとは反対に1本過剰に相同染色体をもつ異常を**トリソミー** trisomy という．また4本（2対）の相同染色体を有するときは**テトラソミー** tetrasomy という．

　多倍性 polyploidy　基本染色体数（牛ではn＝30）の整数倍の染色体をもつ個体を倍数体という．正常な牛は**二倍性（体）** diploid（2n＝60）であるが，**三倍性（体）** triploidy（3n＝90）や**四倍性（体）** tetraploidy（4n＝120）の異常がある[1]．三倍体の3nのうち2nが母に由来する場合と，父に由来する場合とがある．四倍体は受精卵の核分裂に卵割が伴わないで染色体が倍加する場合と，第一卵割で分かれた2個の細胞が融合する場合とが考えられる．四倍体はすべて致死である．

　2）染色体の構造異常　染色体に切断がおこり，切断端が再結合する時に生ずる異常で，再結合のしかたで種々の異常が生ずる．相互転座：異なった2本の染色体に切断がおき，互いの切断片を交換して再結合した場合で，牛で報告されたタンデム型転座もこれに属する．欠失：切断片が失われたもの，逆位：切断片が180°回転して再結合したもの．ロバートソン型転座：相互転座の特殊型といえるもので2本の末端着糸染色体が動原体部分で結合し，中央着糸型あるいは亜中央着糸型の染色体を形成したもの．この場合，遺伝子量は不変なので遺伝子の位置だけが問題となるが，一般に表現型は正常である[2]．

　3）モザイクとキメラ　**モザイク** mosaic は同一の受精卵に由来する個体であるが染色体構成の異なる2種類以上の細胞群が同一の個体内に混在する異常である．牛では60，XY/61，XYYや60，XX/60，XY/61，XXYのモザイクの例が報告されている．**キメラ** chimera は同一個体内に異なった接合子由来の細胞群が混在するものをいう．牛のフリーマーチンに

---

[1] 鶏の3倍体は生存可能である．この個体で赤血球の大きさは約1.5倍であるのに対し，数は2/3となる．従ってHb量は不変である（三宅，1990）．
[2] 世界的に牛の多くの品種で1/29の転座が頻発している．

XX/XY のキメラがみられる.

3. 性染色体の異常

1）XO型　人では**ターナー症候群** TURNER syndrome といわれる．この症候の女性は外陰部はほぼ正常であるが，卵管，子宮，腟の発達が不良で二次性徴を欠き，著しく背が低い．この症候群の性染色体構成は XO 型であるが，X 染色体を2本もち，その中の1本が構造異常を起こして正常のものより大きかったり，あるいは小さい症例や，各種のモザイク型の症例もターナー症候群に含められている．牛における症例は見当たらないが，馬では報告されている（表 1-3）．

表 1-3　性染色体異常の症例
（NODEN と DE LAHUNTA）

家畜種 (2n)	核型	症状
牛　(60)	61 XXY	精巣形成不全，不妊
	61 XXX	卵巣形成不全，不妊
馬　(64)	63 XO	不妊
	65 XXY	卵巣形成不全，不妊
	65 XXX	間性，不妊
	66 XXXY	間性，不妊
豚　(38)	37 XO	間性，短脚，倭小外陰部
	39 XXY	精巣形成不全，不妊
山羊 (60)	61 XXY	精巣形成不全，不妊
	62 XXXY	精巣形成不全，不妊
犬　(78)	79 XXY	精巣形成不全，不妊
猫　(38)	37 XO	間性，不妊
	39 XXY	間性，不妊
	40 XXYY	間性，不妊

2）XXX型　人の場合は正常の女性（XX）に対して**超女性** super female とよばれている．この型の女性は知能の発達だけが遅れており，外陰部，内部生殖器は正常の女性と変わりなく，生殖能力をもっている場合も多いが，時として月経障害により不妊となる場合もある．牛では時々報告されているが生殖活動は個体によりかなり変動する．

3）XXY型　人で**クラインフェルター症候群** KLEINFELTER syndrome とよばれる．男性に認められる性染色体異常である．この症候群では余分な X 染色体が1個のものが最も多いが，2個または3個のもの，またモザイク型のものも報告されている．外見は男性であるが，乳房は女性様で，精巣の発達は不全で，精細管の硝子変性が認められる例が多く無精子症である．

家畜における XXY 型の出現は極めて少ない．XXY 型の性染色体の異常の起源としては精子発生過程における染色体の不分離によってできた XY 精子と正常な X 卵子との受精，あるいは正常な Y 精子と不分離の XX 卵子との受精による可能性が考えられている．

4）XYY型　人においては XYY および XXYY 型の報告がみられ **YY 症候群**とよばれていた．YY 男性の体型は筋肉質を特徴とする闘士型または細長いやせ型を示す場合が多く，長身であることも大きな特徴である．YY 男性の外性器と精巣の大きさは多くの例においてとくに異常は無いが，潜伏精巣や尿道下裂の症例がある．反社会性，狂暴性などの異常性格をもつ例が多い．

4. 常染色体の異常

表現型が正常で健康な個体でも，染色体に数的異常や構造異常を生じている細胞が低率ではあるが認められる．異常の自然発生率は家畜の集団や品種によって異なる．豚においては常染色体の転座が産子数に影響するといわれる．これは転座染色体の不均等な分離に

よってつくられた遺伝子をもつ生殖子が受精した場合に，発達のごく初期に胚死亡を起こすためと考えられる．一般に常染色体の異数性は胚のごく初期に発達が停止する場合が多い[1]．常染色体異常胚の発現の原因としては次のような可能性が考えられる[2]．

1) **母体の加齢**に伴う卵子の退行変性．卵細胞は胎生後期にはすでに増殖分裂を終えて一次卵母細胞となる．そして排卵がおこる少し前まで休止期に入っている（前出）．従って母体の加齢と共に卵子そのものの年齢も休止のまま高齢化するわけで，卵子も加齢による退行性変化を起こす可能性があり，また外的因子による影響の可能性も高くなる．

2) **遅延排卵**による卵子の過熟．排卵が遅延すると卵子は卵胞内で過熟状態となる．過熟卵では透明帯の構造や表面近くにある多精子侵入を防ぐ機構に変化がおこり，多精子受精による3倍体や4倍体が形成される可能性が高くなる．

3) **遅延受精**による卵子の卵管内過熟．排卵された卵子が受精されないままで長時間卵管内にあると退行性変化をおこす．従ってそのような状態で精子が侵入しても受精不能，発生不能や発生異常などを起こす可能性が高くなる．人では常染色体異常による先天性異常がいくつか知られている．このうち21トリソミー（Down症候群）や18トリソミーはよく知られているもので多くの奇形を併発し，短命の場合が多い．牛では常染色体異常による先天性の異常として下顎の発育不全症がある．これはいわゆる**トリソミー症候群**であるが，何番目の染色体のトリソミーであるかは同定されていない．

第5節 精子の形態

精子 spermatozoon，sperm cell は次の2つの重要な作用を持っている．まず，1) 受精によって卵子を付活して発生のスタートを切らせ，2) 雄親の遺伝子をもった半数の染色体を卵子に送りこみ，同じく雌親の遺伝子をもった半数染色体からなる卵子の核と結合して，その種族の持つ完全な全数染色体と遺伝子を備えることになり，以後この卵に順調な発生経過をたどらせる．この反面，精子は卵子の細胞形質に対しては**中心体 cytocentrum**[3]を送りこむ（卵子には中心体がない）以外にはほとんど寄与するところがない．

精子はその形から頭部，先（尖）体，頸部，尾部（結合部，中間部，主部，終末部）に分ける．頭部前端から尾端に至る長さ（精子の全長）と頭部の大きさを

表1-4 各家畜の精子の大きさを示す

	全 長	頭 部	
		長 さ	幅
馬	57〜64 μm	6.1〜8.0	3.3〜4.6
牛	60〜65	9.0〜9.2	4.5
羊	70〜75	4.8〜7.1	3.6〜4.8
豚	49〜62	7.2〜9.6	3.6〜4.8
兎		8.0	5.0
犬	55〜65	6.5	3.5〜4.5
鶏	90〜100	10	1

---

1) 常染色体のモノソミーの出生例は報告されていない．
2) 遺伝的なものは一般に常染色体の数的または構造異常に基づく．いわゆる先天異常には母獣が妊娠中にアカバネウイルス，ブルータンウイルス感染に由来するものが多く関節湾曲症，水無脳症などを伴う．また有毒植物（ルピナス属）による関節湾曲症も報告されている（浜名，1986）．
3) centrosome, centriole ともいう．

表1-4で示す．

頭 head は側面のうすい卵円形のものが多く，表1-4のように家畜の種類によって大きさに多少の違いがある．しかし，鶏の精子のように頭部が細長く多少曲がっているものもある（図1-10の7）．哺乳類ではラットがこの形にやや近い．

精子頭部の大部分は核で，核の前部2/3は**先体**[1] acrosome に包まれる．**先体外膜** outer acrosomal membrane と**先体内膜** inner acrosomal membrane の間に均一の不定形物質，すなわち**先体質** acrosomal contents を内包する．一般に動物の精子では先体が核の前端よりのびているので帽子状の膨らみが明らかである（図1-11）．先体質には炭水化物のほか水解小体性酵素すなわち hyaluronidase, neuraminidase, acid phosphatase, トリプ

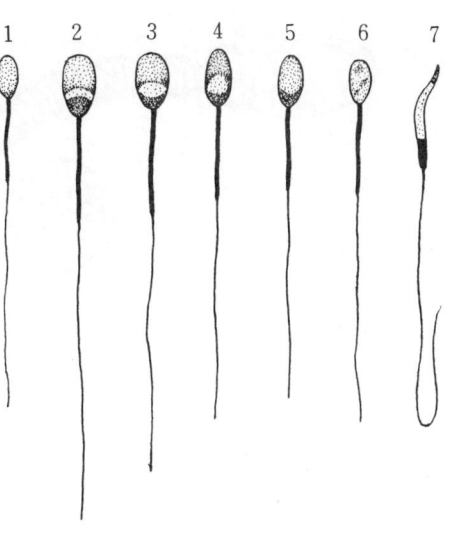

図1-10 各家畜の精子の外形を示す
1. 馬　2. 牛　3. 羊　4. 山羊　5. 豚　6. 犬　7. 鶏

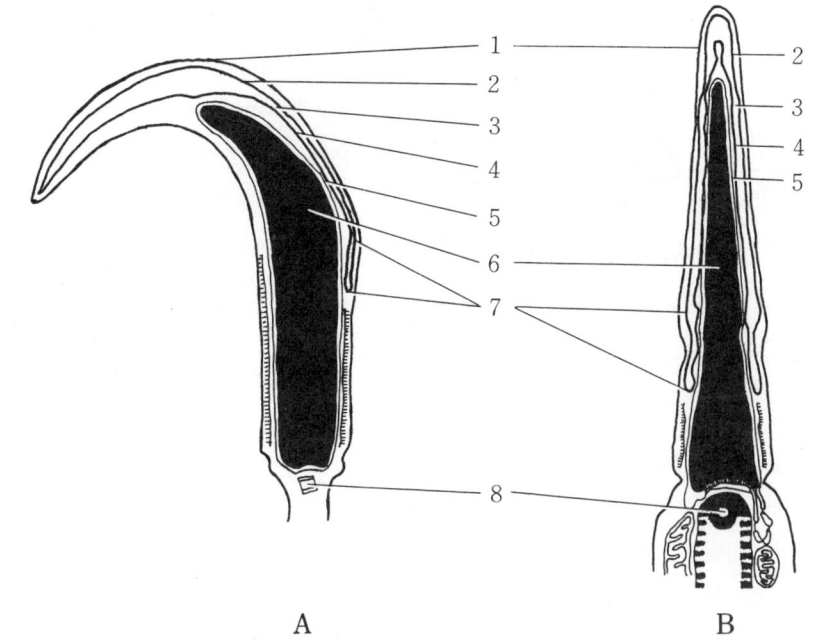

図1-11 精子頭部の拡大（CHANG と AUSTIN）　A．ハムスター　B．サル
1. 形質膜　2. 先体外膜　3. 先体質　4. 先体内膜　5. 核膜　6. 核　7. 赤道部　8. 近位中心子

---

[1] 先（尖）体帽 *Galea acrosomalis* または**頭帽** head cap ともいう．

シン類似の蛋白分解酵素が含まれている.

尾 tail はまた**鞭毛** flagellum ともよばれる.長さは動物により変わるが,太さは根元で 1μm,先端部が 0.1μm である.部位的な特徴が明らかで 4 分節に区分される(図 1-12).

頚 neck 頭部の下方でややくびれた部分で尾の前端の**結合部** connecting piece に移行する.小頭 capitulum から出発する 9 個の柱は鞭毛の**外緻密線維** outer dense fiber に連続している.小頭部には**近位中心子** proximal centriole があり,1 ないし 2 個の縦に配列した糸粒体が結合部外側の頚部にみられる.

中部 middle piece 精子鞭毛の芯は**軸糸(軸細糸)** axonema, axial filament (complex) とよばれ,2 本の**中心微細管** central microtubule が 9 組の等間隔に配列した**辺縁双微細管** peripheral diplomicrotubule で囲まれるので,しばしば 2+9 と書かれる[1].軸糸と外緻密線維が尾の運動要素となる.これに関してラセン円周状の**糸粒体鞘** mitochondrial sheath がこの部の特徴的な構

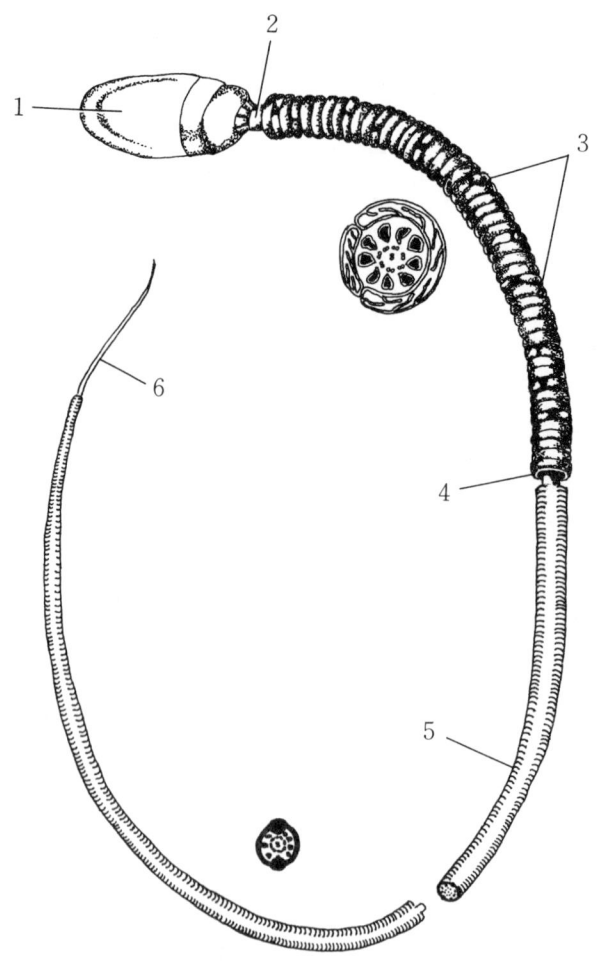

図 1-12 精子の微細構造(BLOOM と FAWCETT)
1. 頭帽 2. 結合部 3. 中間部のミトコンドリア鞘
4. 輪 5. 主部の線維鞘 6. 終末部

造である.

主部 principal piece **線維鞘** fibrous sheath が特徴的で鞭毛の屈曲運動に強い関係がある.

終末部 end piece 線維鞘は尾の先端から 5〜7μm の所で突然終わる.従ってこれより先は膜だけで包まれた軸糸である.本質的に単一の鞭毛や線毛と同一の構造である.

---

1) 軸糸の微細管は骨格筋のスライド機構と同じような機構で屈曲運動を起こすと考えられている.

第6節 卵子の形態

1. 家畜の卵子の形態

卵子 egg cell, ootid は**卵細胞質** ooplasm（一般の細胞でいう細胞形質）と**卵細胞核** nucleus of ovum（一般の細胞でいう核）からなるが，普通の細胞よりも形がずっと大きい．それというのも卵細胞質の中には本来の**生形質** bioplasm の他に**卵黄質** deutoplasm, vitellus を多く含むからで，卵黄は卵子が受精卵となって発生がすすむ場合にそのエネルギー源として必要な栄養分となる．したがって，家畜や人のような哺乳類で受精卵が母体の子宮粘膜に着床して，それ以後は胎盤によって母体から栄養を供給されて発生が進むような動物では，卵黄の量も受精卵が子宮に着床するまでの比較的少ない時間に必要とするだけでことが足りるから，哺乳類の卵子は卵黄の量が少ない**少（卵）黄卵** oligolecithal egg である．これに反して，家禽のように母体外に産卵されて，以後は孵化するまで全く母体から独立して，すべて卵子内に蓄積された栄養分を消耗して発生を進める動物では**多（卵）黄卵** megalecithal egg で，その名のように卵黄が極めて多量に卵細胞質内に含まれている（鳥類，爬虫類）．また，多（卵）黄卵ほどではないが，それでも卵黄の多いものを**中（卵）黄卵** mediolecithal egg とよんで，両生類や魚類の卵子がこれに相当する．

家畜のような**少黄卵**では，卵黄が均等に卵子の生形質のなかにまじる**等（卵）黄卵** isolecithal egg であるが，多黄卵や中黄卵では，卵黄は卵の一極に偏在する**不等（卵）黄卵** anisolecithal egg で，ことに鳥卵のような巨大な卵子は**端（卵）黄卵** telolecithal egg と言われ[1]，卵細胞核を含む生形質は卵子の一極に押し上げられ，ここを卵子の**動物極** animal pole と言う．これに対して動物極の反対側の極を**植物極** vegetal (vegetative) pole と名づける．このような卵子では動物極の方が比重が軽いから，この極は常に植物極に対して上位を占めている．

家畜の卵子は精子に比べるとはるかに大きいが，もともと少黄卵であるから，卵子は大きなものでも径 150 μm 程度である．静止している卵細胞では核はまるく，染色質が少ないから明るい感じを与え（図1-14の2），大きい核小体も認められるし，中心体もある．しかし成熟分裂を行なって極体（極細胞）を放出した後では核内の核小体は認められず，中心体も失われている．

2. 卵 膜

卵膜 egg membrane, oolemma[2] はすべての卵にみられるもので細胞質の皮質層または細胞膜に付加されているものである．その物質の起源により3型に区分される．第一卵膜は卵の細胞質または卵黄自身により形成される．第二卵膜は卵巣内で，卵を取り囲む卵胞細胞に

---

1) 昆虫類の卵子は卵黄が卵子の中心に集まるので，〔中〕心〔卵〕黄卵 centrolecithal egg と言われる．
2) 一次卵膜（卵黄膜，受精膜），二次卵膜（硬骨魚の卵殻），三次卵膜（卵白，蛙のゼリー層，昆虫の卵殻，鳥の卵殻と卵殻膜）を含む総称．

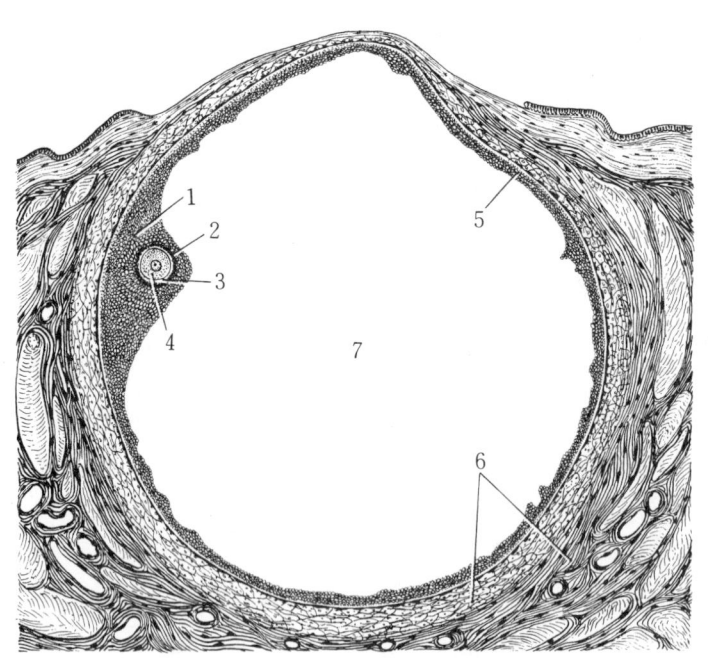

図1-13 排卵近い家畜の成熟卵胞
1. 卵丘　2. 放線冠　3. 透明帯　4. 卵細胞　5. 顆粒層　6. 卵胞膜（内，外）
7. 卵胞洞（これがあるのは哺乳類だけ）

図1-14 成熟卵胞に含まれた卵細胞
（図1-13の卵丘の部分）
1. 卵細胞膜（第1卵膜）　2. 同，核　3. 透明帯（第2卵膜）　4. 放線冠　5. 卵胞細胞　6. 卵丘の頸部

よって産生される．第三卵膜は卵管または子宮上皮の分泌活性によって産生される．従ってこの第三卵膜は通常，卵の受精後に沈着する．

すべての動物種で卵は上記の中の1以上の卵膜をもつが，初期胚の環境によってその形式は広く変動している．また卵膜は卵の発達速度ともある程度関連している．特に母体外で発達するために長時間を必要とするもの，たとえば鳥類，または孵化するまでの間不安定な環境に曝露されるものでは多数かつ肥厚した卵膜をもっている．

第一卵膜 primary egg membrane　大多数の卵には卵細胞質の表層分化による**卵黄膜** vitelline membrane が存在する（図1-13，1-14）．多くの動物種でこの膜は受精後，より明瞭に見えるのでそれはまた**受精膜** fertilization membrane ともよばれる．こうした型の場合，この膜が明瞭に見える事実は受精が起きたことの指標ともされる．卵黄膜は通常透明で無構造である．鳥類では卵黄の限界膜を形成し，主としてケラチンとそれに混合する粘液多糖体からできている．

第二卵膜 secondary egg membrane　第二卵膜は下等脊椎動物の多くの種でよく発達している．これはすべての哺乳動物卵に存在する**透明帯** zona pellucida で代表される．これは6〜11 μm の厚さをもつ均質で無構造，半透過性の膜である（図1-14）．真獣類哺乳動物卵の透明帯はある程度耐圧性があり，破れずに嵌入することが可能である．

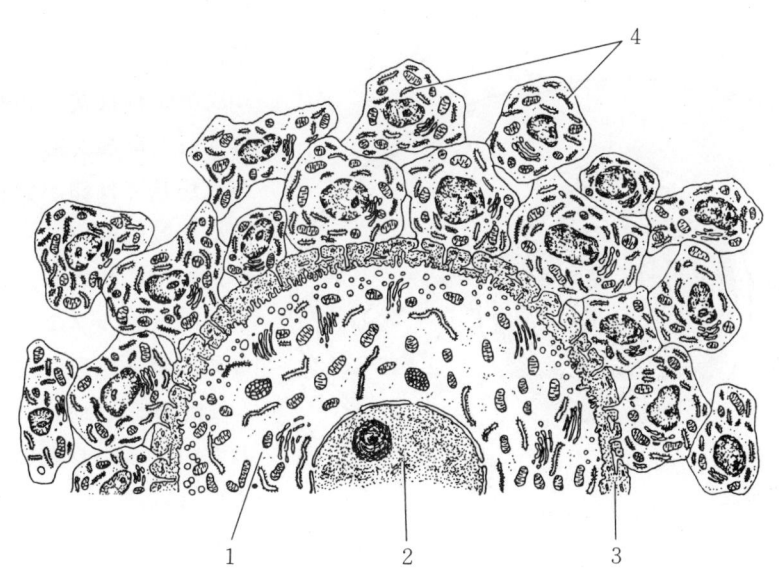

図1-15 透明帯の微細構造（JUNQUEIRAとCARNEIRO）
1. 卵細胞　2. 卵細胞核　3. 透明帯　4. 卵丘細胞（卵胞上皮細胞）

その弾力性のおかげで桑実胚が胞胚に発達して内圧が増大した時でもそれに対応して伸張し，菲薄になることができる．透明帯は以前は卵胞上皮と卵の両者に由来すると言われていたが，現在では卵胞上皮だけの産物と考えられている．

単層の卵胞上皮卵胞の末期または2層卵胞上皮卵胞の初期に酸好性の薄い膜として出現し急速に厚さが増加し，二次卵胞後期では明瞭となる．哺乳類の卵巣内卵子でそれは下の卵黄膜に密着しているが卵細胞がまだ卵胞内にあるときはこれを囲む**卵胞〔上皮〕細胞** follicular〔epithelial〕cellと細管をもって通じ，これより栄養分をとり入れて卵細胞の肥大，充実をはかっている（図1-15）．排卵そして受精後，透明帯は**卵黄周囲腔** perivitelline space の出現により分離する．透明帯を囲む卵胞細胞のあるものは排卵後しばらくの間**放線冠** corona radiata として残存する．

第三卵膜 tertiary egg membrane　第一および第二卵膜と異なり第三卵膜は排卵後に形成される．すなわち，卵管または子宮の腺細胞から分泌される．鳥類でそれはアルブミン性（卵白）そして石灰質性（卵殻）であり，若干の哺乳動物（たとえば兎）ではアルブミン性または粘液蛋白性である（粘液層，ゼリー層 mucin coat）．両生類では粘液性で，また多数の無脊椎動物ではキチン性である．単孔類とある種の爬虫類ではケラチン性である．第三卵膜は発達する胚にとって保護的作用をもつ．この一方，成分の主体であるアルブミンは貯蔵栄養源として有効である．鳥類卵の石灰性卵殻は胚の骨化にとってカルシウムの重要な供給源となっている．鳥類卵には幾つかの系列の第二卵膜がみられる．いわゆるカラザもこの一種である．

哺乳動物の中で第三卵膜は単孔類でよく発達している．そこではアルブミン性被覆，卵殻膜そして修飾された卵殻をもっている．多くの有袋類では卵が卵管を通過する間に比較的厚いアルブミン性被覆が透明帯に沈着し，さらに卵管の下部ではアルブミンの表面に菲薄な卵殻膜と卵殻が沈着する．

真獣類哺乳動物卵では卵殻はみられない．しかし兎のアルブミン性または粘液蛋白性被覆は第三卵膜として理解されるものである．精子はこの膜に侵入できないので，兎で卵が卵管に進入して早々にアルブミン層が付着する現象は，この動物で受精可能の時間が極めて短いことの説明に用いられている．

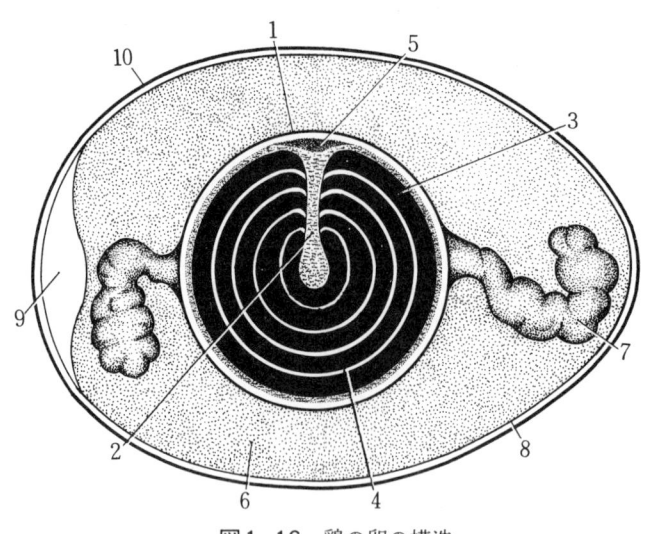

図1-16　鶏の卵の構造
1. 卵黄膜　2. ラテブラ　3. 黄色卵黄　4. 白色卵黄　5. 胚盤
6. 卵白層　7. カラザ　8. 卵殻膜　9. 気室　10. 卵殻

3. 家禽の卵子の形態

同じく卵子でも，卵生で多黄卵を生産する鶏の卵子は甚だしく違った形となっている．まず産卵された鶏卵について見ると（図1-16），卵子（卵細胞）の径はおよそ40 mmもあり[1]，第一卵膜は**卵黄膜** vitelline membrane（1）として巨大な卵子を包む．卵子はその中心軸が**白色卵黄** white yolk（4）からなる**ラテブラ（白色球心）** latebra（2）と，これを囲んだ**黄色卵黄** yellow yolk（3）の層が発達し，このようにして白，黄色卵黄が交互に同心円状に配列している．卵子の**動物極** animal poleはラテブラの頂点に押し上げられて偏在し，ここに扁平に拡がった**胚盤** embryonic disc, germ disc（5）が構成され，核，生形質が認められる．言うまでもなく，この反対極の腹端が**植物極** vegetal poleである．この卵子を囲んで**卵白層**[2]（6），**卵殻膜**[3] shell membrane（8），**卵殻** shell（10）の順に卵子を囲み，これらの層を総称して第三卵膜と考えることができる．

次に，排卵以前で卵巣にある卵細胞を見ても，それが多黄卵であるため，これを容れる卵胞も著しく大きく，このためこのような卵胞を多く含む卵巣自体がブドウ状を呈し，卵

---

[1] 卵子は球形でなく，多少とも楕円形で，その長軸が卵殻の長軸に一致する．
[2] 卵白層は内層が水様性でうすく，外層が濃い．また，卵子の赤道近くで，卵殻の長軸に沿って，濃厚な卵白からなる**カラザ** chalazaが見られる．
[3] 内外2層からなり，外層が厚い．共に線維性の丈夫な膜からなり，卵殻の鈍端部で分離して両層の間に**気室** air chamber（図1-16の9）をつくる．

胞は**卵胞茎**（図1-17の7）で卵巣支質と結ばれ，この際，卵細胞の動物極（1）は常に卵胞茎の側に位置する[1]．

第7節　生殖子の生存期間

1. 精　子

　家畜の雄の生殖器内（精巣上体，精管）での精子の生存期間は，種類による多少の差違はあるとしても，30〜60日ほどである．一旦精液として射精されてから雌の生殖器内での生存期間も，種類による違いはあるにしても，一般にいって，雌の発情期には精子の生存期間も長く，休止期には短い．さらに，雌の生殖器の部位によっても異なる．具体的にいえば，雌の卵管や子宮頚にある精子は他の部分にあるものよりも生存期間が長い[2]．しかし，たとえ長く生存していても，その精子の持つ受精能力はすでにその以前に限界に達している．表1-5は各家畜別にこの実情を数字で示している．

　しかし，近年に至って**人工受精** artificial insemination の技術が長足に進歩して，人工的に精液保存の方法が研究されている．すなわち，種々の緩衝液 buffered dilutor で精液を稀釈して低温（4〜5℃）で保存したり，液体窒素で－196℃の低温で凍結保存することに成功している．後者の方法によると，牛の精子で3〜5年の後にもなお受精能力を保有する事実が分かり，羊・山羊・馬でも長期間の保存ができ[3]，鶏の精子でも凍

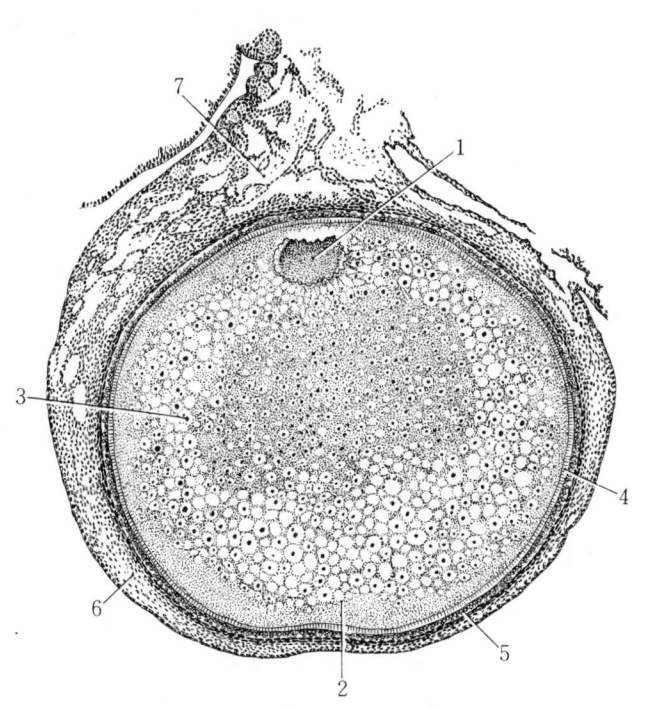

図1-17　鳩の成熟卵胞の一つを示す（PATTERSON, 模写）
　1. 胚盤（動物極）　2. 植物極　3. 卵黄顆粒　4. 放線冠
　5. 顆粒層　6. 卵胞膜　7. 卵胞茎

---

1) この事実は極めて興味がある．すなわち，排卵されて卵管に入る卵子の方向が常に一定であるという推測を可能にするからである．この推論をさらに裏付けるものとしてカラザの位置が常に変わらないという事実がある．カラザは卵管の卵白分泌部で最初に分泌されて卵黄膜に付着するが，その付着部位は必ず卵子の動，植物極を結ぶ線に直角の部位である（図1-16の7）．このように付着の仕方が常に一定しているためには，卵管へ入った卵子が，これも常に方向を一定にして入ってくる必要がある，と考えることが可能である．
2) コウモリ（翼手目）の精子の生存期間は例外的に長い．コウモリでは交尾が秋に行なわれて後，冬眠に入ったまま越年し，翌年春にこの雌で排卵があって，受精が行なわれる．すなわち，精子は雌の卵管内で半年にわたって生存し続けるばかりでなく，受精能力も備えているわけである．
3) 現在のところ，豚の精子は凍結保存が難しいようである．

表1-5 家畜の射精および生殖子の受精能力保有時間を示す
（ANDERSONとMCLAREN，その他から合成）

動物種	射　精			受精能力保持時間（時間）	
	精液量（ml）	射精精子数（/ml）	部　位	精　子	卵　子*
人	3.5	10^9	腟	24 – 48	6 – 24
馬	50 – 100	3.4×10^7	子宮	72 – 120	6 – 8
牛	4.0	4×10^9	腟	30 – 48	8 – 12
羊・山羊	1.0	8×10^8	腟	30 – 48	16 – 24
豚	250	8×10^8	子宮頸と子宮	24 – 48	8 – 10
犬	10.0	$6.9 – 17.2 \times 10^7$	子宮	134	
猫	0.1 – 0.3		腟と子宮頸	50	24
兎	1.0	6×10^7	腟	30 – 36	6 – 8
モルモット	0.15	8×10^7	子宮	21 – 22	
ラット	0.1	6×10^7	子宮	14	10 – 12
鶏	0.2 – 1.5				

*排卵後

結保存100日のものでなお，24～25％の受精能力を持つことが知られている[1]．

2．卵　子

卵子の寿命は精子に比べると短い[2]．排卵された卵子は時間の経過とともにたちまち過熟overripeの状態になって受精能力を失う．それでも，体内受精（交尾）が行なわれる高級な脊椎動物では，卵子の寿命が，魚類，両生類に比べるとやや長い．牛・羊・人などで卵子の生存期間は排卵後24時間以内，兎で7時間，犬で5～6日，鶏で数時間とみられている．しかし，完全に受胎し，順調な発生経過をたどり，出生するだけの活力を持つ卵子は，牛では排卵後20時間以内のものまでと言われる（表1-5，表4-1）．

第8節　性の決定と性比[3]

受精の瞬間に個体の性は決定される．哺乳動物では卵子がもつ性染色体はX染色体ただ1型であるが，精子にはX染色体をもつものとY染色体をもつものがそれぞれ同数存在するので理論的には**性比** sex ratioは1：1となる．受精時に決定される性比を**第一次性比**といい一般的に雄が高率である．出生時の性比（**第二次性比**）についても牛の場合（人工受精）55.2％と雄が高率である．

X－精子（X染色体をもつ精子）とY－精子（Y染色体をもつ精子）の性状については多く

---

[1] 応用学である畜産，獣医学の研究者にとって，一般にみて応用学というものは，もともとそれに関連する基礎学の進歩，発展をまって，これを土台として利用されるのに，精子の生理の場合は全く反対に，初め応用学として人工受精の研究が先行して，後から基礎学である発生学がこの成果を取り入れて，初期発生の部門に大きく貢献している．
[2] 人工受精の研究対象は精子に主力がそそがれていて，卵子の面では将来に残された問題が多い．
[3] 哺乳動物の性比と性支配（西田司一，1984）による．

の研究の成果により形質，運動性および生存性または雌性生殖道内部の物理ならびに化学的環境に対する適応も含めて上記2型の精子の間の差が明らかとなった．

精子頭部の形態形測によれば精子には**2型性** dimorphism が明らかに認められ，またX－精子の頭部は大きく，重いので運動性はY－精子に劣ることなどが示された．一方，Y－精子は運動性は高いが比較的耐久性に乏しく，腟および子宮内の環境条件に適応し難いと考えられている．

多くの哺乳動物において自然交尾は腟内射精である（表1-5）．腟は雑菌の繁殖を予防するため一般に弱酸性（乳酸発酵）に維持されている．精子はpH 5.5で運動性を失うことが実験的に示されている．こうした事情からアルカリ処理を行なった場合は雄の性比が高くなり，反対に乳酸処理を行なうと雌の性比が高くなるといわれる．

形態あるいは比重，さらには化学的処理により分画した精子の人工受精によって性比を人為的に制御する試みが現在続けられている．近年，Y－染色体の長腕の先端に位置するF-body（Y-body または Y-chromatin ともよばれる）を蛍光色素を用いて染め出すこと（キナクリン染色）が可能となった．この小体は静止期の細胞でも，また精子頭部でも識別が可能である．

上述したように雌性生殖道内でY－精子の運動性および生存性がX－精子に比較して制限を受けやすいのは今述べたY－染色体にみられるF-bodyのもつ抗原性（Y-antigen）に由来するのではないかと考えられている．雄胎子をもつとき，胎盤の大きさが大となり，また母体・胎子間の組織不適合性が大きいことなどもこの関連においてよく知られている．この抗原性物質は精子の**頭帽** acrosomal cap の部分に位置することも一部の動物では確められた．こうした成果にもとづいて，抗H-Y抗体を利用して2型の精子を分画する免疫学的方法も開発されている．

第2章　受　精

第1節　排　卵

1. 家　畜

家畜にあって卵巣の胞状卵胞内の成熟卵（図1-13の4）は卵胞液による内圧の増加，卵巣内血管の血圧の上昇などによって卵胞壁が外側に向かって破れ，卵子は放線冠に囲まれたまま卵胞液とともに卵巣外に流出する．この現象を**排卵** ovulation と言う．このようにして，結局，卵子は卵管漏斗に収容されて卵管膨大部に進出する．普通の場合，卵子はまだ卵胞内にある時に一次極細胞を放出し，排卵後卵管内で待ちうけている精子が卵子に侵入（**精子侵入** sperm penetration）する刺激によって引き続いて二次極細胞を放ち，初めて成熟分裂を

完了して完全な卵子となり，侵入した精子と協力して以後の発生を進行させる[1]．

排卵の時期は家畜の種類によって差があるし，個体によっても多少の違いがあるが，牛・羊・山羊では発情終了の前後[2]，馬で発情の最終日，豚では発情の中期，猫と兎では交尾による刺激を与えてから10時間後に排卵が見られる[3]．この場合の排卵を交尾排卵 copulatory ovulation といい，そのほかの動物に見られる排卵を自然排卵 spontaneous ovulation という．

2. 家　禽

家禽としての鶏は，その産卵能力を向上させるために人為的に遺伝子の組み換えが行なわれて，多くの優良な系統が作出されていて，自然界で見る鳥類と甚だしく違ったものになる．

雌鶏では家畜で見られるような発情周期（性周期 sexual cycle）というものが全くなく，年間を通じて産卵するものが多い．詳しく観察すると，産卵は毎日1個ずつ連続的に数日～10数日行なわれ，次に1～数日休産し，また前回と同じ日数だけ（すなわち同じ個数だけ）連続産卵する．この1つの連続産卵期を1クラッチ clutch と呼ぶ[4]．1クラッチの日数，休産日数は個体によって一定していて変動がほとんどない．

卵子が排卵され，卵管内で卵白，卵殻膜，卵殻を付加されて産卵されるまでの時間は25～26時間で，産卵されて約30～60分後に次の卵子が排卵される[5]．したがって，産卵のたびごとに30～60分時間がずれて，それだけ遅くなるわけである．普通の日照時間の地域で，1クラッチの第1卵子は朝早く排卵され，以後上記のように少しずつ時間がずれておくれる．排卵は遅くても午後2～3時以後は行なわれないから，この限界時間に到達すると排卵は翌日（または数日後）に延ばされる．これが1クラッチの終わりで，休産の後に次のクラッチに入る．よく観察されている雌鶏ではこのクラッチの日数，休産日が正確に計算されているから，排卵や産卵時間を正しく予知できる[6]．

第2節　受　精

受精 fertilization という現象は形態的には卵子と精子の接触融合に始まり，卵子内で両者の核が合体して終了する．受精のために卵子と精子が会合し（多くの哺乳動物で受精は卵管

---

[1] ウニの卵子は卵巣内で1，2次極細胞を放出して，すでに完全な卵子となって，後に精子と会合する（25頁も参照）．
[2] 牛の排卵は発情終了前3時間～終了後34時間の間に見られる（枡田，1950）．
[3] 家畜の雌が性成熟期に達して第1回目の発情を起こすようになるのは，馬で15～18ヵ月（3～4年），牛で8～12ヵ月（16～18ヵ月），羊・山羊で6～8ヵ月（12～18ヵ月），豚で8ヵ月（10～12ヵ月）齢頃になる．カッコ内は実際に繁殖に用いられる年齢を示した．発情周期は季節や年齢で多少の違いはあるが，馬で23日，牛・豚で21日，羊で17日，山羊で20日である．
[4] これを家畜の性周期に当たると考えるのは誤りである．
[5] NALBANDOV, 1958.
[6] 優秀な産卵鶏を作出するには，まず産卵～排卵の間の時間を短くすること，さらに卵管子宮部（卵殻を分泌するところ）での滞在時間（普通の場合21時間）を短くすること（18時間くらいに）などが考えられ，年間365個産卵鶏の出現もそう珍らしくはない．

膨大部で起こる），受精を成立させるためには卵子と精子の各々が互いを認識し，刺激の授受とさらに反応しうる能力を獲得しなければならない．ただ，哺乳動物の卵子は卵巣から排出（排卵）されるときすでに細胞質の生理的成熟が完了していて，卵子の核は第二成熟分裂中期の状態で停止しており（前出），精子が侵入して始めて再開され，成熟分裂が完了することで分かるように，受精に対応できる成熟状態に達している．

受精の詳しい経過は実験室でウニの卵子で容易に観察できる（図2-1）．ウニの卵子は受精前にすでに二次極細胞を放出して成熟分裂を完了している．精子は卵子の細胞膜を通過する際に尾部を残して頭部と頚部だけが卵子形質の中に突入する．この刺激で細胞膜に接触する卵子形質の部分に液化が起こって，細胞膜は卵子形質から離れて**受精膜** fertilization membrane となって他の精子の侵入を防ぐ役目をする．すなわち，ウニでは**単精子受精**[1] monospermy であって，哺乳類の受精機構も多くの場合このような様式をとる[2]．

ウニの卵子に入りこんだ精子は，上記のように尾部を卵子の外に残して頭部と頚部だけとなり（図2-1のA），直ちに反転して今までの侵入方向とは逆に頚部が先で頭部が後となる（B）．この際に頭部は膨大して**雄性前核** male pronucleus となって卵子の中心に進出し（C，D），そこにある卵子核，**雌性前核** female pronucleus と対立し，次に癒合して1つの完全な核となる（E，F）．これを**核癒合** karyogamy と言って，種族の染色体全数を保有し，両親の遺伝子の組み合わせが行なわれたことを示している．この経過の間に，精子の頚部から現われた中心小体が両極に分かれて紡錘糸を現わし，染色体は赤道にならび，いよいよ卵子の細胞分裂（分割）が始まる（F）．

1. 精子の成熟

精細管で形態的に完成した精子はやがて**精巣上体** epididymis に移動するが，そのときまではあまり活発に運動する能力がなく，あっても卵子内に侵入する能力はない．精巣上体管をゆっくり2～3週間かかって下降しているうちに次第にその能力が生じてくる．これがいわゆる**生殖子成熟** gamate maturation である．しかしながら射精直後の精子はまだ卵に侵入する能力が完全ではない．精子は雌動物の生殖路を上昇して卵管膨大部に到達するまでの経過の間に精子自身のある生理的変化を受けて始めて受精可能な精子となる．この生理的変化を**受精能獲得** capacitation とよぶ[3]．精子の受精能獲得に要する時間は動物の種類によって著しく異なり，また雌動物の生殖路の生理的条件によっても影響される．

2. 受精の細胞学的機構

哺乳動物の場合，受精能を獲得している精子であれば卵子と会合した時，30分以内に卵丘

---

1) 単精ともいう．
2) ウニの卵子で実験的に卵子の細胞膜を除くと，多くの精子が入りこんで**多精子受精** polyspermy の現象が現われる．鳥類や爬虫類のような多黄卵では多精子受精が普通だが，この場合でも最初に卵子核と結びついた精子だけがその後の発生に関与し，残りのものは死滅する．**多精**ともいう．
3) 数種の実験動物での研究にもとづいている．家畜（牛・豚）では比較的近年になって実証されるようになった．

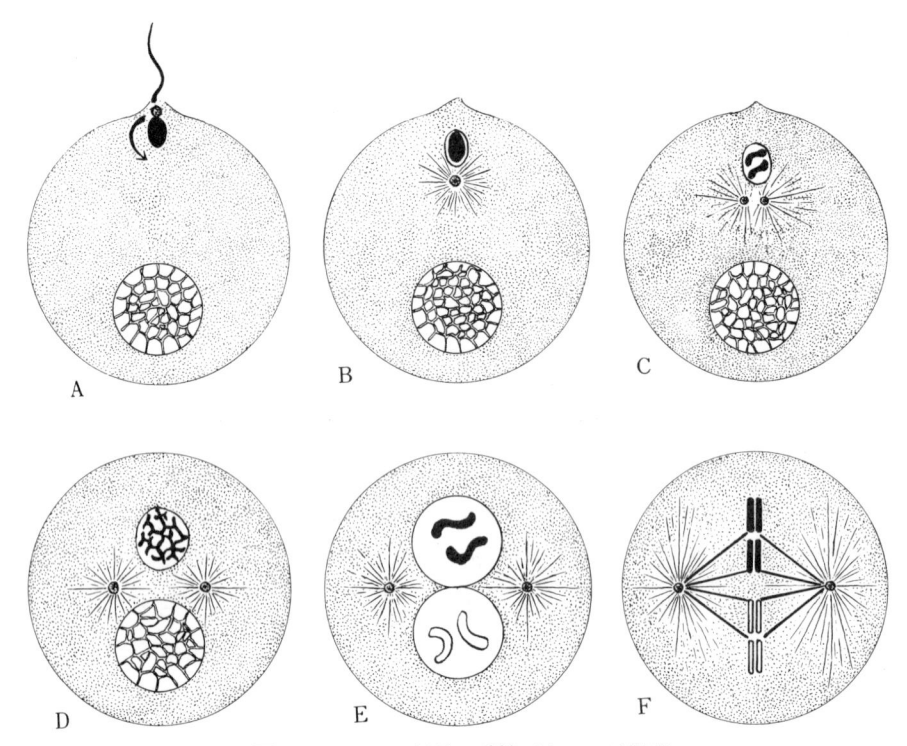

図2-1 ウニの卵子の受精（AREY，模写）
A〜F図の順に進行，説明は本文参照

cumulus oophorus および卵膜（透明帯および卵細胞膜）を通過して卵細胞質内にまで侵入できる．

　精子が卵丘表面に付着してしばらくすると，その先体にある変化が生ずる．先体（外）膜とその外側にある形質膜がところどころで融合を始めると，先体質（酵素など）を放出しながら精子は卵丘に突入してゆく．先体におこるこの変化を**先体反応** acrosome reaction という（図2-2）．これは精子が卵丘に突入するためには不可欠な過程である．受精能を獲得していない精子は卵丘表面に付着したままで，卵丘の内部に侵入できない．

　卵丘細胞をかきわけて進入した精子は第2の壁すなわち透明帯につきあたる．これはS-S基に富んだ糖蛋白であり，卵丘の基質マトリックスよりもはるかに強固な構造物である．透明帯表面に達した精子はしばらくの間，先体内膜を透明帯にぴったりと添わせながら，尾部を烈しく鞭打つ．こうしてからまもなく精子は透明帯を斜めに侵入していく．精子が透明帯を通過する機構も先体質または先体内膜に含まれるトリプシン様酵素によるものと考えられている．

　透明帯を通過して**卵黄周囲腔** perivitelline space に入った精子はすぐに卵細胞の表面と接し，

精子頭部の形質膜は卵子の形質膜すなわち**卵黄膜** vitelline membrane と融合を始める（図2-3, 2-5）。この融合の始動によって今まで活発であった尾部の運動は急に弱まるか、またはほとんど止まってしまう。この瞬間から精子は受動的な立場になり、精子核が卵細胞質内へ深く進入するのは、もっぱら卵子の活動による。その後ゆっくりと尾を含めて精子の全体が卵子内に飲みこまれるように進入していく（図2-5, d）。

卵子と精子の融合によって、今まで眠っているかのような卵子に**受精反応**といわれる一連の劇的変化がおきる。卵子にこのような変化がひきおこされる現象を一般に卵子の**付活** activation という。付活過程にみられる最初の可視的な表層変化は**皮質粒**[1] cortical granule の崩壊である。個々の皮質粒の限界膜は卵子形質膜と融合し、その一部になると同時に顆粒内容物は卵黄周囲腔に放出される（図2-4）。このほか、付活の大きな現象としては、休止していた卵子核が活動を再開して第二成熟分裂を完了して半数性の二次極体をつくると同時に半数性の**雌性前核**になる[2]。これとともに精子侵入を果たした精子頭の核は復元して**雄性前核**となる（図2-5）。精子侵入から第一卵割までに要する時間は37〜38℃の温度のもとで牛で20〜24時間、兎で12時間、鶏で3時間、人で36時間といったように比較的長い[3]。

3. 多精拒否

受精の現象のなかでもっとも合理的でかつ印象的な生理的反応の一つに、卵子が1個の精子の侵入を受けるとその後に続く精子の侵入を拒否する反応がある。下等脊椎動物のなかには卵子に数個の精子の侵入を許す生理的多精を行なうものが知られているが、哺乳類においては卵子は1個の精子による**単精子受精**である。透明帯は1個の精子の侵入を受けると、次いで侵入しようとする精子を受け入れない完全な反応性をもっている。透明帯が示すこの反応は**透明帯反応** zona reaction とよばれる。この反応は卵子の皮質粒の崩壊

図2-2 先体反応の構造図
（CHANG と AUSTIN）
1. 小胞 2. 穿孔器
3. 先体内膜 4. 赤道分節

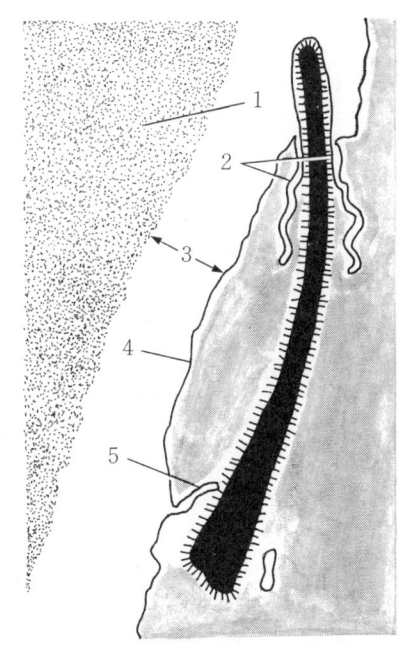

図2-3 精子侵入直後の構造模式図
（CHANG と AUSTIN）
1. 透明帯 2. 赤道分節 3. 卵黄周囲腔
4. 卵黄膜 5. 精子形質膜の痕跡と顆粒物質

---

1) 表層〔顆〕粒ともいう。
2) 兎では受精後40〜50分で卵子から第2極細胞が放出される。
3) 下等脊椎動物では短い。例えばカエル3.5時間、ウニ2〜2.5時間。

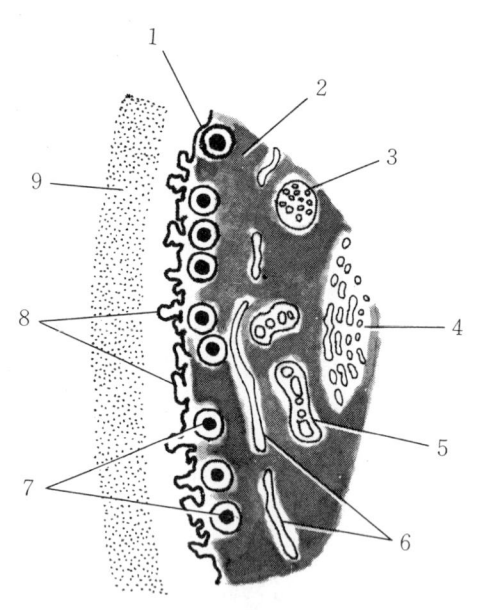

図2-4 卵子表層の拡大模式図（CHANGとAUSTIN）
1. 卵黄膜　2. 卵黄質　3. 多胞体　4. ゴルジ装置
5. ミトコンドリア　6. 小胞体　7. 皮質粒　8. 微絨毛
9. 透明帯

に関係しているがその機構はまだ不明である[1]．

4. 受精の種特異性

比較的近縁関係にある動物（たとえば山羊×羊，家兎×野兎）を除けば，一般に同種の卵子と精子による以外の受精はほとんど成立しない．この事実は卵子と精子が種の違いを互いに認識しあっていることを意味している．その認識部位は少なくとも（1）透明帯および（2）透明帯と最初に接触する精子先体内膜にあるらしいと考えられる．透明帯と先体内膜とが互いに種の違いを認識するには抗原抗体反応と同様な，あるいは似たような様式を使っている可能性が示されている．

---

[1] 皮質粒が卵黄周囲腔に放出されると，皮質粒内の蛋白分解酵素的活性が，卵黄膜の蛋白分子に構造変化をおこすと考えられている．このほか皮質粒物質の成分である糖蛋白の分子が卵黄膜の表面に突出している糖末端と結合して精子認識部を不活化するとも考えられている．

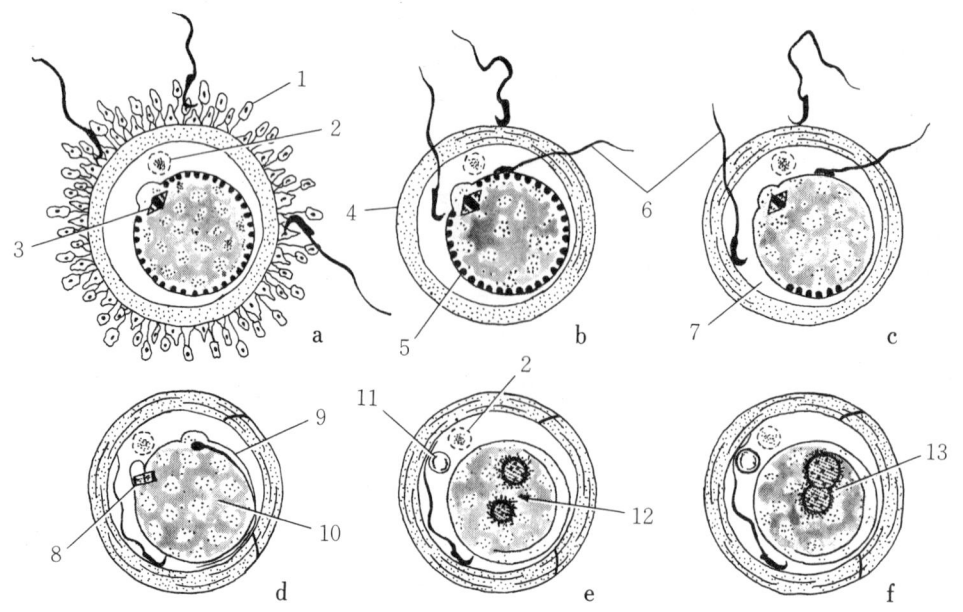

図2-5 受精の進行模式図（CHANGとAUSTIN）a〜fの順に進行する
1. 卵丘細胞　2. 一次極体　3. 第二成熟分裂（中期）　4. 透明帯　5. 表層顆粒　6. 精子　7. 卵黄周囲腔　8. 第二成熟分裂（終了）　9. 卵黄膜　10. 卵黄質　11. 二次極体　12. 雌性前核と雄性前核　13. 第一卵割始動

第2編　胚子発生

受精卵は卵管中を下降する間にもしだいに細胞分裂を重ねて，全体としては卵子よりも小さい細胞集団をつくってまとまってくる．この編では，まず一塊の細胞集団として**胚子発生** embryogenesis の第一歩を踏み出した受精卵から，その後どのようにして胚葉が分化し，体腔がつくられ，胚子被膜（胎膜）が現われて胚子 embryo の発育が順調に進み，ついに出産（孵化）にまでたどりつくか，ということが取り扱われている．

第3章　受精卵の卵割[1]

第1節　各種動物による分割の経過

卵割 cleavage とは受精卵が発生の開始とともに起こす連続的な有糸分裂のことであるが，通常の細胞分裂の際にしばしば見られるような娘細胞の分離は認められないで，透明帯でまとめられたまま細胞が増殖する．これらの細胞を**割球** blastomere とよび，各細胞の結合は比較的緩やかである．

最初の卵割の割れ方は，ナメクジウオの場合を例にとると，規則正しく卵子の動物極に始まって真直ぐに植物極に向かい（第一卵割溝），その様子は球を切半するのと同じ形をとる．2回目の卵割溝も動物極に起こり，前回の卵割面と直角に交わって植物極に到達する．これで受精卵は縦に4等分されたことになる．これに続いて3回目の卵割溝が現われる．この溝は前2回の卵割溝の方向と違って赤道線またはそれより動物極に近い部分に現われて，前2回の卵割溝と直角に交わる．これによって受精卵は2，4，8個の割球に分かれることになる．以後の卵割機転はしだいに不規則になり，動物の種類による差も出てくる．一般に卵割が続くにつれて動物極に近い方が細胞分裂が盛んで，数が多くなり，割球も小さい．ただし，全体として，割球塊の大きさは，もとの受精卵と変わりはない（図3-1）．

卵割はその種族の持つ卵子の卵黄の量によって大きく支配される．卵黄量の多いものは植物極の卵割がおくれるか，全くその部が卵割しない．卵割のもっとも典型的な様式はナメクジウオ[2]の卵子で認められる．この動物の卵子は少黄卵で等黄卵であるから，卵割に際して卵割線の進行の仕方が動物極も植物極も速度にそれほどの差がなく**全卵割** total (holoblastic) cleavage が行なわれ，各割球の大きさもほぼ同じ**均等卵割** equal cleavage である（図3-1）．この動物はその発生様式が簡単で分かりやすいので，他の高級な動物と比較するた

---
1) 分割ともいう．
2) 原索動物 *Prochordata* の頭索類 *Cephalochorda* に属する．

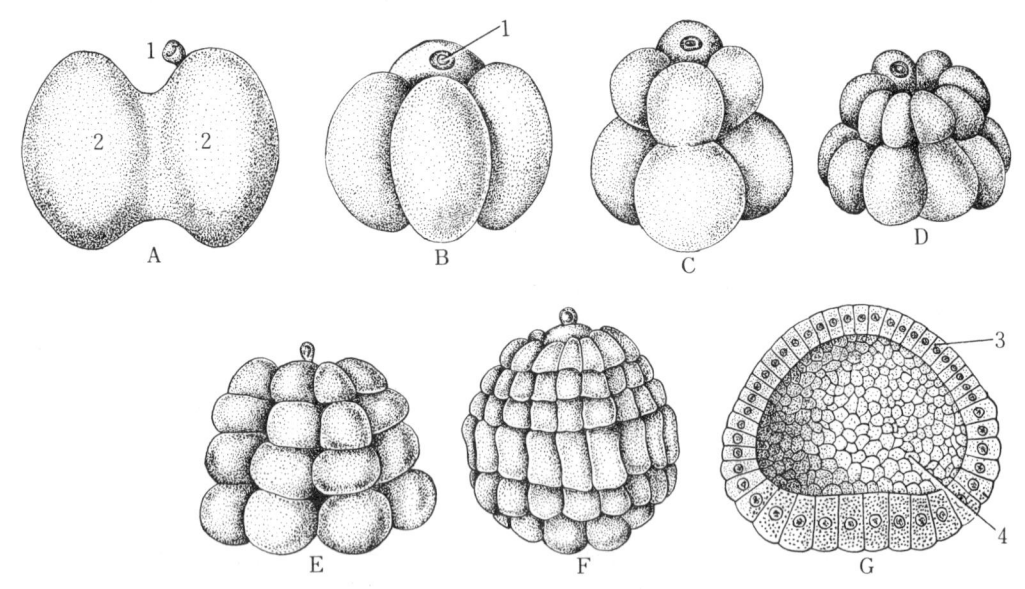

図3-1 ナメクジウオの卵子の卵割（BONNET，一部変える）

A〜Gの順に卵割が進む．この動物の卵割は卵子が等黄卵で，卵割が卵子全体に平等に行なわれる全卵割であるから，卵割の機転を理解するのに最も便利である．E，F，G．桑実胚（胞胚），Gは断面を示す
　　　　1．極細胞　　2．割球　　3．胞胚壁　　4．胞胚腔

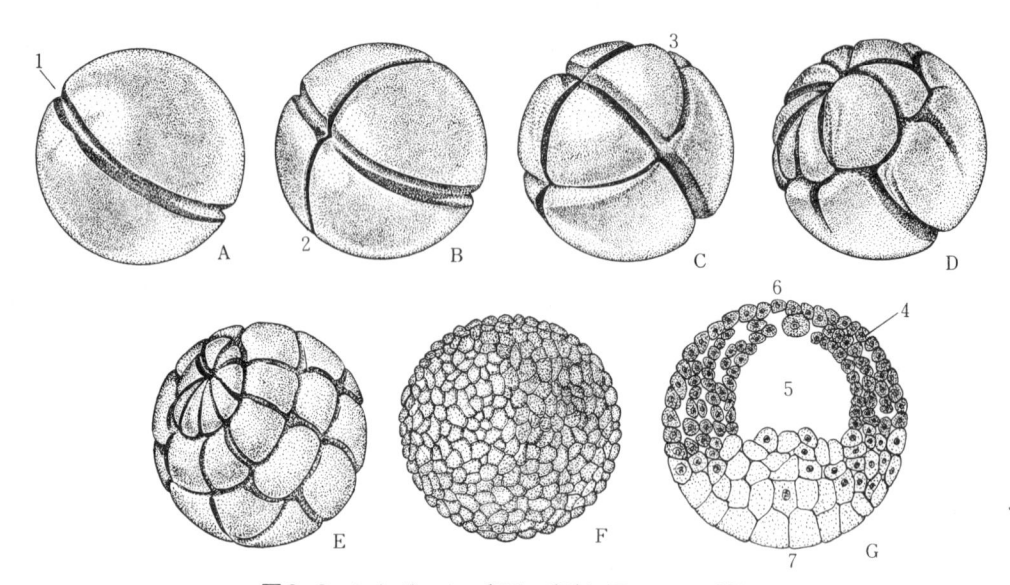

図3-2 ヒキガエルの卵子の卵割（BONNET，模写）

A〜Gの順に卵割が進む．全卵割だが，ナメクジウオの卵子より卵黄が多い中黄卵だから卵黄の多い植物極の卵割の進行がおくれ，割球も大きい．E〜G．桑実胚（胞胚），Gは断面を示す
　　　　1，2，3．第一〜三卵割溝　　4．胞胚壁　　5．胞胚腔　　6．動物極　　7．植物極

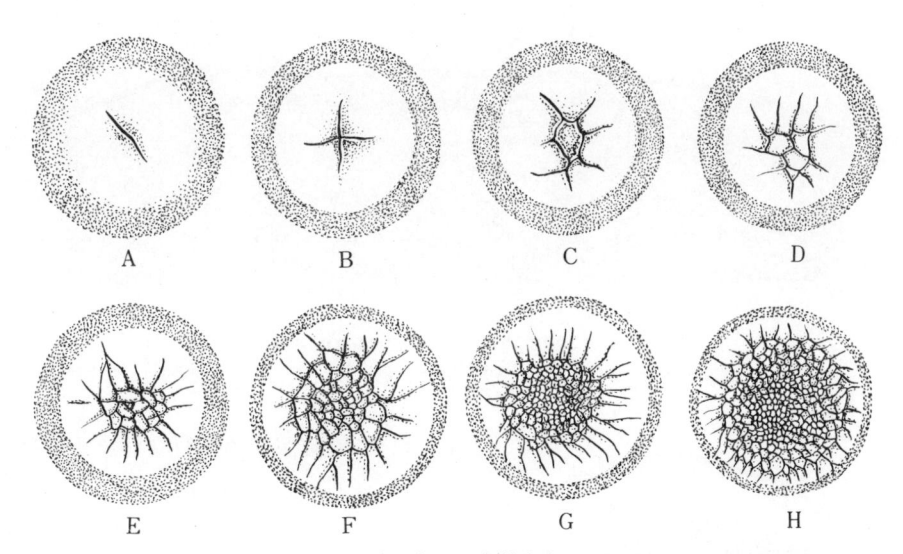

図 3-3 鳩の卵子で盤状卵割を示す
中央の明るい部分が胚盤（明域）で，その周囲の暗い部分（暗域）が卵黄部（動物極から見る）
A．第一卵割溝の出現（2細胞期） B．第二卵割溝（第一のものと直角に交わる，4細胞期）
C．8細胞期 D．4個の中心細胞と10個の辺縁細胞，以下E〜Hの順で分割が進む．

め，しばしば好例として引き合いに出される．

　両生類の卵子は中黄卵であるが，この場合でもナメクジウオに見られるように，卵割線は動物極から植物極に向かって進行し，到達して，全卵割が行なわれる．しかし，動物極での卵割が速やかに進行するので各割球は動物極で小さく，数多く，卵黄を多量に含む植物極のある半球では細胞が大きく，数も少ない**不等卵割** unequal cleavage が行なわれる（図3-2）．

　ナメクジウオにしろ両生類，魚類にしろ，このようにして卵割を重ねる結果，胚子の表面は割球ですっかり被われることになり，その形からこの時期の胚を**桑実胚** morula と言う．また，胚の中には内腔が含まれているから**胞胚** blastula ともよばれ，液体を含む内腔を**胞胚腔** blastula cavity と言い，腔を囲む壁を**胞胚葉**[1] blastoderm と称する．胞胚腔はナメクジウオのような少黄卵でカエルよりも広く，胞胚葉は単層で薄い．以上の動物ではすべて卵割が卵子全体に及ぶから**全卵割卵** holoblastic egg である．

　鳥類（図3-3, 3-4）は卵子の卵黄量が極めて多い端黄卵で，卵割は動物極の胚盤の部分でだけ行なわれる**部分卵割** partial cleavage で，**盤状卵割**[2] discoidal partial cleavage とも言われ，卵割は下半の植物極には及ばない**部分卵割卵** meroblastic egg である（図3-3）．鶏の受精卵

---

1) 胚〔盤〕葉ともいう．
2) 盤状卵割に対し，卵子の全表面にだけ起こる分割を表層卵割 superficial partial cleavage と言う．この様式は昆虫の卵子のような心黄卵で見られ，中心部に卵割を見ないから，これも部分卵割に属する．

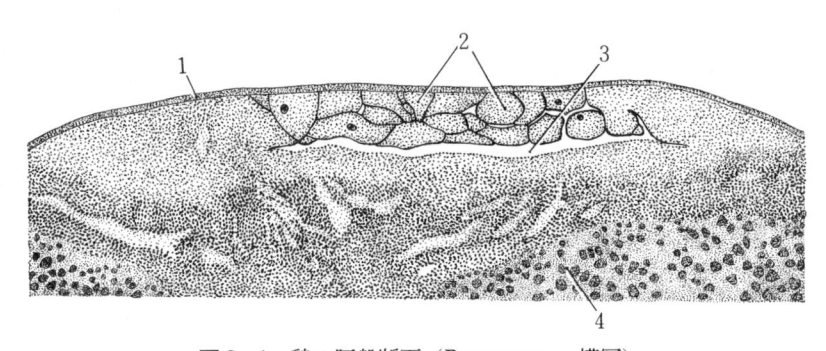

図3-4 鶏の胚盤断面（PATTERSON，模写）
1. 卵黄膜　2. 割球（表層が原始外胚葉，内層が原始内胚葉層）　3. 胚下腔（胞胚腔）　4. 卵黄層

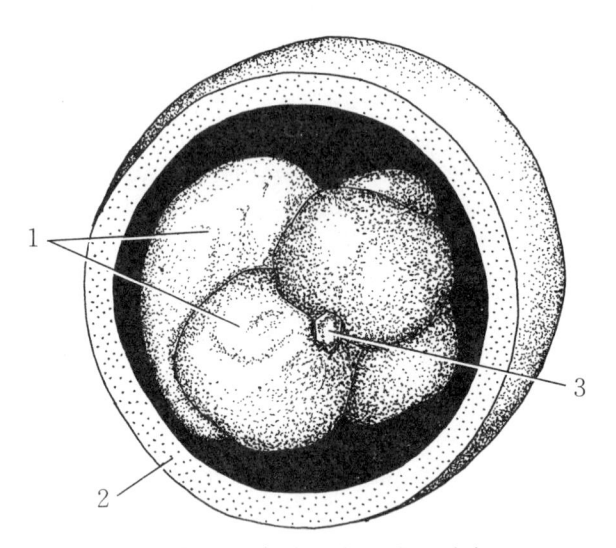

図3-5 犬（greyhound）の卵割
4細胞期卵．連続切片の復構模型．×420．
交尾後5日4時間．割球の大きさにわずかの差が見られる．
1. 割球　2. 透明帯　3. 極体

で卵割が初めて行なわれるのは卵管峡部で（受精後3〜5時間），2回目の分割はそれより約20分後に起きる．胚盤の直下に現われる狭い腔所が胞胚腔に当たり（図3-4の3），ここを**胚下腔** subgerminal cavity とよぶ．このような部分卵割卵は爬虫類や高等な魚類でも同じように観察される．

　家畜や人のような**哺乳類**の卵子は少黄卵であり，また，等黄卵でもあるから，その卵割様式は全卵割で，胞胚に見られる割球の大きさはいずれも大差のない均等卵割である（図3-5，3-6）．卵子は卵割を重ねる間に細胞塊の中心部に間隙ができてそこに**液体**がたまり，間隙が広くなって一つの胞胚腔となる（図3-6，Eの3）．この場合，表面にならぶ1層の細胞層が**栄養膜** trophoblast（4）となり，栄養膜の内側にあって胞胚の一極（動物極）を占めている細胞塊から後に胚子が発生するから，ここを**内細胞塊（胚結節）** inner cell mass（embryoblast）とよぶ（図3-6E，4-2，4-3）．

　哺乳類では胞胚期から次の原腸胚期にかけて，栄養膜を含む外層が大きく嚢状に発達するのでこれを**胚盤胞** blastocyst とよび，その腔を**胞胚腔** blastula cavity と言う．

　卵割の速度をヒキガエルを例にとってみると（図3-2），最初に動物極に出現した第一卵割溝（1）は1分間におよそ0.1mmの速度で受精卵の両面から植物極に向かって一様に伸び出す．第二卵割溝（2）はこれより約60分おくれて同様に動物極に現われるが，第一卵割溝

表3-1 卵黄量の多少による卵割様式の違いを示す

		卵黄の分布による分類	卵割様式	小割球を1とした場合の大割球の比	卵子の大きさ (mm)
哺乳類	人	少黄卵で等黄卵	全卵割で均等卵割	1.0	0.15〜0.20
	兎	同上	同上	1.0	0.18〜0.20
	マウス	同上	同上	1.0	0.06
両生類	ヒキガエル	中黄卵で偏黄卵	全卵割で不等卵割	4.0	2.3
	イモリ	同上	同上	4.5	3.5〜5.0

とは直角の位置をとって進む．まだこの頃では第一卵割溝の先端は植物極に達していない．第三卵割溝（3）は以上の溝に直角に交わり，赤道近くに現われるが，これもおよそ60分後に出現する．このように，初期の卵割でヒキガエルではおよそ1時間の間隔で次々と卵割溝が出現する．もっとも第三卵割溝に平行してその下部に同時に出現するはずの第四卵割溝は，卵黄量が多いために第三卵割溝より30分ほど遅れて現われる．以後の卵割はしだいに不規則になる．このようにして桑実胚が出現し，中心部に空隙ができて胞胚となる．動物極に近い割球は小さく，数多く，小割球 micromere と言われ，植物極に近い方は大型で，数の少ない大割球 macromere である[1),2)]．以後はしだいに卵割の速度が早くなり，また不規則となり，内層に向かっても卵割が進み胞胚葉も厚くなる．

以上示したように，受精卵の卵割様式は動物の種類によって違っていて，ことに卵子の卵黄量の多少によって支配される．表3-1に各種動物の大，小割球の大きさの比率を示してみた．

第2節　胞胚期の意義

受精卵の卵割は多細胞からなる動物のすべてを通じて共通に見られる普遍的な現象である．一般の細胞に比べると，もともと大形の卵子であるが，卵膜の中で行なわれる卵割によって回を重ねるごとに割球の数は殖えてゆくが，これらの割球を包含する卵自体の大きさは外観的には少しも変わらないように見える．卵割し増殖するためのエネルギーはすべて卵細胞質を素材として行なわれるのであって，核はさらに核を生むというように，細胞内にあってDNAその他重要な核成分が盛んに合成され新生されつつあるもので，目に見えない活発な代謝機転が行なわれている経過が十分に想像できる．家畜のような哺乳類では胎生であるから，胞胚は間もなく子宮壁に着床して，以後の栄養分は母体によって補給さ

---

1) マウスの卵子は受精後20〜27時間で2個の割球になり，およそ40時間で4個，50時間で8個，62時間で16個に卵割する経過が認められている．
2) 高等動物の卵割では図3-5に示される割球の配置（4細胞卵）から見て，第一卵割溝と第二卵割溝は垂直と水平に直交 interlocking している．また，卵割のつど作られる割球には大，小のサイズの割球が区別される（図3-5, 3-6）．

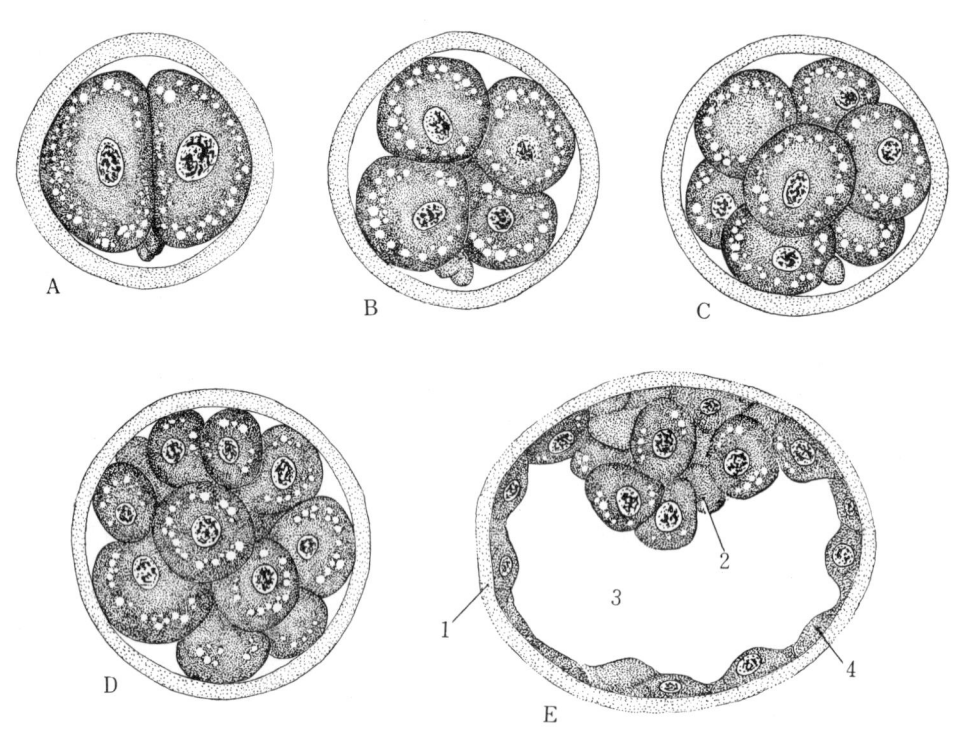

図3-6 豚の卵子の卵割 (PATTEN, 模写)
A〜Eの順序で進行　D. 桑実胚　E. 胞胚
1. 透明帯　2. 内細胞塊（胚結節）　3. 胞胚腔　4. 栄養細胞層

れるが，家禽（鳥類）のような卵生のものでは，貯蔵された豊富な卵黄を消費しながら孵化期まで持ちこたえるのである．

　胞胚期の頃までの各割球は，最近までの研究によると，その個々の細胞は，まだこの時期に特異性がなく，**全能性** totipotency（どの器官にもなり得る融通性）を持っているといわれる[1]．要するに，この胞胚期は次の原腸胚期のための準備工作の時期であって，続いて来る原腸胚期に外，中，内胚葉を出現させて，いよいよ胚葉の特異性を現わすようになる．

第3節　受精卵（胚）の移植[2]

1. 受精卵移植の技術

　家畜の品種改良や，需要の多い特定の品種の増産などを目的として始められた**受精卵移植** embryo transfer の技術は近年著しく進歩し，海外ではすでに企業として成立し，全世界的

---

1) 37頁参照.
2) 杉江，金川の資料による．embryo transplantation ともいう．受精卵を回収し，移植する技術を総称して受精卵移植または**人工妊娠** artificial pregnancy という．

に広く普及するようになった．また，この技術の進歩と合わせて卵（胚）の**微小操作** microma-nipulation の技術も著しく進歩し，家畜の形質遺伝の解明が期待されるようになった．

　受精卵移植は産子数の少ない家畜の子畜生産に利用すると効果が大きいので，当初からこの技術の開発と応用は牛・羊・馬などを目標として進められた．従って豚のように本来多胎の動物については単胎の動物にくらべて十分な応用的成果はまだ得られていない．受精卵移植を実際に応用する場合には次のような各操作を同調させなければならない．1）過剰排卵誘起，2）受精卵の回収，3）受精卵の移植，4）受精卵の保存，5）供用雌動物の発情期調整．以上の各処置または技術は動物の種類によってそれぞれ多少異なる．

　1）過剰排卵 superovulation 誘起[1]：卵子を供給する動物 donor に性腺刺激ホルモンを投与して，1回に多数の排卵を誘起する処置である．牛の場合，性周期の第16日にまず PMSG[2]（妊馬血清性性腺刺激ホルモン）を1回皮下注射後，その3日後と4日後に estradiol を筋肉内に注射し，発情が発現した日に HCG[3]（ヒト絨毛性性腺刺戟ホルモン）を静脈内に注射して直ちに人工授精を行なう．

　最近は，黄体期の任意の時期（ただし排卵後4～5日間を除く）に PMSG を注射し，その2～3日以内に Prostaglandin F2α（PGF2α）を筋肉内に注射し，発情が発現した日に HCG を注射し，その日のうちに授精を実施する．

　2）受精卵の回収：供卵動物に開腹手術を実施して卵管と子宮を灌流して受精卵を回収する方法，あるいは母体を傷つけずに子宮を洗滌して洗滌液の中から受精卵を回収する方法が用いられる．開腹手術をして卵管と子宮を灌流する方法は兎・羊・山羊・豚などの中小動物の受精卵回収の場合に広く用いられる．開腹手術による卵回収は，技術が最近著しく進歩してきているので，卵管灌流で70～80％，子宮灌流でも60～70％の卵回収が可能となった．いうまでもないが，採卵時期が排卵後4日以後の場合は子宮角を灌流して卵を回収する（第4章第1節参照）．大動物の場合，開腹手術には設備と技術者を必要とする．また術後の経過不良などの理由から，反復して同じ個体から採卵することが困難になる場合がおきるという弊害もある．

　3）受精卵の移植：供卵動物から得られた受精卵が完全な動物に発育する環境は現在までの所，同種の動物の雌性生殖器内に限られている．なお，移植に際しては，移植する受精卵の日齢と受け入れて育てる個体の生殖的環境が性周期的に一致していることが**受胎** conception に導く最も重要な条件となる．すなわち，donor と recipient の発情期が24時間以内に同調している場合に高い受胎率が得られる．

　移植の手術は採卵の場合と同じ要領で開腹し，卵管あるいは子宮に卵子を浮遊液と一緒

---

[1] **誘起排卵** induced ovulation ともいう．
[2] pregnant mare serum gonadotropin
[3] human chorionic gonadotropin

表3-2 牛受精卵の体外培養*の成績

培養開始時	培養卵数	培養日数	胚盤胞期まで発育した数	発育率 (%)
8細胞期	19	4〜5	17	89.5
16細胞期	23	3〜4	18	78.3
桑実期	17	2〜3	14	82.4

*温度：37℃，培養：BMOC−3，CO_2 5％，O_2 5％，N_2 90％

に注入する．牛の場合は下腹部を切開する方法と側腹部を切開する方法が用いられてきたが，最近は枠場に保定して局所麻酔だけで実施できる側腹部切開法が利用されている．

卵子の注入は動物の種類にほとんどかかわりなく同じ要領で行なう．まず卵管に移植する場合は毛細ピペットに卵子を少量の浮遊液と一緒に吸入し，ピペットの先を卵管采から卵管内に挿入し卵管膨大部に注入する．また，子宮角に移植する場合は子宮角の漿膜面に注射針の先で小孔をつくり毛細ピペットを差し込み，子宮腔に卵子を注入する[1]．

4）受精卵の保存：受精卵を移植する場合，移植する卵の日齢と，これを受け入れる母獣の排卵後の経過日数は同調していないと受胎の成功率はよくないことは前記した通りである．もし受精卵を採取した時の状態のままで長期間保存できるようになれば，移植に際して受卵動物の発情期を調整しておく必要がなくなる．さらに保存した卵子の輸送が可能となり，たとえ遠隔の距離であっても希望の品種あるいは系統の卵を移植することが実用化され，その効果は著しく大となる（表3−2）．

5）供用雌動物 recipient の発情期調整：受精卵移植の成功に当たっては受卵動物の発情期の調整が重要な鍵となっている．しかし実験動物を除くと，大，中家畜の場合，限られた雌動物集団の中から自然発情期の一致したものを選ぶのは容易でない．このため，予定した雌群の発情期を予め調整しておく処置が望まれていた．この目的で近年 PGF2α の利用による発情期の同調が良い結果をもたらすようになった．牛の場合，PGF2α を2回，子宮角あるいは筋肉に注射することでよい成果が示されている．

2．受精卵移植の応用

先にも述べたように受精卵の移植技術に関係する問題点が次々と解決され，改良と開発の進歩によって，この技術の応用は家畜の生産増大，改良促進，特定品種の生産調整における有効性が実証されるようになった．この技術のさらなる展開により，動物発生学，遺伝学，繁殖生理学の分野で未解決の問題の解明や新しい発見など，将来の学問の発展に大きく寄与するであろうと期待されている．

表3-3は2個の受精卵を1頭の受卵牛に移植した場合の受胎成績を示している．この場合ほぼ半数の例で双子の生産が得られた．表からも分かるように排卵黄体が右卵巣あるいは左卵巣に存在することとかかわりなく移植卵は満期まで発育したことがわかる．

---

[1] 採卵および移植に際し，開腹しないで処置できる非外科的 non-surgical 技術と器具が近年開発され，応用されるようになった．

表3-3 2卵移植による受胎例の子牛生産

	供卵牛との日差	移植卵の段階および数	移植順序と排卵側	妊娠角	妊娠期間(日)	産子 性別	数	生時体重 (kg)
1	0	8～16細胞　2	右, 左 黄体-左	左子宮角	282	雌	1	24.0
2	0	8～16細胞 16～32細胞	右, 左 黄体-右	左子宮角	281	雌	1	30.0
3	+1	8～16細胞 16細胞	右, 左 黄体-左	左子宮角	287	雌	1	24.0
4	+1	16細胞　2	右, 左 黄体-右	左子宮角	281	雌	1	25.0
5	+1	8～16細胞　2	右, 左 黄体-右	両子宮角	281	雌 雄	1 1	18.0 22.5
6	0	8～16細胞　2	右, 左 黄体-右	両子宮角	285	雄	2	24.0 22.5
7	+1	8細胞 8～16細胞	右, 左 黄体-左	両子宮角	279	雌 雄	1 1	27.0 25.5

　受精卵の凍結保存についても近年技術が進歩し，多くの成果が得られている．すなわち浮遊液に添加する凍結防止剤の選択について DMSO[1] よりも glycerol が凍結および解凍の過程で受精卵の損傷を少なくすることが実証され，この方法によって凍結受精卵は時間と距離を超えて将来広く全世界的な活用が予期されるようになった．表3-2, 3-3にも示されているように，牛の場合，移植される受精卵の発達段階は**後期桑実胚** late morula から**初期胚盤胞** early blastocyst の間が望ましく，上記の幅より以前の受精卵は凍結後の生存性が低い．一方，これ以後の受精卵には耐凍性が認められている．

　卵割中の受精卵を顕微鏡下で分離して，個々の割球を異なる受卵牛の移植による産子も可能となった．大動物においても受精直後の2細胞卵を分離して，それぞれを同一または異なる母体への移植により1受精卵に由来する**同質双胎子** identical twin が "半受精卵 half-eggs" から得られている．さらには羊において同様な方法で4細胞卵を分離して**同質要胎子**（4胎）identical quadruplets が "四半卵 quarter-eggs" から得られている[2]．またこの方法は牛・豚・馬についても応用され成功しつつある．

　この方法をさらに検討すると，2個体あるいはそれ以上の個体に由来する割球 blastomere を混合してキメラ性の1個体を作り出すことも可能となる．こうして得られた実験的キメラは初期の胚発達に関する基礎的機構を研究するのによいモデルとなるように思われる．こうして胚移植に関連する技術の進歩は将来にかけて家畜の遺伝的操作を可能にする新しい技術の開発へと導く過程が約束されたように思われる．

---

1) 凍結防止剤 dimethyl sulfoxide.
2) Polge の報告による.

第4節　発生工学的展望

　さて，近年の目ざましい遺伝子工学，特に発生工学の進歩を考えると，家畜の品種改良や増産の目的をより速やかに達成するために遺伝子組み替え技術を導入する時期が到来しつつあると考えられる．家畜を一層合目的的に改良するために，目的とする形質の遺伝子を単離同定[1]し，目的に応じて対象とする家畜に単離した外来遺伝子を導入発現させ，新しい形質を獲得させようとするものである．

　実際，研究室レベルにおいては未知の遺伝子の機能や遺伝子発現調節機構の解析，疾患モデル動物の作製などの目的のために，マウスを中心に形質転換動物の作製が競って行なわれるようになってきた．外来遺伝子をマウス個体に組み込ませる方法として，外来遺伝子を初期胚に直接導入するマイクロインジェクション法，胚性幹細胞を用いる方法，および核移植の3通りが現在代表的である．この中で，最も広く用いられるマイクロインジェクション法は，マウスの卵管から受精卵を回収し，この受精卵の前核にDNA溶液を注入した後，仮親の卵管内に移植して形質転換マウス transgenic mouse を産ませるという方法である．

　成長ホルモンの遺伝子を metallothionein の promoter につなぎ，マイクロインジェクション法により導入し，肝細胞で成長ホルモンを過剰に発現させ，通常のマウスの2倍以上の"スーパーマウス"を作製した実験は注目に価する．すなわち，同様な方法を用いてより大型の家畜を作製し，生産性を向上させることが可能かも知れない．

　一方で，胚性幹細胞を用いて目的の遺伝子を破壊したり，目的の遺伝子に変異を導入した後に胚盤胞に戻し，個体を作る方法や，核移植により体細胞の核からクローン化した動物を生産する技術も一般化し，合目的に遺伝子を改変した動物を人為的に作り出すことやクローン化した動物を必要な数だけ自由に産生することが容易にできる時代が到来している．

　さらに，動物の形態をより合目的に変えることに道を開く形態形成の制御遺伝子の解析も進んでいる．ショウジョウバエのバイソラックス（本来双翅目のショウジョウバエが4枚翅となったもの）や，アンテナペディア（触角が脚になったもの）などの形態形成に異常を示す変異種をもとに，一連の形態形成を司るホメオティク遺伝子群が単離された．これらの遺伝子産物は他の遺伝子の発現調節を行なうことによって形態形成の制御を行なっていることやホメオティック遺伝子群の制御を行なう母性効果遺伝子群や分節遺伝子群の本体が明らかになってきている．また，カエル・ニワトリ・マウスそしてヒトなどの脊椎動物でも同様な遺伝子群が見つかり，それらの機能が明らかにされつつある．これら一連の遺伝子群を応用すれば動物の形態そのものを目的によって変えることが可能である．

---

1) クローニングのこと．クローン化ともいう．

このように遺伝子組み替えや発生工学の技術の導入によって，発育性，繁殖性，飼料要求性や病気に対する抵抗性などのより優れた家畜を作製することが可能と考えられる．

以上，現在の遺伝子工学，発生工学の駆使により，より優れた家畜を作り出すという観点から，どのような改良が可能かについて展望してきた．現実に，これらの手法を実験室レベルを超えて適用するには倫理上の問題，人間を含めた生命生態系全体に及ぼす影響について十二分な配慮が必要であることは言うまでもない．

第4章　胚子着床

第1節　胚子の子宮への到達経過

受精卵は卵割をくり返しながら卵管内を子宮に向かってしだいに移動してゆく（図4-1）．移動の原動力はおそらく卵管壁の筋層の収縮と，卵管上皮の線毛の子宮方向への運動によるものと思われる．移動する間にも胚子は絶えず卵割を続けており，胞胚期に達する間の受精卵のこの時期のものを**原胚子**[1]archicyteとよぶ（図4-1の9，4-2，4-3）．原胚子の卵割の進行程度は家畜の種類によって差があるから，およその相違を表4-1に示してみる．

家畜の胚子では透明帯に包まれたまま卵割が行なわれ，割球の数はしだいに増し，中心

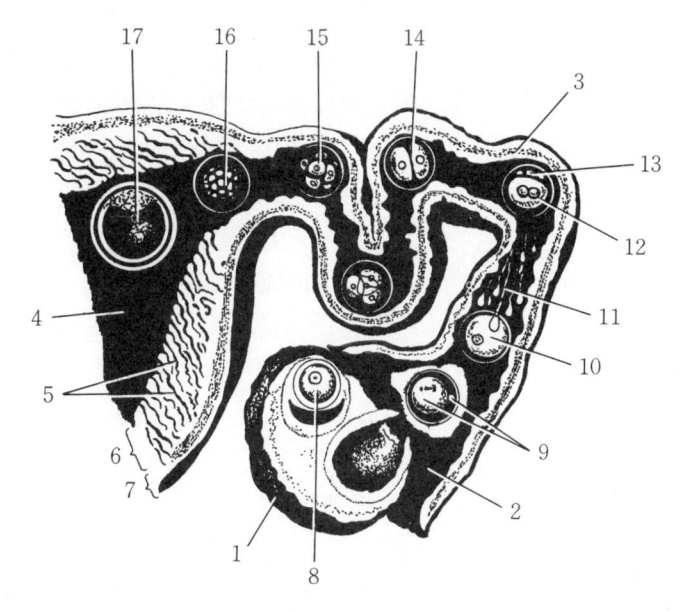

図4-1　排卵から着床までの経過を示す模式図
（ZIETZSCHMANN と KRÖLLING）
1. 卵巣
2. 卵管腹腔口
3. 卵管
4. 子宮粘膜
5. 子宮腺（増殖期）
6. 子宮内膜
7. 子宮筋層
8. 胞状卵胞
9. 卵子（第二成熟分裂期）と一次極体
10. 受精（卵管膨大部）
11. 精子
12. 接合子
13. 極体
14. 2細胞卵
15. 8細胞卵
16. 桑実胚
17. 胞胚

---
[1] 卵割開始以前の受精卵を意味することもある．

部は水様液を含んだ胞胚腔を形成していることはすでに説明したが，割球の数がどんなに増しても，全体として桑実胚および胞胚の大きさは卵子時代のものと大きく変わらず，透明帯の弾力性の限界内にとどまる．胚子が急激に大きくなるのは，後に着床するようになって透明帯がとれてからのことである[1]．

牛を例に説明すると次のようになる（図4-4）．固有の性周期の発情終了後14時間で排卵された卵が10時間以内に受精した場合，受精後約24時間以内に**第一卵割**を果たして2細胞卵となる．**第二卵割**はそれより約10時間で完了するが，ここで形成された4個の割球は次の卵割を完了するのが必ずしも同時とは限らないので，時間差がおきる．従って4個の割球のいずれもが卵割をすませて8細胞が揃うのは4細胞卵の出現から約20時間を要する．この時期以後は卵割は割球ごとに進行するので，**桑実胚**に達したものでは8, 16, 32と割球数が整然とすることはない．

胚子はこのようにして卵割を重ねながら子宮に到達する．家畜の子宮は双角子宮[2]であるから，胚子は単胎 monotocous の家畜（牛・羊・山羊・馬）なら排卵された側の子宮角に到達するのが普通で[3]，子宮角では子宮体に近いおよそ1/3の部位の子宮壁への着床がもっとも多い．子宮壁での着床部位は子宮間膜付着部の反対側であるの

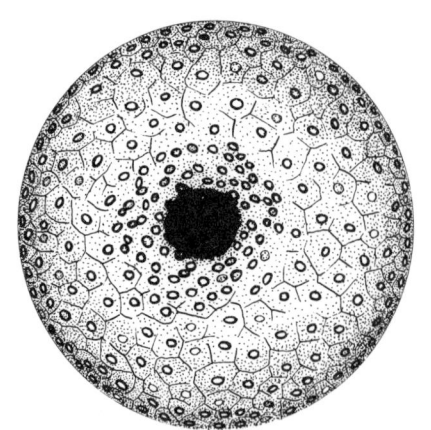

図4-2　胞胚期に入った犬の胞胚
（ZIETZSCHMANN，模写）
中央部の黒点が胚結節

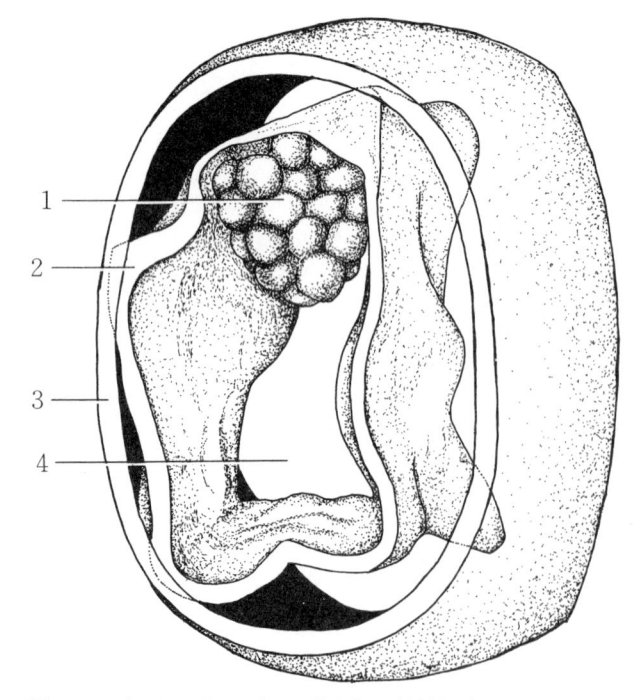

図4-3　犬（greyhound）の胞胚期．連続切片の復構模型．
×420．交尾後13日（栄養膜は固定による収縮を示している）
1. 内細胞塊　2. 栄養膜　3. 透明帯　4. 胞胚腔

---

1) 桑実胚の割球が増加して各割球間の液体も増量してその内圧が一定の臨界値に達したとき，割球群は一瞬のうちに内細胞塊と栄養膜に分離して胞胚となる．胞胚期に入ってからもこれら割球の増殖は続くので胞胚は増大し，着床前後の頃の胞胚は500 μm以上となり，透明帯は5 μm以下の厚さとなる（後項71頁も参照）．
2) 牛の子宮を**両分子宮** bipartite uterus とする学者もあるが，広い意味では双角子宮と見てさしつかえない．
3) 時には同（排卵）側の子宮角を通過して，反対側の子宮角に到着し，着床する場合もある．

表 4-1　各種動物の胚子の卵管通過から着床までの経過（時間,日）を示す
(MCLAREN と HAFEZ から合成)

動物	受精限界*		排卵後（時間または日数）							
	精子	卵子	2細胞	4細胞	8細胞	16細胞	胞胚	子宮内進入	着床	妊娠期間
	時　間		時　間				日			
馬	72 – 120	6 – 8	24	30 – 36	72	98 – 100	6	4 – 5	28	335 – 345
牛	30 – 48	8 – 12	24	50 – 83	72	96	7 – 8	3 – 4	30 – 35	275 – 290
羊†	30 – 48	16 – 24	24 – 40	42	60	72	6 – 7	3	15 – 16	145 – 155
豚†	24 – 48	8 – 10	14 – 28	26 – 50	48	96 – 144	4 – 5	2 – 2.5	11	112 – 115
猫†			40 – 50	72		96	5 – 6	4 – 8	13 – 14	52 – 65
兎†	30 – 36	6 – 8	24	25 – 32		40 – 47	3 – 4	3	7 – 8	30 – 32
サル（リーサス）			26 – 49	24 – 52		96 – 144		3	9 – 11	159 – 174
人	24 – 48	6 – 24	36	48 – 72	60	72 – 96	4 – 6	3	8 – 13	252 – 274
ラット†	12 – 14	8 – 12	24 – 48	48 – 72	72	96	4 – 4.5	3	5	20 – 22
マウス†	10 – 12	6 – 15	24	38 – 50	60	60 – 70	3.5	3	4	19 – 20
フェレット†			51 – 71	64 – 74		95 – 120	4.5 – 6	5 – 6	7 – 8	42
モルモット†			23 – 48	30 – 75		107	4.5	3.5	6	63 – 70

† 交尾からの経過
* 相対的な解釈である．精子については雌性生殖道内での時間を示す
　卵については排卵後の時間を意味する

が普通である（表4-2）．もし多胎 polytocous の家畜（豚・兎・犬）の場合なら，左右の卵巣から一時に数個から十数個排卵されるから，この場合は胚子は両側の子宮角に一定の間隔で一列にならんで着床する[1]（図5-14）．胚子を収容するこの時期の子宮粘膜は，黄体ホルモンなどの影響により子宮壁の機能層の粘膜が厚く柔らかくなっていて，子宮腺も発達して分泌物で粘膜面が十分に湿らされており，胚子を受け容れるための最高の好条件を備えている（図4-1, 4-4）．

表4-1に示すように，排卵された卵子は受精後，家畜の種類で違うが44～96時間（犬は遅い）ほどかかって子宮に到着する．この頃の胚子では排卵当時つけていた放線冠がすでに失われていて，透明帯だけで囲まれているが，卵管通過中に透明帯の表層にさらに卵管から分泌されたアルブミン層を重ねているので，卵膜は全体に厚味を増している．胚子は子宮角に到着後，直ちには着床しないで，数日間を子宮角内に遊離している（表4-1）．この期間から着床の初期にかけて，これらの卵膜は子宮腺の分泌物に含まれる酵素によって分解消化されるらしく，しだいに崩壊し消失する．おそらく，これらの分解された物質は，子宮腺で生産される分泌物（子宮乳 uterine milk）とともに，この時期の胚子の発育のための栄養源として利用されると思われる．この頃の胚子は表層の細胞が特別に発達して栄養膜となり（図3-6, 4-3），この膜から外囲の栄養分を吸収し，胎盤が形成されるまでこの状態が続く．

---

[1] implantation spacing という．**子宮内分布** distribution in utero ともいう．

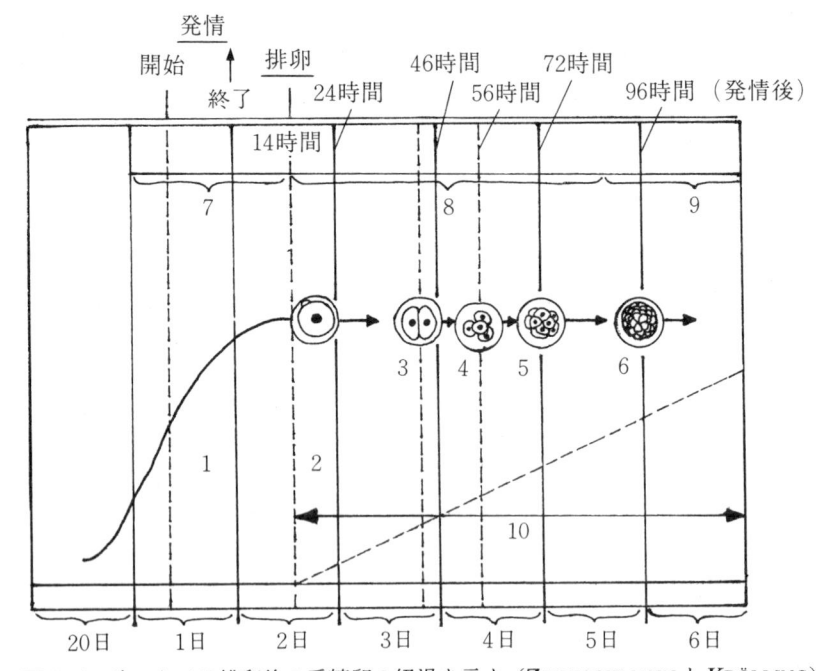

図4-4 牛における排卵後の受精卵の経過を示す（ZIETZSCHMANN と KRÖLLING）
1. 発情　2. 受精　3. 2細胞　4. 4細胞　5. 8細胞　6. 桑実胚　7. 卵胞発達　8. 卵管内移動　9. 子宮内進入
10. 黄体発達

第2節　着床の意義と様式

　胚子を囲む透明帯が崩れてなくなると，胚子は直接母体の子宮粘膜と接触する．この時期は各家畜でおよそ桑実胚から胞胚の間に相当する．透明帯を失った胚子は，今までこれによる外側からの圧迫から解放されて成長を速め，以後は急に大きさを増してくる．そこで，この急激な成長（細胞の増殖）のために必要とされる栄養分はどこから補給されるのであろうか．家禽のような**卵生** oviparity のものなら豊富な卵黄があって，孵化時まで利用できるが，家畜のような**胎生** viviparity の動物では，胞胚期以後の速やかな成長をなしとげて，出産されるまでの栄養分の供給は，母体の子宮壁に依存する必要がある．その最初の行動は，すでに前節で説明したように，胚子が遊離したままで栄養液を吸収することであった．しかし，発生が進むにつれて，このような単純な方法ではもはや間に合わなくなってくる．そこで，哺乳類でも有胎盤類 Placentalia のように高級な体制を持つものでは，子宮との接触を一層緊密にするため，胚子が子宮粘膜内に埋

表4-2　子宮に対する胞胚と胎膜の方位[1]（HAFEZ）

	齧歯類	食肉類	牛・羊・豚	霊長類
胚盤	間膜縁	反間膜縁	反間膜縁	反間膜縁
栄養膜の最初の付着	反間膜縁	中央	中央	反間膜縁
尿膜の最初の付着	間膜縁	反間膜縁	間膜縁	反間膜縁

[1] 間膜縁　mesometrial border, 反間膜縁　anti-mesometrial border

没して一定の位置を占める．この現象を**着床** implantation（nidation）と言い，間もなく哺乳類独特の**胎盤** placenta がつくられて，これを通して出産まで母体から栄養の供給を受けるようになる．

着床の仕方は家畜によってその様式が違っていて，下記の3通りに区別できる．

1. 中心付着 central attachment（図4-5のA）

胚子が子宮角腔に定着し，胚子が大きく成長するとともに子宮腔もそのために拡張し，子宮粘膜と全面的に接触して腔を満たす型のもので，家畜では牛・羊・山羊のような反芻類，馬・豚・犬などがこの型に入る．胚子を包む栄養膜面には絨毛を生じて，これが子宮粘膜と嵌合して栄養が摂取されるが，詳しくは後項（88頁）にゆずる．

2. 偏心付着 eccentric attachment（図4-5のB）

胚子が子宮角粘膜のくぼみに収まり，やがてそのくぼみをつくるヒダの頂上が結合してふさがり，胚子はその部の粘膜に囲まれ，本来の子宮角腔から隔離されて偏在する型のものだが，胚子を囲む粘膜上皮は胚子の栄養膜によって間もなく破壊されて，胚子は母体の子宮壁の固有層と直接接触するから，結果においては下記の壁内着床と同じになる．この型に入るものは家畜では兎で，一般に齧歯目の動物にみられる．

3. 壁内付着 interstitial attachment（図4-5のC）

胚子が着床する部分の子宮壁の粘膜上皮を胚子自身の持つ酵素で溶解破壊して，その下層の固有層に侵入する（8）．このように粘膜内に埋没して直接子宮腔から隔離される点では偏心付着と同じである．この型に属するものは人・サルのような霊長類，モグラなどである．

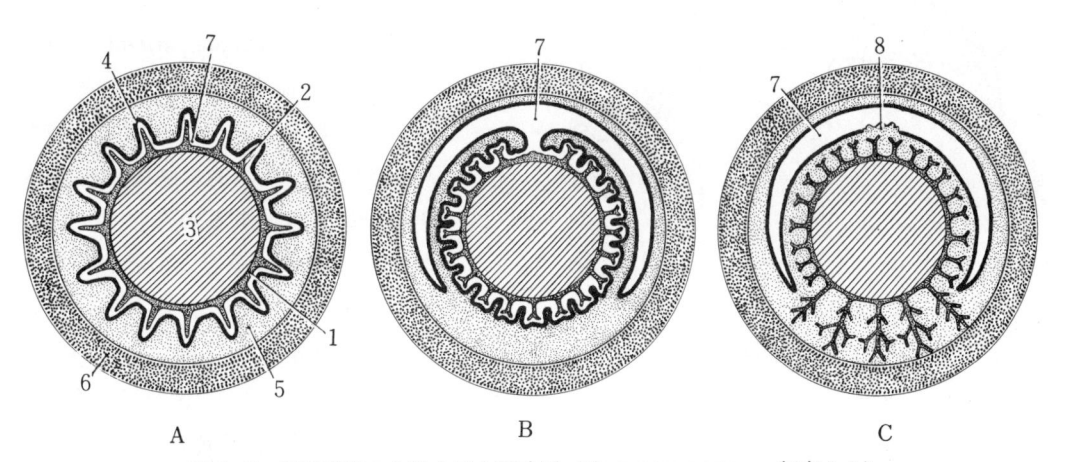

図4-5 胚子着床の3型を示す模式図（ZIETZSCHMANN，一部変える）
A. 中心付着　B. 偏心付着　C. 壁内付着　Bで胚子を囲む子宮粘膜上皮は胚子の栄養膜により間もなく破壊され消失する
1. 胚子の栄養膜　2. 絨毛　3. 胚子　4. 子宮角粘膜上皮　5. 同，固有層　6. 同，筋層　7. 子宮腔　8. 胚子の侵入部

中心付着型の家畜では，胚子の成長につれて妊角（胚子が着床している側の子宮角）はいよいよ膨大して単一の嚢のような外観となるが，よく見れば反対側の子宮角ははなはだ小さくなって残っている．偏心付着，壁内付着の場合は，胚子の成長につれて子宮腔はしだいに圧迫されて狭まり，胚子は外側に向かっても膨れてくる．

第3節　脱落膜

1．形質と出現

子宮粘膜 endometrium は卵子の受精後急速に変化し妊娠子宮の内膜は厚さが増加する．妊娠期のある時期にそれは最高度に発達し，ついで妊娠の終了までの期間徐々に縮小してごく薄い層となり，**満期** term になれば胎盤の剥離はここで起きる．妊娠子宮の粘膜はこの理由から**脱落膜** decidua とよばれる．以前，脱落膜とは分娩時に**後産** afterbirth とともに排出される母体組織を意味していた．

絨毛膜との関係から脱落膜は3区域に区分される．a.**被包脱落膜** decidua capsularis（中心着床の型式のものには欠けている）脱落膜は卵をつつみ，卵を残りの子宮腔から分離する．b.**基底脱落膜** decidua basalis　脱落膜は卵の下の部にあり胎盤の母体部を形成する．c.**壁側脱落膜** decidua parietalis　残りの子宮内膜を構成する．

妊娠期に最も強く変化する子宮粘膜の部位には，典型的な**脱落膜細胞** decidual cell が出現する．これまで，脱落膜組織の知識は兎と人の胎盤に関する所見に基づいていた．脱落膜細胞はその構造，形態学的序列，起源の点で大きな差異をもっている．しかし，今日"典型的"な**脱落膜細胞**とは子宮内膜の結合組織細胞がグリコーゲンあるいは類脂質を蓄積する結果増大し，円形或いは多角形になったものと広く理解さ

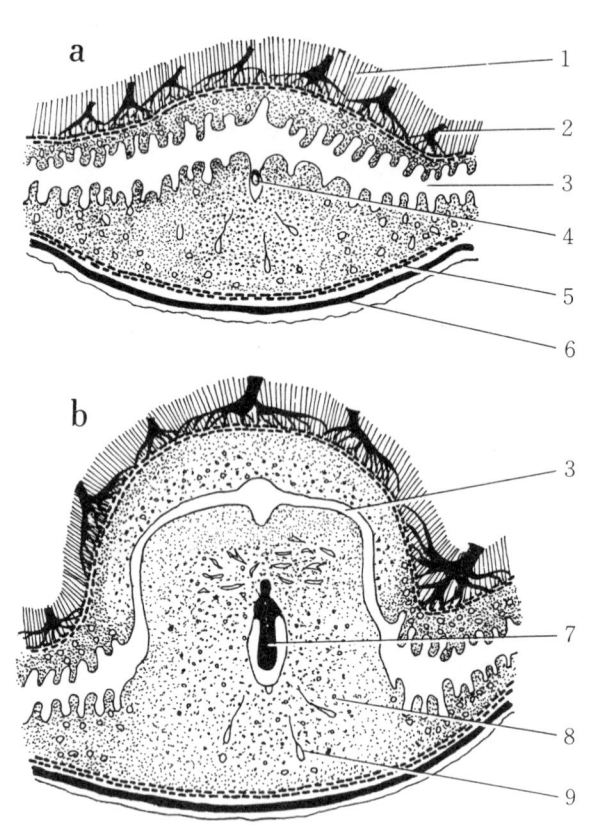

図4-6　マウス子宮粘膜における脱落膜形成の進行を示す（MCLAREN）
a. 交尾後5日　初期脱落膜反応
b. 交尾後7日　脱落膜形成が進行し子宮腔は閉塞しつつある
1.子宮間膜　2.血管　3.子宮腔　4.胚盤胞　5.輪筋層
6.縦筋層　7.胚　8.脱落膜　9.子宮腺

れるようになった．動物種が異なれば脱落膜細胞形成の過程は比率および程度の両方において大きく変動する．これは特に中心付着の形式をもつ偶蹄類と食肉類・齧歯類・霊長類の間で著明である（図4-6）．脱落膜形成における食肉類での細胞性変化は齧歯類のものに比べて緩慢である．しかも有蹄類（豚・牛・羊・山羊）になると，それは一層微弱となり，これらには脱落膜性と考えられる変化があるのかどうかさえも疑問視されている．また，馬と**非脱落胎盤** contradeciduate placenta 種（ヨーロッパモグラ）では分娩時何ら母体組織は排出されないにもかかわらず子宮内膜結合組織細胞の明瞭な変形があり，しかもそれらは真性脱落膜細胞の形質を保持している．

兎の場合[1]，脱落膜形成には3種の細胞が関与している．(1)単核脱落膜細胞は妊娠の初期，**血管周囲鞘** perivascular sheath として出現する．(2)上記よりはるかに大型の胞状多核細胞で，これは単核の脱落膜細胞から出発する．(3)妊娠の第22日から満期までの期間に胎盤下領域の子宮筋層中にみられる，いわゆる"**子宮筋腺**"myometrial gland 細胞である．子宮筋腺細胞の場合，筋層中の結合組織細胞は粘膜のものと同様な経過で増大し膨潤するが，その程度はやや軽度である．

2．脱落膜の機能

最初の形成は**胞胚** blastula が子宮上皮を破って結合組織に接触する時にさかのぼり，また最初の出現は卵の付近である．出現の時期と部位の理由から，これは寄生性の卵の進入に対する母体側の反応と考えられた．すなわち胎子側要素による子宮壁の傷害性侵入を防ぐため，あるいは卵がそれ以上進入して胚自身が母体に永久に付着するのを防ぐためと考えられた[2]．どの動物種の場合でも**栄養膜** trophoblast が脱落膜を侵食することはない．脱落膜の内分泌性については賛否両論が繰り返されてきた．胎盤の内分泌性に関して脱落膜が関与している例としては，妊娠馬の子宮に形成される"**子宮内膜杯**"endometrial cup があげられる．この子宮内膜杯は分泌活性を発揮するのにふさわしい特殊な構造物で，妊馬血清性性腺刺激ホルモン pregnant mare serum gonadotropin（PMSG）の重要な分泌源となっている（図4-7）．

齧歯類で脱落膜細胞は，胎子に炭水化物を供給するためグリコーゲンの合成と貯蔵を行なう重要な存在となっている．この他多くの動物種において脱落膜細胞は脂肪小球も含んでいる．

第4節　発生経過で変わる「胚子」の名称

発生学の説明の過程にあって，胚子はその成長の時期につれて違った名称で呼ばれるの

---

[1] Mossman による．
[2] 哺乳動物の着床は allograft 同種移植の現象である．従って胚のもつ免疫原性に対し母体は保護障壁 protective barrier として脱落膜を形成するという考え方もある．着床に先行して胚の抗原性を認識するためマクロファージの出現もこれに関係している．

で，初学者には混同されやすく，また分かりにくいかも知れない．そこで，この章の終わりに当たって，本書でこの頁までに使われてきた胚子の名称や，今後の章で扱われるはずの名称を列記して，もう一度読者の参考に供する．用語は学者によって多少とも使い方に違いがあるようだが，本書では一応下記のような取り扱いをしている．

卵　子 ovum	成熟して受精可能の卵細胞．
受精卵（原胚子） 　　archicyte	卵管内で精子と会合，受精した時に始まり，子宮に着床するまでをいう．従来からの慣用でこの状態のものをただ卵ということもある．
胚　子 embryo	受精卵が着床する頃の桑実胚 morula，胞胚 blastula，原腸胚[1] gastrula などの時期を含め，肉眼的にも胚子らしい外形ができあがるまで．但し，従来から embryo という語は人や家畜を問わず非常に幅広い時期を通して使われ，融通性に富む[2]．それで，本書でも胚子という語を時に応じて広く使っている．
胎　子 fetus	どうやらその種族特有の外形らしいものが形成されてから，出産時に至るまでのものをいう．ただし，胎子とよぶ場合には，それに付属する胎膜[3]は除かれる．また，家禽（鳥類）のような卵生の動物では「胎」という語はふさわしくないから，この場合は孵化時まですべて「胚子」という語を用いる．さらに，本書では家禽と対比させるために，家畜の胚子を早めに胎子とよぶ場合もある．

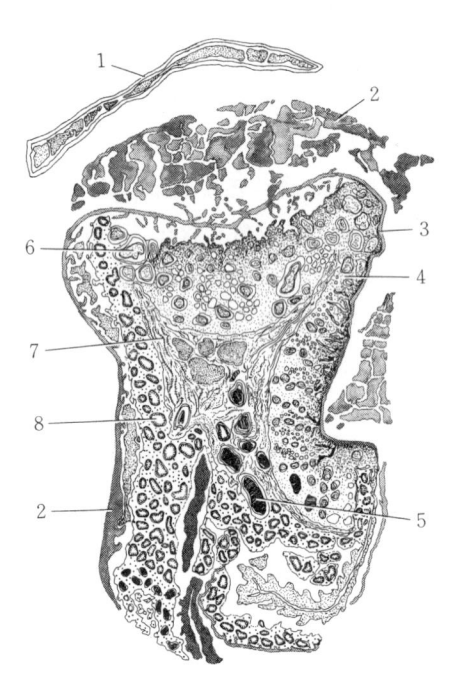

図4-7　馬の子宮内膜杯組織図
妊娠約3.5ヵ月（胎子頂尾長14cm）．子宮内膜杯と絨毛尿膜の間には重厚な分泌物の蓄積が認められる．粘膜固有層は各種の白血球（組織球，形質細胞，リンパ球など）を含む
1. 絨毛尿膜　2. 分泌物　3. 子宮上皮　4. 粘膜固有層
5. 子宮血管　6. 拡張した子宮腺導管（分泌物を含む）
7. 粘膜支質　8. 子宮腺

---
1) 次頁第5章参照．
2) 発生学を Embryology ともいうほどに広く使われている．
3) 胚子被膜または胎子被膜のこと，72頁参照．

第5章 胚葉の発生—原腸胚期

第1節 原腸胚期の意義

　胞胚の発生が進行し完了すると，胚子は形態的に**原腸胚** gastrula に移り変わってゆく．**原腸形成** gastrulation は胚子発生の全経過の中でも実に注目に値する重要な一時期と言える．それというのも，原腸胚期に至って初めて3つの**胚葉** germinal layer（外，中，内胚葉）を出現させる特異の行動期であるからで，その動物体で将来出現してくるあらゆる器官の母体というものが，この3胚葉の中のどれかにその起原を求められるからである．すなわち，胞胚期まではまだ性格がはっきりしなかった分割細胞の群も，この原腸胚期になると胚葉の発生とともにそれぞれの胚葉の細胞群が持ち前の特殊性を備えてくることが認められるからである．この意味から，かくも重要な**胚葉形成** germ layer formation 期である原腸胚期というものが，胚子発生の全経過の上でもきわ立って重要な一時期であると判断できよう．

　さて，家禽や家畜の胚子発生に当たって，原腸胚期での胚子の形の移り変わりは，前章の胞胚期に比べてどんな姿になってゆくのだろうか．この複雑なドラマを解明するためには，読者は前章までに同じ説明のやり方を使ってきたことでもお分かりのように，ここでも，まず，原腸胚形成の経過が割合に簡単な下級動物の胚子で原腸胚形成のパターンを先に理解して頂き，それから後で目的の家禽や家畜の胚子が原腸胚期にさしかかって，その形がしだいに変わってゆく様子を理解することがもっとも賢明な方法と思われる．

第2節 ナメクジウオの原腸形成

　原腸胚形成に際し，まず，ナメクジウオでは胞胚の植物極の細胞壁が平坦になるとともに，その部分の個々の細胞も厚さを増してくる（図5-1のA2）．次にこの平坦な部分の壁が反対側にある動物極の壁に向かって胞胚腔中に**陥入** invagination してくる（B）．このようにして両壁はついに接触する（C）．この状態は，例えば，空気の抜けたゴムマリを押しつけて椀のような形にした場合と似ている．次に陥入部の入口が狭くなって，ここを**原口**[1] blastopore（C図の3）とよび，原口に続く中の腔所を**原腸** archenteron（図5-1の4）という．そして，ここで初めて外側の細胞層（動物極の壁）が**外胚葉** ectoderm（5）として区別され，内側の細胞層（植物極の壁）が**内胚葉** endoderm（6）となる．さらに原口周縁の細胞群より細胞がさかんに増殖してこれが**中胚葉** mesoderm（7）の原基となり，しだいに進展して外，内胚葉の間に

---

[1] 原口はドイツ語の Urmund の訳名．

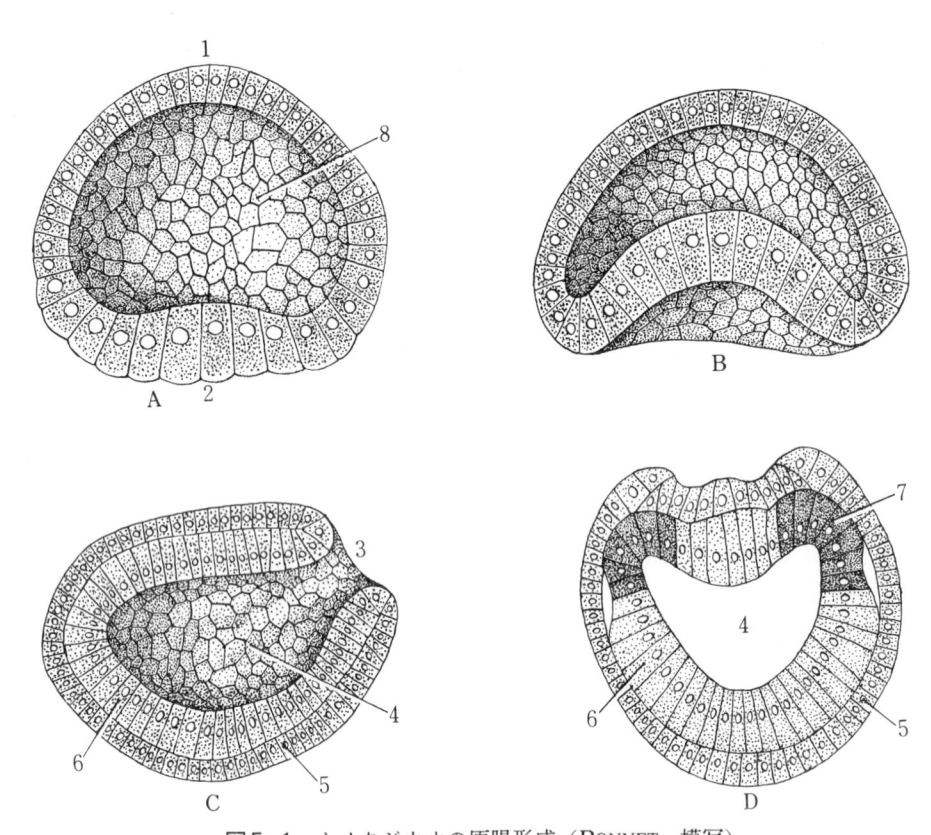

図5-1 ナメクジウオの原腸形成（BONNET，模写）
A〜Dの順に進行，Dは原口をややずれた部分での断面
1. 動物極　2. 植物極　3. 原口　4. 原腸　5. 外胚葉　6. 内胚葉　7. 中胚葉　8. 胞胚腔

割りこみながら進出する．このような胚葉の形成の仕方をナメクジウオ型 archigastrula[1] と言う．

　著者はナメクジウオ型の原腸形成を上記のようにゴムマリの空気の抜けた形に例えたが，詳しく言ってこれと違うところは，この動物の**原口唇** blastopore lip の**背側部** dorsal lip（背唇），**腹側部** ventral lip（腹唇）および**外側部** lateral lip（側唇：背，腹唇を結ぶ部分）は成長が大へん盛んで，外，内胚葉とも原口に被いかぶさるように伸展してゆくから，原腸胚の外観は原口の陥入によって小さくなるということはない．

第3節　カエルの原腸形成

　カエルの胞胚の形も基本的にはナメクジウオのそれと同じであるが，両生類卵子の特徴

---

[1] 本来の意味は原腸胚（最も原始的な原腸胚形成形式）．

として中黄卵であるから，卵割様式は全卵割であっても，割球内の卵黄量がナメクジウオより多いため，原腸形成の場合にも当然その影響を受けることになる．

カエルの胞胚では植物極に近い部分は卵黄を多く含む淡色の大割球の集団で占められるため，図5-3のような様式で原腸形成が行なわれる．まず，大，小割球の境界に半月形の溝が出現するが，これが原腸形成の始まりで，半月の凸面が原口の背側部に当たる（図5-2の1）．そのうちに溝の両端が伸びて接近し遂に結合して半月の形を失って円形となる．原口の周縁の小割球はさかんに増殖して原口から陥入し，外壁の細胞群（外胚葉）を内側から裏づける内胚葉（図5-3の7）となり，これが原腸腔の背壁をつくる．腹壁は未分化の卵黄細胞（大割球）でこれが沈下するため胞胚期時代の胞胚腔は狭められ（図5-3D, Eの9），遂に消失する．外胚葉（6）はさかんに伸展して遂に原腸胚全体を外部から完全に包囲する（E）．中胚葉は原腸背壁（外胚葉）の下層で正中軸を走る脊索（60頁）の両側に出現し，ここに至ってついに3胚葉が出現したわけで，以後中胚葉は外，内胚葉間に分け入りながら速やかに伸展し，腹位正中線で対側のものと結合する．

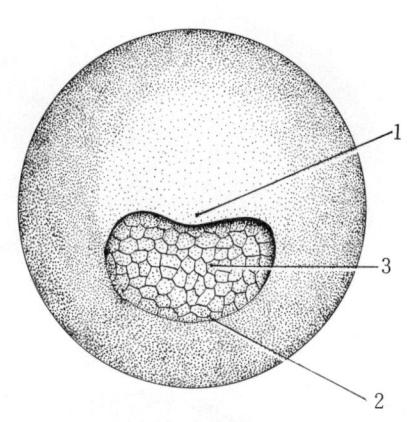

図5-2 カエルの原腸胚で外側から原口形成を見る（図5-3と比較せよ）
1. 原口背唇　2. 同，腹唇　3. 卵黄栓[1]

第4節　家禽の原腸形成

これまでに説明してきたナメクジウオやカエルの原腸形成の様式は，一応，空気の抜けたゴム球を指で押しつけてくぼませることを想像すると，その経過を理解するのに便利であった．この想像が応用できるのは，これらの動物の卵子が少黄卵もしくは中黄卵だからであるが，後者の場合はそれでも既にかなり変形されたものであった（図5-3）．

それが，家禽のような多黄卵となると，原腸形成が卵子の動物極である胚盤でだけ行なわれるため，一見すると全く違った様式を採るかのように思われる．しかし，この場合も詳しく見れば原則的には上記のゴム球様式のものと変わりがない．以下，これを念頭において観察を続ける．

鶏卵は産卵されてそのまま発生が続けられることはまずない．既述のように胚盤が形成され，胚下腔が認められる程度の発生状態のまま産卵され，しばらく間をおいて母鶏による抱卵または孵卵器に収容されるまで放置されて，発生を中止している．この状態のものでは，胚盤の表層は将来外胚葉となる**原始外胚葉** primary ectoderm，胚下腔に臨む内側が後

---

1) yolk plug

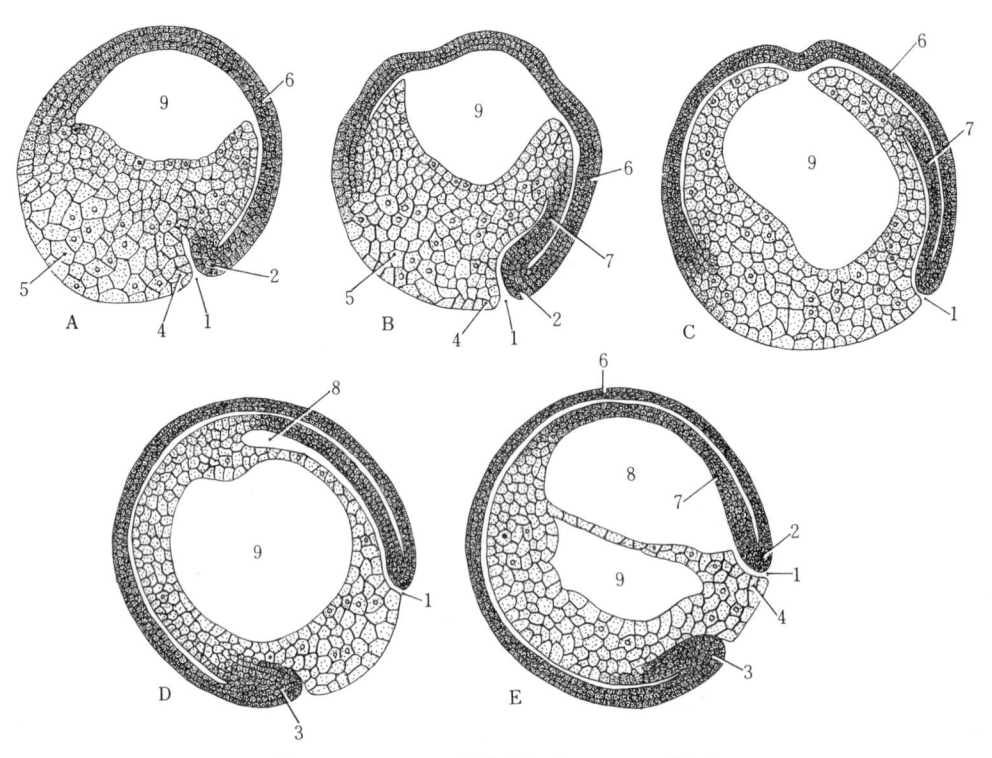

図 5-3 カエルの原腸形成（BONNET, 模写）
A～Eの順に進行　1. 原口　2. 原口背唇　3. 同, 腹唇　4. 卵黄栓または栓となる部分　5. 植物極
6. 外胚葉　7. 内胚葉　8. 原腸　9. 胞胚腔

に内胚葉になる**原始内胚葉** primary endoderm である（図3-4）. この時期のものを肉眼で見ると, 胚下腔を含む胚盤の部分は丸く明るいから**明域** clear area と言い, その周囲をとり巻く部分は細胞形質に卵黄の小顆粒を含むので暗く**暗域** opaque area をつくっている（図3-3, 5-4）.

発生再開[1]によって起こる変化は, まず明域の後半部にやや暗い**形成域（胚盤）** formative area が出現する. ここが暗く見えるのは, この部の原始外胚葉を構成する立方状の細胞が柱状に高くなり, その傾向が頭方や側方にも波及し, 同時に下層の原始内胚葉の層も頭方や側方に向かって激しく増殖進展するので, 全体として細胞層が厚くなるためである. この進展に同調して形成域の正中軸（長軸の方向）にまず円錐状の不透明な線条が出現し（**孵卵後6～7時間**）, これが形成域の進展につれて明域中を前方に伸び, 形も棒状に長くなり（図5-4の**P**）, 頭端が明域の前端に迫り, 明域の正中軸のおよそ3/4程度の長さとなる（図5

---

1) 鶏胚子の発生能力保持についての従来の報告によると, 寒冷に対して0.7℃では9日余, -4.6℃でも47時間堪えられる. 8～10℃では34～39日も生存する. 発生再開可能の最低温度は27℃（あるいは20.5～28℃）と言われ, 最適温度は37.5～38℃である. 孵卵温度の高低は, 発生初期には胚子の発生速度に影響を与えるが（高温で速い）, 中期以降はそれほど敏感ではない.

-5，5-6）．これが**原始線条** primitive streak で，ナメクジウオやカエルの原腸胚の原口と相同のものである．完成した原始線条は頭端が肥厚して**原始結節**[1] primitive knot（図5-5の6）を現わし，結節の中央に含まれるくぼみが**原始窩** primitive pit（7）で，窩は尾方で原始線条の中軸を走る**原始溝** primitive groove（8）に続き，尾端は形成域の後縁に近く尾側結節[2]（9）で終わる．原始線条は一見しただけでは少しも原口と似たところがないが，原始窩から原始溝に続く縦のくぼみが原口であって，原始結節が原口の背唇，尾側結節が腹唇，原始溝を挟む原始線条の堤がそれぞれ側唇に当たり，下級者の原口が縦に引き伸ばされた形となっているもので，家禽（および家畜）の胚子で原始線条の完成期こそ正しく原腸胚期の成立を示している．しかし，下級の動物では原口が原腸に通じていたが，家禽（および家畜）では原口の開口は原始窩に一時的に現われる[3]だけで直ちに閉鎖する．

次に，原始線条の横断面を見ると，線条の部分は他の部分よりも細胞層が厚く発達し，その中でも表層は顕著で明らかな外胚葉を見せている（図5-5B，Cの2）．内胚葉（4）はまだ遺残している胚下腔（Cの1）の上を薄く被い，これらの外，内胚葉に挟まれて結合度が緩く，分散して認められるのが中胚葉の始まりである（3）．これで3胚葉がすべて出そろい，各胚葉はその後も速やかに増殖伸展して，ついに卵黄を完全に取り囲むようになる．中胚葉層の伸展も顕著で，肉眼的にも中間層として暗域に拡がり（図5-6），明域との境に血管域 area vasculosa（終末静脈，図7-2の6）をつくる．発生初期に胚子の成長に必要な卵黄を吸収するのはこの血管域で行なわれる．

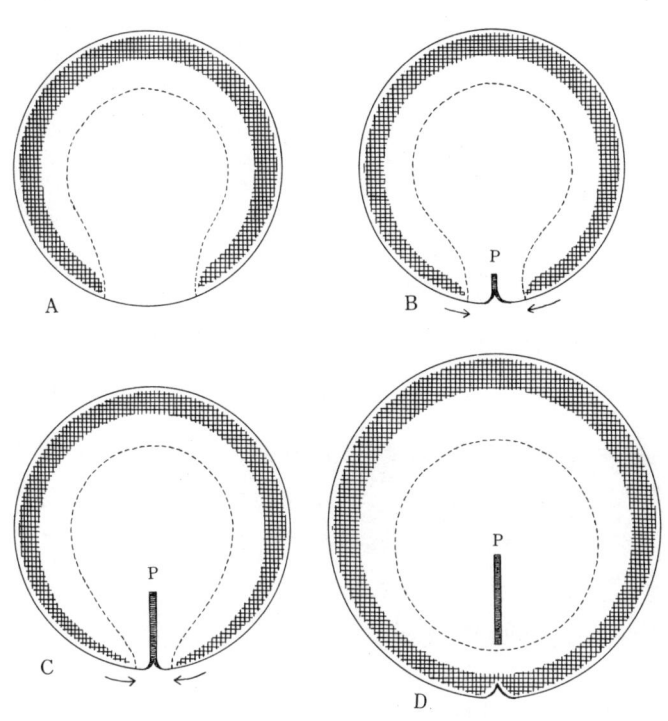

図5-4 原始線条の成立を示す模式図（LILLIE，模写）
A〜Dの順に進行する．破線の内側が明域，外側が暗域を現わす．明域の後半に形成域が現われ（図に指示なし），その正中軸に原始線条（P）を示す．

---

1) ヘンゼン結節 Hensen's node.
2) *Nodus caudalis* 現在この用語は使用されていない．以前，原始板 primitive plate とも言われた．
3) この時期に神経管が形成されるから，神経管の尾端は原始窩で一時的に開かれた原口を通して原腸（胚下腔）と交通するので，ここを**神経腸管** neurenteric canal とよぶ．

第5節　家畜の原腸形成

1. 胚（子）部の出現

哺乳類の胞胚に現われる胞胚腔は，実は哺乳類に進化する以前には卵黄が存在したと思われる部分であり，その卵黄が消失して，代わりに水様液が含まれている（図5-7の5）．胞胚腔の外壁は薄い細胞層からなる原始外胚葉で，これが胞胚全体を包んでいて**栄養膜** trophoblast（後の絨毛膜上皮）（図5-7の2）として母体の子宮粘膜と接触して栄養分を吸収する．胞胚の一極にあって，栄養膜の内側で細胞が厚く集積して細胞塊をつくっているのが**胚結節（内細胞塊）**（図5-7の3）で，ここから将来胚子の体部ができる．

このような状態の胞胚から，原腸形成の第一歩として胚結節から薄い層の細胞が栄養膜の内側に沿ってはみ出してきて（図5-7Bの4），またたく間に栄養膜の全内側にわたって拡がり，ついに反対の極（植物極）まで伸展して対側のものと結びつく（図5-7の4）．これが内胚葉層の最初の出現であり，内胚葉で囲まれたこの閉鎖嚢（内胚葉性腔）が卵黄嚢（後項76頁）で**原腸** archenteron に相当する[1]．これは家禽（鳥類）の胞胚期で最初の原始内胚葉が伸展して卵黄の表面を包む様式（50頁）と全く同様で，ただ，家畜（哺乳類）の場合には中に卵黄がないだけの

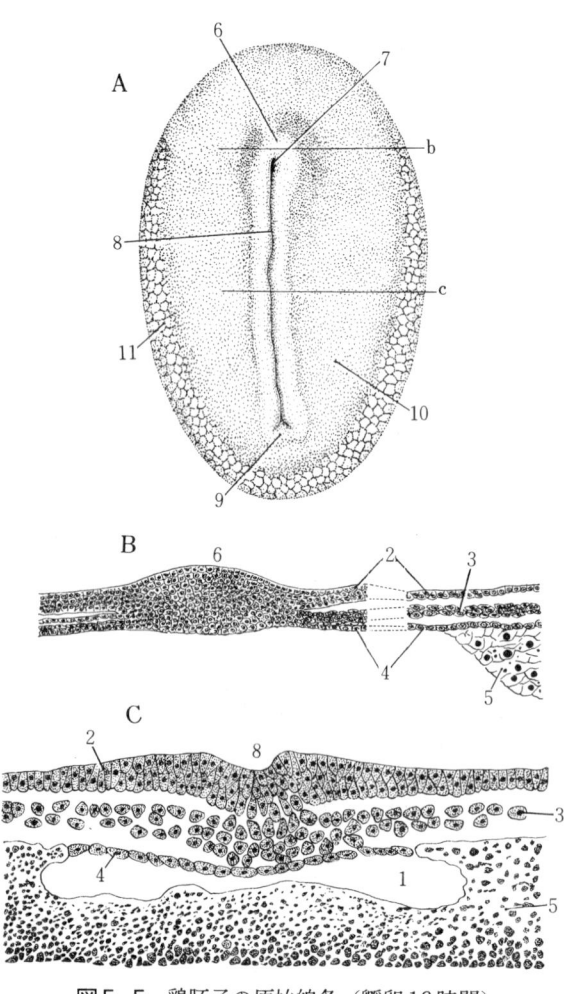

図5-5 鶏胚子の原始線条（孵卵16時間）
(HEUTTNER，一部変える)
A. 表面からの全景，横線のb, cは下図の断面部位に示す
B. 原始結節の横断面
C. 原始溝の横断面
1. 胚下腔　2. 外胚葉　3. 中胚葉　4. 内胚葉　5. 卵黄　6. 原始結節　7. 原始窩　8. 原始溝　9. 尾側結節　10. 明域　11. 暗域

---

[1] 犬の胚盤胞は交配後8日で直径280〜500μmの大きさになり，内細胞塊はなお均一の細胞型である．10日になると胚盤胞は800〜1,100μmとなり胞胚腔側に内胚葉細胞が認められる（金川ら，1992）．

違いである[1]．

　原腸形成と時期を同じくして，胚結節にも変化が起こって原始線条の出現となり，これより中胚葉がつくられる[2]．胚結節は原始線条を出現させる前提としてまず，**胚部** embryonic massを形成し，これを羊膜で被って保護するが，この経過は同じく哺乳類でも，動物の種類により様式に違いがある．そこで哺乳類の原腸形成を胚部出現を基準として，A，Bの2型に大別して説明する．

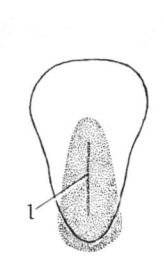

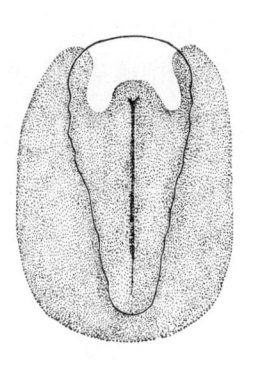

図5-6　鶏胚子で中胚葉の進出を示す
（孵卵10〜16時間）（ROMANOFF，模写）
実線内が明域，1．原始線条　2．中胚葉

　A型は家畜の全部（反芻類・馬・兎・豚・犬・猫）がこれに属している．この様式では，まず，胚結節の中心に**外胚葉性腔**（図5-7の14）が出現し，次いで胚結節の外表を薄く被った栄養膜から連続する**被蓋層**（1'）（ラウバー，RAUBER）が退化消失し，これによって胚結節が直接表面に裸出し（C図），続いて外胚葉性腔が縦に裂開し（D図），胚結節に接続する栄養膜で左右に引かれて平板状に展開した胚部が形成される（E図）．やがて，胚部を囲む外胚葉（F図7）から羊膜ヒダが起こり（F図10），これが結合して**羊膜**となり[3]（後項72頁），**羊膜腔** amniotic cavity（F図11）の中に胚部が位置する．

　胚部は肉眼的に見ても白色で他の部分から区別できる（豚胎子7〜8日）．A型の中には，胚結節の中心に初めから外胚葉性腔が出現しないで，被蓋層の消失によって直ちに円盤状の胚部に移行する最も簡単な方法を採るものもある（豚・犬・猫）（図5-8）．

　B型はネズミ・コウモリ・人などで認められる様式で，胚結節内に出現した外胚葉性腔（図5-9の14）が，上記のA型では裂開して一旦消失するが，B型の場合はそのまま残って拡大発達してその壁は羊膜（10）となり，腔は羊膜腔（11）となって胚部を包む（図5-9C〜E）．人やサルのような霊長目では内胚葉性腔（原腸）の形成に際し，脚注1）で示したように，まず，**ヒューザー膜**の出現が前提となるが，同じくB型でもネズミやモルモットのような齧歯目ではA型と同じ様式で内胚葉層が現われる．

---
1) 人では少し様式が違い，栄養膜の内側に，まず，一連の薄いヒューザー膜 Heuser's membrane（桑実胚の中心細胞の残りと言われる）が現われ，嚢状に胞胚腔を仕切り，これが胚結節の原始内胚葉細胞につながる（一次卵黄嚢）．続いて内胚葉から細胞膜が増殖してヒューザー膜の内側でさらに狭い1層の内胚葉閉鎖嚢がつくられ（二次卵黄嚢），これが，家畜の原腸（卵黄嚢）に相当する．
2) このように，家畜（哺乳類）でも，原始線条の出現が3胚葉形成と重大な関係を持ち，家禽（鳥類）と全く同じで，家畜（哺乳類）のような少黄卵の発生の場合にも卵黄嚢の形成と考え合わせて，かつて哺乳類の祖先が鳥類や爬虫類と同様に，過去に多黄卵の時代があったことを推測させる．
3) A型で見られるこのような羊膜形成の様式は，家禽の羊膜形成の場合と全く同じである．

第2編　第5章　胚葉の発生－原腸胚期

以上のように，原腸形成の様式を一応A型とB型に分けたが，胚部が出現してから以後の発生様式には大差がない．

2．原始線条の出現

胚部の出現とともに，その正中軸に沿って外胚葉が索状に肥厚して盛り上がり，家禽の

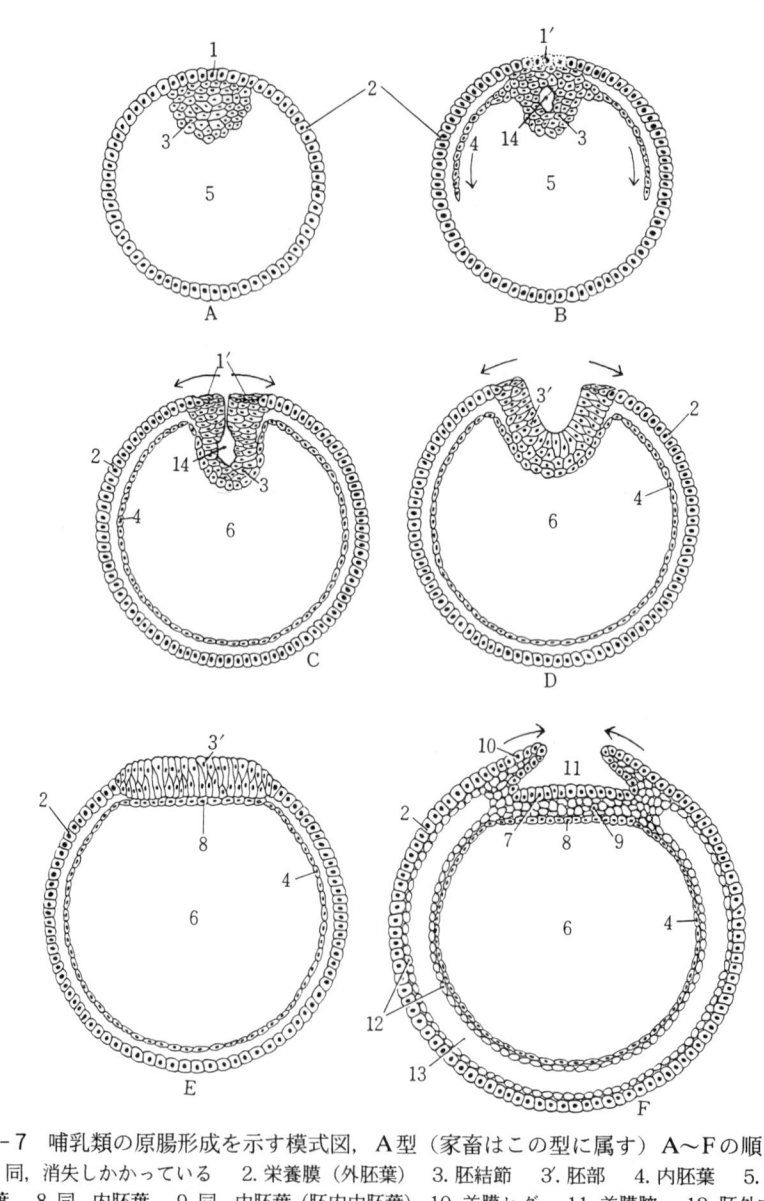

図5-7　哺乳類の原腸形成を示す模式図，A型（家畜はこの型に属す）A～Fの順に進行
1．被蓋層　1'．同，消失しかかっている　2．栄養膜（外胚葉）　3．胚結節　3'．胚部　4．内胚葉　5．胞胚腔　6．原腸　7．胚部の外胚葉　8．同，内胚葉　9．同，中胚葉（胚内中胚葉）　10．羊膜ヒダ　11．羊膜腔　12．胚外中胚葉　13．胚外体腔　14．外胚葉性腔

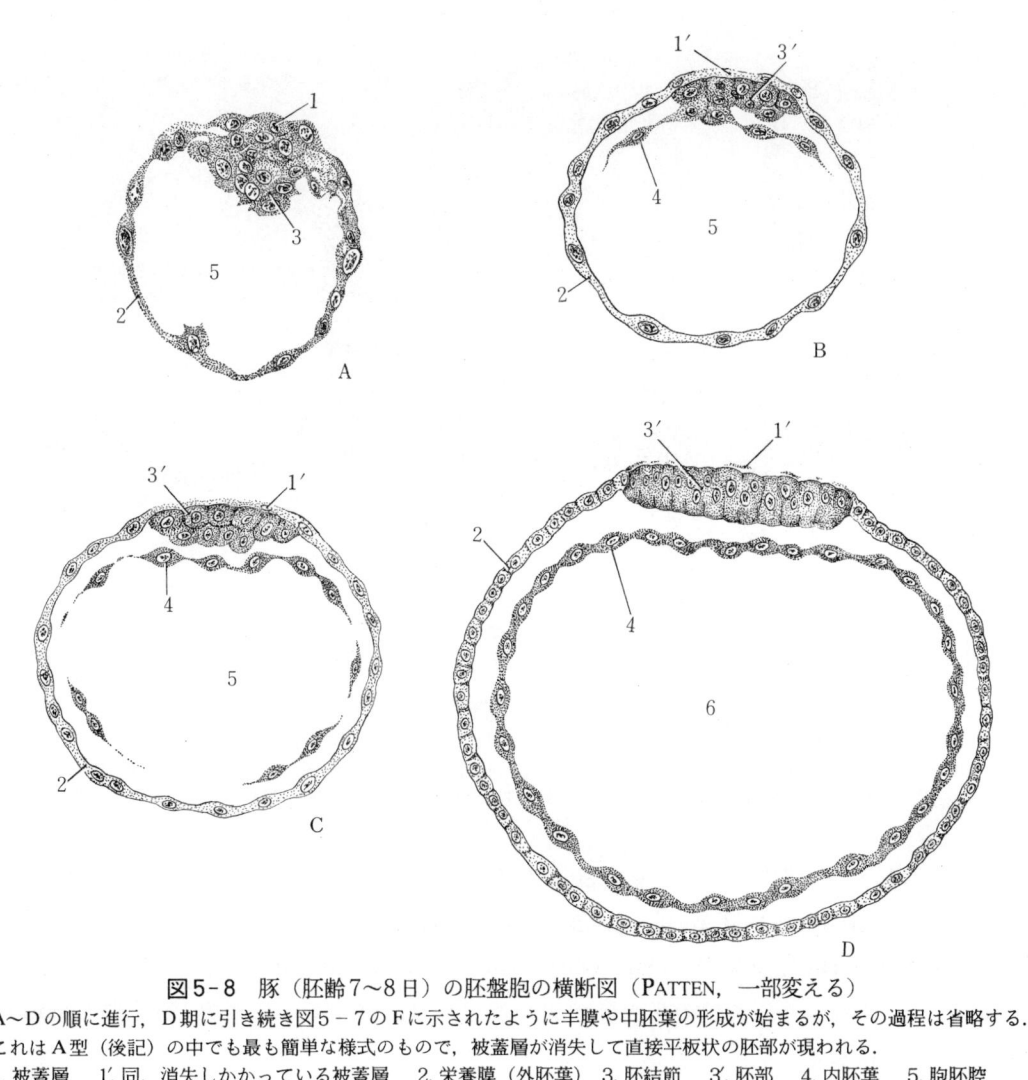

図5-8 豚(胚齢7～8日)の胚盤胞の横断図 (PATTEN, 一部変える)
A～Dの順に進行, D期に引き続き図5-7のFに示されたように羊膜や中胚葉の形成が始まるが, その過程は省略する. これはA型(後記)の中でも最も簡単な様式のもので, 被蓋層が消失して直接平板状の胚部が現われる.
1. 被蓋層 1'. 同, 消失しかかっている被蓋層 2. 栄養膜(外胚葉) 3. 胚結節 3'. 胚部 4. 内胚葉 5. 胞胚腔 6. 原腸

場合に説明したのと同じ経過をたどって**原始線条**が姿を現わす. その形態も家禽の項で説明したものと全く同様で, これが下級者の原口に相当し, 家畜の胚子が原腸胚期に進行したことを示している. 原始線条には**原始結節**(図5-10の2), **原始窩**, **原始溝**(3), 尾側結節(4)が認められるが, 窩や溝の深さは家畜の種類によって差があり, 中には牛のように原始窩も原始溝も認められず, 原始線条は充実した索状隆起として認められるものもある.

原始溝から原始結節にかけての部位は, この期において盛んな細胞増殖の中心部となり, ここから迅速に頭方と側方に細胞が増殖放出されて, 外, 内胚葉の間に進出する(図5-10B～Eの6). これが中胚葉の最初の出現であり, たちまちのうちに胚部の周縁を越えて伸展

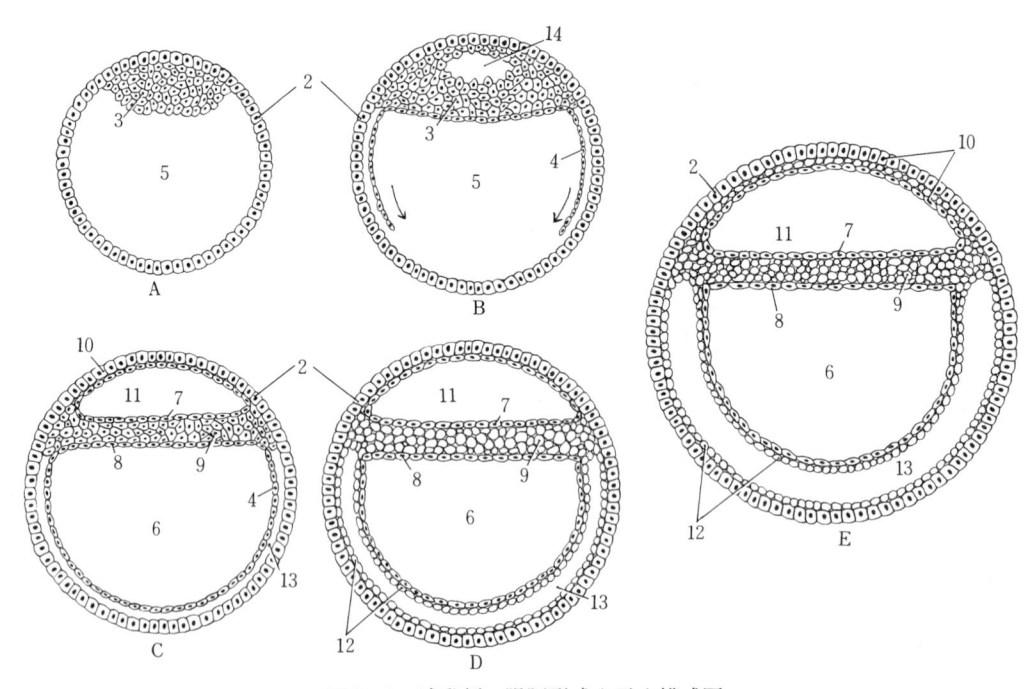

図5-9 哺乳類の腸胚形成を示す模式図
B型（ネズミ）　A〜Eの順に進行　C, D, Eの2は（胚外）外胚葉を示す.
2. 栄養膜（外胚葉）　3. 胚結節　4. 内胚葉　5. 胞胚腔　6. 原腸　7. 胚部の外胚葉　8. 同, 内胚葉　9. 同, 中胚葉（胚内中胚葉）　10. 羊膜　11. 羊膜腔　12. 胚外中胚葉　13. 胚外体腔　14. 外胚葉性腔

する．この場合，胚部にある中胚葉を**胚内中胚葉** intraembryonic mesoderm（図5-9の9），胚部外に進出して栄養膜と内胚葉の間に伸展する部分を**胚外中胚葉** extraembryonic mesoblast（12）といい，中に**胚外体腔（漿膜腔）** extraembryonic coelom, exocoelom（chorionic cavity）(13) を抱く．ことに後者は外胚葉性の栄養膜の裏づけとなり，併せて後に**漿膜（絨毛膜）** chorion とよばれるようになる．

3. 胚盤胞の成長[1]

胞胚期から原腸胚期に入って胚部の形成が進められている間に，これを包んでいる栄養膜（32頁）が外，中胚葉の二重壁からなる**初期絨毛膜嚢**[2] early embryonic sac となり，有蹄類家畜では盛んに伸長して，短時間で形が著しく変化する．すなわち，初めはラグビーの球

---

1) 羊の胚盤胞（受精後12〜13日）は長管状で長さが1.4mもあり，1時間に1cm伸びる（ZIETZSCHMANN）．豚の胚盤胞（受精後15〜16日）は糸状で1.5〜2.0m以上も伸びる．馬の胚盤胞も初めは排卵された側の子宮角に収まっているが（受胎後5週ごろ），その後，胚盤胞の一端がしだいに伸び出して子宮体に達し，さらに進んで反対側の子宮角の奥深くまで進出する．
2) 栄養被膜（絨毛膜胞）chorionic vesicle ともいう．

第5節　家畜の原腸形成　(　57　)

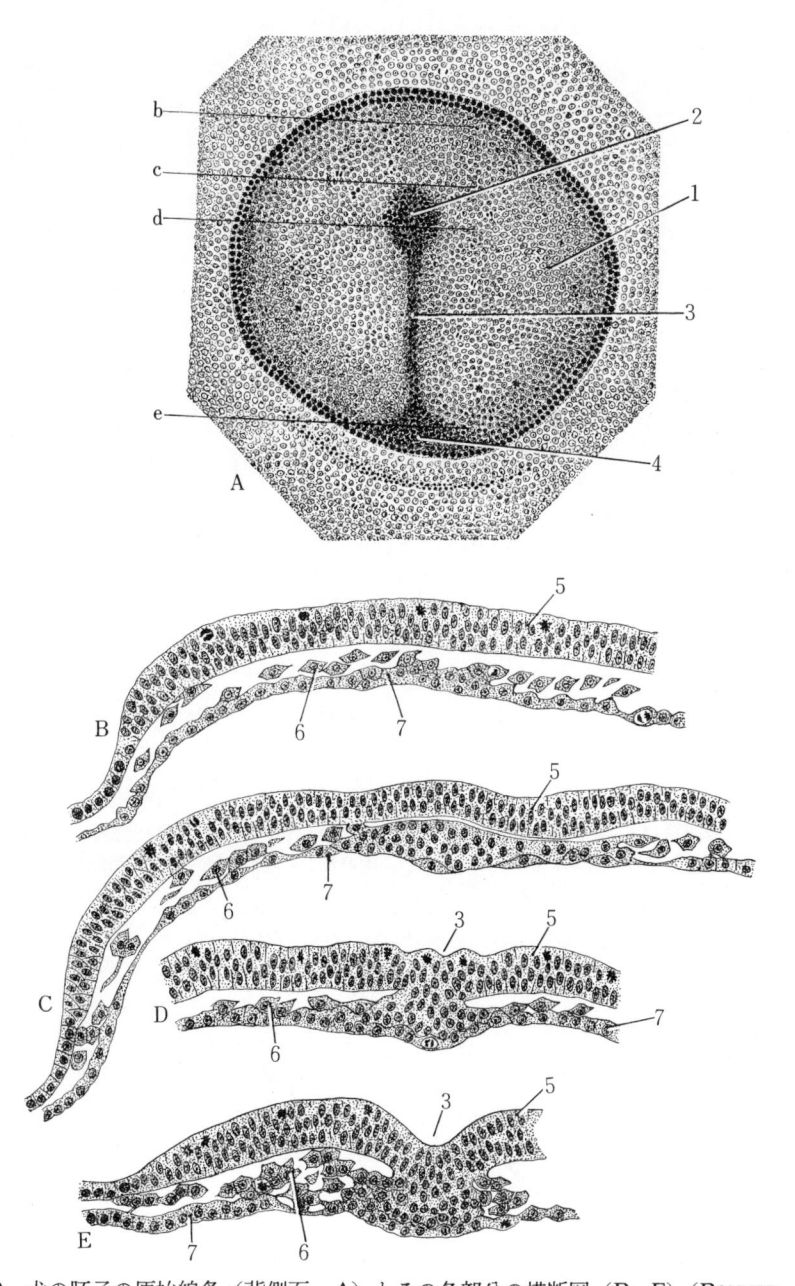

図5-10　犬の胚子の原始線条（背側面，A）とその各部分の横断図（B～E）（BONNET，模写）
A図の横線b～eはそれぞれ横断面B～E図を示す
1. 胚部（円形の内側）　2. 原始結節　3. 原始溝　4. 尾側結節　5. 外胚葉　6. 中胚葉　7. 内胚葉

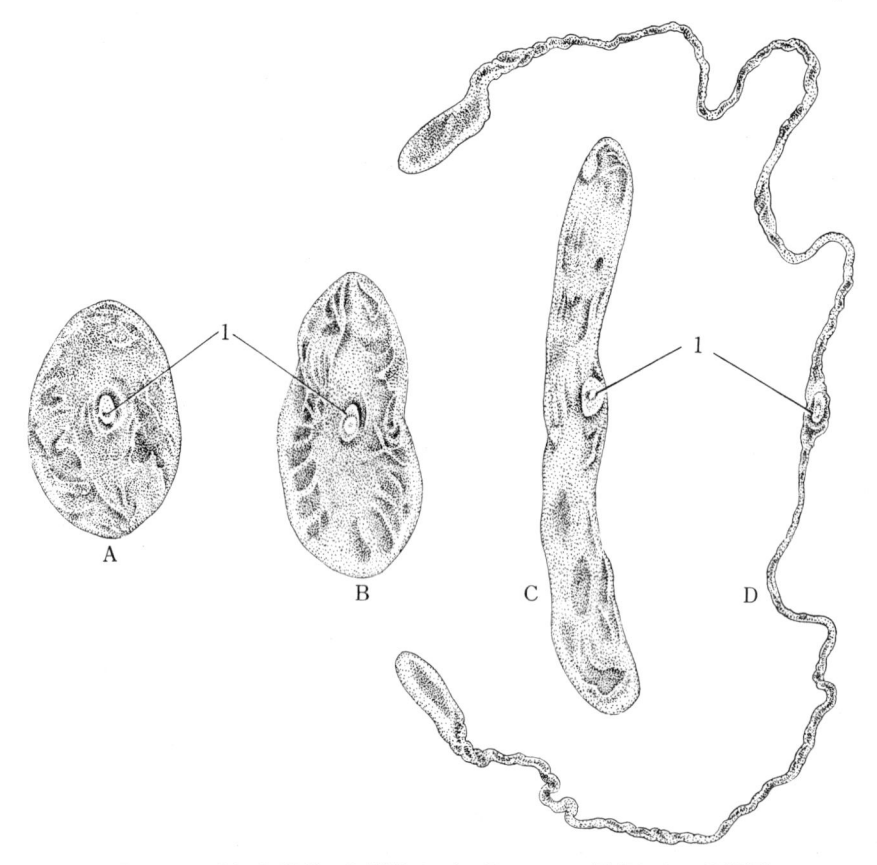

(58)　第2編　第5章　胚葉の発生－原腸胚期

図5-11　豚の胚盤胞（胚齢約9日）（Pattenの写真から一部模写）
A～Dは同腹の胚子でありながら，個体により大きさが違う．それはこの時期の胚盤胞が短時間で著しく成長するためで，胚部（1）の大きさに大差はない

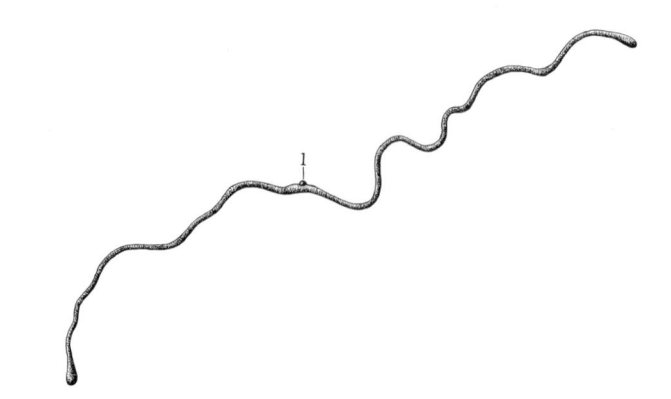

図5-12　羊の胚盤胞（胚齢12日2.5時間，自然大の1/2）（Bonnet，模写）
　　1. 胚部

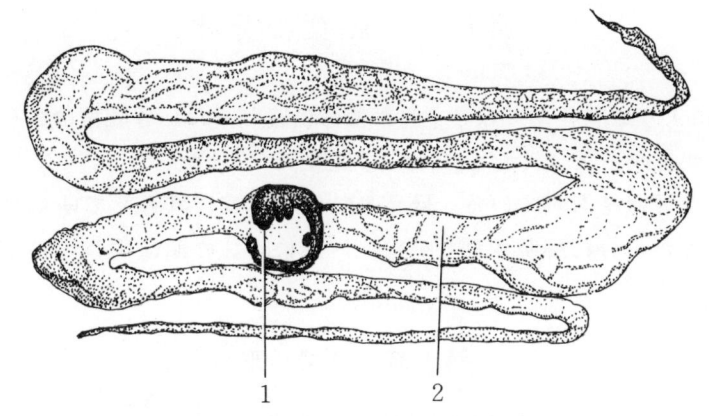

図5-13 牛の胚盤胞．胎子体重0.3g．胚盤胞の全長37cm．約25日．×1.6
1. 胚子　2. 漿尿膜嚢

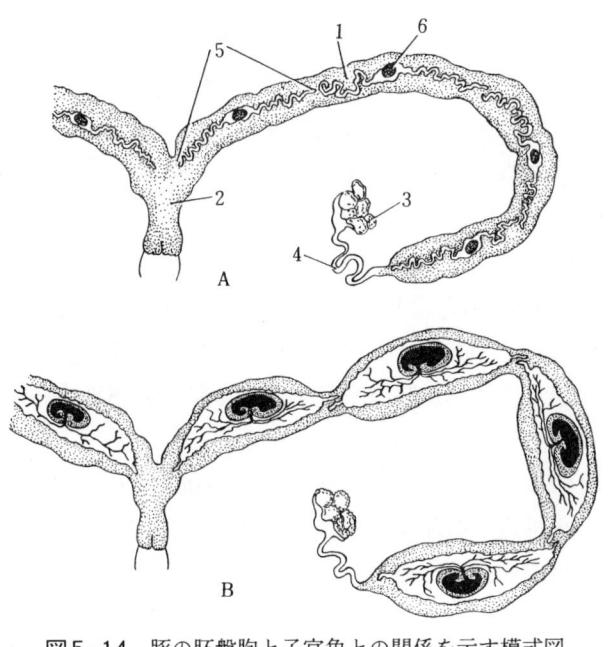

図5-14 豚の胚盤胞と子宮角との関係を示す模式図
（PATTEN，模写）
A. 胚盤胞が子宮角に着床する位置を示す
B. その位置で胚子が成長したもの
1. 子宮角　2. 子角体　3. 卵巣　4. 卵管
5. 1個の胚盤胞　6. 胚盤胞の胚部

のような形であった胚盤胞（図5-11A，B）が急速に長くなる（C，D）．

このように胚盤胞が急に長く伸びる現象は，まだ胎盤が形成されない間は，栄養被膜と母体の子宮粘膜との接触面をより広くして，子宮腺の分泌物を効果的に吸収する目的のためと思われる．しかし，胚部はこの行動には同調しないから，特に著しくその長さを増すということはなく，円形－楕円形－梨状形の形を維持しており[1]，胚子の長軸は一致する（図5-11，5-12，5-13の1）．なお，一旦は驚くほど長くなった胚盤胞も，後には両端から退化して短く太くなる（図5-14，6-7Cの16）．

---

1) 豚（17日胚子）で胚盤胞の長さ1.5mのものでも，胚（子）部の大きさは幅2～5mm程度である．20日の胚子では急に胚盤胞が両端から退縮する．

第6章 胚葉の分化

3胚葉の出現により原腸胚期に課せられた使命は終わった．各胚葉はさらに発生の進行につれてそれ自身が拡がってゆくが，これらの胚葉はこの時点で，すでにそれぞれ特定の器官に分化してゆく運命をもっている．胚葉を特定の器官に誘導してゆく要因は何か，という根拠は今日もまだ十分に解明されていない．次に，この期に現われてくる器官またはその原基について観察する．

第1節 脊索の形成

原始線条の頭方端に当たる原始結節の部分で細胞増殖が盛んになり（豚胚子12～13日，鶏胚子19～22時間），これより頭側に向かい正中軸に沿って（ほぼ原始線条の頭方延長線）細胞群が外，内胚葉の間を索状に進む．この索状の細胞群を**脊索突起** notochordal process といって内胚葉と密接な関係があり，初めは細胞の形も似ている．突起の頭端は内胚葉，外胚葉に溶けこむように結ばれるが（図6-1の2），内胚葉でこの結合部よりさらに先で脊索突起の軸の延長線の部分を**脊索板** notochordal plate という．脊索突起と脊索板は後に内胚葉（腸管）から分離して独立した**脊索** notochord となる[1),2)]（図6-4の4）．脊索突起と，これの尾端に当たる原始結節，原始線条から側方にさかんに細胞が増殖し，外，内胚葉間に中胚葉として拡がる（図5-6）．これが前章で述べた胚内中胚葉とその延長の胚外中胚葉である．

脊索はナメクジウオのような原索動物 Prochordata では中枢神経系の腹位を占め，体軸の支柱として終生を通じて機能的意義を持つ．これらの動物では脊索はよく発達し，線維を多く含んだ索状の細胞集団としてムチのよ

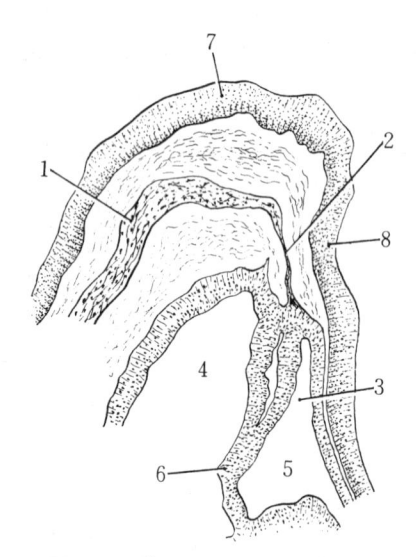

図6-1 鶏胚子（60時間）矢状断
脊索の頭端がシーセル嚢（内胚葉）と下垂体嚢（外胚葉，腺下垂体原基）に結合する様式を示す．脊索板はこの断面から側方にはずれるので，図に現われていない．なお，図11-1とも照合すると位置の関係が分かりやすい
1.脊索　2.同，頭端　3.下垂体嚢　4.シーセル嚢　5.口窩　6.口咽頭膜（内，外胚葉接触部）　7.間脳腹壁　8.漏斗形成の始まり（神経下垂体の原基）

---

1) 脊索頭端は鶏や豚で下垂体前葉の原基であるラートケ（Rathke）嚢後壁に一時的に付着する（鶏で孵卵48～60時間）と言われるが，著者（加藤）の研究（鶏における下垂体の発生，日本畜産学会報6巻，1933）によると，これは直接の結合ではなく脊索板前方から分離した中胚葉組織を介しての間接的結合と思われる．
2) 牛の場合，頭部脊索は受精後18～21日の間に原始結節最腹側の細胞から，また体部脊索は21～33日にかけて原始結節に由来する体節から作られる．その後原腸内胚葉と分離してから杆状または円筒状構造になる（Haldimanら，1981）．

うに屈撓性に富んだ支柱を形成する．これより高級な脊椎動物でも，サメのような軟骨魚類では脊索は連続した索状物として認められ，ただ，これを包むように軟骨輪が現われる．

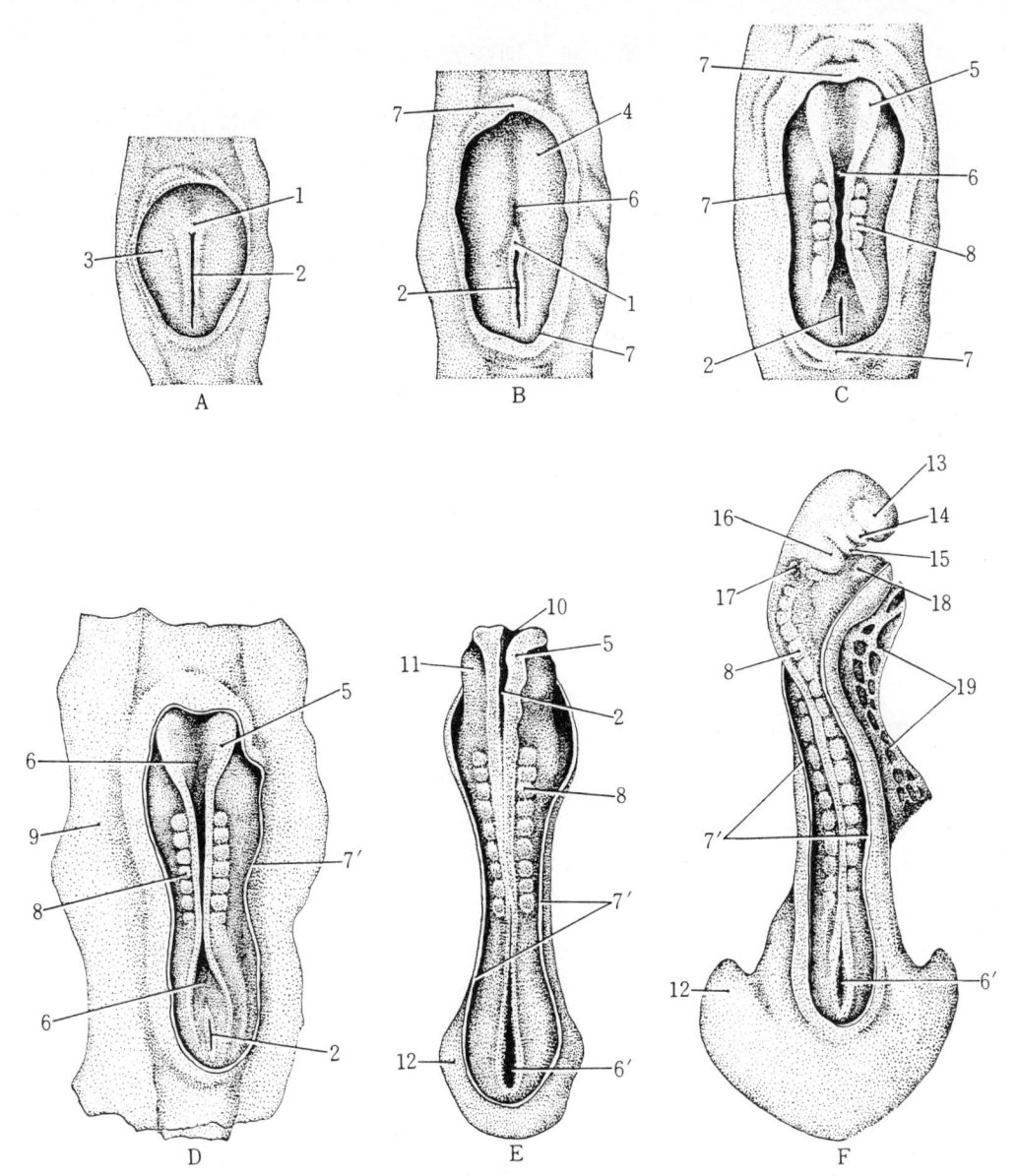

図6-2　豚胚子の神経管の形成（背方から見る，PATTEN，一部変える）
　　A．胚齢12日（長い胚盤胞の部分を切断して胚部を示す，B，C，Dも同じ）
　　B．同，13日　C．同，14日　D．同，14.5日　E．同，15日　F．同，16日
1. 原始結節　2. 原始線条　3. 胚部　4. 神経板　5. 神経ヒダ　6. 神経溝　6′. 尾側神経孔　7. 羊膜ヒダ　7′. 羊膜（切断）　8. 体節　9. 胚体外の体壁　10. 頭側神経孔　11. 胚子頭部　12. 尿膜　13. 眼胞　14. 上顎隆起　15. 下顎隆起　16. 舌骨弓　17. 耳胞　18. 心臓　19. 卵黄嚢血管

さらに高級な有羊膜類 *Amniota*（爬虫類以上）では各体節ごとに椎骨が発達して，脊索は椎体中に包まれ，家畜（哺乳類）では椎間円板の中央に**髄核** nucleus pulposus, pulpy nucleus としてわずかに遺残する程度にまで退化し，代わって椎骨が体軸の役目をつとめる（153頁）．

第2節　神経管の出現

　この頃（胚盤胞形成の途中），原始線条（図6-2の2）に続く正中軸に沿って，胚部の原始結節（図6-2の1）より頭方で，かなり幅広く外胚葉細胞がさかんに増殖して，厚みを増して板状となり，他の部分からも明らかに区別がつくようになる．この板状部を**神経板** neural plate（B図の4）とよんで，将来の中枢神経系の大もとになるもので，この時期になると胚子はすでに**神経胚** neurula の時期に進入したわけである（兎胚子8日，鶏胚子で18時間ごろ）．神経板の中軸はしだいに凹んで**神経溝** neural groove（図6-2の6）が現われ，これに反し，板の両縁は**神経堤** neural crest となってヒダを作って盛り上り，**神経ヒダ** neural fold（5）として神経溝に被いかぶさる．このようにして溝は深さを増し，ヒダは高さを加え，ついに両側のヒダの頂点が中央線で結合して（E図）管状となり，ヒダの表層の薄い外胚葉から分離し，下に沈んで**神経管** neural tube となる[1]（図6-2E, F, 6-6）．この頃，原始結節の付近は頭，尾方に向かって成長がさかんで長さが延びるので，神経溝は原始結節を追うようにしてぐんぐん後方に伸び，結果において神経堤が長く延びる（豚胚子約14日[2]）．

　両側の神経ヒダが結合して神経管となる経過は，神経板全長を通じて決して同時に行なわれるわけではない．結合が最初に行なわれる部位は，将来の後脳（後項）に分化する部分で（第一体節出現部付近，後項），これより頭方および尾方に向かって結合機転がしだいに進行し，終局において，頭，尾端に神経孔を持つ神経管が成立する．頭端の**頭側（前）神経孔** rostral (anterior) neuropore（図6-2Eの10）は**尾側（後）神経孔** caudal (posterior) neuropore（6´）に先がけて閉鎖するが，前者が成体の間脳視床下部の〔完成〕**終板**〔definitive〕lamina terminalis に当たる（後項209頁）．神経管内腔は成体の脳室や脊髄中心管として残る．最初の神経ヒダ結合が行なわれている時点では，尾方ではまだ神経板の発達が十分ではなく，板も平板で，境界もまだ明らかでなく，ヒダの末端は高さを減じて原始線条の両側に消失する（図6-2C, D）．すなわち，神経管は将来の脳がつくられる頭方では早くも神経ヒダが結合して管となるが[3]，脊髄部ではおくれ，ことにその末端ではまだこの時期には神経板として肥厚しはじめている程度にすぎない．

　神経管形成の様式は以上のように家畜でも家禽（図6-3）でもほぼ同様である．なお，神

---
1) 神経板だけを実験的に胚子から切り離して，培養基の中で発生を進めさせても，同じように神経ヒダや神経溝がつくられるから，このように周囲の細胞の影響を除外しても，すでにこの時期の神経板そのものに神経管になろうとする分化能を持っていることが分かる．
2) 51頁脚注「神経腸管」の説明も参照．
3) 鶏で神経ヒダが初めて中央で結合する時期は，孵卵26～29時間（4～5体節）で，将来中脳ができる付近に当たる．

経系のこれより以後の発生の進み方については第3編「器官発生」の項にゆずる．

第3節　体節の出現と体腔の形成

既述のように，はじめ脊索突起や脊索板（いずれも脊索の母体）と結合していた胚内中胚葉は，やがてこの母体から分離する．脊索と神経管が形成されると体軸（脊索）にもっとも近い部分の中胚葉層は脊索の両側で急に細胞が増殖して縦の柱状形をした**沿軸中胚葉（上分節）** paraxial mesoderm（epimere）を形成し，ついでここに横溝が現われ（図6-2），溝は体軸に沿って規則正しく尾方に向かって一定の間隔で増してゆく．これを胚子の真上から見ると，中胚葉を分節的に規則正しく神経管，脊索に沿って区切るような形で認められる．この分節の1つ1つを**体節** somite（図6-2の8）と言う．体節より外側の中胚葉層は初めはくびれた**中間中胚葉（中分節）** intermediate mesoderm（mesomere）（図6-4の11），として認められ，ここも分節状に配列する．中間中胚葉よりもさらに外側にある中胚葉の部分は分節的構造を示さないで，この部分は**側板中胚葉（下分節）** lateral plate mesoderm（hypomere）（図6-5の10）とよばれる．

すなわち，胚内中胚葉はこの時期において，家畜，家禽ともに体軸に近い方から，体節（沿軸中胚葉），中間中胚葉，側板中胚葉の3部に区別できるわけである．

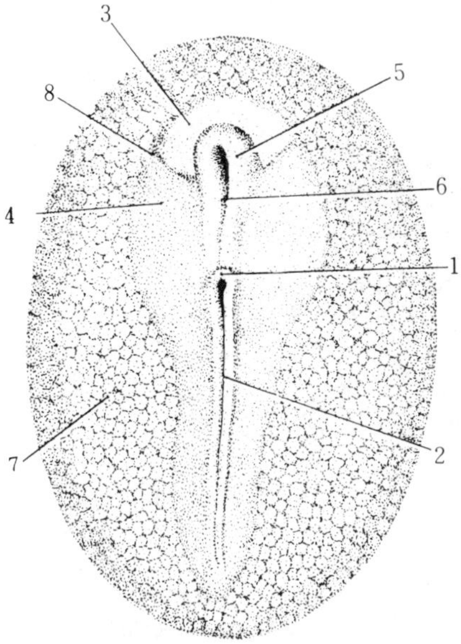

1. 体　節[1]

最初に出現する**体節を第一体節**（S_1）とよび，以下第二，三……体節と名づける．このようにして，家畜，家禽の胚子の体節は初めて分節的な構造を現わしてくるわけで，第一体節の出現時期は牛で胚齢14日，鶏で孵卵23～26時間頃に当たる．第一体節が現われる部位は胚部のほぼ中央部で，将来の頸椎部の最前端に相当する．これより順次に尾方に向かって第二，第三体節が現われてくる．また，第一体節の頭方にもなお3～4個の体節が現われ，一時的に後頭椎板として形を整えるが（図14-8），ここでは胚外中胚葉も入り混じって複雑な関係をつくり，結局において体節的構造をつくらないで，頭蓋部の種々の器官形成に参加する（後項）．体節は出現の古

図6-3　神経管形成の始まり
（鶏胚子19時間，HEUTTNER，模写）
1. 原始結節　2. 原始線条　3. 中胚葉がまだ進出しない部分　4. 明域で中胚葉が進出している部分
5. 神経ヒダ　6. 神経溝　7. 暗域　8. 中胚葉の境界線

---

[1] 原節 Ursegment（独）とも言う．

いものから順に中間中胚葉から分離独立し，これとともに中間中胚葉も残りの側板中胚葉から分離する．やがて，各体節に割れ目のような腔所が現われるが，これを体節腔 myocoelom（図6-5の6，6-6の18）と言う[1]．これによって，体節は外側部と内側部に区別される．

外側部は**皮板** dermatome（図6-5の5，6-6の9）と言って胚子表層の外胚葉の直下に接触し，しだいに長く延び，後に皮膚の真皮と皮下組織になる（この部の外胚葉は表皮となる）．また，内側部では結合していた細胞がさかんに増殖して，集団を離れて**間葉細胞** mesenchymal cells として遊出し，脊索と神経管を囲む．この分離した間葉細胞の集団を**椎板** sclerotome（図6-5の8）といって，椎骨の原基となり，分節状に配列するので椎節 scleromere とも言われる．椎板を離した残りの内側部が**筋板** myotome（図6-5の7）で筋節 myomere ともよばれ，後に骨格筋の一部になる[2]．

2. 中間中胚葉[3]

上記のような各体節の分化の経過は出現順に S_1, S_2……と進行する．この際，各体節は中間中胚葉から分離独立するわけだが，中間中胚葉も同様にして古いものから側板中胚葉を離れて独立する．同時に，各中間中胚葉は隣接する前後のものと分節状に連絡して**腎板** nephrotome となる．このものから後に尿生殖器系の基盤がつくられる（180頁）．

3. 側板中胚葉

腎板より外側にあってこの部分は体節や中間中胚葉のような分節的構造をとらない．側板中胚葉には間もなく内腔が現われ，これによって外側の外胚葉の裏付けとなる**壁側中胚葉** somatic (parietal) mesoderm（図6-6の6）と，内胚葉の裏付けとなる内側の**臓側中胚葉** splanchnic (visceral) mesoderm (7) に明らかに分け

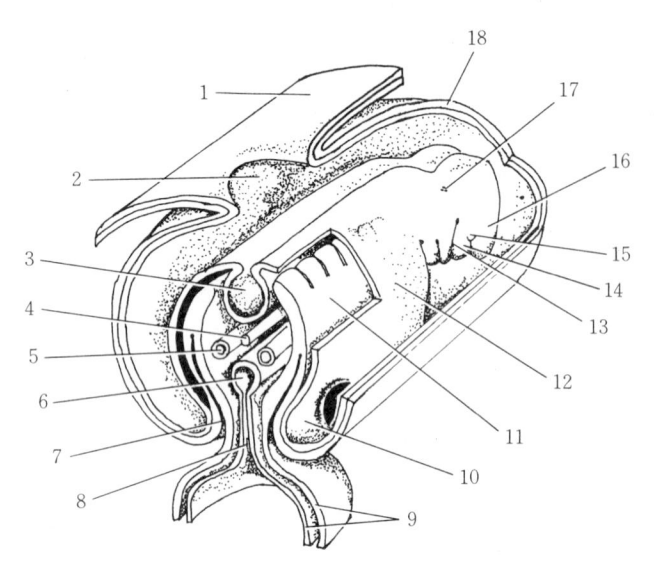

図6-4 豚胚子，約15日．頭端区域と胚子被膜（模式）．
(MARRABLE)
1. 漿膜　2. 漿羊膜口　3. 神経管　4. 脊索　5. 左背側大動脈
6. 消化管　7. 体腔　8. 卵黄（嚢）茎　9. 卵黄嚢壁　10. 臍帯　11. 中間中胚葉　12. 心隆起　13. 第一鰓溝　14. 下顎隆起　15. 上顎隆起
16. 前脳域　17. 耳窩　18. 羊膜

---
1) 体腔の一種で筋[節]腔 myocoele ともいう．人為的に出現する腔ともいわれる．
2) 牛の体節形成は本文の記事よりもやや遅く，20〜33日にかけて進行する．体節は間葉細胞の中核と稠密に集合した外側細胞層から成る．各体節は形成後12時間で椎板と皮板に分化し，次の24時間以内に皮板から筋板が分離する．23日，6〜12体節期になると腹側および内側に椎骨原基が形成され始める (Haldiman, 1981)．
3) 体節茎．体節茎の名称は Somitenstiel (独) による．

られる．2板の間に挟まれた内腔が将来は**体腔** c(o)elom, body cavity（図6-4，6-5，6-6）となる．外胚葉が胚子の体表を被ってしだいにその腹側をとりまくように伸びるにつれ，壁側中胚葉も，外胚葉に従って腹側に延び（図6-5），遂に両側のものが腹側正中軸で合し，臓側中胚葉に続く隔壁（原始腹側腸間膜 primitive ventral mesentery）もとれて合一した体腔となる．壁側板は体壁の裏づけとなる扁平な薄い漿膜で，**中皮** mesothelium ともいわれ，壁側胸膜および腹膜となり，同じく臓側板も体腔内に包蔵される内臓の表面を被う臓側胸膜および腹膜となる．しかし，両板に集結された多くの胚内中胚葉細胞はこの結合から分離脱出して間葉細胞となり，広く分散し壁側中胚葉からのものは成体でみられる胸壁，腹壁の各器官（真皮，皮下組織，筋その他）となり，臓側中胚葉も体腔内臓の実質中にわけ入り，結合組織，筋などに分化する．但し，分離，遊出した間葉細胞は，一時は**胚子結合組織**[1])として待機する．

第4節 消化管の出現

内胚葉の薄層でとり囲まれた原腸は，上記のように，臓側中胚葉の出現によって完全に包囲される頃になると，胚部自体も厚くなって，薄い胚外部 extra-embryonic portion から区別され易いし，また，胚外部との境界にいくつかのヒダが発達してくる．まず神経板頭端の発育がさかんで，この部分は胚外部の外胚葉の上にのしかかるように延びてくる．この結果，神経板頭端の腹面では図6-7に示されるように**頭部ヒダ** head fold がつくられ，胚子の頭部はここで明らかに認められるようになる（図6-7Aの2″）．つづいて尾端でも**尾部ヒダ** tail fold が腹側にもぐりこむように発達し，胚子が頭，尾方に速やかに伸長するにつれて，ヒダもいろいろ深く入りこむことになる．この結果，胚子はしだいに背部を湾曲させる形をとるようになる（図6-7B）．

神経胚は初めの頃は以前からある胞胚腔を内蔵する広く単純な形のものであったが，胚部の頭，尾端でヒダが作られて深く湾入し，胚子自体の体軸も湾曲する結果，胚部の腹位にあたる原腸の部分はくびれて，その一部が

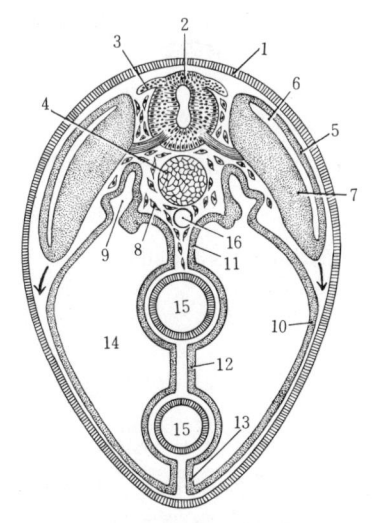

図6-5 体節と体腔の成立を示す
    模式図（横断）（KINGSLEY,
    模写）
1. 体表の外胚葉 2. 神経管 3. 神経堤
4. 脊索 5. 皮板 6. 体節腔 7. 筋板
8. 椎板形成中の間葉細胞 9. 中間中胚葉
10. 側板中胚葉の壁側板 11. 原始背側腸間膜（臓側板）12. 大網（臓側板）13. 原始腹側腸間膜（臓側板）ここは後に破れて左右の体腔が交通する 14. 体腔 15. 腸管
16. 背側大動脈

[1) 胚子結合組織 embryonal connecitve tissue は**膠様組織** mucoid connective tissue（Wharton's jelly）で，星形または紡錘形をした細胞がその突起で相互に結合し，その網眼を粘液様物質で埋めたやわらかい未分化の結合組織である．

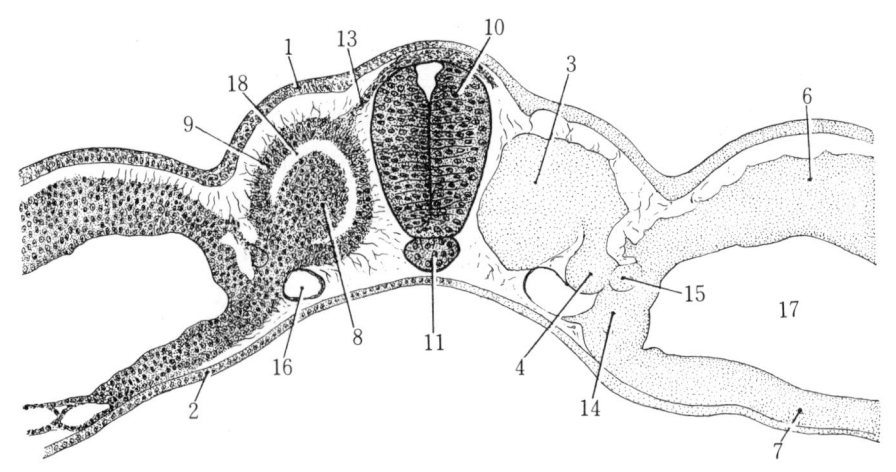

図6-6 体節と体腔の成立を示す．鶏胚子29体節期（LILLIE, 模写）
図6-4, 6-5と照合すると分かりやすい
1. 体表の外胚葉　2. 内胚葉（卵黄を含む）　3. 体節　4. 中間中胚葉　6. 壁側中胚葉　7. 臓側中胚葉　8. 筋板　9. 皮板　10. 神経管　11. 脊索　13. 神経堤　14. 腎板　15. 中腎管　16. 大動脈　17. 体腔　18. 体節腔

胚子内部にとりこまれ，ここに消化管の原基[1]が出現する．すなわち，頭部に含まれるのが**前腸** foregut（図6-7の10），尾部に含まれるのが**後腸** hindgut（12）で，両者の中間にあってくびれた部分を通じて原腸に連絡する部位が**中腸** midgut（11）となる．残りの原腸が後に**卵黄嚢** yolk sac（8）となり，くびれた部分が**卵黄〔嚢〕茎** yolk (vitelline) stalk（8′）となる．家禽の消化管原基の出現も家畜の場合とほぼ同様である（図6-8）．

第5節　各胚葉から分化する組織と器官

　この節に至るまで各胚葉の出現と成立について大略の説明をしてきたが，次に，これらの胚葉から将来どのような組織や器官が分化し，成立してくるのであろうか．これを探ることで，成体で見られる各器官の本来の相互関係が分かり，解剖学や組織学に対しても理解を深め，家畜体の構成の真の意味を理解できる．このように極めて必要な事項であるから，詳しくは第3編「器官発生」にゆずるとしても，ここでその一端に触れておきたい．

　成体の器官は，組織学的に言えば上皮組織，結合および支持組織，筋組織，神経組織の適当な組み合わせによって成立している．それでは，これらの基本的組織は発生学的にどの胚葉を母体として出現するかという問題になると，簡単に割り切った説明はできず，なかなか複雑である．例えば，上皮組織といってもその部位により，**外胚葉性上皮** ectodermal epithelia（皮膚の表皮，被毛等），**内胚葉性上皮** endodermal epithelia（胃，腸，気管粘膜の上

---
[1] **原基** primordium とは一つの器官がつくられるもとで，初めて現われた頃のものをいい，やがてそれぞれ特徴のある形態の器官に分化する以前のものである．

皮等），中胚葉性上皮 mesodermal epithelia（体腔の漿膜等），間葉性上皮 mesenchymal epithelia（血管内皮等）など3胚葉のいずれからも分化する．結合および支持組織のように，一見したところ中胚葉（間葉 mesenchyme も含む）に限定されるかのように考えられるものでも，中胚葉性支持組織 mesodermal connective tissues の他に外胚葉性支持組織 ectodermal connective tissues（神経膠，眼球の硝子体），内胚葉性支持組織 endodermal connective tissues（脊索）があ

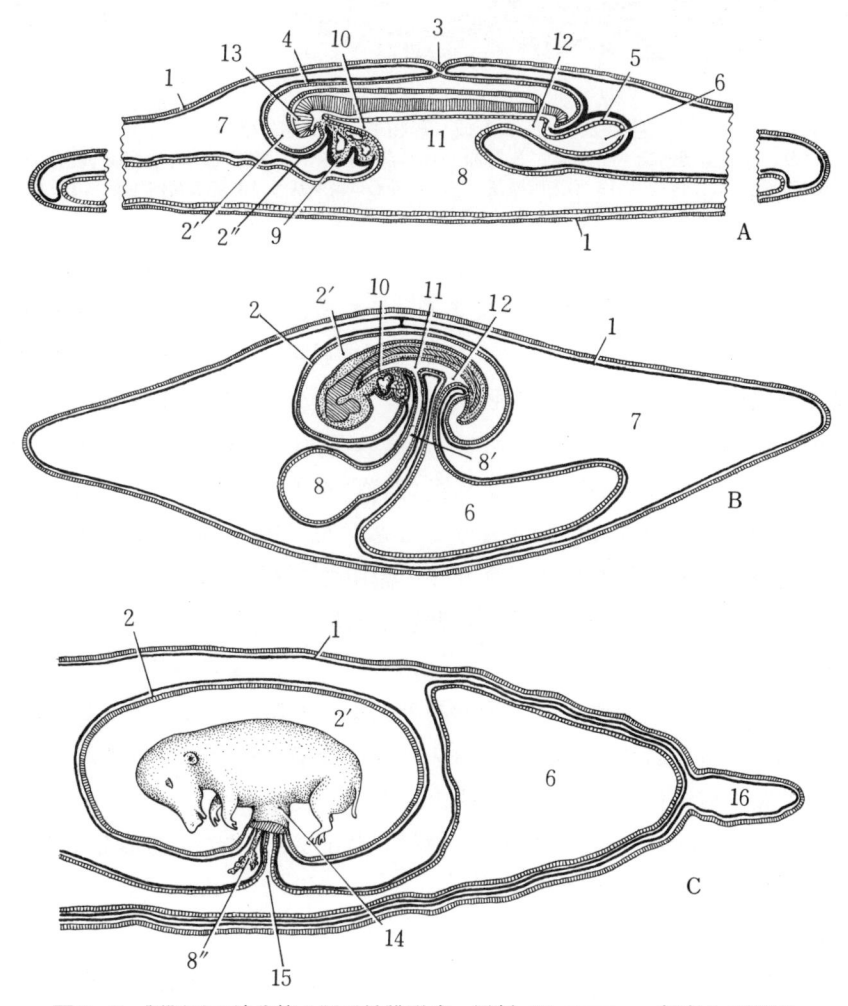

図6-7　豚胚子の消化管と胚子被膜形成，縦断（PATTEN，一部変えて模写）
太い黒線が中胚葉　A.（胚齢15～20体節），羊膜ヒダが会合した時期．B.（同，4～6mm），尿膜がしだいに拡がる．
C.（同，30mm以上），尿膜が十分に拡がり，卵黄嚢は退化する．
1. 漿膜（栄養被膜，外層が外胚葉，内層が中胚葉）　2, 4. 羊膜（外層が中胚葉，内層が外胚葉）　2′. 羊膜腔　2″. 頭部ヒダ
3. 同，結合部　5. 尿膜（外層が中胚葉，内層が内胚葉）　6. 尿膜腔　7. 胚外体腔　8. 卵黄嚢　8′. 卵黄嚢茎　8″. 退化した卵黄嚢　9. 心臓　10. 前腸　11. 中腸　12. 後腸　13. 胚子の頭部　14. 付着茎（羊膜鞘で包まれる）　15. 尿膜管
16. 胚胞の末端で尿膜がとどかない部分

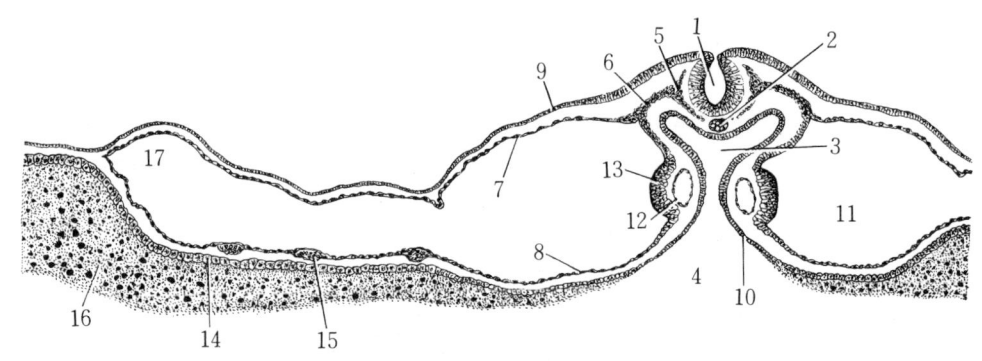

図6-8 前腸の形成（鶏胚子7体節期，横断）
1. 神経管　2. 脊索　3. 前腸咽頭部　4. 原腸　5. 体節　6. 中間中胚葉　7. 壁側板　8. 臓側板（以上の5～8，中胚葉）
9. 外胚葉　10. 内胚葉　11. 体腔　12. 心内膜原基　13. 心筋心外膜原基　14. 卵黄嚢内胚葉　15. 血島　16. 卵黄
17. 胚外体腔

る．**器官** organ はこれらの組織の集合体である．それ故，A器官は外胚葉性，B器官は内胚葉性であるといっても，それはその器官の特質を示す組織を代表として称するのである．例えば，肝臓で肝細胞は胆管とともに内胚葉起原で，この肝細胞が肝臓としての本格的機能を行なう上皮組織（腺細胞）である．しかし，肝臓の表面は肝被膜（中胚葉性上皮）で被われ，その下層の結合組織は血管（間葉），リンパ管（間葉）を伴って肝門から肝臓の実質中に進入するし，同じく外胚葉性の神経線維も入りこんでくる．そこで肝臓を内胚葉性起原と言う場合は，その主役である肝細胞を代表させての説明である．

この意味から，次に各胚葉より分化する器官と組織を挙げてみる．

1．内胚葉から分化する器官

消化器系とその分芽から発生する呼吸器系の上皮，またはこれらから誘導される腺が主で，外胚葉の場合と同様に細胞の形を保ち，互いに緊密に結合している．

1. 消化管の粘膜上皮（但し，口腔と肛門の一部の上皮を除く）
2. 発生の途中で消化管から分芽し（肝臓，膵臓，腸腺など）または分離して生じたもの（甲状腺，上皮小体，胸腺の細網細胞など）
3. 耳管，鼓室，耳管憩室（馬）の上皮
4. 呼吸器系の粘膜上皮（喉頭，気管，気管支，肺）と，その陥没によってできた腺（気管腺，気管支腺，その他）
5. 膀胱上皮，尿道上皮（雌で全部，雄で尿道骨盤部）
6. その他

2．中胚葉から分化する器官

間葉系と狭義の中胚葉系に分ける．間葉系は細胞相互の間隙が広く，そこが多量の基質

で埋められる．また，しばしば無定形の結合組織として器官の実質の間に入りこみ，これを充実させる．これに対し，狭義の中胚葉系は，外，内胚葉と同じく，上皮細胞が連続して認められる．

 （Ⅰ）**間葉系**
 1. 一般の結合組織
 2. 支持組織（軟骨組織，骨組織）
 3. 骨格筋（横紋筋），平滑筋（器官に含まれる）
 4. 心臓，血管，リンパ管
 5. 骨髄，血球
 6. 脾臓その他のリンパ組織
 7. 歯のゾウゲ質，セメント質
 8. その他

 （Ⅱ）**狭義の中胚葉系**
 1. 体腔（胸腔，腹腔，心膜腔）を裏付ける漿膜（壁側板）と体腔内の器官を包む漿膜（臓側板）
 2. 前，中，後腎の管系の上皮
 3. 尿管上皮
 4. 生殖道の上皮（雄で精細管，精巣輸出管，精巣上体管，精管；雌で卵管，子宮，腟）と，その分芽から発生する生殖器付属腺（膨大腺，精嚢，前立腺など）
 5. 副腎皮質
 6. その他

3. 外胚葉から分化する器官
一般に細胞の形態を備えた場合が多く，しかも各自の結びつきが緊密である．但し神経系はこの限りではない．
 1. 消化管の始めの口腔上皮と，それから分芽する口腔腺，腺下垂体，終わりの肛門の上皮とその付属腺
 2. 歯のエナメル質
 3. 鼻腔，副鼻腔の上皮とその付属腺
 4. 雌の腟前庭の上皮，雄の尿道海綿体部の上皮
 5. 脳脊髄神経中枢部と，その続きで末梢に至る神経線維．神経膠，上衣．自律神経系
 6. 眼球網膜，水晶体，虹彩の平滑筋．その他，平衡聴覚器，嗅覚器，味覚器などの感覚上皮
 7. 副腎髄質
 8. 皮膚の表皮と，それから誘導される角質器（毛，羽，角，脚鱗，鉤爪，蹄鞘，嘴鞘など）．

図6-9 各器官の分化系統樹

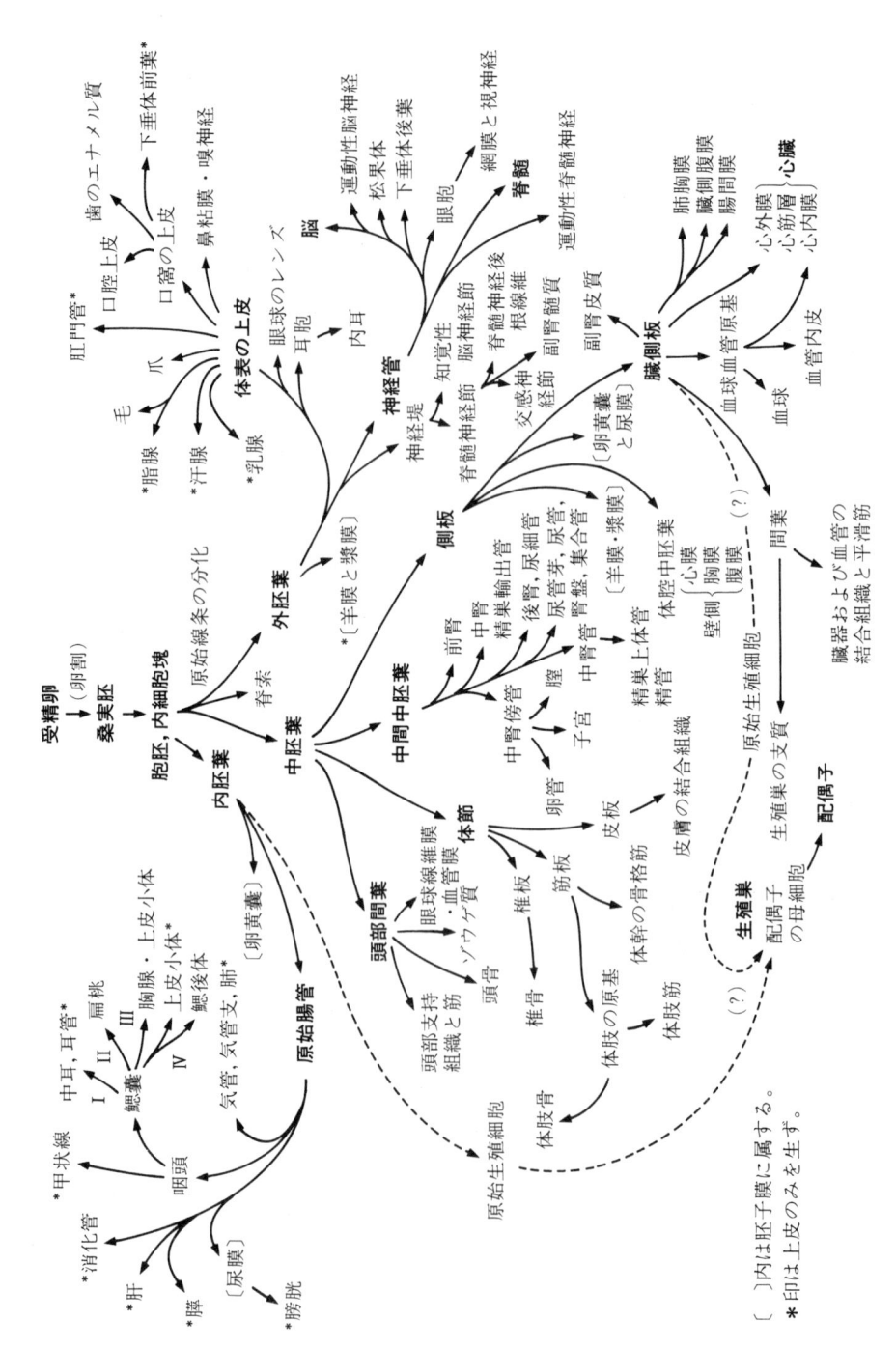

[ ]内は胚子膜に属する。
*印は上皮のみを生ず。

表皮が真皮や皮下組織に陥没してできる汗腺，脂腺，尾腺などの皮膚腺およびそれの変形腺の乳腺，その他

9. その他

理解の便を考えて，ここで受精卵をもとにする胚葉の分化と，各胚葉から発生する組織と器官を系統樹に模して図式化してみる（図6-9）．

3種の家畜について，受精卵を出発点とする胚の発達経過を経時的に比較すると表6-1のようになる．この表の項目からもわかるように胚の発達は連続的なものであり，また各種器官の原基の出現や形成は同時的なものがいくつか見られる．

本章を終わるに当たり，第1章からここまでに至る発生過程の機構を考察するのも意義があるし，またこれから以後の器官発生（後出）に対する理解の一助ともなるであろう．分割が進み，受精卵が桑実胚に達した時，次の胞胚に展開する"引き金"は何であろうか．各割球のそれぞれは活発な代謝を行なうため，いずれもができるだけ多くの自由表面を得ようと努力するであろう．また一方では，割球の間隙に溜ってくる水様液の液圧は次第に増大する．こうした力がある臨界点に達した時，桑実胚は全く一瞬の中に胞胚に移行する（培養卵の位相差顕微鏡 cinematography で観察できる）．この瞬間に桑実胚の割球は内細胞塊と栄養膜に分離する．

表6-1 牛・羊・豚の胎生発達の主要基準（HAFEZ）

	牛（日）	羊（日）	豚（日）
桑実胚	4－7	3－4	3.5
胞胚	7－12	4－10	4.75
胚葉分化	14	10－14	7－8
絨毛膜包伸張	16	13－14	9
原始線条形成	18	14	9－12
開放神経管	20	15－21	13
体節分化始動	20	17（9体節）	14（3－4体節）
絨毛羊膜ヒダ癒着	18	17	16
絨毛膜包の非妊角への進入	20	14	－
心拍動開始	21－22	20	16
神経管閉鎖	22－23	21－28	16（11体節）
前肢芽発現	25	28－35	17－18
後肢芽発現	27－28	28－35	17－19
指・趾分化	30－45	35－42	28＋
吻・眼分化	30－45	42－49	21－28
絨毛叢形成始動	30	－	－
妊角中で尿膜が胚外体腔を占有	32	21－28	－
着床	33－	21－30	24－
尿膜が全胚外体腔を占有	36－37		25－28
眼瞼閉鎖	60	49－56	
毛胞発現	90	42－49	28
角小窩発現	100	77－84	
歯萌出	110	98－105	
眼瞼・鼻尖発毛	150	98－105	
体表全面被毛	230	119－126	

分割卵の各割球は始めの間は全能性であろうと考えられていたが(前出, 34頁), ここで割球の分化 differentiation がおきて, 内細胞塊からは将来胚(胎)子のすべてと, 胎膜(羊膜)が作られる. 一方, 栄養膜はこれからの胚(胎)子の発育のため, 栄養の摂取に専念する. こうして, それまでは一見平等であった割球はそれぞれ別の宿命をもつようになる. この適応を機能的分化といい, 一方分化の段階に応じて, 各割球にはそれぞれの機能に適応する形質の違いも現われる. これを構造的分化とよぶ.

胚葉の分化から引き続いて組織および器官の発達が進行するのであるが, その際相互の間には誘導 induction とよばれる作用機構が働いている. 中腎管あるいは中腎傍管の発達と生殖巣との関係および前腎から中腎を経て後腎が形成される経過などがその例としてあげられる. また, 肢芽が出現した時点では, 肢芽の成分は外胚葉と中胚葉である. この後, 肢芽が成長して行く過程で外胚葉の発達が維持されるためには中胚葉の存在が不可欠であると考えられている. こうして, オーガナイザー organizer あるいは維持因子 maintenance factor とよばれる物質の探究も進められている.

第7章　胚子被膜と胚子器官の発生

胚子はその発生が進むにつれて各種の胚子(胎子)被膜すなわち胚膜 embryolemma, embryonic membrane や胚子(胎子)器官[1] embryonal organ が出現し, 発達してくる. これらのものは将来において胚子の体の一部とはならないが, 出産(または孵化)するまではそれぞれ必要かつ重要な役目を持っていて欠くことができない. 胚子被膜には羊膜, 絨毛膜があり, 胚子器官には卵黄嚢, 尿膜, 臍帯などがある.

第1節　羊　膜

脊椎動物は無羊膜類 Anamnia と有羊膜類 Amniota の2類に大別される. 無羊膜類は円口類, 魚類のような水生動物, もしくは両生類のように幼生時に水中生活をする類の動物群で, 水中に産卵されて孵化するから羊膜を必要としない. 有羊膜類は爬虫類, 鳥類, 哺乳類のように陸生で, 空気呼吸をする高級な脊椎動物群で, 胚子発生中に羊膜 amnion ができて, 胚子はその中の羊水に浸って成長する. むかし, ヨーロッパで宗教的儀式の犠牲に供された雌羊の子宮内にしばしば発見される胎子を包んだ薄い半透明の膜を羊膜とよんだのがこの語の始まりである.

既述のように家畜の全部(反芻類・馬・豚・兎・犬・猫など)で原腸形成はA型に属して

---

[1] 家畜の場合に, 胚子が成長して胎子とよんだ方が適切な場合には胚子被膜と胚子器官をそれぞれ胎膜 fetal membrane, 胎子器官 fetal organ とよぶこともある. これら用語(同義語)は混同して用いられることもあり, 胚子器官を胎膜に含める考え方もある.

いる（53頁）．この型では，できあがった胚部は初めは表面が裸出しているが，間もなく胚部の頭，尾端で胚外部の外胚葉にヒダが現われて胚部の腹方に潜入し，胚部が成長して長くなるにしたがってこの傾向がますます顕著となり，胚部が周囲の胚外部から浮き上ったように明らかに区別できる．このため，この頃には卵黄嚢と消化管原基を結ぶ卵黄茎（66頁）もしだいに細まってくるので，一層胚子は表面に浮き上った感じのものになる．**羊膜形成** amniogenesis はこの時期にあって（豚でおよそ第一体節出現のころ）胚外部から胚部に向かって頭，尾，側方から羊膜ヒダ（図6-7A，7-1Aの1）が一斉に盛り上がって胚部に被いかぶさるように延びはじめ（**ヒダ形成** plication, folding），開放部は袋の口を閉ざすようにしだ

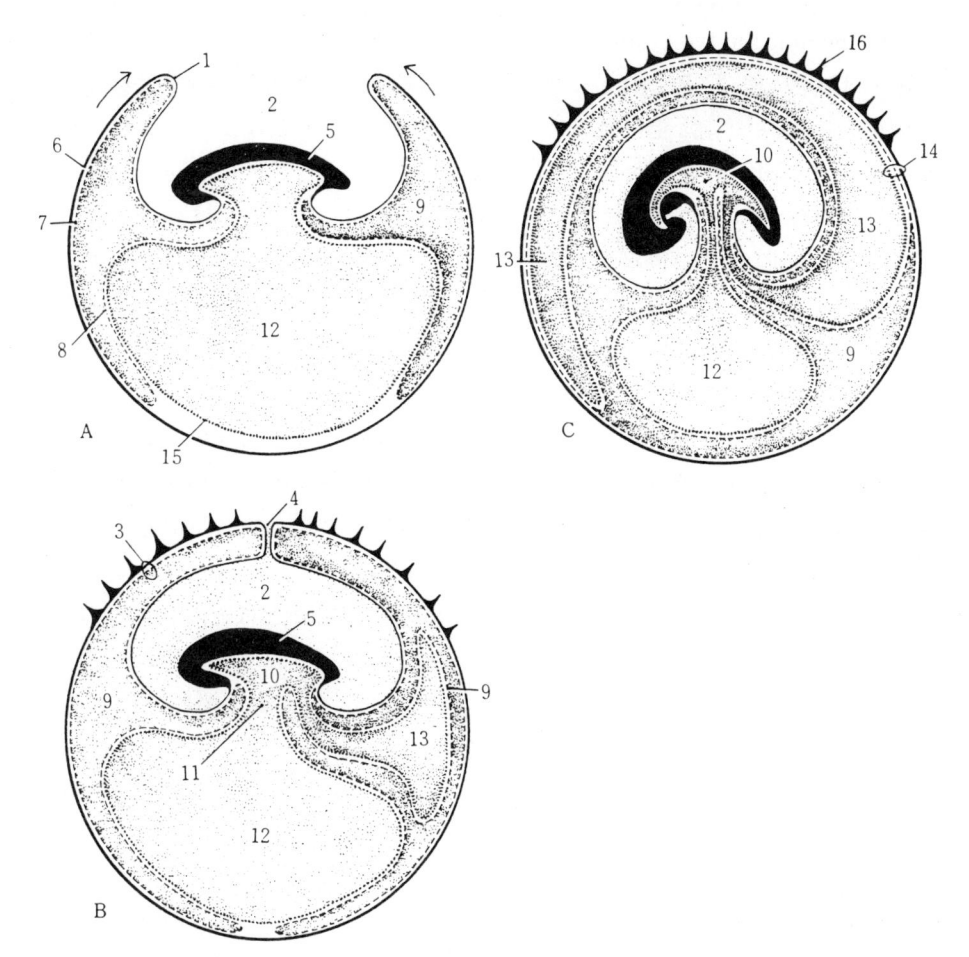

図7-1　羊膜，絨毛膜，卵黄嚢および尿膜の発生と成立を示す模式図（HEUTTNER，一部変える）
　　　　A～Cの順に進行
1. 羊膜ヒダ　2. 羊膜腔　3. 絨毛羊膜　4. 羊膜縫線（下方が漿羊膜連結）　5. 胚子　6. 栄養膜　7. 壁側中胚葉　8. 臓側中胚葉　9. 胚外体腔　10. 腸管　11. 卵黄茎　12. 卵黄嚢　13. 尿膜　14. 絨毛膜　15. 内胚葉　16. 絨毛膜絨毛（後に胎盤ができる）

いに狭まり，遂に胚子の中央またはそれより前方で各側の羊膜ヒダが会合し，結合して，胚子を完全に包む羊膜となる（兎で胚齢10日）．結合部は羊膜縫線（図6-7Aの3，図7-1Bの4）または羊膜臍としてしばらく残って見られる．

羊膜ヒダは図7-1で示すように内外の2層に区別され，漿羊膜連結で結ばれるが，両層は図7-1Cのように間もなく分離し，左右の絨毛膜〔嚢〕腔 chorionic cavity（胚〔体〕外体腔 extraembryonic coelom）(9)が合一する．外層は漿膜（絨毛膜） chorion（serosa）(3)で，家畜では後に胎子胎盤となる．それ故に，漿膜のことを絨毛羊膜 chorio-amnion とも言う．内層が真正の羊膜となるもので，胚子との間の隙間を羊膜腔 amniotic cavity（2）と言う．出現当初の羊膜はまだ胚子に接触していて羊膜腔は認められないが，羊膜の外胚葉細胞から分泌される羊水 amniotic fluid がしだいに貯えられて，このため羊膜も水を入れた氷嚢のように膨らみ，胚子は臍帯（後項）で結ばれて羊水の中に浮かびただよう．羊水は胚子に対する外部からの物理的圧力を均等に受けさせて，一部分が特に過圧となるのをさけて胚子を障害から防ぎ，または羊膜が胚子に付着して，それによる胚子の奇形化を防ぐ効果もある．羊膜は，後日出産の際に，尿膜水を含む尿膜嚢（79頁）とも協力して，まず狭くかたい子宮頸にわりこみ，子宮筋収縮の際に平均した内圧をかけて，徐々に子宮頸管を開かせて産道を拡げ，産みやすくする[1]（110頁）．羊膜ヒダは胚外外胚葉（栄養膜）のヒダでつくられたものであるから中に胚〔体〕外中胚葉（結合組織）を含み，しかも成立した羊膜ではその位置が逆転して，内側が外胚葉層で，外側が中胚葉層になっていて，漿膜（絨毛膜）の場合と全く反対である．羊膜の表面にはこの胚外中胚葉から分化した筋線維を含み，それの収縮で羊水に波動を与えて外胚葉を動かし，上記のように胚体に圧力を均等に及ぼしまた，羊膜が胚子に付着するのを防ぐ．また，羊膜は胚子の腹方にあっては卵黄茎や尿膜管（後記）を鞘状に包んでいる（羊膜鞘，84頁）．

羊膜形成の様式は家禽（鶏胚子）の場合も上記の家畜の場合とほとんど同様な経過をたどって完成される（図7-7）．羊膜が胚子を包んで完全に閉鎖されるのは孵卵3日目である．漿膜は家禽のように卵生のものでは，家畜の場合と違って，将来絨毛膜に発達することなく，卵殻膜の内側に付着したままで終わる（次頁参照）．

人やサルのような霊長目では，羊膜形成は，既述のように，原腸形成の際に始めから外胚葉性嚢として家畜よりも早い時期にその原基が出現し（B型，53頁参照），後者のようにおくれて，後にあらためて羊膜ヒダとして伸展し，結合して成立するというわけではない．すなわち，外胚葉性嚢がそのまま羊膜となるのであって，胚部を囲んだ腔が羊膜腔となる．

---

[1] 馬で羊水の量は3～6 *l*，牛で1～4 *l* で，牛の場合は粘液様である．

第2節　絨毛膜

　家畜の受精卵は胞胚に近い状態で母体の子宮に到着し，やがて着床する．胞胚の表面を包む栄養膜には**一次絨毛** primary villus が現われ，これで母体の子宮内膜面から胚子として発育に必要な物質を取り入れる．原腸胚期をすぎて胚部が限定されるようになると，すでに胚葉の分化も行なわれ，胚部の外胚葉の続きがかつての栄養膜であり，胚葉の分化によって**栄養膜** trophoblast（図7-1の6）とよばれる．この層の内側に裏付けとして壁側中胚葉（図7-1の7）が密着している．この頃には胚部を除いて栄養膜の表面には全面的に絨毛が発生し，壁側中胚葉が血管を伴って絨毛内に進出している（**二次絨毛** secondary villus）．胚体にもこの頃には心臓や血管が出現していて，循環路を通じて絨毛の血管と連絡する（一次絨毛の場合は絨毛上皮から栄養物を吸収するだけで，まだ血管が出現しなかった）．

　羊膜が形成されると，羊膜ヒダの内側のものが羊膜となり，外側は分離して羊膜と全く関係のない**絨毛羊膜**[1] chorioamnion（図7-1の3）となって，以前からある栄養膜の続きとして，胚子を卵黄嚢や尿膜をつけたままもろ共に包囲する．すなわち，絨毛羊膜と栄養膜はひと続きの膜として，胚子を含む卵黄嚢や尿膜を外から包んでおり，両者の間隙が**胚外体腔**（図7-1の9）と名付けられる．

　間もなく胚子の後腸から**尿膜**〔嚢〕allantois（図7-1の13）が発達してきて（79頁），見るまに胚外体腔の間隙を満たして広く大きく膨らんで進出し，絨毛羊膜の内側に**絨毛尿膜** allantochorion（図7-1の14）として，密着し，緊密に結合する．このような状態になったものを**絨毛膜** chorion と言う．**絨毛膜絨毛**[2] chorionic villi は母体の子宮内膜のくぼみに深くさしこまれ，胚子の成長に必要な栄養分の摂取，代謝老廃物の排泄，呼吸等を行なう胚子の最前線の器官となる．やがて，この作用がもっと強化され，確実に行なわれるようにするため，哺乳類（家畜）独特の**胎盤** placenta が出現するが，後項にゆずる（85頁）．

　家禽（鳥類）や爬虫類のように卵生の動物では胎盤が作られないから，絨毛膜には絨毛が発達しないで，この膜は単に**漿膜** serosa とよばれる．家禽の漿膜は卵白の吸収や呼吸に関係を持つが詳しくは後項（尿膜，79頁）にゆずる．

---

[1] 家畜の胚子の最外表を被う膜の名称は発生の進行とともに変わり，混乱しやすい．この機会に発生初期からの名称を順に整理してならべてみる．a) trophoblast（栄養膜）胞胚期に用いられ胚結節を外から囲む．trophoderm とも言う．b) trophectoderm（栄養外胚葉）腸胚期に入り3胚葉が分化し，裸出する胚子の外胚葉の連続として胚体外にある外胚葉層を指す．壁側中胚葉で裏打ちされて厚くなる．c) chorio-amnion（絨毛羊膜）とは羊膜ヒダが現われ，羊膜が分離した後の栄養膜のこと．d) chorion（絨毛膜）は絨毛羊膜と絨毛尿膜の合体したもので，同義語に serosa（漿膜）があり，この語は比較発生学的に家禽の場合にも用いられて便利である．

[2] 漿尿膜絨毛 chorio-allantoic villi を意味する．

第3節　卵黄嚢

1. 卵黄嚢の発生

家畜の胚子では中胚葉の出現とその分裂によって，中胚葉自体が壁側中胚葉（外胚葉側）と臓側中胚葉（内胚葉側）に二分され，その空隙が将来の体腔になることはすでに説明した（64頁）．臓側中胚葉は原腸を囲んでいる内胚葉をその外側から抱きこむようにして結合するので，原腸の壁は以前よりも厚く強固になってくる．

原腸は初めはこのように胚部腹側にある単純な嚢としてみられるが，胚部がしだいに分化発達して胚外部との境界が明らかになり，頭部ヒダ，尾部ヒダがますます深く入りこみ，羊膜が完成し，羊膜腔が胚子の腹位にも進出し始めるようになると，原腸が胚部に接する部分でくびれて，腔の一部が胚体の中に取り入れられる．これが腸管の起源である（図7-1の10）．はじめ腸管は前腸，中腸，後腸に分かれ，胚子の背面はまるく湾曲するのでより，中腸と残りの原腸を連絡するくびれはいよいよ狭く，分かりやすくなる（66頁）．すなわち，原腸から胚子の体内にとり容れられた腸管を除いた残りの部分が**卵黄嚢** yolk sac, vitelline sac（図7-1の12）であり，嚢と中腸を結ぶ狭い連絡部が**卵黄茎** yolk (vitelline) stalk（図7-1の11）で，中に含まれる**卵黄管** yolk (vitelline) duct で交通する．中腸への入口が腸**臍**とよばれる[1]．胚子腹面に進出した羊膜は卵黄茎およびその後位の尿膜管（後記79頁）を胚外体腔とともに共通に鞘状に包囲し，そのすべてを**付着茎**[2] connecting stalk（図6-7の14）という．卵黄嚢の表面の結合組織（臓側中胚葉）には血管や血球を作るもとである**血島** blood islands が現われて，**卵黄血管** yolk (vitelline) vessels が形成される（後項78頁）．

家禽（鶏）でも卵黄嚢の形成は原則的には家畜の場合と同様で，卵黄茎によって中腸と結ばれる．しかし，鶏の卵子は多黄卵で極めて大きいので，内胚葉はこの時期ではまだ卵黄全体を完全に包囲できず，植物極では**卵黄膜（卵細胞膜）** vitelline membrane（oolemma）がまだそのまま裸出している．図7-2に示すように，孵卵2日（B図）では内胚葉だけからなる外域（5）は卵黄赤道にとどかない．孵卵3日（C図）になってやっと赤道面に達し，これを追うようにして臓側中胚葉（内域，4）が延び，さらにそれに遅れて胚子を含む中心部である**終末静脈（洞）** terminal sinus（6）が追っている．孵卵4日（D図）になって，内胚葉からなる外域が卵黄植物極を取り囲むようになる．この部分を**卵黄臍** yolk sac umbilicus（7）とよぶ．卵黄臍に内，中胚葉が到達して臍が閉鎖され，初めて完全な卵黄嚢が成立するのは孵卵16～19日で，その頃には終末静脈（洞）も臍に達するようになる．

2. 家畜と家禽での卵黄嚢の機能の比較

卵黄嚢が形成される経過は家畜も家禽も上記のようにほぼ同様であるが，形成された卵

---

[1] Darmnabel（独）が語源．卵黄茎臍 yolk stalk umbilicus ともいう．
[2] 体茎 body stalk ともいう．

第3節 卵黄嚢

黄嚢のそれから先の運命については，少黄卵から発生する家畜の胚子と，多（卵）黄卵から発生する家禽の胚子とでは当然大きい差がある．

鶏胚子の発生初期（孵卵3～4日）の胚を肉眼的に見ると，地球儀の面に描かれた日本列島のように，大きな卵黄嚢の表面にこじんまりと乗りかかったような印象を受ける．このように卵黄嚢が飛びぬけて大きいわけは，言うまでもなく，孵卵期間の21日間を通じ，胚子が孵化するまでの発育に要する栄養物の供給源として，この卵黄嚢に蓄積された卵黄に大きく依存するからである．しかし，注意すべきは，卵黄は直接卵黄茎を通じて胚子の消化管内に取り入れられるわけではなく，始めは嚢として囲む吸収上皮（ことに内胚葉）によってまず消化吸収され[1]，これが卵黄嚢を囲む**卵黄血管**によって胚子体内に運びこまれる（78頁参照）．卵黄嚢壁をつくる細胞は家畜の場合のように単純な配列を示さずに，多数のヒダを作り血管を伴って卵黄内に複雑に入りこみ，このヒダで卵黄は多くの部分に分画されて，吸収されやすくなっている．鶏では発生後期になっても卵黄嚢は大きく認められ，孵化2日前の孵卵19日頃になると急速に小さくなり[2]，ついに胚子の**臍部**を通じて嚢全体が腹腔内にとり入れられ，その結果，腹壁がこの期に至って初めて完全に閉鎖される．しかし，この時期でも卵黄嚢はなお十分な栄養分を内包していて形も大きく，重さも胚子の重さの1/6程度を占めていて，器官としての機能も完全に遂行されており，孵化後12時間の鶏ヒナでも卵黄嚢の重さは約5.34gあり[3]，これ以後急速に軽くなり，6日後には0.05gに減少する．

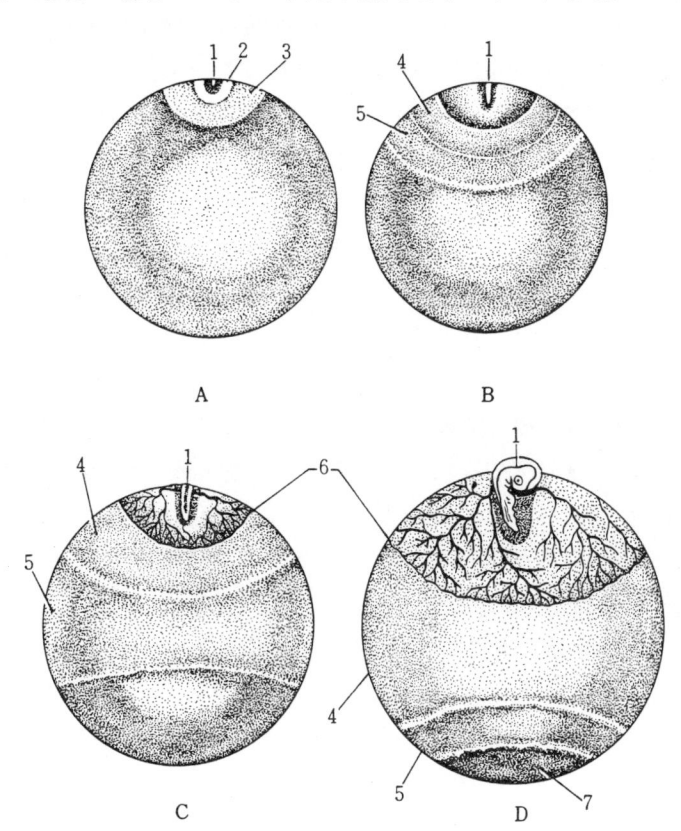

図7-2 鶏胚子の卵黄嚢の形成（ROMANOFF，模写）
A. 孵卵1日　B. 同，2日　C. 同，3日　D. 同，4日
1. 胚子　2. 明域　3. 暗域　4. 内域　5. 外域　6. 終末静脈　7. 卵黄臍

---

[1] 上皮より分泌される酵素で消化される．
[2] この時期には卵黄がそのまま卵黄管を通じて消化管内に運ばれるため，急速に卵黄の消費がはじまると言われる．
[3] 孵化した鶏ヒナに直ちに餌つけをする必要がないのは，腹腔内の卵黄嚢の中になお蓄積卵黄の残りがあるからである．

家畜のような哺乳類では卵黄嚢はその名が示すような意義はなく，嚢内には漿液性の液を含む．しかし，卵黄嚢は縮小しながらも胎生末期まで認められる（人）．このように，家畜の卵黄嚢は機能的には退化しているが，発生機構に全然貢献しないわけではない．家畜の胚子でも，始め卵黄嚢は意外に大きい（豚で15～20体節期）．ことに有蹄類家畜の胚盤胞で認められるように，胚盤胞の著しい伸展につれて，卵黄嚢も一時は大きく伸びる．この時期の卵黄嚢はその嚢壁が血管分布に富み，しかも胚盤胞外層をつくる薄い外胚葉の直下に接してあるので，胚盤胞が子宮壁に密着している際に，この薄い外胚葉を介して，子宮粘膜から栄養分を吸収し，卵黄循環を通じて胚子の体内に運び入れる．しかし，間もなく**尿膜** allantois が発達してくると，これが卵黄嚢に代わってその役目を果すことになり（**尿膜循環**），その結果，卵黄嚢は退縮し，付着茎中に収容される（後項）．

このように見てくると，家畜の卵黄嚢は卵黄こそ含まないが，一時的にもせよ卵黄循環を通じて栄養分を胚子の体内に送りこむから，機能的には家禽の場合と全く同じであるので，この時期において機能性のある卵黄嚢を**卵黄嚢胎盤** vitelline placenta といい，ことに馬の胚子で著明で，比較的長く機能する[1]．

3. 卵黄嚢の血管分布

血管系発生の詳しい説明は後項にゆずるとして，ここではとりあえず卵黄嚢の血管分布についてだけを取り扱う．卵黄嚢の壁は内層が内胚葉，外層が中胚葉から成立することはすでに説明した．卵黄嚢が形成されるとともに，この中胚葉層のところどころに**血島** blood islands が出現する．血島は内部に**血球芽細胞**（血芽球）hemocytoblast の集団を容れ，その周囲の細胞はこの中心の集団から少し離れて平たい1層の連続した血管上皮の形をとるようになる．こうしてできた細胞は**内皮芽細胞** endothelioblast とよばれる．血球芽細胞はしだいに丸くなり，ヘモグロビンがつくられて赤色になる．このような血島が初めは個々分散しているが，発生の進行につれてしだいに結ばれ，遂に毛細血管網ができ，血管が発達してくる（164頁）．このようにして成立した卵黄嚢の血管系（卵黄血管）が胚体に通じる**卵黄嚢動脈** vitelline a.（臍腸間膜動脈 omphalomesenteric a.），**卵黄嚢静脈** vitelline v.（臍腸間膜静脈 omphalomesenteric v.）と結びつくことにより，ここに初めて**卵黄循環** vitelline circulation が成立する[2]．卵黄循環は胚子の心臓が完成し，拍動が開始されるようになって初めて行なわれるものであって，始め血島中に出現した血球はこの時より血流に乗る．

家禽の場合は卵黄循環は孵化に至るまで発育に必要な卵黄を利用するわけで，極めて重大な循環系である．血島の出現は孵卵第2日にまず暗域に現われ，つづいて明域にも現われる．血液循環が始まるのはおよそ16体節（孵卵45～49時間）で，卵黄嚢動脈で運ばれた血液は胚子の体部を離れて卵黄嚢の血管系に入り，**終末静脈（洞）**に達し，卵黄嚢静脈を経て

---

1) 有袋目（カンガルーなど）では卵黄嚢胎盤は長期間存在する．yolk sac placenta ともいう．
2) 卵黄嚢動脈，卵黄嚢静脈，卵黄循環をそれぞれ yolk sac artery, yolk sac vein, yolk sac circulation ともいう．

胚体にもどる．卵黄嚢は豊富な血管系の分布を見せ，卵黄中に進入して卵黄を多くの区域に分画して，あますところなく吸収利用する（図7-3）．

第4節　尿　膜[1)]

尿膜 allantois は，初め胚子の原始的消化管である後腸の末端近く（将来排泄腔となる部分）の腹側壁から憩室のような形で突出し，**尿膜隆起** allantoic ridge（図7-1，7-4の6）として認められる[2)]．後腸の側から見れば，そこがくぼんで現われるから尿膜窩 allantoic pit と言う．これからも明らかなように，尿膜壁は内腔側が後腸からの続きの内胚葉で，外側が羊膜から続く胚外中胚葉の臓側板（臓側中胚葉）で被われている．尿膜は始めの部分が細く狭い**尿膜（嚢）管** allantoic duct（urachus）（図7-4の5）で，先は膨れた盲嚢で**尿膜（嚢）**（6）となる．有蹄類家畜や犬・猫の胚子では尿膜は速やかに大きく膨れながら，たちまちの中に胚外体腔を埋めて進出し，ついに**絨毛羊膜** chorio-amnion の内壁と緊密に結合する．これによって今まで絨毛羊膜とよばれたものに**絨毛尿膜** allantochorion が参加して改めて**絨毛膜** chorion（図7-1の14）となる[3)]．結合は絨毛羊膜の内壁である胚外壁側中胚葉と，尿膜外壁の同じく臓側板とが結合するもので，これにより尿膜の血管系が絨毛膜の血管系に参加する．尿膜面（中胚葉面）は胚子体内の下行大動脈，後大静脈から大枝を受けて豊富な尿膜循環を示し（**尿膜動，静脈**[4)] allantoic a. & v.），しかもその血管壁は薄い．このような血管系が絨毛羊膜の同様な血管系と協力合作して，後日母体の子宮内膜面との間に緊密な関係ができて，将来の胎盤がつくられる際の重要な条件の一つとなる．

尿膜は卵黄嚢とは全然結合しない．家畜では卵黄循環は胚子発生の一時期にのみ機能を持ち，間もなく退化すると，これに代わって上記の尿膜循環が盛んとなる．また，尿

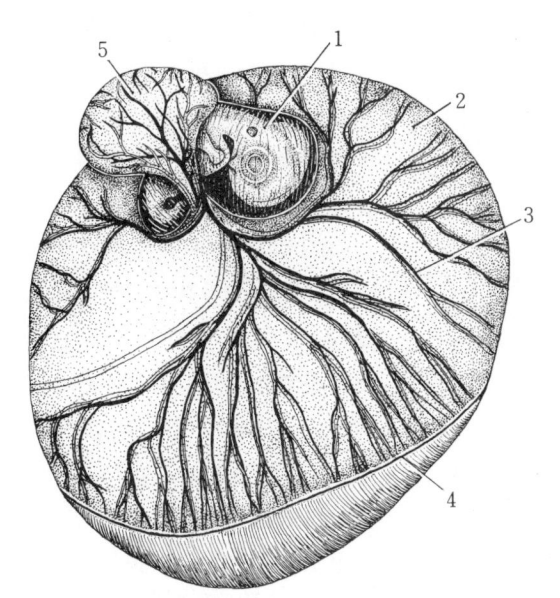

図7-3　鶏胚子（胚齢5日）の胚子被膜および器官を示す．漿膜を除き，胚子を反転させた（HUETTNER，模写）
1. 羊膜（中に胚子）　2. 卵黄嚢　3. 卵黄血管（黒が静脈）
4. 終末静脈　5. 尿膜

---

1) 尿膜嚢 allantoic sac, allantoic vesicle ともいう．
2) 尿膜の始まりは上記のように後腸壁の突出部であるから，他の胚子被膜（羊膜，卵黄嚢，絨毛膜）と違って，全く胚体内に由来する唯一の胚子被膜である．
3) chorio-allantois, chorioallantoic membrane ともいう．
4) 後の**臍動，静脈** umbilical a. & v.

膜は後腸を通じて胚子の尿生殖器と連絡し，胎生期を通じ胚子の尿を容れる尿膜嚢の役目も兼ねる[1]．

人やサルのような霊長目，その他ネズミのような動物では以上説明した家畜のように尿膜は大きく発達しない．人ではわずかに膨らんだ先端部が尿膜嚢であり，これが細い尿膜管とともに付着茎中に収められ退化する（図7-8の4）．尿膜そのものはこのように萎縮するが，初め尿膜に分布した尿膜血管はその後も大いに発達を続けて絨毛膜との連絡をとげ，胎盤が形成されるようになると重要な機能を営むようになり，家畜の場合と全く同様である．

ここで**漿膜卵黄嚢胎盤** choriovitelline placenta から**漿尿膜胎盤**[2] chorioallantoic placenta までの経時的発達段階を模式図で示せば図7-5のようである．

家禽（鳥類，爬虫類のような有羊膜類で卵生のもの一般も含め）でも尿膜はよく発達する．しかし，家禽では胎盤が作られないから尿膜の機能もこの意味からは少し異なる．

既述のように，家禽の場合には，羊膜の構成は家畜の場合と全く同様であるが，絨毛羊膜は**漿膜**（図7-6の4）として卵殻膜の内側に密接する．次に**尿膜**が出現し，尿膜嚢が漿膜と卵黄嚢の間隙である胚外体腔（図7-6の9）に進出し，これを埋める機構も家畜の場合と変わらない．しかし，両者の間で大きく違うことは，家禽ではよく発達した卵黄循環が孵化まで続き（正確に言えば孵化後数日過ぎまで），家畜の胚子のように卵黄嚢は途中で退化しない．これにつれて，尿膜の役割もおのずから違ってくる．家禽では尿膜によって卵白から吸収される（図7-6, 7-7）．まず，尿膜の構成要素の一つである胚外臓側中胚葉（図7-4の10, 7-7の11）に絨毛が発生し，卵黄嚢形成の際に卵黄から引き離された卵白は尿膜で包囲されて卵白嚢 albumen sac（図7-6の13）中に収容され，これが尿膜の絨毛を通して吸収され，尿膜循環を通して栄

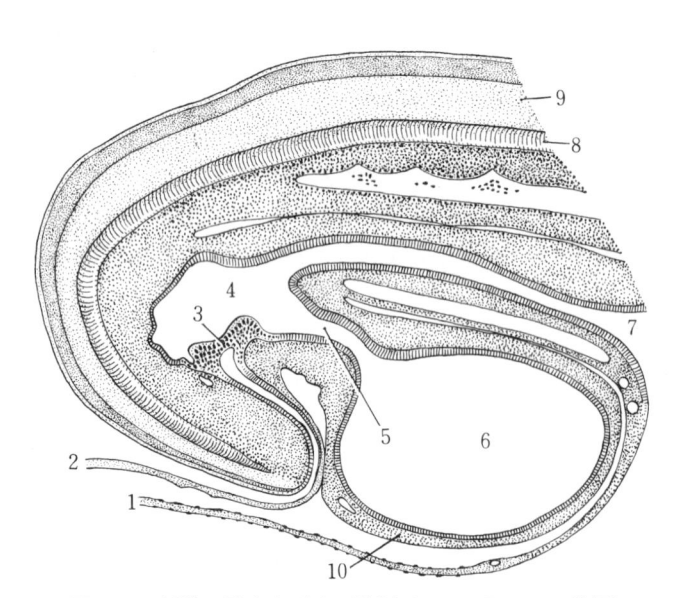

図7-4 尿膜の発生を示す（鶏胚子4日，LILLIE，模写）
1. 卵黄嚢壁　2. 羊膜ヒダ（後部）　3. 排泄腔膜　4. 排泄腔　5. 尿膜管　6. 尿膜隆起　7. 直腸　8. 脊索　9. 神経管　10. 胚外中胚葉臓側板（臓側中胚葉）

---

1) 出産時の尿膜嚢内の液（胎子尿）は馬で 8〜15 l，牛で 3.5〜12 l.
2) 絨毛尿膜胎盤ともいう．

養素として胚体に送りこまれる．もっとも，卵白の吸収はこの他に卵黄臍に近い漿膜の部分からも多くのヒダ（図7-6Bの12）が派生して卵白中に突出し，これから吸収されたものは卵黄循環に入る．この際，卵黄臍の部分では卵黄嚢の壁の一部が崩れて卵黄が卵白に混じる（C図）．

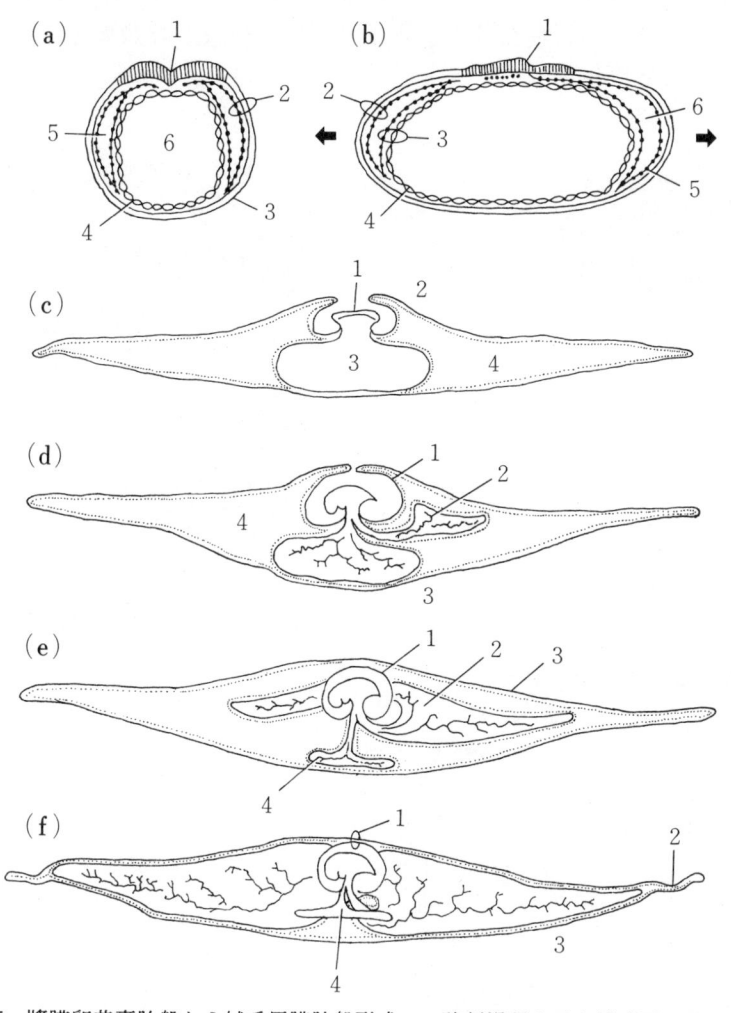

図7-5　漿膜卵黄嚢胎盤から絨毛尿膜胎盤形成への移行過程を示す模式図（STEVEN）．
(a) 中胚葉の発生と胚外体腔の発達（横断），(b) 同上（縦断）矢印は胚盤胞の拡張の方向を示す，(c) 伸長した胚盤胞と羊膜形成の過程を示す，(d) 漿膜卵黄嚢胎盤の形成，(e) 尿膜の発達と卵黄嚢の退縮，(f) 絨毛尿膜胎盤の形成
(a) 1. 胚性外胚葉　2. 壁側板（羊膜）　3. 栄養膜（外胚葉）　4. 卵黄嚢内胚葉　5. 胚外体腔　6. 卵黄嚢腔
(b) 1. 胚性外胚葉　2. 壁側板（羊膜）　3. 臓側板性卵黄嚢　4. 内胚葉　5. 中胚葉　6. 胚外体腔
(c) 1. 胚　2. 壁側板背側ヒダ（羊膜形成）　3. 卵黄嚢　4. 胚外体腔
(d) 1. 羊膜　2. 尿膜　3. 漿膜卵黄嚢胎盤　4. 胚外体腔
(e) 1. 羊膜　2. 尿膜　3. 漿膜（絨毛膜）　4. 卵黄嚢
(f) 1. 絨毛羊膜　2. 絨毛膜　3. 絨毛尿膜胎盤　4. 卵黄嚢

また，卵殻膜や薄い漿膜に密接してみられる尿膜血管は，有孔性の卵殻や気室内の空気（図7-7の3）に接して外界との間の呼吸作用も可能である．しかし，すでに孵化以前に気室を隔てる膜が破れて，ここから進入した空気が羊水を追い出して，発生後期には胚子は尿膜を仲介としないで，直接，外界の空気に接して肺呼吸が可能となっている．このようにして，尿膜循環はすでに孵化に先立って，その使命を終わって退化消失する．

尿膜の残されたもう一つの使命は，退化までは胚子の尿の貯溜嚢としても利用されるこ

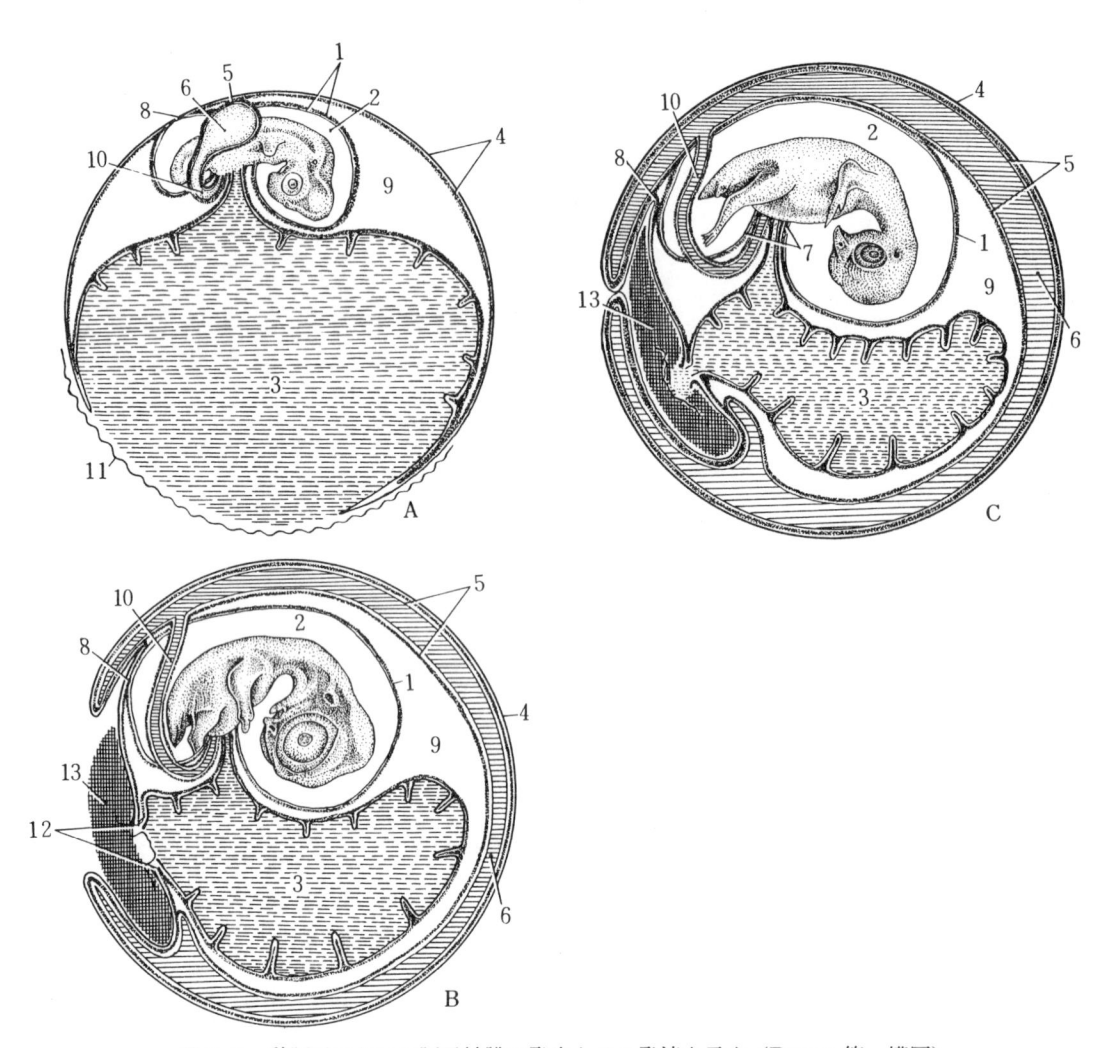

図7-6 鶏胚子において胚子被膜の発生とその発達を示す（DUVAL等，模写）
A. 孵卵4日　B. 同，9日　C. 同，12日
1. 羊膜（外胚葉＋中胚葉）　2. 羊膜腔　3. 卵黄嚢（内胚葉＋中胚葉）　4. 漿膜（外胚葉＋中胚葉）　5. 尿膜（内胚葉＋中胚葉）　6. 尿膜腔　7. 羊膜鞘で囲まれた付着茎（臍）　8. 漿膜と羊膜の結合部　9. 胚外体腔　10. 尿膜管　11. 卵黄膜　12. 卵黄臍に近い漿膜のヒダ　13. 卵白嚢

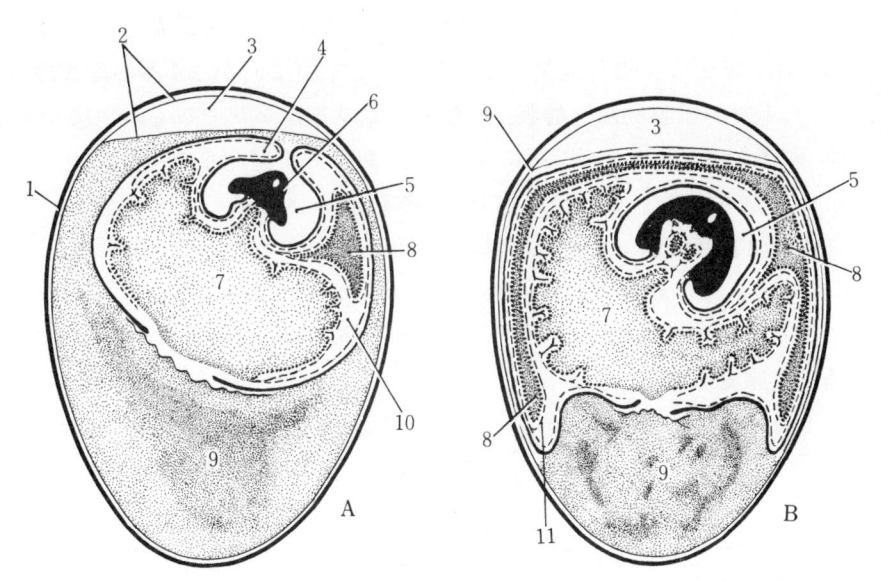

図7-7 鶏胚子で胚子被膜の形成を示す模式図（DUVAL，一部変える）
A. 孵卵6日　B. 同，10〜11日.
1. 卵殻　2. 卵殻膜　3. 気室　4. 羊膜ヒダ　5. 羊膜腔　6. 胚子　7. 卵黄嚢　8. 尿膜腔　9. 卵白（漿膜に接触する）
10. 胚外体腔　11. 尿膜の臓側板

とで，孵化期が近づくと尿膜嚢内に尿を認める．尿膜は孵化時より少し以前に尿膜血管が退化して，尿膜は胚体から離脱する．

なお，これらの経過の詳細については，孵化の項（111頁）で説明する．

第5節　臍　帯

1. 家畜の臍帯

これまでに各種の胚子被膜や胚子器官の発生とそれらが発達する様式を説明したが，これに関連して**臍帯** umbilical cord もいま初めて作られようとしている．ここで臍帯のでき始めを観察するのはよい機会でもあり，分かりやすくも思われるので，一言触れておこう．

既述のように，家畜では羊膜が現われ羊膜腔が拡がるにつれて，羊膜ヒダは胚体の腹側に向かって四方から深く入りこみ，胚体の外胚葉と羊膜の外胚葉の境界部がくびれてくる．その結果，卵黄嚢の基部（卵黄茎）や後腸と結ぶ尿膜管はこれらの血管系とともに一括して境界部の羊膜によって鞘状に包まれ，これが臍帯のでき始めで，羊膜のこの部分を**羊膜鞘**（図6-7の14，図7-8の1）といい，臍帯の中には初めは胚外体腔の一部も含まれている（**臍帯体腔** umbilical coelom）．羊膜鞘で包まれたこれらのものは胎子結合組織（図7-8の5）[1]で埋められ，発生が進むにつれてしだいに索状になってくる．これにつれて，卵黄茎，卵黄

---
[1] 65頁脚注および146頁も参照．

血管，尿膜管[1])の順に退化消失し，同時に臍帯体腔も消失するから臍帯は充実した索状のものとなる．また，臍帯に含まれる血管は初めのうちは胚子と卵黄嚢を結ぶ卵黄血管が認められるが，これもほどなく退化消失する．しかし，尿膜に向かう4本の**尿膜血管** allantoic vessels（それぞれ1対の尿膜動脈，静脈）は最後まで残るばかりでなく，尿膜が絨毛尿膜として絨毛羊膜（絨毛膜）と結合するようになると，ますます発達して尿膜動脈は2本の**臍動脈** umbilical a.（図7-8の2），尿膜静脈は1本の**臍静脈** umbilical v.（1本が退化[2])）（3）となり，計3本の**臍帯血管** umbilical vessels となり，胎盤が形成されるようになると，これと胚体を結ぶ．このようにして臍動脈は臍 umbilicus（umbo）を出て臍帯を通り胚子の体内の血液を胎子胎盤に送り，臍静脈は胎子胎盤からの血液を臍を通して胚子の体内に返し肝臓を経由して全身循環に乗せる．

完成した臍帯の長さは家畜によって違う．胎子の体長と比べると豚や馬では比較的長く，反芻類で短い[3])．

2. 家禽の臍帯

家禽では前述のように卵黄嚢は孵化後も有効に利用されるので，その卵黄循環とともに臍帯も健在である．孵化時（鶏で21日目）が近くと臍帯はしだいに狭く細くなり，孵卵20日には尿膜と尿膜血管は萎縮乾燥して卵殻膜に付着し，臍帯から離断する．この頃には鶏胚子はすでに卵殻の一部や気室を破って外気を直接呼吸し始めている．卵黄嚢は孵卵19日頃より腹腔中に引きこまれるようになり，孵化前日にはすでに臍帯（卵黄茎）とともに全く腹中に収まり，臍の閉鎖も完了する．卵黄茎は成鶏でも小腸全長のほぼ中位に卵黄茎の遺残，すなわち，**卵黄茎遺残** yolk sac remnant が認められる[4])．

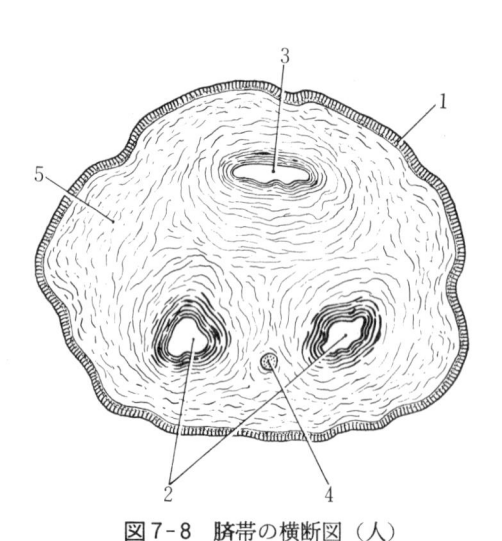

図7-8 臍帯の横断図（人）
1. 羊膜鞘　2. 臍動脈　3. 臍静脈　4. 退化した尿膜
5. 胚子結合組織

---

1) 家畜では犬・猫を除いて，臍帯内の尿膜管は出産間ぎわまで認められる．
2) 2本あった臍静脈のうちから退化するのは常に右側の静脈に限られるが（馬・豚・人），反芻類家畜や犬・猫では臍帯内では2本の静脈が見られ，胚子の体内に入る直前に臍の部分で合一し，体内では馬・豚・人などと同じように左側の臍静脈1本だけとなって肝臓に入る．
3) 出産時の臍帯の長さは馬でおよそ1m，豚で25cmで長く，牛では30～36cmで胎子の体長にくらべると短い．
4) メッケル憩室といい家畜でも認められる．

第8章 胎　盤

第1節　胎盤の意義

　地質的年代で表現しなければならないほどの昔には，現在胎生である哺乳類も，その直系祖先である爬虫類が今でも卵生であるように，卵生であったに相違ない．宗族発生学的観点から，既述のように（53頁脚注），現在の哺乳類でも発生の途中で卵黄囊（卵黄はもう収められていないが，その容れものである卵黄囊）が一時的に出現することも分かる．それがいつの頃からか母体の子宮内で一定期間を過ごし，出産された時は独立した個体として生活できるような習性（胎生）を獲得するようになった．まさに，これが発生学的に見て一大飛躍でなくてなんであろう．

　哺乳類の中でも最下級の単孔目 *Monotremata* では未だに卵生である．それに続く原始的体制を持つ有袋目 *Marsupialia* は胎生であるが，まだ絨毛膜（75，79頁）ができず，この膜に相当するものは卵生の鳥類や爬虫類でみられるのと全く同様な平滑な漿膜である．有袋目の胎包（胚包）は滑らかな漿膜であるので，母体の子宮壁に着床しようとしても十分なひっかかりがなく不安定である．始めの間は有袋目の胎包でも，表面の栄養膜の上皮で母体の子宮内膜面に分泌された栄養分を吸収して発生を続ける．しかし，胎子が成長して大きくなってくると，漿膜では絨毛を欠き，胎盤がつくられず，このため子宮壁につかまれずに早産する．例えば，体長2mもある大カンガルー（有袋目）でも，その胎子は子宮内でわずかにおよそ39日間収容されている程度にとどまり，早産の胎子は体長3cmほどの小さいもので，その後は母体の下腹部にあるポケット状になった皮膚のヒダ（育囊 marsupium）に容れられて，囊中で哺乳されて育つ．それ故，動物分類学では有袋目の動物群を**無胎盤類** *Aplacentalia* として扱い，これ以上の高級な体制を持ち，発生の際に胎盤が形成される残りの大多数の哺乳類を一括して**有胎盤類** *Placentalia* として区別する．有胎盤類の胎子は母体の子宮から出産されるまでの間，胎子の発生，発育のための胎子体内に必要な栄養分のとり入れ，呼吸，排泄など胎子の生活にどうしても必要な生理現象のことごとくを母体の子宮に依存することになる．そこで，胎盤はこの意味での胎子と母体の仲介者であり，母体の子宮壁と胎子の体内との間に行なわれる物質代謝の中継所であり，既述の**臍帯**を誘導路として胎子体内の血液を胎盤に運び，母体の血液との接近を図る．従って，胎盤は決して胎子の体の一部分ではないが，胎子の発生，成長に対して不可欠な器官となる．

　発達した胚盤胞が子宮に着床してから，胚葉の分化とそれに引き続き原始器官が出現する．この頃になると胚が発達するには成体におけると同じ機構で各種細胞の発育には酸素と必要な栄養素が供給されなければならない．こうした目的に合うように哺乳動物の胎子

表8-1 胎子栄養素（AMOROSO）

胎子栄養素					
組織栄養素（傍胎盤性）		血液栄養素（胎盤性）			
組織原性物質,すなわち子宮乳を構成する分泌物質	組織溶解性物質,たとえば脱落性の子宮内膜組織や血管外遊出血液	拡散性物質,たとえば再合成を必要としない類結晶,血液ガス	再合成を必要とする高分子量の拡散性の窒素含有化合物	胎盤バリアーで再合成を必要とする吸収可能な物質,たとえば大部分のコロイドと脂肪	

の多くは酸素と栄養物を吸収するために尿膜血管系をともなった**絨毛尿膜**から成る胎盤を形成する．従って胎盤は胚子から胎子へと発育を続ける個体にとって必要な**胎子栄養素** embryotroph の供給の場であるばかりでなく，同時に胎子における代謝の副産物である老廃物の排泄器官でもある．

　胎盤における母子間の物質輸送の機構は成体の一般組織細胞の生活代謝が組織液を介して毛細血管との間で物理・化学的あるいは生物学的な機構に依存して行なわれるように**絨毛膜上皮（栄養膜）**はその細胞的特性，例えば飲作用あるいは食作用によって母体血液中の各種の栄養素を積極的にとりこんで，あるものについてはそのままで利用し，またある物質については細胞内消化を行なった後，胎子循環にのせて発達に利用する．胎盤を通過する胎子栄養素の区分ととりこみの機構は表8-1に大略示されている通りである．

　この他，胎盤の内分泌機能も知られている．ヒトの絨毛性性腺刺激ホルモン（HCG）[1]，妊馬血清性性腺刺激ホルモン（PMSG）[2]はすでに有名であり，また妊娠を維持するホルモンの一部としてステロイドホルモン（黄体ホルモン）の分泌も考えられている．一方，ある種の蛋白ホルモン（prolactin 性）の分泌も考えられている（第5節参照）．

　胎盤はまた母子間の免疫学的障壁として重要な機能をもつであろうと近年注目されている．これは胚の着床という現象が生物学的に同種移植 allograft であるとの概念にもとづくものである．従って胚のもつ抗原性に対して母体としては共同構造体である胎盤の中に免疫学的寛容の構造を用意して，この移植片（胚子）が満期まで発達できるよう保証することになっている（第4章脱落膜参照）．

第2節　胎盤の分類

1. 胎盤形成の様式による分類

　胚子は胚盤胞または原腸胚のような発生初期にはまだ全体の形も小さく，着床したままで栄養膜を通して母体の子宮内膜面（中心付着の場合），または間質（偏心付着）に生じた子

---

[1] human chorionic gonadotropin （黄体形成ホルモン類似）
[2] pregnant mare serum gonadotropin （卵胞刺激ホルモン類似）

表8-2 胎盤膜の構成にもとづいた完成型漿尿膜胎盤の分類（MOSSMAN）

上皮漿膜性胎盤膜	
無絨毛性（絨毛膜無毛部）	食肉類・反芻類の傍胎盤領域
絨毛性	
汎毛	
単純絨毛	豚・少数の反芻類
複合絨毛	馬・鯨・キツネザル
叢毛	
多叢毛	牛・羊・カモシカ
寡叢毛	鹿
結合組織漿膜性胎盤膜	絨毛尿膜胎盤の主要部分を構成するものとしては未知
内皮漿膜性胎盤膜	
迷路性	食虫類・翼手類・ナマケモノ・アリクイ
	食肉類（ハイエナを除く）
血漿膜性胎盤膜	
迷路性	
血単層漿膜上皮性	トガリネズミ・リス・モルモット・チンチラ
血二層漿膜上皮性	兎・ビーバー
血三層漿膜上皮性	ハムスター・マウス・ラット
柱状ないし絨毛性	
血単層漿膜上皮性	人・類人猿・アルマジロ

宮腺分泌物，崩壊組織，血液などを栄養分として吸収しながら発生を続ける．しかし，胚体がしだいに大きく発育してくるにつれて，もはやこのような消極的な方法では間に合わなくなり，ここにおいて**胎盤形成** placentation が行なわれる．ひとくちに**胎盤** placenta と言っても，それが形成される様式に2型がある．

　a) **無脱落膜胎盤** adeciduate placenta[1]

　この式は胎盤の構造としては原始的なもので，胎子の絨毛膜だけで胎盤が作られ，母体の子宮壁側からはなんの組織も参加しない．そのような意味からこの様式の胎盤を半胎盤 semiplacenta ともよぶ．胎子の絨毛膜絨毛が子宮内膜のくぼみにさし込まれて保定され，両者の間隙に溜まる栄養分を絨毛が吸収する．分かりやすく言えば，手指（絨毛）と手袋（内膜のくぼみ）の関係に似ていて，出産の際には手袋をはぐように絨毛が内膜のくぼみから抜け出すわけで，母体の子宮内膜面の損傷は少ない．

　無脱落膜胎盤が作られるものに，すべての有蹄類家畜（馬・牛・羊・山羊・豚など）が含まれるから，ほとんどの家畜の胎盤形成がこれである，と考えてよろしい．

　b) **脱落膜胎盤** deciduate placenta

　胎盤としてもっとも進化した様式のものであるから真胎盤 true placenta ともよばれる．すなわち，胎子側から絨毛膜，母体の子宮内膜側からは内膜の機能層がそれぞれ胎盤構成に参加する．結局，脱落膜胎盤では**胎子部** fetal part と**子宮部** maternal part が半胎盤より一層緊

---

[1] non-deciduate placenta ともいう．

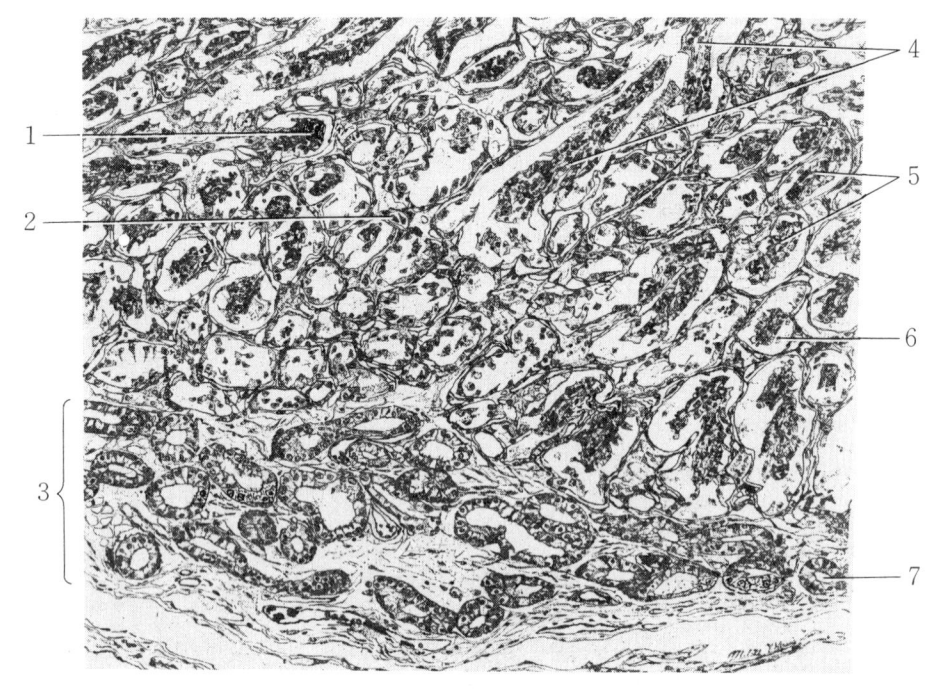

図8-1　馬胎盤　微小絨毛叢の組織
終末絨毛は子宮内膜陰窩によく嵌合している．絨毛内には拡張した胎子性毛細血管が，また粘膜支質にも母体性毛細血管がよく発達する．胎子頂尾長 69cm. ×240.
1. 絨毛内毛細血管　2. 母体毛細血管　3. 粘膜固有層　4. 幹絨毛　5. 終末絨毛　6. 子宮内膜陰窩　7. 子宮腺

密に結合する．脱落膜胎盤では出産の際の後産に，母側の子宮内膜の機能層が絨毛膜と行動を共にして剥離脱落するので，胎盤の子宮部は**脱落膜** decidua とよばれる．子宮内膜から脱落膜が剥離する際にはその損傷によって出血する．

　脱落膜胎盤が見られるのは，家畜では犬・猫（食肉目全般）や兎（齧歯目全般）であるが，その他，霊長目（人・サルなど），翼手目（コウモリなど），食虫目（モグラなど）もこの形式の胎盤である．

2. 絨毛膜絨毛の分布による分類

　胚盤胞の表面は，始め細く短い一次絨毛が派生するが，やがて絨毛膜が成立して，その一部が厚くなり，長く太い絨毛が発達して無脱落膜胎盤または脱落膜胎盤が形成されるが，その絨毛域や集団の形によって胎盤を次のように分類できる．

　a）**汎毛胎盤** diffuse placenta

　絨毛膜の全表面に絨毛が生える様式のもので，家畜では，馬・ロバ（奇蹄目全般）および豚などで見られる．例えば，馬の**絨毛膜胞** chorionic vesicle (sac)（妊娠14週）では全表面に絨毛が発達して子宮内膜のくぼみに深くさしこまれ，全般的な胎盤が構成され，顆粒状に

散在して見られる．この場合，子宮内膜は複雑なヒダを作り，絨毛膜との接触表面を拡大し，さらに内膜はいろいろな深さの**子宮内膜陰窩** endometrial crypt をつくり，ここに二次，三次と分枝した**終末絨毛** terminal villus が進入する[1]（図8-1）．**一次絨毛** primary villus の支質には尿膜に由来する血管が導入されていて，終末絨毛では毛細血管が絨毛膜上皮（栄養膜）の直下に進出している．ただし，豚では絨毛膜胞の先端近くで絨毛を欠くため，**不完全汎毛胎盤**（図8-2，A）として取り扱う場合もある．

b）**子葉状胎盤（叢毛胎盤）**placentomatous（cotyledonary）placenta

絨毛膜表面のところどころで絨毛群が叢毛状に密集して，それが飛石状に散在して，その部位ごとに小さい胎盤が作られる（図8-2，8-3）．この様式の胎盤は反芻類家畜（牛・羊・山羊・鹿）で見られる．しかしこれらの家畜でも，まだこの時期に至らない若い胚子では，絨毛羊膜

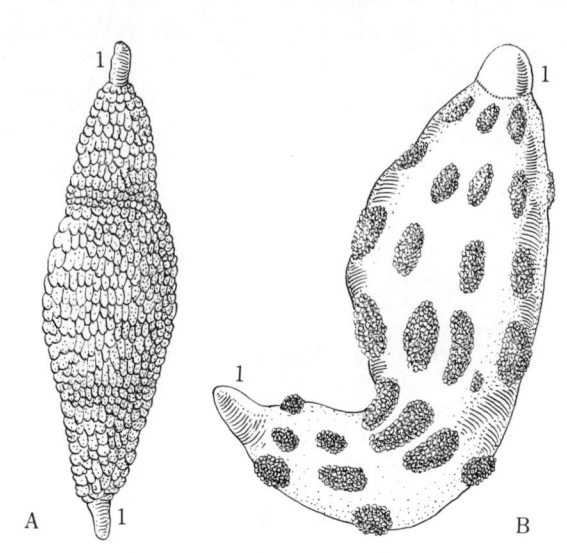

図8-2　半胎盤を絨毛膜胞の外側から見る（AREY，模写）
A. 汎毛胎盤（豚）　B. 叢毛胎盤（牛）
1. 尿膜が到達しない部分

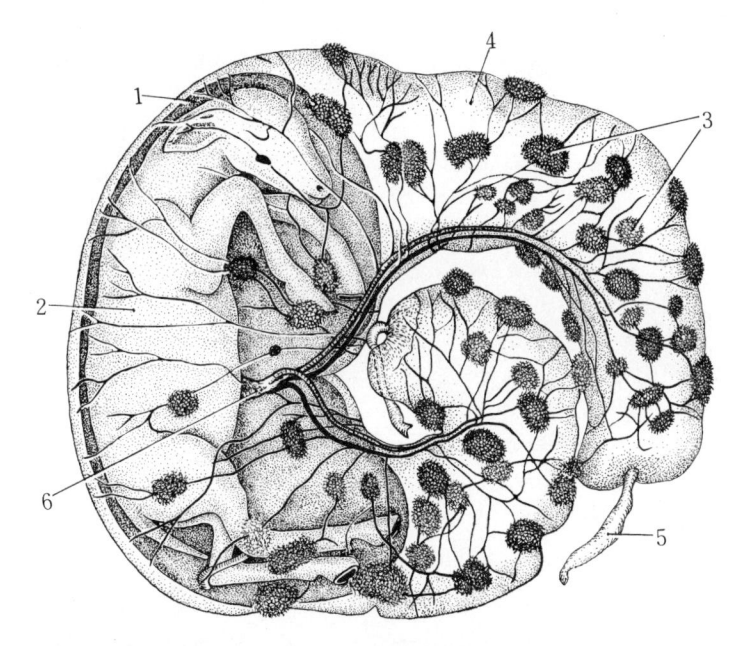

図8-3　羊の胎盤（叢毛胎盤）と胎子被膜を示す（SCHULTZE，模写）
1. 羊膜（この図では胎子の囲りを薄黒く包んでいる）　2. 胎子　3. 胎盤　4. 尿膜　5. 尿膜が行きわたらない部分の漿膜　6. 臍帯

---

[1] 馬の**汎毛胎盤**の構造的単位を示すもので**微小絨毛叢** microcotyledon とよばれる．

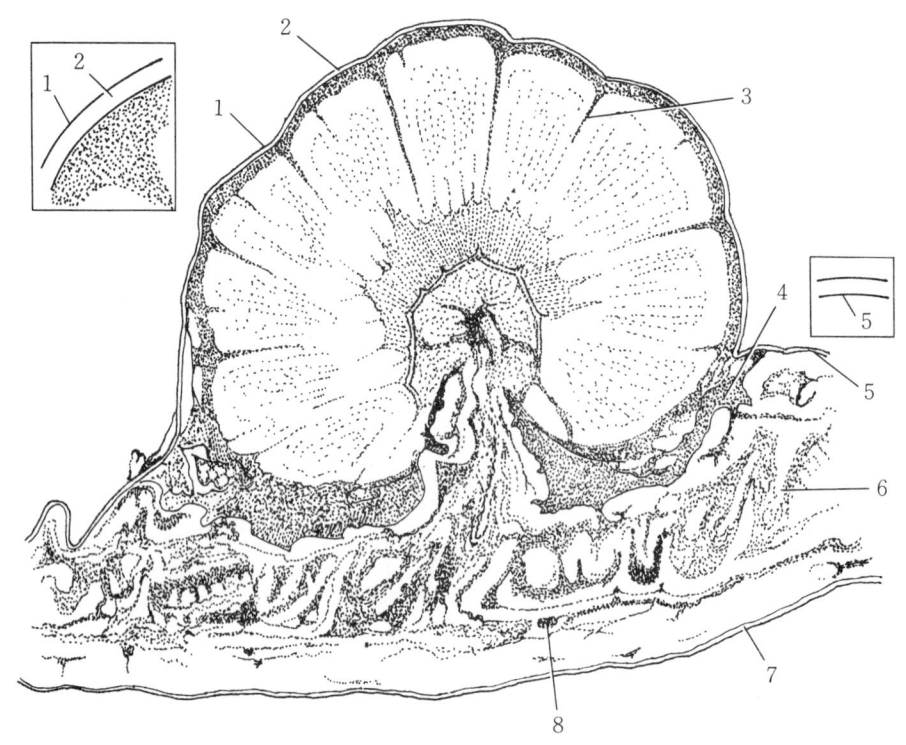

図8-4 典型的な反芻動物胎盤節を示す．胎盤節の内部は，絨毛叢が分枝した終末絨毛と子宮内膜陰窩が複雑にかみ合っている．頂尾長12cm（和牛）．推定胎齢 約3月．サイズ2.1×1.8×0.8cm．
1. 尿膜　2. 絨毛膜　3. 胎盤中隔　4. 子宮内膜　5. 子宮上皮　6. 子宮筋層　7. 漿膜　8. 血管

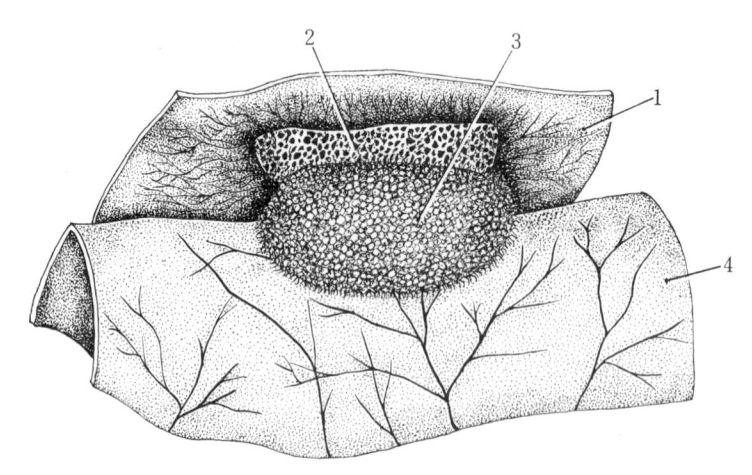

図8-5 前図の叢毛半胎盤の1つを拡大したもの，子宮内膜の一部を剥がしてある（SCHULTZE, 模写）
1. 母体の子宮内膜　2. 同，子宮小丘　3. 胎盤小葉　4. 胎子の絨毛膜

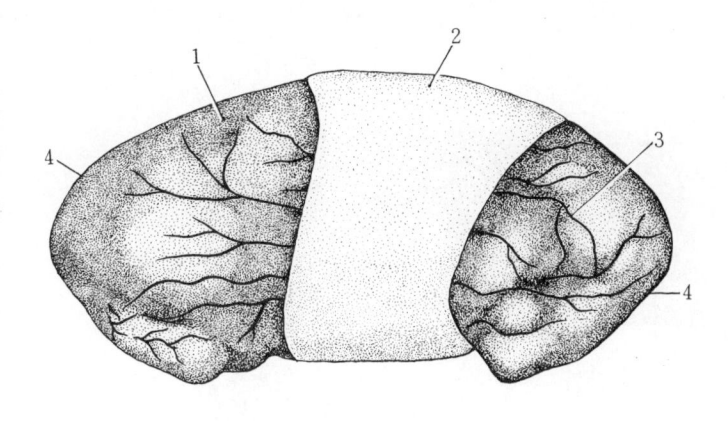

図8-6 帯状胎盤（猫）
(SCHULTZE, 模写)
1. 胎包　2. 帯状胎盤　3. 絨毛尿膜の血管　4. 無毛部

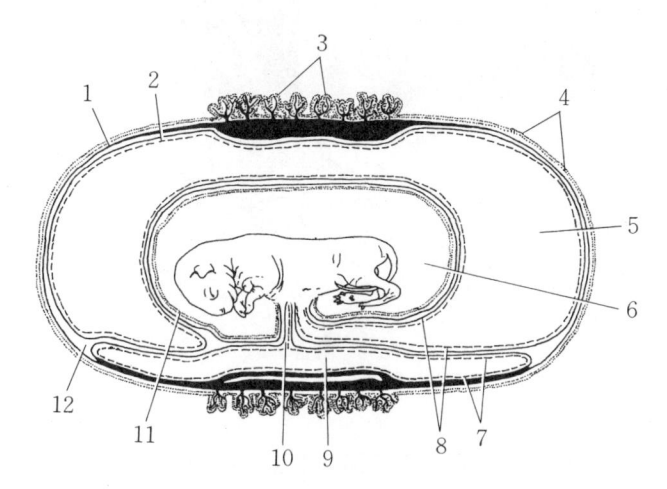

図8-7 漿膜卵黄嚢胎盤が完全に退縮する以前の猫漿尿膜胎盤の模式図．臍帯は2部から成っている．
(AMOROSO)
1. 漿膜　2. 尿膜　3. 胎盤帯の絨毛　4. 絨毛膜無毛部　5. 尿膜腔　6. 羊膜腔　7. 卵黄嚢　8. 尿膜　9. 卵黄嚢腔　10. 臍腸間膜管（閉塞）　11. 羊膜　12. 胚外体腔

形成のころまで膜の全表面に小絨毛が現われ，前記の汎毛胎盤と同じ様式をとる（牛で妊娠15～16日ごろ）．

一方，母体の子宮角内膜面には反芻類家畜だけに見られる**子宮小丘** caruncle と呼ばれる内膜面がボタン状になった小隆起部が多数認められ[1]，一側の子宮角でおよそ40～60個に達する．絨毛膜胞全表面に生えている絨毛の中で，この子宮小丘と接触する範囲内の絨毛だけが小丘の柔軟な子宮内膜陰窩にさし込まれ（牛で妊娠60日頃），大きく叢毛状に発達し，この部で母体の子宮と強く結合する（図8-4, 8-5の2, 3）．絨毛膜表面に集団状に発達した絨毛の集まりを**胎盤小葉（絨毛叢）**(fetal) cotyledon という．また絨毛叢と妊娠期に発達した子宮小丘が嵌合した構造を**胎盤節** placentome という[2]（図8-4, 8-5）．絨毛膜表面でその他の部分では小絨毛は初めから子宮内膜にさし込まれずにすごし，叢毛状絨毛が発達する頃には小絨毛は退化消失して**絨毛膜無毛部** smooth chorion となる．これに対し叢毛が発達

---

[1] 子宮小丘の1個の大きさは牛でおよそ長さ15～17mm，幅6～9mm，高さ2～4mmで，子宮角の長軸に対しておよそ4縦列で各列10～14個ほどある．
[2] 胎盤節を構成する組織要素のうち絨毛膜部分を fetal cotyledon，子宮小丘部分を maternal cotyledon とよぶこともある．

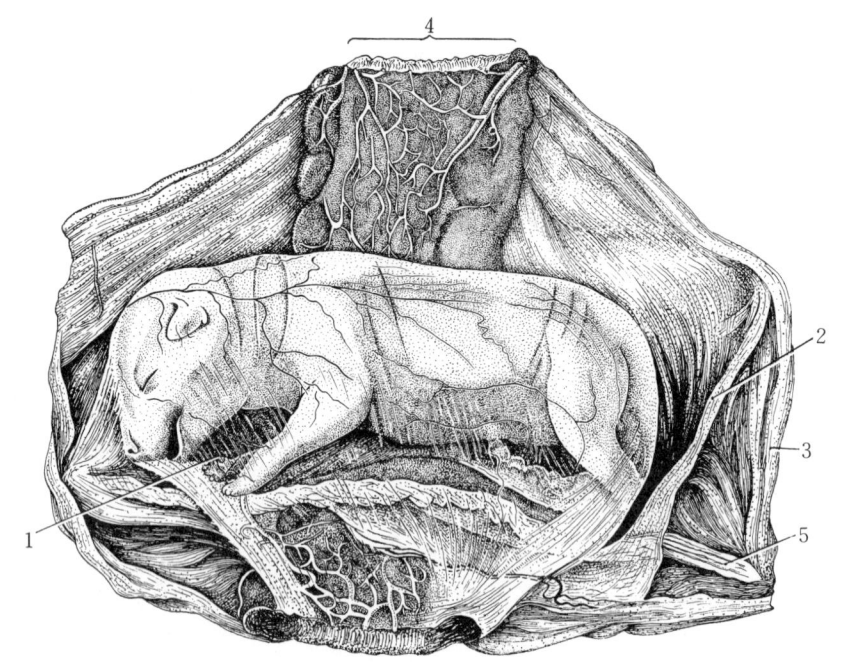

図 8-8 犬の胎盤で胎子と胎子被膜を示す（BONNET，模写）
帯状胎盤を切り開いて中を見せてある．（図 8-6, 8-7 と照合せよ）
1. 羊膜　2. 尿膜　3. 絨毛膜　4. 帯状胎盤　5. 臍帯

して胎盤小葉をつくっているそれぞれの部分を **絨毛膜有毛部** villous chorion（placental disk）という．分かりやすくいえば，前記の汎毛胎盤で，顆粒状に全面的に分散していた微細な小胎盤がそれぞれボタン状に大きくまとまり，その代わりに分散密度が疎になって数が少なくなったものと思えばよい．

叢毛胎盤は始め子宮角の妊角側で発達するが，少し遅れてやがて非妊角側にも絨毛膜の先端が伸びてきて，奥深くまで進出し，ここでも叢毛胎盤が作られるようになる．

胎盤節は，妊角で着床した胚を中心とする同心円性に位置しているものから次第に増大し，満期近くなると，胎子近くに位置する1個の胎盤節は，長さ 8〜10 × 幅 5〜6 × 高さ 4〜5 cm の大きさに達する．

c) **帯状胎盤** zonary placenta

家畜では犬・猫（食肉目全般）に見られる脱落膜胎盤の一様式である．これでは絨毛膜絨毛が胎包の赤道面を横帯状に発達した絨毛膜有毛部をつくり（犬胚齢 21 日頃），一巡して卵黄嚢底（卵黄臍）に達し，これに対応して母体の子宮内膜に脱落膜が完成して強固な胎盤となる（図 8-6, 8-7, 8-8）．

この帯状胎盤を挟んでその両側が無毛部（図 8-6 の 4）である．

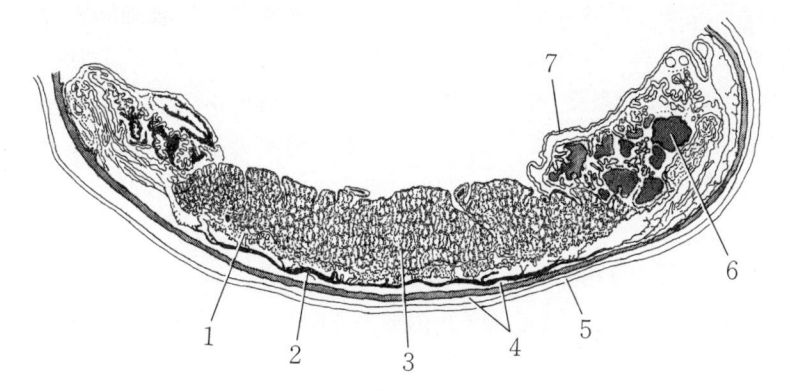

図8-9 完成型の帯状胎盤の組織（犬）
胎盤は6部から構成されている．内皮漿膜性胎盤膜は迷路部にみられる
1. 接合帯　2. 海綿層
3. 迷路部　4. 浅部および深部腺層　5. 子宮筋層
6. 血腫部　7. 栄養膜

完成した帯状胎盤は図8-7, 8-9に示されるような組織構築である．胎盤の大部分は**迷路部** labyrinthine part で占められるので**迷路胎盤** labyrinthine placenta ともよばれる．ここでは母体組織は毛細血管だけとなり，これを栄養膜（2層性）が密着してとり囲む．食肉類の**帯状胎盤**の特徴は，迷路部の両側に**血腫部** hematoma zone が作られることである（図8-9の6）．犬の場合，これは uteroverdin とよばれる色素をもつので green border，猫では血腫部が褐色を示すので brown border とよばれる．ここは母体毛細血管から遊出した血液細胞が貯溜する場所で，この中に栄養膜は複雑なヒダをつくって進入し，これら赤血球を食作用の形式でとりこみ，胎子栄養の一部として利用している．

d) **盤状胎盤** discoid placenta

家畜では兎（齧歯目一般）で，その他，霊長目・食虫目・翼手目などの動物でも見られる脱落膜胎盤の一様式である．この式のものでも絨毛は始め胎包の全表面に現われるが，後には包の一局部で円盤上に限定された絨毛膜有毛部だけが残って発達し，脱落膜とともに盤状胎盤を形成する（図8-10）.

3. 絨毛膜と子宮内膜の結合の経過による分類

胎盤の機能は既述のように胎子の栄養，呼吸，排泄など胎子が成長するために不可欠な生理的代謝を行なえるように，母体との間にあってこれらの機能の仲介をする．胎盤は胎子の体の一部でもなく，さればといって母体の普通の生活時の器官の一部でもなく，妊娠期間に限って出現する特殊な器官である．絨毛膜絨毛（胎子側）と子宮内膜（母側）の結合には種々の様式がある．以下，原始的なもの（結合が緩い）からはじまり，進化したもの（結合が固い）に至る過程を順次分類して説明する．但し，最も緊密な結合様式のものであっても，母体の血液がそのまま胎子の血液と交流するといった構造は，いかなる場合でも，あり得ないことを最初に注意しておきたい．

第3節　胎盤膜の型式

　胎盤の機能はこれまでに述べたように母体の毛細血管と胎子の毛細血管との間で行なわれる物質輸送に依存しているので，両者の血流間にどれだけの組織または細胞層が介在しているかによって，物質伝達の効率は大きな影響を受けるように思われる．この意味から両血流間の組織層をひとまとめにして**胎盤膜（胎盤関門）**interhemal membrane（placental barrier）とよぶ．前節で述べた肉眼形態的分類と，これから説明する胎盤膜の組織構成による分類とはほぼ対応しており，また動物種の違いおよび妊娠期間の違いにもかかわらず各動物種にはそれぞれ固有の型式がみられるのは大変興味深い（表8-2，図8-12）．

1. 上皮漿膜性胎盤膜 epitheliochorial interhemal membrane

　汎毛胎盤にみられる結合方法の1つで，絨毛が子宮内膜のくぼみにさし込まれた様式のもので，もっとも原始的な様式であり（図8-11，8-12），馬（奇蹄目一般）・豚で見られる．絨毛上皮は単層で先端で低く，基底で円柱状に高い．内膜上皮の方も単層で原則的には全域に認められる．両者の間隙は子宮腺から分泌された子宮乳その他で埋められている．終末絨毛の支質（結合組織）は毛細血管に富み，**栄養膜細胞層** cellular trophoblast（cytotrophoblast）の所々では毛細血管が上皮基底膜を押し上げて，いわゆる上皮内毛細血管とよばれるようになる．おそらく，こうした配置により，母体の毛細血管と胎子の毛細血管が接近し，それぞれの血管内皮を通して物質交換が行なわれると考えられる．絨毛基部では上皮による吸収が主のようである．

2. 結合組織漿膜性胎盤膜 syndesmochorial interhemal membrane

　この様式は上記の上皮絨毛胎盤より一歩進んだ結合様式で，反芻類家畜で認められる．

　着床の当初，その付近の子宮上皮は胚盤胞からの何らかの刺激を受け，またその後は栄養膜細胞層の侵食的作用を受けて崩壊するので子宮内膜の固有層（結合組織）が露出し，絨毛膜と直接接するのでこのような名称がつけられた．

　胎盤小葉が形成される頃になると子宮上皮は順次修復され，胎盤節内部の子宮内膜陰窩には全面にわたって上皮が存在してい

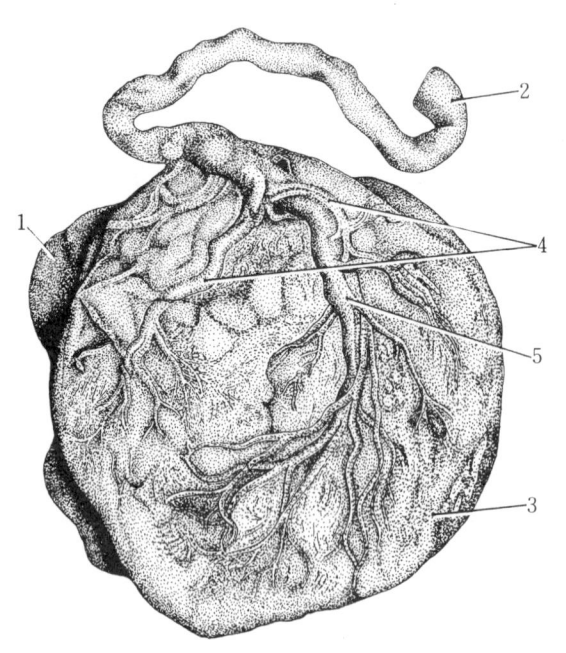

図8-10　人の盤状胎盤（磐瀬の写真から模写）
1. 羊膜　2. 臍帯（切断）　3. 胎盤　4. 臍動脈　5. 臍静脈

るので，二次絨毛および三次絨毛が発達して胎盤小葉が完成する時には図8-13にみられるように形態的には上皮漿膜性胎盤膜と全く同じ結合を示す．従って完成した胎盤で，典型的な結合組織漿膜性胎盤膜を示す動物種は現在余り考えられていない．

胎盤小葉に対面する子宮小丘は極めて血管分布に富み（図8-11Bの9，12），母子の血管が接近し代謝が行なわれる．胎盤節の**陰窩部** crypt zone は従って，主として血液栄養素の伝達が行なわれる場所と考えられる．一方胎盤節の弧状になった表層部すなわち**弓状帯** arcade zone の栄養膜細胞層は高円柱形の細胞から成り，ここでは食作用を主とする組織栄養素のとり込みが活発である[1]．出産の際には絨毛叢はちぎれて小丘の中に残り，やがて吸収され，消失する．絨毛膜無毛部は小丘以外の子宮内膜面と接触するだけで，ここには内膜上皮が

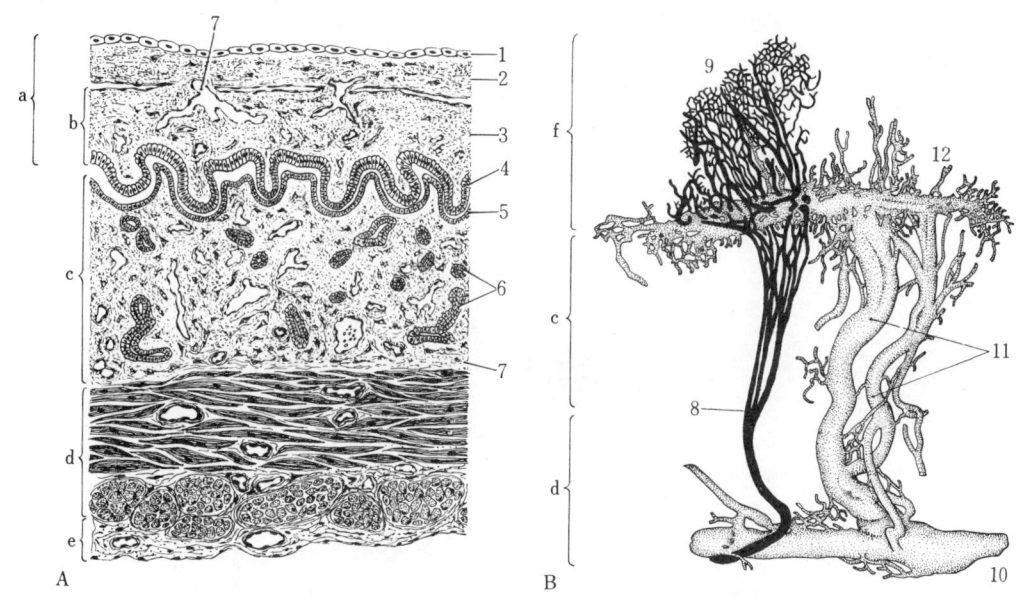

図8-11 無脱落膜胎盤の様式（A図）と，その子宮側での血管分布（B図）を示す
　　A．上皮漿膜性胎盤膜の組織図（豚，PATTEN，模写）
　　　　　a．絨毛膜　b．栄養膜　c．子宮内膜　d．子宮筋層　e．子宮外膜
　1．内胚葉　2．中胚葉臓側板　3．同，壁側板　4．絨毛上皮　5．子宮内膜上皮　6．子宮腺　7．血管
　　B．同，牛（黒毛和種）の妊娠時の子宮小丘およびその下層の固有層，筋層での豊富な血管分布を示す
　　　　　　黒いのが動脈，その他が静脈（樹脂鋳型標本，スライドより模写）
　　　　　　c．子宮内膜固有層の部分　d．子宮筋層の部分　f．子宮小丘の部分
　8．放射状動脈　9．同，小丘枝　10．弓状静脈　11．放射状静脈　12．同，小丘枝

---

[1] 牛胎盤の弓状帯では妊娠70日以後，母体性血管の破砕に基づく溢血点が出現し，150日以後になると可視的な血腫に発達する．この部に対面する高円柱形の栄養膜細胞は旺盛な赤血球貪食作用を示し，胎子の発達に必要な鉄の伝達路となる（村井ら，1986）．また，豚胎盤の場合はareola域の栄養膜細胞が鉄の伝達を含む拡散性の低い物質の伝達の場となり，胎子側に運ばれた鉄は30日以後肝臓に貯蔵される一方胎子の肝造血にも利用される（山内ら，1987）．

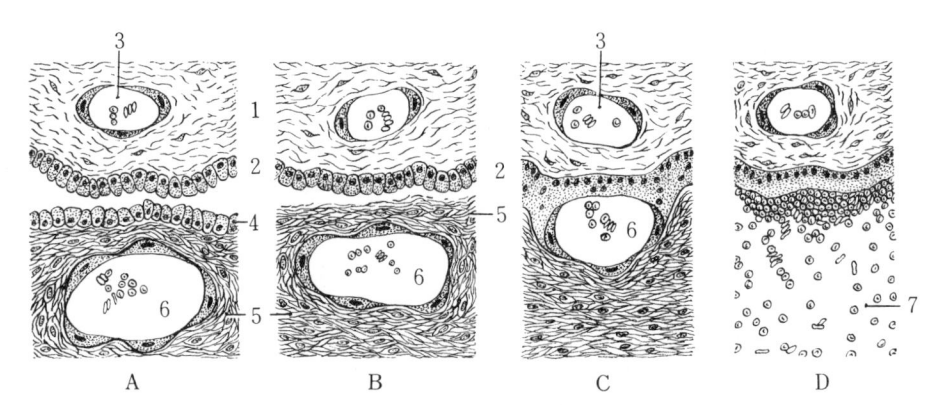

図8-12 絨毛膜（胎子側）と子宮内膜（母側）の結合の形式の違いによる胎盤の分類を示す（AREY, 模写）
A. 上皮漿膜性胎盤膜　B. 結合組織漿膜性胎盤膜　C. 内皮漿膜性胎盤膜　D. 血漿膜性胎盤膜
　　上が絨毛膜，下が子宮内膜
1. 絨毛の結合組織　2. 絨毛上皮　3. 絨毛の血管　4. 子宮内膜上皮　5. 内膜の結合組織（固有層）　6. 内膜の血管
7. 母体の血液

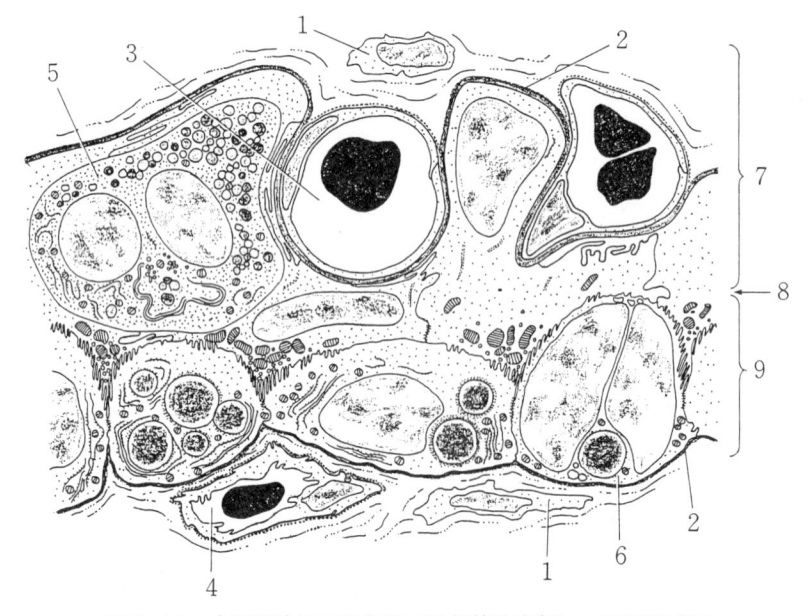

図8-13 牛妊娠後期の胎盤膜（胎盤節陰窩部）の電顕模式図
胎子毛細血管は栄養膜細胞層に進入して母体血管に接近する．反芻動物の栄養膜に特徴的な二核巨細胞がみられる．この細胞は子宮上皮に直接接触していない．栄養膜と子宮上皮の接触は両者の細胞表面にみられる微絨毛の，緊密な指状嵌合によって成立している
1. 結合組織細胞　2. 基底膜　3. 胎子毛細血管　4. 母体毛細血管　5. 栄養膜二核巨細胞　6. 陰窩二核細胞　7. 栄養膜細胞層　8. 胎子・母体接合　9. 子宮上皮

存在する[1]．この部では子宮腺からの分泌物がたまり，無毛部の上皮によって吸収される．

1および2の様式に入るものはすべて有蹄類家畜で，胚子の着床方法も中心付着（43頁）であるから，結局，出産まで胎子は終始子宮内膜表面に位置するわけである．これとともに1および2の**胎盤膜**では母体性上皮（子宮上皮）と胎子性上皮（栄養膜細胞層）とが微絨毛嵌合を形成している直接の接触が特徴的である．

3．内皮漿膜性胎盤膜 endotheliochorial interhemal membrane

この様式は犬・猫のような帯状胎盤をつくる家畜で認められる．着床期以後，絨毛膜の侵食により母体の子宮内膜は上皮ばかりでなく，結合組織も次第に崩壊し，一方胎子側の栄養膜は分枝しながら究極的には母体毛細血管を直接とり囲むようになる．こうして母体血管との間でガス交換，栄養物の摂取，排泄が極めて効果的に行なわれる．この型の場合栄養膜は二層から成る．すなわち**栄養膜細胞層** cytotrophoblast は胎子側に，**栄養膜合胞体層** syncytiotrophoblast（**合胞体栄養膜** syntrophoblast）は母体側に位置する．完成した内皮漿膜性胎盤膜は**帯状胎盤**の迷路部においてみられるが，犬の場合妊娠45日頃までは母体毛細血管の周囲にまだ支質組織が残存しているので結合組織漿膜性胎盤膜と考えられる．従って真の内皮漿膜性の形態は妊娠45日以後であり，しかも末期になると栄養膜細胞層は部分的に消失するので，合胞体栄養膜だけとなる（図8-14）．

しかし，母体毛細血管周囲の支質組織は完全に消失するわけではない．支質の結合組織に由来すると思われる**非細胞性層** non-cellular layer が出現してくるので，合胞体栄養膜はこの層と接触する．

迷路部の下縁を形成する栄養膜は単層の高円柱形の栄養膜細胞層である．ここは残っている子宮内膜組織

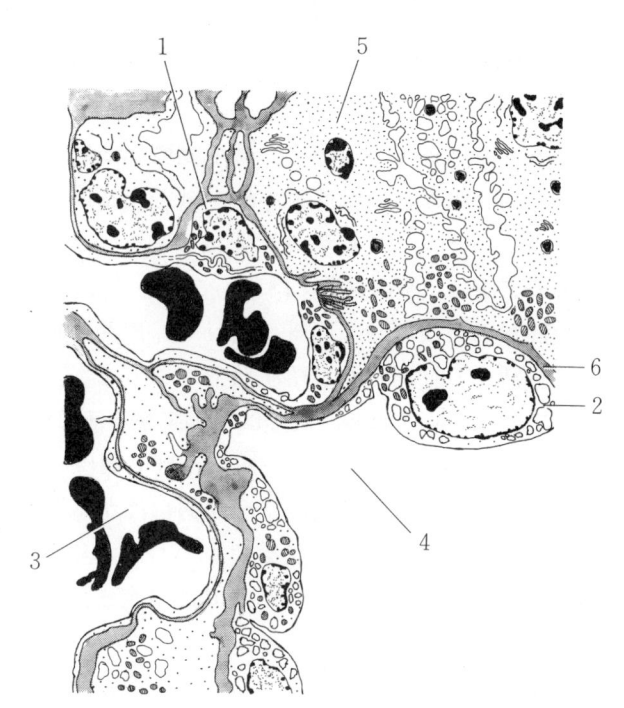

図8-14　妊娠後期（50日）の犬胎盤迷路部の胎盤膜
妊娠中期までの栄養膜は，細胞層と合胞体層の二層性であるが，末期近くになると細胞層（胎子側）が部分的に消失して胎子毛細血管は直接栄養膜合胞体層に接する．
1.胎子毛細血管内皮　2.母体毛細血管内皮　3.胎子毛細血管　4.母体毛細血管　5.合胞体栄養膜　6.非細胞性層

---

1) 牛では子宮内膜面に広い上皮崩壊部がないので，上皮漿膜性胎盤膜とみなす場合もある．

が崩壊した堆積物や子宮腺分泌物が溜まる場所，すなわち**接合帯** junctional zone（図8-9の1）で専ら組織栄養素を吸収する部位となる．一方，帯状胎盤の両端に出現する血腫部の栄養膜細胞層は複雑に分枝したヒダをつくり，血液原性の栄養素を主として摂取する場となっている．出産の際はこの帯状の胎盤の部分だけ（迷路層と接合帯）が剥離し，内膜の他の部分には影響がない．

受精卵の着床の仕方は有蹄類家畜と同じく中心付着で，終始子宮内膜表面に位置するが，上記のように胎盤形成の際に，内膜組織と強く結合し，出産に際し内膜の一部ともども剥離する点で無脱落膜胎盤の場合と違っている．

4. **血漿膜性胎盤膜** hemochorial interhemal membrane

この様式は人を含む霊長目・食虫目・翼手目・齧歯目の一部などの盤状胎盤（脱落膜胎盤）で認められるが，普通いう家畜でこの型に入るものはない．血漿膜性胎盤膜は前記の内皮漿膜性胎盤膜よりもう一歩進化した結合様式を示している．すなわち，血漿膜性胎盤膜では脱落膜で毛細血管の内皮さえも消え去り，絨毛が直接母体の血液で洗われる様式のものとなり，浸透による母子間の物質代謝が一層容易になる（図8-12のD）．絨毛の中には長く延びて母体の脱落膜中に入りこんだ**付着絨毛** anchoring villus と，先端が短くて間隙内に遊離する**自由絨毛** free villus があり，**絨毛間腔** intervillous space を通じて母体の血液が流れる．脱落膜から結合組織性の脱落膜小柱が絨毛膜に向かってところどころから突出し，**胎盤中隔** placental septa となって胎盤を**胎盤葉** lobule（cotyledon）に分画する．

着床の方法は，壁内付着（43頁）で，胚子は表面の栄養膜から生産される酵素が子宮粘膜上皮や間質内を破壊して間質に埋没し，周囲の血液，崩壊組織塊から必要物を栄養膜で吸収して生活する．同じく脱落膜胎盤であっても，犬・猫の場合とは胎盤形成の過程がかなり違っている．すなわち，人では脱落膜を3部に分け，絨毛膜有毛部に直面する**基底脱落膜** decidua basalis（図8-15の2），同じく無毛部に向かう**被包脱落膜** decidua capsularis（3），絨毛膜から離れて子宮内膜表面に全面的に拡がる**壁側脱落膜** decidua parietalis（4）があり，結局，子宮内膜面のすべてに脱落膜がつくられる．盤状胎盤は内膜の深部に形成され，ここに基底脱落膜が厚く作られる．人では出産に際し，子宮内膜面のすべての脱落膜が子宮頸管の粘膜表層とともに剥離する．

人の子宮内膜の月経周期による変化も家畜の場合と違う．家畜では卵巣の卵胞の発達につれて子宮内膜の機能層の厚さや子宮腺の発達の程度に差が現われる程度であるが，人の場合は排卵された卵子が着床しないで消滅すると，それまでよく発達していた機能層は一挙に剥離する．その際出血を見るので，この現象を**月経** menstruation と言い，剥離した機能層を**月経性脱落膜** menstrual decidua とよび，**妊娠性脱落膜**[1] decidua と区別する．

---

[1] 普通に脱落膜というのは，妊娠性脱落膜のことである．

5. 血内皮胎盤 hemoendothelial placenta

以前，MOSSMANおよびAMOROSOにより記載された型式であるが，1960年頃から応用された電子顕微鏡的研究により，絨毛上皮（栄養膜）はたとえ極限的に菲薄になっていても必ずその存在が確認されてきたので，現在この胎盤膜の型式は実在しない．これに関連して3および4の胎盤膜の修正型として**内皮内皮性胎盤膜** endothelio-endothelial interhemal membrane がある種の食虫類胎盤について提案されている[1]．

この章の最後として哺乳動物における胎盤型式の分類をまとめてみると表8-2のようになる．

第4節　胎盤の血液循環

これまでこの章で説明してきたように，胎盤が形成されてからの胎子は胎盤を介して母体から供給される栄養によって発育を続ける．霊長類や齧歯類の一部では血漿膜性胎盤膜であるので胎子側の絨毛は**絨毛間腔** intervillous space をみたす母体血液（循環性）に直接浸り，栄養膜を通して胎子側毛細血管との間で必要な物質交換を果たしている．

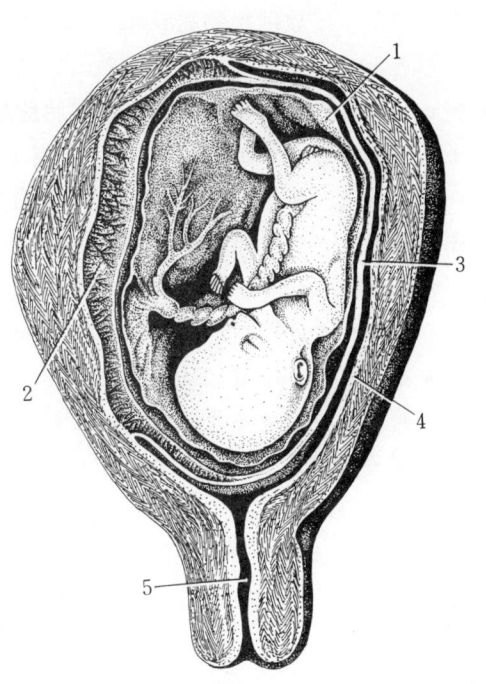

図8-15　人の妊娠脱落膜の各部を示す（関，模写）．羊膜と絨毛膜，脱落膜の間を離して透かしてある
1. 羊膜　2. 胎盤（絨毛膜有毛部＋基底脱落膜）3. 絨毛膜無毛部＋被包脱落膜　4. 壁側脱落膜　5. 子宮頸管

大部分の家畜では上皮漿膜性あるいは内皮漿膜性の胎盤膜であるので母体と胎子の両血流の間にはいくつかの組織または細胞が介在している（図8-12，8-16）．従って必要な物質交換はこれらすべての層を能動的または受動的に通過しなければならない．胎子への栄養物質の輸送効率の観点から胎盤における両者の血流の関係が注目されるゆえんである．

子宮間膜縁を子宮の長軸に沿って走る子宮動脈は，走行中子宮角の間膜縁に多数の枝を出す．牛を例にとって説明すると[2]，**間膜縁** mesometrial border に到着した子宮動脈は2本に分かれ，それぞれ子宮壁の血管層（筋層）を背側と腹側に**自由縁**[3] free border に向かう（口絵

---

[1] スンクス（食虫目）の胎盤において妊娠20日までの間，母・胎内皮細胞間には合胞体性栄養膜細胞が介在している．20〜24日の間に合胞体性栄養膜は連続性を維持しながら網眼状となる．さらに24日以後になると迷路胎盤の大部分で合胞体性栄養膜は不連続となり，最終的に両内皮細胞の突起が相互に嵌合することから部位的に内皮内皮性胎盤膜が成立する（木曽ら，1990）．
[2] 牛の胎盤血管系については山内らの業績（1968，1969，1970）参照．
[3] 反間膜縁 anti-mesometrial border ともいう（表4-2参照）．

カラー原色図 A). 妊娠子宮の小丘の直下でこの**弓状動脈** arcuate artery から垂直に胎盤小葉基部に向かって**放射状動脈** radial artery が出る. 放射状動脈は胎盤小葉の基底に水平な走行をとるとともに多数の枝に分かれる. ここから再び胎盤小葉の表面に向かって垂直に**小丘動脈** caruncular artery が出て, これが**胎盤節子宮部** maternal placenta に分布する毛細血管となり**子宮内膜陰窩** endometrial crypt の上皮下に広く展開する（図8-11のB）. 一方, 胎子側についてみると, **臍動脈**（静脈血）からの動脈は絨毛尿膜の中に挟まれて妊娠子宮角および非妊娠子宮角すべてに伸びる（口絵カラー原色図B）. 絨毛膜は胎盤節の中隔（図8-4の3）に向かって**幹絨毛** stem villus を伸ばすが, この時尿膜中を走っている血管も行動をともにする. 幹絨毛は次々と分枝し, その**終末絨毛** terminal villi は芯に毛細血管を含んで子宮内膜陰窩と嵌合する（図8-13, 8-17）. この場合も毛細血管は母体血液との間を短縮する意味から栄養膜の直下に位置するようになる. 胎子毛細血管は外方に張り出して籠状に展開した終末絨毛の栄養膜の全表面直下に緻密な毛細血管網を形成する（図8-17）.

上皮漿膜性胎盤膜をもつ家畜, すなわち, 馬・牛・山羊・羊・豚ではすべて終末絨毛と子宮内膜陰窩における両毛細血管の配置はここに述べた通りである. 一方, 内皮漿膜性胎盤膜の食肉類（犬・猫）でも, 迷路部における両者の毛細血管は合目的な配置をとっている[1]).

胎盤が母体と胎子の間の物質交換の場であることを考慮すれば対面する両者の毛細血管を流れる血流の方向が物質交換に大きな効果をもつだろうと考えられてきた. 猫の胎盤迷路部では胎子側の絨毛と母体側の組織（毛細血管を主とする）は交互に並列した層板を形成している. 母体毛細血管では迷路部の表層（胎子に近い面）から基底に向かって血液が流れ, また胎子毛細血管では迷路部の基底（子宮内膜に近い面）から表層に向かって血液が流れる. 従って両者の血流は図8-18のAに示されるような**対向流** counter current 方式であり, 物質交

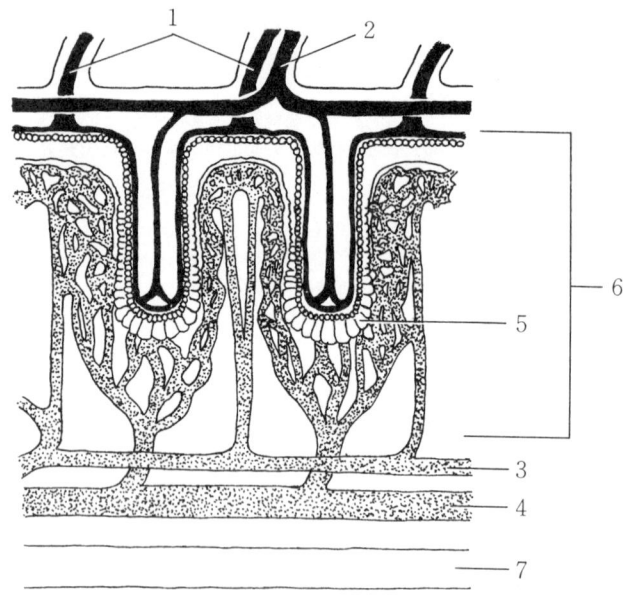

図8-16 羊胎盤節の血管配置（AMOROSO）
1. 胎子静脈　2. 胎子動脈　3. 母体動脈　4. 母体静脈　5. 絨毛　6. 胎盤　7. 筋層

---

1) 迷路性胎盤の代表とされる犬と猫で母・胎の毛細血管の血流はここでいう対向流に相当する. なお犬の場合, 胎盤毛細血管は妊娠の後期飛躍的に増加する（木曽ら, 1990）.

換の効率は極めて高いと考えられる．馬・牛・豚で代表される上皮漿膜性胎盤膜で母子間の物質交換は究極的には子宮内膜陰窩と終末絨毛における両血流に依存するので**多絨毛流** multivillous stream 方式と考えられる（図8-17，8-18のB）．一方，血漿膜性胎盤膜では図8-18のCに示されるように**プール** pool 方式と考えられる．

第5節　胎子胎盤系

成熟卵胞が排卵されると，卵胞腔には卵胞壁の破裂に由来する血液がたまり**出血体**[1] corpus hemorrhagicum となる．しかし，1〜2日の間に卵胞上皮細胞と卵胞膜細胞とは黄体細胞への転換を始め，やがて元の**卵胞洞** antrum of follicle は**黄体細胞** lutein cells（luteal endocrine cells）で満たされるようになる（**黄体期** luteal phase）[2]．排卵された卵細胞が受精すると，この黄体は**妊娠黄体** corpus luteum of pregnancy となって progesterone を分泌し，以後の妊娠維持に不可欠な役割を果たす[3]．

子宮に進入した受精卵がどのような刺激で黄体を存続させ，まず着床を成立させるのかという機構はまだ完全に解明されていない．しかし，黄体を存続させるか退縮させるかの刺激は卵に由来するものであろうと思われる．こうして妊娠の成立と維持には胚（胎）子

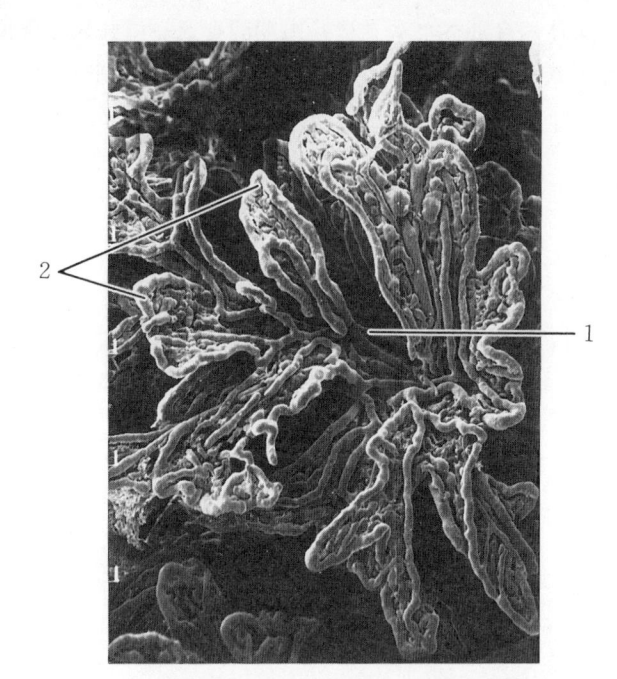

図8-17　牛胎盤の終末絨毛の毛細血管網，胎子臍動脈から樹脂注入，血管鋳型の走査電顕像．
胎子頂尾長65cm．×300
1．二次絨毛の小動脈　2．三次絨毛の毛細血管網

表8-3　動物の妊娠維持に及ぼす卵巣摘出と下垂体摘出の影響（HAFEZ）

動物種	妊娠期(日)	手術の種別とその実施時期			
		卵巣摘出		下垂体摘出	
		前半	後半	前半	後半
牛	282	−	±	n.d.	n.d.
羊	148	−	＋	−	＋
山羊	148	−	−	−	−
豚	113	−	−	−	−
馬	350	−	＋	n.d.	n.d.
人	280	＋	＋	＋	＋
猿	165	＋	＋	＋	＋
兎	29	−	−	−	−
犬	61	−	n.d.	−	±
ラット	22	−	±	−	＋

＋　胎子生存，　−　流産，　±　場合により胎子生存，
n.d.　未実施

---

1) 赤体 corpus rubrum ともいう．
2) 黄体細胞には**顆粒層黄体細胞** granulosa lutein cells と**卵胞膜黄体細胞** theca lutein cells の2種がある．プロジェステロン期 progestational phase ともいう．
3) 妊娠が成立しない場合，黄体はやがて退縮する．この時の黄体を**周期黄体** cyclic corpus luteum とよぶ．人の場合は一般に月経黄体 corpus luteum of menstruation とよぶ．

と子宮との間に何らかの生物学的な情報交換があると思われる．その結果，母体の下垂体あるいはまた胎盤から黄体刺激ホルモン luteotrophic hormone が分泌され，妊娠黄体は機能を維持する．

　黄体は今述べたように妊娠期間を通じて妊娠を維持する重要な機能をもつのであるが，胎盤形式の違いとはかかわりなく，妊娠の後半期には卵巣，すなわちこの場合黄体がなくても2，3の動物種では妊娠が維持される（表8-3）．極端な場合，霊長類では妊娠期の前半から黄体はすでに不可欠なものではなくなっている．この場合，胎盤は妊娠の維持に必要な progesterone を十分産出していると考えられるのである．しかし，胎盤の組織成分の中でどの種の細胞がこうした内分泌性をとっているのかまだ明らかにされていない．

　妊娠を維持するために必要なステロイドホルモン steroid hormone，すなわち progesterone や estrogen が，胎盤で完全に合成されるかどうか，という問題も同様に，まだ十分明らかにはされていない．ここでは成熟個体で見られるように，前駆物質，たとえば cholesterol から上記のステロイドホルモンが合成される可能性は余り高くない．そこで合成への過程に胎子器官が参加するであろうと考えられたのが，ここで取り上げた**胎子胎盤系** feto-placental unit の概念である（図8-19）．

　この図から分かるように子宮動脈の血液から前駆物質を受け取った胎盤は素材物質を胎子のために利用すると同時に修飾を加えて（芳香化 aromatization），胎子血流に乗せて胎子の内分泌器官に送りこむ．胎子副腎とか，胎子の精巣または卵巣はこうしてステロイドホルモンの合成に部分的に参加して，結果的に生合成されたステロイドホルモンを母体と胎子の両者が生活維持に利用している．妊娠の中期から後期にかけて，馬胎子生殖腺（精巣，卵

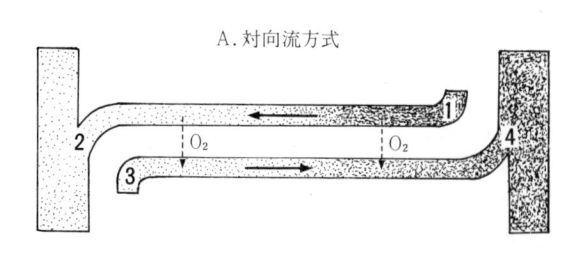

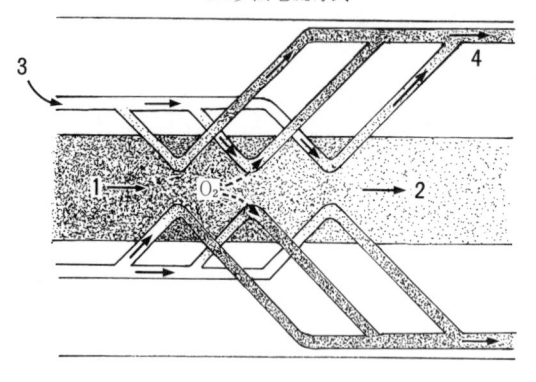

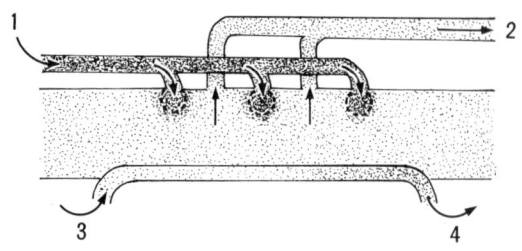

図8-18　胎盤内での母子血液循環経路の関係を示す模式図．（HAFEZ と JAINUDEEN）
　図は同時に拡散物質の交換機構を示している．
　1. 母体動脈から　2. 母体静脈へ　3. 臍動脈から
　4. 臍静脈へ

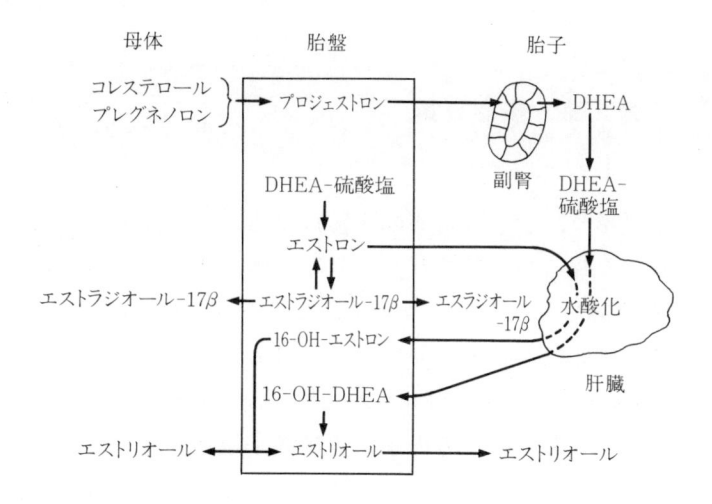

図8-19 人胎子―胎盤系におけるoestrogenの生合成経路（STEVEN）

巣とも）の異常なほどの増大とestrogen分泌は特に有名である．

　胎盤から分泌されるホルモンとしては今述べたステロイドホルモンの他に蛋白ホルモン，すなわちヒト絨毛性性腺刺激ホルモン（HCG）human chorionic gonadotropin（黄体形成ホルモン性）が有名である．また妊娠の初期に限定されてはいるが，妊馬血清性性腺刺激ホルモン（PMSG）pregnant mare serum gonadotropin（卵胞刺激ホルモン性）も有名である（86頁参照）．前者は名称が示しているように絨毛膜上皮に由来するものであり，後者もまた子宮内膜杯を形成している侵入性の絨毛膜上皮（栄養膜）に由来することが知られている[1]．

第9章　妊　娠

第1節　家畜の妊娠期間と産子数

　妊娠 pregnancy, gestation とは受精卵が子宮内膜に着床し，胎盤が形成されて胚子の発生が着実に進行しはじめた状態を言う．

　家畜の中では，馬や反芻類家畜のように，原則として1回の出産に1頭の新産子を産む**単胎妊娠** monembryonic gestation のものと，豚・犬・猫・兎のように数頭から10数頭も産む**多胎妊娠** polyembryonic gestation のものとがある．

　家畜の妊娠期間や産子数は種類によって違うが，さらに，品種，経産回数（産次），年齢，

---

[1] 犬および猫の胎子・胎盤系によるステロイドホルモンの生合成は山内ら（1984，1987），馬の子宮内膜杯の特異的な内分泌性杯細胞については山内（1975）参照．

母体の栄養状態その他でも違う[1]．各家畜の妊娠期間と産子数を示すと，およそ表9-1のようになる．

第2節　多胎妊娠

1. 本来が多胎のもの

多胎妊娠の家畜では子宮角が長く発達し，胎子は両側の子宮角にほどよい間隔をおいて位置している．次に，多胎の家畜である豚について観察してみる．豚で排卵の際は数個から10数個の卵子が出されるが，両側卵巣からそれぞれほぼ同数の卵子が排卵されるのが原則である．しかし，一側の卵巣からの排卵数が他側の卵巣よりもはるかに多いという場合は珍しくはない[2]．そこで，もしこのような場合に，排卵された卵子が受精卵となって，それぞれ同じ側の子宮角にだけ着床するとしたら，一方の子宮角は胚子過多となり，これに反して他側の子宮角はひどく空間を残すはずであるのに，実際にはこのような例がなく，両側子宮角ともにほぼ等間隔で胚子がならび（図5-14），着床の間隔とり spacing（既出）とよばれる．胚子が成長して子宮角のその部分が膨れてくると，胚子間の子宮角の部分にくびれができる．しかし，この時期を過ぎると隣り合わせた胚子の絨毛膜が接近し，接触してくびれを失い，子宮角は長い管状となる．

胚子がどうしてこのように比較的規則正しく配列するのか，その機構は十分に分かっていない．子宮角の内膜面で胚子の位置が決まる時期は，胚盤胞が長くなる以前のようである．図5-14は長くなった胚盤胞が子宮角内膜に着床した状態を示すものである．豚で，伸ばせば1mほども長い胚盤胞でも，着床したものは長さ10～15cm程度で収まる．それは子宮角粘膜にヒダが多数発達しているため，胚盤胞がスプリング状に屈曲してそのヒダの溝に受け容れられ，内膜と十分に接触できるためである．

表9-1　家畜の妊娠期間と産子数

	妊娠期間 (交尾から出産までの日数)	産子数	
馬	310～360 (333)	1	⎫ ⎬ 原則として単胎
乳牛	272～284 (280)	1	⎭
和牛	267～297 (284)	1	
羊	144～158 (150)	1～2	⎱ 双胎または三胎の場合も多く， ⎰ 多産率60～70%
山羊	148～154 (152)	1～2	
豚	112～117 (114)	6～15	⎫
犬	53～63	4～8	⎬ 多胎
猫	56	4～8	⎭
家兎	30～32	6～13	産子数は日本在来種で多く，アンゴラ種で少ない

（備考）　カッコ内は平均日数を示す．数字の大部分は山田（信）による

---

1) 哺乳類で妊娠期間のもっとも短いものはフクロネズミ（有袋目）の12.5日，もっとも長いものはインド象（長鼻目）の623日である．家畜での調査によると，品種では晩熟種，年齢では若い母獣で産子の在胎期間が長く，経産回数の少ないものも長い．また，雄の新産子の方が雌の場合より1～2日長いと言われる．さらに，もともと単胎のものが双胎子または三胎子を出産する場合には，単胎子のときより在胎期間が短縮されると言われる．老齢になり産子能力がなくなる間近になると，多産の家畜でも1頭しか産めないようになる．
2) 排卵後に新生された黄体数を見れば容易に分かる．牛ではふつう右側排卵6：左側排卵4といわれる．

2. 本来が単胎のもの

本来が単胎妊娠である馬・牛[1]などでも時に双胎妊娠 diembryonic gestation まれに三胎妊娠 triembryonic gestation またはそれ以上というように2頭以上の新産子を出産する場合がある[2]．羊・山羊では多産率60〜70％で（前掲），単胎と双胎の間にあると言えよう．

双生子の場合には**一卵性双生子** monovular twin と**二卵性双生子** diovular twin の2通りが考えられる．一卵性双生子は発生のごく初期（桑実胚前後）に胚子が2つに分離して，それぞれ独立して発生した場合で，必ず同性であり，外観がよく似ている[3]．これに対し二卵性双生子の場合は，1）両側の卵巣からそれぞれ1個の卵子が同時に排卵されたか，2）一側の卵巣の別々の成熟卵胞から各1個，3）または1つの成熟卵胞に2卵子が含まれていてそれが排卵され，いずれも受精卵となって子宮に着床したもので，この場合には双生子は必ずしも同性ではなく，相互に異性の場合もあり，外観も瓜二つというほど似ていない場合もある[4]．

これを胎盤と胎子被膜の関係から見れば，一卵性双生子では胎盤が1個で共通に使われ，絨毛膜も共通であるが，**臍帯**はそれぞれ別で，羊膜も別の場合がある．二卵性双生子の場合でも，両胚子が接近して発生をつづけた場合に胎盤や絨毛膜が結合して，外見上から一卵性双胎のように見える場合がある．このような場合は一側の卵巣から2個の卵子が排卵され，それが同側の子宮角で互いに接近して着床した場合に起こるものと考えられている．

牛の双生子奇形で有名なのはリリー LILLIE の発見した**フリー・マーチン** free martin である．フリー・マーチンは牛の二卵性双生子で，一方が雄，他方が雌の場合に起こり易い性的奇形で，奇形は必ず雌の側に見られる[5]．牛の二卵性双生子で，在胎中の両胎子が接近して着床し，共通の胎盤で，血管も両胎子のものがここで吻合している場合に見られる．その理由として，雄の胎子の方が精巣の分化が早く，そのホルモンが血管吻合部を通じて雌の胎子内に血液で運ばれ，雌胎子の生殖巣の分化が混乱すると推定される．影響は雌の外部生殖器よりも，内部生殖器に強く現われ間性 intersex 個体となるもので，この奇形個体をフリー・マーチンとよび，遺伝的に雌であっても全く繁殖能力を欠いている．染色体の検査でこれらにキメラの場合の多いことが示されている（既出）．

第3節 発生中の胚子の外形の変化

受精卵の分割がはじまり，将来胚子になる部分が初めて区別できるようになるのは原腸

---

1) 牛で双生子はシンメンタール種で4.6％，ホルスタイン種で1.6％であると言う（ZIETZSCHMANN）．
2) 人の場合に三胎を品胎，四胎を要胎とよぶこともある．
3) 一卵性双生子の場合，胚子の分離が完全に行なわれぬままに一部結合して発生が進むと，その結合度に応じて種々の程度の**重複奇形** monster duplicia ができる．
4) 父親がちがう場合もあるという（人）．
5) 二卵性の異性双生子の雌子牛の90％ほどがフリー・マーチンであると言われる（柏原）．

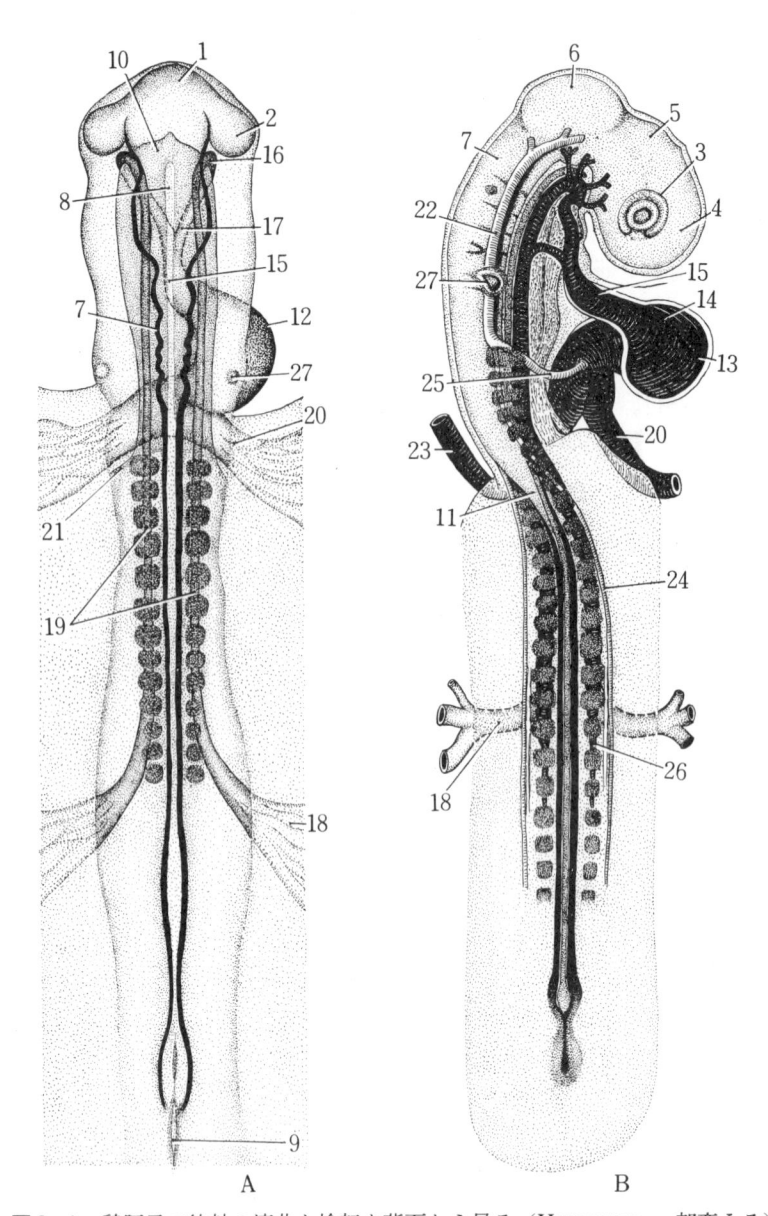

図9-1 鶏胚子で体軸の湾曲と捻転を背面から見る（HEUTTNER，一部変える）
Aは捻転前（孵卵33時間）B（同，48時間）で第8体節あたりまで捻転が進む
1. 前脳　2. 眼胞　3. 眼杯　4. 終脳　5. 間脳　6. 中脳　7. 菱脳　8. 脊索　9. 原始線条の残り　10. 前腸頭端　11. 体軸捻転部　12. 心臓　13. 心室　14. 動脈球　15. 大動脈幹　16. 第一鰓弓動脈　17. 腹側大動脈　18. 卵黄嚢動脈　19, 26. 背側大動脈　20. 卵黄嚢静脈　21. 前腸入口　22. 前主上静脈　23. 卵黄静脈　24. 後主上静脈　25. 総主静脈　27. 耳胞

胚期で，胚部の形成が認められたときである（52頁）．つづいて，ここに原始線条が出現して将来の胚体の縦軸が決まり，また，線条の前端が胚子の後端を示すことが決定される．これ以後，神経ヒダ，神経溝など中枢神経原基が現われるに及んで胚体の位置は全く決定され，胚体外の組織との区別もますます明らかになる．さて，胚体各部の形成の詳しい説明は次の第3編の「器官発生」の項にゆずるとして，ここでは外見的にすぐ気付く胚子の体軸に起こる湾曲と捻転について注意を払いたい．

1. 湾　曲 flexure

胚子の体軸は始めは直線的であるが（図6-7のA），狭い子宮内（家禽なら卵殻内）で急速に成長するため，体軸はしだいに背部を丸めた弓形に湾曲する．湾曲は頭部に始まり，間もなく尾方にも波及し部位により**頭屈〔曲〕**（頭頂屈曲）cephalic flexure,**頚屈〔曲〕**（項曲）cervical flexure,**中背曲** dorsal flexure,**腰仙曲** lumbo-sacral flexure と名付ける（図9-2）．この中でも特に頭，頚，腰仙屈曲が著明である．各曲には特に結節状に隆起した部位があり，それぞれ頭頂結節 tuber parietale（図9-2の14），前頭結節 tuber frontale（14前方の隆起），項結節 nuchal tubercle（13）および尾結節[1] *Tuberculum caudale*（20）とよぶ．

2. 捻　転 torsion

胚子はその成長過程で湾曲しながらも体軸を捻（ねじ）らせる．この現象は家畜（哺乳類）に限らず，家禽（鳥類）の胚子でも同様に認められる．何故に捻転を起こすのであろうか．発生初期には胚子の体軸は直線的で，下向きにうつむいた形で卵黄囊に向かっているが（図9-1のA），胚子の急激な成長につれ，胚体が頭方および尾方に伸展してくると，当然のこと，胚子の体軸は卵黄囊の湾曲に沿っても曲がるであろう．また，このころには胚体の下方に心臓が発達してくるので，うつむいたままでは上から心臓を圧迫する形となって，ますます不便である．このため，胚子は上体を90°捻転させて心臓に乗りかかるのを避け，同時に，これによって体軸を湾曲させるのも今までよりは自由になり，狭い腔内（子宮内，卵殻内）を最大限に利用することが可能となる（図9-1）．但し，この捻転は短期間に現われるだけで，鶏胚子でも見られるように，間もなく胚体全部が横に寝る形をとるようになるので，特に部分的捻転というものが見られなくなる[2]．卵黄囊の発達のわるい家畜（哺乳類）でも，胚子の体軸に捻転が認められるのは，かつて多黄卵から発生した祖先からの形質をそのまま受けついだものと思われる．

---

[1] 人体の発生学用語では尾端結節とよぶが，家畜でこの用語を使うと尾の先端という意味なので，特に尾結節として尾のつけ根を示す意味を含めた．現在この用語は使われていない．Steisshocker（独）尾隆起のこと．

[2] 鶏胚子で16体節期（胚齢45～49時間）頃ねじれが始まり，20体節期（72～84時間）で終了する．家畜，家禽とも胚子の左側面を下にするのが普通である．

第4節　胚子の体長の測定

　胚子（胎子）の成長度や胚齢を測定する最も確実な方法は，家畜・家禽を通じて体節出現後は体節数を算定することである．しかし，この方法も胚子がさらに成長するようになる

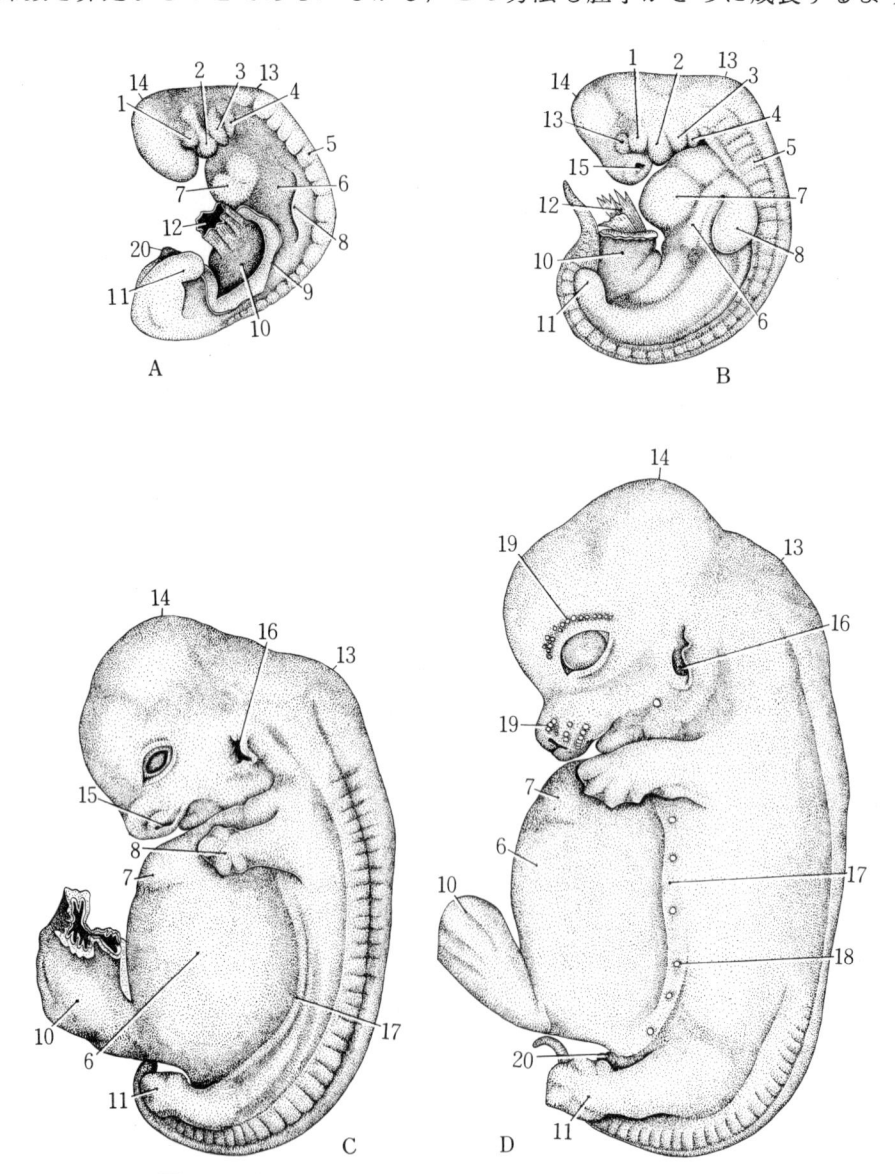

図9-2　豚胎子で発育の段階を示す（MINOT，一部変える）
　　　A. 胎齢17～18日，5.0mm　B. 同，18～19日，7.5mm　C. 同，24日，15mm　D. 同，28日，20mm
1. 第一鰓弓上顎隆起　2. 同，下顎隆起　3. 舌骨弓　4. 第三鰓弓　5. 体節　6. 肝臓隆起　7. 心臓隆起　8. 前肢の原基　9. 羊膜切除面　10. 付着茎　11. 後肢の原基　12. 卵黄嚢（切除）　13. 頸屈〔曲〕（項結節）　14. 頭屈〔曲〕（頭頂結節）　15. 鼻腔　16. 耳窩　17. 乳腺堤（乳腺の原基）　18. 乳点　19. 触毛の原基　20. 尾結節

と難しくなる．そこで胎子の頭頂結節（図9-2の14）と尾結節（20）を結ぶ直線距離を**頂尾長** crown-rump length として算定の基準にすることが一般に行なわれている．しかし，項曲が強くなると，それにつれて頭頂結節が低くなるから，その時は最高位になった項結節（13）と尾結節間の直線距離である**項尾長** neck-rump length をもって一時的にこれに代えて用いられる（後項，脳管の湾曲203頁も参照）．

以上の算定法は同種の家畜には使えても，種類のちがった家畜で比較することは無理である．ことに，発生初期では大型家畜（牛・馬）の胎子が小型の家畜の胎子より大きいとは限らない．それというのも小型の家畜の方が妊娠期間が短いので発生の進行が早いからで，例えば，妊娠4週では，豚・犬・羊などの胎子の方が牛や馬の胎子よりも1.5～3倍も大きい．

また，同一種類の家畜でも品種による差，個体差，性別による差もあり，多胎の場合には同腹の胎子でも子宮角での着床部位による発育差も考えに入れる必要がある．

第10章　出　産

第1節　陣　痛

家畜でおよそ決まっている妊娠期間（104頁）が終わり，**出産** parturition が近づくと，胎盤絨毛膜上皮や卵巣の妊娠黄体から分泌されていた黄体ホルモン分泌が衰え[1]，これに反し，子宮筋を収縮させるホルモンであるオキシトシン oxytocin や卵胞ホルモン[2]の分泌がしだいに増してくる．いよいよ出産となると，子宮の筋層はオキシトシンによって子宮頸の方に向かって時間をおいて強力な収縮を起こし，これに加え，母獣自身が意識的に行なう腹筋の収縮作用もあって，子宮内の胎子を胎包もろともに外に押し出そうとする．この収縮ごとに起こる子宮筋の筋痛を**陣痛** labour pain という．

第2節　出産の経過

出産の経過を次の3期に分ける．

第1期（開口期）

子宮頸管を拡げて外子宮口を開口させようと努力する期間である．上記のように時間的間隔（牛でおよそ15分おき）をおいて起こる子宮筋の収縮に始まり，しだいに間隔が短縮し

---

[1] 馬の卵巣の妊娠黄体は第5月で早くも退行が始まり，第7月で全く消失し，胎盤から分泌される黄体ホルモンだけに依存する．家畜比較解剖図説，下巻98頁，脚注5参照．
[2] 卵胞ホルモンによって子宮筋がオキシトシンに反応しやすい素地をつくり出すと言われる．この他にレラキシン relaxin というホルモンが妊娠家畜（兎・馬・豚）の血清中に発見されている．このホルモンは骨盤結合を弛緩させて出産を容易にさせる．

てその度ごとに収縮力が強まり，陣痛が起こる．この収縮のたびごとに胎包は内子宮口を通じて子宮頚に向かって圧力をかけ，このために子宮頚の厚い筋層に囲まれた狭い頚管がしだいに押し広げられる[1]．無脱落膜胎盤を形成した有蹄類家畜の胎子の場合は，この時期には絨毛膜（無脱落膜胎盤）がしだいに子宮内膜から離れ，胎包が移動しやすくなり，これで頚管を押し拡げながら外子宮口を大きく開かせて腟内に進出する．胎子は出産の際に前肢をそろえて前方に出し，下向きに伏せた姿勢（ダイビングの形，図10-1）で出るのが正姿勢であるが[2]，この姿勢はすでに第1期でとられている．仰向きの胎子もこの期には正姿勢に向きかえるが，これは羊水の中で行なわれるので比較的容易であろう．

第2期（出産期）

腟内または腟外に胎包の一部が現われ，尿膜が破れて中に含まれた尿膜液 allantoic fluid が流出する．臨床繁殖学ではこれを**第1破水**と言う[3]．これによって直接胎子を包む羊膜が腟前庭に現われ，胎子の前肢の圧迫でこの膜も破れて羊水が流出する．これが**第2破水**である．胎子は羊水が流れ出たばかりのこの羊膜の滑らかな膜面に乗って，強力で短い間隔（牛で2～3分）の子宮筋の収縮（腹筋の収縮力も加わる）のため，まず前肢が現われ，次いで鼻端，前額部，後頭部，胸腹部，尻，後肢の順に腟外に産み出される．

第3期（後産期）

胎子の出産に続き，強い陣痛をくり返しながら，**胎盤**，**臍帯**を含む胎包が娩出され，これで妊娠に関するすべての胎子被膜が子宮から剥離して出されるので**後産 after birth** と言われる．無脱落膜胎盤の家畜で言えば，汎毛胎盤の馬や豚，それに叢毛胎盤の反芻類家畜でも，すでに第1，2期で胎盤が部分的には子宮内膜から離れているが，まだ離れずに付着している部分もあるのでそれがこの期に剥がれる．

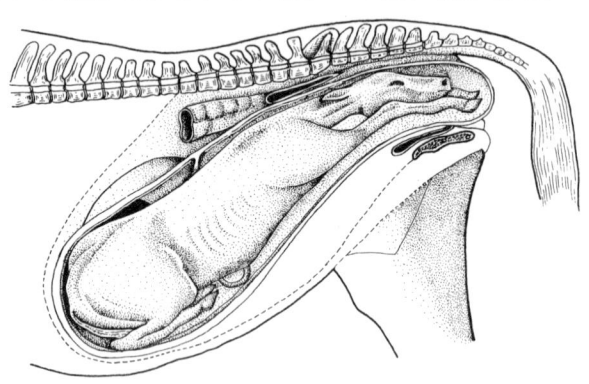

図10-1 出産の正常位置を示す（馬，開口期）

胎盤につながる**臍帯**は牛では弱く，出産の際，新産子の体重がかかって引っぱられてち切れる場合が多い．この際，新産子側に残される**臍帯**は5～8cm程度で，これが乾いて（**臍の緒**）とれた後に新産子の下腹部に残る付着痕が**臍 umbilicus** である．馬の**臍帯**はこれより丈夫であるが，それでも出産後母子の動作によって切断する．

犬（その他食肉類）では，胎包や臍

---

1) この時期の頚管壁は下垂体ホルモンや卵胞ホルモンの作用で緩くなっている．
2) 子豚は頭から先に出産されるものと，尻が先のものと，大体半々であるが，頭の先のものがやや多い（丹羽，1959）．
3) 人では尿膜嚢が発達しないで退化するから第1破水とよぶものがなく，破水と言えば羊水の流出に限られる．

帯が強靭で，新産子は臍帯に結ばれたまま出産され，母犬が臍帯をかみ切る．胎盤は比較的早期に剥がれる．犬・猫・兎のように脱落膜胎盤を形成するものでは胎盤子宮部も剥離し，子宮内膜面には当然出血が起こるが，子宮筋の収縮が強いので血管は圧迫され，出血量は少なくてすむ．脱落膜胎盤の場合には出産に先立ち胎盤子宮部は部分的に変性する．例えば，人で妊娠末期になると，子宮内膜に最も密着している壁側脱落膜（図8-15の4）の部分のところどころで組織が変性壊死するのが認められ，このため出産の際には剥がれやすく，後産のとき胎盤，臍帯の他に子宮内膜全面の脱落膜が胎包とともにすべて剥離娩出される[1]．

出産に要する時間は家畜の種類，産次，年齢，個体によって違うが，およその時間を次に示してみる．

牛は第1，2期合わせて3.5～6時間，第3期1～2時間
馬は第1期が長く4～7時間，第2期30～50分，第3期30分～3時間
豚は1頭出産するのに5～30分で，全体として2～3～12時間を要する．

第3節　孵　化（家　禽）

胎生動物である家畜でいう出産は，卵生動物である家禽では**孵化** hatching がこれに相当するので，この節では孵化という現象について考えてみたい．

発生初期では卵黄嚢に乗っている鶏胚子の体軸は，卵殻の長軸に対して直角の位置を占め，胚子の頭部は卵殻の気室を左になるようにした場合（すなわち，卵殻の鈍端を左側にする）には前方を向く（図7-2）．孵卵5日ごろには胚体が急速に成長してくるので，卵黄嚢がベッドのような感じで，胚子はそれに乗ってやや沈んだ格好になる（図7-3, 7-6）．胚子はしだいに気室の方に近づき，卵黄嚢はその反対側の卵殻の尖端に向かい，卵白とともにその方向に押しやられる（図7-7のA）．それが孵卵10日を過ぎると，胚子は胚体をくねらせ，あるいは後肢を動かしたりして，その結果，約90°方向転換が行なわれる．詳しく言えば，卵殻の長軸と胚子の体軸が平行し，胚子の頭部が気室との境界膜（卵殻膜＋漿膜）に接近し，呼吸しやすい状態をつくり出す．ただし，この時期では胚子は頭部をまだ頚部のところで湾曲させて嘴が胸部に向かい，その先を右翼（右の腋下）に近づけている．

しかし，さらに孵卵17～19日頃になるともう一度頚を曲げて，今回は嘴の先が気室との境界膜に接触する．また，胚子を含む羊膜の羊水も目立って減ってきている．もうこの時期には腸は完全に腹腔内に収まり，卵黄嚢も次第に腹腔中へ引き寄せられつつあり，孵化前日の第20日には卵黄嚢も全く腹腔内に収容され，その結果臍が閉じられる．この時期の胚子の形は，気室の占める腔所を除けば，羊水も全く消失しているので，卵殻の形と全く

---

[1] 人では新産子を結ぶ臍帯は出産補助者が人為的に結紮して切断する．

同じにその全容積を占め，これ以上には内腔を利用できないほど隙間なく，丸まった**姿勢**で収まっている．間もなく胚子は嘴の先で気室との境界膜を破り，嘴を気室内にさし入れて多孔性の卵殻を通して外界の空気を肺呼吸する．第20日には卵殻の一部も嘴で突き破られる[1]．

この頃まで呼吸作用に協力していた尿（漿）膜は乾燥し，このため，いままで呼吸作用に大きく貢献してきた尿膜血管の血液循環も停止する．また，一方では**動脈管** ductus arteriosus, arterial duct（170頁）も狭まるため，肺循環の血液量が急に増して，ガス交換を行なうのが著しく効果的になり，ここに至って胚子の呼吸様式は全く肺循環によってのみ行なわれる．

このような状態のもとに孵卵第21日を迎えると，胚子は頚を伸ばしたり，後肢を突っぱったりして，遂に卵殻が大きく二つに割れると，胚子は**臍**（乾燥した尿膜）から離れて転げ出すように外界に出る．これを孵化と言い，卵生動物一般にこの語が用いられる．胚子被膜（家畜の胎子被膜）は干からびたまま卵殻中にとり残される．

第4節　各家畜（家禽）による新産子の発育度の違い

この節で扱う意味は，母畜の年齢，環境，多産子の子宮内での着床部位による優劣差，もしくは個体差というような，どちらかと言えば後天的要因からくる発育差を問題にするのではなく，その家畜が種族の特徴として持つ先天的な発育度のちがいについて説明するのである．

出産（または孵化）によって母体から独立した**新生子** neonate は，その後も母への依存度が動物の種類によって違う．そこで，発育の未熟な順にしたがって，新生子は下記のように分類される．

1. **袋内新生子** pouch young

有袋目の新生子でみられる．不完全な発育度で出産するため，直ちに独立生活ができないで，当分の間は母の下腹部皮膚の育嚢内で哺乳されて生活する．

2. **巣内新生子** nestling

豚・犬・猫・兎などの新生子がこれに属する．これらの新生子はすぐには独立できず，赤はだかで出産され，被毛がまだ生えず，眼瞼も開かず，歩行不能で，体温調節も十分でなく，親の巣内で育つ．鳥類ではスズメの初生ヒナなどがこの段階に属している．

3. **抱よう新生子** breast young

家畜では見られないが，人（その他の霊長目・翼手目）の新生子がその代表で，出産時にすでに皮膚に**生毛**（ウブゲ）lanugo, fetal hair が生え，眼瞼も開き，手，足もかなりの程度に動かすことができて母親にすがろうとする意欲がうかがえる．元来，樹上生活をする動物

---

[1] 胚子から初生ヒナのころには上嘴の先端背部に鈍結節状の小隆起を認める．これは卵殻を破るときに利用される破殻歯 egg tooth で，爬虫類胚子で見る破殻歯と同様の作用をする（後項122頁および図11-6参照）．

の新生子がこれに属するもので，新生子は母親の胸にある乳房を吸うようにすがりつき，母親はこれを片手で胸に抱くようにして，樹枝間を移動する．

4. 疾走新生子 runner

もっとも発育度が進んだもので，馬・反芻類家畜などの新生子に見られる．出産時にすでに眼瞼が開き，皮膚には被毛が生えそろっていて，乳歯も数本生え出している．子馬は生後30～40分で自ら立ち上って母馬の乳頭をさぐり，独力で吸乳することができる．家禽では鶏やアヒルの新生子（初生ヒナ）が疾走新生子に相当する．鶏の初生ヒナは孵化後数時間たつと初生羽が乾いてふさふさと被われ，眼はよく開いており，その他の感覚器も十分に発達し，自由に歩きまわって餌を求めることができる．

第3編　器官発生

　この編の**器官発生** organogenesis とは，前編の「胚子発生」が胚子被膜や胚子器官の発生を含め，総括的に発生の全経過の説明を行なったのに対し，この度は個々の器官の発生を扱うものである．胚葉の分化の項（60, 66頁）で示したように，動物体の器官はその本質的部分が外，中，内胚葉のどれかを起原としている．しかし，1つの胚葉だけで成立する器官というものはなく，2つ以上の組み合せによる．これから解説する器官発生は各胚葉に分けて取り扱われているが，それはその器官のもっとも本質的な部分がその胚葉から発生するという意味のもので，次項の最初に実例を挙げて触れておく．

A．内胚葉を起原とする器官

　はじめ胞胚腔は内胚葉層の進出によって囲まれ（原腸），それがくびれて原腸の一部が胚体内に取り込まれて原始消化管（前，中，後腸）となり，残りが卵黄嚢として胚体外におかれ，くびれはしだいに細まって卵黄茎として両者を結んでいる（図7-1, 11-1）．

　内胚葉性器官はすべてこの薄い原始消化管の内胚葉壁を主体（本質）として起こり，まず，最初に原始消化管を基として消化器系が足場を固め，つづいてこの管から有力な1本の枝管が派生して呼吸器系の起原となる．大まかに言えば，内胚葉性器官はこの二大系統が母層となって管系をつくり，その経路で内胚葉細胞が索状に分枝して各種の実質性臓器（腺）をつくる．

　しかし，内胚葉起原と言っても，例えば消化管について言えば，腸粘膜上皮やそれから誘導される腸壁の腺は内胚葉起原だが，それより外層の固有層，筋層，漿膜，脈管は中胚葉系（間葉系）であり，中に含まれる神経線維は外胚葉起原である．同じことを実質性臓器として肝臓を例に挙げて説明すると，肝細胞は内胚葉起原だが，その他の支質，脈管は中胚葉（間葉系），神経線維は外胚葉起原である．このように，消化器系が内胚葉起原だと言っても[1]，他の胚葉起源の細胞も器官発生に参加し，内胚葉だけで成立するということはあり得ない[2]．ただ，その器官の本質的機能を行なう部分が，この場合は内胚葉起原である，という意味である．例えば，腸粘膜上皮は栄養分を吸収し，この上皮から発生の途中で転化した各種の腺はそれぞれ特有の消化液を生産し，分泌するというように，内胚葉起原の

---

1) 厳密に言うと消化管の粘膜上皮や腺でも口腔や肛門（排泄腔）付近では外胚葉性である（68, 116頁）．
2) これを解剖学的な表現で言うなら，「同一種の細胞が集まって一つの組織 tissue をつくり（**組織発生** histogenesis），各種の組織が組み合わさって一つの器官 organ が構成され，各種の器官がまとめられて一つの系統 system（例えば消化器系）が成立し，最終的に**形態発生** morphogenesis が完成する」となろう．

部分がこの場合には消化器系の本質的機能を遂行して，その器官の主座を占めるという意味である．同じことが，他の胚葉起源のものについてもいえる．

第11章　消化器の発生

第1節　消化管両端と外界との交通

　胚子の頭，尾端は羊膜ヒダが深く腹側に進出するにつれて胚外部から明らかに区別され，また，頭部と尾部が腹側に曲がり，これに中背曲も加わるにつれて胚子の体軸が全体に湾曲すると，原始消化管も同様に湾曲する（図6-7A，B）．

　まず頭部腹面の湾曲部を見ると，この部では胚体表面を被う外胚葉が明らかなくぼみを示しており，ここが口の原基で，くぼみを**口窩** stomodeum（図11-1，11-10の1）と言い，その入口が**口裂** oral cleft とよばれる．口窩は前腸の頭部と薄い隔壁を介して直接対面している．すなわち，口窩の側から外胚葉，前腸の側から内胚葉が接合して薄い**口咽頭膜**[1] oropharyngeal（buccopharyngeal）membrane（図11-1の2）とよばれる上皮板が境界膜となっている．口咽頭膜のすぐ後位は前腸の最前端で盲端部となり，**シーセル嚢** Seesel's pocket とよばれ，このあたりを**前腸** foregut（図11-1の3′）または咽頭腸と言われる．口咽頭膜は間もなく破れて消失し（豚で頂尾長10 mm，鶏で34体節，64時間頃），口窩と前腸と合体して一次口腔が成立する（図11-1，11-10）．やがて口蓋ができて一次口腔から**鼻腔**が分画されるが，成体

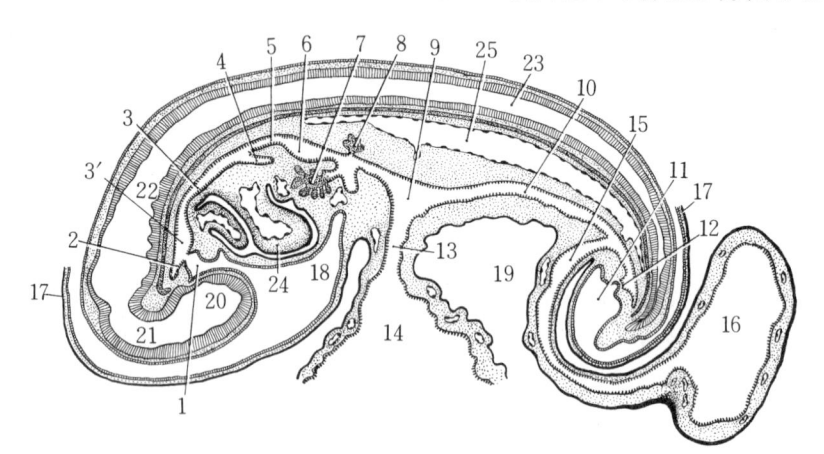

図11-1　豚胚子（およそ25体節）で腸管の形成を示す，矢状断（PATTEN，模写）
1. 口窩　2. 口咽頭膜（破れている）　3. 咽頭　3′. 前腸　4. 肺芽　5. 食道　6. 胃　7. 肝臓　8. 膵臓　9. 中腸
10. 後腸　11. 肛門窩　12. 排泄腔膜　13. 卵黄茎　14. 卵黄嚢腔　15. 尿膜管　16. 尿膜嚢腔　17. 羊膜（切断）
18. 羊膜腔　19. 胚外体腔　20. 前脳　21. 中脳　22. 後脳　23. 脊髄　24. 心臓　25. 背側大動脈

---

[1] 口膜 oral membrane または口板 oral plate とも言う．

の口腔，鼻腔は口咽頭膜より前部が外胚葉，後部は内胚葉起原となる[1]．

同じように，**後腸** hindgut 末端でもそこで盲端に終わる内胚葉層に対応するように胚子尾端の体表の外胚葉層が外から**外排泄腔窩** external cloacal pit（図11-1の11）をつくって排泄腔に突き入り，両層は対面結合して**排泄腔膜** cloacal membrane（図7-4, 11-1の12）をつく

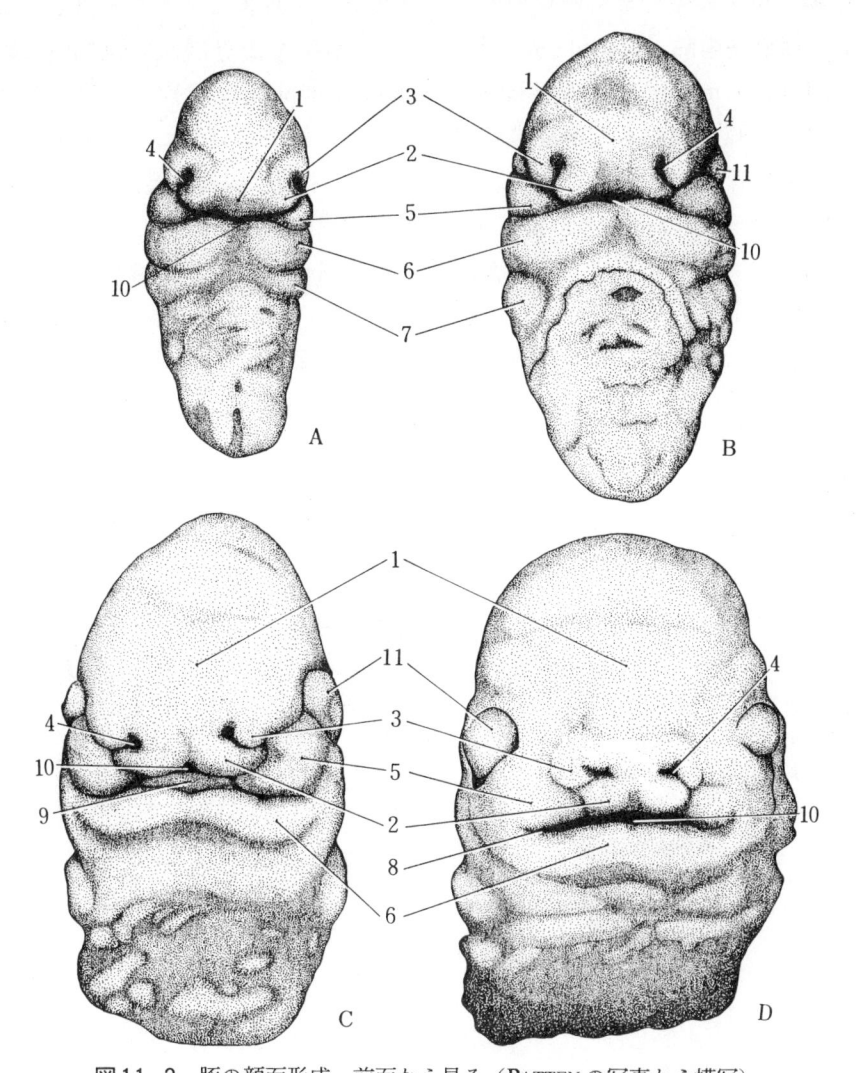

図11-2　豚の顔面形成，前面から見る（PATTEN の写真から模写）
A. 胎齢7mm, B. 同, 11.5mm, C. 同, 16mm, D. 同, 17.5mm
1. 前頭隆起　2. 内側鼻隆起　3. 外側鼻隆起　4. 鼻窩　5. 上顎隆起　6. 下顎隆起　7. 舌骨弓　8. 口角　9. 舌
10. 口裂　11. 眼胞．

---

[1] シーセル嚢はその後の発生過程で，特に目立つ部位を作るわけでなく，むしろ他の部分と区別がつかなくなるが，口咽頭膜の消失するこの時期から腺下垂体の原基（ラートケ嚢，外胚葉性，127頁）の出現の頃にかけて，内胚葉の最前端を示す標識として意味がある．

る．この膜は結合当初は中胚葉も介在するが，外排泄腔窩が深まるにしたがい**肛門窩**[1] proctodeum となり中胚葉層を押し出して内，外胚葉層は直接接触して薄い膜となる．排泄腔膜は口咽頭膜よりも遅れて破れ（鶏で孵卵15日目），消化管末端（直腸）と尿生殖道末端の共通の開口部である**排泄腔** cloaca が形成される（図7-4の4）．しかし，家畜（哺乳類）ではそれ以前に尿膜と後腸の会合部で両側の壁からそれぞれ尿直腸ヒダが突き出し，これが正中位で合体して**尿直腸中隔** urorectal septum となって排泄腔を仕切り，排泄腔膜に達するので，この膜は**肛門膜** anal membrane と**尿生殖膜** urogenital membrane の2部に分かれる（図17-7）．やがて，まず肛門膜が破れると後腸は**肛門** anus との連絡をとげ，おくれて尿生殖膜が破れておのおの別々に外界と連絡する．すなわち，尿直腸中隔は成体の**会陰** perineum の原基で，家畜（哺乳類）にだけ認められる形質である（後項187頁）．

以上の説明で明らかなように，内胚葉起原の原始消化管の頭，尾端にはそれぞれ外胚葉起原の口窩と肛門窩が加わり，そこで初めて消化器系（および呼吸器系）が完成する．それ故に，消化器系の発生を取り扱う場合に表題の「内胚葉起原」の範囲をはずれることになるが，とりまとめ易いという利点があるので，一部の外胚葉起原のものも加えて説明する．

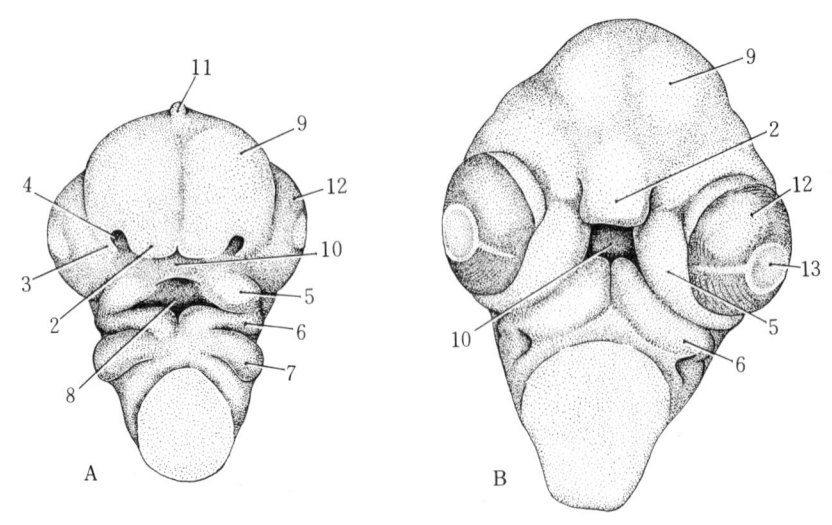

図11-3 鶏の顔面形成，前面から見る（LILLIE，模写）
A. 胚齢4日，B. 同，5日

2. 内側鼻隆起　3. 外側鼻隆起　4. 鼻窩　5. 上顎隆起　6. 下顎隆起　7. 舌骨弓　8. 咽頭腔　9. 大脳半球　10. 口腔　11. 松果体原基　12. 眼胞　13. 水晶体

---

1) anal pit ともいう．

第2節　口腔とその付属器官

1. 口腔の成立

前節で触れたように一次口腔[1]は口窩に由来する外胚葉起原のものと，前腸頭端の内胚葉起原のものとの合作によってできている．しかし，完成した個体では両胚葉の境界線を明らかに区別するのがなかなか難しく，上顎では咽頭扁桃の部分が境界であるという（豚）．鶏でも口咽頭膜直前の下垂体嚢（腺下垂体原基，127頁）が外胚葉の最前線に当たり，この部（成体で口蓋裂後縁と耳管入口に挟まれた部分）が上顎での境界線，下顎では舌小帯のあたりとされている[2]．

　口腔 oral cavity の付属器官の発生を扱うとなると，同時に顔面形成の順序も説明した方が分かりやすいと思われる．そこで，どの家畜もその発生の仕方は同様であるから，一例として豚について観察する．

　豚胚子の顔面部を正面から見ると（図11-2，A～D），一次口腔の口裂は横に長い．口裂を囲んで上縁正中位に不対の**前頭隆起**[3] frontal process（図11-2の1）が現われ，その延長の両側縁にはそれぞれ有対の**内**（2）および**外側鼻隆起**[4] medial and lateral nasal processes（3）があって，**鼻窩** olfactory pit（後の**外鼻孔** nostril, naris）（4）を抱きこんでいる．さらに，この両突起の腹側に左右有対の**上顎隆起** maxillary process（5）があり，これは口裂の下縁全域を占める有対の**下顎隆起** mandibular process（6）とともに第一鰓弓（129頁）から出ている．このように口裂は，はじめ上縁を前頭隆起，内，外側鼻隆起，上顎隆起で，下縁を下顎隆起で囲まれ，上顎隆起と下顎隆起の会合部が**口角**（8）となる．これらの隆起塊の外層はことごとく外胚葉だが，その内層をつくる間葉が盛んに増殖し，そのため各隆起塊は顔面の正中線に引き寄せられるように左右から接近する．上顎では特に上顎隆起の発育が盛んで，鼻隆起をも引きつれて伸び出すので，このため前頭隆起は口裂上縁形成の部分からはずされたようになる（豚胚子7～17.5 mm，図11-2のC，D）．この頃，下顎隆起は単独で下顎形成を完了する．上記の顔面形成の発生機構は鶏の場合でも全く同じである（図11-3）．

　以上は顔面の外観的変貌であるが[5]，口腔内にもこれに劣らず著しい変化が認められる（図11-4）．まず，鼻窩は魚類ではその底部が盲端に終わる鼻板（嗅覚専門）にとどまるが（図14-8），両生類以上では盲端に終わらず一次口腔に開通して一次鼻腔[6] primary nasal cavity

---

[1] 一次口腔は発生の途中で口蓋が形成されて，本来の口腔と鼻腔に区別される（116頁）．脊椎動物では両生類までが成体でも，まだ，一次口腔にとどまり，爬虫類以上で口蓋が出現して口腔と鼻腔の区別がつく．
[2] 家畜では下顎の舌分界溝が外，内胚葉の境界線である（121頁）．
[3] frontal elevation ともいう．　　[4] nasal elevation ともいう．
[5] この時期の顔面形成は哺乳類の動物全体をくらべても形に大差がなく，これより以後になって，しだいに動物による顔の特徴が現われてくる．
[6] 家畜や人の成体で認める鼻口蓋管や切歯孔は一次鼻腔の遺残である．

となり，**原始後鼻孔** primitive choana で一次口腔に通じる．孔の前位には短い**顎前骨**[1] premaxillary bone（**一次口蓋** primary ［premaxillary］ palate）が位置する．両生類は生涯この状態にとどまるが，爬虫類以上では両側の上顎隆起の内側から水平にそれぞれ**外側口蓋突起** lateral palatine process（図 11-4 の3）が出て正中線に近づき，これに**正中口蓋突起** median palatine process（2）も合体してついに**口蓋裂** palatal cleft をふさぎ，ここに**二次口蓋** secondary palate が完成する．このため一次鼻腔は後方に長く広く引き伸ばされて**二次鼻腔** secondary nasal cavity（成体の鼻腔）として**後鼻孔** choana に通じる．二次鼻腔は正中位で鼻突起から下垂する**鼻中隔** nasal septum（5）で左右に仕切られる．このように，二次口蓋の完成により，はじめて**二次口腔** secondary oral cavity（成体の口腔）が出現する（126頁も参照）．

このような発生経過のさなかに，口腔内の外，内胚葉上皮からそれぞれの部位で特有な器官発生が始まっており，なお，その内層を占める間葉からも，しだいに骨格その他の支持組織，筋，脈管等が分化してくる．

2．舌の発生

一次口腔底正中位で両側下顎隆起（第一鰓弓の一部）の会合部の直後に**正中舌芽**[2] median tongue bud（図 11-5 の2）が現われ，つづいてその両側に［前］**外側舌隆起**[3] distal tongue swelling（1）が発達する（豚胚子9mm）．外側舌隆起は発達が早く，たちまちのうちに正中舌芽をと

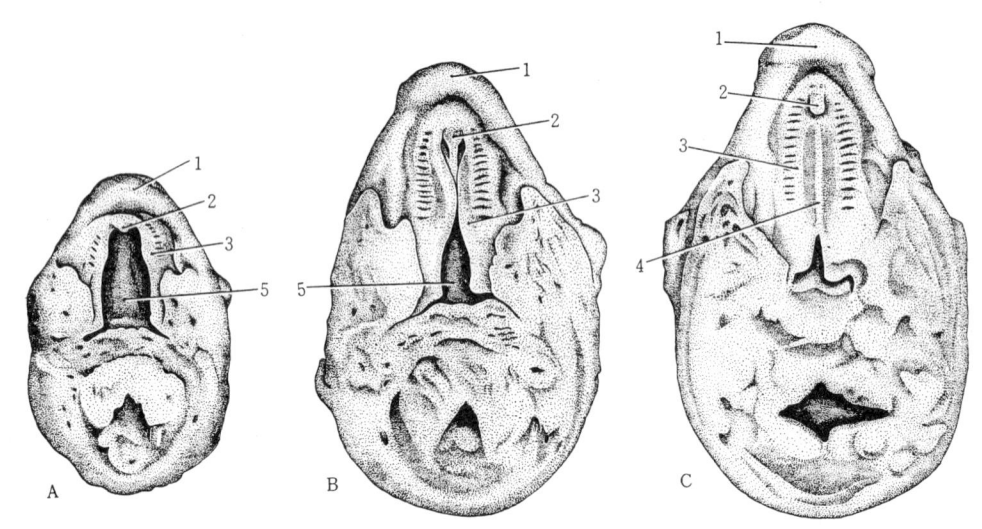

図11-4　豚の口蓋形成，腹面から見る（PATTEN の写真から模写）
A．胎齢20.5mm，B．同，26.5mm，C．同，29.5mm
1．上皮堤（上顎）　2．正中口蓋突起　3．外側口蓋突起　4．口蓋縫線　5．鼻中隔の原基

---

1) premaxillary palate ともいう．
2) 無対舌結節 tuberculum impar ともいう．
3) anterolateral lingual swelling ともいう．

り入れた形のものとなり，将来の舌体の部分ができ上がる（B，C図）．この部分はさらに前方にも伸び出して舌尖をつくり，一時は口裂の外に進出するほどの勢いを示すが（図11-2，Cの9），後に上，下顎が発達してくるので再び口腔内に収められる．この部分と次の結合節との境界が**分界溝** terminal grooveで（兎で殊に明らか），ここが，外，内胚葉の境界線を示す．

以上の要素で作られた舌体の原基の後位で第二〜四鰓弓（129頁）の腹側部が合体して**結合節（底鰓節）** copula, connector（3）とよぶ隆起が現われるが，ここが将来の舌根部となる[1]．反芻類家畜・馬・兎などの成体で認められる草食性家畜特有の舌隆起は，舌の発生経過中に舌背全面に隆起して現われるが，間もなく舌尖部の隆起は消えて舌正中溝ができ，隆起は舌背部まで後退して残る．

舌表面にはところどころに上皮と結合組織の増殖が認められ，そこに舌乳頭が発達する．将来味蕾乳頭になるものでは，その乳頭上皮がところどころで集団的に細胞が長く延びて**味蕾** taste budの原基が現われ，周囲の重層上皮層と区別される．味蕾には舌咽神経線維が延びて連絡する．有郭乳頭は分界溝の前位に発生し，特に反芻類家畜の胚子でV字形に明らかな配列を示す．

鶏 鶏胚子の舌の形成も上記の家畜の場合と大差がない．嘴の形に対応するように舌の外形は長三角形になる．家畜の胚子と違う点は，正中舌芽と外側舌隆起からなる舌の前半では既に上皮層が重層状に厚くなり，しかも角化が早くも始まり（孵卵8日），舌が硬化してくる．これに反して，結合節の部分では，上皮層が薄く，この状態がなお続く．

3. 口唇または嘴の発生

家畜の胚子（豚胚子20〜30mm）で口裂縁は始めは外胚葉で被われた単純な隆起状の縁だが，間もなく縁に沿って上，下顎に弓状に上皮堤が肥厚し

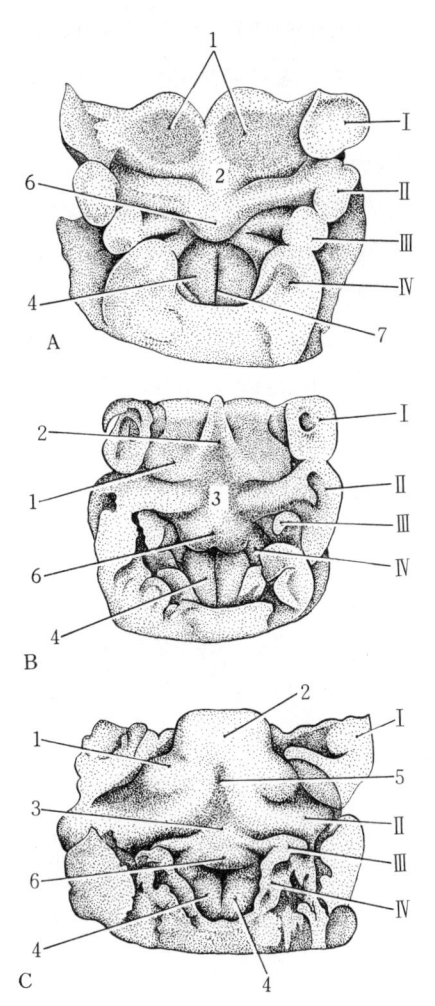

図11-5 豚の舌の発生（PRENTISS，模写）
A. 胎齢7mm，B. 同，9mm，C. 同，13mm 口腔底から見る．A〜Cの順に進行
I〜IV. 第一〜四鰓弓　1. 外側舌隆起　2. 正中舌芽　3. 結合節　4. 披裂隆起　5. 甲状舌管の近位端　6. 喉頭蓋隆起　7. 喉頭裂

---
[1] 舌はこのように第一〜四鰓弓の合体で成立するから，4種の脳神経の分布を受ける．すなわち，三叉神経（舌神経），顔面神経（鼓索神経），舌咽神経（舌枝），迷走神経である．

（図11-4の1），これが間葉中に沈下して**唇歯肉堤**[1]labiogingival bandとなり，これも間もなく外，内側堤の2部に分かれる．外側は**口唇**lipとなり，後位に頬ができ，内側との間の**唇歯肉溝**labiogingival groove（図11-7の7）が深まるにつれて上，下顎ともに**口腔前庭**vestibuleが明らかになる．内側堤では上皮層がいよいよ厚さを増して内方の結合組織に入りこんで**歯堤**dental laminaをつくる[2]．

　鶏　口唇の形成は哺乳類の特徴であるから鶏（鳥類）では認められない．しかし，鶏胚子（6日）でも，家畜の場合と同じに口裂縁に唇歯肉堤が現われ，外，内側堤に分かれる．外側堤は家畜では口唇になるものだが，鶏胚子では上皮の角質化が始まり（10日），上，下顎ともに嘴の形成が認められる．この頃にはすでに上嘴の先に角質化した**破殻歯**[3]egg toothも出現するが（図11-6の1），孵化後は速やかに退化消失する．内側堤は間葉（結合組織）中に埋没する．おそらく，これが家畜の胚子の歯堤のはじまりか，またはエナメル器の一次的出現と思われるが，嘴の角質化が始まるころには歯堤と思われるものも消失する．

4．歯の発生

　a）**乳歯**deciduous toothの発生　家畜（哺乳類）の歯は外胚葉の合体でできる．

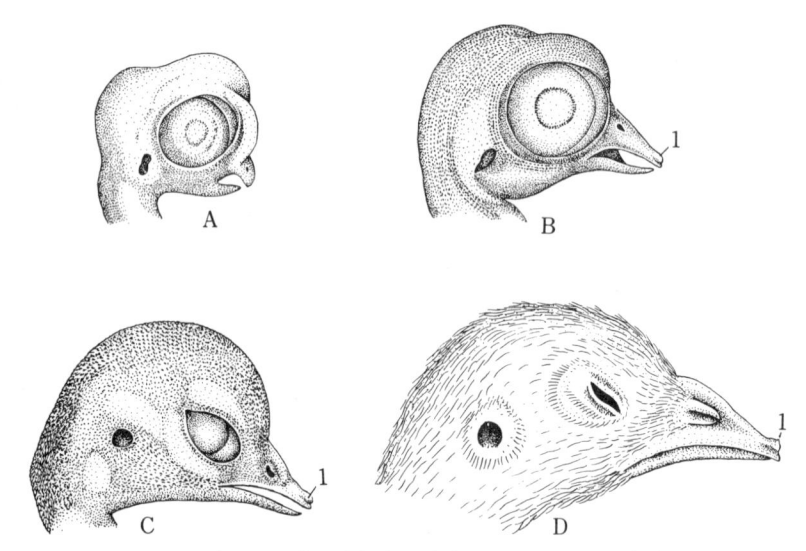

図11-6　鶏胚子の嘴と破殻歯の発生（PORTMAN，一部変える）
　A.孵卵7日　B.同，10日　C.同，12日　D.同，18日
　1.破殻歯

---

1) labio-gingival laminaともいう．
2) 犬胎子で歯堤は12〜16mm（25日）で発現し，乳歯の歯蕾は27mm（32日）で出現する．55日になるとすべての乳歯は石灰化する（Williamsら，1978）．
3) shell breakerとも言われる．鳥類や爬虫類の孵化前後の胚子に見られる特有の器官で，孵化の際，卵殻を破るのに使用される．爬虫類でよく発達し，ことにワニの破殻歯は真正歯である．新編 家畜比較解剖図説，上巻214頁参照．

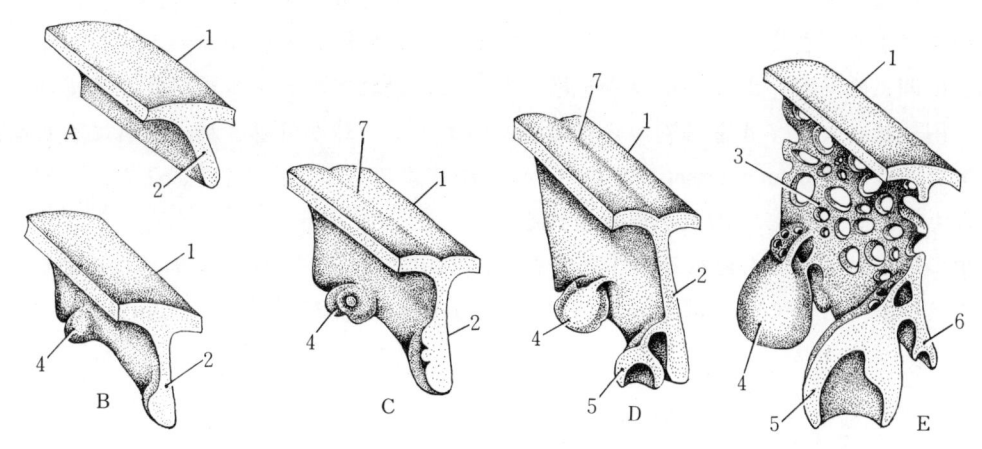

図11-7 乳歯の発生を示す模式図（AREY，模写）
A〜Eの順に進行
1. 唇歯肉堤　2. 歯堤　3. 多孔性となって退化する歯堤　4. エナメル芽　5. 乳歯のエナメル器　6. 永久歯のエナメル器　7. 唇歯肉溝

　前項で歯堤（図11-7の2）の出現を説明したが，顎縁に沿って弓状に一時的に堤をつくった外胚葉上皮は，たちまちのうちに下層の中胚葉間葉中に壁をつくって沈む．壁は部分的に外胚葉上皮の集塊をつくり，これをエナメル芽 enamel bud（4）といい，上，下顎とも各家畜の歯数だけ作られる[1]．歯堤はエナメル芽を口腔上皮と結ぶ部分を残して退化する．エナメル芽は歯のエナメル質を分泌する**エナメル器** enamel organ（5）の原基となる．

　エナメル器は外胚葉上皮が帽子状に重層をつくったもので内層は**内エナメル上皮** inner enamel epithelium で1層の円柱上皮が整然と配列しており，この層からエナメル質が分泌されるので**エナメル芽細胞** ameloblast（図11-8の6）と言う，外層も1層の単層立方上皮からなる**外エナメル上皮** outer enamel epithelium（5）で，両者の中間層は厚く，上皮が網目状に重層配列を示す**エナメル髄** enamel reticulum（7）を作る．エナメル器が完成する頃には，これと口腔上皮を結んでいた残りの歯堤も退化するので，エナメル器は間葉中に独立する．しかしエナメル器に近い歯堤の部分からはそれ以前に分枝が見られ，枝先には永久歯のエナメル芽がまだ細胞の小集団として残されているのが認められる（図11-7，Eの6，図11-8のBの14）．

　エナメル器で囲まれた間葉の部分には間葉細胞が集まり血管，神経を伴って**歯乳頭** dental papilla（8）がつくられ，これとエナメル芽細胞との接触面では乳頭側に1層に規則正しく配置された円柱上皮の列が認められ，その1つ1つを**ゾウゲ芽細胞** odontoblast（11）とよび，この層をゾウゲ層と称する．

---

[1] 反芻類家畜のように上顎に切歯のないものでも，その部分に一時的にエナメル芽が現われてから消失する．

歯の硬組織の発生は，まずゾウゲ芽細胞から**ゾウゲ前質** predentin が分泌され，ここに石灰塩が沈着することで始まる．このようにして，**ゾウゲ質** dentin, ivory (10) はエナメル芽細胞との間に作られ，しだいに厚さを増し，これに遅れてエナメル質形成が始まる．すなわち，円柱状のエナメル芽細胞から有機質性のエナメル球が分泌され，これに石灰塩が沈着し**エナメル小柱** enamel prism となり，互いに隣接するものと結合し[1]，また，下層のゾウゲ質とも緊密に合体して歯冠が形成される．

　歯根の形成はもっとも遅れる．外エナメル上皮が内エナメル上皮（エナメル芽細胞の続きでエナメル質を分泌しない部分）に移行する部分を**歯根上皮鞘** epithelial root sheath (15) と

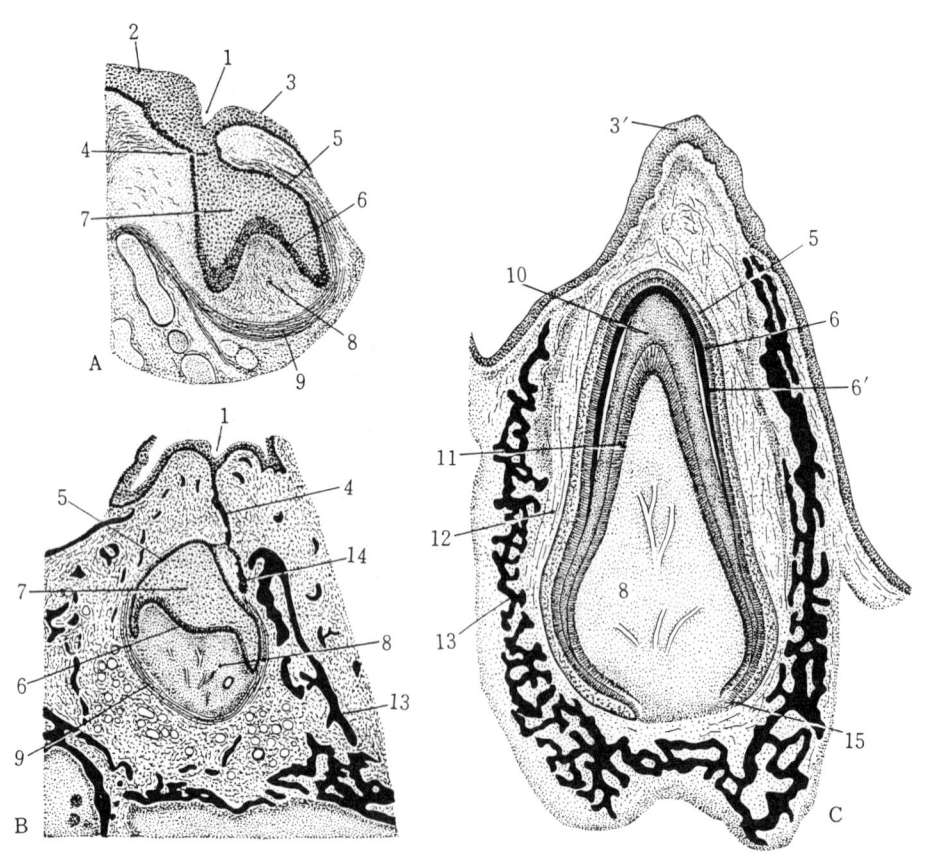

図11-8　牛・犬および人の乳歯発生（BONNET，模写）
A. 牛胎子　B. 人（胎齢5ヵ月）　C. 犬（新生子，エナメル髄が退化している）
1. 唇歯肉溝　2. 口腔上皮外側堤（唇となる）　3. 同，内側堤（歯肉となる）　3′. 口腔上皮　4. 歯堤　5. 外エナメル上皮　6. 内エナメル上皮（エナメル芽細胞層）　6′. エナメル質　7. エナメル髄　8. 歯乳頭　9, 12. 歯小囊　10. ゾウゲ質　11. ゾウゲ芽細胞の層　13. 骨化しつつある顎骨　14. 永久歯の原基　15. 歯根上皮鞘

---

[1] エナメル質の分泌にはエナメル器のエナメル髄の細胞の働きが重要らしく，分泌が衰えるとこの層は退化する．新生歯の表面を被う**歯小皮** dental cuticle はエナメル器の上皮の退化したものである．

いって，歯冠が上方に延びるにつれ，歯根上皮鞘は顎縁の間葉中を下に延び，これに接する歯乳頭も下に延び，ゾウゲ質が分泌され，歯根がつくられる．歯根の多い歯では歯根上皮鞘があらかじめその数だけ分枝する．

エナメル器の周囲は間葉細胞が集結して**歯小嚢** dental sac (9) とよばれる．歯が生え出すときには，歯冠を被う歯小嚢の部分は破れるが，歯根部では歯根上皮鞘を囲んで残る．歯小嚢の最内層は**骨芽細胞層** osteoblast layer で，歯根上皮鞘に接触し，歯根上皮鞘が破壊されると，その内側の歯根部のゾウゲ質の表面に**セメント質**[1] cement が分泌され堆積する．歯小嚢の外層は歯根膜となる．

その頃，さらにその周縁には間葉細胞の集結が見られ，やがてこれから上顎骨，下顎骨，切歯骨などの**歯槽** alveolus が作られる．

b）**永久歯** permanent tooth の発生　二代性歯の永久歯では，その乳歯の発生が進展している間に早くも歯堤の後端から枝が出て，小さなエナメル芽がつくられる（図11-8，Bの14）．その発生の様式は上記の乳歯の場合と全く同じである．

乳歯のない一代性歯（例えば家畜の後臼歯）の場合は，最後位の乳歯（最後の乳前臼歯）の歯堤を足がかりとして，その後方（咽頭の方向）に歯堤から上皮索が延び，永久歯のエナメル芽が飛石状にこれに結びついて間葉組織内に沈下して，萌出の時期を待つ．

c）**特殊な形の歯の発生**　前項で説明の対象となった歯は，豚・犬・人の歯のように歯冠全面がすべてエナメル質で被われた一般的な**丘陵歯** bunodont についてであった．

しかし，雄豚の犬歯（牙）や兎の大切歯のように絶えず成長を続ける特殊の歯では歯根や歯根尖がつくられない．このような歯ではエナメル器に続く歯根上皮鞘が退化しないで，歯冠の側壁と平行に歯肉中を奥深く伸長する．これに応じて歯乳頭もエナメル器も奥に延び，ゾウゲ質も引き続き分泌され，形成される．このため歯は全体に稜柱形または円柱形となり，歯髄腔が広く中に含まれる．歯髄の量も多く，その結果，歯は絶えず生長を続ける．

また，馬の歯のすべて，反芻類家畜や兎の臼歯は解剖学で説明されているように，咬合面にエナメル質がそれぞれ特有のヒダをつくり，その間にゾウゲ質やセメント質が裸出する独特の**月状歯** solenodont であるが，発生過程でエナメル器にまずこれに応じたヒダがつくられ[2]，または分離して複雑な形態のものとなり，この間をゾウゲ質やセメント質が埋めている．歯根上皮鞘も歯冠部側壁と平行に歯肉の奥に延びつづけるので歯は稜柱状であり，咬合面の摩滅に応じて絶えず上方に伸び続けるから，歯の成長の盛んな若年期にはこの状態が続く．

鶏　家禽には歯がないが，歯堤は一時的に出現する（122頁）．

---

1) 骨と似た組織で層板を認める．セメント質は出産後分泌される．
2) 豚の犬歯で縦溝状のエナメル質，兎の大切歯の前面のエナメル層，反芻類家畜・馬の臼歯の半月状のエナメルヒダなど，特有のエナメル質の配置もエナメル器がこれに応じた形をとるためである．

5. 口蓋の発生

「口腔の成立」の項で既に一部説明したように（119頁），一次口腔内にあって両側上顎隆起の内側から外側口蓋突起が内側に向かって延び出して二次口蓋が作られる（図11-4）．初め口蓋突起は水平に延びずにむしろ舌側に沿って下方に向かい（図11-9, Aの1），後に舌が沈下するにしたがい下方から向きを変えて水平位をとり，対側のものと正中線で結合する（図11-9のB）．結合はまず外側口蓋突起の前縁が正中口蓋突起後縁と結合し，次に両側口蓋突起の内縁が相互に口腔の正中線に接近し，結合は前方からしだいに後方に波及する．この結合線が成体でみられる**口蓋縫線**[1] palatine raphe（図11-9, Bの4）である．この頃，背側の鼻中隔（3）もその下端が延びて口蓋の鼻腔面と結合するから，ここに至って初めて二次口蓋を介して成体にみられる左右の二次鼻腔と1つの二次口腔（Bの6）が完成する．

口蓋は前部の大部分で後日に頭蓋骨の基盤（切歯骨および上顎骨口蓋突起，口蓋骨水平板）がつくられて**硬口蓋** hard palate とよばれ，残りの後部が**軟口蓋** soft palate となる．

家禽でも口蓋堤が一次口腔で両側から正中線に向かって伸展する経過が認められ（鶏胚子8日），孵卵11日に両縁が会合するが，前端を除いて結合しないで裂隙状の後鼻孔として残る．

6. 口腔腺の発生

口腔上皮（外胚葉）が索状に増殖伸展して間葉中に入って腺原基となり，分枝を重ねて終末部に終わる．初め上皮索は充実しているが，後に内腔を生じて導管となり，腔は終末部に達して腺房を作る．このような腺の発生経過は口腔腺に限らず，すべての外分泌腺に共通する様式である．

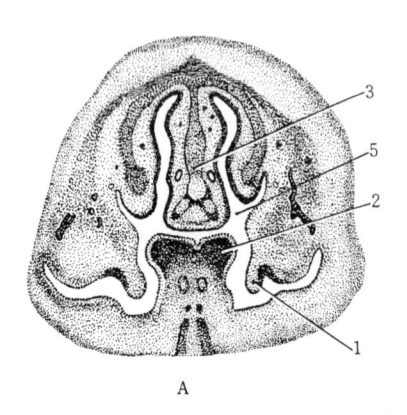

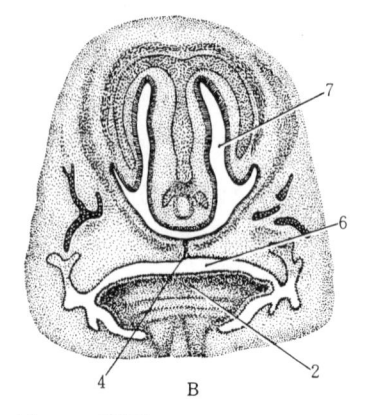

図11-9　二次口蓋の発生（AREY，模写）
A～Bの順に進行
1. 外側口蓋突起　2. 舌　3. 鼻中隔　4. 口蓋縫線　5. 一次口腔　6. 二次口腔　7. 鼻腔

---

1) 口蓋縫線の結合が不完全な場合には**顎骨口蓋分裂** Gnathopalatoschisis（俗に狼咽）とよぶ奇形ができ，子牛にその例が多い．

大型の口腔（唾液）腺では，上皮索の原基が最初に出現する部位から遠く離れ，大きな腺体が構成される．例えば，耳下腺は口窩の口角近くの外胚葉上皮から原基が出現し，その長い上皮索は将来の耳下腺管となり，下顎腺や単孔舌下腺も，舌尖下方の口腔底上皮から，まず，索状の長い導管の原基が発生する．

その他の小口腔腺でもそれぞれの部位で上皮索で発生して，その付近の間葉中に沈下して腺体が作られる．

7. 下垂体の発生

口咽頭膜直前の**下垂体嚢**[1] hypophyseal pouch（図11-10の4および119頁）が**腺下垂体** adenohypophysis の原基で，口腔外胚葉としてはここが終端で，直後には口咽頭膜を介して直ちに前腸端に当たる内胚葉性の**シーセル嚢** Seesel's pocket (3) が控えている．

下垂体嚢は間葉中を間脳底に向かって延び，間脳壁から突出する**漏斗部** infundibulum (5)（**神経下垂体** neurohypophysis の原基）と接触し，間もなく下垂体嚢と口腔上皮を結ぶ柄（図11-11の9）が切れて退化するので，嚢は全く間葉中に孤立し，漏斗と協力して次第に下垂体としての形ができ上がる[2]．

下垂体嚢腔を介して嚢の前壁は細胞が厚く増殖して，この部分から後日**末端部（前葉）** pars

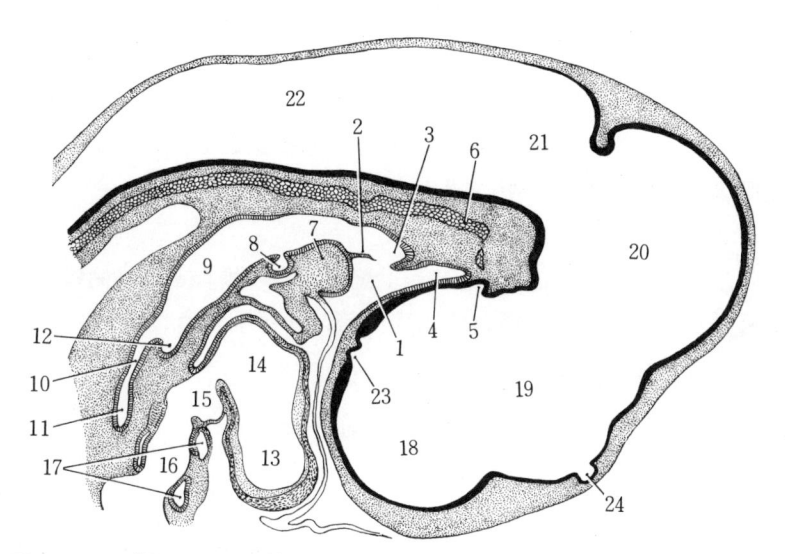

図11-10 鶏胚子（39体節，およそ3.5日）の矢状断を示す（LILLIE，模写）
1. 口窩　2. 口咽頭膜（破れた直後）　3. シーセル嚢　4. 下垂体嚢　5. 間脳漏斗（神経下垂体原基）　6. 脊索　7. 下顎隆起　8. 甲状腺原基　9. 咽頭　10. 食道　11. 胃　12. 気管（呼吸器原基）　13. 心室　14. 心房　15. 静脈洞　16. 静脈管　17. 肝臓　18. 終脳　19. 間脳　20. 中脳　21. 後脳　22. 髄脳　23. 視交叉陥凹　24. 松果体原基

---

[1] Rathke嚢（Rathke's pocket）ともいう．
[2] 柄が退化しきれずに，鼻中隔と咽頭扁桃の間に挟まれて遺残しているものを**下垂体咽頭部** pharyngeal hypophysis（図11-11Cの9）と言う．漏斗部は正中隆起 median eminence としばしば同義的に用いられる．

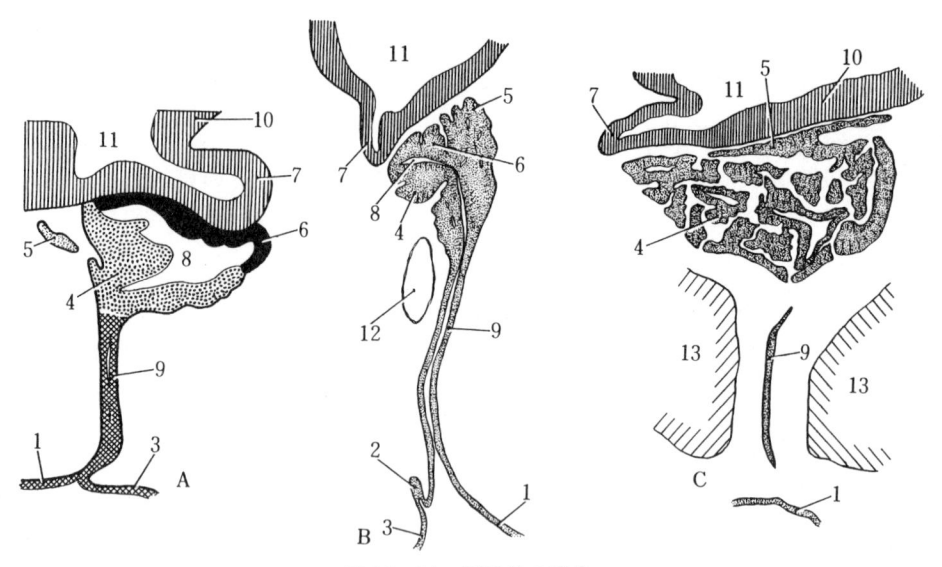

図11-11 下垂体の発生
A. 猫（HARRIS，模写） B, C. 鶏，Bは孵卵7日，Cは孵卵12日
1. 口腔上皮（外胚葉） 2. シーセル嚢 3. 咽頭上皮（内胚葉） 4. 腺下垂体原基 5. 隆起部原基 6. 中間部原基
7. 漏斗 8. 下垂体腔 9. 柄（下垂体咽頭部） 10. 間脳壁 11. 第三脳室 12. 内頸動脈 13. 蝶形骨

distalis（図11-11の4）と**隆起部** pars tuberalis（5）ができるが，後壁の発達はわるく**中間部** pars intermedia（6）となる．嚢腔は成体でも**下垂体腔**（8）として残り，末端部と中間部の境界を示し，豚・反芻類・犬などで明らかに認められるが，馬や人では消失するか部分的にわずかに認められる[1),2)]．

家　禽　鶏胚子での下垂体の発生の方式も上記の家畜の場合とほぼ同様ではあるが，下垂体腔が早々と消失し，中間部も組織学的に他の腺部と区別がつけ難いので，見かけ上からは欠いているように見える（図11-11，B，C）．

第3節　鰓腸の分化

口窩に続く前腸の部分は左右に広くなり，将来咽頭ができるところで，これより後方で後腸に至るまで腸壁は内胚葉性上皮で被われる．前腸が**鰓腸** branchial intestine とも言われるのは腸壁面の前側面に左右有対に現われる**咽頭嚢（鰓嚢）** pharyngeal pouch（図11-12の1～5）

---

1) 馬の下垂体の胎生発達と血管分布については Vitums（1977，1978）の業績参照．
2) 免疫組織学的研究によると豚胎子下垂体末端部で30日以前にはホルモン含有細胞はまだ出現しない．最初に反応するのは ACTH 細胞で40日，以後 GH 細胞，LH 細胞（ともに60日），PRL 細胞（105日）となる．下垂体嚢に対面する特別区域の細胞索がこれら細胞型に分化する可能性がある（佐々木ら，1992）．犬で Rathke 嚢壁の各部の上皮は胎生25日で末端部の特異的領域に分化し始め，成体下垂体に見られる構造的配置は38日までに完了する．末端部の周辺部は前壁と後壁から作られ，最初に30日で ACTH 細胞が，38日で GH 細胞と LH 細胞が出現し，52日になるとこれら細胞は末端部の全域に分散する（佐々木ら，1998）．

があり，これに対応して体表から外胚葉が陥没して**鰓溝** branchial grooves〔Ⅰ～Ⅳ〕(6) が現われ，ここには内，外胚葉が接触して薄い**鰓膜** branchial membrane がつくられる．前後の鰓膜の間が**鰓弓** branchial arch[1] Ⅰ～Ⅴであって5対認められ（Ⅰ～Ⅴ），頭方から第一鰓弓（顎骨弓）[2]，第二鰓弓（舌骨弓）[3]，第三～五鰓弓とよばれ，主体は中胚葉（軟骨）からなり，上記のように外側が外胚葉，内側が内胚葉上皮で被われる．但し，第五鰓弓は著しく退化している．

　魚類のような水生脊椎動物では鰓膜が破れて**鰓裂** branchial cleft が作られ，鰓腸と外界の交通が開け，水呼吸器である鰓の原基となる．しかし，陸生の脊椎動物ではその必要がなく，空気呼吸のための肺が出現するから[4]，鰓の原基としての鰓弓は痕跡器官に過ぎず，家禽の胚子では鰓裂が現われても（鶏胚3～4日）一時的現象にとどまり（図11-13の1），家畜（哺乳類）ではその発生経過中に鰓膜は現われても鰓裂にまで至らない．しかし，そこの上皮は別の意味で有用な器官に分化する．すなわち，口腔の成立（119頁）の項で示した他に，鰓腸の上皮からは耳管のような中耳に分化する他に，多くの内分泌腺または腺様器官が発生するので，それらの器官は一括して**鰓溝性器官** branchiogenous organs とよばれる．詳細は解剖学や組織学で扱われているので，ここでは簡単に説明する．

1. 耳管および鼓室の発生

　第一鰓膜 first branchial (visceral) membrane (Ⅰ) の内，外胚葉接触部の間に中胚葉が進出して内胚葉上皮層が**第一咽頭嚢** first pharyngeal pouch (Ⅰ) 底から離れ，背部に盲管状に進出してまず**耳管鼓室陥凹** tubotympanic recess（中耳の原基）がつくられ，遠位端が拡大して**鼓室** tympanic cavity となり，その手前が**耳管** auditory tube（馬では耳管憩室も）で，基部が鰓腸に開く．この開口部が**耳管咽頭口**で左右有対である．これに対応する第一鰓溝の上皮（外胚葉）も胚子の体表側から中耳の方に陥凹し（**一次外耳道**），結局において鼓室側の内胚葉と接触を果たし，その間に少量の中胚葉を挟んで**鼓膜** tympanic membrane ができる．

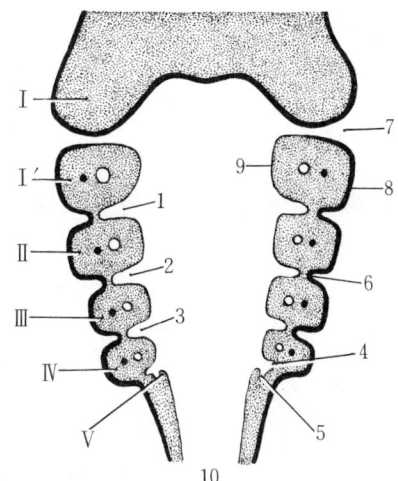

　鶏でも，耳管は第一鰓裂とその付近の鰓腸上皮から

図11-12　鰓腸（模式図）
Ⅰ. 第一鰓弓（上顎隆起）　Ⅰ'. 同，下顎隆起　Ⅱ～Ⅴ. 第二～五鰓弓　1～5. 第一～五咽頭嚢　6. 鰓溝　7. 口裂　8. 外胚葉　9. 内胚葉　10. 食道

[1) 内臓頭蓋 visceral cranium (viscerocranium) ともいう．
2) 顎骨弓は上顎隆起と下顎隆起からなる（119頁）．
3) 舌骨弓から舌骨小枝がつくられる．
4) 両生類の有尾目の中には終生鰓を持って水呼吸するものもあるが，無尾目のカエルのように水生時代の幼生（オタマジャクシ）は鰓呼吸で，変態後は肺呼吸にかわるものが多い．

できる．第一鰓裂は孵卵4日目に閉鎖し，家畜の場合と同じ様式で，外胚葉から離れた内胚葉により耳管鼓室陥凹がつくられる．家畜と違うのは，耳管が発生過程で左右のものが合一し，共通の1管として口腔背壁正中位で裂隙状の1個の耳管咽頭口に開口する．

2．鰓溝性器官

甲状腺 thyroid gland 舌の発生の際現われた正中舌芽（120頁）直後で，鰓腸腹壁正中位の上皮（内胚葉）から発生する（牛胚子7 mm）（図11-5の5）．まず，この部の上皮が索状に中胚葉中に入って**甲状舌管** thyroglossal duct（図11-14の1）となり，遠位端で**甲状腺憩室**[1]) thyroid diverticulum とよぶ上皮塊をつくって甲状腺原基がつくられるが，甲状舌管は鰓腸上皮と連絡を断って退化する[2])．甲状腺憩室は中央でくびれた峡部を介して左右の両葉に引き離されて甲状腺となる．両葉を結ぶ峡部は牛・豚では腺実質として成体でも認められるし，ことに豚では峡部は**錐体葉** pyramidal lobe としてむしろ両葉よりも幅広く発達する．他の家畜では峡部は索状の結合組織としてわずかに残るか，消失する．

鶏でも家畜とほぼ同様にして甲状腺の発生が行なわれ（図11-10の8），甲状舌管は孵卵4日で鰓腸上皮と連絡がたたれ，孵卵7日には左右両葉に分かれ，峡部が消えて独立する．甲状腺原基は胚子の頚部が長くなるにつれて気管に沿って後退し，胸郭に近く総頚動脈と鎖骨下動脈の分岐部に位置する．孵卵10日ですでに甲状腺小胞中に膠質 colloid を認める．

口蓋扁桃 palatine tonsil 第二咽頭嚢の上皮（内胚葉）が陥凹して（図11-14Aの3），扁桃洞をつくることによる．増殖した上皮索にやがて内腔を生じ，**扁桃小窩** tonsillar fossula が現われる．これを囲むリンパ細胞は勿論間葉起原である．

胸腺 thymus 大部分が第三咽頭嚢上皮（内胚葉）で，一部に第四咽頭嚢上皮の原基が合体したもので（図11-14の5）これにより胸腺の**細網細胞**と**胸腺小体**（HASSALL）が作られる．豚では外胚葉起原（第三咽頭嚢の鰓溝上皮）の原基も混じる．細網を埋めるリンパ細胞は上記の場合と同様に間葉起原である．鶏の胸腺の発生も家畜の場合と大体において同様である．

上皮小体 parathyroid gland 第三，四咽頭嚢上皮（内胚葉）よりそれぞれ起こり（4），これより分離して2対の充実した内胚葉細胞塊の原基となる．原基はさらに分離して数個に増す場合が多い．原基のあるものは内側の甲状腺に接近し，しばしばその実質

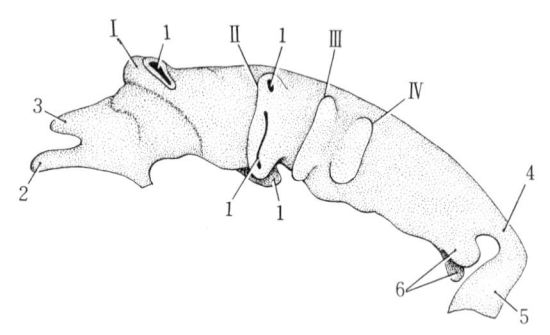

図11-13 鶏胚子（3日）の前腸側面
（KASTSCHENKO，模写）
1．鰓裂　2．下垂体嚢　3．シーセル嚢　4．食道
5．胃　6．気管支原基　Ⅰ～Ⅳ．第一～四咽頭嚢

---
1) 甲状腺窩ともいう．
2) 成人では浅い窩状の〔舌〕盲孔 blind foramen として，舌背面に認めるが，家畜では見られない．

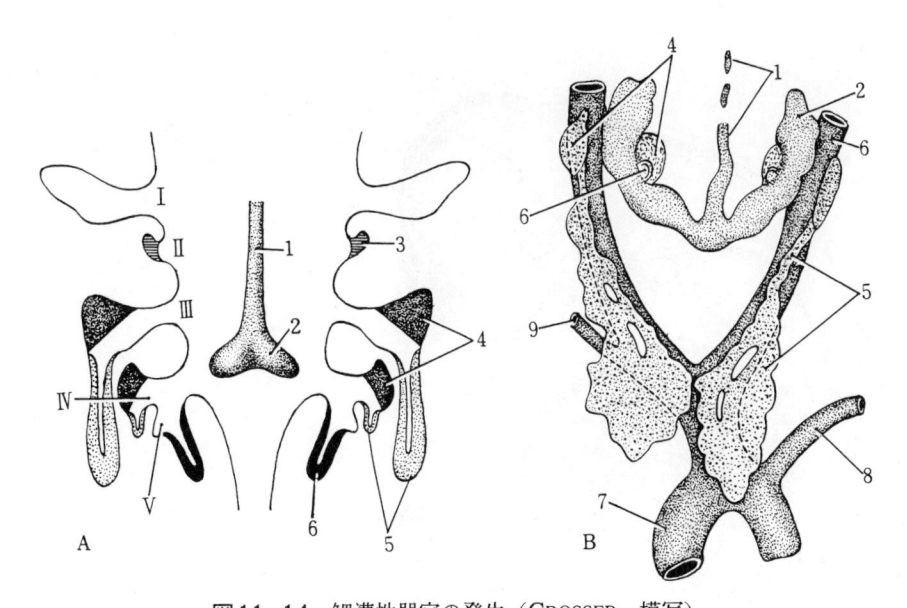

図11-14 鰓溝性器官の発生（GROSSER，模写）
A. 全般の模式図　B. 兎の鰓溝性器官の発生
1. 甲状舌管　2. 甲状腺　3. 扁桃　4. 上皮小体　5. 胸腺　6. 鰓後体　7. 大動脈弓　8，9. 鎖骨下動脈

中に含まれるか，もしくは同一被膜内に収容される．馬では広く頸部の全域にわたってそのどこかで認められる．

　鶏の胚子でも家畜の場合と同じに第三，四咽頭嚢上皮からそれぞれ発生し，原基は内後方に進出して甲状腺の後端に近く位置する．

　鰓後体 ultimobranchial body 第五咽頭嚢上皮から発生する（6）．その経過中に甲状腺原基に包まれて認められるが間もなく退化する．

　鶏では左側の鰓後体が成鶏でも上皮塊として甲状腺付近に認められることがある．

第4節　食道と胃の発生

1．食道

　前腸先端の幅広い鰓腸に比べると，それに続く尾側の部分は細く狭く（図11-12，11-13），これが食道になる部分だが，この時期の胚子ではまだ頸部が発達しないから，食道の原基はひどく短い．少し遅れて，ここに呼吸器系の最初の部分である喉頭口の原基（**喉頭気管溝** laryngotracheal groove，139頁）が現われるが（豚胚子4 mm），そこが咽頭の後端（すなわち食道の始まり）を示す．喉頭口原基の出現に伴って，それ以後食道はしだいに長さを増してくる（図11-15の11）．食道原基の内胚葉上皮層を囲む間葉細胞もしだいに密度を増して食道粘膜の固有層，筋層，漿膜，外膜などに分化する．

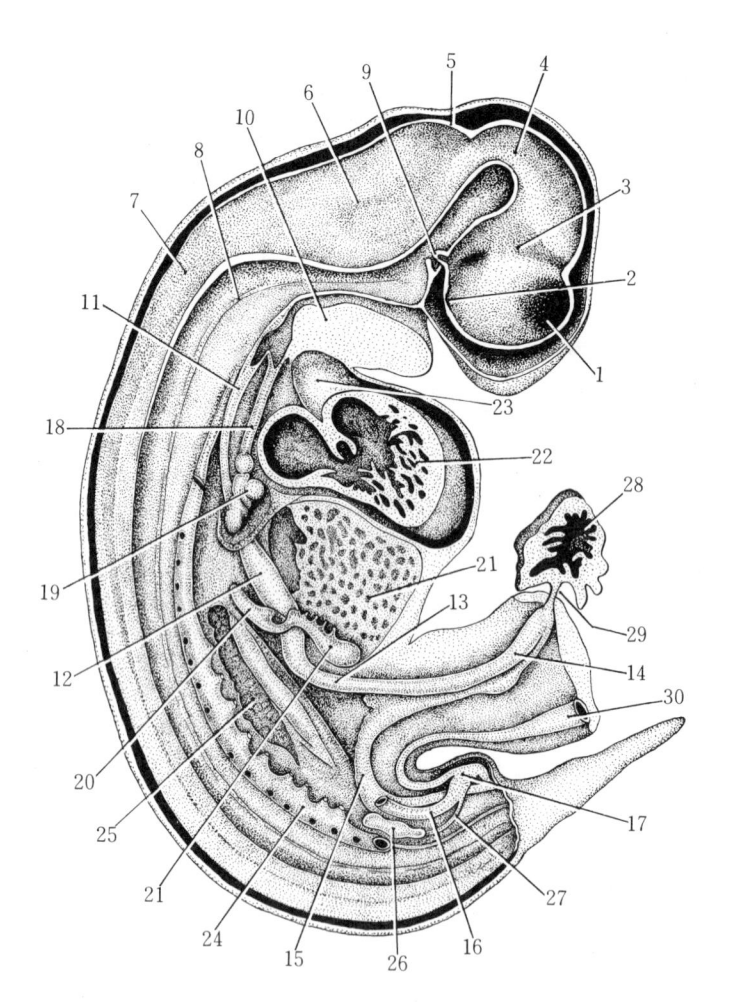

図11-15 消化器, 気管と肺の発生（豚胎子10mm）
（PRENTISS, 模写）

1. 終脳 2. 視交叉陥凹 3. 間脳
4. 中脳 5. 後脳 6. 髄脳 7. 脊髄
8. 脊索 9. 間脳漏斗（神経下垂体原基） 10. 舌根 11. 食道 12. 胃
13. 十二指腸 14. 小腸 15. 結腸
16. 右側中腎管（切断） 17. 尿生殖洞
18. 気管 19. 肺の原基 20. 背側膵 21. 肝臓 22. 心室 23. 動脈幹 24. 背側大動脈 25. 左側中腎
26. 後腎 27. 尿管 28. 卵黄嚢
29. 卵黄嚢茎 30. 尿膜管

　鶏でも家畜の場合とほぼ同様にして食道が発生するが, 注目に値する事項としては, 孵卵8日で食道の頚部尾側端に嗉嚢 crop の原基が早くも紡錘形に膨れて（一般食道の横径の2倍大）出現する.

2. 胃

　食道に続く前腸の終わりの部分は紡錘形に膨れ（豚10mm）, ここに**原始胃** primitive stomach が出現する. 紡錘は他の腸管と同じく初めは胎子の体軸の正中位に位置し, 背端（噴門）がほぼ背位, 腹端（幽門）が腹位を占め, **背, 腹側胃間膜**で体壁に保定され, **背側胃間膜** dorsal mesogastrium 付着縁はやや突隆して**大弯**（図11-16の4）を示し, **腹側胃間膜** ventral mesogastrium 付着縁は軽くくぼんで**小弯**（5）を現わし, 両者によって中央部に将来の胃体を抱いている.

　しかし, 胃はしだいに大きくなりながらも間もなく本来の位置から移動し, 同時に回転

して成体で認められる状態をつくり出す（豚20日）．すなわち，まず長軸を傾斜させて噴門を体軸の左側に，幽門を右側に偏位させる．同時に，胃の長軸を軸として胃体が左後方に半回転するので，胃は逆転してそれまで背位を占めた大弯が左よりの腹位に，腹位の小弯が背位に変わる．また，幽門と中腸との境界は初めはあまり明らかではないが，後になって間葉から幽門括約筋が発生し，発達してくると明らかになる．このような胃の回転に伴って，これと結ばれる背側胃間膜（図11-16の1）は引き伸ばされて陥凹部ができるが，これが将来の**大網** greater omentum（6）の原基であり，陥凹部は**網嚢** omental sac（bursa）（8）となり，嚢への入口が**網嚢孔** epiploic（omental） foramen（7）である．腹側胃間膜は将来の**小網** lesser omentum（9）となる．

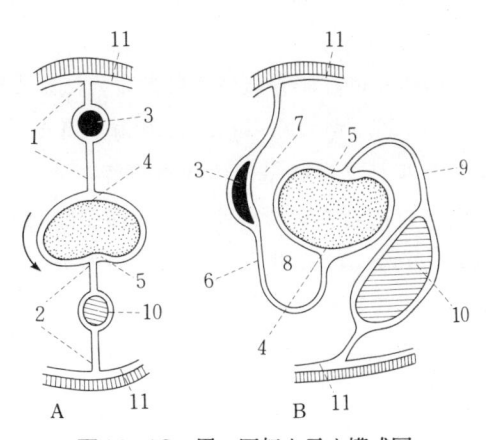

図11-16 胃の回転を示す模式図
Aは回転前，Bは回転後
1. 背および 2. 腹側胃間膜 3. 脾臓 4. 胃の大弯
5. 同，小弯 6. 大網 7. 網嚢孔 8. 網嚢 9. 小網
10. 肝臓 11. 壁側腹膜

　反芻類家畜の複胃の発生も原則的には他の家畜の場合と同様で，初めに単一な紡錘状隆起として現われ（牛5mm），その後に至って紡錘から第一～三胃の原基が突出する．第四胃は他の家畜と同じに発生経過中に回転が行なわれる[1]．

　鶏　胃は腺胃と筋胃の2部からなる．孵卵3～4日の鶏胚子では家畜と同じに胃の原基は紡錘形で，胚子の体軸に沿って位置する．しかし，家畜と違ってその発生経過中に胃の原基が回転するようなことはない．孵卵5日の鶏胚子では噴門部の内胚葉上皮が複合腺を作るのが認められるが，これが腺胃形成の始まりである．孵卵6日になると幽門部に筋胃の原基として小さな盲嚢が突出し，孵卵7日にかけてしだいに大きく膨れ，腺胃の原基との間にくびれが現われ，胃を前後の2部に分ける．筋胃はますます大きくなり，間葉から厚い筋層や腱質が作られる．

第5節　腸の発生

　中腸 midgut は初め広く卵黄嚢に通じるが，付着〔体〕茎が明らかになる頃には卵黄嚢はしぼみ，この時限では全腸管は胚体の長軸に沿って直線的に走る原始腸管で，胚子の体内に収まり，卵黄茎で付着茎を通じて萎縮した卵黄嚢に通じる（76頁）．胃に続く腸管の始まりは，肝臓原基出芽の部分までは胃の続きの背，腹側胃間膜で保定されているが，それよ

---

[1] 牛胎子の場合，初期は第一胃が最も大きいが妊娠後半期になると第四胃が最大となる（浅利ら，1981）．第一胃の乳頭形成は胎生5月頃に始まるが，形成に先行して上皮の重層化，ケラチン保有の経過をたどる（Ariasら，1978；尼崎ら，浅利ら，1981，1988；Markoら，1992）．第四胃の組織発達，すなわち胃小窩と胃腺の分化は妊娠後半期にみられる（浅利ら，1981，1984，1985）．

り尾側は背側胃間膜の続きの**総背側腸間膜** common (dorsal) mesentery によってだけ吊されるようになる．

　この直線的な腸管に最初にあらわれる変化はU字形に**腸の臍ループ** umbilical loop of gut（図11-17の2）がつくられ，この腸の臍ループの頂点に卵黄嚢との連絡部である卵黄茎が開口する．ループは**臍帯**内の胚外体腔に入りこむ（豚10 mm）．卵黄茎を起点にして，それより頭側で胃に至るまでがループの**頭側脚** cranial limb（図11-17の3）で，その反対側が**尾側脚** caudal limb（4）となる．ループの形成によって腸間膜（総背側腸間膜）は長く引き伸ばされる[1]．腸の部分的な屈曲が最初に認められるのはループの頭側脚（B図）で，これによって長さが著しく増し，この部分から将来の**十二指腸，空腸**の大部分ができ上がる（豚24 mm）．

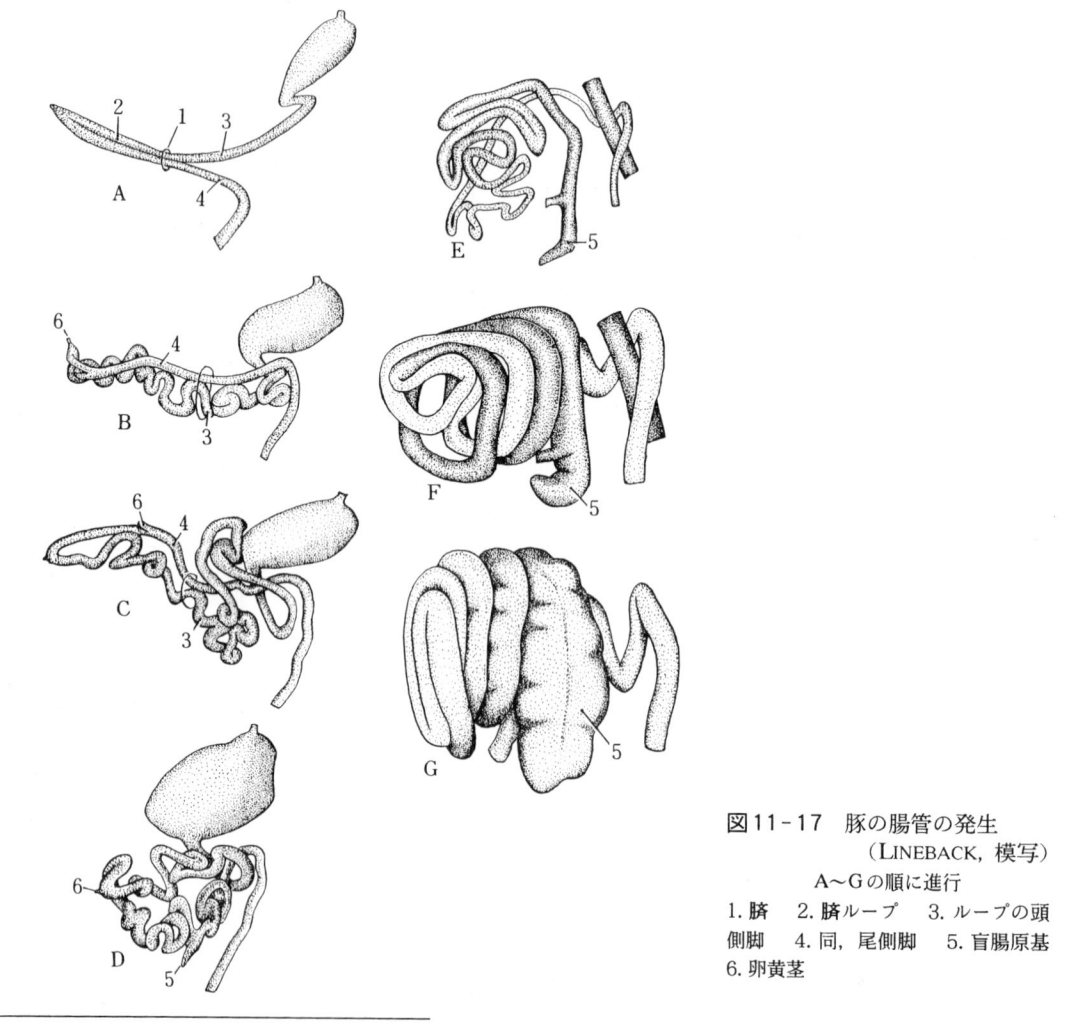

図11-17　豚の腸管の発生
（LINEBACK，模写）
A〜Gの順に進行
1. 臍　2. 臍ループ　3. ループの頭側脚　4. 同，尾側脚　5. 盲腸原基　6. 卵黄茎

---

1) 発生のこの時期には腸管がさかんに伸びるのと，肝臓原基が急速に大きくなることで，腸管を胚子の体腔内に収めきれないので**臍ループ**となって胚子の体腔外に出る（生理的腸ヘルニヤ）が，その後に体腔が拡がるにつれて，体腔内に復帰する．

これに続いて，尾側脚で頂点に近い部分に盲腸の原基として小囊状の突出部が現われるが（D図の5），ここが小腸（中腸）と大腸（後腸）の境界部で，これより頭側にループの頂点を越えて頭側脚に達する部分が回腸であり，反対に残りの尾側脚の部分が**結腸**，**直腸**に分化する．尾側脚の屈曲は頭側脚におくれて起こり（豚35 mm），家畜の種類により特色のある結腸曲を現わす（E～G図）．犬（食肉目）や人（霊長目）で見られる門型を示す結腸型の中で，右腕に当たる上行結腸の部分が，比較発生学的に見て，豚の円錐結腸，反芻類家畜の円盤結腸，馬の重複大結腸の部分と全く相同であるという[1),2)]．

胎子は出産されるまでに，羊水中に含まれた胎子から剥離した体表上皮，胎脂，生毛などを羊水とともに飲みこみ，これらは小腸を経て大腸にためられている．これは**胎便** meconium といって，胆汁色素で着色された糞塊で，生後排出される．

直腸と肛門の連絡についてはすでに説明した（118頁参照）．

鶏 家畜の胎子の場合と同じに腸の**臍ループ**（図11-18 Aの5～7の間）が認められ（孵卵6日），その頂点で卵黄茎（6）と結ばれる．ループは発生の経過に伴い，ループがさらにループを作って著しく屈曲するが（孵卵17日）（図11-18のB），孵卵19日には胚子の体腔内に収まる．ループの尾側脚端に現われる1対の小突起は盲腸の原基で（図11-18の7），こ

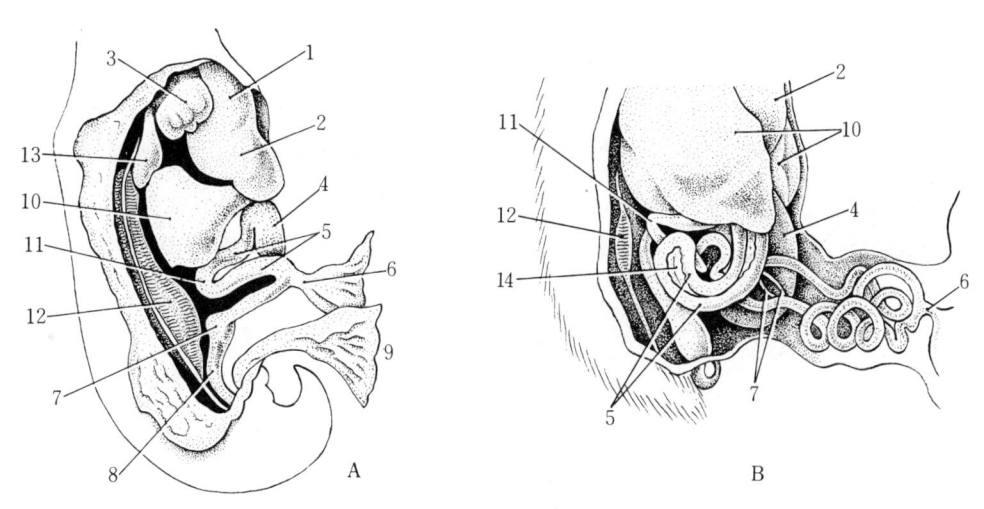

図11-18 鶏胚子の腸管の発生（DUVAL，模写）
A．胚齢6日　B．胚齢17日
1. 動脈球　2. 心室　3. 心房　4. 筋胃　5. 十二指腸ワナ　6. 卵黄茎　7. 盲腸　8. 直腸　9. 尿膜　10. 肝臓
11. 十二指腸空腸曲　12. 中腎　13. 右肺　14. 膵臓

---

1) 3月齢の牛胎子十二指腸粘膜の陰窩と絨毛の上皮中に enterochromaffin 細胞（非内胚葉由来）が出現する．この細胞は胃，腸の筋運動に関係すると考えられている（Totzauer，1991）．
2) 胎生5～6月の牛の大腸全部に絨毛が形成されるが，8～9月になると結腸と直腸から絨毛が消失する．大腸の水分吸収機能は活動していると思われる（浅利ら，1986，1987）．

れより尾側が大腸となるが，特に屈曲しないで排泄腔に向かう．**排泄腔**の発生は既に説明したように（117頁），排泄腔膜が破れて，外胚葉性の**外排泄腔窩** external cloacal pit が直腸や尿生殖管（尿管，精管または卵管）と通じるようになり，窩の出口を外部から見ると括約筋で絞窄されて肛門の形を備えるので，外排泄腔窩は**肛門窩** anal pit, proctodeum と言われる[1]．洞内は円形のヒダでさらに尿生殖管が直接開口する**尿洞** urodeum と，直腸が開く**糞洞** coprodeum に区画される．

第6節 肝臓の発生

胃のすぐ尾側の腸管で，将来十二指腸になる部分の腹側壁に肝臓原基として小さい膨出部が現われ，これを**肝憩室（肝窩）** hepatic diverticulum とよぶ（豚で4mm）．この肝憩室は十二指腸の**原始腹側腸間膜** primitive ventral mesentery（腹側胃間膜の続き）の中で，そこに含まれる間葉組織塊[2]につき入り，頭，尾側にさらに分芽を出す．頭側分芽は盛んに上皮索を伸ばし，これが分枝し，吻合して網目状に拡がり，遠位部が腺，それにつながる近位部が**胆管，肝管**となる．尾側分芽は先端が膨れて**胆嚢**（図11-19の6）となり，もとは狭く**胆嚢管**（7）に分化する（豚胚子18日）．肝憩室はこれらの分芽を結んで十二指腸と連絡する**総胆管**となる（3）．頭側分芽は急速に成長し，その上皮索中には**毛細胆管**が現われ，索と索の間は間葉組織に由来する内皮細胞によって肝臓特有の**洞様血管** sinusoid がつくられる．肝臓はますます成長し，まず横中隔（脚注2および143頁）内を心臓に向かって走る卵黄囊静脈の中に割りこみ，次に**臍静脈**をも取りいれて，一応これらの血管の血液を肝臓内に通過させてから心臓に送りこむ．肝臓はこのようにして既に胎子の時代から物質代謝に関与し，胎盤から母体の栄養分，酸素を多く含んで帰流する胎子の血液を一旦肝臓内で処理して心臓に送りこむ．このため肝細胞自身も栄養にめぐ

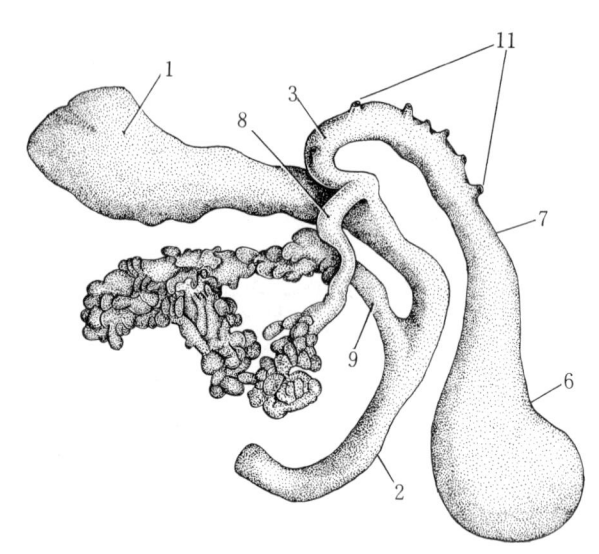

図11-19　豚（胎齢20mm）の肝臓導管と膵臓の発生
　　　　（THYNG，模写）肝臓実質は取り除いてある
1.胃　2.十二指腸　3.総胆管　6.胆嚢　7.胆嚢管　8.腹側膵芽　9.背側膵芽　11.肝臓実質（除いてある）

---

[1] 肛門窩の背壁に開口する**ファブリシウス嚢** bursa of Fabricius（孵卵5日）は鳥類特有の器官で，腺，リンパ組織，造血組織様の器官で，孵化後10週ごろから萎縮する（品種および系統で異なる）．FABRICIUS (1621) によって発見された．最近になって，この嚢は液性抗体生産に関係する重要な器官であることが認められた（図17-8）．
[2] 将来横隔膜の一部となる**横中隔** transverse septum に続く間葉組織塊で，肝臓の腺実質以外の部分の形成に参加する．

まれ，肝臓は胎子の大きさにくらべると大きすぎるほどの器官に発達し，横中隔に収容しきれず，ここを離れて横中隔に接して独立する．成体で見る肝臓と横隔膜を結ぶ〔肝〕冠状ヒダ，〔肝〕鎌状ヒダ coronary and falciform ligaments，三角ヒダ triangular ligament はいずれも胎生時代の発生過程で一時的に原始腹側腸間膜内で横中隔と結ばれていた証拠でもあり，これらの間膜が原始腹側腸間膜の遺残であることを物語っている．

鶏 鶏胚子でも十二指腸の部分で肝憩室が現われ（孵卵3日），家畜の場合と同じにこれより頭，尾側に分芽を出す．これらの分芽が卵黄静脈系を囲んで分枝に分枝を重ね，肝臓の洞様血管に連絡させる経過も，基本的にみて家畜の場合と違わない．尾側分芽は将来肝臓右葉になる部分で，その一部が膨出して胆嚢となり（孵卵5日），胆嚢管を介して総胆管で十二指腸に開く（図11-20の3）．しかし，頭側分芽（肝臓左葉になる）はこれらの胆道とは全く無関係に分芽の近位端にできる**総肝管** common hepatic duct (bile duct)（図11-20の4）で別に十二指腸に通じる[1]．

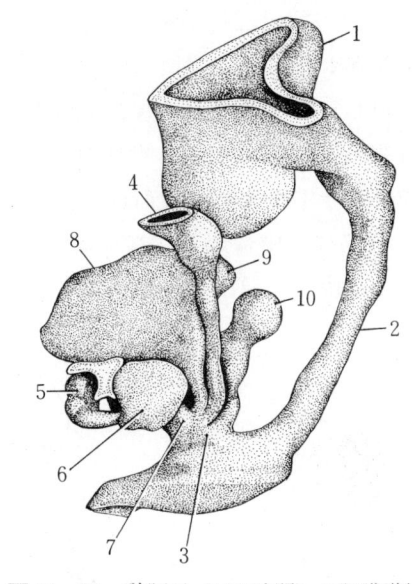

図11-20 鶏胚子（124時間）の肝臓導管と膵臓の発生（BROUHA，模写）
肝臓実質は取り除いてある
1. 筋胃　2. 十二指腸　3. 総胆管　4. 総肝管
5. 肝管　6. 胆嚢　7. 胆嚢管　8. 背側膵芽
9. 右腹側膵芽　10. 左腹側膵芽

第7節　膵臓の発生

　肝臓原基（肝憩室）が出現するのとほとんど同時に膵臓原基の1つも出現する（豚5.5 mm）．これは肝憩室の反対側の十二指腸壁の内胚葉の膨出したもので**背側膵芽** dorsal pancreatic bud（図11-19の9）とよばれる．しかし，膵臓にはこの他にさらに**腹側膵芽** ventral pancreatic bud（8）とよばれる1対の原基があって，背側膵芽よりも少しおくれて肝憩室そのものの起部から分枝する．結局，膵臓はこれら3個の原基の合体によって成立する．但し，家畜（哺乳類）の場合は**腹側膵** ventral pancreas の1つが発生の途中で退化するか，もしくは他の腹側膵に合体するので，結局は**背側膵** dorsal pancreas，**腹側膵**それぞれ1つずつからなり，これらが**総背側腸間膜**の中でさかんに増殖分枝を繰り返し，遠位端がそれぞれ腺房に，その他は導管となる．背，腹側膵は終局において合体して1つの腺になるが，それ以前に別々に発生してきたので，原則としては各自独立した膵管で十二指腸に開口する．この場合，腹側膵

---
[1] しかし，詳細に胆管の分布を追うと，右，左葉のものも発生過程で互いに交通しているので，厳密な意味では完全に分離しているだけではない．

管を**膵管**（または大膵管），背側膵管を**副膵管**（または小膵管）と言う．膵管は総胆管に連絡して共通の開口部をつくるか，または，これと並んで開口するが，副膵管は独立して直接十二指腸に開く．

しかし，解剖学で示されたように，家畜の種類によって必ずしも2本の膵管を備えているとは限らないで，そのいずれか1本だけを持つ場合が多い[1]．このような場合には，発生過程でその1本が失われる前に，すでに背，腹側膵の導管は互いに吻合連絡しているので，膵液の分泌に支障は起こらない．

なお，膵臓の原基が分芽増殖中に，その上皮塊の一部が母地から脱離して点々として膵臓組織の間に散在して認められる．これが**ランゲルハンス島** islets of LANGERHANS の原基で，間葉から多くの毛細血管が分化して上皮塊を取り囲み，しだいに内分泌組織としての形態を整えてゆく．

鶏 鶏（家禽）でも膵臓の発生のはじまりには，家畜の場合と同様に，3個の原基が出現する．しかし，家畜と違って，それらの原基はどれ1つ退化することなしに成体に至るまで存在し，膵管も計3本を認める．

まず孵卵3日の鶏胚子で腸管背壁に内胚葉性の背側膵の原基が膨出し，続いて4日目にはこの原基より頭側の腸管腹側壁にさらに2個の腹側膵芽（図11-20，11-21）が現われ，総計3個の原基が出そろう．背側膵は将来**第三葉**と**脾葉** third and splenic lobe（図11-21の4″，4′）に，右腹側膵（6）は**背葉** dorsal lobe（図11-21の6′）に，左腹側膵（5）は**腹葉** ventral lobe（5′）に分化し，十二指腸ワナが孵卵8日に完成すると，ワナを埋めて（図11-18Bの14）成鶏で見られる膵臓の位置が決定する．各葉は一部で結合するとしても，家畜の膵臓とちがっ

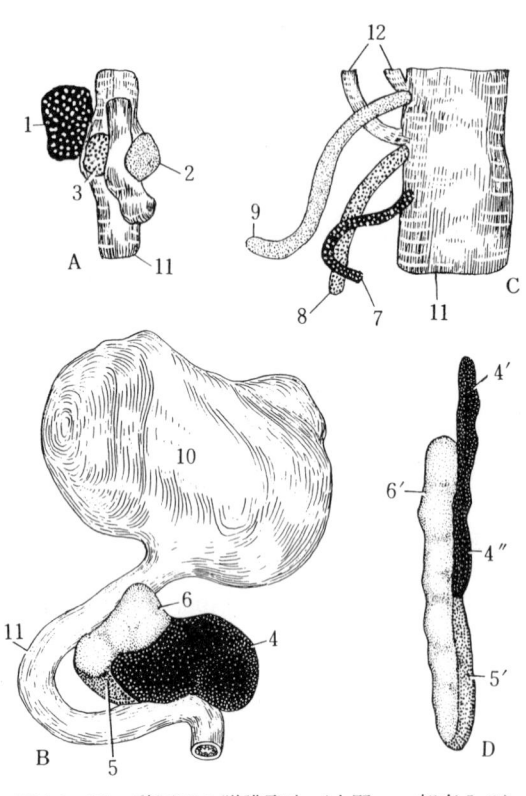

図11-21　鶏胚子の膵臓発生（小野，一部変える）
A. 孵卵4日　B. 同，8日　C. 同，15日（導管だけ示す）
D. 孵化直後，相当する各部は濃淡で示してある
1. 背側膵芽　2. 右および　3. 左腹側膵芽　4. 背側膵
4′. 脾葉　4″. 第三葉　5. 左腹側膵　5′. 腹葉　6. 右腹側膵
6′. 背葉　7. 第三葉膵管　8. 腹葉膵管　9. 背葉膵管
10. 筋胃　11. 小腸　12. 総肝管，総胆管の導管

---

[1] 馬・犬では膵管，副膵管の2本を備えるが，羊・山羊は膵管だけ，牛・豚・兎は副膵管だけをそれぞれ1本持っているにすぎない．

て境界が明らかに認められ，発生学的関連を示している[1]．

　3個の別々の原基から分化した3本の膵管の開口部は，十二指腸ワナが完成した後はその上行部遠位端に近い部位に集中して開口し，ここには総肝管，総胆管の開口部も認められる（図11-21のC）．膵管の中では第三葉膵管（7）が最小で，他の膵管（8，9）から少し離れて十二指腸背側壁に開口する．

　ランゲルハンス島の分化も家畜の場合とほぼ同じであるが，α細胞（血液中の血糖を増すホルモンであるグルカゴン glucagon を分泌する細胞）の集団からなるα島は，背側膵を原基として発達した第三葉と脾葉（4′,4″）に限って認められる[2]．

第12章　呼吸器の発生

　呼吸器の原基の最初の出現は鰓腸（前腸）の尾端に続く前腸の腹側正中位に**喉頭気管溝** laryngo-tracheal groove として現われる（豚胎子4mm）．この溝が深まるにつれてくびれ，ついに鰓腸壁から離れた盲管となる．分離は溝の尾側端から始まり，頭側に波及し，わずかに頭端で鰓腸と管口で連絡する（図11-15の18）．このようにして盲管の尾側端は前腸腹側壁を包む間葉組織中に進出する．すなわち，呼吸器の原基は初めは前腸から枝分かれした内胚葉起原の膨出嚢で，消化器系と緊密な関係を持っている．成体において呼吸器粘膜の上皮と腺が上記の内胚葉から分化発達したもので，その他の組織は中胚葉の間葉から起こるが，その発生様式は消化器系の場合と全く同じである．

　呼吸器系は胎子の発生が進むとともに，はじめ頭側に位置したものがしだいに尾側に引き伸ばされて，成体でみる位置をとるようになる．呼吸器系は解剖学で示されるように，鼻腔，喉頭，気管，気管支および肺からなるが，鼻腔の発生はすでに116，119頁で説明したから，この章では喉頭の発生から始める．

第1節　喉頭と気管の発生

　鰓腸から呼吸器原基への入口である**喉頭気管溝**（将来の喉頭口，131頁）の両側にそれぞれ間葉細胞が密集増殖して**披裂隆起** arytenoid swelling ができ，これが後日に披裂軟骨になる（図11-5の4）．それより少し遅れて披裂隆起の頭側で，舌の原基の一部である**結合節（底鰓節）** copula（121頁）の尾側を左右に走る**喉頭蓋隆起** epiglottic ridge（6）が現われて後の喉頭蓋のもとができる．また，この付近の間葉組織（第四，五咽頭嚢に由来）から甲状軟骨や輪

---

[1] 鶏の完成した膵臓では各葉の解剖学的名称は必ずしも発生学的名称を示していない．例えば，成鶏で背葉とよばれる部分は右腹側膵芽から分化するし，第三葉と脾葉は背側膵芽から起こる．
[2] 小野および見上の報告（1967）．これと同じ状態が犬でも認められる（BENCOSME，LIEPA，1955）．ラ島には他にβ細胞（血糖を減らすインシュリン insulin を分泌する）の集団からなるβ島があって，鶏でもこれは膵臓全般に散在する．

状軟骨が発生してきて，成体で認める喉頭軟骨の組み合わせがしだいに完成してゆくし，これと関連する多くの喉頭筋も姿を現わしてくる．

喉頭原基としての膨出嚢の盲端は**気管原基**[1]で，この部の内胚葉上皮の発育がさかんで，前腸（食道）に沿っていよいよ尾方に伸長し，これを取りまく間葉から気管軟骨や平滑筋が分化する．気管軟骨の出現は喉頭原基に直結する部分から始まり，しだいに尾方に及ぶ．同時に，この直結部の頭方端付近で内胚葉上皮が一時期には内腔が埋められるほどに増殖するが，この時期を過ぎると管腔が再開され，その頃には付近の間葉系の組織と協力して**声帯ヒダ** vocal fold や，家畜によっては**前庭ヒダ**[2] vestibular fold も姿を現わして外側および正中喉頭室 laryngeal ventricle が作られる．

家　禽　鶏胚子でも呼吸器原基の最初の出現様式は家畜と同じで，まず喉頭気管溝が現われ（孵卵72時間），溝の尾側端が盲管となって前腸から分離し（孵卵96時間），溝の頭端が喉頭になる．気管の尾方への伸長は胚子の頚の伸びるに伴い極めて速やかに行なわれ，孵卵6日にはすでに気管原基の盲端に，左，右気管支の原基が1対小嚢状に突出して現われる（図11-13の6）．

家畜の胎子の場合と著しく相違するのは，解剖学で示されるように，発声器は喉頭に作られずに気管分岐部（後喉頭）に**鳴管** syrinx として現われる．鳴管の基礎となる**カンヌキ骨** pessulus は鶏胚子で孵卵11日にすでに周囲の間葉組織をもとにして形成される．鶏胚子で発生過程にあって最初に示される器官の雌雄差（二次性徴）は実にこの鳴管の発達の違いであり，孵卵11日以降ではその差が次第に明らかになり，雄胚子で鳴管は大きく発達する．アヒル（水禽類）の鳴管の鼓室が特殊化した**鼓状胞**[3] bulla tympaniformis なども，孵卵9日にはすでにその原基が現われる．

第2節　気管支と肺の発生

気管原基は前腸腹側に沿って尾方に伸びながらその尾側端の盲嚢から1対の**肺芽** lung bud（図12-1のA1）を出す（豚胎子約20日）．この出芽部が将来の気管分岐部を示している．肺芽は盛んに伸びて周囲の間葉組織中に管状になって入りこみ，その遠位端は球形に膨らんだ盲管で終わる．このように肺芽からほぼ直線状に伸びて主幹を形成したのが成体の**一次気管支** primary bronchus（4）となる．左右の肺芽から発展して形成される幹気管支原基の近位端付近から，さらにその支管となる内胚葉性の膨出嚢がいくつか現われるが，これが葉気管支の原基で，**気管支肺芽** bronchopulmonary buds（3）とよばれ，その数は家畜の種類によ

---

[1] 喉頭気管管 laryngotracheal tube という．
[2] 以前，室ヒダと呼ばれた．
[3] osseous bulla ともいう．

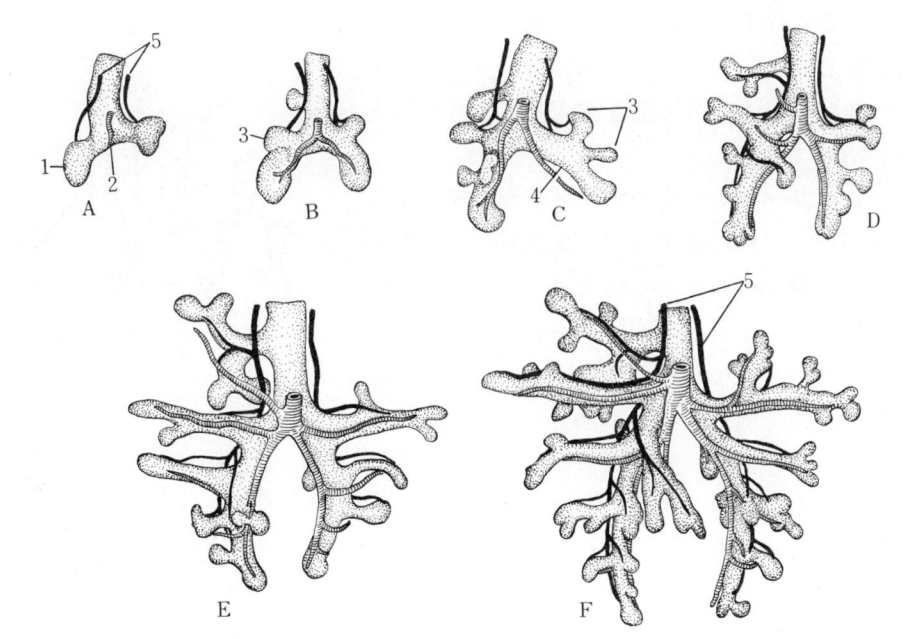

図12-1　気管，気管支および肺の発生（FLINT，模写）
A. 豚胎子，胎齢7.5mm　B. 同，10mm　C. 同，12mm　D. 同，13.5mm　E. 同，15mm　F. 同，18.5mm
1. 肺芽　2. 気管分岐部　3. 気管支肺芽　4. 一次気管支の原基　5. 肺動脈

って多少の違いがあるが[1]，いずれも将来は**前葉気管支，中葉ー，副葉ー**および**後葉ー**となる．

　気管支肺芽の盲端では内胚葉上皮の成長増殖が極めて盛んで，肺芽の伸長と分枝が交互に行なわれ，このようにして分枝に分枝を重ねて**気管支樹**のもとがつくられ，終局においてついにその遠位端で球状に膨れた盲管に終わる．盲管の内胚葉上皮は薄く，ここが将来の**肺胞管**と**肺胞嚢，肺胞**になる[2]．これらに所属する肺胞の外側にはしだいに毛細血管網が発達してくる．これらの脈管や小葉間結合組織は言うまでもなく，肺芽を囲む中胚葉の間葉に由来する．胎子の肺は無気肺であるが，生後最初に外気が肺胞内に進入し，それによって肺胞が膨らむと，それまででも薄かった肺胞上皮は甚だしく薄くなり，呼吸上皮としての役目を果たすのにさらに都合よくなる．

　なお，気管や肺を囲む漿膜（胸膜）や漿膜腔については次の章で説明する．

　鶏　鶏胚子でも気管原基から1対の肺芽が現われ（孵卵96時間），これからさらに気管支肺芽が現われる経過も原則的には家畜の胎子と同様である．また，家畜の胎子で一次気管

[1] 反芻類・豚では気管支肺芽の1つが直接に気管原基の右側壁に膨出する．その位置が肺動脈の上位にあるので動脈上気管支ともよばれる．現行用語では**気管の気管支**という．
[2] 牛で胎生50日までは原基のまま経過し，次の50～120日で肺芽が出現し，肺葉の区分は70日で可能となる．120～180日の間に気管支と細気管支が明瞭となり，180～240日の間に呼吸細気管支，終末細気管支が確認されると同時に原始的肺胞嚢が形成され，最終の240日以後に肺胞管と肺胞が確立する（Zabalaら，1984）．

支として認められた主幹は鶏胚子でも見られ，これの支管である家畜で言う葉気管支（二次気管支）に相当するものも，鶏胚子で4本の腹気管支と8本の背気管支として認められる．

　外観的に見て甚だしく家畜の胎子の場合と違うように思われるのは，これらの主要な二次気管支の枝が肺外に突出して**気嚢** air sacをつくることである（図12-2）．すでに孵卵9日には成鶏で認められるすべての気嚢が鶏胚子の肺の表面に小さいながらも突起として原基が現われ，以後急速に大きさを増し，孵化後もなお成長を続ける[1]．しかし，気嚢は要するに二次気管支の粘膜上皮（内胚葉性）が主体となって肺外に膨出したものにすぎず，盲端に終わることでは本質的に家畜の胎子の肺と変わりがない．むしろ，二次気管支から分枝した**三次気管支**（傍気管支）から出る枝やそのまた枝（家畜の呼吸細気管支に相当）が他の三次気管支の枝と互いに連絡交通するため，家畜の場合には遠位端が行きづまりの盲端で終わったのに，鶏胚子の場合には終わりのない回路の形成の方が大きな違いと思われる．

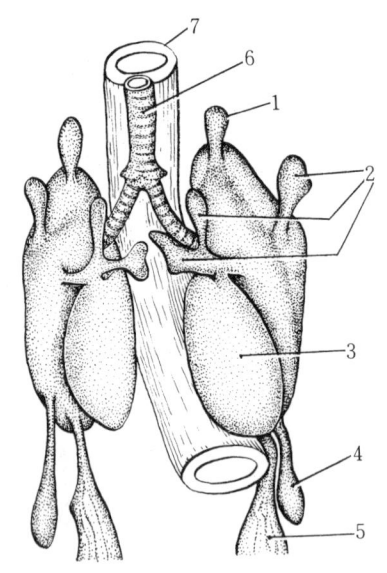

図12-2　鶏胚子（12日）の肺の発生（ROCY等，模写）気嚢が伸び始めている
1. 頚気嚢　2. 鎖骨間気嚢　3. 前胸気嚢
4. 後胸気嚢　5. 腹気嚢（一部）6. 気管
7. 食道

第13章　体腔，腸間膜および横隔膜の成立

　この章の表題に示されたものは発生学的に見て内胚葉起原ではなく，中胚葉起原のものであるが，しかし，前章までに説明してきた消化器系の発生に際して直接重要な関係を持つので，次項の「中胚葉を起原とする器官の発生」から特にこの章の部分を抜いて早目に説明する．

第1節　体腔と腸間膜

　体腔形成の初期についてはすでにその一部を説明した（65頁）．

　最初に出現する**体腔** co(e)lom, body cavityは心臓を囲む**心膜腔** pericardial cavity（166頁）であるが，この形成が進んでいる間に，これより尾方で中胚葉の側板が壁側板と臓側板に分かれて（64頁），この機転が尾方に波及し，ここにも体腔が形成されてゆく．これは体軸

---
[1] 例えば，鶏で腹気嚢が急速に伸びるのは孵化後8日頃からで，腹腔臓器の間を伸長して，孵化後15日になって，腹腔の遠位端に到達する．

を介して左右対称に形成される．左右の壁側板は胚子の体軸背部の正中位で会合し，ここで臓側板に移行して，同じく正中軸を直線的に縦走する初期腸管を背部から吊るす**原始背側腸間膜** primitive dorsal mesentery（図6-5の11）となり，次いで分離して腸管を包み，その腹縁で再び会合して**原始腹側腸間膜** primitive ventral mesentery（図6-5の13）となって胚子腹壁の正中線に達し，ここで左右に分かれて，それぞれの側の体壁の壁側板に移行する（図6-5の11，13）．これによって，体腔は一時的には原始背側腸間膜―初期腸管―原始腹側腸間膜とつながる連続的な正中位隔壁で左右の2腔に区画される．原始背側腸間膜は胃から腸管原基の全長を縦走する背側胃間膜および**腸間膜** mesentery として成体でも認められるが[1]，原始腹側腸間膜は胃および十二指腸の原基付近までは残存するが（133頁），それより尾方は退化消失するので，左右の体腔は隔壁がとり払われて合一した胸腹膜腔 pleuroperitoneal cavity となる．すなわち，この時期では胚子の体腔は心膜腔と胸腹膜腔の2腔に区別される．成体で見られる大網は原始背側腸間膜（背側胃間膜）が伸びたものであり，小網は原始腹側腸間膜（腹側胃間膜）の残部である**肝胃ヒダ** hepatogastric ligament と**肝十二指腸ヒダ** hepatoduodenal ligament が合一したものである．

　腸間膜に吊るされている腸は，発生をはじめて比較的早い時期に急速に長さを増したり，湾曲したりする．これに引かれて腸間膜も長さを増してはくるものの，胚子の体軸もまだ短く，腸の成長に同調しきれない．それで，胃の原基が回転すれば大網がつくられるし（133頁），部位によっては背壁の基部でまとめられて先が扇状に開く（例，馬の前腸間膜根）．このような場合には前腸間膜動脈も基がまとまり，小腸に向かって扇状に展開して分布する．

　両側の臓側板は薄い漿膜（中皮）となって体腔内の臓器を包み，両者の間には間葉が進入して脈管，神経を導き（11），しだいに成体で見られるような形に近づいてゆく．

第2節　横隔膜の出現

　横隔膜原基の最初の出現は意外に早い（豚胎子5mm）．原基は腹側に1個，背側に1対の計3個あって，これが伸長結合して横隔膜となる．腹側の原基は**横中隔** transverse septum（図13-1の4）とよばれ，心膜腔底と卵黄茎の間で壁側漿膜が多量の間葉組織とともにヒダとして背方に向かい，胸〔膜〕腹膜 pleuroperitoneal membrane 中に半月状の棚のようにせり出してくる．しかし，横中隔は背側壁には到達しないから原始背側腸間膜（3）を挟んで左右に間隙が残され，ここを**胸〔膜〕腹膜裂孔** pleuroperitoneal opening（5）とよび，この裂孔を通してまだ**胸膜腔** pleural cavity と**腹膜腔** peritoneal cavity は交通している．横中隔の頭側には心膜腔も位置し，初めのうちは胸〔膜〕腔の方が心膜腔より狭いが，気管支肺芽が体壁漿膜（胸膜）を内側から押し拡げながらしだいに成長してくると逆に胸〔膜〕腔の方が広くなる．初めの

1）総背側腸間膜または十二指腸間膜，空腸—，回腸—，盲結腸—，結腸—，直腸—，などとよばれる．

うちは心膜腔もまだ完全に閉鎖されないで胸腹膜腔と交通しているから、厳密に言うならば、体腔はまだ区画されないで、心膜腔、胸膜腔、腹膜腔がいずれも不完全な状態で仕切られたままである[1].

しかし，続いて横中隔と向かい合う背側壁および外側壁から1対の胸〔膜〕腹膜ヒダ pleuroperitoneal fold（図13-1の5）が横中隔の場合と同じく漿膜ヒダとして突出し，伸長して，両者は互いに結合し，胸腹膜裂孔を閉ざし，さらに辺縁が伸びて横中隔と完全に結合するようになって，ここに初めて**横隔膜** diaphragm が完成する．胸膜腔はさらにその正中線で原始背側腸間膜から出発した将来の**縦隔** mediastinum（図13-1の3）によって左右に区切られるし，この頃にはすでに心膜腔も完全に閉ざされるから，ここに至って，体腔は初めて成体で見られるのと同じ区画に分割される.

横隔膜は初めは漿膜ヒダとその中に挟まれた胚子結合組織からなるが，後には筋組織も全般的に入りこむ．横隔膜の腱中心は，ここにも初めは筋線維を含んでいたのが後に消失したものである.

また，横隔膜の位置も胚子発生の初期には頸部にあって，そこの筋節からも筋組織が神経を伴って入りこんでいた．しかし，発生が進むにつれて心臓とともに横隔膜も尾方に後退し，間葉起原の筋線維も加わる．家畜の成体を解剖した際に，横隔神経（第五〜七頸神経腹枝が結合して1本にまとまったもの）が遠く引き延ばされて横隔膜にまで到達しているのが観察されるのは，何よりもこの事情をよく物語る例証となろう.

家　禽　鶏胚子でも家畜と同様に，横隔膜は横中隔と胸腹膜ヒダの合体によって成立するが，次の点で違う（図13-2）.

すなわち，胸腹膜ヒダは進出の途中で前，後胸気嚢の原基（図13-2の1）がこのヒダに割りこんでくるため，背，腹2層に分断される（孵卵11日）．背層は肺に向かって進み，肺胸膜と結合組織で結ばれて**肺横隔膜** pulmonary diaphragm（2）とよばれ，少量の筋質を含む．肺横隔膜は同時に上記の気嚢とも結ばれていて，孵

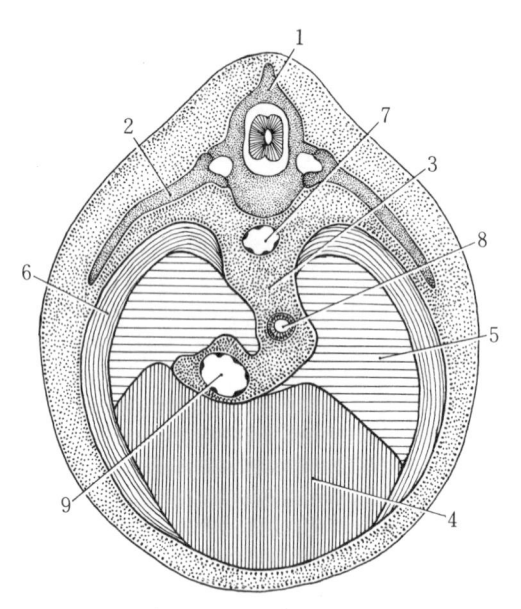

図13-1　家畜の横隔膜形成の模式図（胸部横断）
（BYOMAN, 一部変える）
1. 胸椎　2. 肋骨　3. 原始背側腸間膜（間葉を含んで縦隔となっている）　4. 横中隔　5. 胸〔膜〕腹膜ヒダ（胸〔膜〕腹膜裂孔を閉ざす）　6. 後から入りこんだ筋線維　7. 大動脈　8. 食道　9. 後大静脈

---

[1] 爬虫類では横中隔だけが発達していて，完全な横隔膜は作られない.

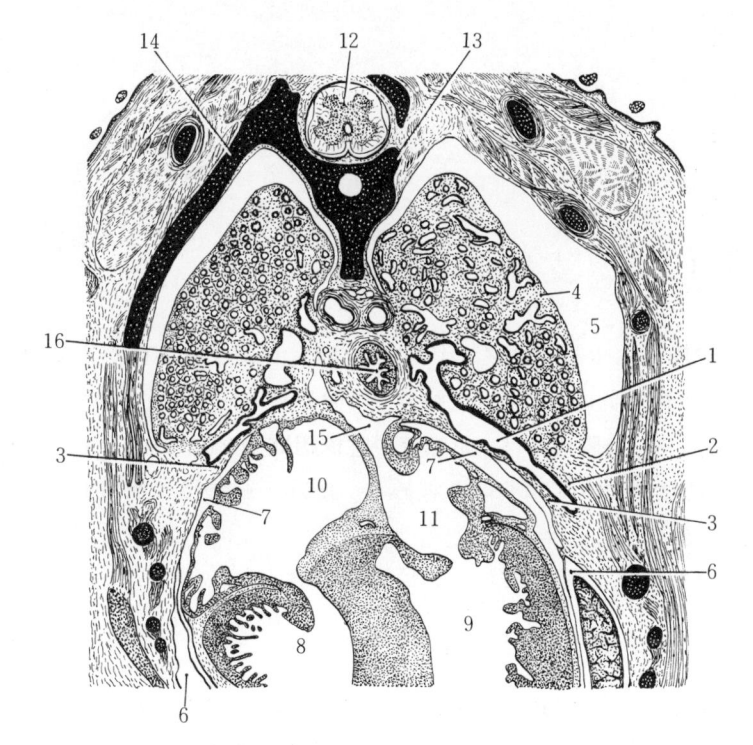

図13-2 鶏（胚齢11日）の横隔膜の成立，横断面（LILLIE，模写）1. 前胸気嚢　2. 肺横隔膜　3. 斜隔膜　4. 肺　5. 胸腔　6. 腹腔　7. 心膜腔　8. 右および　9. 左心室　10. 右および　11. 左心房　12. 脊髄　13. 胸椎椎体　14. 肋骨　15. 肺静脈　16. 食道

化後はその筋質を伸縮させて気嚢内の空気を肺に送りこみ，ほとんど伸縮しない鳥肺の中で空気の流通を計る役目をする．腹側は**斜隔膜** oblique septum（3）として体壁のヒダから続き，同じく体壁ヒダから延びて心膜底や肝臓背側を結ぶ横中隔に達して，両者協力で横隔膜がつくられる．

しかし，鶏の横隔膜は筋質を含まない漿膜ヒダで，したがって家畜の場合と違って，それ自体は運動不能である．また，肺も肺横隔膜で制限されて小さく[1]，したがって肺を収める胸腔も狭く，成鶏でわずかに胸郭の7分の1の容積を占めるにすぎない．それ故に，心膜腔を除いて腹膜腔は著しく広い．

B．中胚葉を起原とする組織および器官

中胚葉の発生初期の状態からみても分かるように（51，55頁），外，内胚葉に挟まれて，両胚葉をもとにして発生し，そのいずれからも独立して新たに中胚葉となる．既述のように胚内中胚葉は体節，中間中胚葉および側板中胚葉の各部に区別され，これを**狭義の中胚葉**とする（63，69頁）．一方ではこれらの中胚葉の部分から間葉細胞として離れ胚子体内で移動したり，集結したり，種々変化に富む発生を続ける**間葉系**のものもある．それで，中胚葉は「狭義の中胚葉系」と「間葉系」に区別できるが，理解し易いように本項では多くの基礎的組織を作り出す間葉系を初めに扱うことにする．

---

[1] 多くの気嚢が遠く広く腹腔内臓の間や骨質の中まで入りこむから，気嚢を肺の一部と考え，この観点に立てば鶏の肺は極めて大きい．

I. 間葉系器官の発生

第14章　支持組織の発生

あらゆる支持組織は間葉を起原として発生する．体節，壁側板および臓側板から遊離した**間葉細胞** mesenchymal cells は，各自が互いに突起で結合して**合胞体** syncytium をつくり，その網眼は，まだ間葉細胞として未分化の時代には，組織液や**膠様組織** mucoid connective tissue (Wharton's jelly) で満たされ，胚体のすべての間隙を埋める．既述の**胚子結合組織**（65，83頁）とはこのような状態のものを言う．

支持組織としては一般の結合組織，軟骨組織および骨組織がある．

第1節　結合組織の発生

胚子結合組織の状態のものが，その後，間葉細胞の表面に細い線維が現われ，次いでこの細線維が細胞から遊離し，そのいくつかがまとまって1本の細線維束をつくる．これが**膠原線維** collagen (collagenous) fiber のでき始めで，もしこの場合，多くの線維が同方向にまとまって走れば，**腱，靱帯，腱膜**または**筋膜**などの有形結合組織となり，その反対に，線維が細くその方向が不規則で入り混じっている場合は**疎線維性結合組織** loose connective tissue となる．後者は全身にゆきわたり，臓器間または臓器と体壁その他を互いに緩やかに結合する．一方，間葉細胞はこの頃には網状の結合を解いて再び遊離し，今度は紡錘状の**線維細胞** fibrocyte, fibroblast となる．**弾性線維** elastic fiber は膠原線維にやや遅れて同じように現われる．

線維細胞の細胞形質中に脂肪がたまると初めは小滴状に見えるが，蓄積量が増すと細胞体が球形となり，細胞形質は核とともに一極に押しやられる．このような細胞が脂肪細胞で，これが多数集まったものを**脂肪組織** adipose tissue と言う．

第2節　軟骨の発生

胎子体内で**軟骨** cartilage が形成される部位では，まず，初めに間葉細胞がその部分に密集し[1]，細胞は円形の**軟骨芽細胞** chondroblast に変わり（豚胎子 25～30 mm），細胞間に**軟骨基質** cartilage matrix を分泌する．基質が増すにつれて軟骨芽細胞は相互に隔離されてさらに大形となり**軟骨細胞** chondrocyte となる．軟骨細胞は分裂を重ねて増数し，基質もこれに応じ

---

1) 間葉細胞の密集した時期の軟骨原基を**前軟骨** precartilage と言う．

て量がふえる．軟骨基質は硝子様で無構造な物質と，これに埋められた結合組織線維からなる．このようにして**軟骨発生** chondrogenesis の中心が1個の軟骨の各所に起こり，これらがまた合体するという方式で軟骨発生は進むが，軟骨内部から行なわれるこの成長の方式を**間質成長** interstitial growth と言う．間質成長がいよいよ盛んになると，軟骨の表面を包むように密集していた間葉細胞の層が**軟骨膜** perichondrium に分化し，膜の内層からも軟骨細胞がつくられて，間質成長でつくられた軟骨の表面にさらに新しく軟骨組織を加えてゆく．このような成長を**付加成長** appositional growth とよんで，軟骨はこの二つの方法で成長し構成されてゆく[1]．また，表層の間葉細胞の層は軟骨膜の他に後になると**関節包や関節靱帯**にも分化する．

軟骨細胞は基質中にあって**軟骨小腔** cartilage lacuna 中に収まり，小腔を取り囲む基質は他の部分よりも一層緻密で**細胞領域基質** territorial matrix を作る．小腔内の軟骨細胞は初めは1個であるが，後には細胞分裂によって2個またはそれ以上の場合が多い．

軟骨基質はその中に含まれる線維の量や種類によって，**硝子軟骨** hyaline cartilage，**線維軟骨** fibrocartilage，**弾性軟骨** elastic cartilage とよばれる．

第3節　骨の発生

骨発生 osteogenesis の方式に2通りある．1つは上記の軟骨を前駆体として，後にこれと置換してできる**軟骨性骨（置換骨）** cartilage bone と，他は間葉細胞が密集して直ちに骨化する**膜性骨（付加骨）** membranous bone である[2]．これら2種の骨化における骨組織の形成は，本質的には同様である．最初，骨は網状の骨小柱，すなわち（一次）**海綿〔状〕骨（小柱状骨）** spongy bone として生じ，次第に骨小柱の間隙を満たしながら**緻密骨** compact bone へと転化する．

家畜や家禽の骨格の中で膜性骨起原のものは数が少なく，そのほとんどが頭蓋骨の構成に加わる．すなわち，頭蓋底の諸骨を除いて，その天蓋をつくる諸骨や顔面骨が付加骨起原で，その他の部分では鎖骨の一部，副手根骨，種子骨，膝蓋骨などで数が少ない．

1．軟骨性骨の発生

軟骨性骨発生 cartilage bone development には2通りの経過があり，これらは相前後して進行する．まず，**軟骨内骨化** endochondral ossification からみてゆく．

軟骨は発生し，成長して，成体で見られる骨とほぼ同じ形になるが，その頃になると軟

---

1) 軟骨基質は増加するにしたがい塩基性色素に好染するが，これは基質中に含まれるコンドリン chondrin の存在のためと思われる．また，興味あることには，軟骨基質中には血管分布が全く見られないので，血管は軟骨膜を分布の終点としている．
2) 脊索動物のナメクジウオでは骨は骨化しない膜状のもの（脊索）であり，脊椎動物の最下級者円口類では膜状で一部が軟骨化し，魚類でも軟骨魚類のサメの骨格は軟骨で，硬骨魚類以上で骨は始めて骨化する．膜性骨を membrane bone ともいう．

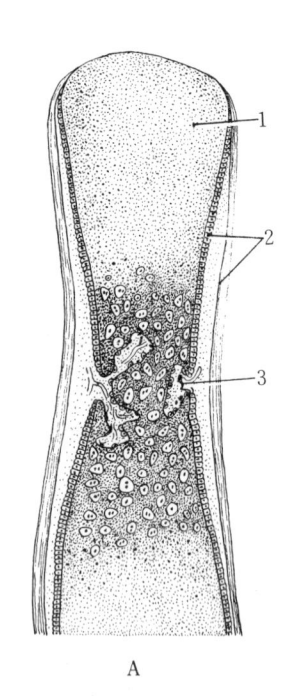

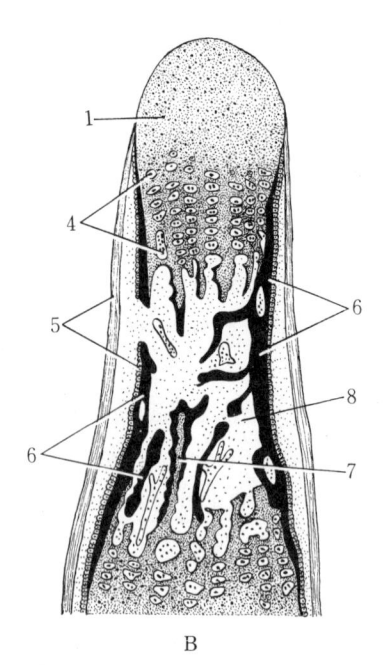

図14-1 軟骨から骨化する過程を示す模式図（BRAMER，模写）
A. 破骨細胞により軟骨が破壊される
B. 骨芽細胞で海綿質が新生される
1. 硝子軟骨　2. 軟骨膜（内層が細胞層）　3. 破壊部　4. 列をつくった軟骨細胞（軟骨細胞柱，柱状軟骨）　5. 骨膜（内層の細胞層が薄い）　6. 海綿質をつくる骨　7. 残っている軟骨層　8. 一次髄腔

骨の骨化が始まる．まず，軟骨小腔が大きくなり，その中に収まっている軟骨細胞も肥大し，これらが数列の柱状にならび**肥大軟骨細胞** hypertrophied chondrocytes は骨の長軸に平行に数列規則的に並び**軟骨細胞柱** trabecula of chondrocyte（図14-1の4）を形成する．肥大軟骨細胞領域の**軟骨基質**は石灰化しやすくなり，次第に軟骨細胞は退行変性する．

骨幹中央部の変化[1]と同時に軟骨膜の細胞の骨原性が付活され骨の薄層すなわち**骨形成層** osteogenetic layer が骨幹中央部を取り囲むように沈着する．同時にこの部の結合組織層はすでに**骨膜** periosteum の形質をもち，ここから血管が骨幹中に侵入し，軟骨小腔の癒合等により形成された軟骨基質中の不規則な裂隙に侵入する．血管の侵入によって多くの潜在能力をもつ未分化細胞が軟骨内部に侵入した血管の周囲組織中に運びこまれる．これらの細胞のうち，あるものは骨髄の造血要素へと分化し，他のものは**骨芽細胞** osteoblast あるいは**破骨細胞** osteoclast へと分化する．骨芽細胞は**石灰化軟骨** calcified cartilage 基質の不規則な表面に上皮様に並び，そこに**骨基質** bone matrix の沈着を開始する．こうして形成された骨組織を**一次骨化中心**[2] primary center of ossification という（図14-2）．骨の長さの成長はここに述べた軟骨内骨化の延伸により進行する（図14-3）．

一方，骨幹の径の成長は骨膜下に新しい**膜性骨**（次項）の付加により進行する．完全に成

---
[1] 長骨の場合，骨発生は骨幹中央部から始まる．骨幹中央部に始まる骨化を一次骨化中心という．
[2] 骨幹骨化中心 diaphysial ossification center ともいう．

第3節　骨の発生

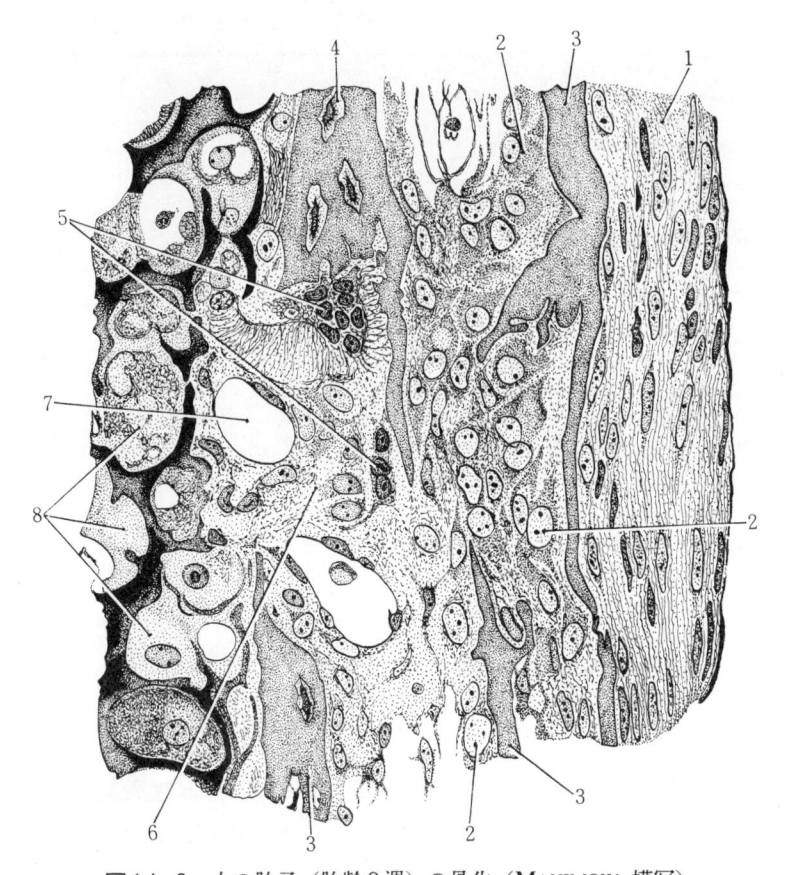

図14-2　人の胎子（胎齢8週）の骨化（MAXIMOW，模写）
1. 骨膜　2. 骨芽細胞　3. 骨化部　4. 骨細胞　5. 破骨細胞　6. 間葉芽　7. 血管　8. 軟骨細胞

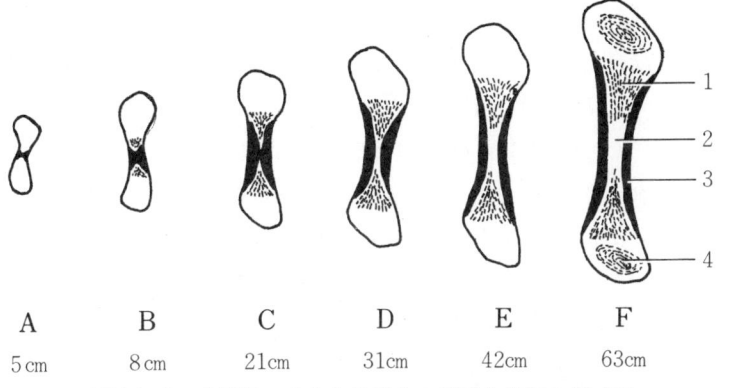

A　　B　　C　　D　　E　　F
5 cm　8 cm　21 cm　31 cm　42 cm　63 cm

図14-3　上腕骨にみられる骨化の発現と進行の模式図
和牛（黒毛），長さ（cm）は胎子の頂尾長を示す．A〜Fの順に進行．緻密骨の発達経過が示されるとともに，髄腔の発達も示されている．

1. 海綿骨　2. 骨髄腔　3. 緻密骨　4. 骨端軟骨

表14-1　家畜別の主要な骨の骨端線閉鎖の時期（Zietzschmann と Krölling）

		馬	牛	羊・山羊	豚	犬
椎骨骨体		4－5年	4－5年	4－5年	4－6年	1.5－2年
肩甲烏口		10－12月	7－10月	5月	1年	6－8月
上腕骨	近位	3.5年	3.5－4年	3.5年	3.5年	13月
	遠位	15－18月	15－20月	3－4月	1年	6－8月
橈骨	近位	15－18月	12－15月	3－4月	1年	6－8月
	遠位	3.5年	3.5－4年	3.5年	3.5年	16－18月
尺骨	近位	2年				
	遠位		3.5－4年	3.5年	3.5年	15月
腸・恥・坐骨		10－12月	7－10月	5月	1年	6月
腸骨角,坐骨結節		4.5－5年	5年	4.5－5年	6－7月	20－24月
大腿骨	近位	3－3.5年	3.5年	3－3.5年	3－3.5年	18月
	遠位	3.5年	3.5－4年	3.5年	3.5年	18月
脛骨	近位	3.5年	3.5－4年	3.5年	3.5年	18月
	遠位	2年	2－2.5年	15－20月	2年	14－15月
腓骨	近位				3.5年	
	遠位	2年			2.5年	
中手骨・中足骨	遠位	10－12月	2－2.5年	20－24月	2年	5－6月
第一指（趾）骨	近位	12－15月	20－24月	7－10月	2年	5－6月
	遠位	1週				
第二指（趾）骨	近位	10－12月	15－18月	5－7月	1年	5－6月
	遠位	1週				
第三指（趾）骨	近位	妊娠末期				
踵骨隆起		3年	3年	3年	2－2.5年	14－15月

　熟した長骨の骨幹を形成する緻密骨はほとんどすべて骨膜下の**膜性骨発生**[1] intramembranous ossification による．骨の成長はつねに破骨細胞による内部吸収と骨芽細胞による再構築の繰り返しによって進められる．従って一次骨化中心が形成された部位は破骨細胞による吸収のため辺縁不整の**一次〔骨〕髄腔** primary marrow cavity を形成し，ここに**骨髄組織**[2] myeloid tissue が発達する（図14-3，14-5）．

　骨幹の骨形成過程は今述べてきた通りであるが，**骨端** epiphysis では骨幹骨化とは全く別に，時期的にもかなり遅れて骨化中心が出現する．これを**二次骨化中心**[3] secondary center of ossification とよぶ．この骨化中心からの骨形成は全方向に進行するので，やがて骨幹骨化と融合して長骨の全容が形成される．成長期の終わりになると，軟骨細胞の増殖は緩慢となり最終的には止まる．軟骨柱の骨幹側で骨端軟骨は完全に消失し骨幹端の骨小柱は骨性骨端の海綿骨とつながる．骨端軟骨が消失する過程は**骨端閉鎖** closure of epiphysis とよばれる．表14-1は代表的家畜の主要な肢骨にみられる標準的な骨端閉鎖の時期を示している．

---

1) intramembranous bone formation ともいう．
2) 髄様組織ともいう．
3) 骨端骨化中心 epiphysial ossification center ともいう．

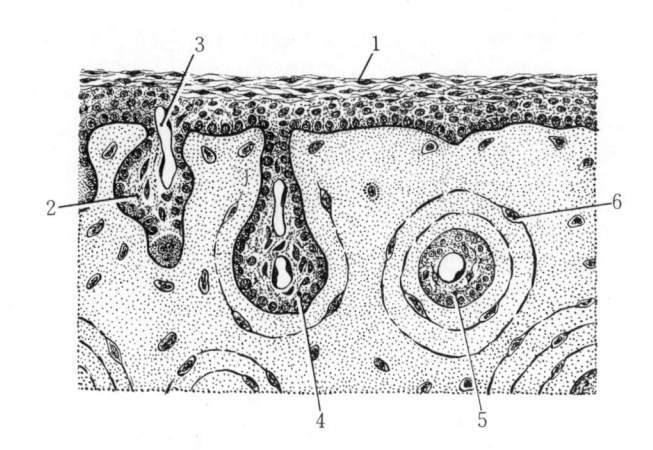

図14-4 骨の層板系の成立を示す
（AREY，模写）
1. 骨膜　2. 骨膜芽　3. 血管　4. 層板をつくり始めた骨膜芽　5. 骨膜を離れて独立した骨膜芽が層板系を作ったもの　6. 骨芽細胞

骨端軟骨板が消失するとそれ以上骨の長軸方向の成長は起こらない[1]．

2．膜性骨の発生

骨形成の最初の徴候は細い線維状あるいは棒状の濃染するエオジン好性の基質の出現である．こうした線維状の骨基質は血管の進出にともなう変化なので，網状に広がり吻合した形で発生し**骨小柱** trabecula of bone を形成する．

基質の変化とともにそれまで幼若であった結合組織細胞にも変化が生じる．まず大きくなり，増数して骨小柱の表面に集合して立方形あるいは円柱形の骨芽細胞となる．骨芽細胞の合成，分泌活動の結果，骨基質が沈着し骨小柱は長くなり厚くなる[2]．

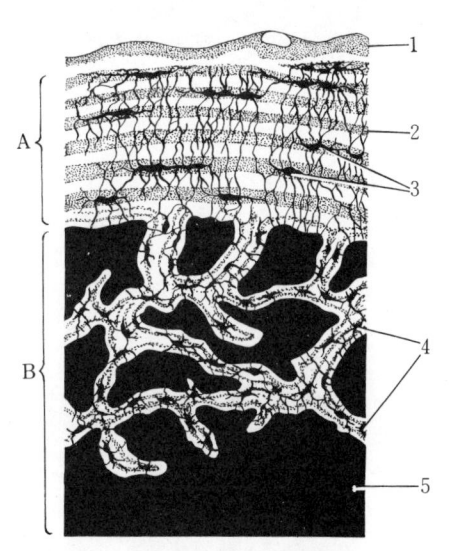

一次**海綿骨**が**緻密骨**におき替わる部位では，骨小柱が周囲の結合組織を侵食しながら厚みを増すので血管周囲の隙間は次第に狭められ，一方骨小柱上に沈着した骨層の膠原線維は次第に規則的配列をとるようになり**二次（層板性）膜性骨** secondary (lamellar) membrane bone の様相を現わしてくる（図14-4）．形成された不規則な同心円状の層は表面的には中心管（HAVERS）と類似しているがコラーゲンの方向に統一性がないので真の層板骨とはいえない．

図14-5 付加骨の骨化を示す
（MAXIMOW，模写）
A．緻密質　B．海綿質
1. 骨膜　2. 骨層板　3. 骨小腔　4. 板状の骨質
5. 髄腔

---

[1] 犬と猫の肢骨の骨化点出現および骨端閉鎖の時期は DYCE・SACK・WENSING：Textbook of Veterinary Anatomy, 1996に要約されている．
[2] 早期の膜性骨においては膠原線維があらゆる方向に走行しているのでしばしば**線維織骨（胎子骨）** woven (fibered) bone とよばれる．

かくして，前項でも言及したように，成熟した長骨にみられる規則的な配列をもつ層板骨を**二次骨** secondary bone とよんで，軟骨内骨化および膜内骨化によって初期に形成された**一次骨** primary bone と区別する[1]．

3．家禽の骨の発生

家畜と同様に骨の成立には軟骨性骨と膜性骨の2種類があり，発生経過も原則的に大差がない．しかし，鳥類（鶏胚子）では軟骨内骨化よりも膜性骨発生の方が先行し，骨の外側にまず石灰塩が沈着して強固になる．この点は家畜の場合と反対である．但し，椎骨の椎体だけが例外で，この場合は軟骨内骨化がまず始まる．また，鶏では予備骨化がおくれ，そのため，早期に骨幹に広い髄腔が出現する．また，家畜の胎子では長骨の場合，骨幹と両骨端にそれぞれ骨化点が現われるが，鶏胚子では骨端に骨化点を見ず，軟骨のままで伸長し，骨幹から髄腔が骨端に進入してから初めて骨化が始まる．長骨の横幅の成長の方式は家畜の長骨の場合と同じ方法による．

第4節　軸性骨格の形態発生

1．脊柱の発生

すでに説明したように（64頁），体節の内側部から間葉細胞がさかんに分離して脊索を左

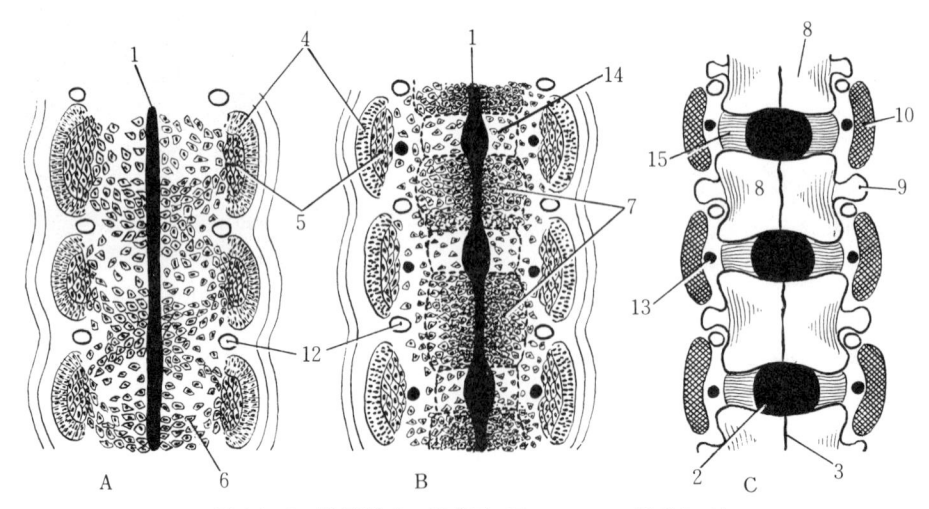

図14-6　椎骨形成の模式図（PATTEN，一部変える）
A～Cの順に進行，椎骨の位置が間体節的となるのを示す

1．脊索　2．髄核　3．退化した脊索　4．皮板　5．筋板　6．椎板　7．間葉細胞が間体節的に集まって椎体が作られつつある　8．椎体　9．横突起　10．椎骨を結ぶ骨格筋　12．節間動脈　13．脊髄神経　14．椎間裂　15．椎間円板

---

[1] 馬の肢骨の発達で近位の骨（上腕骨と大腿骨）では膜性骨化が，また遠位の肢骨（橈骨と脛骨）では軟骨内骨化が有力である．胎子10cm期以後になると後肢骨の発達が優勢となる（山内ら，1980）．和牛胎子（7cm）の肢骨では上腕骨と大腿骨に一次骨化点が出現し，二次骨化点は50cm以後に出現する．豚胎子では4～6cm期に主要な肢骨に骨化点が出現し，長骨の二次骨化は20cm期以後となる（山内ら，1977，1985）

右から囲み，**脊索鞘** notochordal sheath を形成し，遂に合体して脊索を中にとじ込める．こうして**椎板** sclerotome が出現する（図 14-6）．椎板は分節状に発達，配列してこれが椎体の原基となる．隣接する椎板の間で細胞密度の低い部分を節間裂[1]とよぶが，ここも間もなく椎板と同じように細胞密度が高くなり，反対に椎板の中央部で密度が低く薄くなって椎間裂[2]（14）が現われる．椎間裂を境界にして隣接する椎板の半分ずつが節間裂で結びつけられて将来の椎体の原基となり，椎間裂は**椎間円板** intervertebral disk（15）となって板の中心にだけ脊索が膠様状の**髄核** pulpy nucleus（2）としてわずかに残る[3]．

結局，椎板は初め分節状に各体節ごとに現われるが，後には間体節的に胎子の中軸に配置されて椎板（椎骨の原基）の位置が決まり[4]，脊柱が確立する．

椎板はまず**椎体**となり，椎体背部の神経管を左右から抱くようにして背方に**椎弓**を突出させ，腹方にも肋骨原基を現わす（豚胎子 20 mm）．椎弓は神経管の正中背位で両側のものが結合して，これより背部に**棘突起**が出る．椎骨原基は間もなく軟骨化して**軟骨性椎骨** cartilagenous vertebra となるが[5]，軟骨化の中心は椎体，椎弓，肋骨の順に現われ，続いて軟骨内骨化が始まるが（豚胎子 72 mm），それ以前に肋骨は横突起を残して椎体から分離している[6]．骨化点は軟骨化の際の順位と違って，まず両側椎弓に現われ，おくれて椎体に認められる．また，高い棘突起を持つ胸椎などでは，ここにも骨化点が出現する[7]．

脊柱の骨化は頸椎に始まり，尾椎がもっとも遅れる．

家　禽　鶏胚子でも椎骨の発生状態は家畜と同じであるが，家畜の脊柱のように軟骨化した椎間円板を介在させて椎体間を軟骨結合させるということはない．椎間円板の原基である椎間裂は鶏胚子でも認められるが，軟骨化しないで，**中心椎間靱帯** central suspensory ligament と**周縁椎間靱帯** peripheral intervertebral ligament となり，隣接椎体間はこれらの靱帯で結ばれ，両者の間には滑膜腔が存在する．中心椎間靱帯には胚子の時代の脊索の遺残を認める．

2. 肋骨の発生

前項の椎骨発生の際に肋骨原基の出現にも触れた．軟骨化した肋骨すなわち**軟骨性肋骨** cartilagenous rib ではまず肋骨体に骨化点が現われ，これより背，腹に向かって骨化が進行し

---

1) intersegmental fissure
2) intervertebral fissure
3) 椎体中にとじ込められた脊索は周囲からの圧迫のためにくびれて細くなり遂に消失する．
4) 成体での椎骨の全数は実際は椎板の総数よりも少ない．例えば，人で椎骨数（尾椎も加えて）32～35 であるが，椎板の数は 42～44 対である．椎骨数が減少しているのは第一椎板（体節）より頭方に 3～4 対，尾端でも 8～10 対現われて，これが発生の過程で他の器官原基に抱合されるか，減少するからである（関，1963）．また，豚胎子では 30 以上の尾椎があるが，生後は 20 程度に減数している．体節の総数は鶏でも 43～44 対ある．
5) 軟骨化は頸，胸，腰椎で早い．
6) その他，第一，二頸椎の発生は他と違って，第一頸椎椎体原基の大部分が第一頸椎から離れ，椎間円板原基とともに第二頸椎の椎体に結合し，特有の歯突起をつくる．
7) 犬の環椎・軸椎複合体の骨化について，両椎骨の椎弓（神経弓）の骨化点はそれぞれ 40 日，33 日で発現し，環椎椎体の骨化点 intercentrum は 45 日で発現する（Watson ら，1986）．猫の軸性骨格の骨化の発現について，頭蓋骨はほぼ 30 日以後，全般の椎骨は胎生 36 日以後であり，胸骨と肋骨では以上よりやや遅れる（Boyd，1976）．

骨性肋骨 bony rib が形成される．骨化はその肋骨が連結する椎骨の骨化よりも時期が早い（豚胎子 67 mm）．しかし，背端の肋骨頭，肋骨結節は出産時にはまだ軟骨の状態に留まり，腹端でも，まだ肋軟骨との境までは骨化は及ばない．肋軟骨は終生軟骨として残る．家畜では胸肋以外は発達が悪く，椎骨の一部（頸椎肋骨突起，腰椎横突起，仙骨外側部など）となる．

家　禽　鶏胚子で肋骨脊椎部が椎板を原基とすることに異議はない．しかし，肋骨胸骨部が家畜の肋軟骨に相当するかどうかとなると異説があって，その一部は側板の中胚葉起原と考えるものもいる．また，第一，二肋骨は脊椎部だけで，胸骨部を欠き，解剖学的には頸肋が特別に発達したものとして扱っているが，発生学的には胸肋骨の仲間に入れている[1]．

肋骨の骨化は脊椎部と胸骨部で別々に骨化点を持ち，軟骨外骨化が孵卵 16 日頃まで軟骨内骨化に先行する．

鳥類特有の肋骨**鉤状突起**は胚子の発生中にはその原基の片影も認められない．おそらく，孵化後に付加骨起原で骨化したものが合体したと考えられる．

3. 胸骨の発生

隣接する各肋骨遠位端が各側ごとに**胸骨中胚葉** sternal mesoderm で結ばれて**胸骨堤** sternal bar をつくり，左右の堤は肋骨が成長するにつれて頭側から結合し，遂に胸部の腹側正中位で胸骨の基礎をつくり，やがてこれが軟骨化して**胸骨軟骨** sternal cartilage となり（豚胎子 130 mm），つづいて骨化する．骨化点は**胸骨分節（胸骨片）** sternebrae ごとに現われ，第一分節（将来の胸骨柄）は無対で，他はすべて有対の骨化点が出現する．分節は軟骨で結合されるが，一部で関節結合も見られる（牛・豚）．剣状突起は最尾端の分節が骨化したものであり，剣状軟骨はその後に参加したもので骨化しない．

家　禽（図 14-7）　鳥類で胸骨の発生様式は以前には，家畜の場合と同じと考えられてい

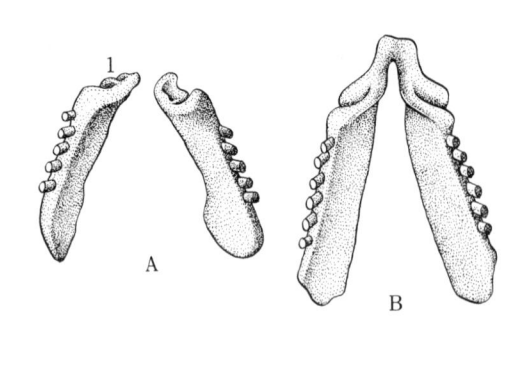

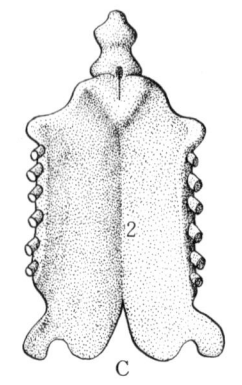

図 14-7　鳥類の胸骨の発生（LILLIE，模写）
A. 左右の胸骨原基が離れている　B. 左右のものが頭端で結合して∧形となる
C. 広い胸骨体が作られる
A～Cの順に進行
1. 烏口骨との関節面
2. 胸骨体

---

1) LILLIE (1952), Development of the chick.

たが，近年になって，肋骨遠位端とは全く関係なく，前肢帯骨原基の一部が発生母地であると分かった[1]．

すなわち，胸骨原基は孵卵8日の鶏胚子で心膜腔後位の胸郭壁に有対の隆起として現われ，腹側正中軸に降下会合して∧形となり，尾側に向かって結合が進み，肋骨とも連絡し，**後胸骨** metasternum の形が整い（アヒルなら広い**胸骨体**），軟骨化し，後胸骨の原基の腹面から間葉細胞が縦壁状に配置されて**胸骨稜**[2] sternal crest がつくられる．骨化点は孵卵17日頃から日を追って胸骨の5ヵ所に現われるが，完全に骨化するには孵化後およそ3ヵ月を要する．

第5節　頭蓋骨の形態発生

頭蓋骨は軟骨性骨と膜性骨起原の諸骨の合体によって構成される．次に，**神経頭蓋** neurocranium と**内臓頭蓋** viscerocranium に分けてその発生を説明する[3]．

1. 神経頭蓋の発生

まず，脳をつくる脳胞（203頁）を囲んで間葉細胞が密集して**原始髄膜** primitive (membrane) meninx を形成し，間もなくこれが2層に分かれる．内層から**脳軟膜**と**クモ膜**，外層からは**脳硬膜**とその外側に**神経頭蓋**が分化する．

神経頭蓋では頭蓋底が**軟骨性頭蓋**[4] cartilagenous skull で，始めはまとまった軟骨板として現われるが（豚胎子30 mm），後には個々に分かれて[5]骨化が進む．

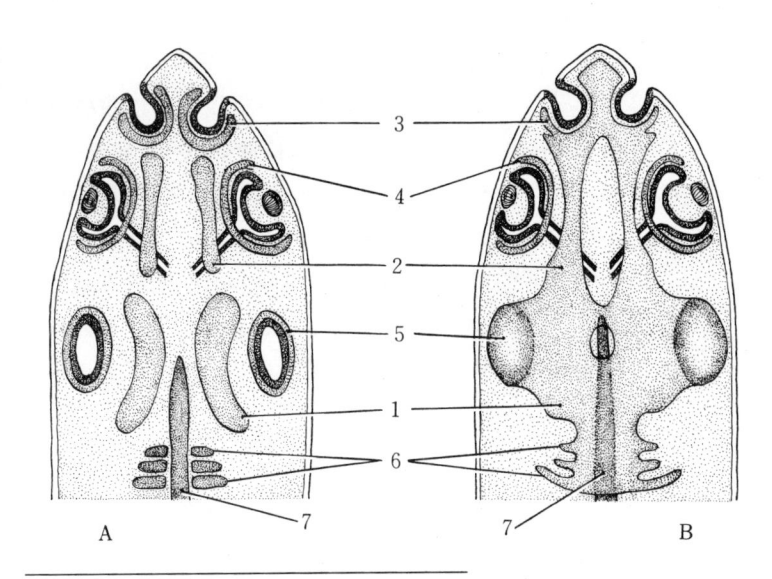

図14-8　軟骨性頭蓋の発生を示す模式図
（WEICHERT，模写）
A～Bの順に発生が進行
1. 索傍軟骨　2. 索前板　3. 鼻板　4. 眼胞　5. 耳胞をそれぞれ囲む軟骨板　6. 後頭椎板　7. 脊索

---

1) FELL (1939) は肋骨原基を含まない鶏胚子の移植実験を行なって胸骨が発生することを実証した．
2) carina, keel ともいう．
3) それぞれ脳頭蓋 neural cranium, 鰓弓 visceral cranium ともいう．
4) 脊椎動物の下級者では頭蓋骨は軟骨性頭蓋だけで成立し，高級者になるにつれ付加骨起原のものも参加する．
5) 後頭骨，蝶形骨，側頭骨岩様部，篩骨，甲介骨．

始め頭蓋底の軟骨は脊索先端を両側から挟む索傍軟骨 parachordal cartilage（図14-8 Aの1）と，それより頭方で眼胞（眼球の原基，213頁）の間に現われる索前板 prechordal plate（2）と，その他，鼻板（3）（嗅粘膜の原基，221頁），耳胞（5）（内耳の原基，218頁）を独立して囲む軟骨が現われてそれぞれ分離していたが（図14-8のA），後にこれが合体し[1]（図14-8のB），周縁が壁状に背方に伸びて，脳を容れた椀のような形になる．この中で索傍軟骨はその尾方に数個の後頭椎板 occipital sclerotome（第一体節より頭方に現われる数個の小体節，図14-8の6）をとり入れて後頭骨底ができる[2]．

また，軟骨性頭蓋に少しおくれて，それまでその背位にあって被蓋のように天井を閉ざしていた間葉細胞層は膜（骨）性頭蓋 membranous skull となり，さらにこれより直接骨化して膜性骨起原の骨性頭蓋 bony skull ができる[3]．

2. 内臓頭蓋[4]の発生

原始口腔を囲む第一鰓弓から発生する膜性骨起原のものが殆んど大部分を占める[5]．内臓頭蓋の中で唯一の置換骨は舌骨で，第二鰓弓（舌骨弓）second branchial arch から発生する背側軟骨 dorsal cartilage（ライヘルト Reichert 軟骨）（図14-9のII）では近位端からアブミ骨 stapes が作られ，その他から茎状舌骨（図14-9の6）と角舌骨（7）ができ，第三鰓弓と協力して舌骨体（8）を作る．また，第三鰓弓からは独自で甲状舌骨（9）ができる．

第一鰓弓の下顎隆起から生ずる棒状の軟骨は腹側軟骨 ventral cartilage（メッケル Meckel 軟骨）（図14-9のI）として知られているが，これはその近位端にツチ骨 malleus（2）とキヌタ骨 incus（1）が作られ，上記のアブミ骨とともにいずれも鼓室内の耳小骨となり，顔面頭蓋とは関係がない．メッケル軟骨の他の部分は退化し[6]，その外側に二次骨性の歯骨 dental bone（4）が現われ，家畜（哺乳

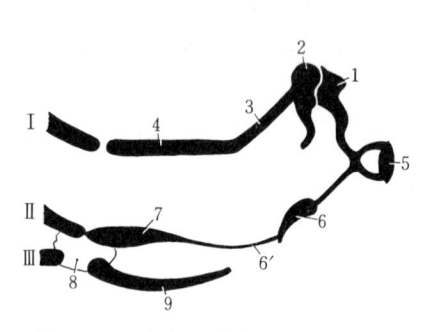

図14-9 家畜の舌骨と耳小骨の発生様式図
I．第一鰓弓から発生するメッケル軟骨
II．第二鰓弓から発生するライヘルト軟骨
III．第三鰓弓から発生する舌骨の一部
1．キヌタ骨 2．ツチ骨 3．長突起（ツチ骨柄）（以上はアブミ骨とともに耳小骨として鼓室内に収まる） 4．下顎骨の原基 5．アブミ骨 6．茎状舌骨 6′．靱帯（豚） 7．角舌骨 8．舌骨体 9．甲状舌骨

---

1) 眼胞を囲む軟骨だけは分離独立して，眼球の運動を自由にして拘束しない．哺乳類ではこの軟骨は退化して眼球線維膜となる．
2) 脊索先端は前腸頭端のシーセル嚢（116頁）背位で終わるが，これを囲んで間葉が分節状に集結するから，その発生態度は脊柱の場合と同様で，後頭椎板，索傍軟骨などがこれに属するし，ここまでを脊柱とみなすこともできるが，発生を完了した後は少しも分節的構造が認められない．
3) 頭頂骨，頭頂間骨，前頭骨，鼻骨，涙骨．
4) 鰓弓 branchial arch ともいう．
5) 上顎骨，鋤骨，口蓋骨，翼状骨，頬骨，切歯骨，下顎骨，側頭骨鱗部，同，鼓室部．
6) サメのような下級な軟骨魚類ではメッケル軟骨が下顎の基礎となるが，高級者ではその一部が耳小骨として残る以外は大部分が退化消失する．

類）ではこれが下顎骨となる．

家畜の胎子の神経頭蓋頂部の二次骨性被蓋骨（前頭骨，頭頂骨，後頭骨の前縁）では，特に成体で明瞭な矢状縫合に沿って骨の辺縁がまだ十分に伸びきれないために，比較的広い間隙が現われて結合組織膜で結ばれている．この間隙を**泉門** fontenelle と言う．

家畜の胎子では，泉門は出産時までに骨の辺縁が成長し，対側のものと結合（縫合）するので，大部分のものが閉鎖する[1]．

3. 家禽の頭蓋骨の発生

家　禽　鶏胚子の頭蓋骨の発生も軟骨性骨と膜性骨起源の諸骨の組み合わせからなる点で家畜の場合と原則的に同じであるが，個々の事項について鳥類としての特異性を現わし，爬

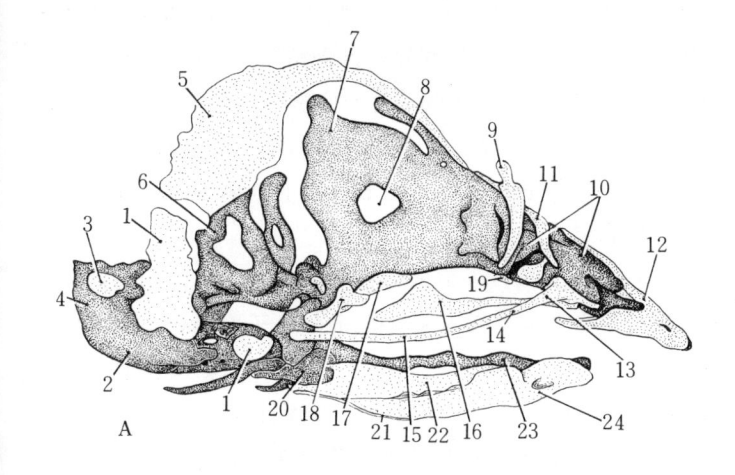

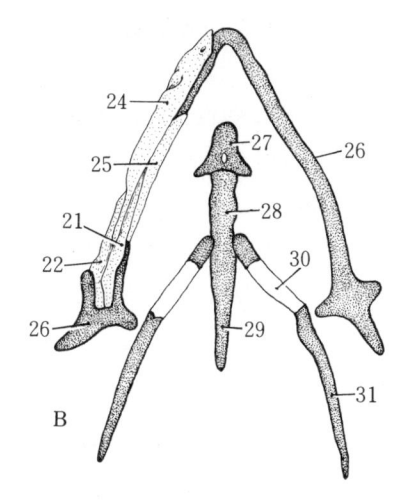

図14-10　鶏胚子（65mm）で頭蓋骨の形成を示す（LILLIE, 模写）
A. 側面　B. 下顎および舌骨部（背面）
黒く濃い部分が置換骨，薄い方が付加骨
1. 側頭骨鱗部　2. 同，岩様部　3. 頭頂骨　4. 後頭骨　5. 前頭骨　6. 蝶形骨　7. 眼窩中隔（篩骨）　8. その交通孔　9. 涙骨　10. 鼻甲介　11. 鼻骨　12. 切歯骨　13. 上顎骨　14. 頬骨　15. 方形頬骨　16. 口蓋骨　17. 前蝶形骨　18. 翼状骨　19. 鋤骨　20. 方形骨　21. 角骨　22. 上角骨　23. 舌骨　24. 歯骨　25. 板状骨　26. メッケル軟骨の残り　27. 中舌骨　28. 底舌骨　29. 舌骨柄　30. 咽頭鰓骨（中舌骨枝）　31. 舌骨角

---

[1] 人の新産子では泉門はまだ広く残り，閉鎖までに生後3年前後かかるが，これは家畜よりも大脳の発達がよいためと思われる．

虫類に似ている[1]．以下，この点を指摘する．

　a）**神経頭蓋**　鶏胚子で軟骨性頭蓋が全体にまとまった軟骨板として脳底に形成されるのは孵卵6〜8日である．この際，眼胞を囲む軟骨片が軟骨板から分離独立している点では，家畜の場合と同様である．しかし，家畜（哺乳類）ではこの軟骨片は後日退化して眼球線維膜となるが，鶏胚子では，骨化して眼球の**強膜骨** scleral ossicles となる[2]．この強膜骨を除き，神経頭蓋を構成する各骨は，膜性骨起源のものも含めて，家畜の場合とちがって縫合によって結合せず，孵化後は完全に癒合して構成骨の境界が次第に不明となる（内臓頭蓋の諸骨は縫合で結ばれる）．

　b）**内臓頭蓋**　内臓頭蓋は膜性骨起原のものが多いが，家畜に比べると軟骨性骨の数が多い．軟骨性骨としては第二鰓弓（舌骨弓）からできるライヘルト軟骨の遠位の部分から**中舌骨**（図14-10の27）とその他底舌骨（28）などの舌骨基底部と**舌骨角**[3]（31）が，第三鰓弓との協力もあって作られる．ライヘルト軟骨の近位端から小軟骨片が分離して**軟骨小柱** columella ができる．軟骨小柱は家畜のアブミ骨にあたるものだが，鶏胚子（鳥類，爬虫類）ではこれが唯一の耳小骨で，中耳に転位して頭蓋骨の仲間からはずれる．以上の第二，三鰓弓から分化する骨格については家畜の胎子の場合と大差がない．

　家畜の胎子の場合と顕著な差異を示すのは下顎骨の構成の経過である．すなわち，第一鰓弓で下顎骨の基礎としてメッケル軟骨が形成される経過は家畜の胎子の場合と同じであるとしても，家畜（哺乳類）の場合なら，その近位端からツチ骨とキヌタ骨が耳小骨として分離し，アブミ骨（ライヘルト軟骨起原）とともに中耳に転出して頭蓋骨から除外されるが，鶏胚子（鳥類）ではツチ骨の原基は割れて下顎骨の構成骨である**関節骨**と**隅骨**[4]になり，キヌタ骨は家畜（哺乳類）の頭蓋構成骨としては全く認められない**方形骨**（図14-10の20）となって，下顎骨と他の上顎諸骨との間に介在する．

　以上は鶏胚子の下顎骨構成骨で軟骨性骨に属するが，他に膜性骨起原のものは**角骨**（21），**上角骨**（22），**板状骨**（25）および**歯骨**（24）で，これらのものはメッケル軟骨を囲んで密集する間葉細胞から直接骨化し，メッケル軟骨の残り（26）は退化消失する．家畜の下顎骨では歯骨のみが主体であるのは上記の如くであるが，鶏胚子では下顎骨を構成する骨の種類が多いばかりでなく，その仲間に軟骨性骨を含むことが大きな違いである．

　鶏胚子の頭蓋骨の骨化は孵卵12日頃より始まる．

---

1) 鳥類はその体制が種々の点で爬虫類と大へん近い構成を示しており，分類学上からもしばしば**蜥形類** Sauropsida として爬虫類と同じ類に扱われ，哺乳類と対比される．
2) 強膜骨は鳥類，爬虫類の持つ特異な形質で，頭蓋骨の一員であるが，成体でも分離独立している点で，発生初期の態度を保っている．
3) epibranchial 上鰓節ともいう．
4) 隅骨原基は早期に関節骨と癒合して独立性を失う．

第6節　体肢の形態発生

　体肢は前肢，後肢とも中胚葉壁側板の間葉細胞が急速に密集増殖して厚くなり，その部分の体表の外胚葉もろとも内部から突き上げて体表面を隆起させ，まずその原基を現わす．これを**体肢芽** limb bud という．体肢芽は牛胎子では体長3～5 mm のときに前肢で第五～十三体節，後肢で第二十二～二十三体節にわたる範囲[1)]で体軸を介して有対に認められる．出現間もない体肢芽はまだ間葉期で，1つの分節で近，遠位の2部に分かれ，近位部は円筒状，遠位部は背腹に平たい楕円塊状のものだが，急速に成長し，むしろその遠位端（指，趾）の側からその家畜の特徴がうかがえる外形が備わり始める（図9-2のA～D）．**付属肢骨格** appendicular skeleton の発達はまず体肢芽の中軸に間葉細胞が密集して肢骨の最初の原基が現われ（図14-11, 12），これが軟骨化し，続いて骨化点すなわち**骨格芽体** skeletal blastema が現われる（豚胎子50 mm，馬胎子70 mm）．肢骨はすべてこのように置換骨で一次骨起原である[2)]．

　軟骨化は体肢芽の外形の整形とは反対に体肢の近位から始まって遠位に及ぶ．例えば，肢

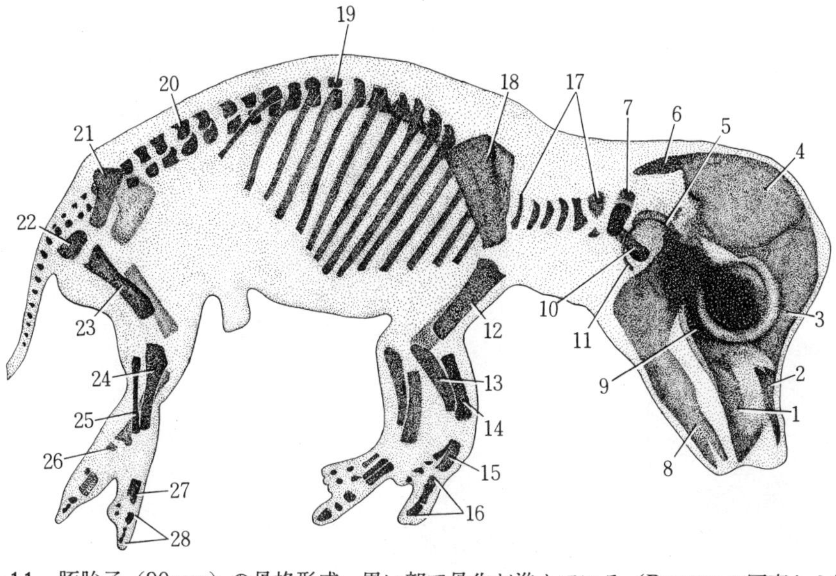

図14-11　豚胎子（90mm）の骨格形成，黒い部で骨化が進んでいる（PATTEN の写真から模写）
1. 上顎骨　2. 鼻骨　3. 前頭骨　4. 頭頂骨　5. 側頭骨　6. 後頭鱗　7. 後頭骨外側部　8. 下顎骨　9. 頬骨　10. 底後頭骨　11. 鼓室胞　12. 上腕骨　13. 尺骨　14. 橈骨　15. 中手骨　16. 指骨　17. 頚椎　18. 肩甲骨　19. 胸椎　20. 腰椎　21. 腸骨　22. 坐骨　23. 大腿骨　24. 脛骨　25. 腓骨　26. 踵骨　27. 中足骨　28. 趾骨

1) ここに体節の数を示したのは，その時期の体肢の位置を示す目標として好都合であるからで，胎子の発育とともに体肢がある体節間の数が減り，限界が次第に狭められる．これらの体節は実際は体肢の発生に対して直接関係がなく，鶏胚子でも体節の部分を全く含まない壁側板の移植実験により，体肢の発生に成功している．
2) 前肢帯骨の1つである鎖骨は人（哺乳類）では骨端の部分だけが軟骨から置換される一次骨で，骨幹は軟骨の段階を経ないで直ちに骨化する膜性骨である．軟骨部は前烏口骨の遺残と考えられる．興味のあることに，鎖骨の膜性骨の部分は全骨格の中でも最初に骨化する．家禽では鎖骨は全く膜性骨で軟骨化しない．

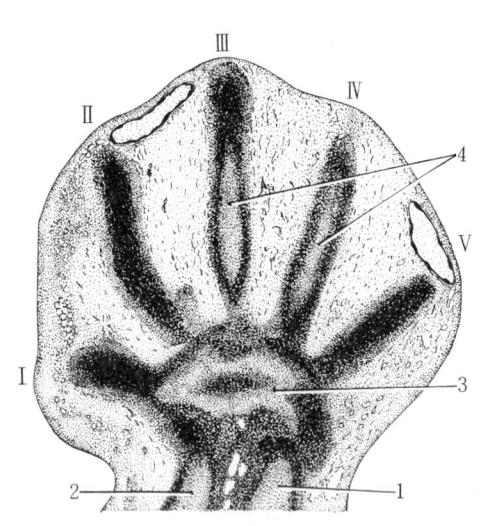

図14-12 猫胎子（10mm）の前肢端の軟骨化，背面から見る（KRÖLLING，模写）
薄い部分（1～4）が軟骨，黒い部分が間葉細胞集団
指骨Ⅰ～Ⅴはまだ軟骨化しない部分が多い
1. 尺骨　2. 橈骨　3. 手根骨　4. 指骨で軟骨化した部分

帯骨と上腕骨（または大腿骨）が初めに軟骨化し，それより前腕骨（下腿骨）の方向に軟骨化が進み，骨の形態はこの時すでに成体で見るものに近い輪郭を備えるようになる．肢骨の発生は，同時にその家畜の宗族発生をもっともよく示すもので，発生経過中に，ことに手根（足根）以下指（趾）に及ぶ骨格原基で，初めその家畜の成体に見られるよりも多くの原基が現われ，それがしだいに指（趾）列数の減少と萎縮，手根骨（足根骨）の合体，萎縮，退化など，その家畜の属する種族の進化の過程の種々相が一個体の発生経過中に表現される[1]．

家　禽（図14-13）鶏胚子で体肢芽の出現が最初に認められるのは孵卵50～55時間で，翼（前肢）はおよそ第十四～二十体節間，脚（後肢）は尾部直前で最後位体節とそれより後位の中胚葉部にかけて円塊状の結節として現われる．孵卵6日にはすでに軟骨化を認め，孵卵10日で翼と脚の形

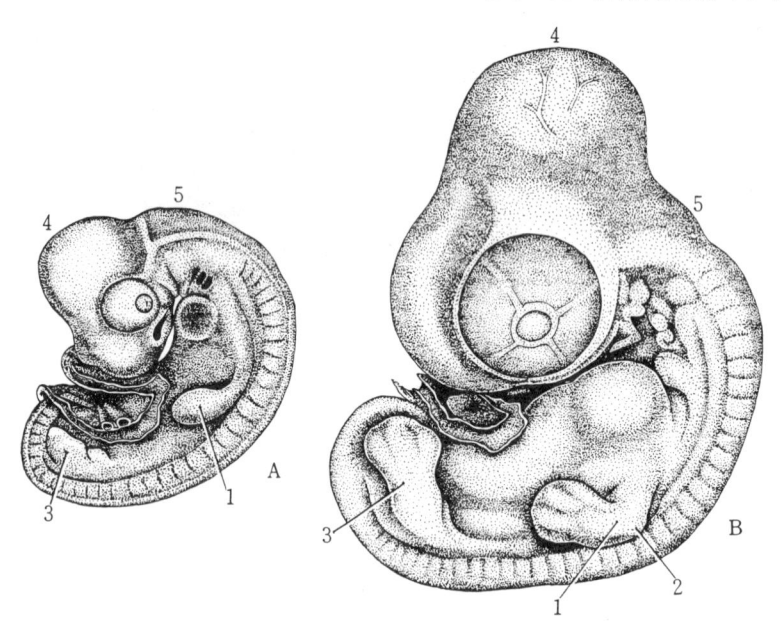

図14-13 鶏胚子における体肢の発生（KEIBEL，模写）
A. 胚齢3日16時間
B. 胚齢5日
A, Bともに体肢はまだ円塊結節状で，Bで翼部に肘関節（2）が現われている（図21-2とも照合）　1. 翼　2. 肘関節　3. 後肢　4. 頭頂結節　5. 項結節

---

1) 家畜解剖学で示されているように，前，後肢骨格は同規（homonomic）骨で，ことに自由肢骨ではその発生様式は前後肢とも全く同じであるが，後肢の骨列遠位端の方が進化による応化度が大きい．

を明瞭に現わし，孵卵13日になると軟骨に骨化点を認める．

第15章　筋の発生

第1節　筋の組織発生

　筋の発生 myogenesis を述べるに先立って，まず筋の種類と性質を説明する．筋には平滑筋，心筋および骨格筋の区別があり，骨格筋と心筋は筋線維に透過光線の屈折率の違いで生じる明暗2帯の横紋が交互に現われるので，平滑筋に対して横紋筋と言われる．しかし，神経分布から見ると，骨格筋は主に脳脊髄神経支配を受ける随意筋であるが，心筋と平滑筋は主として自律神経系支配による不随意筋である[1]．

1．平滑筋の発生

　主として消化器系，呼吸器系，尿生殖器系の内臓管原基や血管原基を囲んで集った間葉細胞が増殖し，しだいに細長くなって**筋芽細胞** myoblast となり，次にこの細胞の長軸に沿って筋形質中に微細な多くの**筋細線維**[2] myofibril が現われ，細胞外形も特有の紡錘状を呈し，1核を含む**平滑筋線維**[3] smooth muscle fiber となり，集って**平滑筋** smooth muscle をつくる．例外として，眼球の虹彩に見られる瞳孔括約筋と散大筋は平滑筋であるが，家畜，家禽ともにこれは外胚葉起原である（215頁脚注2）．

2．心筋の発生

　単一管状心（心臓の発生，166頁参照）を包囲する臓側板の間葉細胞から発生する．**心筋** cardiac muscle の筋芽細胞は平滑筋の場合のように独立しないで，互に突起を出して結びついて網工をつくる．この頃，筋細線維が現われ，しだいにその数を増す[4]．筋細線維には明暗の交互の縞が現われ，これが横に平行に並んで横紋を現わす．

3．骨格筋の発生

　体幹の**骨格筋** skeletal muscle は主として**筋板** myotome（64頁）から，体肢の骨格筋の大部分は**体肢芽の間葉** limb bud mesenchyme から起こるが（後項），分化した筋細胞ではもはや区別がつかない．両起原の細胞はまず筋芽細胞となり，平行に並んで束をつくり，またさかんに細胞分裂を行なって細胞数も核も増し，細胞の両端で隣接するものと結合する．このため筋細胞は著しく細長い線維状（筋線維）のものとなる．以上で分かるように，平滑筋と違って骨格筋線維は1個の独立した細胞ではなく，合胞体としてまとまったものであるから，

---

1) 骨格筋は自律神経系によっても支配を受けている．この場合は筋の緊張 tonus や栄養に関係する．
2) 電子顕微鏡での観察によると，筋細線維はその中を平行に走る多くの**筋細糸** myofilament の束からできている．筋細胞の収縮は actin 筋細糸が myosin 筋細糸の隙間に滑り込むことで起きる．
3) 筋細胞は細く長いから，平滑筋，心筋，横紋筋のいずれの場合でも筋線維ともよばれる．
4) 心筋は体節形成より早期に分化し，心臓の拍動開始後も胎生期間中分裂増殖を続ける．

1つの骨格筋線維の中には何千という核が含まれ，筋形質の中に筋細線維の数が増してくるにつれて，これらの核は筋線維の周縁（筋内膜）に押しやられる．筋細線維には心筋の場合のように横紋が現われる．

筋線維の数はすでに胎子の時代に決まり，生後に増すことはなく，筋の成長は今までにある線維の1つ1つが肥大し，伸長するだけにすぎない[1]．また，骨格筋線維の長さは意外に長く，しばしば1つの筋の筋頭から筋尾まで1つの筋線維が1束となって連続して走る場合も少なくない[2]．

筋に続く**腱**や**腱膜**は筋原基そのものの端から連続的に発生する．

第2節　骨格筋の形態発生

1．体幹および頚部の筋の発生

体幹筋と頚筋は体節の筋板（64頁）を主体として発生する．筋板は各体節ごとに前後にならび，これに対応する神経管からそれぞれ脳脊髄神経の分布を受ける[3]．後に椎骨が間体節的配置に変動するので（153頁），筋板は隣接する2つの椎骨を結ぶ運動筋として発達し，脊柱にムチ運動を起こさせる．すなわち，下級の脊椎動物（魚類など）では骨格筋が筋板の配置そのままの層板状配置を示して，原始的状態に留まっている（図15-1）．しかし，家畜や家禽のような高級者では体肢の発達につれて大きく変化し，筋板はある場合には結合して大きな筋となって体肢と連絡し，筋の走向も複雑となる．

骨格筋は原始的状態では層板状に頭方から尾方にならび，脊柱の部分で**水平筋板中隔**[4] horizontal septum（図15-1の1）で，背側の**軸上筋系** epaxial musculature（2）と腹側の**軸下筋系** hypaxial musculature（3）の2大群に分けられ，前者は脊髄神経背枝，後者は腹枝の分布を

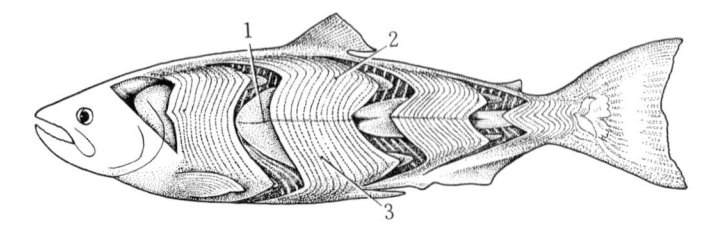

図15-1　魚類で骨格筋が層板状に配置されているのを示す（ROMER，模写）
1．水平筋板中隔　2．軸上筋系
3．軸下筋系

---

1) 人の胎子（4～5月，17cm）で筋線維の数は成人のものと同数である．骨格筋は筋芽細胞から筋細胞に分化すると同時に分裂能力を失うが，残存する筋芽細胞は刺激により分裂増殖が可能といわれる．また，生後の鍛練によっても筋線維数は増さないで，ただ筋形質の量の変化が認められ，個々の線維が太くなったり，細くなったりするだけで，その集りである筋束がその結果太くまたは細くなるだけにすぎない．家畜の肥育の場合もこれと全く同じである．
2) 成人の縫工筋で全長が52cmあるものから34cmの筋線維を引きほぐしたが，まだ先に続いて見られた．半腱様筋でも1つの筋線維が全長にわたって途切れずに続くのを認めた．
3) 発生初期に各筋板に分布する神経をたどれば，以後の発生でその筋板の位置が変わり，形が変わり，または他の筋板と合体しても，その筋の原基の位置を推定できる．
4) 家畜の背最長筋表面を被う腰背筋膜は水平筋板中隔の遺残である．

受ける．

軸上筋系は脊柱の両側を囲んで，
- **横突棘筋系** transverso‐spinalis system（図15‐2の2）
- **最長筋系** longissimus system（3）
- **腸肋筋系** iliocostalis system（4）

の3系に分かれ，中でも横突棘筋系はもっとも深部にあって，体節的性格が強く残され，**多裂筋，棘突間筋，横突間筋**などにそれが認められ，最長筋系，腸肋筋系でもよく現われている．

軸下筋系は壁側板の中を腹方に走り**胸郭筋**や**腹筋**をつくり，**肋間筋**などで体節的性格を強く残し，**腹直筋**の腱画にもこの傾向が現われている．また，**背鋸筋，広背筋，肋骨挙筋，外側頭直筋**などのように，軸下筋起原のものが背方に進出して軸上筋所属のように入り込むものもある．さらに，すでに横隔膜の成立の項（143頁）でも一部説明したように，横隔膜はもともと頚部の軸下筋系の筋板の筋芽細胞が入り込んで頚筋となったものが，発生の経過に伴って腰部近くまで後退したものである．これを支配する横隔神経は第五～七頚神経腹枝がまとまって長く延びたものであり，この点からもこの筋の発生の起原を明らかに示している．

2．頭部の筋の発生

咀嚼筋，顔面筋，咽頭筋および**喉頭筋**など，頭部で目立つ骨格筋のすべてはいずれも第一～四鰓弓由来のもので，これらの部分に間葉細胞が集結して筋の原基が作られる．

しかし，宗族発生学的に筋板から発生すると推定される頭部の骨格筋もわずかではあるが認められる．図15-3はサメで（動）眼筋の発生を示したものであるが，最前位の一般の筋板からさらに頭方に飛び離れて3対の筋板（1）が認められ（中間の筋板

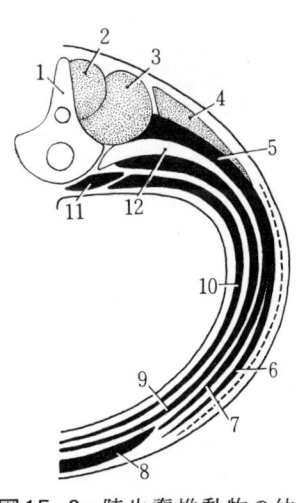

図15-2 陸生脊椎動物の体幹筋の配置を示す（横断）点で埋めた部分が軸上筋，黒帯が軸下筋
1.椎骨 2.横突棘筋系 3.最長筋系 4.腸肋筋系 5,6.外腹斜筋 7.肋間筋 8.腹直筋 9.内腹斜筋 10.腹横筋 11.頚長筋 12.肋骨

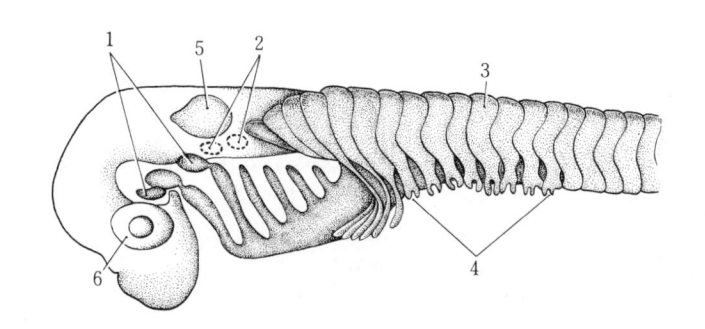

図15-3 サメの胚子で筋板の発生を示す（ROMER，模写）
1.最前位の筋板より頭側にある対の筋板 2.耳胞で圧迫されて退化した筋板 3.一般の筋板 4.筋板腹端の分芽（鰓の運動筋，家畜なら前肢筋の原基の一部） 5.耳胞 6.眼胞

（2）は耳胞の発達による圧迫で退化），これより眼筋が発達する．家畜ではサメの3対の筋板に相当するものが，それぞれの間葉細胞の集団として眼杯（214頁）の囲りで原基を作る．しかし，その神経分布はサメの場合と全く同じであると分かり[1]，直接の証明はないが，宗族発生学的に，眼筋は元来が筋板由来のもので軸下筋系に属した，と考えられている．

同じ意味から，舌筋も，もとは筋板に由来するものとされている[2]．

3. 体肢の筋の発生

前，後肢の骨格筋はすでに体肢の骨格の発生の際に触れたように，壁側板の間葉細胞が増殖して，肢骨が発生する際に（159頁），これに関連して体肢芽を囲んで筋の原基が間葉細胞の集団（体肢芽の間葉）として現われる．なお，一部はこの付近の筋板の軸下筋系の原基も参加するようである（図15-3の4）．

筋原基 muscle primordia の形成に際して，前，後体肢芽に近いいくつかの体節に対応したそれぞれの脊髄神経腹枝が，筋原基が筋に分化する以前にその中に延びてきて，筋原基が数個の筋に分かれれば，神経もまたそれに応じて枝分かれする．

このようにして，筋の1群は肢骨の背側を占める**伸筋群**と他は腹側にあって**屈筋群**に分化するが，分化の進行は肢骨の場合と同じに，まず近位の筋から分化してゆく．

第16章　循環器系の発生

第1節　血管の初期発生

血管と血球が最初に現われるのは胚子の体内ではなく，卵黄囊表面の中胚葉臓側板に**血島** blood island として散在性に発生する[3]（78頁）．以後，血島は羊膜鞘で囲まれた**臍帯原基**，絨毛膜，胚子体内のそれぞれの中胚葉層に次々と現われる．

血島の形成過程を卵黄囊を例にとってみると，まず中胚葉層（図16-1の6）から間葉細胞が分離して小集団をつくり，突起を失って**血球芽細胞** hemocytoblast（1）に分化し，一部は液化して血漿となり，また，これらを囲んで扁平な1層の**内皮芽細胞** endothelioblast（5）も現われ，ある場合には内皮芽細胞が増殖して毛細血管壁を離れて血球芽細胞になる．血球芽細胞は分裂増殖して血色素を形成して**赤血球**[4] erythrocyte（2〜4）になる他に，白血球，リンパ球などもつくられる．すなわち，血島は一次造血器でもある．このような閉鎖された囊状の血島が次々と結ばれ，交通し，近くのものと吻合して**原始毛細血管網** primitive capillary

---

1) 動眼筋は全部で6種類あるが，その中で上，下，内側直筋と下斜筋の4種がすべて動眼神経（脳神経，Ⅲ），上斜筋が滑車神経（Ⅳ），外側直筋が外転神経（Ⅵ）で，神経分布から言えば3種類で筋板の数と一致する．すなわち，動眼神経支配の4種類の動眼筋はもと1個の原基から分かれたものである．
2) 舌筋は舌下神経（Ⅻ）支配を受け，宗族発生学的に，この神経は後頭部体節の筋板に分布するからである．
3) 発生時期は早く，家畜で体節形成前または初期，鶏胚子では孵卵1日ですでに発現する．
4) 鶏胚子では孵卵2日で肉眼でも卵黄囊表面に点々と赤斑点状に血島が散在するのを認める．

net がつくられ，その中のあるものは管腔が拡大し，内皮の外側に間葉細胞が集まって後には血管の**中膜**や**外膜**に分化する．最初に形成されるのは卵黄血管[1]（**卵黄嚢動脈** vitelline aa., **卵黄嚢静脈** vitelline v.）で，これらは**臍帯**を経て胚子の体内に向かって伸び，尿膜にも血管が現われて（**尿膜動脈，尿膜静脈** allantoic a. and v.）[2] 同じく**臍帯**に向かう．この頃，胚体内でも中胚葉臓側板に多くの血島が現われて血管や血球が出現し，同時期に作られた心臓と連絡をとげる一方，**臍帯**を通して胚体外血管とも結ばれて，ここに**胎生期〔血液〕循環** embryonic circulation が開始される．

血島による造血機能は発生の初期にだけ行なわれ，やがて二次造血器（肝臓，脾臓，骨髄，リンパ節，胸腺）が次々と出現するようになると，これらのものにその役割をゆずる[3]．それとともに，以後の血管の発達は，胚子の発育につれて血管壁が発芽するように伸長してその求めに応じ，血管系はしだいに整備されてゆく．

第 2 節　心臓の発生

1. 単一管状心の形成

心原基 heart primordium はまだ胚子が胚（子）部表面に平たく拡がっていた時期に，神経板（62頁）の両側で臓側中胚葉と原始腸管を囲む内胚葉の間に間葉細胞の集団すなわち**造心〔臓〕中胚葉** cardiogenic mesoderm として現われ，次第に集合して**心隆起** heart prominence をつくる．

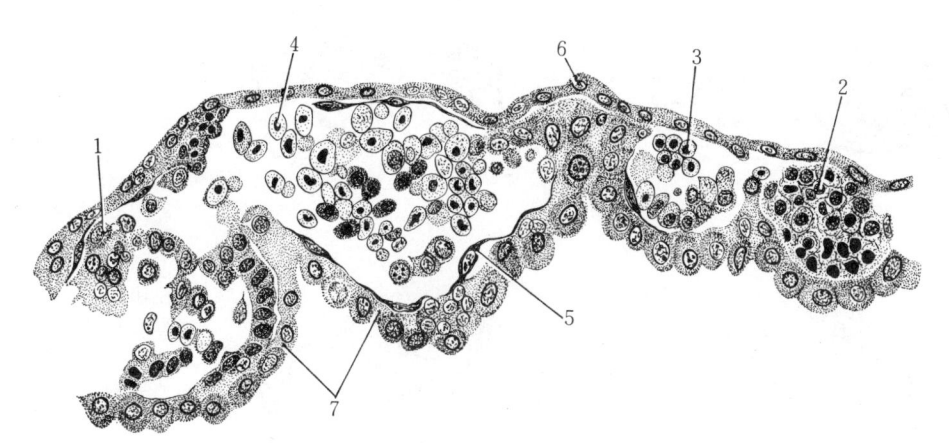

図 16-1　卵黄嚢血管と血球の発生（犬胎子25日）を示す組織図（BONNET，模写）
　　1. 血球芽細胞　　2,3,4. 番号順に分化する赤血球芽細胞（まだ核を認める）　5. 毛細血管内皮
　　6. 中胚葉層　　7. 内胚葉層（卵黄嚢）

---

1), 2) 卵黄循環は家畜では発生初期にだけ行なわれ，嚢の退化とともに消失し，尿膜血管系が入れ換って，絨毛膜と協力して胎盤の循環系が確立する（79頁）．しかし，家禽では卵黄循環は胚子の栄養摂取源として孵化時まで極めて重要で，周縁静脈 marginal vein は孵卵2日（14体節）ですでに認められる最初の血管で，この静脈輪は日々に延びて卵黄の植物極に向かい，完全に包囲するのは孵化も間近い頃になる（76〜80頁も参照）．
3) 肝臓，脾臓の造血機能は胎子の時代だけで，生後は病的な例外を除いて全く停止する．

この間葉細胞の集団は，血管発生の場合と同じ形式によって1層の内皮芽細胞で囲まれた**心内膜原基** primordium of endocardium（将来の心内膜）となり[1]（図16-2Aの3），この部の外側も肥厚して**心筋心外膜原基** primordium of epimyocardium となり，これら両原基は次第に融合してここに**原始心** primitive heart が形成される（豚胚子2〜3体節，鶏胚子3〜5体節）．前腸が形成されると，両側の原始心は前腸頭部（咽頭部）の腹正中位に接近合体して円筒状の**単一管状心** single tubular heart となる（図16-2 豚胚子10〜13体節，C，D図；鶏胚子7〜10体節）．この時，心筋心外膜原基は心内膜原基を全く包囲して背位で**心間膜**[2] mesocardium（11）により壁側中胚葉に移行し，単一管状心を体腔（心膜腔，13）に吊り上げた形をとる．心内膜原基と心筋心外膜原基の間は初めは膠様物質[3]で満たされてほとんど細胞を見ないが，心筋心外膜原基から間葉細胞が分離して間隙を満たし，やがてこれから**原始心筋層** primitive myocardium が分化する．また，心筋心外膜原基の表面に**原始心外膜** primitive epicardium が分化し，壁側板にも反転移行する．これとともにこの時期になると心内膜原基は**原始心内膜** primitive endocardium の形態をとるようになる．間もなく背側心間膜が退化消失すると，単一管状心は心膜腔でわずかに頭，尾端を心膜で支えられ，単一管状心自体は中央のくびれで頭側の**原始心室** primitive ventricle（図16-3の1）と尾側の**原始心房** primitive atrium（4）に分かれ，前者は**動脈幹** arterial trunk（12）に，後者は**静脈洞** venous sinus（13，14）に通じる．

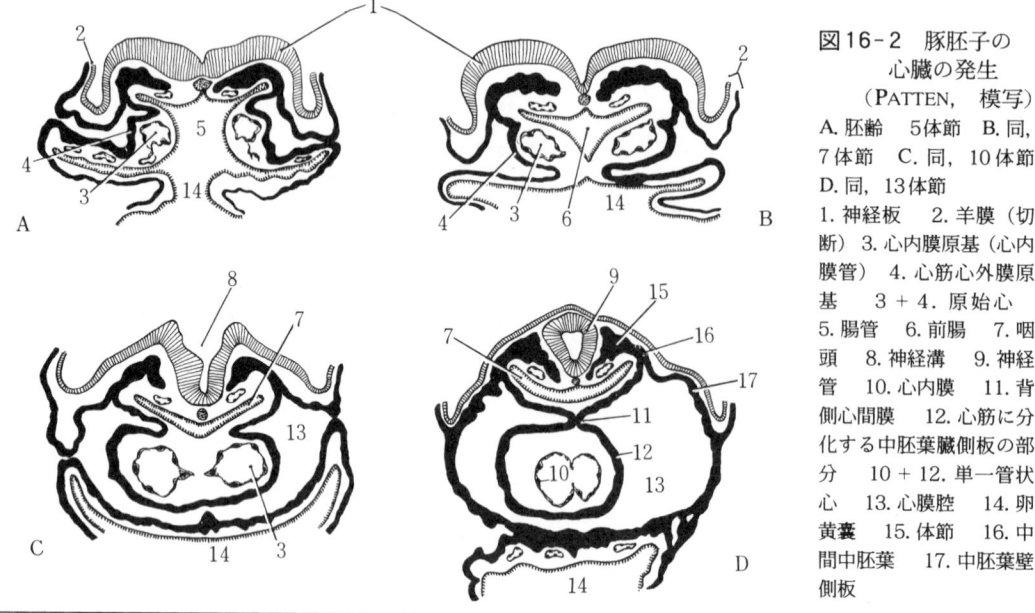

図16-2 豚胚子の心臓の発生（PATTEN，模写）
A. 胚齢 5体節 B. 同，7体節 C. 同，10体節 D. 同，13体節
1. 神経板 2. 羊膜（切断） 3. 心内膜原基（心内膜管） 4. 心筋心外膜原基 3+4. 原始心 5. 腸管 6. 前腸 7. 咽頭 8. 神経溝 9. 神経管 10. 心内膜 11. 背側心間膜 12. 心筋に分化する中胚葉臓側板の部分 10+12. 単一管状心 13. 心膜腔 14. 卵黄嚢 15. 体節 16. 中間中胚葉 17. 中胚葉壁側板

---

[1] 心内膜原基を内胚葉起源と考える学者もいたが，SABIN（'20）の鶏胚子の生体観察その他により，哺乳類，鳥類を通じ中胚葉起原が定説となっている．
[2] mesentery of heart ともいう．
[3] 心〔臓〕ゼリー cardiac jelly という．

2. 単一管状心の発達

単一管状心は急速に成長を続けて長さを増すので，限られた心膜腔の中でS状に曲がり（A図）（S状心 S-shaped heart），このため尾側が尻上がりになるので原始心房（4）が原始心室の背位を占める（B図）．

せり上がった原始心房は横幅が増して，上から動脈幹を抱き挟むようにして自身も左右に膨らむ（C図）．これが左心房（5）と右心房（6）の始まりであるが，まだこの時期には，両房は単一の腔にすぎず原始心房とよばれる．また，この頃には原始心室と動脈幹の間に膨れた動脈球 aortic bulb が現われて原始心球 primitive bulbus cordis（7）を形成する．そこで，心臓の発生はここまでの段階では，原始心房，原始心室，原始心球の3部に分かれ，これらは，まだ，一連の拡大した管腔にすぎず，原始心房は静脈洞から続き，静脈洞は左右それぞれの卵黄嚢静脈，尿膜静脈，総主静脈[1] common cardinal v.（前，後主静脈が合流する管）からの静脈血を受ける．また，原始心球は原始心室からその静脈血を受けて動脈幹に送り，動脈幹は左右2本に分かれて（170頁），その血液をそれぞれの側の第一大動脈弓（第一鰓弓動脈）first aortic arch（I）に送りこむ[2]．

3. 心房の分画

まだ単一な原始心房と原始心室を結ぶ連絡部は，外部に現われるくびれでも分かるように狭く，その連絡部を房室管 atrioventricular canal とよぶ（豚胎子4 mm）．やがて，房室管を囲む背，腹壁の一部で，それぞれ原始心内膜下層の間葉細胞が肥厚して隔壁のように心

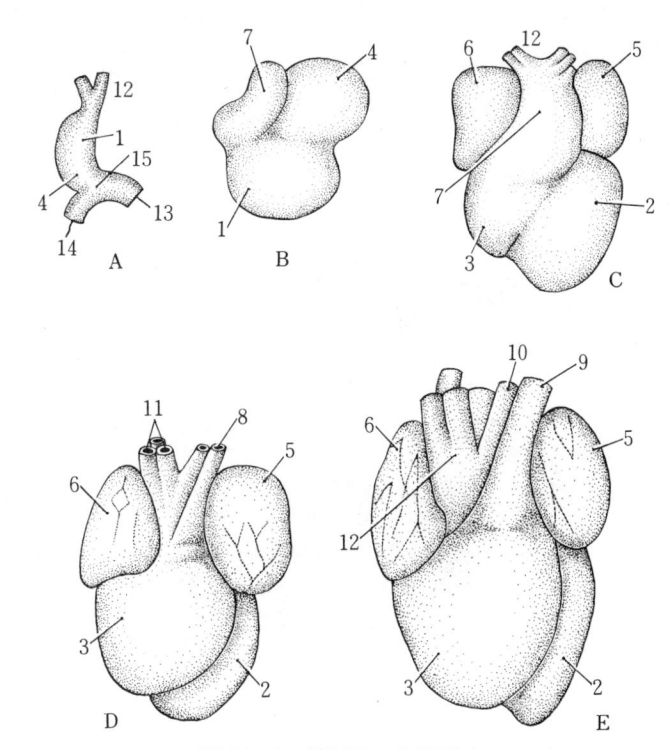

図16-3　鶏胚子の心臓形成
A〜Eの順に進行

1. 原始心室　2. 左心室　3. 右心室　4. 原始心房　5. 左心房　6. 右心房　7. 原始心球　8. 肺動脈　9. 左肺動脈　10. 右肺動脈　11. 腕頭動脈および下行大動脈　12. 動脈幹　13. 静脈洞左角　14. 同，右角　15. 洞房口

---

[1] 以前にキュービエ管 ducts of Cuvier とよばれた．
[2] この循環型は魚類で終生行なわれる方式で，心臓は静脈血だけが通過して，これを鰓に送ってガス交換が行なわれて，動脈血となり，それが心臓にもどらずに直ちに体循環に入る．家畜（哺乳類）や家禽（鳥類）で心臓発生の経過中に宗族発生学的にこの方式が認められたわけだが，魚類と違って鰓弓動脈のさきで毛細血管（ガス交換のための）が退化して現われず，鰓弓動脈は他の動脈に連絡する（後項170頁参照）．

内膜隆起 endocardial cushion（図16-4の4）が現われ，これが房室管の中央で接触結合して**房室口心内膜隆起** atrioventricular endocardial cushion となるので結局，房室管は左右の房室口に分画される．

この頃，単一の腔であった原始心房でも，正中矢状面で引き続き2枚の中隔が発生し心内膜隆起に向かって伸び始める．この中で腹側の心内膜隆起に向かうのが**一次〔心房〕中隔** primary septum（1）とよばれる薄い膜様の半月ヒダで，一応原始心房を左右に分画するが，まだ心内膜隆起にとどかず半月の凹湾縁が**一次〔心房間〕孔** primary (interatrial) foramen を作り両原始心房の交通孔として右心房から左心房へ血液が流れこむ．一次中隔が成長し，一次心房間孔が狭くなると，中隔の背方が破れて新しく**二次〔心房間〕孔** secondary (interatrial) foramen（3）が出現してこの役を引きつぎ，その頃には一次心房間孔の遊離縁が伸びて腹側心内膜隆起に到達するのでこの孔は閉鎖する[1]．

一方，背側心内膜隆起に向かう他の1枚の中隔が**二次〔心房〕中隔** secondary septum（2）で，一次中隔と接近して発生し，これも半月状に進出して房室口心内膜隆起に向かい，ついに目指す心内膜隆起に到着し，ここに至って胎生（孵卵）時代の**心房中隔** interatrial septum は一応でき上がり，心房は左右に分画される．しかし，これは生後の心房中隔とは構造も意義も違っているので，次にこれについて詳しく説明する．

二次中隔は一次中隔に比べると厚い筋層を持つ隔壁だが，完全な遮断性のものではなく，壁の中心部に近く**卵円孔** oval foramen（10）とよばれる欠損部が見られる．卵円孔は相ならぶ一次中隔の二次心房間孔（3）からずれて腹位にあるから，右心房の血液はまず卵円孔を通り抜け，つづいて薄膜状の一次中隔（1）を押しのけて二次心房間孔（3）を通過して左心房に出る．このためには右心房に帰流する後大静脈の口（12）が卵円孔と向かい合

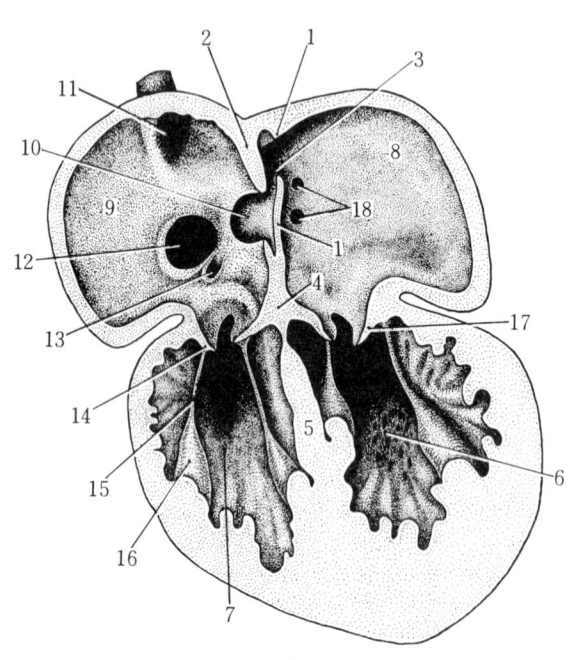

図16-4 心臓卵円孔の閉鎖
（豚胎子出産直前，PATTEN, 模写）
1. 一次中隔　2. 二次中隔　3. 二次心房間孔　4. 心内膜隆起
5. 心室中隔　6. 左心室　7. 右心室　8. 左心房　9. 右心房
10. 卵円孔　11. 前大静脈口　12. 後大静脈口　13. 冠状静脈口
14. 三尖弁　15. 腱索　16. 乳頭筋　17. 僧帽弁

---

[1] 両生類の場合は一次心房間孔の閉鎖までで発生が完了し，二次心房間孔はつくられない．すなわち，二心房一心室で左心房は肺からの動脈血を，右心房は全身循環を終わった静脈血を受け，心室にはこの両房の血液がともに入りこみ混合する．

わせになっているので，その血流が直接，孔に向かって流入するのに都合がよい[1]．卵円孔の存在は肺循環を必要としない胎（胚）子にとって，その発生経過中重要な意味をもっている[2]．

静脈洞は，まだ心房が単一の腔であった頃（原始心房）は左右に角状に拡がり，中央の**洞房口** sinoatrial orifice（図16-3Aの15）で広く心房に通じ，左右の角（**左角** left sinal horn および**右角** right sinal horn）（13，14）には既述のように卵黄嚢静脈，尿膜静脈，総主静脈等の静脈群が通じていた．しかし，肝臓の発達に伴い，右角の静脈群が強大になり，左角のものの多くが退化消失し右角だけが発達して，この結果，静脈洞は右に偏り，左角は左心房から離れ，結局，静脈洞は右心房と合体する[3]．成体の心臓に見られる**分界溝** terminal groove はこの両者の外側からの境界線を現わしたもので，それが心房内では**分界稜** terminal crest として残り，固有の心房との境を現わし，**大静脈洞** venous sinus が右角に由来する部分である．また，左角の残りは［**左心房**］**斜静脈** oblique vein of left atrium，**冠状静脈洞** coronary sinus として認められる[4]．

4. 心室の分画

原始心房で上記のような分画が起こっている間に，原始心室内の尾方でも原始心房で見られたのと同じ様式で心内膜隆起が現われ，これは半月形の**心室中隔** interventricular septum（図16-4の5）となって上行し，半月の両端でそれぞれ房室管の背，腹心内膜隆起に結合する．したがって，心室中隔は一応心室を左右に分画したが，半月縁が円形の**心室間孔** interventricular foramen として残る[5]．しかし家畜（哺乳類）や家禽（鳥類）ではこの孔も間もなく閉じて心室中隔が完成する．この結果，心室中隔は房室口心内膜隆起，心房中隔に結ばれるから（2＋4＋5），これで一応成体で見られる房室中隔の基本が成立する（豚胎子20～22日，鶏胚子6～8日）．

また，動脈幹や原始心球にもそれぞれ中隔が現われて分離し，後にはこれが大動脈と肺動脈になり，大動脈は左心室に，肺動脈は右心室に通じる[6]．この際，原始心球はそれぞれ心室の一部として取り容れられて基が広くなり，成体でも見られる**動脈円錐** conus arteriosus が作られる．

---

[1] 後大静脈から送られてくる血液は，胎盤で呼吸循環と栄養循環を終わった新鮮で栄養の高い血液を含むから，このような血液が直ちに卵円孔に向かって肺（無気肺）を経ずに全身循環に入るのは胎子の生活にとって合理的である．
[2] 発生中の胎子の肺は無気肺で萎縮し，肺循環のための多量の血液を右心室に送る必要がなく，ガス交換は母体の胎盤を通して（鶏胚子ならば尿膜循環を通して）行なわれる．卵円孔は右心室に入る血液量を調節する．胎子の右心房は左心房よりも血圧が高く，このため多くの血液が卵円孔を通じて直接左心房に送られる．逆流は膜状の一次中隔が**卵円孔弁** valvula foraminis ovalis としての役割を果たして防ぐ．生後一次中隔は二次中隔に癒着して孔が塞がって**卵円窩** fossa ovalis となり，**卵円孔縁** limbus foraminis ovalis は**卵円窩縁** limbus fossae ovalis となる．
[3], [4] 家禽（鳥類）では静脈洞が右心房の一部としてとり容れられないから，冠状静脈は直接右心房に開かず，左前大静脈に連絡するので，冠状静脈洞がない．
[5] 爬虫類の心臓発生はこの段階にとどまる．
[6] 馬で大動脈幹と肺動脈幹は30～32日で分離確立する．また心房，心室，心内膜の変形あるいは異常は心奇形の原因となる（Vitums, 1981）．

5. 房室弁，乳頭筋および半月弁の発生

房室口が心室に口を開く周壁には早くから房室弁の原基として，心内膜隆起から膜性ヒダが突出する．また，心室の筋層の中でも内層には網眼状の**肉柱** trabecular carneae が多く形成され，その中の強大なものが数個の**乳頭筋**に発達する．乳頭筋は上記の膜性ヒダと**腱索**で連絡して**房室弁** atrioventricular valve が作られる．

また，大動脈や肺動脈の基部に認められる**半月弁** semilunar valve は，上記のようにこれらの動脈をつくるために動脈幹や原始心球を二分した中隔の残りから発達する．

第3節　血管の分化

血管は初めは独立して胚体外と胚体内で発生し（164頁），胚体内で単一管状心（心臓のはじまり）が成立するころ，これらの三者が結合して初めて血液循環が始まる．

1. 動　脈

心臓を出た動脈幹は初めは腹側大動脈（図16-5の4）として左右相称の2本の大血管に分かれ，前腸の腹側を体軸の両側に沿って前進し，鰓腸の腹面に達するとそれぞれの側の第一～六鰓弓の中に現われた弧状の**大動脈弓** aortic arch（鰓弓動脈）(5) と次々に結ばれ[1]，これらの動脈は背方に上行してそれぞれの側の**背側大動脈** dorsal aorta (7) と連絡する（馬胎子7 mm，鶏胚子4日）．背側大動脈は前腸の背側で脊索の腹側を併行して後走する有対の基幹大動脈で，腹部大動脈とともに原始大動脈ともよばれる．

6本の大動脈弓の中で第一，二，五は家畜（哺乳類）や家禽（鳥類）では両側のものとも全く消失し，**第三大動脈弓**（図16-6の3）は両側とも残って**内頚動脈**（図16-6の3）の起部となり，しかも，背側大動脈 (2) で第三，四大動脈弓を結ぶ部分が消えるので，内頚動脈は背側大動脈から分離して腹側大動脈と結ばれ（図16-6 B），その基部が将来の総頚動脈 (5) となり，一方で腹側大動脈は頭方に前進して後にそれぞれ**外頚動脈** (4) となる．家畜では左側の**第四大動脈弓**は将来最も重要な基幹大動脈である［完成］**大動脈弓**［definitive］aortic arch (9) となる部分で，早くから太く発達し（豚胎子22日），**下行大動脈** (10)（背側大動脈が1本にまとまった）と結ばれる．しかし，右側の同名の動脈は背側大動脈が消失するので手がかりを失い，**右鎖骨下動脈**（B図の11）として体幹の右前半にだけ分布する．

第六大動脈弓は**肺動脈** pulmonary a. (6, 7) ともよばれ，それぞれ肺動脈が出るが，家畜（哺乳類）では特に左側のものに特徴がある．左第六大動脈弓 (6) は背側大動脈と胎生時代に完全に連絡し，右心室から肺に送られるはずの血液の大部分を直接背側大動脈に送る．すなわち，左第六大動脈弓で肺動脈分岐部より遠位にあって，背側大動脈に至る**動脈管** ductus arteriosus, arterial duct (8) がそれで，生後は管腔を失って**動脈管索** ligamentum arteriosum とし

---

[1] 大動脈弓は頭方から第一～四，六の順に発生し，最後に第五が現われるがすぐ消失する．第六大動脈弓は左右に分かれない動脈幹の基部で，その両側に起こる．

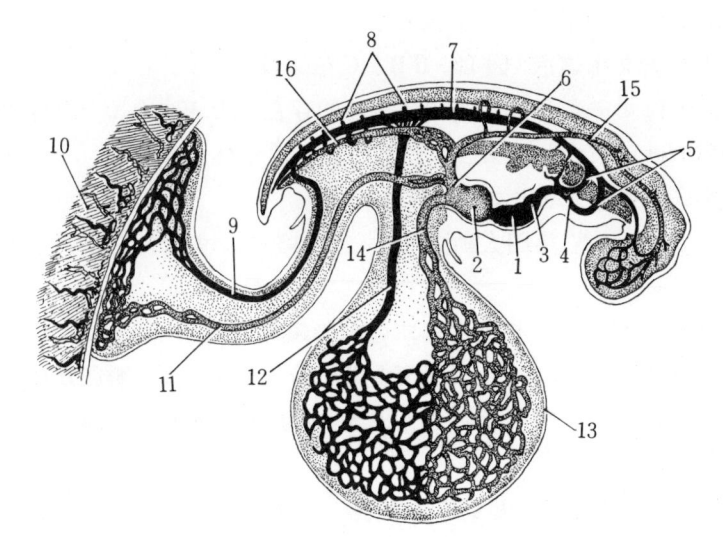

図16-5 豚胎子の主要血管の形成を示す模式図（PATTEN，模写）有対の血管の一側だけが示されている（黒いのが動脈）
1．原始心室　2．原始心房　3．原始心球　4．腹側大動脈　5．大動脈弓　6．総主静脈　7．背側大動脈　8．節間動脈　9．尿膜動脈（臍動脈）　10．胎盤　11．尿膜静脈（臍静脈）　12．卵黄嚢動脈（臍腸間膜動脈）　13．卵黄嚢　14．卵黄嚢静脈（臍腸間膜静脈）　15，16．前および後主静脈

て残る．しかし，右第六大動脈弓は同側の背側大動脈が退化するのでこれと連絡できず，右肺動脈（7）を派出するにとどまる．豚では右第六大動脈弓は全く消失し，肺動脈は左第六大動脈弓からだけ出る（豚胎子17 mm）．

　動脈の形成を見ると，筋板や椎板の場合と同じに，もともとは体節的分布を示している．既述の大動脈弓がその1つの例であるが，背側大動脈でも各体節間ごとに**背側節間動脈** dorsal intersegmental aa. を出し，これがさらに**背側枝** dorsal branches と**腹側枝** ventral branches に分かれる[1]．後走する背側大動脈は初め有対であるが，やがて尾方から結合しはじめて遂に1本にまとまり，多くの節間動脈もこの頃には統合され，または消失して，これによってしだいに原始的性格を変えてゆく[2]．一方，背側大動脈の**外側分節動脈** lateral segmental aa. からは後に横隔動脈，腎動脈，生殖巣（腺）動脈などが出る．背側大動脈の**腹側分節動脈** ventral segmental aa. からはこの他に，次のような動脈が出る．

　卵黄嚢動脈 vitelline a.（図16-5の12）　1対からなり卵黄嚢に分布し，**臍腸間膜動脈** omphalo-mesenteric a. とも言われる．家畜の胎子では卵黄嚢が早々に退化し，腸から嚢に至る末梢部が消失するが，背側大動脈から腸に至る部分が残り，左右合して1本となり，多くの腸間膜動脈をまとめて**腸間膜動脈** mesenteric a. となる．

　尿膜動脈 allantoic a.（9）　有対で，それぞれ膀胱側壁に沿って膀胱尖に達し，これより尿膜管（79頁）に沿って**臍帯**を通り尿膜に分布する．後に胎盤が形成されると絨毛膜まで延び

---
[1] 背側枝から椎骨動脈，脳底動脈，甲状頚動脈，肋頚動脈が，また腹側枝から鎖骨下動脈，前肢軸動脈，肋間動脈，腰動脈などが後に発達する．
[2] 腸が体壁から離れて腸間膜が形成されると，これらの節間動脈腹側枝のあるものは基部がまとまって1つになり，腸間膜動脈となる．

て**臍動脈** umbilical a. となる[1]．その他に**腹腔動脈** c(o)eliac a.（不対），**後腸間膜動脈** caudal mesenteric a.（不対），**内腸骨動脈**，**後肢軸動脈**などが残る．

2．動脈系について鶏胚子との顕著な相違点（図16-6 B，Cを比較）

a）家畜の外頚動脈（図16-6の4）の一部は鶏胚子では一時的存在にとどまり（一次外頚動脈），二次外頚動脈が内頚動脈（3）の枝として第三大動脈弓基部近くから分枝し，一次外頚動脈の遠位部と吻合し，後者の近位端が退化する．

b）大動脈弓（9）は家畜の場合と反対に右第四大動脈弓から発達する．また，左第四大動脈弓は全く退化する（孵卵8日）．

c）したがって，家畜で第四大動脈弓から分枝するはずの両側**鎖骨下動脈**（11）は，初め体節動脈から起こり，後に第三大動脈弓から起こった**総頚動脈**（5）と交通する（孵卵8日）．

d）動脈管は両側の第六大動脈弓にともに残存して（8，8′），孵卵中は肺循環の調節に重要な役目を果たし，孵化時には萎縮する．

e）尿膜動脈（家畜で後に**臍動脈**）は尿膜面に広く拡がる（ガス交換のため）が，右尿膜動脈は左よりも発達が悪く，孵卵8日以降しだいに退化する[2]．

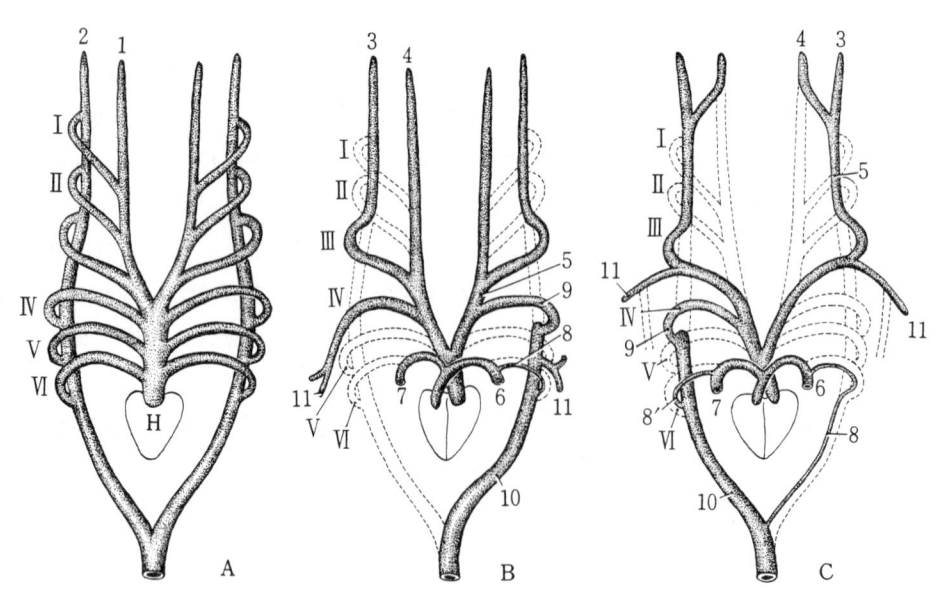

図16-6 大動脈弓の分化を示す模式図（腹側から見る）
A. 基本型　B. 哺乳類　C. 鳥類　Ⅰ〜Ⅵ. 第一〜六大動脈弓　H. 心臓
1. 腹側大動脈　2. 背側大動脈　3. 内頚動脈　4. 外頚動脈　5. 総頚動脈　6, 7. 左および右肺動脈　8, 8′. 動脈管
9. 大動脈弓　10. 下行大動脈　11. 鎖骨下動脈

---

1) 生後は**臍動脈**の基部は内，外腸骨動脈となるが，それより膀胱尖に至る部分は管腔を失って外側膀胱間膜 lateral vesical fold として残る．
2) 家畜では**臍動脈**として2本ともよく発達する．

3. 静　脈

血管の発生は最初に現われたものが，そのままの部位で発達するというケースは少なく，むしろその血管の退化，別の血管の新生，合体，移動のくり返しで，しだいに成体のような分布に近づく．この傾向は，ことに静脈系で顕著である．

a）**発生初期**　静脈も動脈と同じに，初め毛細血管網が整理統合され，1本の血管にまとまる．最初に，まとまった血管として心臓に流入する静脈は卵黄嚢，腸管の血液を運ぶ**臍腸間膜静脈** omphalomesenteric v.（図16-5の14），尿膜静脈と，胎盤からの**臍静脈** umbilical v.（11）で，共に有対で，それぞれの側の**総主静脈** common cardinal vein（6）を経て心臓の静脈洞に開く．また，体軸を縦走する1対の**前，後主静脈** precardinal and postcardinal vv.（15, 16）とよばれる基幹があって，いずれも総主静脈を経由して心臓に向かう（牛胎子6〜17 mm）．

b）**前大静脈の成立**　左右の前主静脈（図16-7の1, 1′）は横の結合枝（図16-7の5）で結ばれ，左総主静脈の退化消失[1]によって（D図の3″）左前主静脈は結合枝より近位が心臓と連絡をたたれて消失するので，血液はすべてこの結合枝を通じて右側に運ばれる．このようにして，結合枝も太くなり，右前主静脈で結合枝より近位は遂に1本の主幹，すなわち，**前大静脈** cranial vena cava（D，E図の4）となって心臓と結ばれる[2]．

c）**後大静脈の形成**　体幹後部は初めは有対の後主静脈（2, 2′）があるだけだが，中腎（183頁）が発達する頃には，これを還流した血液を収容するため，中腎内側に沿って1対の**主下静脈**（B図の6, 6′）subcardinal v. が出現して，後主静脈と併走する．この中でも，右主下静脈は静脈管（175頁）と連絡して太く発達し，左主下静脈と合体して，1本の太い**後大静脈** caudal vena cava（7）となる．

後大静脈より前位で，左右の後主静脈は横の結合枝（10）で結ばれるが，尾方では左右とも中断される（D図）．このうち，左側のものは頭方でも左総主静脈の退化で心臓とも連絡を断たれるので，わずかに横の結合枝（10）を通じて右の後主静脈にすがり，心臓との連絡を保つ．これが成体に見られる**半奇静脈** hemiazygous v.（12）である．右後主静脈は成体で**奇静脈** azygous v.（11）となる[3]．

後大静脈後位でも左右の後主静脈は結合枝で結ばれ（D図），この結合枝が太くなり，左後主静脈は結合部より頭側が退化して，その結果，右後主静脈1本だけとなり，これが始めの後大静脈の尾方に続いて一直線となり（E図の7），この頃，後主静脈背位に形成された**主上静脈** supracardinal v. と連合し（特に右側，13′）骨盤腔や後肢を還流した血液はことごとく

---

[1] 心筋を循環した血液の左総主静脈への流入口だけが残って冠状静脈洞となる．家禽では左総主静脈は退化しないで右と同じに残るから，前大静脈は有対である（175頁も参照）．
[2] 成体で結合枝は左腕頭静脈（16）となり，左前主静脈で結合枝より遠位が内頚静脈，右では遠位が右腕頭静脈（16′）および内頚静脈（18）となる．無名静脈 innominate vein は現在腕頭静脈を示す．
[3] 反芻類家畜・豚では他の家畜と全く反対側で奇静脈の形成が行なわれる．したがって左後主静脈から奇静脈，右から半奇静脈ができるが，右はしばしば退化する．これらの静脈につながる肋間静脈は動脈の場合と同じに体節的性格を示す．

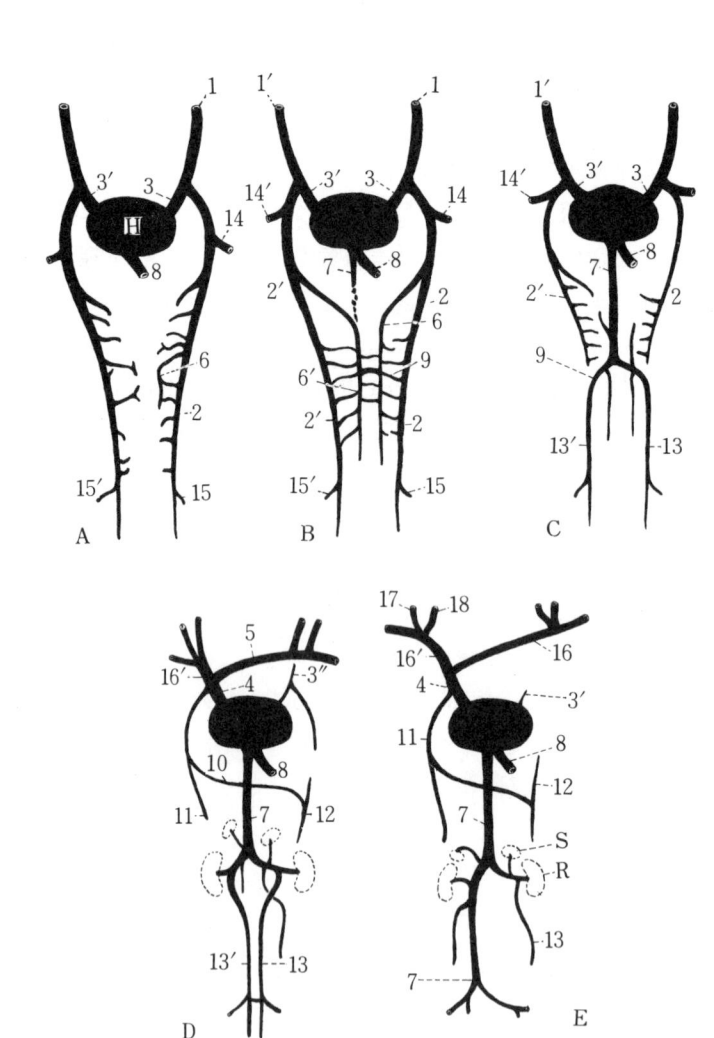

図16-7 豚胎子で主要静脈の成立を示す（HUETTNER，一部変更）
A〜Eの順に進行
1. 左および 1′. 右前主静脈 2. 左および 2′. 右後主静脈 3. 左および 3′. 右総主静脈 3″. 退化した左総主静脈 4. 前大静脈 5. 前主静脈の結合枝 6. 左および 6′. 右主下静脈 7. 後大静脈 8. 肝静脈 9. 結合枝 10. 後主静脈の横の結合枝 11. 奇静脈 12. 半奇静脈 13. 左および 13′. 右主上静脈 14. 左および 14′. 右鎖骨下静脈 15. 左および 15′. 右外腸骨静脈 16. 左および 16′. 右腕頭静脈 17. 右外頸静脈 18. 右内頸静脈 H. 心臓 R. 腎臓 S. 副腎

この基幹に収容されて心臓に送りこまれ，後大静脈系が確立する（豚胎子30〜35 mm）．

d) **門脈の成立**　肝臓が原始腹側腸間膜内で発生し始めると（136頁），まず，左右の**臍腸間膜静脈**（図16-8の1,1′）がその経路の途中で肝臓に取り容れられて毛細血管で結ばれ，遠位が肝臓への**肝輸入静脈** afferent veins of liver（7），近位が**肝輸出静脈（肝静脈）** efferent veins of liver（hepatic vv.）になる．これら有対の静脈の中で，肝輸出静脈では左が退化して右が残り，後に肝静脈となって後大静脈に注ぐ．肝輸入静脈のその後は変化に富み，家畜では卵黄嚢が早目に退化するから，この静脈の末端である卵黄嚢静脈も萎縮し，結局，腸，胃に分布する静脈の部分（**前，後腸間膜静脈**）が末端となり，これらの血液が肝輸入静脈としてまとめられて肝臓に入る．左右の肝輸入静脈は図16-8のCに示すように，交互に部分的に残り，1本の〔肝〕**門脈** portal vein（of liver）（8）となり，ここに門脈系が成立する．

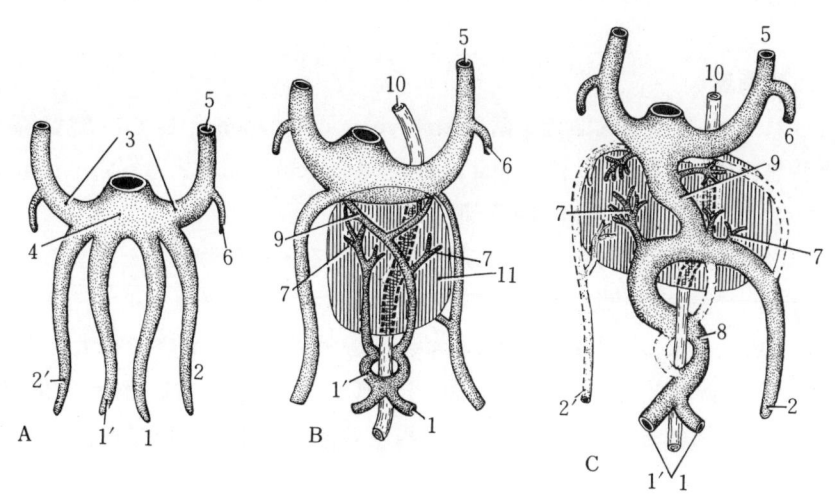

図16-8 門脈の成立経過を示す模式図
A～Cの順に進行
1. 左および 1′. 右臍腸間膜静脈　2. 左および 2′. 右臍静脈　3. 総主静脈　4. 静脈洞　5. 前および　6. 後主静脈
7. 肝臓への輸入静脈　8. 門（静）脈　9. 静脈管　10. 腸管　11. 肝臓

しかし，胎子では成体に見られない胎盤循環があって，これが胎生期間を通して肝臓と関係を持つ．すなわち，初期には左右の**臍静脈**（2, 2′）は臍腸間膜静脈からでる連絡枝で肝臓と結ばれ，後には**右臍静脈**（2′）は除外され，**左臍静脈**（図16-9Cの2）だけで肝臓に血液を送りこむが，胎盤の発達とともにそこを流れる全血液をことごとくは収容しきれず，その調整のため，一部の血液は肝臓を経過しないでその腹面を通って直接肝静脈と結ぶ**静脈管** ductus venosus (9) を作って静脈血量の調整を行なう．静脈管の出現によって役目をうばわれた左輸出管（C図右の破線の管）は退化する[1]．

4. 静脈系について鶏胚子との顕著な相違点

a) **前大静脈**　鶏胚子（鳥類）では総主静脈は左右とも存在する．したがって，前大静脈も左右1対からなる．

b) **臍腸間膜静脈**　遠位の卵黄嚢静脈は初め有対だが，その後右側1本にまとめられ（孵卵100時間），孵化時まで存在し，卵黄嚢が腹腔内に収容されるに及んで退化する．門脈（卵黄嚢静脈の近位）には胃，腸，膵臓，脾臓からの静脈（腸間膜静脈）が合流し肝臓右葉に入るが，他に独立して筋胃や腺胃からの静脈があって左葉に入るので，前者を**右門脈**，後者を**左門脈** right and left portal veins とする．

c) **臍静脈**　尿膜静脈 allantoic v. として尿膜に分布し，呼吸循環を主とする．初め体壁の静脈として現われ，二次的に尿膜の輸出静脈に結ばれ，左臍静脈が残る（孵卵4日）．孵卵

---

[1] 左輸出管の退化によって，この管が運ぶ血液の心臓への入口である静脈洞左角も萎縮する．

後半では卵黄嚢静脈よりも顕著に発達し，孵化期が近づくと退縮する．門脈循環に介入しない．

5. 胎子の血液循環

成体に見られない胎生期〔血液〕循環 embryonic circulation として，卵黄循環 yolk sac circulation と胎盤循環（尿膜循環）placental or allantoic circulation があり，いずれも胎子の体外で行なわれるが，卵黄循環は家畜（哺乳類）では早く止む．

胎子または家禽胚子では成体のように心臓に帰流する新鮮な動脈血というものがない．胎盤（家禽なら尿膜）で酸素を供給され（栄養分もとり入れて）臍静脈（図16-9の4）の中を帰流する血液は，胎子にとって新鮮な動脈血だが，静脈管や門脈を経て後大静脈に合流して心臓にもどるから静脈血と混合している（図16-10）．胎子としては母体への依存度が高く，自身のエネルギーの消耗も少ないので，この程度の混合血ですむのであろう．出産によっ

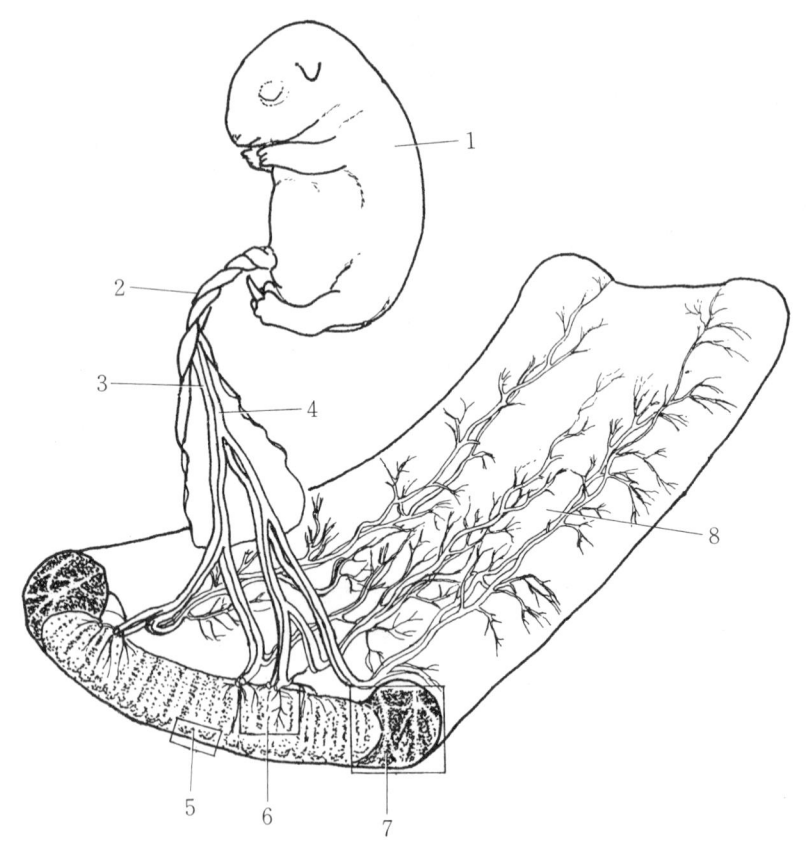

図16-9 哺乳類の胎子胎盤血管系を示す（犬）．
帯状胎盤の中央で切断し，その断面構造を示す
1.胎子　2.臍帯　3.臍動脈　4.臍静脈　5.接合帯　6.迷路部　7.血腫部　8.尿膜表面

て胎盤と臍帯が失われると，存在意義がなくなり，臍静脈は**肝円索** round ligament of liver に，静脈管は**静脈管索** ligamentum venosum となって遺残する．

次に，胎子は無気肺であり，肺動脈に**動脈管**（3）（170頁も参照）があるから肺循環の血液量はわずかで，したがって肺から左心房に帰流する血液量は少ない．それが，生後直ちに肺呼吸が始まって肺が拡大すると大量の血液が肺に流れこみ，それが左心房に帰流する．出産とともに新産子はこのような新事態に一瞬にして直面するようになる．これに対して，左心房がよくこの血圧に耐えて心臓機能が引き続き円滑に遂行されるについては一応の理由がある．すなわち，左心房は胎子の時代には卵円孔を通じて多量の血液が右心房から流れこみ（168頁），この血圧に耐えるように左心房の心筋層はこれまでに強化されていた．それが，出産とともに，卵円孔は左心房の血圧が増すことで**卵円孔弁**が押されて孔を塞ぎ（169頁脚注2），これで右心房からの血液流入も止むので，肺からの血液量が急に増しても流入源が切り換えられた程度で大差なく，その負担に耐えられると考えられている．この結果，ひき続いて卵円孔弁の孔縁への密着，動脈管の閉鎖[1]（動脈管索となる）などが行なわれる．

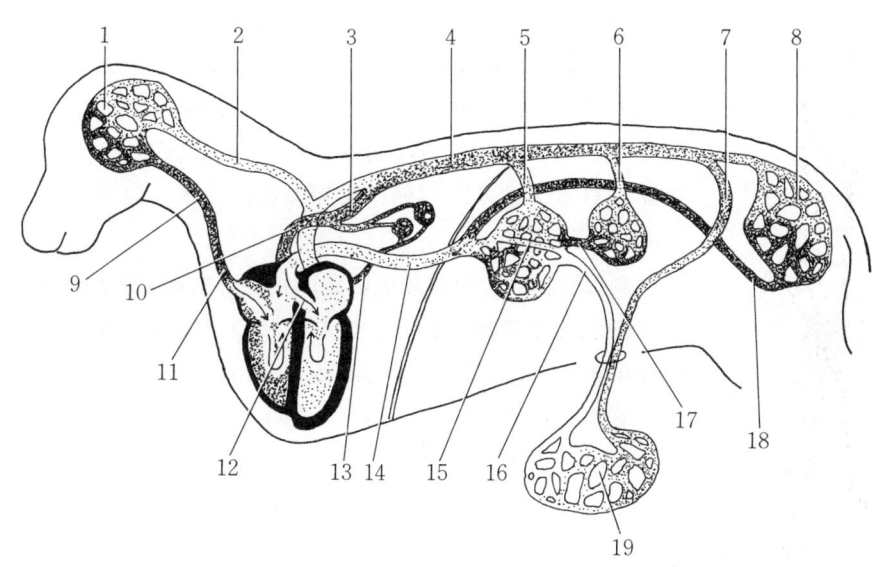

図16-10　胎子循環系の模式図（ZIETZSCHMANN と KRÖLLING）
血流中に含まれる酸素濃度に従ってこの図では血管が4段階に区分されている．
1. 毛細血管網　2. 総頸動脈　3. 動脈管　4. 大動脈　5. 腹腔動脈　6. 腸間膜動脈　7. **臍動脈**　8. 毛細血管網　9. 頸静脈　10. 肺動脈　11. 前大静脈　12. 卵円孔　13. 肺静脈　14. 後大静脈　15. 静脈管　16. **臍静脈**　17. 門脈　18. 後大静脈　19. 胎盤毛細血管

[1] 出産とともに動脈管の筋層が収縮して，管内を通過して直接大動脈に向かう血液量を急速に減少させる．これと同時に，肺が初めて空気を吸入して急に拡張し，多量の血液を肺内に導入させるため，一層効果的に動脈管に流入する血液量を抑制する．また一方で，動脈管内層の結合組織が増殖し，家畜で生後6〜8週で管腔は閉じられる．

第4節　リンパ系の発生

1. リンパ管の発生

初め体幹の太い静脈沿いに，血管形成の場合と同じに，間葉細胞が内皮芽細胞に分化して**リンパ嚢** lymph sac (図16-11の6) をつくり，個々の嚢が枝を出して結び合って**毛細リンパ管** lymph capillary やリンパ管網ができる．また，リンパ管自体の出芽によっても波及する．このような管系が体の他の部分にも形成されて，それらが互いに連結されて胎子の全身にゆきわたる．初めは所々で静脈と交通するが，後には頸胸部の基幹の一部（胸管，右リンパ本幹）を除き静脈系から分離する．

2. リンパ節の発生

リンパ管網を囲んで間葉細胞が集結し，それがリンパ球の集団に分化する．これを**リンパ節原基** lymph node primordium という．集団の周縁は**被膜** capsule となり，内部に向かって**小柱** trabecula が入りこみ**リンパ節** lymph node が作られる．この経過中に**輸入**および**輸出リンパ管** afferent and efferent lymphatic vessels が作られるが，近隣のリンパ管が伸展して連絡する場合もある．

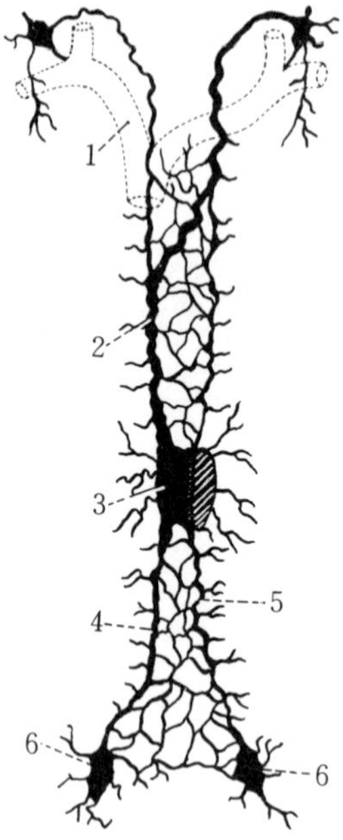

3. 血リンパ節の発生

血リンパ節 hemolymph (hemal) node の原基は発生学的にリンパ系と関係なく，血管発生に関連した間葉細胞から形成されるから，血管系に近い．被膜や辺縁洞はこれとは別に作られ，二次的に血管と結ばれる．血リンパ節は反芻類家畜に多く見られる．

4. 脾臓の発生

背側胃間膜内で腹腔動脈の領域で結合組織細胞が増殖し[1]，速やかに膨大して**脾臓** spleen となる．背側胃間膜の残りが**大網** greater omentum の一部（胃脾ヒダ gastrolienal ligament）として脾臓を胃の大弯と結び，脾門がこれに沿う．胎生時には脾臓で白血球の他に赤血球も作られる．

第5節　血球の発生

赤血球は初めは胚子の体外で卵黄嚢の血島に出現し（豚胎子13～20体節）（図16-12），卵黄嚢の退化とともに造血部位は尿膜（絨毛膜）の血島に移る．続いて肝臓が発達するとこれが造血器官の中心となって活動する（胎生中期）．次には脾臓，骨髄と中心が移り，

図16-11　原始的リンパ管網が統一されて，胸管が形成される過程を示す (SABIN, 模写)
1. 前大静脈　2. 胸管　3. 乳ビ槽　4. 腸リンパ本幹
5. 腰リンパ本幹　6. リンパ嚢

---

[1] 背側胃間膜を作る中皮も一部混じると考えられている．

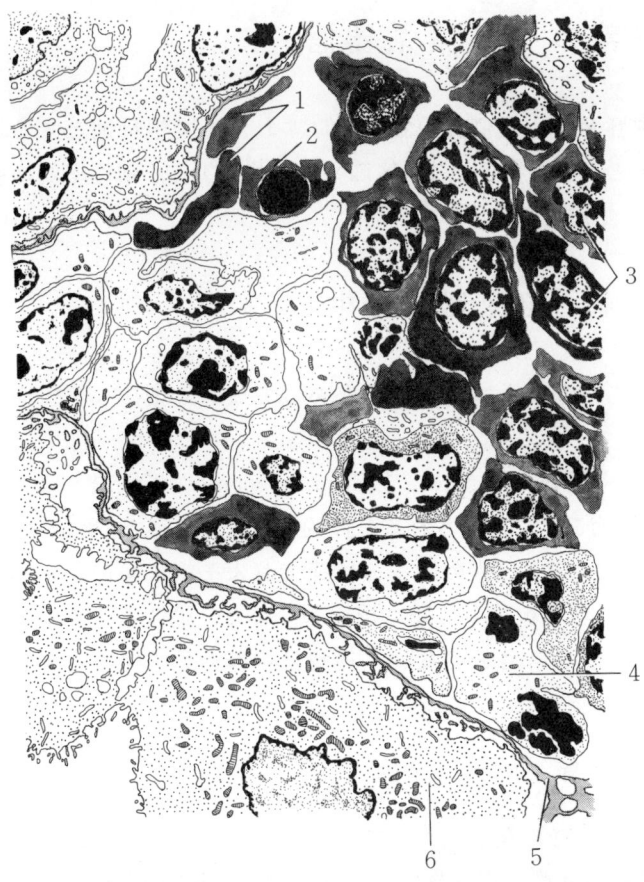

生後は骨髄が唯一の赤血球造成器官となる[1].

白血球は胎子期には肝臓，脾臓，骨髄，胸腺，リンパ節等が主要な生産器官である．生後，肝臓は正常の場合には血球生産に関係しない．

図16-12 卵黄嚢造血の電顕組織（犬）．妊娠50日の血島の一部　卵黄嚢上皮（内胚葉）に囲まれて原始毛細血管がつくられ，その内部に各発達段階の赤血球がみられる．赤血球形成 erythrocytopoiesis の各段階の細胞が見られる
1. 赤血球　2. 脱核寸前の赤芽球　3. 赤芽球　4. 分裂中の赤芽球
5. 内皮細胞　6. 卵黄嚢（内胚葉）

---

1) 豚胎子で3.5cm（35日）までは有核赤血球が循環赤血球の主力であり以後は減少する．胎子肝造血は1.5cm（24日）頃始動し，肝臓の造血巣領域は相対的に3.0cm（30日）期最大である．肝臓の容積増から見た造血巣の絶対的活性は14cm（60日）に最大となる．一方，骨髄造血は5.5cm（42日）から始動する（山内ら，1982，1986，1987）．猫で赤血球造血は卵黄嚢の場合，脈管内発生，肝臓と骨髄では脈管外発生の方式に従う．まず1cm胎子で卵黄嚢造血が始動し12cm期まで続く．肝造血は1.7cm期に始まり8.5cm期まで続く．骨髄造血は5.2cm期大腿骨に造血細胞が出現し，7.7cm期になると造血巣が明らかとなる（Canfieldら，1984）．

II. 狭義の中胚葉系器官

　これに属するものは体節，中間中胚葉および側板中胚葉のいずれかを発生母地とする器官で，この項では尿生殖器の主要部である管系の上皮（体節茎から発生）と，副腎皮質の腺細胞（側板中胚葉から発生）を主として取り扱う[1]．

第17章　泌尿器の発生

　泌尿器は発生学的にも解剖学的にも生殖器と共通の部分があってこれと密接な関係を持ち，ことに雄でその傾向が強い．

　腎臓は発生学的に**前腎** pronephros, **中腎** mesonephros, **後腎** metanephros の三段階を経て形成される．この中で前腎と中腎は各体節ごとに形成される分節的，有対の器官で（**腎板** nephrotome, 図6-6の4），頚部から腰部におよび（人の胎子の体節でおよそ第三頚節から第四腰節の範囲），頭方から尾方に向かって各腎板ごとに順に出現し，また，退化もこの順に従う．それ故，前，中腎が全部出そろうということはない．後腎は中腎の尾方でまとまった1対の器官をつくる[2]．

第1節　前腎の発生

　まず初めに下級脊椎動物の活動的な前腎の発生について説明する．

　前腎の出現は早く，まだ体節と腎板が分離する以前に（図17-1A），後者の背壁が肥厚して間葉中を外方に突出し，内腔ができて，屈曲した**前腎細管** pronephric tubule（5）となり，基部は漏斗状に開いた**腎口** nephrostome となって，直接体腔に開く（腎板は体節から離れる）．細管の外端は尾方に曲がって，すぐその尾側に隣り合わせた前腎細管の外端と結び，以後これを繰り返しながら縦に延びる**前腎管** pronephric duct（6）が作られる．このようにして前腎管の尾端は前腎細管が作られる腎板の範囲を越えて尾方に伸展して，遂に排泄腔に到達する．一方，体腔側では大動脈から各腎板ごとに枝が出て，臓側中胚葉を押し上げて糸球体が隆起する．しかし，これは前腎細管とは直接関係のない**体腔糸球体** coelomic glomerulus

---

[1] この他に体節の筋板から骨格筋の一部が発生するが，間葉系も関係するから，これは間葉系器官の発生の項で取り扱った（161頁）．また，側板は体腔の中皮（65頁）となって広く分布する．

[2] 腎臓の個体発生は泌尿器の進化を適確に示すものとして，宗族発生学的にも興味深い．前腎は脊椎動物の最下級の円口類と，魚類の中でも下級者である軟骨魚類で終生を通して泌尿器として働く．次に魚類の中でも高級な硬骨魚類，両生類では前腎は一時的で，後に中腎と代わる．これより高級な爬虫類，鳥類，哺乳類では前腎は発生の初めから退化的で，胚子の時代には中腎が一時的に働くが間もなく退化し，一部が雄で生殖腺の導管として残り，結局は両生類以下では見られない後腎が終生を通じ泌尿器として活動する．普通，腎臓とよぶのはこの後腎のことである．

(7)で，これから出る排泄液はまず体腔に出され，それから腎口を通じて前腎細管にとり入れられて，前腎管を通じ排泄腔(17)から外界に出る．しかし，尾方の前腎細管では，基部に近く細管の背壁がくぼみ，ここに糸球体を収容するようになるので，この場合は内糸球体 internal glomerulus (8)であり，これを囲む細管の部分とともに**前腎小体 pronephric corpuscle**と言われ，後腎にみられる腎小体と同じ構造になる．

家畜や**家禽**の胚子で，前腎は頭側に数体節を残してその後位に早期に出現する（家畜6〜14体節期，鶏で5〜16体節期，孵卵30〜50時間）．前腎細管は退化的で，完全な管腔を作らずたちまち消失し（鶏胚子孵卵4日），糸球体も形成されない．しかし，鶏胚子では前腎細管の腎口付近の体壁で体腔に向かって体腔糸球体の痕跡を認める．

以上の退化的な傾向とは反対に前腎管はよく発達する．前腎管は初め充実した細胞索として尾方に延び，尾端は遂に排泄腔側壁に達し，間もなく細胞索に内腔がゆきわたって完全な前腎管となる（猫でおよそ36体節期）．前腎管はやがて前腎の尾方に現われる中腎細管と連絡をとげて，名称を中腎管と改める．

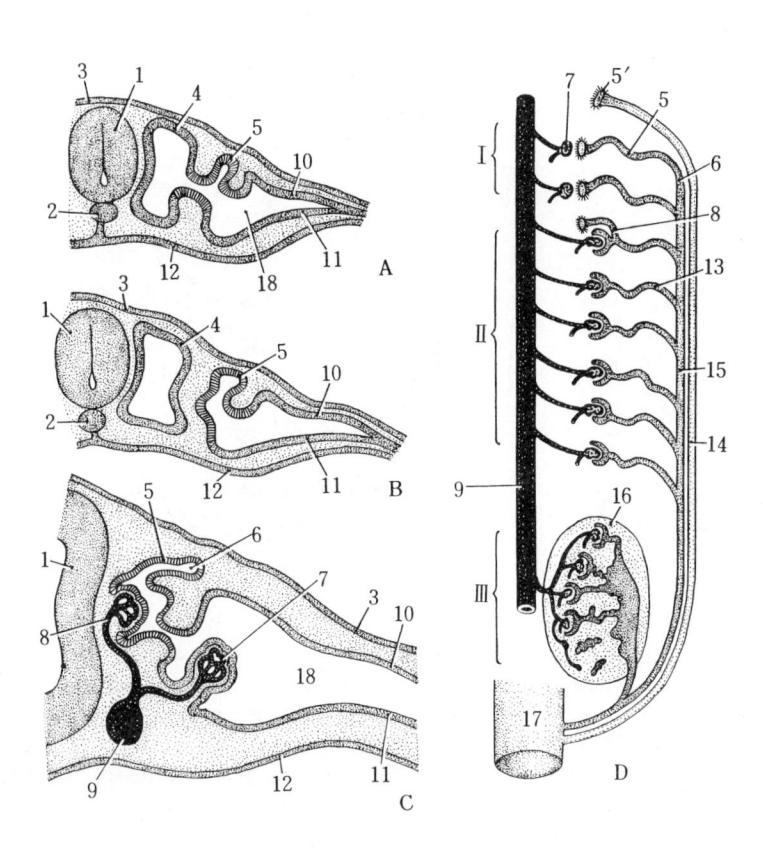

図17-1 腎臓の発生を示す（模式図）
A〜C. 前腎の発生
D. 前, 中, 後腎の発生
I. 前腎　II. 中腎　III. 後腎
1. 神経管　2. 脊索　3. 胚子の体表の外胚葉　4. 体節（中胚葉）5. 前腎細管または中腎小胞（中間中胚葉）　5′. 中腎傍管開口　6. 前腎管　7. 体腔糸球体　8. 内糸球体，D 図で前腎細管　9. 大動脈　10. 中胚葉壁側板　11. 中胚葉臓側板　12. 原腸を囲む内胚葉　13. 中腎細管　14. 中腎傍管　15. 中腎管　16. 後腎　17. 排泄腔　18. 体腔

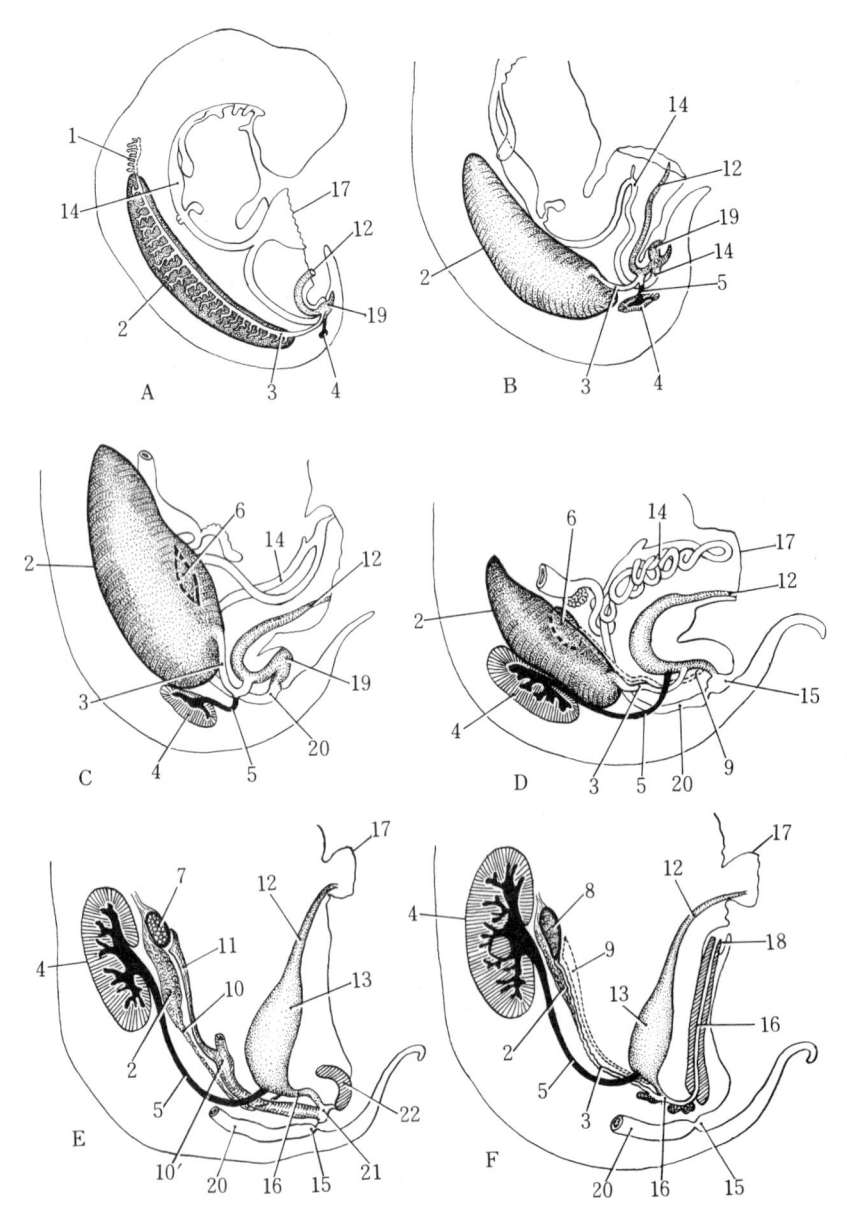

(182)　第3編　第17章　泌尿器の発生

図17-2　豚胎子で中腎の発達と退化および後腎の出現を示す模式図（PATTEN，一部変える）
　　A.胎齢6mm　B.同，10mm　C.同，15mm　D.同，35mm　E.同，85mm（雌）　F.同，85mm（雄）
1.前腎　2.中腎　3.中腎管（精管）4.後腎　5.尿管　6.生殖巣原基（未分化）7.卵巣　8.精巣　9.中腎傍管（退化）　10.中腎管の退化しつつあるもの　10′.子宮腟原基　11.卵管および子宮（中腎傍管の発達したもの）12.尿膜管　13.膀胱　14.消化管　15.肛門　16.尿道　17.付着茎　18.陰茎　19.排泄腔　20.直腸　21.腟前庭　22.陰核

第2節　中腎の発生

中腎[1]は前腎の尾方で，豚胎子でおよそ第十四〜三十二体節（鶏胚子で第十六〜三十体節）になって，腎板から発生する．この領域では，各腎板は体節と側板中胚葉から分離して細胞集団（造腎細胞索 nephrogenic cord）を作り，その中心に腔ができて中腎小胞 mesonephric vesicle（図17-1の5）となり，これが伸びて**中腎細管**（13） mesonephric tubule となる．細管の内端は内糸球体を収容する**中腎小体** mesonephric corpuscle で，これより背外側に向かって長く屈曲し，外端は外側を走る前腎管（6）（いまは**中腎管**[2] mesonephric duct, 15）に連絡する．

中腎細管の内方端は拡張して，ここに毛細血管網である**糸球体** glomerulus が陥入し，次いで2層性の包である**糸球体包** glomerular capsule となって上記の中腎小体が形成される．

中腎小胞は初めは各腎板に1個現われるから原則としては分節的に配置されるが，直ちに分芽ができて1個の中腎小胞が3〜4個に殖えるので，こうなると，もはや外観からまとまった**中腎ヒダ** mesonephric fold となる．ことに豚の胎子では一時期（60 mm）には中腎は著しく大きい有対の器官[3]となり（図17-3の14），背側腸間膜付着部の両側で体腔の中皮を押し上げて隆起し，頭尾側に縦走する．しかし，後腎が発達してくると，中腎は急速に退化し（図17-2のD〜F），雄ではその一部が生殖腺の導管として残るが（190頁），雌では全く消失する．

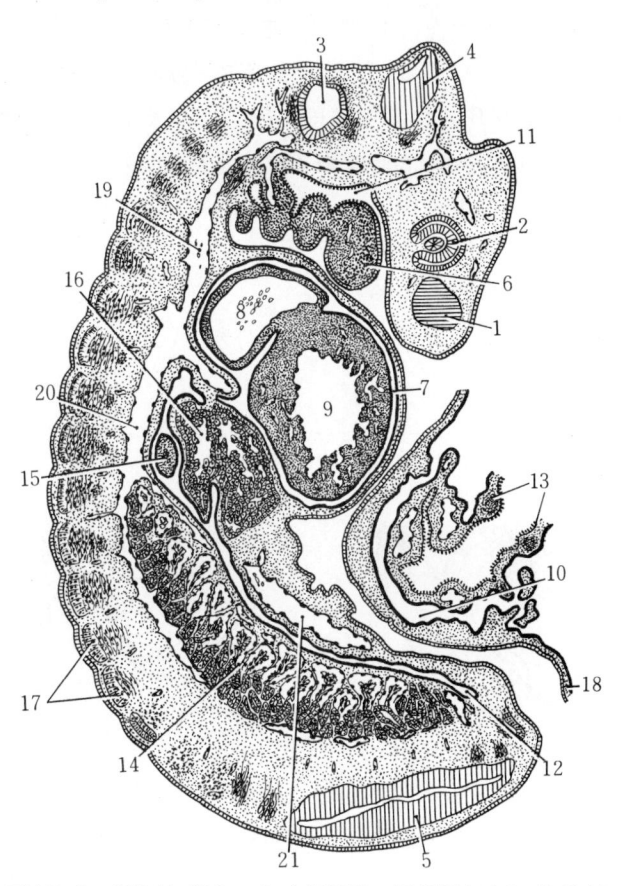

図17-3　豚胎子（5.5mm）中腎発達の最盛期を示す（矢状断，正中軸より少しはずれる）（PATTEN，模写）
1. 終脳　2. 眼胞　3. 耳胞　4. 後脳　5. 脊髄　6. 下顎隆起　7. 心膜腔　8. 心房　9. 心室　10. 胚外体腔　11. 咽頭　12. 胚内体腔　13. 卵黄嚢　14. 中腎　15. 肺芽　16. 肝臓　17. 体節　18. 羊膜断面　19. 前主静脈　20. 後主静脈　21. 臍静脈

---

1) **原腎** Urniere（独）または**ウォルフ体** Wolffian body ともよばれる．
2) **ウォルフ管** Wolffian duct ともよばれる．
3) 有蹄類家畜の中腎は一時的に大きく発達し，この時期は中腎管の中にも排泄液が増すので，機能的に有意義と思われる．

第3節　家畜の後腎とその導管の発生

1. 後腎の成立

後腎の原基は2つある．第1の原基は中腎管の尾側端で排泄腔に開く部分の壁から1個の**後腎憩室** metanephric diverticulum（図17-4 Bの5）として膨出し，これが後腎の導管部を作り，第2の原基は中腎の場合と同じに，中腎の後位の腎板から起こり，後腎の腺部となる．違うところは，後腎では，いままでにある中腎管を導管として使わないで，新しく後腎憩室から別のものを，しかも，逆の方向から敷設する[1]．

最初に現われるものが後腎憩室で（豚胎子5〜6mm）先のつまった盲管として頭方に伸び（図17-4のB5），基部は細く尿管となる（C9）．後腎憩室の先は中腎ヒダに続く**造後腎芽体** metanephrogenic mass（第2の原基，図17-5の1）中に突入し，後腎憩室の盲端が膨れた**原始腎盤** primitive pelvis（2）となる．これより枝が放線状に出て分枝に分枝を重ねて深く造後腎芽体中に入り[2]（図17-5のA〜E），このようにして将来の腎盤，腎杯，乳頭管，集合管が順次形成されてゆく．

一方，造後腎芽体もこまかく分離して，それぞれ後腎憩室の分枝の遠位端を帽子状に囲

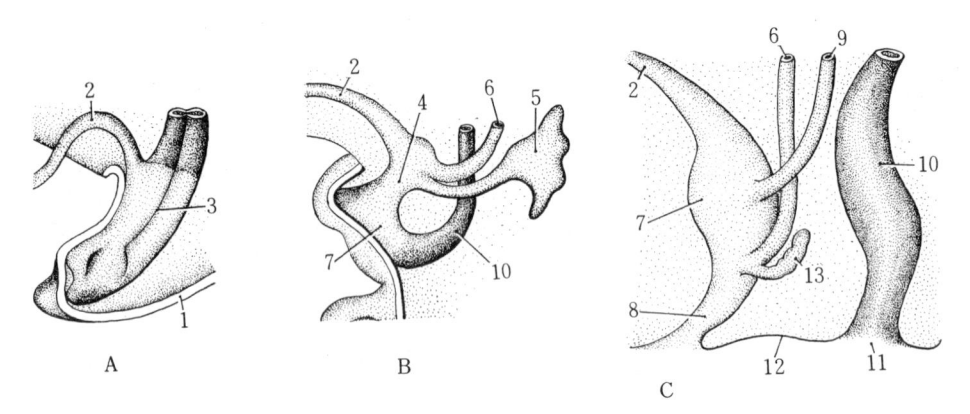

図17-4　哺乳類の雄で後腎憩室の発生と会陰の成立を示す半模式図（KOLLMANN, 模写）
A〜Cの順に進行

1. 胎子体壁の断面　2. 尿膜管　3. 尿直腸中隔　4. 尿生殖洞　5. 後腎憩室　6. 精管（中腎管）　7. 膀胱　8. 尿道　9. 尿管　10. 直腸　11. 肛門　12. 会陰　13. 副生殖腺原基

---

[1] しかし，詳しく見れば後腎憩室も中腎管遠位端の一部からできるから，関係は深い．爬虫類以上で，雄では中腎管は後に生殖器系に転入して精管として活動するので，尿管芽は後腎憩室に代わって泌尿器の導管となるため出現するとみられる．しかし，精管の必要のない雌の胚子でも同じように後腎憩室が現われる．この辺に宗族発生学的に見て興味深い問題が含まれている．後腎憩室は尿管芽 ureteric bud ともよばれる．

[2] 分枝は原則として1本が2本（2回目），4本（3回目）と回数を重ね，出産までにおよそ12〜14回行なわれ，これに腺部の伸長も伴い，このようにして後腎は成長してゆく．生後の腎臓（後腎）の大きさの増大は主として尿細管自体の長さ，幅の成長であって，数の増加ではない（PATTEN）．

み，後腎小胞 metanephric vesicle（図17-5の3）となり，さらに，小胞が伸びて尿細管 uriniferous tubule（図17-6の3）となる．この細管の遠位端は糸球体包（6）となって（血管）糸球体（図17-6の5）を抱いて後腎小体（すなわち腎小体 renal corpuscle）をつくる．これらの発生過程はその様式が中腎の場合と全く変わりがなく，ただ，尿細管（後腎細管）は中腎のものよりも長く，後にこれが上記の糸球体包と，それに続く近位曲尿細管（7），ネフロンループ（8），遠位曲尿細管（9）などの腺部（**腎単位** nephron）に分化して集合管に連絡する．

中腎とのもう１つの違いは腎臓への血管分布の様式にある．中腎の場合は大動脈から直接多数の細枝が入りこみ，ここにも体節的性格が強く現われているが，後腎の場合は大動脈から１本にまとまった太い腎動脈が１対でて，それぞれの側の後腎の腎門から入り，腎臓内で多数の細枝に分かれる．

このようにして形成された後腎は，発生のはじめの位置である仙椎部にとどまらずに，その後も伸長してやまない尿管を伴って，いまや退化過程にある中腎の尾側部を越えて生殖腺の前位に進出し（図17-2のE，F），同時に体軸側に回転するので，初め尾方にあった腎門が内側に向かい，対側の腎臓の腎門と対面するようになる．

2．腎盤と腎杯の成立

成体の腎臓の形態は，各家畜によって明らかな特徴を示す部位が多いので，この節の最後に，これを上記の発生学的面から観察してみる．

腎単位は弓状集合管を経て集合管にまとめられ，集合管は１本の乳頭管にまとめられ，結合組織で囲まれて**腎小葉（小腎）** ren(i)culus が成立する．その腎小葉のいくつかが結合組織でまとめられて**腎葉** renal lobe となる．腎葉の中心部が腎盤に向かい**腎乳頭** renal papilla として突出するが，これを囲んで腎盤に通じる部分が**腎杯** renal calyx である．このような様式のものが豚（人）の腎臓であるが，大多数の家畜（馬・羊・山羊・犬・兎）では隣接する腎葉との癒合度が強く，乳頭は１個で**腎稜** renal crest となっている．この場合は腎盤に続いて乳頭を囲む部分の内腔に腎杯を区画する境界がなく，したがって解剖学では腎杯を形成しないとするが，この部分を１個の大きな腎杯と考えるのも可能である．また，牛の場合には腎盤が作られず，これに代わって尿管に続く前，後に分枝する太い管があるが，この管から腎杯が出るのは他の家畜の腎盤の場合と同様であるから，この

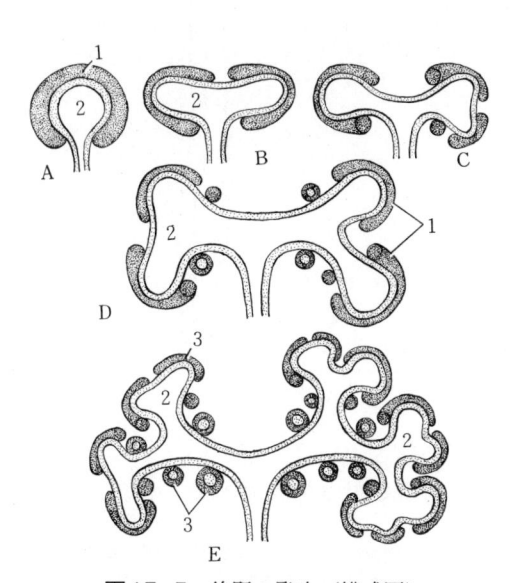

図17-5　後腎の発生（模式図）
A～Eの順に進行
1. 造後腎芽体　2. 原始腎盤　3. 後腎小胞

(186)　第3編　第17章　泌尿器の発生

管を腎盤の変形と見て差し支えなかろう．

3．葉状腎について[1]

　ごく初期の後腎は中腎と同様になだらかに隆起した表面を現わすが，腎葉が発達するにつれて表面に溝が現われ，しだいにその数を増す．家畜や人（哺乳類）の胎子の腎臓が一時期において，すべて**葉状腎** lobated kidney であるのはこのためで，やがて，家畜（人）では腎

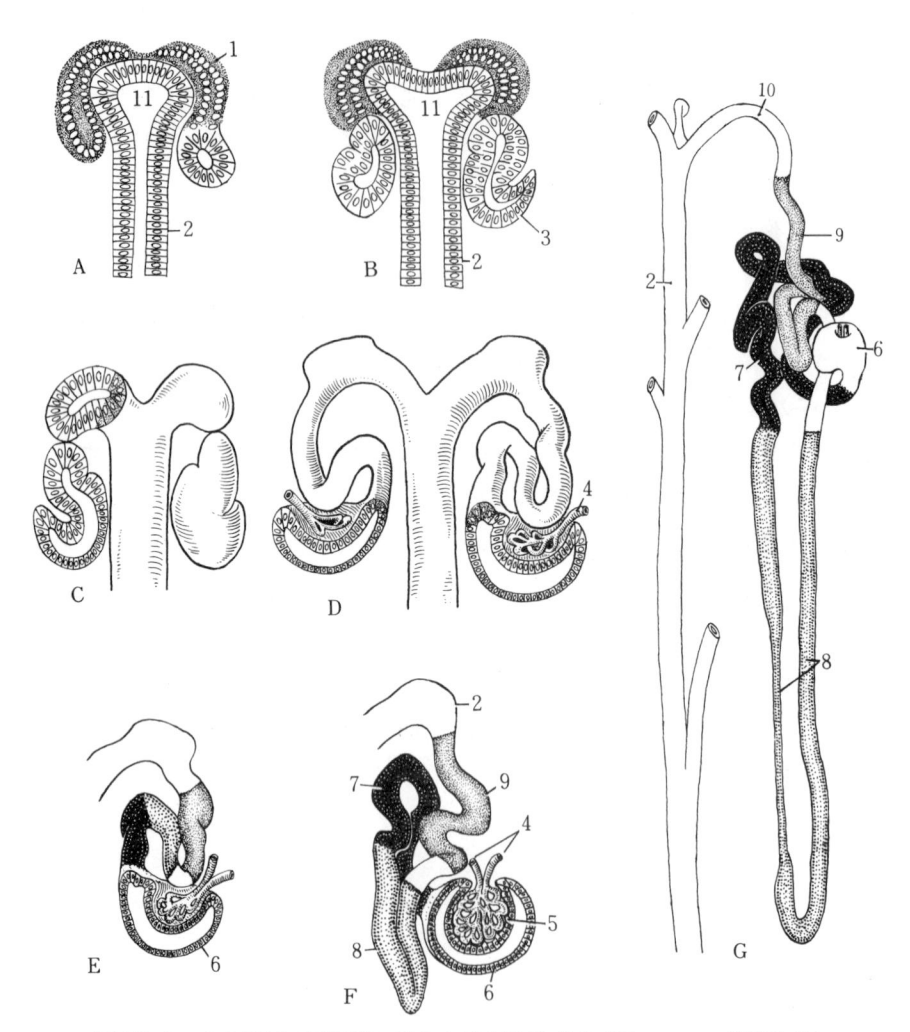

図17-6　人の胎子で尿細管の発生を示す半模式図（HUBER，一部変える）
　A～Dの順に進む，E，Fは尿細管各部の分化を示す，Gは成人の尿細管で，尿細管の各部の模様は比較に便利のため，E，F，G共通に現わしてある
　1．造後腎芽体　2．集合管　3．尿細管　4．糸球体の血管　5．糸球体　6．糸球体包　7．近位曲尿細管　8．ネフロンループ　9．遠位曲尿細管　10．集合管　11．原始腎盤

1）N.E.V.J.（1996）では分葉腎 *Ren lobatus* を腎奇形の1型として記載している．

葉の癒合が表面に及ぶために平滑な**単腎**となる．但し，牛の腎臓では境界溝が残る．

4．膀胱と尿道の発生

既述のように（118頁），哺乳類の胎子では**尿直腸中隔** urorectal septum（図17-4の3，図17-7の11）の出現によって，排泄腔は腹方の**尿生殖洞** urogenital sinus（図17-4の4）と，背方の直腸（10）に分けられる．尿生殖洞は**尿生殖膜** urogenital membrane が破れて，縦に長い**尿生殖溝** urogenital groove で，直腸では**肛門膜** anal membrane が破れて**肛門** anus で，ともに外界に開口し，両者は**会陰** perineum（雄，図17-4の12；雌，図17-7の10）で隔てられる．

尿生殖洞には中腎管と，この管の基部から発生した尿管が共に開口するが（図17-4の5,6），尿管はしだいに独立して，中腎管から離れて別の開口部を持つようになる（図17-4Cの9）．やがて，尿生殖洞の頭半はこれに続く尿膜管の小部分とともに膨れて**膀胱**（図17-4の7）となり（内胚葉），これによって尿管の開口部はますます中腎管から離れて，膀胱背側で頭方に移動する．中腎管は雄では

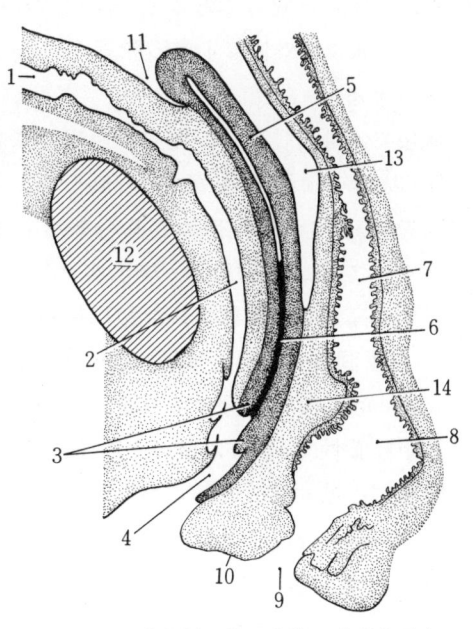

図17-7　哺乳類の雌で会陰の成立を示す
（人胎子，女11cm）（BAYER，模写）
1．膀胱　2．尿道　3．ミューラー丘（中腎傍管遠位端で，後に処女膜ができる）　4．尿生殖洞（先が腟前庭）　5．子宮　6．腟（まだ，上皮栓がつまっている）　7．直腸　8．直腸膨大（糞洞）　9．肛門　10．会陰　11．膀胱子宮窩　12．骨盤結合部　13．直腸子宮窩　14．直腸腟中隔

精管 ductus deferens となるが，雌では消失する．一方，尿生殖洞の尾半は狭く，雄で尿道骨盤部（内胚葉）（図17-4の8）となり，尿生殖膜の外側（外胚葉）が伸びて尿道生殖茎部となる（197頁）．雌では膜の外側が漏斗状に開いて**腟前庭** vestibule of vagina（図17-7の4）となる．雌の尿道（内胚葉）は膀胱の尾方が二次的に狭まって形成される．膀胱の頭方に続く**尿膜管** urachus は早いものでは胎子の時代に内腔が閉じて（犬・人），臍と膀胱尖を結ぶ**正中臍ヒダ** middle umbilical ligament として残る．

第4節　家禽の後腎とその導管および排泄腔の発生

上記の家畜の場合と比較してその相違点について説明する．

孵卵4日で後腎憩室が現われ，家畜の場合と全く同じ様式で後腎が形成され，尿管は中腎管と別々に尿洞に開く．しかし，家禽（鳥類）では全く膀胱が発生しないから，尿管と中腎管は終生，尿洞と直接の関係を保つ．したがって，家畜の場合に膀胱と連絡し，その後遺残した尿膜管は，家禽の場合には発生の一時期に尿洞背壁で尿管への移行部に小さい隆起物として遺残する（ガチョウ）．中腎管は雄で精管に発達するが，雌では全く消失すること

は家畜の場合と同じである．これに代わって，雌では左側尿管の外側に1本の卵管（ミューラー管）が開口する．

鳥類では排泄腔はその発生の過程で尿直腸中隔が作られないから，家畜（哺乳類）のように会陰で腸管（直腸）が尿生殖管から分離されずに，両者はすべて広い共通の洞（排泄腔）に開口する．

発生を完了した個体で排泄腔は粘膜ヒダで頭方から，**尿洞** urodeum，**糞洞** coprodeum，**肛門洞** proctodeum の3部に分けられる．この中で尿洞だけが中胚葉性で（図17-8の1），他の糞洞（3）は直腸末端の拡大部で内胚葉性，肛門洞（4）は発生初期の外排泄腔窩で外胚葉性起原で，それぞれ発生母地が全く違っている．

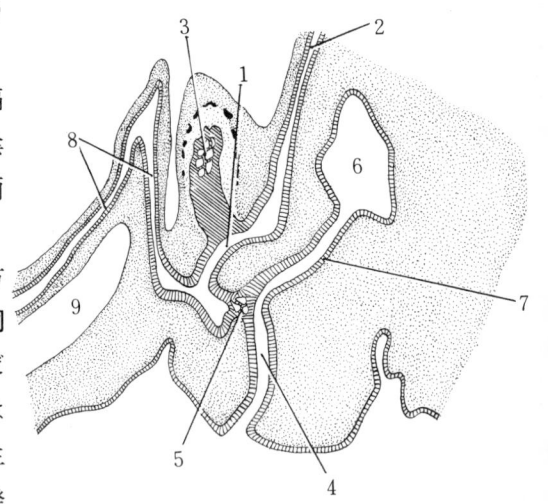

図17-8 鶏胚子（11日）の排泄腔断面
（Minot，一部変える）
1. 排泄腔（尿洞） 2. 中腎管 3. 直腸末端（糞洞，内胚葉性），直腸壁に接触して切断されたため，内腔がわずかに認められる 4. 肛門洞（外胚葉性） 5. 排泄腔膜 6. ファブリシウス囊 7. 同，導管 8. 尿膜管 9. 臍動脈

第18章　生殖器の発生

家畜や家禽の成体では生殖器は雄，雌によって形態が大へん違っているが，発生の初めは同じ素材で組み立てられていて形に差がなく，未分化の中性型である．この時期を経過すると，その後はその個体が遺伝的に決められた性の方向を目指して形が変わってゆく．それ故，生殖器が雄，雌に形が分化してからでも，もともとが同じ素材であるから，種々の部分で相同器官が認められるし，または退化物として発生初期の道具立ての証拠を残している．

第1節　生殖巣（生殖腺）の初期発生

生殖巣[1] gonad の原基は，初め背側腸間膜の基部と，各側の中腎の内側との間でそれぞれ体腔上皮（中胚葉中皮，65頁）が肥厚して起こる．

まず，中皮の細胞が増殖して，細胞も円柱状で丈が高い**表面上皮** superficial（surface）

---
1) 生殖腺 sex gland ともいう．

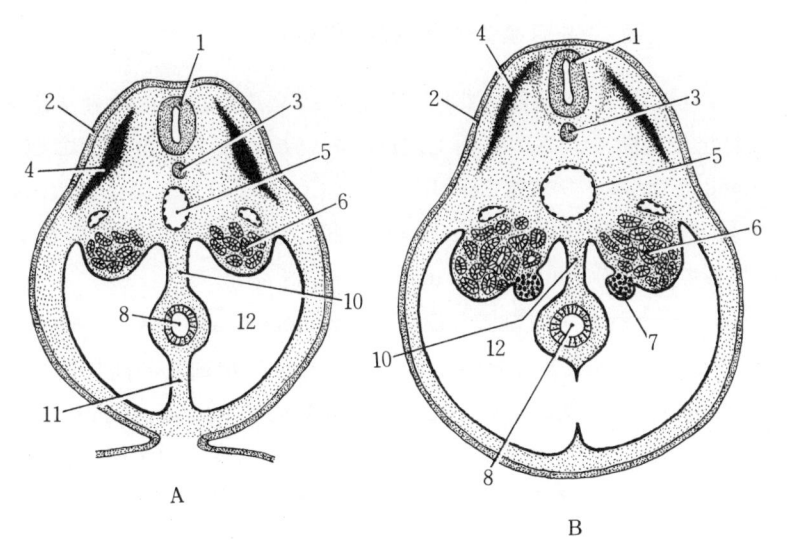

図18-1 生殖巣の発生
（未分化期，半模式図）
A～Bの順に進行
1. 神経管　2. 胚子の外表（外胚葉）3. 脊索　4. 体節（Bでは皮板）5. 背側大動脈　6. 中腎　7. 生殖巣堤　8. 腸管　10. 背側および　11. 腹側腸間膜　12. 体腔

epithelium となり，その下層にも間葉細胞が増殖して表面上皮層を下から押し上げて，全体として体腔中に堤状に突出する．これを**生殖巣堤** gonadal ridge（図18-1の7）とよび，中腎ヒダ（183頁）の内側を頭尾方向に長く縦走する（図17-2の6）．

表面上皮は間葉細胞の増殖で作られた間質に向かって表層から多数の索をつくって**生殖索** gonadal cord として進入する．この生殖索の表面上皮に混じって，初めからこれよりも数倍も大きい**原始生殖細胞** primordial germ cell（1頁）が明らかに区別される．この細胞はさらに分裂増殖して，後に雄で精祖細胞，雌で卵祖細胞（1，4頁）に分化する．原始生殖細胞の発生母地について古くから諸説があり[1]，この細胞が生物の生命の根源を次の世代に引き継ぐものであるだけに，真に興味深い．ここに述べたように原始生殖細胞が生殖索に到達する頃までは生殖巣に雄，雌の区別は明らかでないので**未分化期** indifferent stage とよぶ．

---

[1] 受精卵の分割の過程で一般体組織を構成する体細胞（somatic cell）と生殖細胞（germ cell）との分離がまず生ずる．実験的に2細胞卵あるいは4細胞卵の時期でも，各割球 blastomere の分離と他個体への胚移植により完全な個体が出生するので，少なくともこの時期までは上記の細胞分化は起きていない．従って，この時期以後の桑実胚期あるいは胞胚期に原始生殖細胞の分化が起きると考えられる．最初に原始生殖細胞が発見されるのは一般に卵黄囊（内胚葉）上皮である．胚子または胎子で生殖巣堤が出現するよりはるか以前の時期でありマウスで妊娠8日胚といわれる．生殖巣の形成がある程度進行するまでの間，原始生殖細胞は卵黄囊上皮に混在して増殖を続ける．この意味で原始生殖細胞は全く胚体外起源である．生殖巣堤の形成を待ちながら卵黄囊から移動し始め（10，11日胚），やがて大多数の原始生殖細胞は生殖巣に形成された生殖索に収容される．この移動は一般に原始生殖細胞のアメーバ運動とされているが，腸間膜に沿って移動する説や，また血流に乗って移動するとも言われる．原始生殖細胞は他の体細胞よりも大きく H・E 染色で淡染性の特徴をもち，細胞質は好塩基性でグリコーゲン含有が多く，PAS反応による染色は同定に有効であり，またアルカリフォスファターゼ活性も強いことから原始生殖細胞を検出する有力なマーカーとされる．原始生殖細胞の特異抗原の反応の消失は卵祖細胞，精祖細胞へ分化するのに伴い消失する（前田ら，1994，1995）．

第2節　生殖巣と生殖道の発生

　雄（精巣）では表面上皮の連続である生殖索（図18-2の6）の発達がよく，生殖巣堤の間葉組織（後の間質）中に放射状に展開し，索の表面上皮は一列にならんで合胞体性の網工を作って**支持細胞** sustentacular cell（**セルトリ細胞** Sertoli's cells）(2) となる．網眼には原始生殖細胞が収容され，これも分裂増殖して**生殖細胞** germ cell (1) として定着し，性成熟期を待つ．やがて索に内腔 (5) が現われて**精細管** seminiferous tubule となる．

　間葉組織は生殖巣堤表面の表面上皮直下に堅固な**白膜** tunica albuginea をつくり，これより中へしだいに精巣縦隔，中隔をつくり小葉を分画しながら，最後は精細管を直接囲む間質 (4) となる．間質をつくる間葉細胞の一部の肥大したものが**間質細胞** interstitial cell (3) である（豚胎子35 mm）[1]．

　精細管は成長を続けて長く迂曲する**曲精細管** convoluted seminiferous tubule となり，一端で同じく表面上皮に起原する**直精細管** straight seminiferous tubule，**精巣網** testicular rete に連絡する．したがって，原始生殖細胞は曲精細管の部分にだけ含まれる．精巣網は伸びて中腎前半に到達し，そこにある10数本の中腎細管と連絡をとげ，これを介して中腎管と結ばれる．この部分の中腎細管が**精巣輸出管** efferent ductule と名称を改め（図18-5の6），接続する中腎管の部分は盛んに伸長迂曲して**精巣上体管** ductus epididymidis (9) として転用され[2]，これのまとまったも

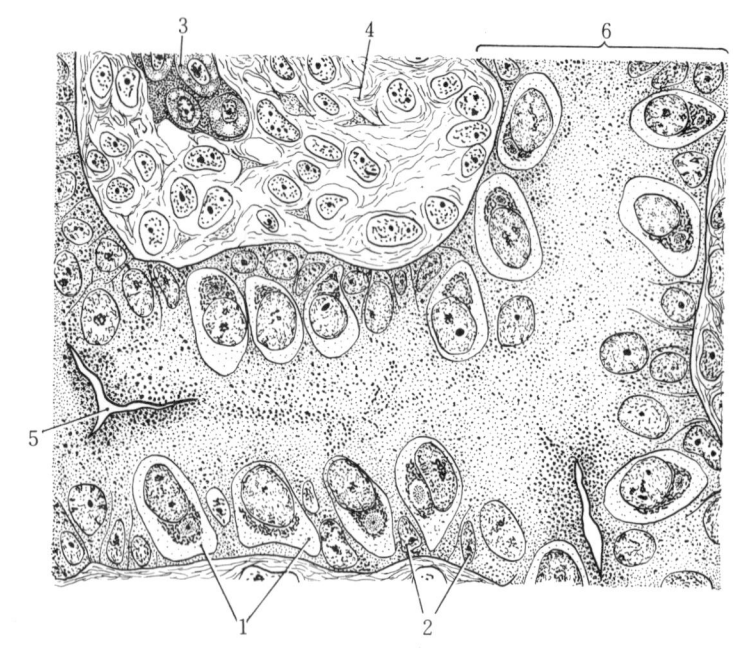

図18-2　鶏胚子雄（20日）の精巣断面を示す（SWIFT，模写）
生殖索に精祖細胞が含まれ，索には内腔が現われかかっている
1. 生殖細胞　2. 支持細胞（セルトリ細胞）　3. 間質細胞　4. 間質組織　5. 出現中の精細管腔　6. 生殖索

---

[1] 和牛の生殖巣ならびに内部生殖器官の胎生発達は山内，1961を参照．
[2] 最前位の精巣輸出管（中腎細管）連絡部より頭方の中腎管の部分は**精巣上体垂** appendage of epididymis として，その他の中腎細管で精巣上体管の付近に遺残して認められるのが**迷〔細〕管** aberrant ductule，**精巣傍体** paradidymis として，いずれも解剖学に記載されている退化遺残物である（図18-5のC参照）．

のが**精巣上体** epididymis である．

また，これより尾方の中腎管は**精管** ductus deferens（10）となって排泄腔に開き，その開口部が射精管となり，管の直前に精嚢（23）の原基が膨出する．

雌（卵巣）でも生殖巣原基で雄と同じに生殖索が現われるが一時的のもので（図18-3の3），十分に発達できないで退化し[1]（図18-4の3），ついで表面上皮が増殖し（図18-4），数多く分芽して表層近くの間葉組織中に分散し，**卵巣皮質** cortex of ovary の領域がきまる．その分芽の1つ1つは原始生殖細胞と，それを囲む表面上皮からできており，**原始卵胞** primordial (ovarian) follicle とよばれる．また，原始卵胞を囲む間葉組織が**卵巣支質** stroma of ovary となり，広く**卵巣髄質** medulla of ovary を作り，ここには原始卵胞を認めない[2]．興味深いのは**中腎傍管** paramesonephric duct（ミューラー管）（図18-5の14）の出現で，この管は初めは雄，雌ともに現われるが，雄では性の分化とともに早々と退化し（図18-5Cの14''），雌でだけ著明に発達して独特な生殖路の導管となる（B図の14'）．中腎傍管は，まだ性的に未分化な胚子の時代に，まず，左右の中腎ヒダ（183頁）に沿ってその外側の体腔上皮がおのおの索状に肥厚隆起して，頭尾方向に堤状に走るのが最初の現われである[3]（図18-5Aの14）．間もなくこの細胞索の中軸に頭方の部分から管腔がつくられて管としての形が備わり，しだいに尾方に波及して，ここに中腎傍管が成立する（牛胎子19 mm）．家畜ではこの管の頭端は中腎頭端と並び，中腎管の外側をともに並行して尾方に向かい，仙椎部で

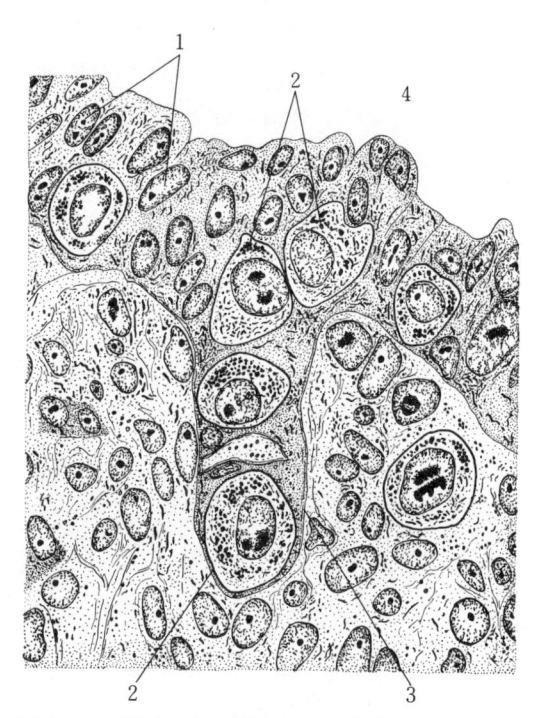

図18-3　鶏胚子雌（6.5日）の卵巣断面を示す
（SWIFT，模写）
生殖索が退化して原始生殖細胞が分散しようとするところ
1. 表面上皮　2. 原始生殖細胞　3. 生殖索　4. 体腔

---

[1] 卵巣でも精巣と同じに生殖索が一時期に中腎細管や中腎管（ウォルフ管）と接近する機会があるが，接続しないままで生殖索の退化が始まり，遂に全く中腎との関係が断絶して，中腎細管や中腎管が消失する．成体の卵巣で付属物として認められる**卵巣上体** epoophoron は雄なら精巣上体になる部分であり，**胞状垂** vesicular appendage は雄の精巣上体垂，**卵巣傍体** paroophoron は同じく迷管に当たる（図18-5Bの5, 11）．

[2] 馬の卵巣の胎児発達において23mm以後性索が分化し gonocyte が識別可能となる．妊娠の第三分期から Leydig 細胞が異常に発達する，また8.2cm期に最初の原始卵胞が出現し，32cm期以後は二次卵胞も形成される（Budras ら，1992）．

[3] 以前には中腎傍管（ミューラー管 Müllerian duct）は中腎管（ウォルフ管）から起こると考えられていた．それほどに両者の位置は接近する．現在でも中腎傍管の発生と成長に対して中腎管の存在がその誘因であると考えられている．豚で中腎傍管は雄，雌とも30日頃出現する．しかし雄胎子では内腔は閉鎖したままであり，一方雌胎子で中腎管は60日期で消失し始める（猪股ら，1993）

中腎管と交叉して内側に移り（A図），対側の中腎傍管に近づきこれと接触し，さらに合体して1本の**子宮腟原基** uterovaginal primordium（B図17）となって（牛胎子40 mm）背側正中軸を尾方に走り，中腎管の開口部の内側で排泄腔に開く．

家畜の雌では中腎傍管の頭端は退化するが，これに続く部分が漏斗状に開き**漏斗部**（卵管腹腔口，16）infundibular portion となり，漏斗縁の一部の体腔上皮がヒダを造って卵巣の表面上皮に伸びる（卵巣采），漏斗の後部は後に卵管を形成する．子宮腟原基の合体の程度は家畜の種類によって差があり，成体の子宮で示されるように結合度の高いものから順に**双角子宮，両分子宮**（以上は馬・豚・犬・羊・山羊・牛の順位），または**複子宮**（兎）の区別ができる[1]．人で子宮腟原基は頭側の子宮（単子宮）と尾側の腟（一部）に区分され，卵管だけが有対であるが，家畜では子宮腟原基の頭側には引続き両側に**子宮角**（または1対の子宮，兎）があり，これより細い卵管で腹腔口に通じる．尾側の腟が排泄腔に開く部分は結節状に隆起して**ミューラー丘** Müller's tubercle（図17-7の3）とよばれ，人ではこの開口部の上皮は生後も永く閉ざされて**腟弁**（処女膜）hymen となるが，家畜では不完全である．雄でミュー

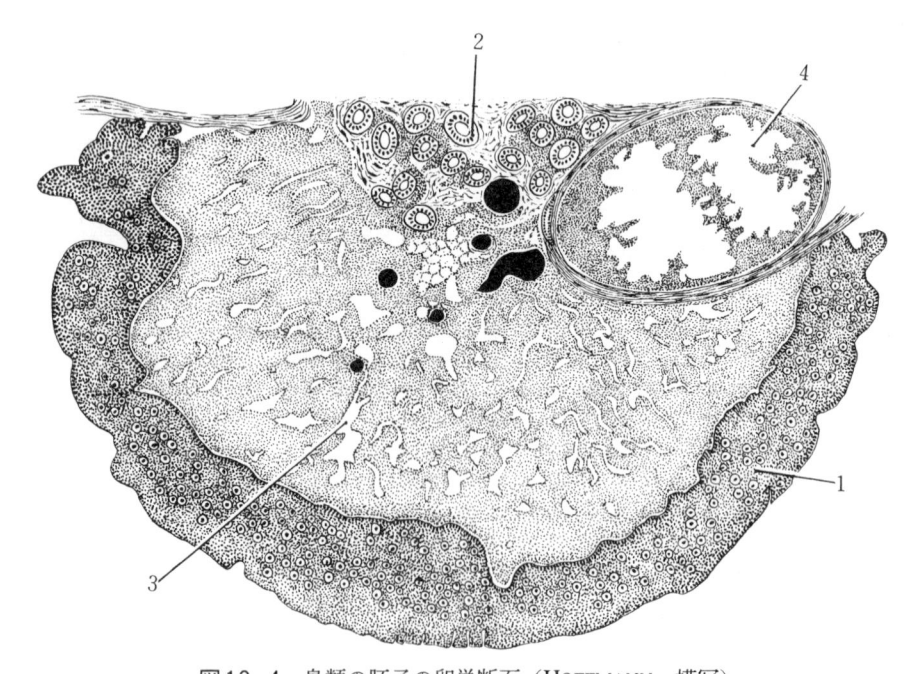

図18-4　鳥類の胚子の卵巣断面（HOFFMANN，模写）
初め雄と同じに生殖索が現われるが退化し（3），二次的に卵巣皮質が増殖する（1）
1. 卵巣皮質（表面上皮中に多数の大形の原始生殖細胞が認められる）　2. 髄質索（生殖索の残り）　3. 消失した生殖索　4. 血管

---

[1] 和牛の場合，子宮小丘は32 cm期に出現し，35 cm期には台形体を形成する．子宮頚の輪状ヒダは18 cm期に出現し，子宮体と子宮頚さらに腟の区分が明らかとなる．子宮頚最後位のヒダは35 cm胎子で腟内に突出する（山内，1964）．

ラー丘は尿道基部に見る**精丘** seminalis colliculus として残る[1].

第3節　生殖巣の下降

生殖巣が発達し，成長し始める頃になると，中腎では反対に生殖巣と関連していた部分（精巣上体，精管）を除いて頭，尾側で退化が始まり，これらの部分はしだいに結合組織索に変わってゆく．家畜（哺乳類）ではこの中でも尾側の結合組織索が，分化，成長しつつある生

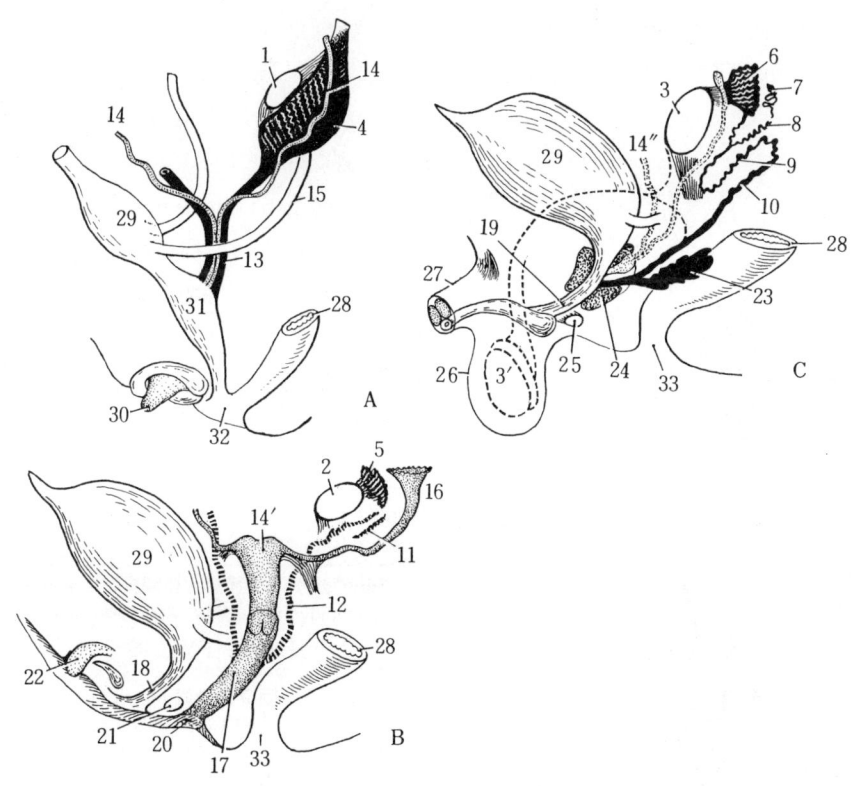

図18-5　哺乳類の生殖巣の分化を示す（THOMPSON，模写）
　　　　A. 未分化のもの　B. 雌　C. 雄　　破線で精巣下降が示されている
1. 未分化の生殖巣　2. 卵巣　3. 精巣　3′. 下降した精巣　4. 中腎　5. 卵巣上体（中腎の退化物）　6. 精巣輸出管（中腎細管の一部）　7. 精巣傍体（中腎細管の遺残）　8. 迷管（中腎細管の遺残）　9. 精巣上体管　10. 精管　11. 卵巣傍体（中腎細管の遺残）　12. ガルトナー管（中腎管の遺残）　13. 中腎管　14. 中腎傍管　14′. 子宮（中腎傍管の発達したもの）　14″. 雄で中腎傍管が退化したもの　15. 尿管　16. 卵管漏斗　17. 子宮腟原基　18. 雌の尿道　19. 雄の尿道　20. 腟前庭　21. 前庭腺　22. 陰核　23. 精嚢　24. 前立腺　25. 尿道球腺　26. 陰嚢　27. 陰茎　28. 直腸　29. 膀胱　30. 生殖結節　31. 尿生殖洞　32. 排泄腔　33. 肛門

---

[1] 雄の中腎傍管は退化物として部分的に遺残する．中腎傍管頭端は水胞状の**精巣垂** appendage of testis として，その他雄の**子宮** uterus masculinus として尿生殖ヒダに収められ，場合によってはその一部が**前立腺小室**（男性腟）prostatic utricle として前立腺中に含まれる（豚・牛・犬・人）（図18-6参照）．

殖巣の尾端と結びつき，**導帯ヒダ**[1] gubernacular fold とよばれるようになる．

精巣導帯[2] gubernaculum of testis（図18-6の10）は尾方に伸び，鼠径輪に当たる腹壁の部位に付着する．導帯は胎子の成長に同調して伸びないから，結果においては精巣はその導管，脈管ともども鼠径輪に向かって引き寄せられることになり，**精巣下降** descent of testis が行なわれ，陰嚢の形成に伴って嚢中に収まる．この際，精巣は腹膜に包まれたまま行動を起こすから，腹膜のこの部分は**鞘状突起嚢** vaginal sac となり，ヒダを作って陰嚢中に進入する．この場合，直接精巣を包んだ腹膜が**臓側板**（固有鞘膜）であり，ヒダの側が**壁側板**（総鞘膜）で，両者の間に**陰嚢腔**（鞘状腔） scrotal cavity がつくられ，始めの頃は腹腔と広く通じる[3]．精巣下降が完了するのは，反芻類家畜が最も早く，既に胎子の時代（3カ月）に終わり，次が豚で，馬も生後早期に行なわれるが，犬では遅い[4]．

卵巣導帯 gubernaculum of ovary も卵巣と鼠径輪を結び，精巣と同様の行動を起こして**卵巣下降** descent of ovary が起きる．しかし，下降の範囲が狭く，腹腔内にとどまり，下降の際に伸ばされた腹膜のヒダ（卵巣間膜，卵管-，子宮-）で腹腔中に吊られる[5]．

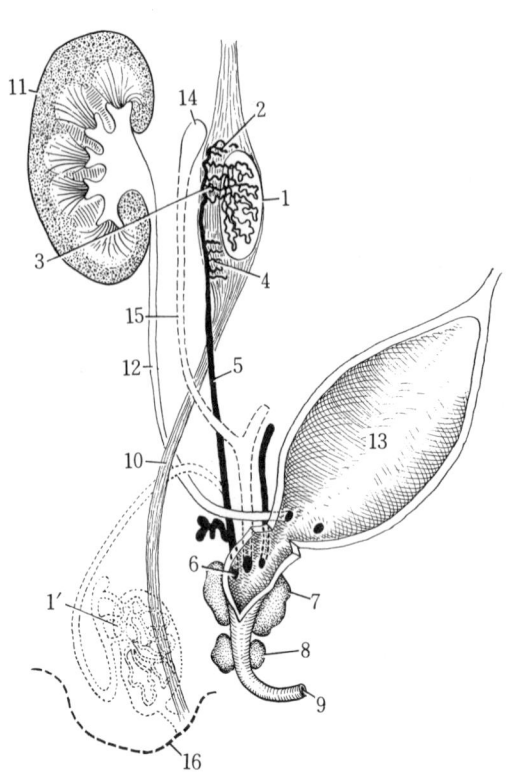

図18-6 家畜の胎子で雄の生殖器系とその下降（破線で現わす）を示す模式図
（HERTWIG 原図，PATTEN より模写）
1. 精巣　1'. 陰嚢中に下降した精巣　2. 精巣上体垂　3. 精巣上体　4. 精巣傍体　5. 中腎管（精管）　6. 射精管開口　7. 前立腺　8. 尿道球腺　9. 尿道（陰茎に含まれる）　10. 精巣導帯　11. 後腎　12. 尿管　13. 膀胱　14. 精巣垂　15. 中腎傍管（退化）　16. 陰嚢

---

1) 導帯は雄の成体で**精巣上体間膜**（精巣靱帯）mesepididymis，**導帯索**（鼠径靱帯）inguinal ligament，雌の成体で**固有卵巣索** proper ligament of ovary，**子宮円索** round ligament of uterus として残る．
2) 中腎管と結ぶ**固有精巣索** proper ligament of testis と，それより遠位の**鼠径靱帯** inguinal ligament からなる．
3) 兎のような齧歯目の仲間では，鞘状腔は一生を通じて広い鼠径管を経て腹腔と連絡する．このような動物では繁殖期ごとに精巣が陰嚢中に下がり，その他の期間は腹腔中に収まる．家畜で鞘状腔は腹腔に通じるが（人では閉鎖），鼠径管が狭いから正常の場合精巣は終生陰嚢内に位置する．哺乳類でも動物によって精巣下降の程度には種々の段階があり，象・クジラのように，下降しても腹腔内にとどまるものもあり，このような動物では陰嚢が形成されない．
4) 犬で精巣下降の時期は交尾後53日から出生後40日までの間と幅が大きい．鼠径管の通過は出生後3～4日が一般的で，陰嚢内位置の確立は生後35日とされる．精巣下降についてはホルモン性効果が指摘されている（Wensingら, 1981；筒井ら, 1993）．
5) 精巣の下降に対して卵巣の場合は後方移動 caudal migration ともよばれる．

第4節　家禽の生殖巣と生殖道の発生，特に家畜との違い

　鶏胚子について生殖巣と生殖道の発生の様式は，既述のように，初期発生については家畜と全く同じであり（図18-2～4），その後の経過も雄の場合は家畜と大差がない．ただ，家禽の場合には生殖道から副生殖腺の原基が派生しない．

　雌の生殖器系のその後の発生は家畜の場合とはかなり違っており，卵巣とその導管系がすべて不対であって，右側のものが発生の途中で退化する（図18-7のB_1～B_4を比較）．

　このことを除けば，左側卵巣はその発生の様式が家畜の卵巣と全く同じであるから何の説明も必要としない．

　但し，家禽では哺乳類と違って雌雄ともに生殖巣の下降は見られない．

　右側の卵巣は，まだ未分化の時期には，左側のものと同一のペースで発生が進行しているように見られるが（A図），性的分化が始まると（孵卵9～11日），左側卵巣（5）は順調に皮質の形成，原始卵胞の出現というように予定の経過で発生が進むのに，右側のもの（4）ではこれが行なわれず，髄質が網工を造って生殖巣の大部分を占め，その中に未分化時代から存在した生殖索（雄で精細管となり，原始生殖細胞を含む）の残りが**髄質索 medullary cord**として散在する（図18-4）．しかし，髄質索が存在するのも孵化後3週頃までで，以後は消失する．このようにして，孵化時にすでに退化縮小していた右側卵巣はその後も退化しつづけ，退化生殖巣として痕跡を残す程度のものとなる[1]．

　雌の生殖道の原基である中腎傍管は，家畜と同じ様式で雄，雌ともに左右1対現われるが（孵卵4日）（A～B_2またはC_2図6，7），雄では間もなく退化消失する（孵卵12日）．

　雌でも左右の中腎傍管は出現の初めから発達に差があって，退化する右側のものが初めから短い．雌の右側中腎傍管の退化も早く，孵卵8～11日ですでに成長もとまって退化過程に入る．しかし，排泄腔に近い一部分は成体でもしばしば遺残して認められる．これに反し，左側中腎傍管はますます発達して，孵卵12～13日ですでに卵管腹腔口，卵白分泌部，子宮部など卵管の区分が明らかになる．但し，卵管の排泄腔開口部が開通するのは，孵化後になる．

---

[1] しかし，右側卵巣は完全に退化消失するのではなく，もし，左側の卵巣が障害により退化したり，去勢除去したりすると，右側の退化生殖巣が代償肥大する．ことに，髄質索がまだ存在する初生雛の頃に左側卵巣を除去すると，右側の退化生殖巣に精巣から卵巣に至る幅広い範囲で種々の中間型を示す間性組織が現われ，極端な場合は精巣に転換する（増井，1935～42）．雌鶏の雄鶏への性転換がこの例である．これは髄質索中の原始生殖細胞を足場にして発生したもので，去勢によって生じたこのような個体を人為的性転換鶏と言う．鶏の場合はこの発生学的事実でも分かるように，性転換は常に雌から雄の方向に変わる．

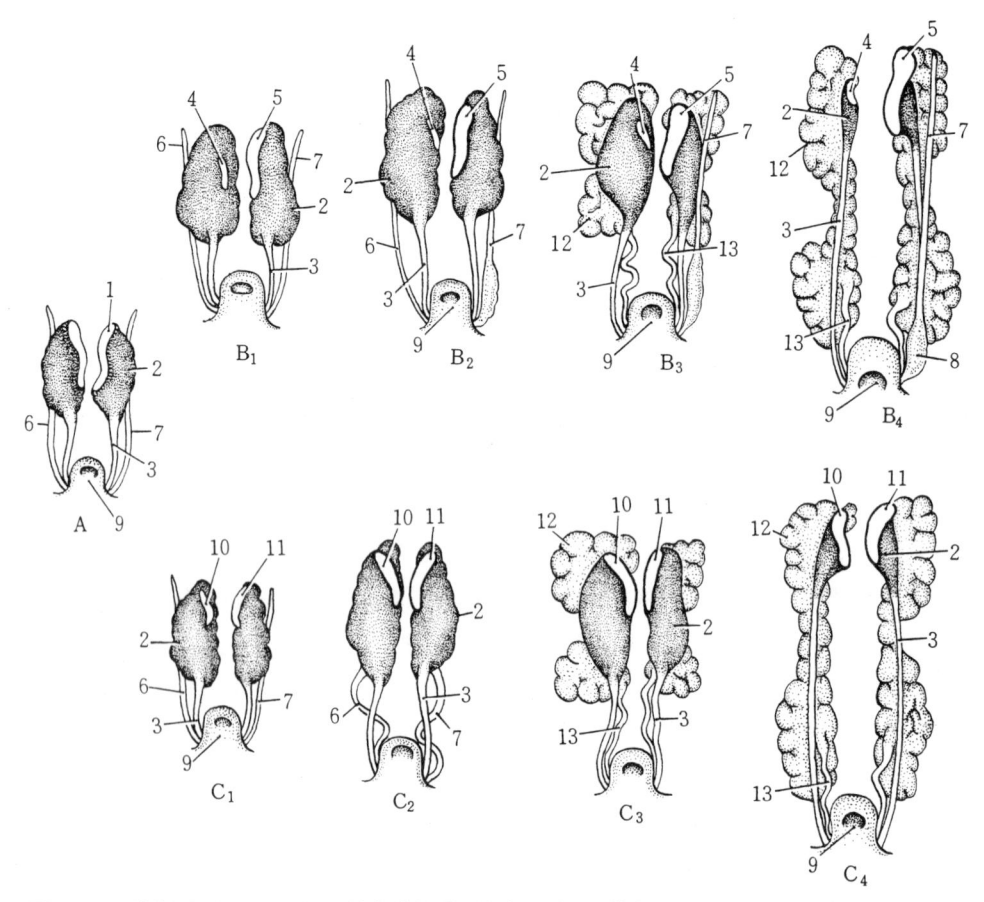

図18-7 鶏胚子（7～20日）で尿生殖器系の発生を示す，腹側から見る（GREENWOOD, 模写）
Aは性的未分化期　B_1～B_4は雌　C_1～C_4は雄
1. 未分化生殖巣　2. 中腎　3. 中腎管　4. 右側および　5. 左側卵巣　6. 右側および　7. 左側中腎傍管　8. 子宮部（石灰分泌部）　9. 排泄腔　10. 右側および　11. 左側精巣　12. 後腎　13. 尿管

第5節　外生殖器の発生

1. 性的に未分化の時期

外生殖器の原基も，生殖巣の場合と同様に，初めは性別のない共通の形態を示す．すなわち，排泄腔膜（117頁）の頭側壁中央で，その部の外胚葉が下層で増殖した間葉に押されて隆起して，中央の**生殖結節**[1] genital tubercle（図18-8，Aの1）と，これを両側から挟む1対の**尿生殖ヒダ** urogenital fold（2）となる．

---

1) 原始生殖茎 primitive phallus ともいう．

この頃，排泄腔は家畜では尿直腸中隔の発達で**原始尿生殖洞** primitive urogenital sinus と直腸に分かれるので（187頁），尿生殖ヒダは原始尿生殖洞の出口である**尿生殖洞口**（尿生殖裂）urogenital orifice を両側から囲むことになり，その間に縦に長い**尿生殖溝** urogenital groove（3）が作られる（豚胎子16〜25 mm）．また，尿生殖ヒダの外側を囲む**生殖隆起** genital swelling（4）もこの頃に現われる．生殖結節は次第に細長くのびて**生殖茎** phallus となるがこの時期では雌でも雄と変わりなく発達して大きい．生殖隆起はさらに発達して**陰唇陰嚢隆起** labioscrotal swelling となる．

2．雄の外生殖器の発生

哺乳類の雄では生殖結節が長く伸びて陰茎（B図の1'）となり，尿生殖ヒダもこれについて引き伸ばされて**包皮** prepuce（2'）をつくる．この際，尿生殖溝も**尿道溝** urethral groove（図18-8の3'）として陰茎尾側面を先端に向かって伸び，間もなく溝の両縁が接近し，結合して管としての**尿道** urethra が成立し，結合線は**陰茎縫線** raphe penis として残る（豚胎子45 mm）．結局，雄では尿生殖洞口（成体で言う外尿道口）は初め尿生殖洞の出口にあったのだが（これまでが成体の尿道骨盤部），陰茎の長さだけ尿道が引き伸ばされたことになる（尿道生殖茎部）．なお，陰茎の形成に当たり，生殖結節の間葉組織から陰茎海綿体，尿生殖ヒダのそれから尿道海綿体ができる．また，陰唇陰嚢隆起は**陰嚢** scrotum（4'）となって，左右のものが尾方に伸びて結合し，内部には結合面として**陰嚢中隔** scrotal septum を，表面には**陰嚢縫線** scrotal raphe を残す．尿道骨盤部の上皮から**前立腺** prostatic gland（prostate），**尿道球腺** bulbourethral gland など雄の副生殖腺の腺芽がでる（図18-5の24, 25）．

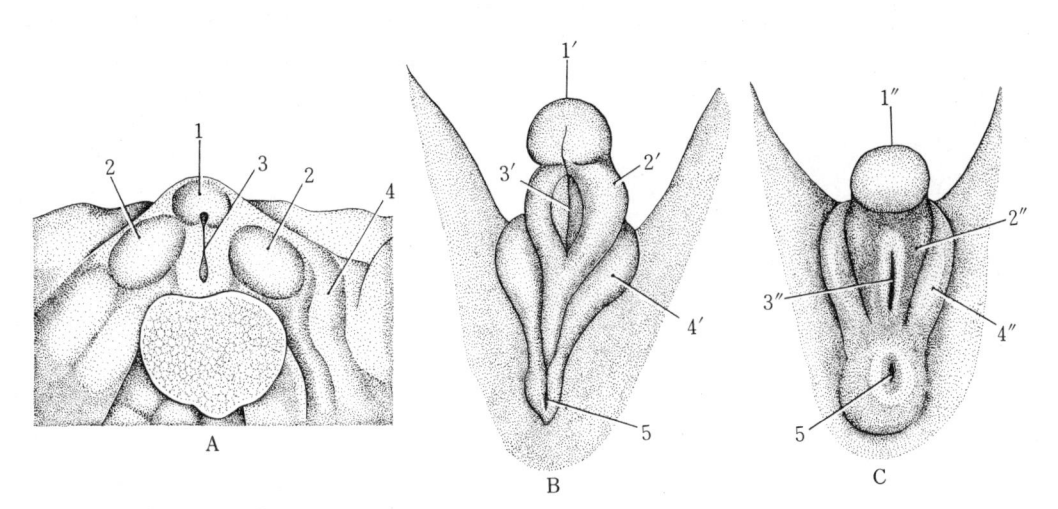

図18-8 哺乳類（人）胎子の交尾器の発生（AREY，模写）
A. 未分化のもの　B. 男　C. 女
1. 生殖結節　1'. 陰茎　1″. 陰核　2. 尿生殖ヒダ　2'. 将来の包皮（男）　2″. 将来の小陰唇　3. 尿生殖溝　3'. 同，閉鎖されつつあるもの（尿道溝）　3″. 陰裂　4. 生殖隆起　4'. 将来の陰嚢　4″. 将来の大陰唇　5. 肛門

3. 雌の外生殖器の発生

雌では生殖結節の発達は著しくなく，生殖茎は**陰核** clitoris（図18-8の1"）となる．人では尿生殖ヒダは**小陰唇** labia minora（図18-8の2"）となって尿生殖洞の開口部（陰裂3"）を囲み，陰唇陰嚢隆起は**大陰唇** labia majora（4"）としてその外側にある．家畜の陰唇はこの大陰唇に相当する．雌では尿生殖洞口（外尿道口）は発生初期と大差なく原位置にとどまり，尿生殖膜（187頁）付近で外側の腟前庭に開く．すなわち，雌の尿道は雄の尿道骨盤部（内胚葉）に当たる部分だけから成立する．

4. 家禽の交尾器の発生

鶏の交尾器の初期発生を見ると，その構成要素は家畜の場合と全く同様で，排泄腔腹側壁正中位にある1個の**生殖結節**（生殖茎 phallus）（図18-9の1）と，これを両側から抱く1対の**尿生殖ヒダ**（2）からなる（鶏胚子孵卵9〜10日，未分化期，A図）．

これより以後，雄の個体では生殖結節は丸く高く隆起し（B，C図の1），外側の生殖ヒダ（八字状ヒダ）（2）もこれに同調して顕著であるが[1]，雌胚子ではこれらの要素はすべて縮小し始めて，孵化時にはほとんど消失する[2]．生殖ヒダは結節を囲んで発達を続け，結節の基部は八字状ヒダ（図18-9Cの2）およびこれと隣接するリンパヒダ（3），さらにこれに続く第二ヒダとともに直腸尾

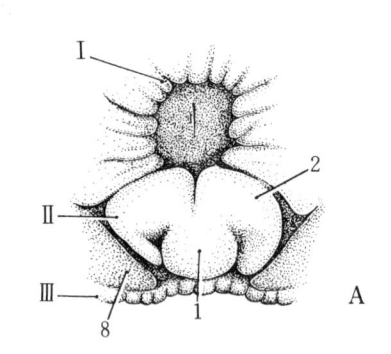

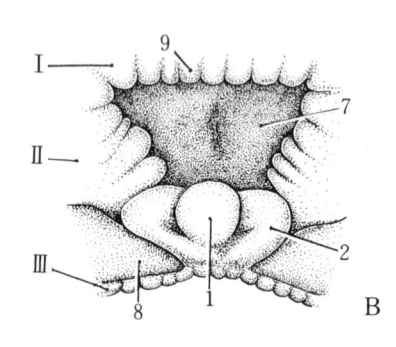

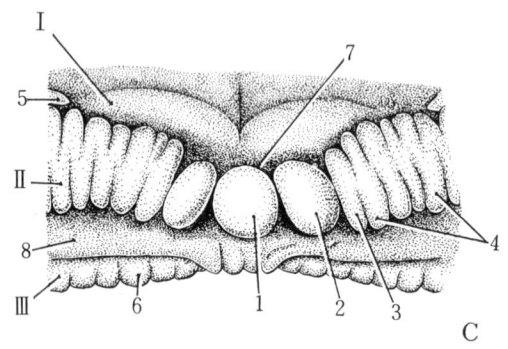

図18-9 鶏胚子（雄）で交尾器の発生を示す（橋本，模写）
A. 孵卵10日 B. 同，18日 C. 同，20日
1. 生殖結節 2. 尿生殖ヒダ 3. リンパヒダ 4. 一般の第二ヒダ 5. 精管乳頭 6. 肛門周囲の皮膚のヒダ 7. 尿洞，糞洞 8. 肛門洞 9. 直腸粘膜 I，II，IIIはそれぞれ第一〜三ヒダ

---

[1] 生殖結節や生殖ヒダの下層の間葉組織には海綿層が発達して，リンパの進入によって勃起する．
[2] 鶏の種類によっては，孵化時にも，なお，雌ヒナで生殖結節が残存し，以後しだいに消失する．初生ヒナ雌雄鑑別法とはこれらの形態的特徴を考慮して，排泄腔腹側壁を反転観察して，性別に個体を選り分ける技術で，養鶏経営上益することが大きく，現在市販されるヒナはすべて鑑別ヒナである．増井，橋本，大野の研究発表（1927）が最初のものである．

側縁（第一ヒダ）との間に尿洞と糞洞を囲み，排泄腔外側縁（第三ヒダ）との間に肛門洞を区切る．

アヒルの胚子の場合には雄の個体で生殖結節は家畜の場合と同様に陰茎として発達し（孵卵18日）（図18-10の1），**尿生殖溝**（この場合は精液溝，3）はこれをラセン状に巻いて陰茎先端に達する．しかし，尿管と精管は尿洞に開口して尿生殖溝とは形態的に直接の関連はなく，しかも溝は管とならず孵化後も溝の状態を続ける[1]．生殖ヒダ（八字状ヒダ）は幅広く発達して中央は精液溝をつくって，陰茎の精液溝に連絡させる．

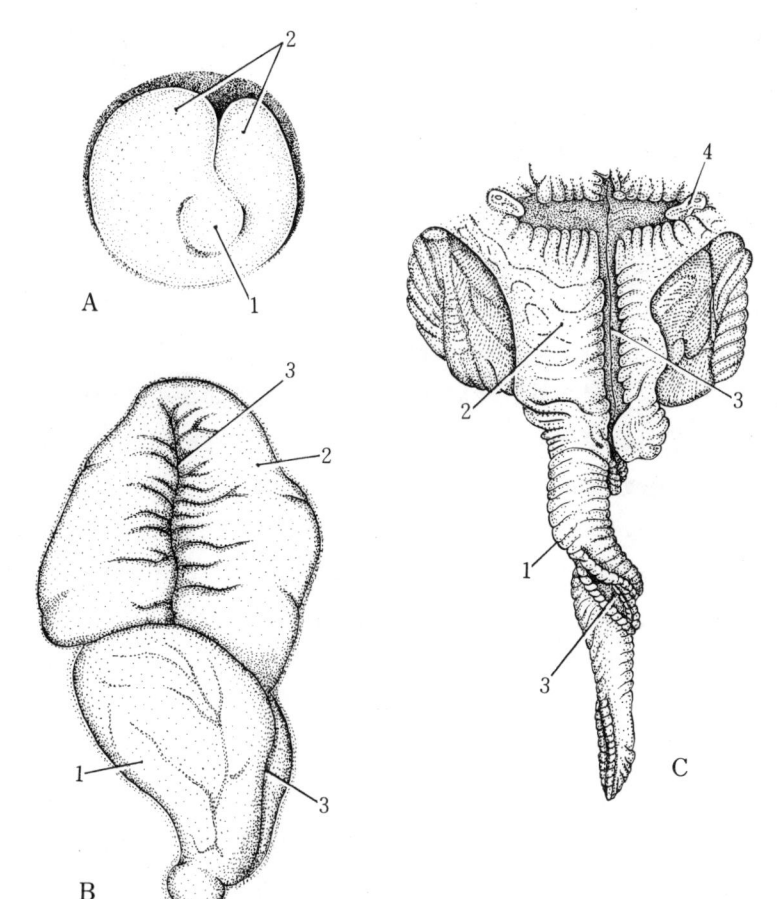

図18-10 アヒルの胚子（雄）の交尾器の発生を示す（橋本，模写）
A. 孵卵14日　B. 同，18日
C. 成体，A～Cの順に進行
1. 生殖結節（陰茎）　2. 生殖ヒダ
3. 精液溝　4. 精管乳頭

---

[1] 機能的には精液は精液溝を通じて射出され，その際，溝の両縁が接触して一時的に管となる．したがって，家畜で尿生殖道となったこの溝は，アヒルでは実際は精液だけを通す生殖道である．

C. 外胚葉を起原とする器官

　この胚葉から発生する主な器官は，1）神経系，2）感覚器の主体となる器官，3）家畜体の外表である表皮とそれから誘導される器官（皮膚腺，毛，角，爪，蹄，羽など）および，4）消化管，気道，尿生殖器の導管などの外界交通部となる管端の部分，などに分化する．4）は既にそれぞれ関連の深い他の胚葉を原基とする器官の項で説明した．

第19章　神経系の発生

　神経発生 neurogenesis の時期はあらゆる器官の中でもっとも早く，胞胚期を過ぎて原始線条出現期に，その前方で外胚葉から神経板が分化し（62頁），宗族発生学的にももっとも古い器官である．

第1節　神経管の組織発生

　胚（子）部の正中軸で外胚葉が肥厚して**神経板**となり，次いで板の中軸に**神経溝**が現われ，溝が深まるにつれて板の両縁が**神経堤**として盛り上がり，両縁が互いに結合して**神経管**が形成される経過は既に説明した（62頁）．神経管は全管の太さが同じではなく，頭部が太い**脳管**[1]で将来の脳の原基となり，それより尾側は細い**脊髄管**[2]で，これから脊髄が形成される．神経管がつくられると，外側の一般の外胚葉層から離れて下層の間葉組織の中に沈下する．その際，初め神経管と一般外胚葉との移行部に見られた外胚葉性細胞群は，神経管が離れるときこの群も独立して**神経堤** neural crest（図 19-1 の 2）となる．神経堤は神経管の両側に沿って分節的に配置され[3]，後にこれから脳脊髄神経節や自律神経節など中枢神経（神経管）から離れた部分の神経細胞集団がつくられる．なお，神経堤の一部の細胞から神経線維（軸索）を包む**神経線維鞘** neurilemma ができる．また，有髄神経線維で神経鞘下層で直接軸索を包む**髄鞘**（ミエリン層）myelin sheath は，神経鞘細胞の細胞膜から作られた層板状構造のものにミエリン（リポイドの一種）が蓄積したものである[4]．

　神経管 neural tube は上記のように，将来，中枢神経系に分化する部分で，まず，3層に区分されるようになる．すなわち，内層が**上衣層** ependymal layer（図 19-2 の 1）で神経管の内腔を囲み，中層は内層の上衣細胞が増殖分離して神経管の主体となった**外套層（蓋層）** mantle

---
1) cerebral canal
2) spinal canal
3) **神経堤分節** crest segment という．
4) 自律神経系の神経線維は**髄鞘**で包まれない無髄神経線維である．

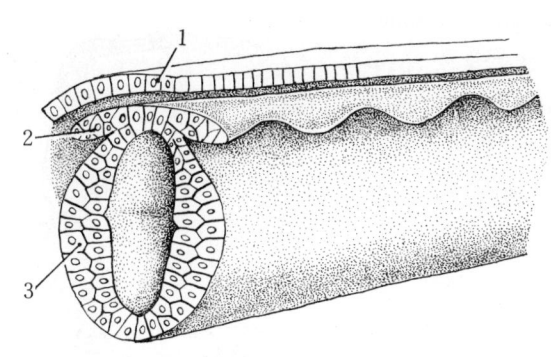

図19-1 脳管から神経堤が発生するのを示す模式図
1. 一般の外胚葉 2. 神経堤 3. 神経管

layer (2) で，神経細胞になる**神経芽細胞** neuroblast と，神経細胞の支持細胞である神経膠細胞のもとである〔神経〕**膠芽細胞** spongioblast の 2 種類の細胞が明らかに区別される[1]．外層は細胞を欠き，上衣層や外套層の細胞の突起が網工をつくり**辺縁層（縁帯）** marginal layer (3) とよばれる．なお，脳脊髄の被膜はすべて間葉細胞起原である．すなわち，神経管を囲む間葉細胞はしだいに集結して濃密となり，一方では脳に密着する**脳脊髄軟膜** craniospinal pia，他方ではこれを外側から包む**神経頭蓋**（置換骨，付加骨とも）となり，さらにその間に，神経頭蓋に接して**脳脊髄硬膜** craniospinal dura が形成され，最後に**脳脊髄クモ膜** craniospinal arachnoid が出現する．クモ膜はその腹背で間葉組織が疎となり**硬膜下腔** subdural space と**クモ膜下腔** subarachnoid space ができる[2]．

第 2 節　脊髄の発生

神経管の壁は脳管，脊髄管とも，ことに**外套層**で細胞が増殖して厚さを増し，縦に長い楕円形になり，外形の変化は特に脳管で著しい（後記）．これに比べると，脊髄管では変化はそれほど顕著でなく，一様に索状である．

脊髄管の中心を走る管は後に**脊髄中心管** central canal となるが，管の側壁を脳管に向かい縦走する左右の**境界溝** limiting groove（図 19-3 の 1）で管壁は左右側とも腹側の**基板** basal plate (3) と，背側の**翼板** alar plate (2) に区別される．境界溝は神経管全般に及び，頭端は間脳に達する．また，神経管の背壁となる部分を**蓋板** roof plate (4)，腹壁を**底板** floor plate (5) とよび，これらの区分は脊髄管に限らず，脳管でも同様で

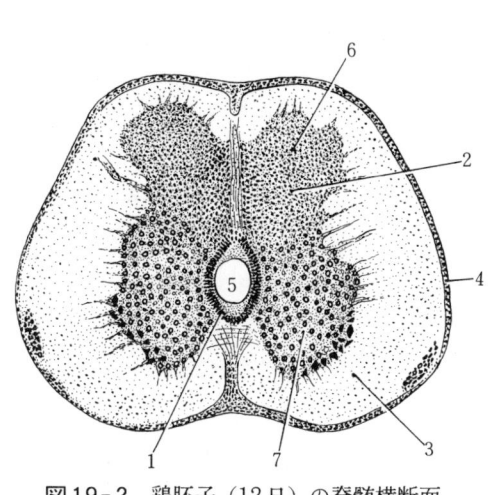

図19-2　鶏胚子（12日）の脊髄横断面
（KUPFFER，模写）
1. 上衣層　2. 外套層　3. 辺縁層　4. 脊髄被膜
5. 中心管　6. 背角　7. 腹角

---
[1] 神経膠細胞は他の器官の結合組織細胞に相当する．膠芽細胞はまたグリア芽細胞ともいわれる．
[2] 馬の硬膜静脈洞 venous sinus の発達は Vitums (1979) を参照．

ある[1].

外套層は中心管を囲んで後に脊髄の**灰白質** gray substance となり，内層の上衣層は中心管を内側から薄く囲む**上衣** ependyma に，外層の辺縁層が**白質** white substance になる．

脊髄管では，基板の外套層の成長が最も早いので，これが基板全体の厚さに影響して，初期発生では翼板よりも厚く発達する．この部の神経細胞から出る軸索は運動性（下行性）で，辺縁層を経て主として骨格筋に向かう（脊髄神経腹根）．翼板は基板より発達がおくれ，この方は脳脊髄神経節（神経堤が原基）からの線維を受け入れて，辺縁層を経て外套層の神経細胞に通じる知覚性（上行性）神経を受ける（脊髄神経背根）．

脊髄になる神経管は，初めは脊柱の発生と同行して尾側に伸び，このため各節の脊髄神経は相当する椎間孔に向かい脊髄と直角に走るが，しだいに脊柱の発達に遅れるため，神経の走向が尾方に傾き，脊髄管は後位仙椎の辺で退化し，細まって**終糸** terminal filament となる．その結果，後位の脊髄神経は終糸に並行する**馬尾** cauda equina を作って止む．すなわち，見方を変えれば，**脊髄上昇** ascensus medullae ということになる．

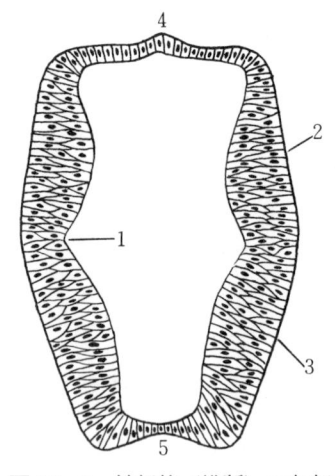

図19-3 神経管（横断）の各部を示す
1. 境界溝　2. 翼板　3. 基板
4. 蓋板　5. 底板

第3節　脳の初期発生

1. 脳管の分画

脳管外形は次第に変化し，部位的に明らかな膨らみを示してくる．したがってそれぞれの膨らみ間の2つのくびれによって，まず，頭側から前，中，後の**三脳胞** brain vesicle に区別され（**一次脳胞** primary brain vesicle）（図19-4のA），これによって**前脳隆起** forebrain prominence (1)，**中脳隆起** midbrain prominence (2) および**菱脳隆起** hindbrain prominence (3) とよばれる．前脳隆起は脊索前端を越えてその頭側に位置し（図11-10），その側壁から**眼胞** optic vesicle（図19-4の9）が突出して最も横幅が広く，菱脳隆起にも**耳胞** otocyst (otocystis) (10) が現われる（豚胚子24体節期）．

この時期が過ぎると，前脳隆起の前半で眼胞の直前の左右側壁からそれぞれ**終脳隆起** endbrain prominence (4) が背外側に向かって膨出し，後半の**間脳** intermediate brain (5) と区別をつける．また中脳はそのままだが，菱脳隆起にも2つの膨らみが現われ，前半の**後脳隆起** metencephalic prominence (6′) と，後半の**髄脳隆起** myelencephalic prominence (7) に分かれ，結局こ

---

1) 基板，翼板，蓋板，底板をそれぞれ ventrolateral, dorsolateral, dorsal, ventral plate ともいう．

れによって脳管は五脳胞（二次脳胞 secondary brain vesicle）となり，この区分は形が著しく変わっても成体の脳の基本的形態を示すものとして重要な意味をもつ（豚胚子9～12 mm）．中脳と後脳の境界で背側壁がくびれて腹側壁に向かい深く落ちこみ頭屈〔曲〕[1] cephalic flexure（13）をつくり，脳管はここで強く湾曲する．各脳胞は特に明らかな境界線がなく移行し，髄脳の尾側もそのまま脊髄管に移る．

2. 脳管の湾曲と脳室の形成

初め神経板は胚体表面で正中軸に沿ってほぼ平面に長く伸び，次いで神経管が形成され，ますます伸長するにつれて，縦軸水平の成長方向では制限があるため，まず，1) 湾曲によって水平面から立体面に変わるので実際的に長軸の長さを増加させ，また，同時に，2) 横への伸長も試みられ，これらの傾向は脊椎動物の高級者で，ことに脳管の部分で顕著に認められる．1) は脳胞の湾曲，2) は脳管の膨出（前項で説明ずみ）となって現われる．

脳管の湾曲の主なものは3ヵ所で認められる．最初に出現するのは頭屈〔曲〕cephalic flexure（図19-5の11）で中脳胞背側壁に起こり，およそ直角に背方に湾曲し，これに対応する腹側壁は深く背側壁に向かい湾入する（豚胎子10 mm）．この湾曲は胎子の外形からもその頂点が頭頂結節 tuber parietale として認められ，これと尾結節（107頁）を結ぶ直線が胎子の成長を示す体長のスケールとなる頂尾長 crown-rump length である．第二の湾曲は髄脳と脊髄の移行部背側壁に認められる頸屈〔曲〕[2] cervical flexure（D図の12）で，これもおよそ直角に背方に曲がり，項尾長 neck-rump length の基点となる（107頁）．第三の湾曲は菱脳腹側壁に起こって，前記の2つの湾曲とは反対に腹方に曲がる橋屈〔曲〕pontine flexure（13）で，将来，延髄腹側面でその直前にある橋の基礎となる．

脳胞の内腔は初めのうちは各脳胞とも共通に広

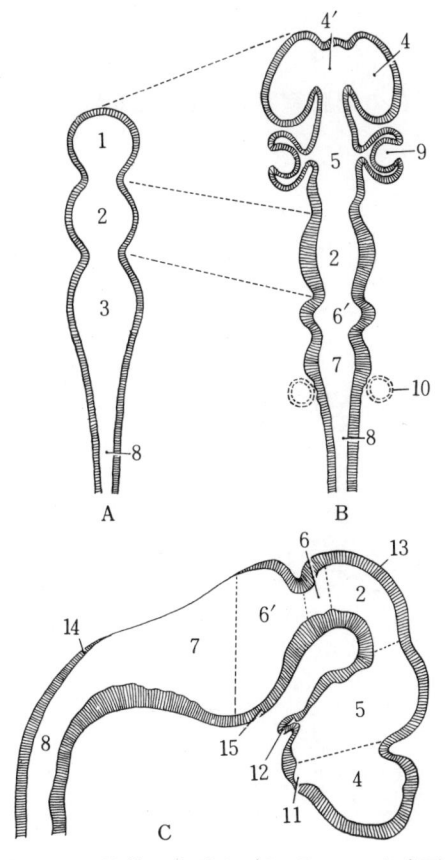

図19-4　脳管の分画（一部は PATTEN を変更）
A, Bは背面　Cは側面の断面でBと同時期
A～Bの順に分化
1. 前脳隆起　2. 中脳隆起　3. 菱脳隆起　4. 終脳隆起　4′. 終脳正中部　5. 間脳　6. 菱脳峡　6′. 後脳　7. 髄脳　8. 脊髄　9. 眼胞　10. 耳胞　11. 視交叉陥凹　12. 漏斗　13. 頭屈　14. 頸屈　15. 橋屈

1), 2) 中脳屈曲 midbrain flexure，頭頂屈曲ともいう．頸屈（曲）は項屈ともいう．

く開通しているが，その後，脳胞の壁は細胞分裂を重ねてしだいに厚くなり，その結果，内腔は狭められ，管壁の方がはるかに厚くなる．また，脳胞は部位によって特徴のある発育経過を示すから，各脳胞の内腔（脳腔 brain cavity）も部分的に広さに違いができる．そのため発生初期の脳管内腔とは全く違った**脳室** ventricle をつくる．各脳室は一連のつながりを持ち，尾方で脊髄管の内腔（脊髄中心管）に連絡する．

脳管の内腔にはおよそ次のような区分がある（図19-4）．

髄脳胞（7）
後脳胞（6′）｝内腔から→**第四脳室** fourth ventricle（脊髄中心管へ続く）

中脳胞（2）　内腔から→**中脳水道** cerebral aqueduct

間脳胞（5）
終脳胞（4）｝内腔から→**第三脳室** third ventricle，左右の**側脳室** lateral ventricle[1]

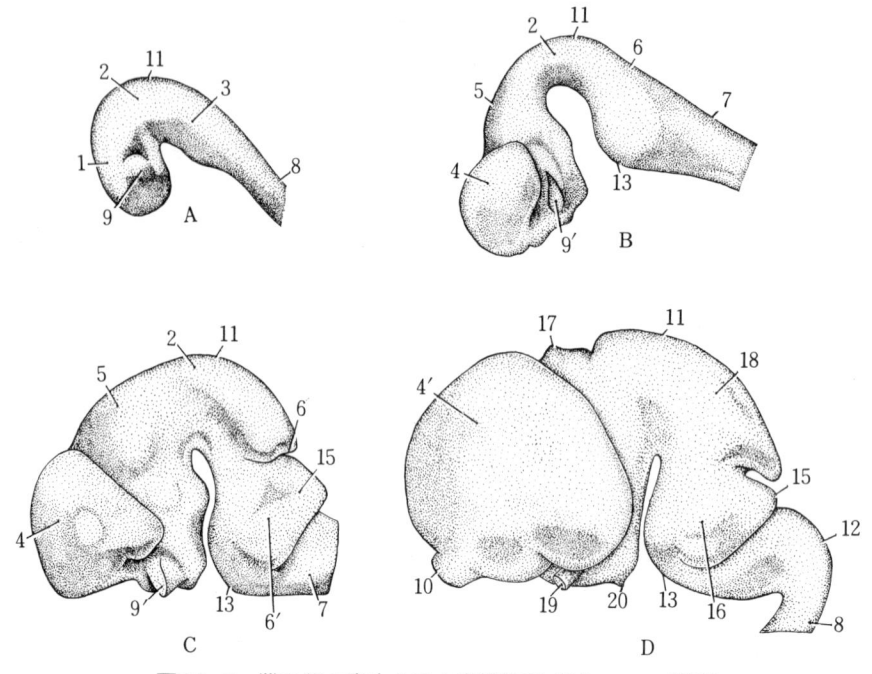

図19-5　猫の脳の発生を示す復構模型（MARTIN，模写）
A. 胎齢4.5mm　　B. 同，10mm　　C. 同，15mm　　D. 同，22mm
1. 前脳　2. 中脳　3. 菱脳　4. 終脳　4′. 大脳半球　5. 間脳　6. 後脳　6′. 後脳隆起　7. 髄脳　8. 脊髄　9. 眼胞　9′. 眼〔胞〕茎　10. 嗅球　11. 頭屈　12. 頚屈　13. 橋屈　15. 小脳虫部　16. 同，半球　17. 松果体　18. 四丘体（中脳）　19. 視神経　20. 漏斗（間脳）

---

[1] 側脳室は有対の脳室で左右にある．これが第一，二脳室に相当するが，どちらの側を第一とするかは全く同じ条件であるので，側脳室として扱われている．

第4節　脳の各部の発生

　神経管は全般を通じ，まず両側壁が厚く発達し，これが境界溝を介して背方の**翼板**と腹方の**基板**に区分できる．また，この両側壁に続く背壁が**蓋板**で，腹壁が**底板**とよばれることも説明した．しかし，この2板はいずれも外套層の発達が悪く，辺縁層が発達して主体となり（ことに底板で），左右側壁の外套層に発達する神経細胞の連絡路となる．以上の神経管壁の各部分の発育の差は脳管全般を通じて同じ傾向がうかがわれるので，まずこの節の初めに述べておく．

1. 髄脳の発生

　髄脳は将来**延髄** medulla oblongata となる部分である．髄脳では蓋板が著しく薄く，また，平たく側方に拡がり，ことにその中央部で拡がりの幅がもっとも広く，ここを中心にして**菱脳腔** rhombocoele は頭方の後脳と協力して**菱形窩**[1] rhomboid fossa を作って中に第四脳室を含む．背壁がこのように扁平に拡がったため，これに続いて側壁をつくる翼板と基板はその位置を保てずに倒れ，底板と同一平面にならぶ形となり，蓋板と対応する第四脳室底を作り，ここに延髄および橋の基礎が作られる．やがて小血管が蓋板を通してその上衣層に達し，第四脳室内に突出してきて，上衣とともに**第四脳室脈絡組織** tela choroidea of fourth ventricle がつくられ，蓋板は**第四脳室蓋** tegmentum of fourth ventricle となる．

　髄脳の外套層は脊髄灰白質から移行して，脊髄的性格を脱却してその配列が不規則となり，後位の脳神経核，すなわち，**舌下**（XII），**副**（XI），**迷走**（X），および**舌咽**（IX）**神経核**（以上図19-6の10～12，16，17）を形成する他に，**薄束核** gracile nucleus，**楔状束核** cuneate nucleus，**オリーブ核** olivary nucleus などが発生過程で移動して辺縁層中に点々と散在する．また，底板では上行，下行線維が繁く往来するようになり，まとまって**錐体路** pyramidal tract を作り，あるいは下行線維による**錐体交叉**[2]（運動交叉） decussation of pyramid や，上行線維による**毛帯交叉**[3]（知覚交叉） decussation of medial lemniscus なども構成される．

2. 後脳の発生

　この部の脳管は背外側部から小脳が発達し，腹外側部および腹部から橋ができる．

　a）**小脳** cerebellum　後脳の翼板が背，腹に分かれ，その背方の部分から小脳が発生する．この部位は脳管の背外側に当たり，**小脳原基** cerebellar primordium は左右に対に現われ，それぞれが内，外小脳隆起からなり，後にこれが正中軸に接近して左右が合一して第四脳室の背側を占める．合一の結果，内小脳隆起が中央で**小脳虫部**（cerebellar）vermis（図19-5 Dの15）としてまとまり，外小脳隆起はその左右で**小脳半球** cerebellar hemisphere（16）をつく

[1) 髄脳と後脳がともに菱脳とよばれる理由がここにある．
2) motor decussation ともいう．
3) sensory decussation ともいう．

る[1]. 原基はその後も発達して大きくなるとともに，特有の横溝が現われてくる．小脳原基も初期には脳管壁としての典型的な構造である上衣層，外套層，辺縁層の区別が認められるが，しだいに構成細胞の移動交換が行なわれて，独特の形（小脳活樹）をとるようになる．

b) **橋 pons** 橋は解剖学的にその構成要素として橋背部と橋底部からなるが，発生の初期では橋背部が主体で，これが菱形窩の頭半を構成し，髄脳とともに第四脳室底をつくる．

橋背部 dorsal part of pons は翼板腹半と基板からなり，これらに含まれる神経細胞が遊出分離して中位の脳神経核，すなわち，**内耳**（Ⅷ），**顔面**（Ⅶ），**外転**（Ⅵ），および**三叉**（Ⅴ）**神経**の諸核（図19-6の8，9）がつくられる．脊髄と違って，橋も延髄と同様に灰白質と白質の区分が明らかでなく，上記の神経核から発散する神経線維によって網様体がつくられる[2]．

橋腹側部（橋底部） ventral part of pons は成体では顕著な存在であるが，発生の初期には原基とも言えぬ微々たる存在にすぎない．すなわち，脳管の腹部の小領域にとどまり，ここの辺縁層に神経細胞が移動してきて**橋核** pontine nuclei を作るのが始まりである．しかし，発生の経過がすすむにつれて目立って顕著に発達し始

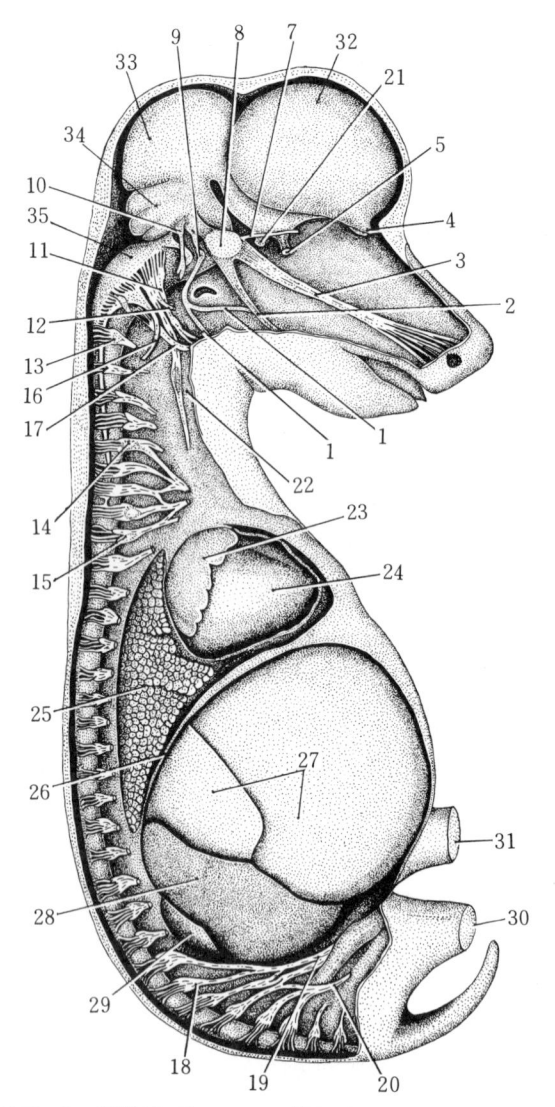

---

[1] 小脳の部分では虫部が宗族発生学的にみて最も古く，家禽でもこの部分は発達がよい．
[2] 顔面神経核形成のため牛胎子では2.5cm期に細胞移動が見られ，3.8cm期に運動核 motor nucleus の位置が確立する．53cm期になると生体の規準に到達する（Ruhricら，1992）．

図19-6　豚胎子（35mm）で神経系の発生を示す
　　　　　　　　　　　　　　　　　（PRENTISS，模写）
1. 顔面神経　2. 下顎神経（三叉神経）　3. 同，上顎神経　4. 嗅脳　5. 視神経　7. 眼神経（三叉神経）　8. 三叉神経節　9. 膝神経節（Ⅶ＋Ⅷ）　10. 舌咽神経節　11. 頚静脈神経節（迷走神経）　12. 迷走神経耳介枝　13. 第一頚神経節　14. 第五頚神経節　15. 第一胸神経節　16. 副神経　17. 舌下神経　18. 腰神経節　19. 後肢に向かう神経　20. 坐骨神経　21. 下垂体　22. 節状神経節（迷走神経）　23. 左心房　24. 左心室　25. 肺　26. 横隔膜　27. 肝臓　28. 中腎　29. 後腎　30. 後肢（切断）　31. 臍帯　32. 大脳半球　33. 中脳　34. 小脳　35. 髄脳

める．これは哺乳類（ことに人類）で大脳皮質の発達につれて，新しく獲得されたもので，その縦走線維（皮質脊髄路，皮質橋路）が伸びてきて橋底部を通過し，または橋核と連絡をつけ，あるいは横走線維（横橋線維）が左右の半球を結ぶなどして，その結果，著しく隆起する．解剖学でこの部を橋とよぶのは，その形が両側小脳半球を結んだかけ橋のように見えるからで，二次的形質である．それ故，橋は家畜の後脳には認められるが，家禽では橋（橋底部）は発達しないで，橋背部だけからなる．

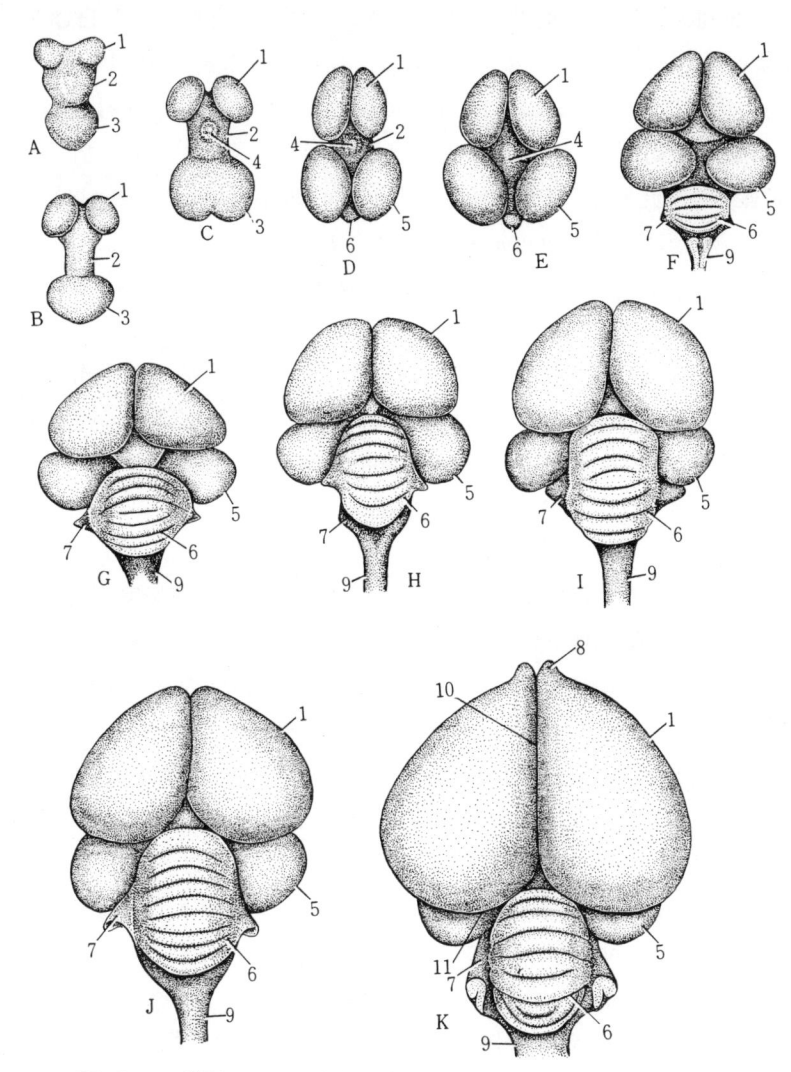

図19-7 鶏胚子の脳の発生（背面）（KAMON，一部変えて模写）
A．（胚齢，3～4日） B．（4～5日） C．（5日） D．（7～8日） E．（9～10日） F．（12日） G．（14日） H．（16日） I．（18日） J．（20日） K．（成体）
1．大脳半球 2．間脳 3．中脳 4．松果体 5．視葉 6．小脳 7．片葉 8．嗅球 9．脊髄 10．大脳縦裂 11．大脳横裂

3. 中脳の発生

中脳胞の部分は他の脳胞に比べると，もっとも発生初期の形態を温存する．まず，1)他の脳胞のように再分画されない，2)脳管としての蓋板，側壁（翼板と基板）および底板の原始的関係がそのまま成体にまで持ちこまれている，などである．

まず，翼板が肥厚して背外側に拡がり，これに蓋板が協力して四丘体の原基が出現し，中脳腔の背壁（**中脳蓋** tectum mesencephali）となり，やがて，これが正中溝で左右に区切られて**二丘体** bigeminal bodies となる．**家禽**（鳥類）ではここまでで止まり，二丘体がそれぞれ側方に発達して**視葉** optic lobe（図19-7の5）になる．しかし，家畜（哺乳類）ではさらに正中溝と交叉する横溝の出現によって**四丘体** quadrigeminal bodies ができる．四丘体の前丘には視覚，皮膚知覚，後丘には聴覚のそれぞれの中継核が発生する．

基板からは被蓋の神経元（例えば**赤核** red nucleus, nucleus ruber），**滑車**（Ⅳ）および**動眼**（Ⅲ）**神経核**および〔**視床**〕**網様体核** reticular nuclei (of thalamus) が形成される．大脳から出発する神経線維は**大脳脚** cerebral peduncle を形成する．大脳脚近くの灰白質の広い層である**黒質** substantia nigra もまた基板から分化すると信じられている．底板はこれも橋底部の成立と全く同じ意味で大脳脚（狭義）を構成する．大脳脚は多くの下行神経線維群（皮質橋路，皮質延髄路および皮質脊髄路）が発生中の中脳を通って脳幹あるいは脊髄に行くようになるにつれて次第に明らかとなってくる．**中脳腔** midbrain cavity は大脳脚被蓋が発達するにつれて背方に押し上げられ，四丘体に挟まれて**中脳水道**をつくる．

4. 間脳の発生（図11-10，11-15）

間脳胞の蓋板は薄く，ここに髄脳で見られた場合と同じ方法で**第三脳室脈絡組織** tela choroidea of third ventricle の原基が**間脳腔** intermediate brain cavity（後の第三脳室）に向かい突入してくる．そのすぐ直後の蓋板の尾側端からも**松果体芽** pineal bud の原基がこの度は逆に，脳胞から外に向かって突出する（図11-10，19-5，19-7）．翼板は視床脳になる部分で，頭尾方向に走る**視床下溝**（境界溝に当たる）hypothalamic sulcus で腹方の基板と明らかに区別される．翼板では特に蓋層がよく発達して，中継核として多くの視床核を含むようになる．翼板は基板とともに間脳側壁を作るが，壁が肥厚するにつれて間脳胞の内側も狭まり，このため間脳腔は横幅が縮んで縦に長い裂隙状の**第三脳室** third ventricle として残り，壁の一部は結合して**視床間橋** interthalamic adhesion となる．

基板と底板は共に視床下部をつくる．底板の頭端は内壁がくぼんで**視交叉陥凹**[1] optic recess（図11-10，19-4）となり，その直後の底板が肥厚して**視交叉板**[2]となり，眼杯（214頁）の網膜からくる神経線維を受け入れて，その大半を交叉させて**視〔神経〕交叉** optic chiasma を実現させる．この部の後位で底板壁が**漏斗** infundibulum（図11-10，19-4の12）として

---

[1] 神経隆起頭端の陥凹部で眼胞茎の付着部（視覚器の発生の項参照，213頁）
[2] Chiasmaplatte（独）

尾腹方に突出し，これが**神経下垂体芽** neurohypophyseal bud で，口腔上皮の湾入で形成された下垂体嚢（腺下垂体の原基127頁）と合体して後に**下垂体** hypophysis（図19-6の21）となる．なお，家畜では漏斗よりも後位に同じく腹方に隆起する小体があって**乳頭体** mammillary body の原基となるが，**家禽**ではこの小体は現われない．乳頭体と漏斗の間でも壁の肥厚が現われるが，これが後に**灰白隆起** tuber cinereum となる．

5．終脳の発生

終脳胞は間脳胞の頭側にあって，背外側に膨出する左右の終脳隆起と，これを結ぶ正中位の**正中部** median portion（図19-4の4′）からなり，半球の内腔すなわち**終脳腔** cavity of endbrain, telocele は正中部の内腔[1]を通じて交通する．しかし，正中部だけはその後の発生が進んでも発達が悪く，終脳隆起が盛んに発育して**大脳半球** cerebral hemisphere となるのにひきかえ，旧態依然としているので大きさの差が顕著になって，成体では微弱な存在となり，正中部の頭側端の壁がわずかに〔完成〕**終板**〔definitive〕lamina terminalis として残る．すなわち，左右の大脳半球は初めは終板を通してのみ連絡される．正中部がこのように発達がわるいため，その内腔も第三脳室頭端を占める小領域であるにすぎず，このため側脳室は直ちに第三脳室に続くように見える．正中部内腔のこの部分を〔脳〕**室間孔** interventricular foramen（モンロー孔）と言う．前頁で間脳胞の蓋板が第三脳室脈絡叢の原基をつくると説明したが，これには終脳正中部の蓋板も参加して，これらは同時に室間孔を通じて両側の終脳腔にも**側脳室脈絡組織** tela choroidea of lateral ventricle として原基を送りこむ．

終脳隆起はしだいに膨大して，頭，尾，背，外側に拡がり，間脳を背方から被い，両側の半球は正中軸で接近して**大脳縦裂** longitudinal fissure of cerebrum（図19-7の10）ができ，尾側では小脳頭側壁にも近づいて両者の間に**大脳横裂** transverse fissure of cerebrum（11）が明らかとなる．これらの裂の間隙には間葉組織が進入して，大脳縦裂の間には**大脳鎌** falx cerebri，横裂の間には**小脳テント**〔membranous〕tentorium cerebelli などの**髄膜** meninges が作られる．この間，終脳隆起の壁は肥厚し続け，腹側壁からは**線条体**（広義）corpus striatum が作られて側脳室の底部となり，その腹側で間脳の視床脳背側壁と二次的に結合する．線条体には多くの大脳核（**尾状核** caudate nucleus，**レンズ核** lentiform（lenticular）nucleus）が発生する．

また，腹側壁以外の部分は**外套**[2] pallium と言われ，大脳皮質に発達する．外套は家畜（哺乳類）では線条体よりも発達がよいので，半球表面を全面的に被い，表面で発育に不均等な部分が生じ，おくれた部分が**大脳溝** cerebral sulcus として現われ，溝と溝の間は発育が良く**大脳回** cerebral gyrus として隆起する[3]．しかし，**家禽**（鳥類）では家畜に比べると大脳皮質

---

1) 以前モンロー腔 *Cavum Monroi* とよばれた．
2) 古皮質 paleopallial cortex ともいう．
3) 牛胎子では58日まで大脳半球表面は平滑のままである．その後，間もなく大脳外側溝（シルビウス溝）が出現し，68日になると外側嗅脳溝が出現し，160日までに成体でみられる大脳溝の大部分が出現する（Louw, 1989）．

の発達が劣るから，大脳溝も大脳回も現われない．

終脳隆起の壁は初めは脳管の一般構造を示して，表層から辺縁層，外套層，上衣層を区別するが，線条体の部分を除き後には外套層の神経細胞が辺縁層に進出して特有の**大脳皮質** cerebral cortex を作り出す．この部は宗族発生学的に見て最も新しく出現し，発達した部分で，知能に関係が深く，人でもっともよく発達し，家畜（哺乳類）でも家禽（鳥類）にくらべると，はるかに発達がよく，**新皮質**（新外套）neopallial cortex と言われる部分である．新皮質の増大につれて，左右の大脳半球を結ぶ交連線維の白質板が現われ側脳室の背壁をつくる．発生初期には左右の半球を結ぶ連絡部は，既述のように終脳正中部の残りである終板であったが，発生が進行し，半球が発育するに伴い，左右の半球を結ぶ交連線維の数が増加し，これらのものが終板を通過するからその線維束で**交連板** commissural plate が形成され，さらに板の尾側端が伸びて左右の**脳弓** fornix とよばれるようになる（脳弓交連）．家禽ではこの程度の発達で止まるが，家畜では新皮質の増大につれて，左右の半球を結ぶ交連線維の白質板が**脳梁** corpus callosum として現われる．しかし，家禽では脳梁がなく，この部に微弱な横走線維を認める程度にすぎない．脳梁は脳弓交連を伴って尾側に伸びるが，家畜ではこの際，交連板もこれに伴って尾方に引き伸ばされて薄い有対の**透明中隔**[1] septum pellucidum となり，さらに結合して不対の中隔となって左右の側脳室を区画する．しかし家禽では透明中隔をつくらないで薄い隔壁として残る．

大脳半球の腹側で線条体の前位に現われる縦溝は**嗅脳溝** rhinal fissure（sulcus）とよばれ，溝の腹側が**嗅脳** olfactory brain, rhinencephalon となり，ここが魚類のような下級者では終脳そのものであり，原脳とよばれ**旧外套**（旧皮質）archipallium（archicortex）に当る．両生類以上になると，これに新皮質が付加されて，哺乳類（ことに人）でその極点に到達する．

嗅脳は嗅覚の中枢部で，線条体に続く頭側は，まず胞状に膨出して**嗅球** olfactory bulb（図19-5の10）となり，**嗅脳腔** cavity of olfactory brain は室間孔を通して側脳室に通じる．嗅球は鼻粘膜嗅部からの輸入線維を受けて，**嗅索** olfactory tract を通じ**嗅結節** olfactory tubercle, **梨状葉** piriform lobe, **海馬** hippocampus に連絡する．

第5節　末梢神経の発生

1．脳脊髄神経

脳脊髄神経 craniospinal nerves では運動神経線維の発生が最も早く（豚胎子8mm，鶏胚子孵卵3日），脳管の神経細胞，脊髄管の腹外側部の神経細胞から神経線維（腹根）が出て，目的の器官原基に向かう．

知覚神経線維は運動神経に数日遅れて発生する．すなわち，まず，神経堤の細胞群が神

---

[1] 終脳［透明］中隔 septum telencephali ともいう（N.A.V.J.）．

経節を構成するのを待って，この神経細胞が一方では脳または脊髄に向かい線維を伸ばし（背根），他方では運動神経線維と同伴で末梢に向かって伸びる．神経節の形成は体節の形成と同じに，まず，頭側より有対に作られてしだいに尾側に及ぶ．神経節は脳神経では**迷走**（X），**舌咽**（IX），**内耳**，**顔面**（VIII＋VII）および**三叉**（V）**神経節**が認められ（図19-6の8，9，10），脊髄神経では各節ごとに**脳脊髄神経節** craniospinal ganglia が作られる（図19-6の13の第一頚神経節以下）．

2. 自律神経系

自律神経節（内臓神経節）autonomic ganglia　交感，副交感神経節ともに神経堤または脊髄管の神経細胞が遊離したものから作られる（鶏胚子3～4日）．原則としては各体節ごとに有対に形成されるが，頭部では減少する．この神経節から線維が出て，一方では脳脊髄内の自律神経中枢（**節前線維**）と，他方では末梢の器官原基と通じ（**節後線維**），あるいは脊髄神経腹根と混じる（**交通枝**）．末梢に伸びたものは神経叢をつくり，そこにも神経堤の遊離細胞がたどりついて神経節がつくられる[1]（図19-8の7～12）．

神経線維は脳脊髄神経，自律神経を問わずその個々の線維ごとに神経堤起原の**神経**〔**線維**〕**鞘** neurilemma で包まれるが，これらのものがまとめられた神経束は，筋細線維が筋線維，筋線維束にまとめられる場合と同様に，周囲の間葉組織から分化した**神経内膜，周膜，上膜** endo-, peri-, epineurium で包まれる．

〔付〕 副腎の発生[2]

副腎の原基は2つの異なる胚葉から発生する．

副腎**皮質**の原基は中胚葉起原で，中腎の頭内側の体腔上皮が背側腸間膜付着部の両側で肥厚して，それぞれ細胞塊となって隆起する（豚胎子12～20 mm，鶏胚子4日）．

副腎**髄質**の原基は外胚葉性で，神経堤から分離した細胞に由来するから神経節と全く同じ起原であるが，これが神経細胞に分化しないで内分泌腺細胞群となる．これらの細胞が皮質原基内に入り，しだいにその中心部に集まって髄質の部位を占め，特有の**髄質細胞** medul-

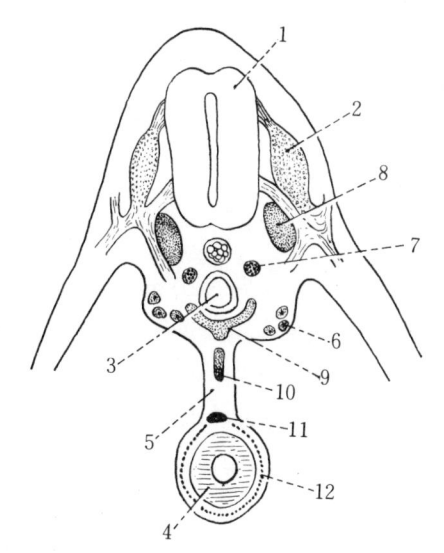

図19-8　鶏胚子（孵卵4～8日）の自律神経節の分布（His，模写）
1. 脊髄管　2. 脊髄神経節　3. 大動脈　4. 腸管　5. 腸間膜　6. 中腎　7. 一次および　8. 二次神経節細胞の集団　9. 大動脈神経叢　10. 内臓神経叢　11. 腹腔神経節　12. 腸間膜動脈神経節

---

1) この神経節の原基は間葉細胞から分化した中杯葉起原のもの，とも言われる．
2) 副腎の原基は外，中両胚葉に由来するから，中胚葉の項で取り扱ってもよいが，髄質の発生が神経節の発生と密接な関係があり，これに関連した項で説明するのが便利と思われるので，特にこの節で神経系の最後に付け加えた．

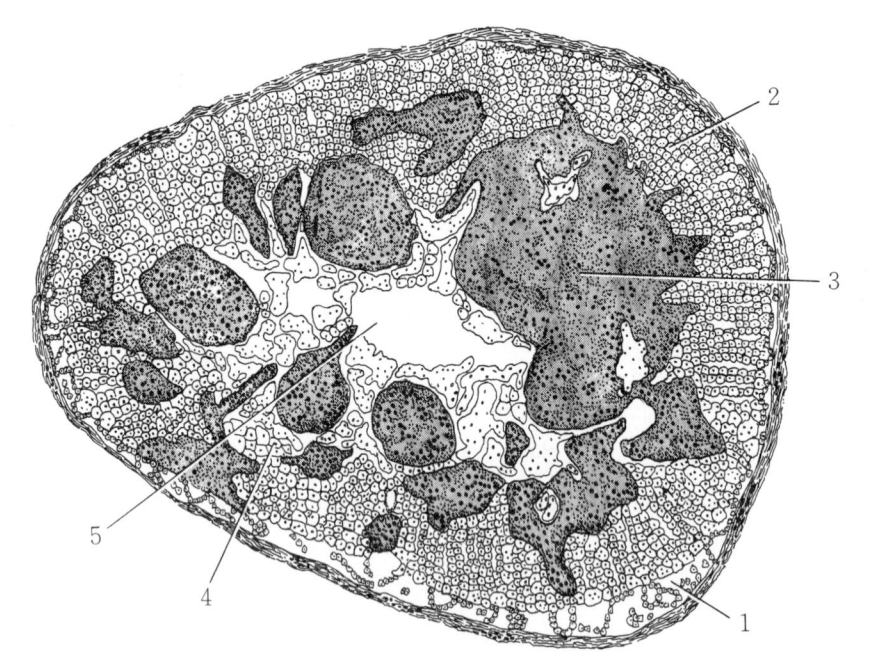

図19-9 豚胎子副腎の組織，妊娠60日齢，×100
被膜側から**永久皮質** definitive cortex が内方に向かって発達する．**胎生皮質** fetal cortex は中心静脈周囲に圧迫され退縮する．この時期，髄質組織は被膜から内方へ散発的に侵入している途中で，まだ連続的な髄質は形成されていない．この時期以後の髄質には，クロマフィン細胞と神経節細胞の両者が認められる．
　　　1. 球状帯　2. 束状帯　3. 髄質組織　4. 胎生皮質　5. 中心静脈

lary endocrine cells（**クローム親性細胞** chromaffin cell）に分化する（豚胎子20 mm，鶏胚子8日）．皮質細胞もその頃にはしだいに層状の配列を示すようになる[1]（図19-9）．**家禽**では髄質の原基は中心部に集中しないで皮質原基の細胞索が作る網眼中に散在する（図19-10）．

　副腎髄質と同じ種類の細胞と作用を持つ**大動脈傍体** aortic body，**頸動脈小体** carotid body，**尾骨小体** coccygeal body などの**パラガングリオン（傍節）** paraganglion も副腎髄質と全く同じ様式で原基が発生して，それぞれの部位を占める．

---

[1] 人では最初に出現した副腎皮質原基は薄い外層と厚い内層に分かれ，胎生期間中は内層が厚く発達して胎生皮質をつくるが，出生後急速に退化して，代わって外層が発達して生涯を通じて皮質となる．中皮から生じる副腎被膜は再生力が盛んで，皮質を摘出しても被膜が残ると再生する．馬（山内，1979），犬（Hullinger，1978）の副腎の胎生発達における皮質の成立にはなお不明な点が残る．豚の場合（山内ら，1986），初期胎子の皮質は胎生皮質 fetal cortex のみから成り皮質の層構成は見られない．永久皮質 permanent cortex は妊娠の第三分期に入ってから出現し急速に発達して胎生皮質細胞を中心部に圧迫しながら球状帯および束状帯を形成する．妊娠後期になると胎生皮質細胞は皮質容積の5％程度までに縮小する．

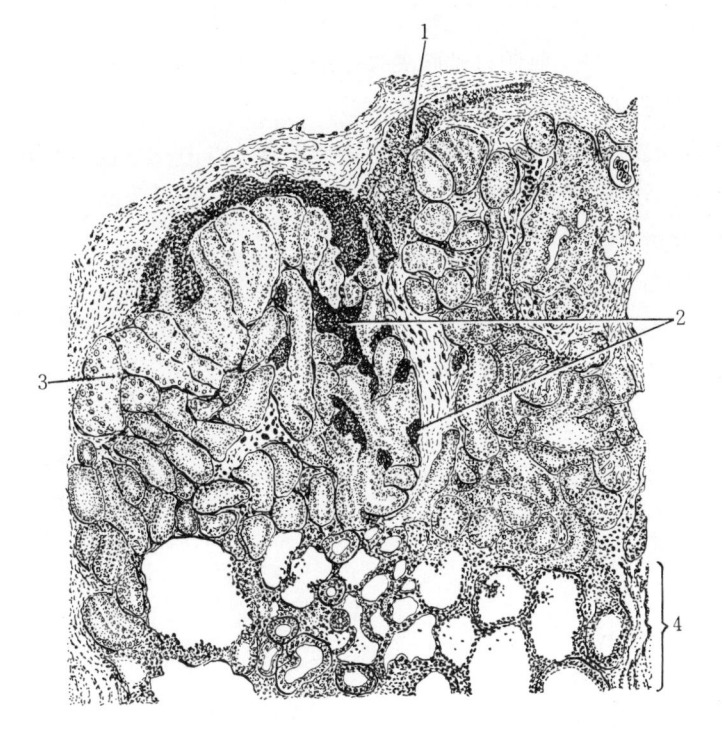

図19-10 副腎髄質（交感神経細胞と同じ原基で外胚葉性）が皮質（中胚葉性）と入り混じる状態を示す（鶏胚子4日の中腎を摘出して9日間羊膜腔中に移植したもの）（LILLIE，模写）
1. 交感神経節細胞　2. 副腎髄質の原基　3. 同，皮質の原基　4. 中腎の組織

第20章　感覚器の発生

第1節　視覚器の発生

視覚器は眼球と副眼器からなる．
1. 眼球の発生
眼球はその主要な部分，すなわち，網膜，水晶体，角膜上皮などが外胚葉起原で，これに間葉組織が加わって形成される．
1）外胚葉起原のもの
a. **眼胞の出現**　眼球の最初の原基は，外胚葉性の神経板の神経堤（62頁）がまだ神経管をつくらない頃から，すでにその頭側端に現われた浅い**視交叉陥凹** optic recess に始まる（図19-4）．やがて神経管が形成されると，この部分が前脳胞の両側面から外側に膨出して1対の**眼胞** optic vesicle が作られ表層の外胚葉から離れて（豚胎子10〜13体節，鶏胚子7体節），基部のくびれた**眼〔胞〕茎** optic stalk で前脳胞に通じる（図9-1）．

眼胞の内腔は**視室** optic cavity（図20-1の3）とよばれ，管状**眼茎** optic canal（6）を通じて前脳腔に連絡する．この時期はまさに前脳胞が終脳胞と間脳胞に分画される時に当るので，結局，眼茎は間脳胞と結ばれる．発生が進むにつれて，眼胞は外側の外胚葉に向かい

いよいよ膨隆するので，眼茎は細長く伸び，眼胞は外胚葉に接触したままこれを外側に押し出す形となる．眼胞の壁は後に網膜に，眼茎は視神経になる．

　b. **眼杯の形成と網膜，視神経の成立**　外胚葉に接した眼胞の壁が厚くなり（2）同時に視室に向かってくぼむので，視室が狭くなり，厚い内層（9）の**眼杯内層** internal layer of cup と薄い外層（10）の**眼杯外層** external layer of cup の2層からなるカップ状の**眼杯** optic cup が形成され眼杯の内，外層の移行縁は眼杯の入口を囲んで**眼杯縁** rim of cup（4）を形成し，ここが将来の**瞳孔** pupil になる．発生が進むにつれ眼杯はいよいよ深くくぼみ，視室はますます狭くなり（図20-3の9），遂に内，外層が直接に接触するようになると視室は完全に消失する．また眼杯が囲む腔は**眼杯腔** cup cavity とよばれ後に硝子体を容れる．眼杯の内層は**網膜** retina，外層はその**色素上皮層** pigmented layer に分化する．

　やがて，眼杯から眼茎にかけてその腹側壁に縦溝が現われて**眼杯裂** optic fissure（図20-2の4）とよばれ，この部分で眼杯内層が眼茎を経て直接間脳壁につながり，網膜の神経細胞の突起がここを通して間脳と連絡する．

　眼杯裂には眼動脈の枝が間葉組織を伴って入りこみ，**網膜中心動脈** central retinal a. として網膜に分布し，それより**硝子体動脈** hyaloid a.（図20-2の6，20-3の10）として眼杯腔（12）に入り，終枝は水晶体プラコードに至る．眼杯裂はこのようにして血管を眼杯中に導入し終わると，その両縁が伸長して溝は埋没する[1]．

　一方，眼杯縁も発生の伸展につれて縁が伸長するので，これまでの部分（**網膜視部** visual

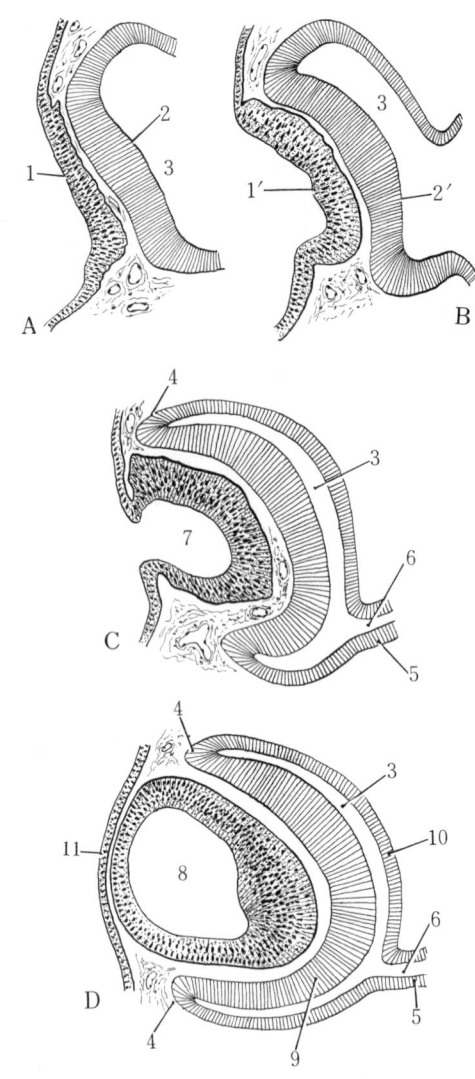

図20-1　兎の胎子で眼杯と水晶体の発生を示す
A～Dの順に進行
1. 表面の外胚葉　1′. 水晶体板　2. 眼胞壁　2′. 陥入して眼杯形成が始まる　3. 視室　4. 眼杯縁　5. 眼茎　6. 管状眼茎　7. 水晶体窩　8. 水晶体胞　9. 眼杯内層　10. 眼杯外層　11. 角膜

---

[1] その状態をたとえると，必要に応じて土地を掘ってガス管や水道管が敷かれ，終わってその溝が埋められるのに似ている．

portion of retina) にさらに**網膜盲部** nonvisual portion of retina が付け加えられる[1]. すなわち, 眼杯内層の延長から網膜毛様体部および網膜虹彩部の上皮, 眼杯外層から虹彩色素上皮層[2]が形成され, 眼杯周囲の間葉組織 (後項) がその支質となって**虹彩** iris および**毛様体** ciliary body ができる. また, 眼茎は眼杯裂の閉鎖によって網膜中心動脈を含む充実した索状の神経線維束, すなわち, **視神経 (Ⅱ)** optic nerve となり, これを脳から連続する間葉起原の軟膜, クモ膜, 硬膜が**視神経内, 外鞘** pial and dural sheath of optic nerve となって包む.

c. 水晶体の発生 (図20-1, 20-3) すでに説明したように, 眼胞に接触した外胚

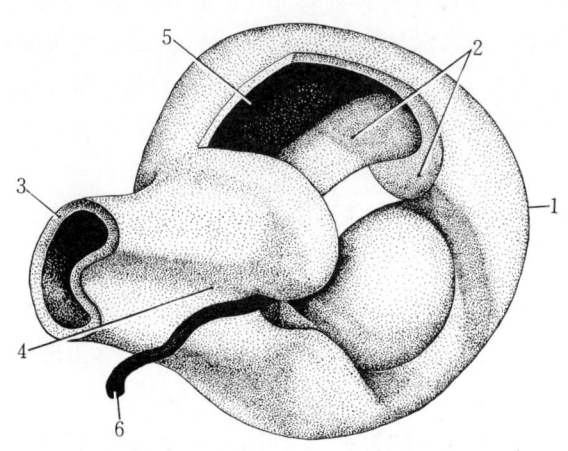

図20-2 哺乳類の眼杯模型 (BONNET, 模写)
1. 眼杯外層 (網膜色素上皮層となる) 2. 同, 内層 (網膜となる) 3. 眼茎 4. 眼杯裂 5. 視室 6. 硝子体動脈

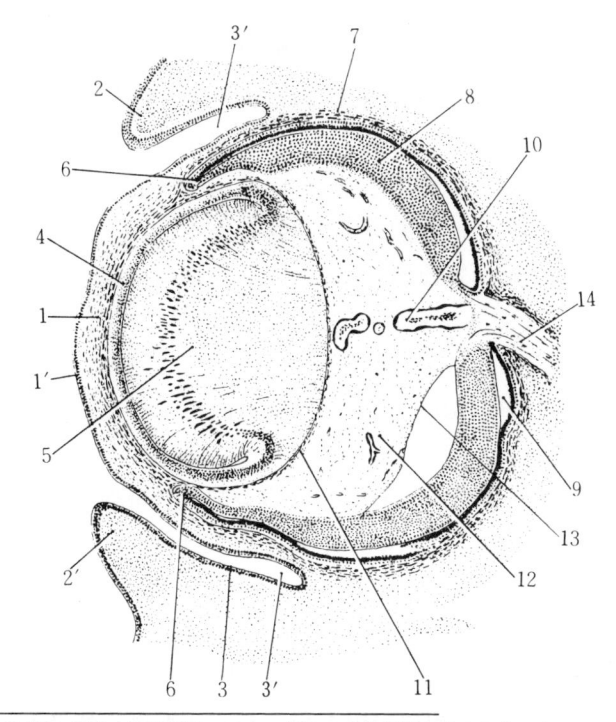

図20-3 兎胎子 (16日) で眼球の形成を示す (BONNET, 模写)
1. 角膜の間葉組織 1′. 角膜上皮 2. 上および 2′. 下眼瞼 3. 眼瞼結膜 3′. 上, 下結膜円蓋 4. 水晶体上皮 5. 水晶体線維 6. 虹彩原基 (眼杯縁) 7. 網膜色素層 8. 網膜 9. 視室の残り 10. 硝子体動脈 (退化しつつある) 11. 水晶体血管膜 12. 硝子体 13. 硝子膜 14. 視神経

---

1) 豚の網膜の発達経過では4cm期までは神経芽細胞が主体であり, 9cm期になって神経節細胞層 ganglion cell layer と内多形細胞層 inner plexiform layer に分化する. 12cm期に原始的水平細胞 primitive horizontal cells が出現し, 18cm期に網膜の各要素が確立する. しかし, 光感覚細胞層の形成はこれより遅れる (de Shaefpdrijver ら, 1980).
2) 虹彩の色素上皮層の細胞の一部が分離して**瞳孔括約筋**と**瞳孔散大筋**に分化する. 元来, 筋組織は中胚葉起原が原則であるが, ここには珍しくも外胚葉起原の筋を認める. なお, 毛様体に含まれる**毛様体筋**は中胚葉 (間葉性) 起原である.

葉の部分はその後に厚くなって**水晶体プラコード（水晶体板）**lens placode（図20-1の1'）となり，眼胞が眼杯になるとそのくぼみに陥入して**水晶体窩** lens pit（7）を形成する．やがて，窩の縁が伸び出して入口が狭くなり，閉ざされ，遂に**水晶体胞** lens vesicle（8）として表面の外胚葉層（1）から離れて眼杯に抱きこまれるように孤立し（豚胎子8～9 mm，鶏胚子3日），その表面には眼杯縁が伸長して，いよいよ虹彩や毛様体の発生が明らかに認められるようになる．

水晶体胞は外側の外胚葉に向かう遠位面と網膜側の近位面を区別し，始めはその間に内腔が見られるが，近位面では細胞が著しく長さを増して厚くなり，遠位面に向かいせり出すから（図20-3），遂に内腔を失って近，遠両面は接触し，ここに充実した**水晶体** lens ができ上がる．近位面は厚く，**水晶体線維** lens fibers（5）となり，遠位面は薄く，**水晶体上皮** lens epithelium（4）となる．

水晶体胞の表面は間葉組織に包まれ，これから**水晶体血管膜** vascular coat of lens（11）ができて硝子体動脈の終枝を受けるが，この血管は発生後半には退化する．

d. **角膜上皮**　水晶体胞が離れた後の外胚葉層は角膜上皮（図20-1の11, 20-3の1'）となり，上皮の裏付けとして眼杯縁（図20-3の6）から上皮の内側に入りこんだ間葉組織（1）が**角膜** cornea の主体となり，これから角膜固有質，後境界板，角膜内皮などができる．

e. **硝子体**　眼杯内層（網膜）（図20-3の8）の（神経）**膠芽細胞** spongioblast が眼杯腔に多数の突起を出して互いに結び合って網工が作られ[1]，その網眼が網膜や毛様体突起から分泌される無色透明な膠様物で埋められて形成される．既述の硝子体動脈はその中軸を貫くが（10），胎子の時代に全く退化消失する．この動脈が進入する際に間葉細胞も入りこみ，これも**硝子体** vitreous body の形成に参加するから，硝子体原基は外胚葉性であると同時に間葉性でもある．

2）間葉起原のもの

眼杯を包む間葉組織と，さらに，この組織の一部が眼杯縁から眼杯内に入りこみ，次の部分が発生する．

a. **虹彩** iris, **毛様体** ciliary body　眼杯縁が水晶体前面（遠位面）に伸びて網膜盲部が作られるとき，虹彩と毛様体の支質が作られる．この際，毛様体突起を作る細胞からさらに水晶体赤道面に突起が伸びて**毛様〔体〕小帯** ciliary zonule が形成される．馬や反芻類では虹彩の瞳孔縁で外胚葉性上皮が増殖し，これに支質が加わって**虹彩顆粒** iridic granules が突出する．

b. **脈絡膜** choroid（membrane）および**強膜** sclera　眼杯の外層（色素上皮層）のすぐ外側を取り囲む間葉組織から脈絡膜が分化し，さらにその外側に強膜が現われる．家禽では強膜に含まれて毛様体に沿って輪状の軟骨が出現し（孵卵8日），後に**強膜骨** scleral ossicle となる．

---

[1] 家禽では水晶体近位面の細胞も硝子体形成に参加する．

c. **前および後眼房** anterior and posterior chambers　それぞれの部分を埋めた間葉組織が吸収されて，その腔隙が組織液で満たされて出現する．

2. 副眼器の発生

a. **眼瞼** eye lid, palpebra　眼球は初めは裸出しているが（豚胎子30 mm，図9-2），後にその背，腹側の皮膚の原基からヒダ（**眼瞼ヒダ** palpebral fold）ができて，**上，下眼瞼** upper and lower eyelids の原基となり（図20-3の2，2′），ヒダに囲まれて**眼瞼裂** palpebral fissure が現われる．眼瞼の内側は外胚葉が反転して**眼瞼結膜** palpebral conjunctiva（3）となり（ヒダの支質は間葉性の真皮で**上，下瞼板** upper and lower tarsi となる），結膜円蓋（3′）で再び反転して**眼球結膜** bulbar conjunctiva に移行する．背，腹のヒダの縁は発生の進行につれて伸長接近し，遂に癒着して一時的に眼瞼縫合が認められ，眼球表面は完全に被われるが，間もなく解けて再び眼瞼が開かれる．

この頃，内眼角にさらに小さいヒダが**第三眼瞼**（瞬膜）third eyelid（nictitating membrane）の原基として現われ（食肉類，有蹄類），家禽では後にこれがよく発達する．

b. **涙腺** lacrimal gland および**瞼板腺** tarsal gland　上結膜円蓋の上皮が増殖して上皮索をつくり，間葉組織中に進出して涙腺となる．また眼瞼縁の上皮の陥没によって瞼板腺が作られる．

c. **眼筋** ocular muscles　最前位の筋板よりさらに頭方で眼杯を取り囲んだ間葉細胞の集団から発生する（詳細は164頁，脚注1参照）．

3. 眼球発生についての家畜と家禽の相違

a. **眼杯形成**　鶏胚子で眼杯形成の際に，眼杯裂の出現と網膜の形成の方式について，一部で家畜と違う点がある．

まず，眼杯裂の形成をみると，家禽では眼杯裂は眼杯腹側壁に限って現われるが，眼茎にまでは及ばず，これに関連する網膜中心動脈の発生も見られない．それ故，家禽の眼球では網膜に血管が分布しない．しかし，これを償うかのように，眼杯が眼茎に移行する部分（後の円板（乳頭）陥凹 excavation of optic disc）で網膜壁が隆起して鳥類特有の**網膜櫛** pecten（図20-4）の原基が出現する（鶏胚子5日）．この網膜櫛に眼杯の眼杯裂から侵入した血管が豊富に分布するため，これを流れる血液からリンパを網膜全般に送りこんで栄養供給に当たるものと考えられ，併せて網膜櫛は硝子体からも栄養物を取り入れる，と言われている．

b. **水晶体形成**　水晶体形成に際し家畜と相違する点は，水晶体の遠位面でも，近位面への移行部で赤道に近い部分では，上皮が高くなって水晶体線維から作られる点で（鶏胚子8日以後）（図20-5Bの4），このため遠位面の周縁には明らかに隆起した輪状結節[1]（B図の矢印の間）が現われる．水晶体の輪状結節は鳥類や爬虫類だけで見られる特異のもので，結

---

1) Ringwulst（独）

節の部分には成体でも内腔（3）が認められる．この結節の意義は，毛様体による水晶体へのストレスを緩和するためのもの，と言われる．

第2節　平衡聴覚器の発生

平衡聴覚器は解剖学で示されるように，内耳，中耳，外耳からなり，この中で内耳が直接平衡覚と聴覚に関係する器官で，他は音波の集合および伝導管である．

1．内耳の発生

内耳 internal ear は膜迷路と骨迷路からなり，前者が外胚葉，後者が間葉起原である．

また**膜迷路** membranous labyrinth の原基の出現は非常に早く（豚胎子5 mm），神経管がまだ閉鎖しないころ，その菱脳領域の外側で，まず，体表の外胚葉が肥厚して**耳プラコード（耳板）** otic placode として現われる．続いて，これが内側にくぼんで**耳窩** otic pit（図9-2の16）となり，さらに体表の外胚葉から離れて**耳胞** otic vesicle, otocyst（図14-8の5，19-4の10）となって間葉組織中に沈み[1]，胞の内腔はリンパで満たされる（豚胎子7 mm，鶏胚子105時間以後）．

耳胞は初めはほぼ球形であるが，やがて背，腹に長く伸び，その背側端から1本の管が長く伸びて先端が盲管に終わる**内リンパ管** endolymphatic duct（図20-6の1）となる（豚胎子8 mm）．耳胞は内リンパ管を残してその後も背，腹方に伸長し続けるから，その結果，初め背側端にあったはずの内リンパ管がいつの間にか耳胞（いまは**前庭嚢** vestibular pouch と言う）の中央背側に位置するようになる．間もなく内リンパ管と前庭嚢の連絡部のあたりがくびれて，前庭嚢は背側の**卵形嚢** utricle（5）と腹側の**球形嚢** saccule（6）に分かれ，内リンパ管の基部も二叉に分岐して**連嚢管** utriculo-saccular duct としてそれぞれの嚢とつながる．

次に，卵形嚢の背壁から二つの半円盤状の隆起が出る．その1つは背方

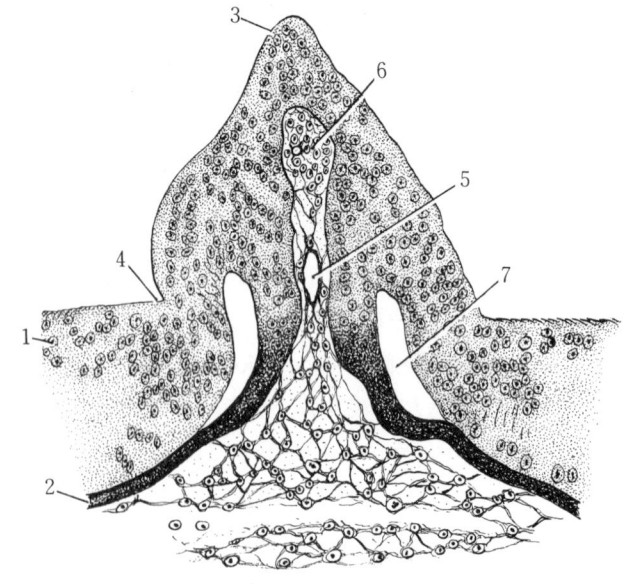

図20-4　鶏胚子（7.5日）の網膜櫛（BERND，模写）
1．眼杯内層（血管は分布しない）　2．同，外層（網膜色素層）　3．網膜櫛頂部　4．同，基底部　5．血管　6．中胚葉　7．視室の残り

---

[1] 眼の感覚部である網膜の原基が脳胞壁の膨出として現われるのに対し，平衡聴覚器の感覚部である膜迷路は，眼の水晶体の場合と同様に，体表の外胚葉から発生する．この対照は興味深い．

矢状位に，他はこれと直角の方向に膨出する．これが**半規管** semicircular duct の原基で，矢状位の半円盤には中心部に近く2孔があき，孔の周縁が2つの半円として残って，それぞれ外側半規管（3）と後半規管（2）になり，直角位のものには1孔があいてこれから前半規管（4）ができ，（豚胎子17〜19 mm，鶏胚子7〜8日），計3個できるから三半規管と言われる（図20-6，20-7）．半規管は発生の進行につれて周縁が大きくなり，基部で各々が接触し，隔壁がとれて交通し（**総脚** common membranous crus），または〔膜〕**膨大部** membranous ampulla をつくり，あるいはそのままで卵形嚢と結ぶ．

球形嚢の腹側部も細長く伸び出して（鶏胚子6〜7日），家畜（哺乳類）ではこれがラセン状に巻きこんで**蝸牛管** cochlear duct（7）がつくられる（豚胎子15 mm，鶏胚子6日）．

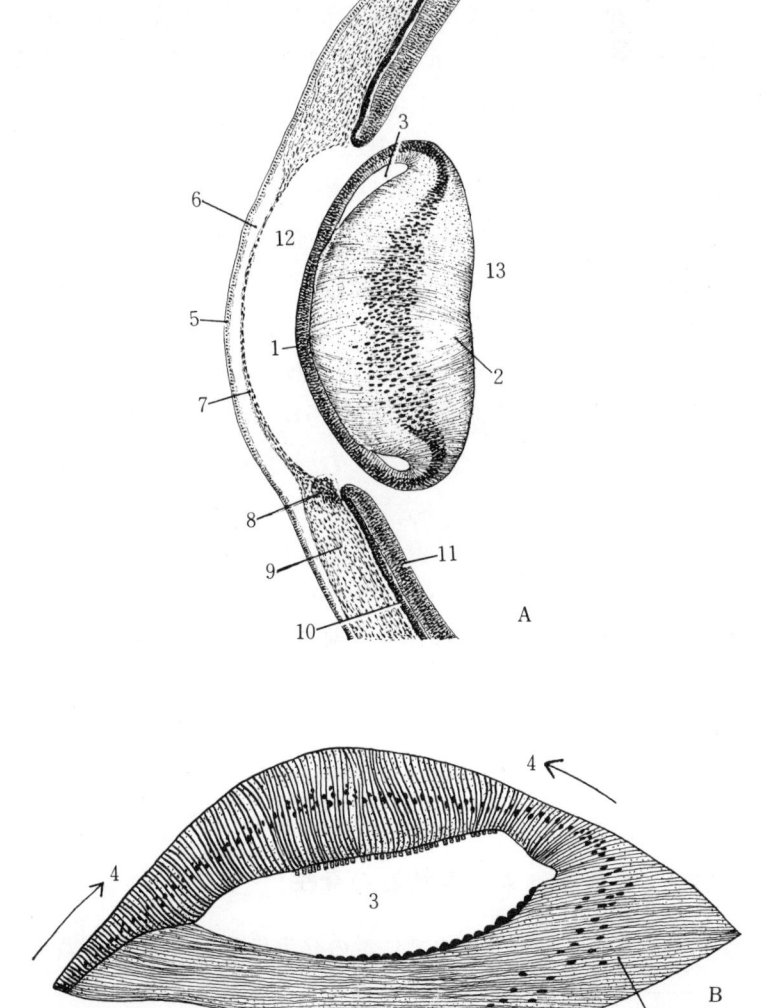

図20-5 鶏胚子の水晶体形成
A. 鶏胚子（5日12時間）の眼球前部，矢状断（FRORIEP，一部変える）
B. 鶏胚子（10日）の輪状結節の拡大（水晶体の赤道に近い一部，BOLK，模写）
1. 水晶体上皮 2. 水晶体線維 3. 内腔 4. 輪状結節 5. 角膜上皮 6. 角膜固有質 7. 角膜内皮 8. 虹彩原基 9. 間葉組織（脈絡膜，強膜原基）10. 網膜色素上皮層（眼杯外層）11. 網膜（眼杯内層）12. 前眼房 13. 後眼房

膜迷路の形成途上にあって，その付近に**前庭神経節** vestibular ganglion（図20-6の10）と**ラセン神経節** spiral ganglion（8の続き）が発生し，前者は一方では半規管膨大部，卵形嚢，球形嚢に線維（前庭神経，9）を送り，他方では菱脳に線維を伸ばし（双極性），後者も一方で蝸牛管（蝸牛神経，8）に，他方で菱脳に線維を送って，膜迷路と脳の連絡をつける．前庭神経の線維を受けた膨大部（**膨大部稜** crista ampullaris）や卵形嚢，球形嚢（**平衡斑** macula）では，その部分の上皮が肥厚して平衡覚の**感覚上皮** sensory epithelium に，蝸牛神経の分布を受けた蝸牛管の一部の上皮は肥厚して**ラセン器** spiral organ〔Corti〕となり，聴覚の感覚上皮を含む．

家　禽　脊椎動物全般を通じて，平衡覚に関係する膜迷路の形態発生は大差がないが，聴覚に関係のある蝸牛管の発生の経過は，動物の階級により進化の程度が現われて，明らかな差が認められる．すなわち，家禽では蝸牛管の発達が悪く（図20-7の5），ラセン状に曲がらない．

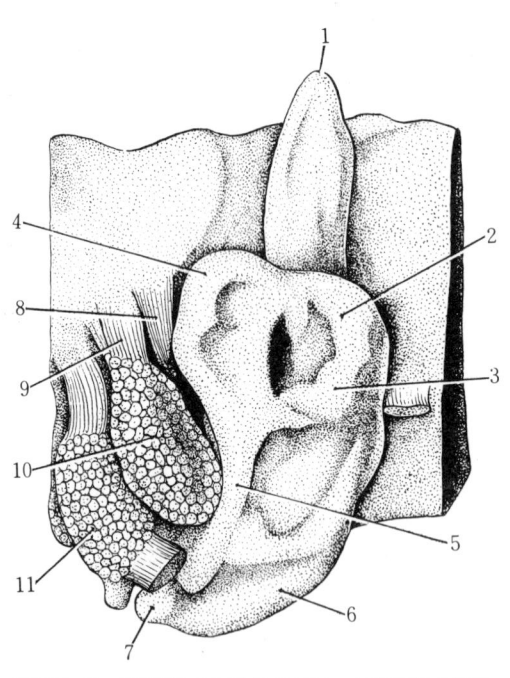

図20-6　哺乳類（人胎子35日）の膜迷路の発生
（His，模写）
1. 内リンパ管　2. 後半規管　3. 外側半規管　4. 前半規管　5. 卵形嚢　6. 球形嚢　7. 蝸牛管　8. 蝸牛神経　9. 前庭神経　10. 前庭神経節　11. 膝神経節（顔面神経）

鶏胚子で管の盲端が多少とも膨れているが（この部を**壺**（ラゲナ）lagena と言う），この部分は遊泳や飛行の巧みな動物で膨れる[1]．

骨迷路 osseous labyrinth　膜迷路を包む間葉組織がそのまま骨化して骨迷路をつくる．但し膜迷路に直面する部分は間葉組織が疎になって，ここが**外リンパ隙** perilymphatic space となり，リンパで満たされる．外リンパ隙は蝸牛管の部分では**前庭階**と**鼓室階** scala vestibuli and tympani に分けられる．

2. 中耳と外耳の発生

中耳と外耳の発生およびこれに関連する耳小骨，鼓膜の形成などについてはすでに鰓腸の分化の項（129，156頁）で説明してあるから，ここでは省略する．

第3節　味覚器および嗅覚器の発生

味覚器は**味蕾** taste buds であるが，これについてはすでに舌の発生の項（120頁）で説明し

---

[1] この部分は遊泳や飛行中に体の横軸の横ブレを補正する平衡覚の部位と言われる．

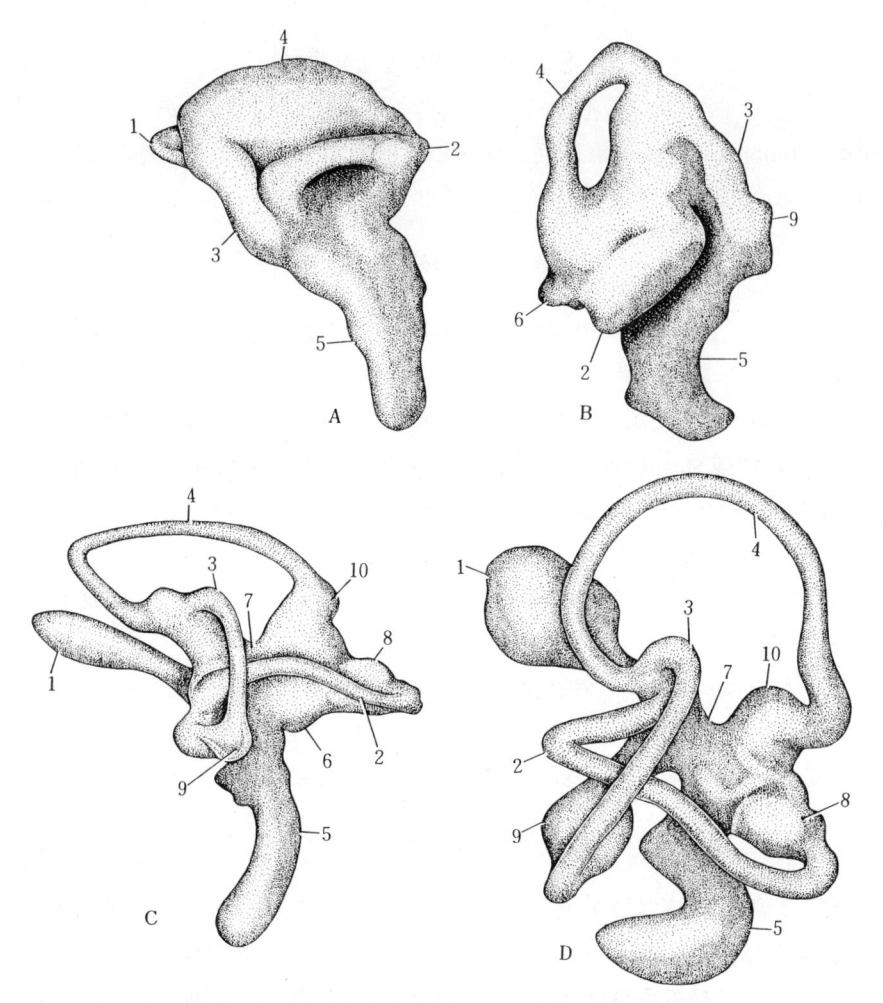

図20-7　鶏胚子の膜迷路の発生（RÖTHING等，模写）
A. 胚齢6日17時間　B. 同，7日17時間　C. 同，8日17時間　D. 同，11日17時間
1. 内リンパ管　2. 外側半規管　3. 後半規管　4. 前半規管　5. 蝸牛管　6. 球形嚢　7. 卵形嚢　8. 外側半規管膨大部
9. 後半規管膨大部　10. 前半規管膨大部

　た．
　嗅覚器は鼻粘膜**嗅部** olfactory mucosa of nasal cavity で，鼻窩（119頁）の外胚葉上皮が原基で，二次鼻腔形成のころ（120頁），**嗅上皮** olfactory epithelium となり，これより嗅細胞と支持〔上皮〕細胞が分化し，嗅部をつくり，嗅細胞が終脳嗅球から来た神経線維と連絡する．

第21章 外皮の発生

外皮（総皮）common integument は胚子体表の外胚葉から作られる皮膚の表皮と，これから誘導される毛，羽，脚鱗，嘴その他の角質器および皮膚腺，乳腺などから構成される．

第1節 皮膚の発生

表皮 epidermis は胚子の体表の外胚葉から起こり，初めは単層の立方上皮であるが，間もなくその表層に極めて薄い1層の扁平細胞層が現われ，次いでこれら2層の間に基底の立方上皮（**基底層** stratum basale）から細胞が分裂増殖して，表層に扁平な**中間層** st. intermedium が生じ，しだいに**有棘層** st. spinosum，**顆粒層** st. granulosum，**淡明層** st. lucidum が現われ，遅くなって**角質層** st. corneum ができる．一方，基底層の下には基底膜が現われる．表皮層の増殖はすでに胎子の時代から盛んで，その極限に達すると表面から角質層の剥離が始まって羊水中に混じる．胎子はこれを体脂などとともに飲みこみ，これらが**胎便** meconium として大腸内に蓄積される．

真皮 dermis (corium) は体表の外胚葉の下層に間葉細胞が集結分化して表皮の裏付けとなったもので，表皮に近い部分が緻密で真皮となり，それより深い部分が疎で**皮下組織** subcutis, hypodermis となる．真皮乳頭の出現は比較的おそい（馬胎子5〜8月）．

第2節 毛の発生

毛 hair, pili は家畜（哺乳類）特有のもので，被毛と触毛に分ける．**被毛** ordinary hair は初めに表皮の細胞が増殖して**毛芽** hair bud（図21-1の2）をつくり（豚胎子54 mm），これが上皮索となって下層に伸びて**毛球** hair bulb と言われる．毛球が結合組織中に伸び出す際に基底膜を下方に押し延ばしながら進む．やがて，毛球の先端が膨れてくぼみ，ここに結合組織が濃縮して**毛乳頭** hair papilla (7) がつくられ，その続きが毛球を囲んで結合組織性**毛包** hair follicle (8) の原基となる．毛乳頭に接する毛球の細胞が**毛母基** hair matrix (9) となり，ここで細胞が盛んに増殖して毛球の中心が外に向かって伸び (6)，その結果，毛が生え出す．初め毛球は下層に向けて斜めにつき入り，その鈍角側で毛球をつくる外胚葉性上皮から枝分かれしてアポクリン汗腺 (12)，脂腺 (3) の原基が現われ（後項），また，結合組織性毛包の原基を作る間葉細胞から**立毛筋** arrector pili muscle (10) が発生して表皮に向かって走る．

以上は一般の被毛（第二上毛，下毛）の発生の経過であるが，同じく被毛でもタテガミのような特殊な長毛（第一上毛）では毛芽も大きく発達するからその部分が皮膚面に隆起し，これは項部の稜線に沿って次々と長く堤状に皮膚面に現われる（馬胎子155 mm）．

触毛 tactile (sinus) hair のような洞毛では，一般の被毛と違って毛芽の発達が顕著で，毛

芽も被毛の場合より早く現われ，皮膚面に点々と突出して見られる（図9-2Dの19）．洞毛の毛球を囲む結合組織性毛包の原基にはやがて血管がよく発達し，神経叢も現われて，（血）洞毛としての特徴を備え始める．

但し，洞毛ではアポクリン汗腺の原基は発生してこない．

毛が胎子の体表に伸び出してくる時期も，毛芽の出現と同様に触毛が早く，被毛がおくれる[1]．胎子個体について言えば，眼，口の周囲，尾などの発毛が早く，体幹部でおくれ，体肢では近位からしだいに遠位に及ぶ．家畜の胎子では人と違って，被毛は**生毛** lanugo（ウブ毛）として胎生中から脱毛することがなく，被毛は胎子の時代に生えそろい（馬胎子で20週以後），そのまま出産する．

第3節　羽および脚鱗の発生

羽は家禽（鳥類）だけが持つ特異の器官[2]で，成鶏ではその形態から正羽，綿羽および毛羽に分ける．しかし，孵卵中の胚子や初生雛では体表に初生羽だけが認められる．

1．初生羽の発生

初生羽（一次綿羽）primary down feathers の原基である**羽芽** feather germ は鶏胚子で孵卵6～7日に皮膚の一定の部位に点状の隆起として列を作って現われ[3]，羽芽の数もほぼ一定している（図21-2）．表皮層は初めは表層の扁平細胞層（外鞘）とその内層の立方上皮層（基底層）からなるが（図21-3の1,2），羽芽の外方への伸長に伴って基底層が増殖して中間層（3）が現われる．羽芽は成長するにつれて基部がくぼんで**羽包** feather follicle をつくり，遠位に先細りの円筒状を呈する．円筒（図21-3）は表皮層の内側の**羽髄** feather pulp（結合組織）（4）に多くの縦溝（5）が現われて

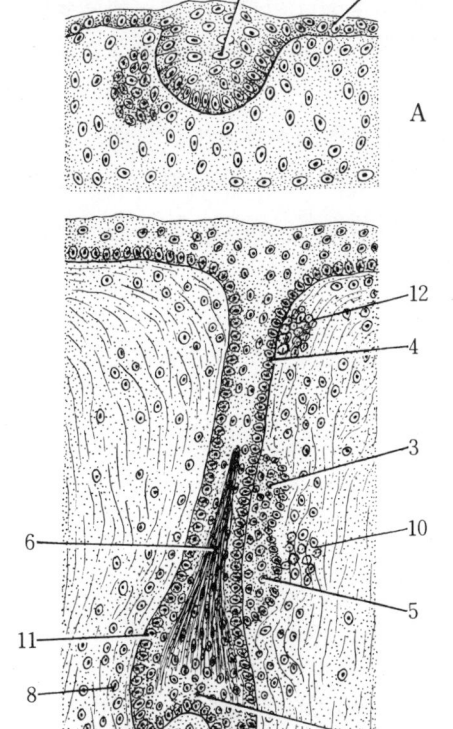

図21-1　被毛の発生
A～Bの順に進行
1. 表皮　2. 毛芽（伸びて毛球）　3. 脂腺原基　4. 表皮の基底層　5. 立毛筋付着部　6. 伸び出した毛　7. 毛乳頭　8. 結合組織性毛包　9. 毛母基　10. 立毛筋原基　11. 上皮性毛包　12. アポクリン汗腺原基

[1) 触毛の発生は馬の胎子で体長27cmの時期で，最初の被毛（睫毛）は体長43cmの時に生え出る（ZIETZSCHMANN）．
2) 家禽の羽と家畜の毛は相同の器官ではない．初期発生の経過からみると羽と爬虫類の角鱗が相同の器官である（図21-6）．また，家禽（鳥類）で見る脚鱗は爬虫類の角鱗から引き継がれたものである．家禽の下腿部で羽と脚鱗の境界部には発生的に両者の中間移行型が認められる．
3) 最初に出現するのは脊柱沿いや上腕部付近（2列）および大腿部（3列）である．

遠位端から羽包にまで及び，表皮層の内壁もこの溝で10〜13条の上皮索(7)に分画され(孵卵11日)，これが初生羽の**羽枝** barbs (7)となり，索に連絡する小索が中間層で形成されて**小羽枝** barbules (6)ができ，これらはすべて**外鞘** sheath (periderm) (1)で包まれる．この頃より羽枝，小羽枝の角質化が遠位端の方から始まり，孵卵13日を過ぎると羽髄の血管が収縮して血流が止まり，初生羽の成長が突然停止し，ただ，羽枝，小羽枝の角質化だけが進行する．しかし，孵卵15日に至って，衰退した羽髄の直下で羽芽が再び活発な活動を開始して血行が盛んとなり，初生羽に連続してその下方から**若羽** juvenile feathers の新生が始まる（図21-4，21-5）．

この状態で孵化日に達すると，破殻直後の初生雛ではまだ体表が湿っているが，乾いてくるにつれて初生羽の外鞘がはじけて破れ，羽枝，小羽枝がバラバラに分離し，基部の円筒状の羽軸根でまとめられており，下方のかくれた若羽に続く[1]（図21-5）．若羽が換羽すると正羽が生え出す．

2. 脚鱗の発生

孵卵11日の鶏胚子で，足根関節付近から中足にかけての全面および趾の背側で，皮膚面

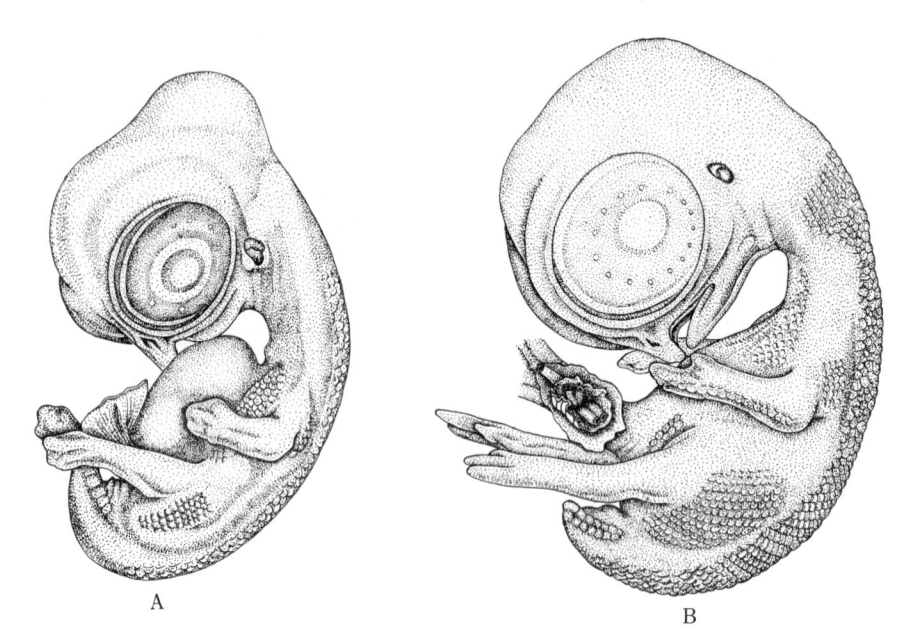

図21-2　鶏胚子の皮膚面に羽芽（ボタン状のもの）が規則正しく出現する様相を示す（KEIBEL，模写）
A. 胚齢7日7時間　B. 同, 8日

---

[1] 初生羽は，結局，独立した羽ではなく，その下から生え出してくる若羽の先が分裂して綿羽状になったものと考えてよく，若羽が伸び出すのにつれて初生羽は擦り切れ，脱落する．若羽発現の時期は，鶏について言うと，品種によって異なる．速羽性品種（白レグ，三河種など）では孵化後46日齢で体全部に若羽が現われるが，晩羽性のもの（横斑プリマス・ロックやロード・アイランド・レッドなど）では完了までおよそ53日かかる（大西ら，1954）．

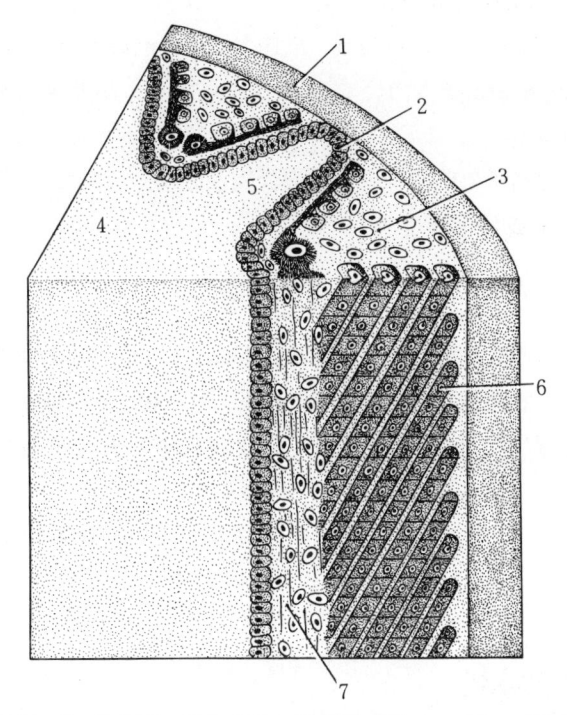

図 21-3 初生羽の発生を示す模式図（WATTERSON，模写）
1. 外鞘　2. 基底層（立方上皮層）　3. 中間層　4. 羽髄　5. 縦溝　6. 小羽枝　7. 上皮索（羽枝）

に敷瓦状の扁平な隆起が現われ，やがてその部分の表皮の角質層が硬く角質化する（図21-6）．これが**脚鱗** scales の原基で，その状態は羽の発生初期と全く同じで，羽と脚鱗，ひいては爬虫類の角鱗が宗族発生的に密接な関係にあることを示している（脚注1も参照）．趾裏にも鱗と同質の角板ができるが，縁が重なり合わない．

第4節　蹄，鈎爪および角の発生

有蹄類家畜の**蹄** hoof の原基の出現は，初め肢端で将来蹄が発達する部分の表皮の肥厚によって始まる（馬胎子60日）．これにやや遅れて初め平板状であった真皮層にも蹄冠縁から蹄負縁に向かって縦走する無数の**真皮乳頭** papilla of corium が出現し，さきに肥厚した表皮層の内側に嵌合するようになる．真皮乳頭はまず近位部に発達して遠位部に波及する．この頃には表皮層も初期のような単純な層板状構造から変わって，真皮乳頭の走向に沿って無数の**表皮細管**[1] horn tubule を作って蹄冠縁から蹄負縁に縦走伸長し，同時に外側に向かっても厚くなる．蹄の角質化は出産期が近づくにつれて顕著となる[2]．

---
1) 角細管と同義で蹄と角に用いられる．角細管は中心管を囲んで索状に配列する表皮索で，角細管の間は角間質で埋められている．
2) hoof epidermis の起始と構造を明らかにする（Bragulla, 1991）．

兎・犬・猫・鶏に見られる**鉤爪** claw の発生はこれよりも単純で，表皮からなる箱形の**爪ヒダ** nail fold と，その下層の平たい爪真皮（爪床）corium（claw bed）からなり，爪ヒダの基部と協力して**爪母基** nail matrix となり，これより成長する．爪ヒダは表皮細管を欠き，爪床にも真皮乳頭が現われない．

角 horn は反芻類家畜の胎子で前頭骨両側縁の表皮が肥厚して見える程度で（牛胎子 50 mm），外観上から見にくく，生後に発達する．

第5節　皮膚腺の発生

皮膚腺 skin gland には**汗腺** sweat gland，**脂腺** sebaceous gland およびこれらの腺から変わった乳腺，鼻唇腺，各種の肛門腺，手根腺，蹄枕腺（蹄球腺）その他があり，いずれも表皮の基底層が発生途上で増殖して上皮索となって真皮層に進出し，それぞれの部位で分化したものである．ここでは，その主なものの発生について説明する．なお，家禽（鳥類）では皮膚腺の発達がわるく，わずかに尾腺が認められる[1]．

1. 汗腺の発生

毛の発生の項で説明したように（222頁），**アポクリン汗腺** apocrine sweat gland の原基は毛球の表皮に近い部分でその上皮索から枝分かれして現われ（図21-1の12），最も早い出現は眼瞼皮膚（馬胎子23mm）で認められる．

上皮索は遠位端に向かい棍棒状に太さを増し，索は管となる．終末部分が分化する際には外側の上皮が**星状筋上皮細胞** stellate myoepithelial cell に，内側のものが腺上皮となる．アポクリン汗腺は上記のように被毛に付随して発生し，毛包に開口するが，時には発生過程で毛包から分離して，被毛とならんでその側で独立して開口する（眼瞼，馬の会陰の皮膚）．**エックリン汗腺** eccrine sweat gland は被毛と関係なく，表皮の基底層が増殖して，上皮索をつくって真皮中に突き入って形成され，汗管は単独で皮膚面に開く[2]．

2. 脂腺の発生

汗腺原基とならんで毛球上皮の部分的増殖によって

図21-4　鶏胚子（孵卵19～20日）が初生羽で被われた様子を示す
（LILLIE の写真から模写）
1. 卵黄嚢（まだ腹腔中に収まらない）

---

[1] 鳥類や爬虫類は皮膚の表皮層の角質化（鳥類で羽，脚鱗，爬虫類で角鱗）が顕著で，皮膚腺がほとんど発達せず，体表は乾燥する．鶏類では尾腺の他に微細な**耳道腺** cerminous gland が外耳道の皮膚で認められる．
[2] アポクリン汗腺を大汗腺，エックリン汗腺を小汗腺ともいう．

生じる．汗腺とともに，毛球と皮膚面が作る鈍角側に発生し，毛包に開口する．まれには**瞼板腺** tarsal gland のように，毛と無関係に独立して皮膚面に開く．原基は充実性の上皮細胞塊（図21-1の3）で，ときに分葉し，中心部の細胞から脂肪化が始まり，毛包連絡部に及んで開口する．脂肪化の順序は，最初，細胞質内に脂肪小滴が現われ，これがたまって，遂に細胞全体が崩壊して分泌物となる（全分泌）．分泌は胎子の時代から行なわれ，**胎脂** vernix caseosa として皮膚面に積もる．

3. 尾腺（家禽）の発生

尾腺 preen (uropygial) gland は家禽で認められる唯一の皮膚腺で[1]，その原基は胚子の尾部背側で体軸の左右に対に現われる（鶏胚10日）．

原基は表皮の基底層の増殖で始まり，上皮索が導管として真皮中を前腹方に沈み，索の遠位端から二次的に腺芽が派生する．左右の導管は正中軸で合体して1本の乳頭にまとまり（孵卵14日），皮膚面に隆起する．尾腺は孵卵中は言うまでもなく，孵化後も当分の間は分泌活動を示さない．

第6節　乳腺の発生

乳腺 mammary gland は汗腺の変形腺で，哺乳類と呼ばれるように，この類独特の器官であり，成体では雌でだけ発達する．

乳腺の原基は胎子の腋窩から鼡径部にかけて皮膚に堤状に1本の線として左右対に現われ，**乳腺堤** mammary ridge（**乳線** milk line）（図9-2C，Dの17）とよばれる（馬胎子16mm，豚14mm）．乳腺堤はやがて，一部分ずつが肥厚して連鎖状になり，次いで鎖がとれて飛石状の乳

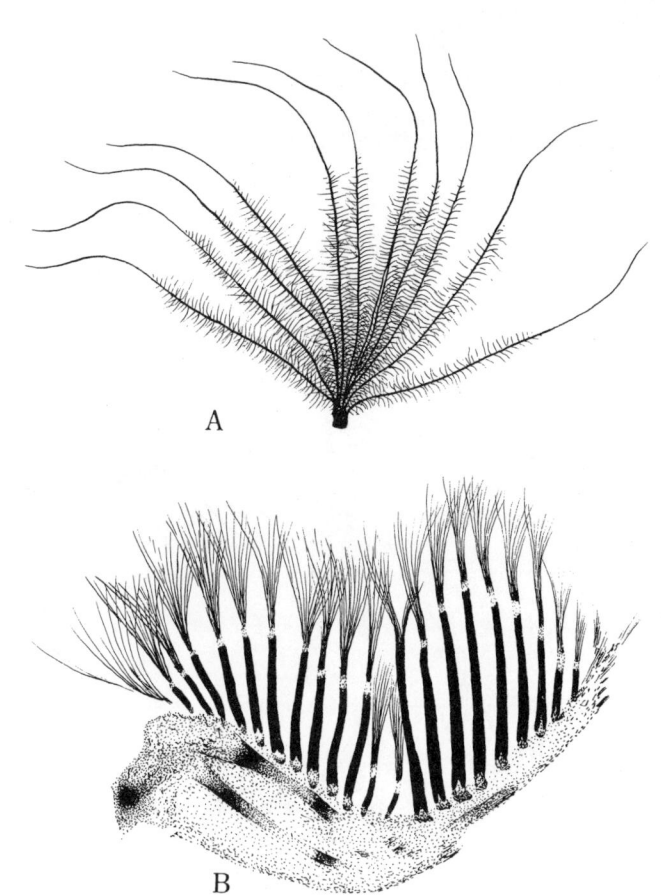

図21-5　初生雛の初生羽の形態を示す
（WATTERSON の写真から模写）
A. 翼羽の1本を示す．基部は若羽でその上に放射状に開いているのが初生羽の羽枝で，個々の羽枝の近位2/3あたりまでは小羽枝が見える．
B. 初生雛の翼部でAでみる初生羽の集団を示す．基部の太い黒帯から若羽が発生する

---
1) 前頁脚注参照

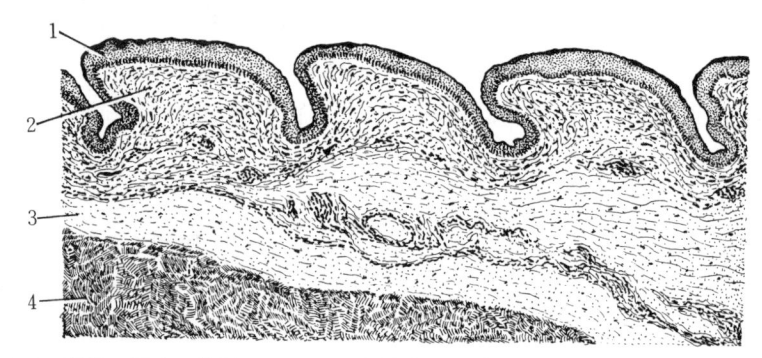

図21-6 脚鱗の発生，鶏胚子17日，足根骨背面付近羽芽の初期発生と全く同じである
(LILLIE の写真から模写)
1. 表皮（表層が角質化して鱗を形成しつつある） 2. 真皮（鱗の基板となって敷瓦状に配列している） 3. 結合組織
4. 筋層

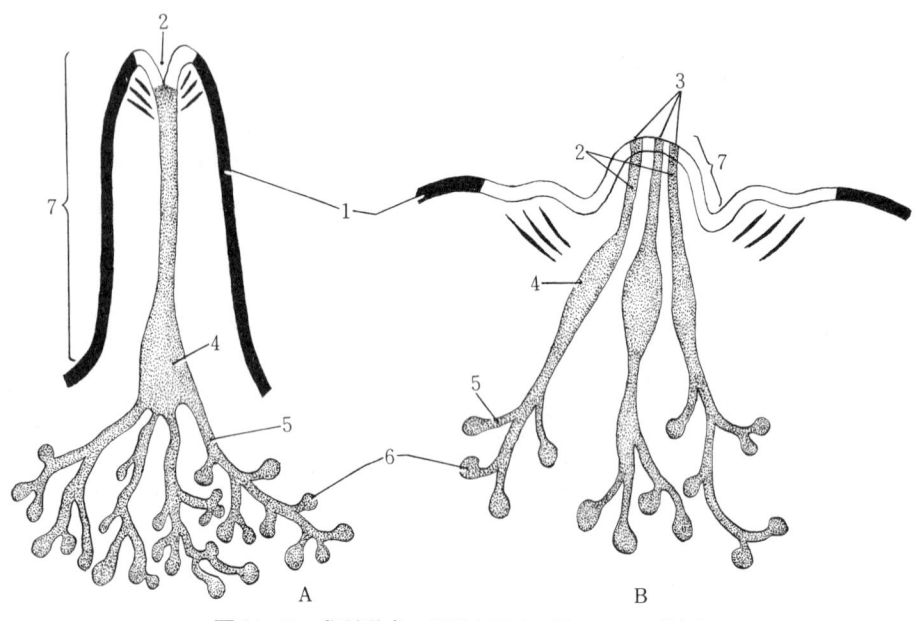

図21-7 乳頭形成の2型を示す（BONNET，模写）
A. 仮乳頭（牛） B. 乳頭（人）
黒帯は一般の皮膚でAではそれが盛り上がって乳頭壁を作っている
1. 一般の皮膚 2. 乳頭管（B図で乳頭口と乳管洞の連絡部） 3. 乳頭口 4. 乳槽（B図で乳管洞） 5. 小葉間乳管
6. 腺胞 7. 乳頭

点 milk point（図9-2Dの18）となる．個々の乳点がそれぞれ1乳頭（乳房）を形成する単位であるが，乳点は部位によっては消失し，または合体し，家畜の種類によって定まった部

位の乳点だけがその後の発生を続ける[1]. 例えば，反芻類家畜や馬などでは下腹部で，豚・兎・犬などでは胸部から腹部にかけて，およそ定まった数の乳点が縦列をつくって，それぞれ左右相称に発達する．

乳点の表皮の基底層は増殖して細胞塊をつくり，下層の結合組織とともに皮膚面に隆起して乳頭の原基が作られ，多くの**乳頭口** teat orifice が開口する．この発生様式のものが**乳頭** teat, nipple（図21-7のB）とよばれる（豚・犬・人）．しかし，反芻類家畜や馬では，これと反対に，乳頭として隆起するはずの部分がくぼみ，かえってその周囲の皮膚がヒダ(1)を作って盛り上がり，〔**乳管洞**〕**乳頭部** teat sinus（cistern）（仮乳頭）（A図）の基礎ができる．

乳点の表皮の増殖した上皮細胞塊は，他方では上皮索を作って結合組織内に突き入り（上皮索の数は家畜の種類で違う），これより**乳頭管** papillary duct（teat canal）(2)と**乳管洞**（乳槽）lactiferous sinus ができ，**乳管** lactiferous（milk）duct に分かれ，さらにこれより分枝を重ねてそのすべてが**小葉間乳管**(5)となる．小葉間乳管の末端は棍棒状に肥大して(6)，ここで細胞の増殖が行なわれて，乳腺の**腺胞** alveolus, acinus や**星状筋上皮細胞**（籠細胞）stellate myoepithelial cell が発生するが，胎生期から出生後の幼時を通じては微弱であり，腺胞を作らず上皮塊にとどまる[2]．このあたりまでの乳腺の発生機序は雌，雄ともに大差がなく，腺実質の周囲は厚い脂肪層で囲まれ，実質はその中に散在する程度にすぎない．雌個体では性成熟期に入り，妊娠，出産期のホルモン分泌によって腺実質が著しく増殖し，腺胞も大きく発達して泌乳が開始される．

---

1) 家畜の1側の乳頭数（乳房）を示すと，馬1, 牛2, 羊・山羊1, 豚5〜8または9, 犬4〜6個で，この他に乳点の退化が不充分でそのいくつかが**副乳房** accessory udder として残ることがある．馬の乳頭1というのは見かけ上の数で，実際は2〜3乳点が合体して1個の乳頭にまとまったものである．
2) 生後間もない乳腺で，腺組織に血行が盛んになり，乳腺細胞が一時的に活動して，短期間乳汁を分泌する場合があって，これを**奇乳** witches' milk とよび，初乳によく似た分泌物を出す．例えば，人の新産子では男，女の別なくみられ，生後7日頃最高潮に達し，軽く乳頭を圧迫すると奇乳がでる．この原因は，妊娠末期の母体のホルモンが胎子の血液に入るためと考えられている．家畜では生後間もない雌の子馬でこれと同じ現象が認められる．

(231)

(附Ⅰ) 胚(胎)子発生経過一覧

1. 鶏の胚子の発生経過一覧

産卵前	排卵された卵子は卵管峡部に到達する以前に，既に成熟分裂を終わり，精子と会合して受精を完了している。		間を頭方に伸びる脊索突起が現われる。
	このような受精卵が峡部に下るころ，まず，最初の分割が行なわれ（受精後3～5時間），さらに2回目の分割はそれより約20分後に見られる。峡部にある間に受精卵の分割の進行度はおよそ32細胞期に達し，胞胚期に突入する。	23～25時間	（頭部ヒダ）原始結節の頭端に頭部ヒダが現われ，これによって胚子の頭端がしだいに明らかになり，ヒダの中に前腸が初めて形成される。この時期はまさに最初の体節が出現しようとしている。それ故，この時期以後しばらくの間は体節数（S）をも基準として胚齢を示すことになる。
	この受精卵が卵管子宮部に到達するころには分割がさらに進行していて，154細胞期（7時間）からそれ以上にもなり，内胚葉も出現し始める。およそ以上の状態で産卵される。	23～26時間 (1S)	最初に出現する体節は実際は第二体節で，後から第一体節が現われるから，ここで言う1Sは順位では実は第二体節に当たる。 （神経ヒダ）神経板の両縁が隆起して現われる。 （体腔） （血島）｝形成始まる。
産卵後 (孵卵開始後) 6～7時間	（原始線条）明域の後縁に出現し，原腸胚期に入る。線条の形はまだ円錐状で短く，幅広い（長さ0.3～0.5mm，底辺の幅0.3～0.5mm）。		
12～13時間	（原始線条）明域の中心近くまで延びる。形は棒状になるが，まだ幾分幅が広い。	26～29時間 (4S)	（神経ヒダ）両側の神経ヒダが将来の中脳背側壁で結合する。 （血島）特に胚子の後半の領域で顕著に認められる。 （心臓）神経板両側下層の間葉細胞集団から最初の原基である心内膜原基，原始心が出現（3～5S）。 （口咽頭膜）形成される。
18～19時間	（原始線条）完成期に達して最長となり（1.88mm），明域の正中軸にあってその2/3～3/4を占める。明域が梨状形となる。 （原始結節） （原始窩）｝出現する。 （原始溝） （神経板）原始結節前方で外胚葉が盛んに増殖して神経板形成が始まる（神経胚）。	29～33時間 (7S)	（眼胞）形成始まる。 （心臓）両側の心臓原基が正中軸に向かって接近しはじめ，この期より10S期にかけて結合，合体する。
19～22時間	（脊索）原始結節から頭方で索状に細胞増殖が盛んとなり，外，内胚葉の	33～38時間 (10S)	（脳胞）前，中，後脳胞の区画が明らかとなり，頭屈（曲）の形成が始まる。 （心臓）少し右よりに傾きかけ，拍動

時間		時間	
40〜50 時間 (13S)	が始まる。 (脳胞) 頭屈が進行して，脳胞は前期の3脳胞から，さらに，終脳，間脳，中脳，後脳，髄脳の5脳胞に区別される。 (眼胞) 眼胞茎を認める。 (耳プラコード) 膜迷路の原基として出現。 (心臓) 前期より一層右に傾く。	50〜55 時間 (24〜27S)	よび鰓裂が現われるが，それより後位の鰓弓はまだ明らかではない。 この期以後の体節数は体軸の捻転や体節自体の分裂などのため，正確な数を算え難くなるので，胚齢の基準としては孵卵開始後のおよその時間数や，外部から見易い鰓弓の数，体肢の出現とその形の変わり方などを参考にして発育度を示すことになる。 (胚子全般) 前脳，後脳間の湾曲(頭屈)が顕著で，頚屈は緩い湾曲を現わす。体軸の捻転は第十一〜十三体節に達する。 (眼) 眼杯が完成する。 (羊膜) 第七〜十四体節まで伸びる。 (鰓腸) 第三鰓弓および第三鰓裂が明らかとなる。但し，第三鰓裂は第二鰓裂よりも短く，卵円状である。喉頭気管溝(呼吸器原基)出現(23S)。 (体肢) 最初の原基が中胚葉の集団として現われる。
45〜49 時間 (16S)	(頭部) 胚子の頭部の捻転が始まり，左側を下に伏せる傾向が現われ始める。頭側神経孔は全く閉ざされ，耳胞は深さを増す。 (羊膜) 頭部ヒダから起こった羊膜が終脳と間脳を全く被う。 (心臓) S型となり，血液循環が始まる。		
48〜52 時間 (19S)	(頭部) 捻転がさらに進行して，この期には左側を全く下にする。さらに捻転は頚部に及ぶ。終脳の膨らみが明らかになる。 (羊膜) 前期で前脳を被った羊膜はさらに後方に伸展して中脳および後脳の一部をも被うようになる。 (心臓) 心室と心房の間にくびれが現われる。		
		51〜56 時間 (26〜28S)	(胚子全般) 胚子の体軸の捻転がさらに進み，第十四〜十五体節に及ぶ。 (神経系) 終脳は長さを増し，間脳との間の狭窄が明らかとなる。 (羊膜) 第十〜十八体節に及ぶ。 (鰓腸) 腹側壁に甲状腺原基が現われる。
50〜53 時間 (22S)	(神経系) 頭屈，頚屈が顕著になり，前，後脳が直角につながる。この時期になると神経管の成長が速く，体部の成長がこれに同調し得ずにおくれるので体軸にエビのような曲がりが現われ始める。 (体部) 体軸の捻転もいよいよ後方に進んで全体に達し，第七〜九体節のあたりにまで及ぶ。 (眼) 眼胞前壁が湾入して眼杯がつくられ始め，水晶体胞の形成も始まる。 (羊膜) 第七〜十体節にまで伸展する。 (心臓) 心室が心房の下に転位する。 (下垂体) 下垂体腺葉の原基として下垂体嚢が口咽頭膜直前に出現する。 (鰓腸) 前腸の前位で第一〜二鰓弓お	52〜64 時間 (29〜32S)	(胚子全般) 頚屈が前期よりも明らかになる。胚子の体軸の捻転がさらに進み，体肢の翼付近にまで及ぶ。 (神経系) 間脳背壁に松果体の原基が現われる(28S)。また，間脳底壁に下垂体神経葉の原基である漏斗が浅いくぼみとして現われる(31S)。 (羊膜) ほとんど胚子全体を包むまでに伸展するが，第二十八〜三十六体節背方ではまだ開放している。 (体肢) 翼と脚が明らかな隆起として認められるが，まだ単純な結節状のもので，大さもほぼ等しい。

3日 (30～36S)	(胚子全般) 頸屈は延髄部で後方との間で直角に近く曲がる。体軸の湾曲も腰部にまで及び，同じく捻転も後方に達するため，右側体肢の原基が引き上げられる。 (神経系) 終脳側壁が膨出して，大脳半球の原基が顕著となる(36S)。 (羊膜) 全く閉鎖するが，ときには腰部でなお卵円形の孔が遺残する。 (消化器系) 肝臓原基出現。 (尿膜) 後腸腹側壁が厚くなって尿膜の原基が出現するが，短厚でまだ胞状とならず。 (体肢) ますます明らかとなり，ことに後肢の発達が目につく。		(消化器系) 胃の原基が紡錘状に現われる。
		3.5～4日 体節形成が尾端に及ぶ	(尿膜) 個体差はあるが，既に頭部まで伸展し，前脳背側を覆う。 (神経，感覚器系) 自律神経系の神経節の形成が始まる(3～4日)。眼杯色素層のメラニン色素が顕著に認められる。耳管鼓室陥凹が現われる(4日)。 (消化器，呼吸器系) 膵臓原基出現。気管原基から肺芽（肺の原基）が出現(4日)。 (尿生殖器系) 前腎細管が退化消失(4日)。後腎憩室が現われ，造後腎芽体に向かって伸びる。中腎内側に生殖腺原基が生殖巣堤として現われる（未分化）。
3～3.5日 (37～40S)	(胚子全般) 頸屈がさらに顕著となり，延髄部とその後方の体部とは直角を越えて鋭角で続く。捻転は体軸全般に及ぶため，胚子は体の左側を全く腹側（卵黄嚢側）に向ける。これによって，今まで認められた胚子の背湾曲はもどされて真っすぐとなり，直線はそのまま尾端にまで続く。但し，尾端は湾曲して反対に頭方を指向する。 (尿膜) 外観は小胞状に突出するが，まだ内腔が現れない。 (鰓弓と鰓腸) 上顎隆起は下顎隆起とともに同程度の長さに発達して，明らかに現われる。第四鰓弓が僅かに現われるが痕跡的であり鰓裂が現われない。口咽頭膜が破れ始める(34S)。 (体肢) 相称的に大きさを増す。脚の方がやや大きく厚い。		
		4.5～5日	(感覚器系) 耳窩が耳胞となって体表の外胚葉から離れる(105時間以後)。 (体肢) 長さが幅より増して，翼，肢ともに伸び，前者で肘関節，後者で膝関節が明らかとなる。また，肢では第三趾を区画する溝が現われる。
		5～5.5日	(消化器系) 腺胃の形成始まる(5日)。胆嚢出現(5日)。唇歯肉堤が現われ，内，外側に分かれ，前者から嘴の形成が始まる。 (体肢) 肢で第一，二，三趾の境界を示す溝が明らかになる。第一趾の原基も現われる。
3～3.5日 (40～43S) 日数は前期と同じだが，体節数が多い	(胚子全般) 頸屈が前期よりもさらに顕著。 尾端の頭方への湾曲は腰仙部に達す。体軸の捻転は全く完了する。 (尿膜) 内腔が現われる。 (鰓弓) 上顎隆起の長さが幾分下顎隆起を追い越す。第四鰓弓に僅かながら鰓裂が現われる。	5.5～6日	(神経，感覚器系) 脳胞底に軟骨性頭蓋が形成される(6～8日)。蝸牛管がつくられる。 (消化器，呼吸器系) 筋胃の原基が現われる。腸管最初の伸展として腸の臍ループが現われる。気管原基の盲端に1対の気管支原基が出現。 (耳孔) 外耳孔が今や明らかに認められる。 (嘴) 側方から見て明らかに突出する。

6.5〜7日	(体肢) 翼で3指, 肢で4趾を区別し, 軟骨化が始まる。 (生殖器系) 未分化生殖巣の雌雄への分化が始まる。 (嘴) 前期よりも一層顕著に突出し, 嘴の先端背側には既に破殻歯となる結節が現われ始める。 (鰓弓) 両側の下顎隆起が嘴の腹側正中位に近寄るが, まだ顕著な間隙を残す。 (体肢) 翼, 肢ともに明らかに3節に区別され, 翼は肘関節で屈曲を現わし, 肢も膝関節で明らかに曲がりを見せる。第五趾の痕跡が現われる。 (羽芽) 背部にあたって上腕域にまず現われ, 肢にも3列現われるが, 胸部や大腿部ではまだ現われない。	8.5〜9日	(呼吸器系) 肺の表面に気嚢の原基が突出して現われる(9日)。 (羽芽) 下腹部で正中軸に近く, 胸骨付近からの臍帯両側に向かい羽芽の列が現われる。
7〜7.5日	(眼) 水晶体が独立し, 角膜の境界も明らかとなる。 (鰓弓) 両側下顎隆起がますます近寄り, 正中軸で僅かな裂隙を残すのみ。 (羽芽) いよいよ顕著となり, 上腕部から腰仙部まで続き, およそ7列を数える。大腿部での羽乳頭の形成が極めて明らかに認められる。	10日	(眼) 瞬膜(第三眼瞼)が出現し, 下眼瞼も発育上昇して角膜の域に達する。眼瞼は今や周囲の皮膚から狭い楕円形に区画されて認められ, 両眼瞼の遊離縁は横に一直線をつくる。 (嘴) 角質化が始まり, 上嘴に破殻歯が出現する。 (肉冠) 嘴の基部から頭部背側正中位にかけ肉冠原基が皮膚の肥厚として現われる。 (体肢) 翼の第一指およびすべての趾の先端に鉤爪の原基が出現。 (羽芽) 主翼羽が明らかとなり, 覆翼羽も今や現われつつある。下腿部にも羽芽を認める。 (尾腺) 尾部背面の皮膚に左右対に尾腺原基が現われる。
7.5日	(鰓弓) 嘴の腹側で両側下顎隆起が結合し, 嘴が完成する。 (体肢) 翼に見るすべての指, 脚のすべての趾が出そろう。また, 各指趾の大きさ, 発達の差も一層明らかとなる。第五趾(退化趾)が消失する。		
7.5〜8日	(感覚器系) 半規管が形成される。 (心臓) 房室中隔が完成する。 (消化器系) 一次口腔両側から口蓋突起が正中線に向かい伸展する。嗉嚢原基出現(8日)。 (嘴) 上, 下嘴とも著しく伸びる。 (体肢) すべての指, 趾の長さが増す。 (羽芽) 尾部で3列が明らかとなり, 特に中央列が顕著。	11日	(眼) 瞬膜がいよいよ伸びて角膜前縁に達する。上眼瞼も角膜背縁に達し, 下眼瞼も角膜下半の1/3まで伸展上昇する。 (消化器系) 口蓋突起の前端だけ結合し, 後位は裂隙状の後鼻孔として残る。 (羽芽) 前期より一層伸長し(先端が分離した円錐形), この傾向は特に背線から尾部にかけて顕著である。眼瞼の周縁にもこれを囲むように1列に羽芽の列を認む。胸骨部で5〜6列の顕著な羽芽の列が現われる。 (脚鱗) 中足部, 趾の表面に最初の脚鱗原基が敷瓦状の扁平隆起として続々出現する。 (鉤爪) 趾の鉤爪は縦に扁平となり, また, 先端が腹方に曲がる。先端背側が不透明になっているのは, 既にこの部分から鉤爪表皮の角質化が始まりつつあることを示している。趾

	裏には肉球が出現するが，この時期では，まだ平滑である。
12日	(眼瞼) 下眼瞼がさらに上昇伸展して角膜を腹方から3/4ほど被うようになるので，上，下眼瞼の開放部は著しく狭まる。 (生殖器系) 雄で中腎傍管が退化消失。 (嘴) 唇溝（嘴と舌との間）深まる。 (羽芽) 外耳孔周縁に羽芽が出現。胸骨部では正中軸（胸骨稜の縁）を除きすべて初生羽で被われる。上眼瞼は新たに発生した羽芽で占められるが，下眼瞼は遊離縁の2～3列を除き，皮膚が裸出する。 (脚) 脚鱗の原基は中足骨から趾にかけて出そろうが，まだ稜状で，相互に重なり合う敷瓦状にはならない。鈎爪の角質化が進む。趾裏の肉球は側面から見ると，やや隆起し始めている。
13日	(眼瞼) 上，下眼瞼縁の間隙は一層狭まり，細い半月形として残る。 (嘴) 先端の破殻歯に至るまで角質化する。 (体肢) 軟骨に骨化点が現われる。脚鱗は中足骨以下趾に至る背側面のすべてを被う。趾裏の肉球は，大形のものはその表面に小乳頭が派生するが，小形のものはまだ表面が平滑である。 (羽芽) 初生羽の成長が止まり，羽枝，小羽枝の角質化だけが進行する。
14日以後	これ以後の胚子の外形の変化は，個体差が少なく，比較的安定している。胚齢推定の基準としては，嘴の長さ，第三趾の長さを測るのが便利である。 (脚) 脚鱗が中足部や趾の背面ばかりでなく，腹面にも発達し始める。趾裏の肉球のすべてに小乳頭が派生する（14日）。 (羽芽) 活動が再開され，初生羽に続く若羽の新生が始まる（15日）。 (卵黄嚢) 腹腔中に引きこまれ始め（19日），20日に至り全く腹腔中に入り，臍が閉鎖する。 (尿膜) 尿膜血管が萎縮乾燥する。
21日	孵化。

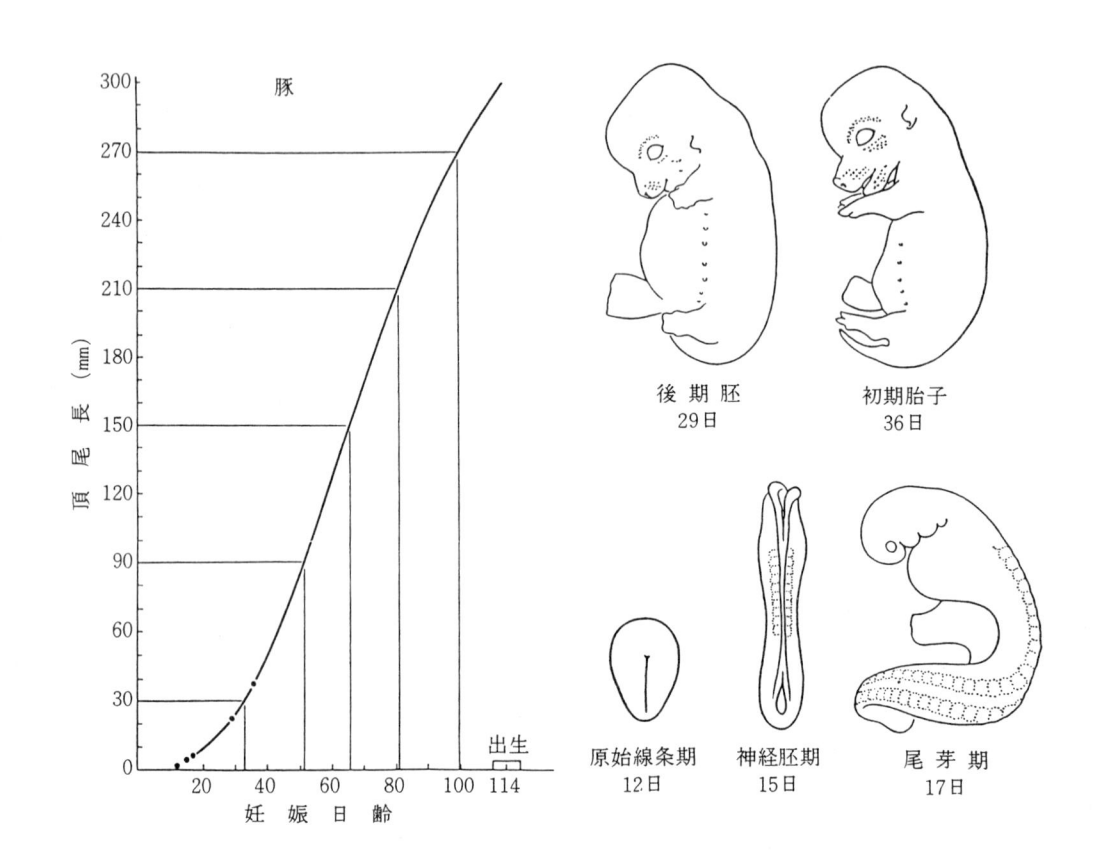

2. 豚の胚〔胎〕子の発生経過一覧*

妊娠日齢	
12 日	原始線条完成
13 日	神経管開放
14〜15 日	第一体節形成中
15〜16 日	眼胞，耳プラコード，第一および第二鰓弓出現
16 日	神経管閉鎖進行中
15〜17 日	第三および第四鰓弓出現，胚尾部の捻転，羊膜完成
16〜17 日	前肢芽形成中
17〜18 日	胚はC字形を呈す，尿膜は半月形嚢，耳胞出現，心隆起明瞭，後肢芽形成中
19 日	水晶体および眼杯発達著明
20〜21 日	眼に着色，鼻窩出現，臍帯内に腸のヘルニア，生殖結節と外側の生殖隆起が出現
22 日	手板と足板出現，乳腺堤出現，体節形成終了
28 日	触毛毛胞出現，眼瞼形成中，乳腺原基出現，外生殖器の分化，指（趾）形成中
32.5 日	第三および第四指（趾）最も著明
34.5 日	手板癒着，顔面裂 facial cleft 閉鎖
36〜49 日	眼瞼が眼を被い始める
44 日	包皮，陰嚢，陰唇および陰核出現
50 日	眼瞼癒着，腸は腹腔内に戻る
90 日	眼瞼分離
112〜116 日	出生

* 2, 3, 4ともに Evans と Sack による．

後期胚 29日

初期胎子 36日

原始線条期 12日

神経胚期 15日

尾芽期 17日

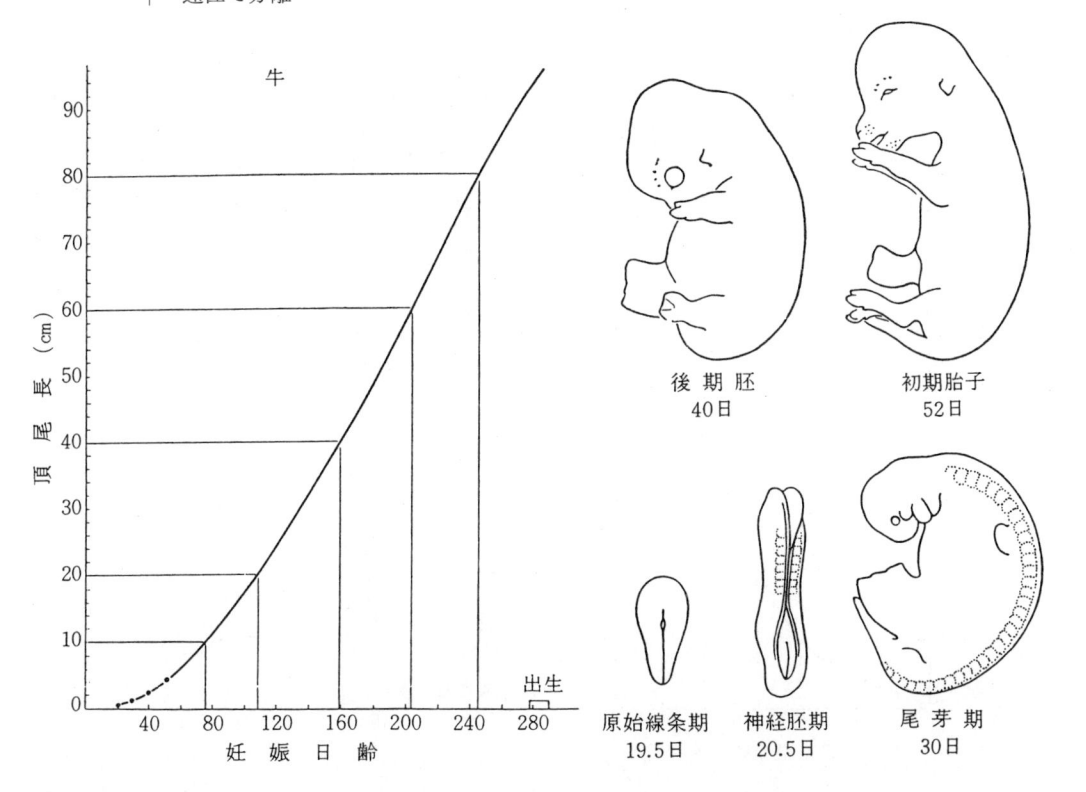

3. 牛の胚〔胎〕子の発生経過一覧

妊娠日齢	
18 日	原始線条出現，羊膜完成
19 日	神経ヒダおよび第一体節形成中
23 日	神経管閉鎖，第一鰓弓出現，尿膜は半月形嚢，眼胞および耳胞出現
24 日	三（一次）脳胞可視，第二鰓弓出現，前肢芽出現
25 日	胚はC字形を呈す，第三鰓弓出現
26 日	第四鰓弓および乳腺堤出現，後肢芽形成中
30 日	鼻窩形成中，眼杯発達著明，眼に着色，手板出現
34 日	顔面裂閉鎖，鼻窩深く進入，耳道出現，前肢指間の陥凹
38 日	眼瞼形成中，隆起の耳介，生殖結節出現，後肢趾間の陥凹
40 日	耳介は部分的に耳道を被う
45 日	上唇と眼上部に触毛毛胞出現，舌が可視，耳介は耳道を被う，指〔趾〕は遠位で分離
50 日	眼瞼が眼を被い始める
56 日	口蓋閉鎖
60 日	眼瞼癒着，外生殖器分化する，蹄形成中，角芽出現
76 日	顔面に触毛発現，体表に毛胞出現
80 日	耳道とその上皮栓（耳道栓）を露出させながら耳介は後方を指向，乳頭出現，蹄は角化開始
83 日	陰嚢出現
100 日	耳道再び開放，趾は緊密かつ不透明
110 日	歯の萌出開始
150 日	下唇および顎は柔毛で被われる，睫毛出現，顎に触毛，体表の着色発現，蹄と副蹄が硬化，乳頭発達著明，精巣下降完了
182 日	角芽は毛で被われる，尾端の発毛
196 日	眼瞼分離
230 日	体表被毛完全
278～290 日	出生

後期胚
40日

初期胎子
52日

原始線条期
19.5日

神経胚期
20.5日

尾芽期
30日

4. 犬の胚〔胎〕子の発生経過一覧

妊娠日齢	
15日	原始線条完成
16日	神経管形成進行，体節形成始動
17日	三脳胞（一次脳胞）出現，神経管は8体節まで閉鎖
18日	尿膜〔嚢〕形成中
20日	頭屈〔曲〕出現，第一および第二鰓弓出現，胚子尾部の捻転，約30体節
22日	胚子はC字形を呈す，羊膜完成，第三鰓弓出現，前肢芽および後肢芽形成中，鼻窩形成中
25日	第四鰓弓出現，肢芽は円筒形，乳腺堤出現
25—28日	手板出現，隆起の耳介，前肢の指間は浅い陥凹，眼に色素沈着
30—32日	眼瞼形成中，上唇と眼上部に触毛毛胞出現，外生殖器は生殖結節と外側の生殖隆起とから構成される，指間の陥凹，耳介は一部の耳道を被う，5対の乳腺原基出現，臍帯内に腸のヘルニア
33日	手板癒着
35日	眼瞼は部分的に眼を被う，耳介は耳道を被う，指は遠位部で分離する，外生殖器が分化する
38日	触毛発現
40日	眼瞼癒着，腸は腹腔内に戻る，爪形成中
43日	体表に毛胞出現，指は広く開く
45日	体毛発現中，体色発現
53日	体毛は体表全面に完了，指（趾）床出現
57—63日	出生

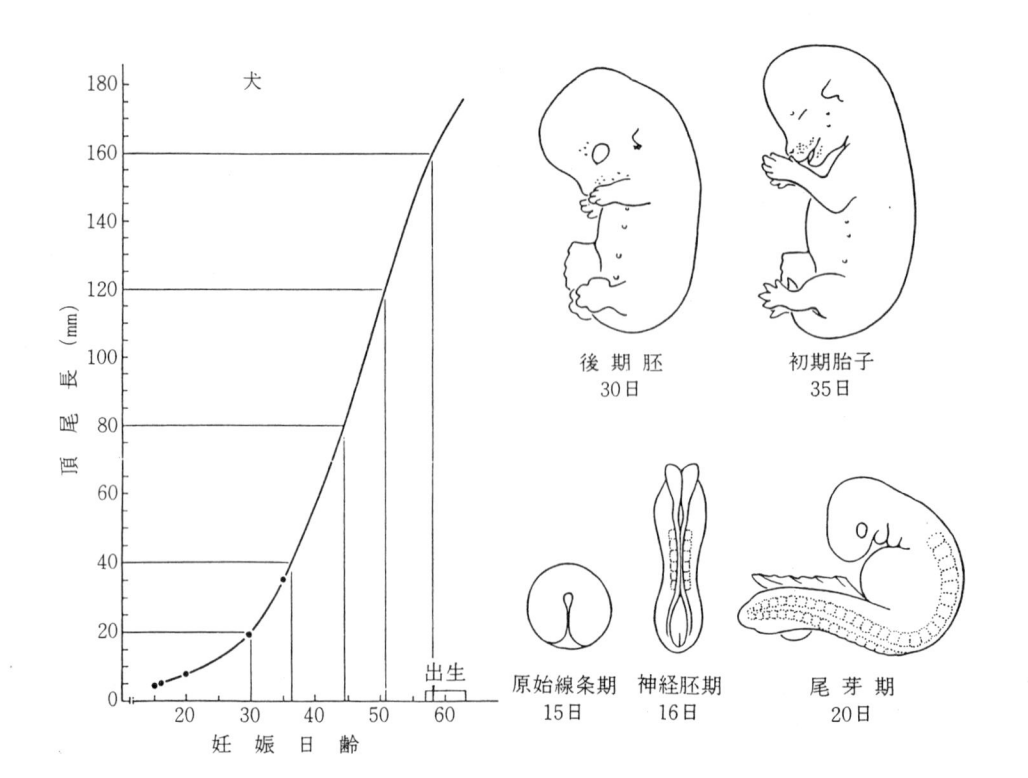

(附 II) 参 考 文 献

1. 単行本, 綜説等

1) 発生学一般（系統発生, 進化, 生殖生理を含む）

AREY, L. B. 1965. Developmental Anatomy. A Textbook and Laboratory Manual of Embryology. 7 th Ed. W. B. Saunders. Philadelphia.

AUSTIN, C. R. & R. V. SHORT (eds.). 1972, 1976 (Book 6). Reproduction in Mammals.
1. Germ Cells and Fertilization, 2. Embryonic and Fetal Development, 3. Hormones in Reproduction, 4. Reproductive Patterns, 5. Artificial Control of Reproduction, 6. The Evolution of Reproduction. Cambridge Univ. Press. Cambridge.

BALLS, M. & A. E. WILD (eds.). 1975. The Early Development of Mammals. Cambridge Univ. Press. London.

BARCROFT, J. 1946. Growth and Development. Blackwell. Oxford.

BARNES, A. C. (ed.). 1968. Intra-Uterine Development. Lea & Febiger. Philadelphia.

BELLAIRS, R. 1971. Developmental Processes in Higher Vertebrates. Logos Press. London.

BONNET, R. & K. PETER. 1929. Lehrbuch der Entwicklungsgeschichte. Berlin.

BRACHET, A. 1931. L'oeuf et les facteurs de l'ontogénèse. Paris.

.... 1935. Traité d'embryologie des Vertébrés. 2 Éd. Dalcq et Gérard. Paris.

BRACHET, J. 1960. The Biochemistry of Development. Pergamon Press. London.

CARLSON, B. M. 1981. Patten's Foundations of Embryology. 4 th Ed. MaGraw Hill. New York.

COLE, H. H. & P. T. CUPPS (eds.) 1959 (lst Ed.), 1969 (2 nd Ed.), 1977 (3 rd Ed.). Reproduction in Domestic Animals. Academic Press. New York.

COMLINE, R. S., K. W. CROSS, G. S. DAWES & P. W. NATHANIELSZ (eds.). 1973. Foetal and Neonatal Physiology. Cambridge Univ. Press. London.

DANIEL, J. C. Jr. (ed.). 1971. Methods in Mammalian Embryology. W. H. Freeman and Co. San Francisco.

DAWES, G. S. 1968. Foetal and Neonatal Physiology. Year Book Medical Publishers. Chicago.

DE LAHUNTA, A. 1983. Veterinary Neuroanatomy and Clinical Neurology. 2 nd Ed. W. B. Saunders. Philadelphia.

江口吾郎・大沢伸昭（編）. 1985. 新医科学大系, 4 A, 4 B. 発生と老化 I. II. 中山書店.

江口保暢, 1985. 新版家畜発生学, 文永堂.

EVANS, H. E. & W. O. SACK. 1973. Prenatal development of domestic and laboratory mammals: growth curves, external features and selected references. Anat. Histol. Embryol. 2: 11-45.

GERNEKE, W. H. 1985. Veterinary Embryology. Dept. Anat Faculty of Veterinary Science. Onderstepoort.

GREEP, R. O. (ed.). 1977. Frontiers in Reproduction and Fertility Control. MIT Press. Cambridge (USA).

HAFEZ, E. S. E. (ed.). 1974. Reproduction in Farm Animals. 3 rd Ed. Lea & Febiger. Philadelphia.

HAMBURGH, M. & E. J. W. BARRINGTON (eds.). 1971.Hormones in Development. Appleton-Century-Crofts. New York.

HAMILTON, W. J., J. D. BOYD & H. W. MOSSMAN. 1966. Human Embryology. 3 rd Ed. W. Heffer & Sons. Cambridge.

HARRISON, R. G. 1969. Organization and Development of the Embryo. Yale Univ. Press. New Haven.

HERTIG, O. 1910. Lehrbuch der Entwicklungsgeschichte des Menschen und Wirbeltiere. Gustav Fischer. Jena.

林雄二郎（訳）. 1969. バリンスキー 発生学 岩波書店.

平岩（馨）・内田（昭）・吉田（博）. 1960. シロネズミの発生・解剖・組織. 中山書店.

星野一正（訳）. 1981. Moore 人体発生学. 医歯薬出版.

HUBRECHT, A. A. W. 1909. Die Säugetiereontogense in ihrer Bedeutung für die Phylogenie der Wirbeltiere. Gustav Fischer. Jena.

HUETTNER, A. F. 1950. Comparative Embryology of the Vertebrates. McMillan. New York.

JONES, C. T. (ed.). 1982. The Biochemical Development of the Fetus and Neonate. Elsevier Biomedical Press. Amsterdam.

片桐千明. 1982. 動物発生学. 岩波書店.

KATZNELSON, Z. S. & I. D. RICHTER. 1962. Translated by LINDNER, D. & H. SAJONSKI. Anleitung zum Histologischen und Embryologischen Kursus für Veterinärmediziner. S. Hirzel. Leipzig.

KLOPPER, A. & E. DICZFALUSY (eds.). 1969. Foetus and Placenta. Blackwell Scientific. Oxford.

KRACHT, J. (ed.). 1970. Endokrinologie der Entwicklung und Reifung. Springer. Berlin.

KRÖLLING, O. & H. GRAU. 1960. Lehrbuch der Histologie und vergleichenden Mikroskopischen Anatomie der Haustiere. 10 Aufl. Paul Parey. Berlin.

久米又三（編）．1966．脊椎動物発生学．培風館．

MACK, H. C. (ed.). 1970. Prenatal Life. Biological and Clinical Perspectives. Wayne State Univ. Press. Detroit.

MANNER, H. W. 1964. Elements of Comparative Embryology. MacMillan. New York.

益田栄．1962．人体発生学．医学書院．

MICHEL, G. 1977. Kompendium der Embryologie der Haustiere. 2 Aufl. Gustav Fischer. Jena.

MOORE, K. L. 1982. The Developing Human. 3 rd Ed. W. B. Saunders. Philadelphia.

中井準之助（編）．1984．形態形成と発生工学．講談社．

NELSEN, O. E. 1953. Comparative Embryology of the Vertebrates. Blakiston. New York.

NEWBY, W. W. 1960. A Guide to the Study of Development. W. B. Saunders. Philadelphia.

NODEN, D. M. & A. DE LAHUNTA. 1985. The Embryology of Domestic Animals. Developmental Mechanisms and Malformations. Williams & Wilkins. Baltimore.

大沢（伸）・江藤（一）・館鄰・御子柴（克）（編）．1984．哺乳類の発生工学．ソフトサイエンス社．

荻田（善）・松本（圭）（編）．1979．性Ⅰ, Ⅱ．中山書店．

岡田瑛・岡田（節）（訳）．1968．J. D. イバート 発生―そのメカニズム．岩波書店．

PARKES, K. S. (ed.). 1969, 1968, 1958, 1966. Marshall's Physiology of Reproduction. 3 rd Ed. Vols. 1 (part 1, 2), 2 and 3. Longmans, Green and Co. London.

PATTEN, B. M. & B. M. CARLSON. 1974. Foundations of Embryology. 3 rd Ed. McGrawHill. New York.

PFLUGFELDER, O. 1962. Lehrbuch der Entwicklungsgeschichte und Entwicklungsphysiologie der Tieie. Gustav Fischer. Jena.

PHILIPP, E. E., J. BARNES & M. NEWTON (eds.). 1970. Scientific Foundations of Obstetrics and Gynaecology. William Heinemann Medical Books. London.

POSTE, G. & G. NICHOLSON (eds.). 1976. The Cell Surface in Animal Embryogenesis and Developent. Elsevier/North Holland. Amsterdam.

RASPÉ, G. (ed). 1971. Schering Symposium on Intrinsic and Extrinsic Factors in Early Mammalian Development. Pergamon Press. Oxford.

ROMER, A. S. 1970. The Vertebrate Body. 4 th Ed. W. B. Saunders. Philadelphia.

Schoenwolf, G. C. (ed.). 1986. Scanning Electron Microscopy Studies of Embryogenesis. Scanning Electron Microscopy Inc. Chicago.

関正次．1958．胎生形態学．杏林書院．

SIEWING, R. 1969. Lehrbuch der Vergleichenden Entwicklungsgeschichte der Tiere. Paul Parey. Hamburg.

SPEMANN, H. 1936. Experimentelle Beiträge zu einer Theorie der Entwicklung. Berlin.

STARCK, D. 1955. Embryologie. Ein Lehrbuch auf allgemein biologischer Grundlage. Georg Thieme. Stuttgart.

---------- 1959. Ontogentie und Entwicklungsphysiologie der Säugetiere. Walter de Gruyter & Co. Berlin.

杉江佶（編著）．1989．家畜胚の移植．養賢堂．

鈴木善祐（編）．1982．実験生殖生理学の展開．動物モデルの視点から．ソフトサイエンス社．

THENIUS, E. & H. HOFER. 1960. Stammesgeschichte der Säugetiere. Eine Übersicht über Tatsachen und Probleme der Evolution der Säugetiere. Springer. Berlin.

津崎孝道．1972．人体発生学．金原出版．

内田享・岡田（弥）（編）．1960．動物の解剖・組織・発生．2．脊椎動物〔Ⅰ〕, 3．脊椎動物〔Ⅱ〕, 中山書店．

VALDÉS-DAPENA, M. A. 1957. An Atlas of Fetal and Neonatal History. J. B. Lippincott. Philadelphia.

---------- 1979. Histology of the Fetus and Newborn. W. B. Saunders. Philadelphia.

WAISMAN, H. A. & G. R. KERR (eds.). 1970. Fetal Growth and Development. McGraw Hill. New York.

WILLIS, R. A. 1958. The Borderland of Embryology and Pathology. Butterworth and Co. London.

WITSCHI, E. 1956. Development of Vertebrates. W. B. Saunders. Philadelphia.

WOLSTENHOLME, G. E. W. & M. O'CONNOR (eds.). 1969. Foetal Autonomy. J. & A. Churchill. London.

山内亮（編）．1978．家畜繁殖学―最近のあゆみ．文永堂．

吉村不二夫．1971．図説人体発生学．学文社．

YOUNG, W. C. (ed.). 1961. Sex and Internal Secretions. 3 rd Ed. Vols. I and II. Williams and Wilkins. Baltimore.

ZIETZSCHMANN, O. & O. KRÖLLING. 1955. Lehrbuch der Entwicklungsgeschichte der Haustiere. 2 Aufl. Paul Parey. Berlin.

ZUSPAN, F. P. (ed.). 1977. Current Developments in Perinatology. The Fetus, Placenta and Newborn. C. V. Mosby. St. Louis.

2) 細胞遺伝（染色体,性分化,奇形を含む）

AUSTIN, C. R. (ed.). 1960. Memoirs of the Society for Endocrinology, No. 7. Sex Differentiation and Development. Cambridge Univ. Press. Cambridge.

………… & R. G. EDWARDS (eds.). 1981. Mechanisms of Sex Differentiation in Animals and Man. Academic Press. New York.

BASRUR, P. K. 1974. Cytogenetics of avian reproduction, In : Reproduction in Farm Animals. 3 rd Ed. HAFEZ, E. S. E. (ed.). 339-347. Lea & Febiger. Philadelphia.

BENIRSCHKE, K. 1969. Comparative Mammalian Cytogenetics. Springer. New York.

………… 1981. Hermaphrodites, freemartins, mosaics and chimeras in animals, In : Mechanisms of Sex Differentiation in Animals and Man. AUSTIN, C. R. & R. G. EDWARDS (eds.). 421-463. Academic Press. New York.

BERGSMA, D. & R. N. SCHIMKE (eds.). 1976. Cytogenetics, Environment and Malformation Syndromes. Alan R. Liss. New York.

BROWN, W. V. 1972. Textbook of Cytogenetics. C. V. Mosby. St. Louis.

CREW, F. A. E. 1958. The factors which determine sex, In : Marshall's Physiology of Reproduction. 3 rd Ed. PARKES, A. S. (ed.). Vol. II : 741-792. Longmans, Green and Co. London.

EVANS, J. W., A. HOLLAENDER & C. M. WILSON (eds.) 1986. Genetic Engineering of Animals. An Agricultural Perspective. Plenum Press. New York.

FOLEY, C. W., J. F. LASLEY & G. D. OSWEILER. 1979. Abnormalities of Companion Animals ; Analysis of Heritability. Iowa State Univ. Press. Ames.

FRASER, F. C. & V. A. MCKUSICK (eds.). 1970. Congenital Malformations. Excerpta Medical. Amsterdam.

浜名克己. 1986. ウシの先天異常. 獣医学 1986. 伊沢・清水（編）. 131-147. 近代出版.

HAMERTON, J. L. 1971. Human Cytogenetics. Vol. I. Academic Press. New York.

HERZOG, A. 1971. Embryonale Entwicklungsstörungen des Zentralnervensystems beim Rind. Sonderheft 2 der Giessner Beiträge zur Erbpathologie und Zuchthygiene. Giessen.

HSU, T. C. & K. BENIRSCHKE. 1967-1973. An Atlas of Mammalian Chromosomes. Vols. I—VII. Springer. Berlin.

石川恒. 1978. 染色体異常と牛馬の繁殖障害. 家畜繁殖学—最近の歩み. 山内亮（編）. 435-450. 文永堂.

JONES, H. W. & W. W. SCOTT. 1958. Hermaphroditism, Genital Anomalies and Related Endocrine Disorders. Williams & Wilkins. Baltimore.

KALTER, H. 1968. Teratology of the Central Nervous System. Univ. Chicago Press. Chicago.

金川弘司. 1984. 家畜繁殖学領域における人為支配. 獣医学 1984. 伊沢・清水（編）. 205-230. 近代出版.

KANAGAWA, H. & R. A. MCFEELY. 1974. Cytogenetics of mammalian reproduction, In : Reproduction in Farm Animals. 3 rd Ed. HAFEZ, E. S. E. (ed.). 327-338. Lea & Febiger. Philadelphia.

KING. R. C. 1972. A Dictionary of Genetics. 2 nd Ed. Oxford Univ. Press. London.

KLINBERG, M. A., A. ABRAMOVICI & J. CHEMKE (eds.). 1972. Drugs and Fetal Development. Plenum Press. New York.

LAND, R. B. 1977.Genetic Variation and improvement, In : Reproduction in Domestic Amimals. COLE, H. H. & P. T. CUPPS (eds.) 3 rd Ed. 577-604. Academic Press. New York.

MASUI, K. 1967. Sex Determination and Sexual Differentiation in the Fowl. Univ. Tokyo Press.

増井清. 1975. 鶏の性と雌雄鑑別の研究. 日本中央競馬会弘済会.

MCFEELY, R. A. & H. KANAGAWA. 1974. Intersexuality, In : Reproduction in Farm Animals. 3 rd Ed. HAFEZ, E. S. E. (ed.). 384-393. Lea & Febiger. Philadelphia.

村上（氏）・鈴木（雅）・馬場㈠（編）. 1968. 出生前の医学—先天異常の基礎と臨床. 医学書院.

西田司一. 1984. 哺乳動物の性比と性支配. 養賢堂.

NISHIMURA, H. & J. R. MILLER. (eds.). 1969. Methods for Teratological Studies in Experimental Animals and Man. Igaku Shoin. Tokyo.

西村（秀）・村上（氏）・森山豊. 1966. 先天異常. その成因と対策. 金芳堂.

RIEGER, R., A MICHAELIS & M. M. GREEN. 1968. A Glossary of Genetics and Cytogenetics. Classical and Molecular. 3 rd Ed. Springer. Berlin.

SUCHESTON, M. E. & M. S. CANNON. 1973. Congenital Malformations. Case Studies in Developmental Anatomy. F. A. Davis. Philadelphia.

TURPIN, R. & J. LEJEUNE. 1969. Human Afflictions and Chromosomal Aberrations. Pergamon Press. Oxford.

WILKINS, A. S. (ed.). 1986. Genetic Analysis of Animal Development. John Wiley & Sons. New York.

WILSON, J. G. & J. WARKANY. (eds.). 1965. Teratology Principles and Techniques. Univ.

Chicago Press. Chicago.
WOLSTENHOLME, G. E. W. & C. M. O'CONNOR. (eds.). 1960. Ciba Foundation Symposium on Congenital Malformations. J. & A. Churchill. London.
WOOLAM, D. H. M. (ed.). 1966-1972. Advances in Teratology. Vols. 1-5. Logos Press. London.
────── & G. M. MORRIS. (eds.). 1974. Experimental Embryology and Teratology. Vol. 1. Elek Science. London.

3) 生殖巣（副生殖器等を含む），精子，精子発生，卵子，卵子発生

BIGGERS, J. D. & A. W. SCHUETZ. (eds.). 1972. Oogenesis. University Park Press. Baltimore.
BISHOP, D. W. 1961. Biology of spermatozoa, In: Sex and Internal Secretions. 3 rd Ed. YOUNG, W. C. (ed.). Vol II: 707-796. Williams & Wilkins. Baltimore.
BISHOP, M. W. H. & A. WALTON. 1968. Spermatogenesis and the structure of mammalian spermatozoa, In: Marshall's Physiology of Reproduction. 3 rd Ed. PARKES, A. S. (ed.). Vol. I, Part 2: 1-129. Longmans, Green and Co. London.
────── 1968. Metabolism and motility of mammalian spermatozoa, In: Marshall's Physiology of Reproduction. 3 rd Ed. PARKES, A. S. (ed.). Vol. I, Part 2: 264-309. Longmans, Green and Co. London.
BLANDAU, R. J. 1961. Biology of eggs and implanation, In: Sex and Internal Secretions. 3 rd Ed. YOUNG, W. C. (ed.). Vol. II: 797-882. Williams and Wilkins. Baltimore.
BRAMBELL, F. W. R. 1969. Ovarian changes, In: Marshall's Physiology of Reproduction. 3 rd Ed. PARKES, A. S. (ed.), Vol. I, Part 1: 397-542. Longmans, Green and Co. London.
BRANDES, D. (ed.). 1974. Male Accessory Sex Organs. Structure and Function in Mammals. Academic Press. Mew York.
FINN, C. A. & D. G. PORTER. 1975. The Uterus. Elek Science. London.
HAFEZ, E. S. E. & R. J. BLANDAU (eds.) 1969. The Mammalian Oviduct. Comparative Biology and Methodology. Univ. Chicago Press. Chicago.
JOHNSON, A. D., W. R. GOMES & N. L. VANDEMARK (eds.). 1970. The Testis. Vol. I. Development, Anatomy and Physiology. Academic Press. New York.
JONES, R. E. (ed.). 1978. The Vertebrate Ovary. Comparative Biology and Evolution. Plenum Press. New York.
MANN, T. 1964. The Biochemistry of Semen and of the Male Reproductive Tract. Methuen & Co. London.
────── & C. LUTWAK-Mann. 1981. Male Reproductive Function and Semen. Springer. Berlin.
MAULEON, P. & J. C. MARIANA. 1977. Oogenesis and folliculogenesis, In: Reproduction in Domestic Animals. 3 rd Ed. COLE, H. H. & P. T. CUPPS (eds.). 175-202. Academic Press. New York.
ORTAVANT, R., M. COUROT & M. T. HOCHEREAU de REVIERS. 1977. Spermatognesis in domestic mammals, In: Reproduction in Domestic Animals. 3 rd Ed. COLE, H. H. & P. T.CUPPS (eds.). 203-227. Academic Press. New York.
SETCHELL, B. P. 1978. The Mammalian Testis. Paul Elek. London.
STEINBERGER, A. & E. STEINBERGER (eds.). 1979. Testicular Development, Structure, and Function. Raven Press. New York.
WOLSTENHOLME, G. E. W. (ed). 1953. Ciba Foundation Symposium. Mammalian Germ Cells. J. & A. Churchill. London.
ZUCKERMAN, S. & B. J. WEIR (eds.). 1977. The Ovary 2 nd Ed. Vols. I, II, III. Academic Press. London.

4) 受精，分割，着床，脱落膜，卵操作

ANDERSON, G. B. 1977. Fertilization, early development, and embryo transfer, In; Reproduction in Domestic Animals. 3 rd Ed. COLE, H. H. & P. T. CUPPS (eds.). 286-314. Academic Press. New York.
AUSTIN, C. R. 1969. Fertilization and development of the egg, In: Reproduction in Domestic Animals. 2 nd Ed. COLE, H. H. & P. T. CUPPS (eds.). 356-384. Academic Press. New York.
────── & A. WALTON. 1968. Fertilization, In: Marshall's Physiology of Reproduction. 3 rd Ed. PARKES, A. S. (ed.). Vol. I, Part 2: 310-416. Longmans, Green and Co. London.
BLANDAU, R. J. (ed.). 1971. The Biology of the Blastocyst. Univ. Chicago Press. Chicago.
BOYD, J. D. & W. J. HAMILTON. 1958. Cleavage, early development and implantation of the egg, In: Marshall's Physiology of Reproduction. 3 rd Ed. PARKES, A. S. (ed.). Vol. II: 1-126. Longmans, Green and Co. London.
Du MESNIL DU BOISSON, F. A. PSYCHOYOS & K. THOMAS (eds.). 1978. L'Implantation de L'Oeuf. Masson. Paris.
ECKSTEIN, P. (ed.). 1959. Implantation of Ova. Memoirs of the Society for Endocrinology, No. 6. Cambridge Univ. Press. Cambridge.
────── & W. A. KELLY. 1977. Implantation and development of the conceptus, In: Reproduc-

tion in Domestic Animals. 3 rd Ed. COLE, H. H. & P. T. CUPPS (eds.). 315-340. Academic Press. New York.
EDWARDS, R. G., C. W. S. HOWE & M. H. JOHNSON (eds.). 1975. Immunology of Trophoblast. Cambridge Univ. Press. Cambridge.
ENDERS, A. C. (ed.). 1963. Delayed Implantation. Univ. Chicago Press. Chicago.
.... & R. L. GIVEN. 1977. The endometrium of delayed and early implantation, In : Biology of the Uterus. WYNN, R. M. (ed.). 203-243. Plenum Press. New York.
FINN, C. A. 1977. The implantation reaction, In : Biology of the Uterus. WYNN, R. M. (ed.). 245-308. Plenum Press. New York.
FRIDHANDLER, L. 1968. Gametogenesis to implantation, In : Biology of Gestation. ASSALI, N. S. (ed.). Vol. I : 67-92. Academic Press. New York.
HADEK, R. 1969. Mammalian Fertilization. An Atlas of Ultrastructure. Academic Press. New York.
HAFEZ, E. S. E. & K. SEMM (eds.). 1982. In Vitro Fertilization and Embryo Transfer. Liss. New York.
HARTMANN, J. F. (ed.). 1983. Mechanism and Control of Animal Fertilization. Academic Press. New York.
HARVEY, E. B. 1959. Implantation, development of the fetus and fetal membranes, In : Reproduction in Domestic Animals. 1 st Ed. COLE, H. H. & P. T. CUPPS (eds.). Vol. I : 433-468. Academic Press. New York.
金谷晴夫(訳). 1972. 発生生物学シリーズ1. 受精 (AUSTIN). 丸善.
MCLAREN, A. 1974. Fertilization, cleavage and implantation, In : Reproduction in Farm Animals. 3 rd Ed. HAFEZ, E. S. E. (ed.). 143-165. Lea & Febiger. Philadelphia.
METZ, C. B. & A. MONROY (eds.). 1967, 1969. Fertilization. Comparative Morphology, Biochemistry and Immunology. Vols. I, II. Academic Press. New York.
日本発生生物学会(編). 1971. 初期発生における細胞. 岩波書店.
日本発生生物学会(編). 1977. 受精の生物学. 岩波書店.
RASPE, G. (ed.). 1970. Schering Symposium on Mechanisms Involved in Conception. Pergamon Press. Oxford.
SHORT, R. V. 1969. Implantation and the maternal recognition of pregnancy, In : Foetal Autonomy. WOLSTENHOLMEN, G. E. W. & M. O'CONNOR (eds.). 2-31. J. & A. Churchill. London.
杉江佶. 1978. 家畜の受精卵移植. 家畜繁殖学—最近の歩み. 山内亮(編). 365-385. 文永堂
豊田裕. 1978. 卵子の体外受精. 家畜繁殖学—最近の歩み. 山内亮(編). 153-172. 文永堂.
角田幸生. 1978. 哺乳動物卵子のマニプレーション—特に一卵生多胎子の作出. 獣医学1987. 伊沢・清水(編) 141-153. 近代出版
YOSHINAGA, K., R. K. MEYER & R. O. GREEP (eds.). 1976. Implantation of the Ovum. Harvard Univ. Press. Cambridge (USA).
WOLSTNEHOLME, G. E. W. & M. O'CONNOR (eds.). 1965. Ciba Foundation Symposium. Preimplantaion stages of Pregnancy. J. & A. Churchill. London.

5) 胎 盤(論文を含む)

ALLEN, W. R. 1975. Endocrine functions of the placenta, In : Comparative Placentation. STEVEN, D. H. (ed.). 214-267. Academic Press. London.
AMOROSO, E. C. 1955. The comparative anatomy and histology of the placental barrier, In : Gestation. Transactions of the First Conference. FLEXNER, L. B. (ed.). 119-224. Josiah Macy Jr. Foundation New York.
.... 1958. Placentation, In : Marshall's Physiology of Reproduction. 3 rd Ed. PARKES, A. S. (ed.). Vol. II : 127-311. Longmans, Green and Co. London.
BEACONSFIELD, P. & C. VILLEE (eds.) 1979. Placenta. A Neglected Experimental Animal. Pergamon Press. Oxford.
BELL, S. C. 1983. Decidualization and associated cell types : Implications for the role of the placental bed in the materno-fetal immunological relationship. J. Reprod. Immunol. 5 : 185-194.
BJÖRKMAN, N. H. 1968. Contributions of electron microscopy in elucidating placental structure and function, In : International Review of General and Experimental Zoology 3 : 309-371. Academic Press. New York.
.... 1970. An Atlas of Placental Fine Sturcture. Williams & Wilkins. Baltimore.
.... 1973. Fine structure of the fetal-maternal area of exchange in the epitheliochorial and endotheliochorial types of placentation. Acta anat. 86, Suppl. 61 : 1-22.
BÖVING, B. G. 1954. Blastocyst-utrine relationships. Cold Spring Harb. Symp. Quant. Biol. 19 : 9-28.
BOYD, J. D. & W. J. HAMILTON. 1970. The Human Placenta. W. Heffer & Sons. Cambridge.
BREMER, J. L. 1916. The interrelations of the

mesonephros, kidney and placenta in different classes of mammals. Am. J. Anat. 19 : 179-210.

BURTON, G. J. 1982. Review article. Placental uptake of maternal erythrocytes : A comparative study (carnivore, insectivore, bat, ungulate). Placenta 3 : 407-434.

CARTER, A. M. 1975. Placental circulation, In : Comparative Placentation. STEVEN, D. H. (ed.). 108-160. Academic Press. London.

DE LANGE, D. 1933. Placentarbildungen, In : Handbuch der vergleichenden Anatomie der Wirbeltiere. BOLK, L., E. GÖPPERT, E. KALLIUS & W. LUBOSCH (eds.). Band 6. 155-234. Urban & Schwarzenberg. Berlin.

DEL-CAMPO, C. H. & O. J. GINTHER. 1972. Vascular anatomy of the uterus and ovaries and the unilateral luteolytic effect of the uterus : Guinea pigs, rats, hamsters and rabbits. Am. J. Vet. Res. 33 : 2561-2678.

DEMPSEY, E. W. & G. B. WISLOCKI. 1945. Histochemical reactions associated with basophillia and acidophillia in the placenta and pituitary gland. Am. J. Anat. 76 : 277-301.

FLEXNER, L. B. (ed.). 1955. Gestation. Transactions of the First Conference. Josiah Macy, Jr. Foundation. New York.

GÉRARD, P. 1930. Sur l'histophysiologie des annexes foetales des mammifères. Biol. Rev. 5 : 114-125.

GROSSER, O. 1927. Frühentwicklung, Eihautbildung und Placentation des Menschen und der Säugetiere. J. F. Bergmann. München.

HARRIS, J. W. S. & E. M. RAMSEY. 1966. The morphology of the uteroplacental vasculature. Contrib. Embryol. Carnegie Instit. Washington 38 : 43-58.

HEAP, R. B., J. S. PERRY & B. J. WEIR (eds.). 1982. Placenta. Structure and Function. J. Reprod. Fertil. Suppl. 31.

HOFER, H. 1952. Über das gegenwärtige Bild der Evolution der Beuteltiere. Zool. Jhrb. Anat. 72 : 365-437.

JENKINSON, J. W. 1906. Notes on the histology and physiology of the placenta in ungulata. Proc. Zool. Soc. Lond. 1 : 73-96.

KING, B. F. 1982. Comparative anatomy of the placental barrier. Bibliotheca Anat. 22 : 13-28.

KOLSTER, R. 1906. Über die Zusammensetzung der Embryotrophe der Wirbeltiere. Ergeb. Anat. Entwickl. 16 : 794-842.

LOKE, Y. W. & A. WHYTE (eds.). 1983. Biology of Trophoblast. Elsevier. Amsterdam.

MOGHISSI, K. S. & E. S. E. HAFEZ (eds.). 1974. The Placenta. Biological and Clinical Aspects. Charles C. Thomas. Springfield.

MORRIS, G. 1975. Placental evolution and embryonic nutrition, In : Comparative Placentation. STEVEN, D. H. (ed.). 87-107. Academic Press. London.

MOSSMAN, H. W. 1937. Comparative morphogenesis of the fetal membranes and accessory uterine structures. Contrib. Embryol. Carnegie Instit. Washington 26 : 129-246.

………… 1953. The genital system and the fetal membranes as criteria for mammalian phylogeny and taxonomy. J. Mammal. 34 : 289-298.

………… 1987. Vertebrate Fetal Membranes. MacMillan. London.

PECILE, A. & C. FINZI (eds.). 1969. The Foetoplacental Unit. Excerpta Medica. Amsterdam.

PERRY, J. S. 1981. The mammalian fetal membranes. J. Reprod. Fertil. 62 : 321-335.

RAMSEY, E. M. 1975. The Placenta of Laboratory Animals and Man. Holt, Rinehart & Winston. New York.

………… 1982. The Placenta : Human and Animal. Praeger Publ. New York.

…………, C. B. MARTIN & M. W. DONNER. 1967. Fetal and maternal placental circulations. Am. J. Obstet. Gynec. 98 : 419-423.

REYNOLDS, S. R. M. 1949. Adaptation of uterine blood vessels and accomodation of the products of conception. Contrib. Embryol. Carnegie Instit. Washington 33 : 1-19.

斎藤守．1978．多胎動物における胎児と栄養．日畜会報 49 : 543-555．

SILVER, M., D. H. STEVEN & R. S. COMLINE. 1973. Placental exchange and morphology in ruminants (cow, sheep, goat) and mare, In : Foetal and Neonatal Phlsiology. COMLINE, R. S., K. W. Cross, G. S. DAWES & P. W. NATHANIELSZ (eds.). 245-271. Cambridge Univ. Press. Cambridge.

SINGER, M. & G. B. WISLOCKI. 1948. The affinity of syncytium, fibrin and fibrinoid of the human placenta of acid and basic dyes under controled conditions of staining. Anat. Rec. 102 : 175-193.

STARCK, D. 1957. Ueber die Länge der Nabelscunur bei Säugetieren. Z. Säugetiere 22 : 77-86.

………… 1959, Vergleichende Anatomie und Evolution der Placenta. Anat. Anz. 106/107 Erq. -H : 5-26.

STEVEN, D. H. (ed.). 1975. Comparative Placentation. Essays in Structure and Function. Academic Press. London.

………… 1975. Anatomy of the placental barrier, In : Comparative Placentation. STEVEN, D. H. (ed.). 25-57. Academic Press. London.

.... & G. MORRIS, 1975. Development of the foetal membranes, In: Comparative Placestation. STEVEN, D, H. (ed.). 58-86. Academic Press. London.

TSUTSUMI, Y. 1962. The vascular pattern of the placenta in farm animals. J. Fac. Agric. Hokkaido Univ. 52: 372-482.

TULCHINSKY, D. & K. J. RYAN (eds.). 1980. Meternal-fetal Endocrinology. W. B. Saunders. Philadelphia.

TURNER, W. M. 1876. On the structure of the diffused, the polycotyledonary and the zonary forms of placenta. J. Anat. Physiol. 5.

VILLEE, C. A. (ed.). 1960. The Placenta and Fetal Membranes. Williams & Wilkins. Baltimore.

WIMSATT, W. A. 1962. Some aspects of the comparative anatomy of the mammalian placenta. Am. J. Obstet. Gynec. 84: 1568-1594.

WISLOCKI, G. B. & H. PADYKULA. 1961. Histochemistry and electron microscopy of the placenta, In: Sex and Internal Secretions. YOUNG, W. C. (ed.). 3rd Ed. Vol. II: 883-957. Williams and Wilkins. Baltimore.

WYNN, R. M. 1968. Morphology of the Placente, In: Biology of Gestation. ASSALI, N. S. (ed.). Vol. I: 94-185. Academic Press. New York.

.... 1973. Fine structure of the placenta, In: Handbook of Physiology, Section 7: Endocrinology, Vol. 2. GREEP, R. O. & E. B. ASTWOOD (eds.). Female Reproductive System. Part 2: 261-276. Williams and Wilkins. Baltimore.

.... & G. L. FRENCH. 1968. Comparative ultrastructure of the mammalian amnion. Obstet. Gynec. 31: 759-774.

山内昭二．1987．胎盤における物質伝達の形態学—特に微細構造からみた伝達の機構．獣医学．1987．伊沢・清水（編）．1-39．近代出版．

………1987．胎盤形成過程の比較形態学（動物の胎盤型微細構造）細胞 19: 21-27．

6) 組織発生, 器官発生

BHASKAR, S. 1979. Orban's Oral Histology and Embryology. 9th Ed. Mosby. St. Louis.

BLOCH, E. 1968. Fetal adrenal cortex: Function and Steroidgenesis, In: Functions of the Adrenal Cortex. MCKERNS, K. W. (ed.). Vol. 2: 721-774. North-Holland. Amsterdam.

DE BEER, G. 1971. The Development of the Vertebrate Skull. Clarendon Press. Oxford.

DE HAAN & H. USPRUNG (eds.). 1965. Organogenesis. Holt, Rinehart and Winston. New York.

DE LAHUNTA, A. 1983. Veterinary Neuroanatomy and Clinical Neurology. 2nd Ed. W. B. Saunders. Philadelphia.

DE REUCK, A. V. S. & R. PORTER (eds.). 1967. Ciba Foundation Symposium on the Development of the Lung. Little Brown. Boston.

DIXON, A. D. & B. SARNAT (eds.). 1982. Factors and Mechanisms Influencing Bone Growth. A. R. Liss. New York.

DE BOIS, A. M. 1963. The embryonic liver, In: The Liver. Morphology, Biochemistry, Physiology. ROUILLER, CH. (ed.). Vol. I: 1-40. Academic Press. New York.

.... 1969. The embryonic kidney, In: The Kindey. ROUILLER, C. & A. F. MULLER (eds.). Vol. I: 1-60. Academic Press. New York.

DUNN, C. D. R. (ed.). 1983 Current Concepts in Erhtyropoiesis. John Wiley & Sons. Chichester.

EDE, D. A., J. R. HINCLIFF & M. BALLS. 1977. Vertebrate Limb and Somite Morphogenesis. Cambridge Univ. Press. Cambridge.

ENGEL, S. 1966. The Prenatal Lung. Pergamon Press. Oxford.

FISCHMAN, D. A. 1972. Development of striated muscle, In: The Structure and Function of Muscle. 2nd Ed. BOURNE, G. H. (ed.). Vol. I: 75-149. Academic Press. New York.

HALL, B. K. (ed.). 1983. Cartilage. Vol. 1. Structure, Function, and Biochemistry. Vol. 2. Development, Differentiation, and Growth. Academic Press. New York.

HANCOX, N. M. 1972. The osteoclast, In: The Biochemistry and Physiology of Bone. 2nd Ed. BOURNE, G. H. (ed.) Vol.I: 45-69. Academic Press. New York.

HINCHLIFFE, J. R. & D. R. JOHNSON. 1980. The Development of the Vertebrate Limb. Clarendon Press. Oxford.

HORRIDGE, G. A. 1968. The origin of the nervous system, In: The Structure and Function of Nervous Tissue. BOURNE, G. H. (ed.). Vol. I: 1-32. Academic Press. New York.

HORTON, J. D. (ed.) 1980. Development and Differentiation of Vertebrate Lymphocytes. Elsevier/North-Holland. Amsterdam.

HUNTINGTON, G. S. 1911. The Anatomy and Development of the Systemic Lymphatic Vessels in the Domestic Cat. Lippincott. Philadelphia.

JACOBSON, M. 1978. Developmental Neurobiology. 2nd Ed. Plenum. New York.

JAFFE, H. L. 1972. Metabolic Degenerative, and Inflammatory Diseases of Bones and Joints. Chap. 1. Development and maturation of bones and joints. Chap. 2. Chronology of postnatal ossification and epiphysial fusion. Lea &

Febiger. Philadelphia.
JAKOBIEC, F. A. (ed.). 1982. Ocular Anatomy, Embryology and Teratology. Harper & Row. Philadelphia.
JENKINS, T. W. 1978. Functional Mammalian Neuroanatomy. 2nd Ed. Lea & Febier. Philadelphia.
KRETSCHMANN, H. J. (ed.). 1986. Brain Growth. Bibliotheca Anatomica No. 28. S. Karger. Basel.
LANGMAN, J. 1968. Histogenesis of the central nervous system, In : The Structure and Function of Nervous Tissue. BOURNE, G. H. (ed.). Vol. I : 33-67. Academic Press. New York.
LARSELL, O. 1967. The Comparative Anatomy and Histology of the Cerebellum from Myxinoids through Biris. Univ. Minnesota Press. Minneapolis.
────────── 1970. The Comparative Anatomy and Histology of the Cerebellum from Monotremes through Apes. Univ. Minnesota Press. Minneapolis.
LE DOUARIN, N. M. 1983. The Neural Crest. Cambridge Univ. Press. London.
MONTAGNA, W. 1962. The Structure and Function of Skin. Academic Press. New York.
MOORE, W. J. 1981. The Mammalian Skull. Cambridge Univ. Press. London.
日本発生生物学会（編）．1974．動物の器官形成．岩波書店．
NUGENT, J. & M. O'CONNOR. (eds.). 1983. Development of the Vascular System. Ciba Foundation Symposium 100. Pitman. London.
NUSSDORFER, G. G. 1986. The fetal adrenal cortex, In : Int. Rev. Cytol. BOURNE, G. H. & J. F. DANIELLI (eds.). Vol. 98 : 211-250. Academic Press. New York.
PATTLE, R. E. 1969. The development of the foetal lung, In : Foetal Autonomy. WOLSTENHOLME, G. E. W. & M. O'CONNOR (eds.). 132-146. J. & A. Churchill. London.
PEXIEDER, T. 1975. Cell Death in the Morphogenesis and Teratogenesis of the Heart. Adv. Anat. Embryol. and Cell Biol. 51(3). Springer. Berlin.
PINKUS, H. 1958. Embryology of hair, In : The Biology of Hair Growth. MONTAGNA, W. & R. ELLIS (eds.). 1-32. Academic Press. New York.
PRATT, R. M. & R. L. CHRISTIANSEN (eds.). 1980. Current Research Trends in Prenatal Craniofacial Development. Elsevier/North-Holland. New York.
PRITCHARD, J. J. 1972. The osteoblast, In : The Biochemistry and Physiology of Bone. 2nd Ed. BOURNE, G. H. (ed.). Vol. I : 21-44. Academic Press. New York.

RAEDLER, A. & J. SIEVERS. 1975. The Development of the Visual System of the Albino Rat. Adv. Anat. Embryol. and Cell Biol. 50(3). Springer. Berlin.
SPERBER, G. H. 1976. Craniofacial Embryology. Year Book Medical Publishers. Chicago.
SWINYARD, C. A. (ed.). 1969. Limb Development and Deformity : Problems of Evaluation and Rehabilitation. Charles C. Thomas. Springfield.
TOWERS, B. 1968. The fetal and neonatal lung, In : Biology of Gestation. ASSALI, N. S. (ed.). Vol. II : 189-224. Academic Press. New York.
URIST, M. R. 1983. The origin of cartilage : Investigations in quest of chondrogenic DNA, In : Cartilage. HALL, B. K. (ed.). Vol. 2 : 1-86. Academic Press. New York.
VERNIER, R. L. & F. G. SMITH, Jr. 1968. Fetal and neonatal kidney, In : Biology of Gestation. ASSALI, N. S. (ed.). Vol. II : 225-260. Academic Press. New York.
WEISS, L. 1984. The Blood Cells and Hematopoietic Tissues. Elsevier. New York.
YOFFEY, J. M. & F. C. COURTICE. 1970. Lymphatics, Lymph and the Lymphmyeloid Complex. Academic Press. London.
ZILLES, K. J. 1978. Ontogenesis of the Visual System. Adv. Anat. Embryol. and Cell Biol 54 (3). Springer. Berlin.
ZIMMERMAN, E. F. (ed.). 1984. Palate development : Normal and abnormal cellular and molecular aspepts, In : Current Topics in Developmental Biology. MOSCONA, A. A. & MONROY (eds.). Vol. 19. Academic Press. New York.

2. 論　文・報　告

1) 原始生殖細胞，精子発生，卵子発生

BURNET, F. M. 1968. 脊椎動物における免疫過程の進化（松山・佐藤・今井訳）科学 38：586-591.
BYSKOV, A. G. 1981. Gonadal sex and germ cell differentiation, In : Mechanisms of Sex Differentiation in Animals and Man. AUSTIN, C. R. & R. G. EDWARDS (eds.). 145-164. Academic Press. New York.
出口武夫．1975．生物時計の個体発生と週期性．科学 45：522-529.
江口吾郎．1981．組織細胞の分化形質転換．科学 51：226-233.
FALLON, P. 1967. Ovarian follicle formation in relation to pregnancy in mares. Austr. Vet. J. 43 : 536-540.
FUJIMOTO, T., Y. MIYAYAMA & M. FUYUTA. 1977. The origin, migration and fine morphology of human primordial germ cells. Anat. Rec. 188 :

315-330.

GONDOS, B. & L. A. CONNER. 1973. Ultrastructure of developing germ cells in the fetal rabbit testis. Am J. Anat. 136 : 23-42.

GROPP, A. & S. OHNO. 1966. The presence of common embryonic blastema for ovarian and testicular parenchymal (follicular, interstitial and tubular) cells in cattle, *Bos taurus*. Z. Zellforsch. Mikrosk. Anat. 74 : 505-528.

HARTMAN, C. G. & G. W. CORNER. 1941. The first maturation division of the *Macaque* ovum. Contrib. Embryol. Carnegie Instit. Washington 29 : 1-6.

秦野節司．1973．生体運動の収縮性たんぱく質─その進化論的考察─．科学 43 : 402-412．

HÖFLIGER, H. 1948. Das Ovar des Rindes in den vershiedenen Lebensperioden unter besonderer Berücksichtigung seiner funktionellen Feinstruktur. Acta anat. 3, Suppl. 5 : 1-196.

星元紀．1980．精子と卵子が融合するまで I．科学 50 : 481-487．

─────．1980．精子と卵子が融合するまで II．科学 50 : 563-572．

井尻憲一．1979．始原生殖細胞．性 I 荻田・松本（編）．13-20．中山書店．

入谷明．1977．精子の受精能獲得．日畜会報 48 : 445-452．

─────．1979．精子の雌性器内移送と受精能獲得．性 I．荻田・松本（編）．299-308．中山書店．

─────，佐藤英明．1982．卵子と精子成熟の制御機構．実験生殖生理学の展開．鈴木善祐（編）．11-24．ソフトサイエンス社．

JOST, A. & J. PREPIN. 1966. Donnèes sur la migration des cellules germinales primodiales. Arch. Anat. Microsc. Morpho. Exp. 55 : 161-186.

柏原孝夫．1967．家畜の生殖腺機能に及ぼす放射線の影響．日畜会報 38 : 123-132．

片桐（千）・藤井保．1984．下等脊椎動物の免疫生物学─両生類と円口類での研究から─．科学 54 : 205-214．

加藤（征）．1985．哺乳類精子の精巣上体通過に伴う運動と代謝の変化．日畜会報 56 : 843-850．

加藤（淑）・田中（省）．1974．発生における細胞周期─増殖と分化の接点─．科学 44 : 763-770．

─────，山崎（君）．1985．哺乳類の発生の起源を探る．科学 55 : 332-341．

MAULÉON, P. 1973. Modification expérimentale de l'apparition et de l'évolution de la prophase méiotique dans l'pvaire d'embryon de breis. Ann. Biol. anim. Bioch. Biophys. 13 : 89-102.

MIYAMOTO, H., I. SUZUKI & T. ISHIBASHI. 1986. The relative growth of the follicle, oocyte and oocyte nucleus in the ovary of the Japanese Black cattle. Jpn. J. Zootech. Sci. 57 : 244-249.

毛利秀雄．1984．精子をめぐる最近の話題．科学 54 : 84-92．

松村繁．1984．免疫系の由来と進化を考える．科学 54 : 196-204．

NISHIDA, S., Y. UMEMURA, K. SHIMBAYASHI & Y. MOTOI. 1980. Size distribution of spermatozoa in some mammals. Jpn. J. Zootech. Sci. 51 : 658-663.

岡田重文．1971．動物細胞の細胞分裂調節機構─特に細胞周期からのアプローチ─．科学 41 : 58-67．

ROOSEN-RUNGE, E. G. 1952. Kinetics of spermatogenesis in mammals. Ann. New York. Acad. Sci. 55 : 574-584.

菅原七郎．1962．哺乳動物卵子の代謝．日畜会報 33 : 1-10．

SWIERSTRA, E. E., M. R. GEBAUER & B. W. PICKETT. 1974. Reproductive physiology of the stallion. I. Spermatogenesis and testis composition. J. Reprod. Fertil. 40 : 113-123.

竹市雅俊．1984．動物体のパターン形成と細胞接着分子．科学 54 : 549-556．

高橋（国）．1975．卵の発生過程と膜イオン透過性．科学 45 : 721-730．

角田幸生．1980．哺乳動物卵子の抗原性に関する生殖免疫学的研究．日畜会報 51 : 529-540．

WATERMAN, A. J. 1943. Studies of normal development of the New Zealand white strain of rabbit. I. Oogenesis. II. External morphology of the embryo. Am. J. Anat. 72 : 473-515.

WITSCHI, E. 1948. Migration of germ cells of human embryos from the yolk sac to the primitive gonadal folds. Contrib. Embryol. Carnegie Instit. Washington 32 : 67-80.

山名清隆．1977．細胞はどのように分化するか．科学 47 : 66-73．

2) 受精，受精卵，細胞分化，胚子発生

AMOROSO, E. C. 1939. Tubal Journey and rate of cleavage of the goat's ovum. J. Anat. 73 : 672-674.

AUSTIN, C. R. & A. W. H. BRADEN. 1954. Induction and inhibition of the second polar division in the rat egg, and subsequent fertilization. Austr. J. Biol. Sci. 7 : 195-210.

───── & J. SMILES, 1948. Phase contrast microscopy in the study of fertilization and early development of the rat egg. J. Roy. Micr. Soc. Lond. 68 : 1-4.

BERGSTROM, S. & C. LUTWAK-MANN. 1974. Surface ultrastructure of the rabbit blastocyst. J. Reprod. Fertil. 36 : 421-422.

BÖVING, B. G. 1956. Rabbit blastocyst distribution. Am. J. Anat. 98 : 403-434.

BOYD, J. D., W. J. HAMILTON & J. HAMMOND, Jr.

1944. Transuterine (internal) migration of the ovum in sheep and other mammals. J. Anat. 78 : 5-14.
BRACKETT, B. G., Y. K. OH, J. F. EVANS & W. J. DONAWICK. 1980. Fertilization and early development of cow ova. Biol. Reprod. 23 : 189-205.
BUTTERFIELD, R. M. & R. G. MATHEWS. 1979. Ovulation and the movement of the conceptus in the first 35 days of pregnancy in Thoroughbred mares. J. Reprod. Fertil. Suppl. 27 : 447-452.
CHANG, M. C. 1952. Development of bovine blastocyst with a note on a implantation. Anat. Rec. 113 : 143-162.
.... & E. A. ROWSON. 1965. Fertilization and early development of Dorset horn sheep in spring and summer. Anat. Rec. 152 : 303-316.
CHEVALIER, A. 1975. Role du mésoderme somittique dans le développement de la cage thoracique de l'embryon d'oiseau. I. Origine du segment sternal et mécanismes de la différenciation des côtes. J. Embryol. Exp. Morphol. 33 : 291-311.
CRIMSON, R. O., L. E. MCDONALD & C. E. WALLACE. 1980. Oviduct (uterine tube) transport of ova in the cow. Am. J. Vet. Res. 41 : 645-647.
CLARK, R. T. 1934. Studies on the physiology of reproduction in the sheep. II. The cleavage stages of the ovum. Anat. Rec. 60 : 135-159.
団仁子. 1968. 受精の話—精子は何をしているか—. 科学 38 : 298-304.
DANILOVA, L. V. 1963. Somite differentiation in the Karakul sheep embryo. Fed. Proc. 22 : T 677-689.
DENKER, H.-W. 1971. Cleavage in mammals : Differentiation of trophoblast and blastomeres. Verh. Anat. Ges. 66 : 267-272.
............, L. A. ENG, U. MOOTZ & C. E. HAMNER. 1978. Studies on the early development and implantation in the cat. I. Cleavage and blastocyst formation : Differentiation of trophoblast and embryonic knot cells. Anat. Anz. 144 : 457-468.
............, & H.-J. GERDES. 1979. The dynamic structure of rabbit blastocyst coverings. I. Transformation during regular preimplantation development. Anat. Embryol. 157 : 15-34.
ENDERS, A. C., A. G. HENDRICKX & P. E. BINKRED. 1982. Abnormal development of blastocysts and blastomeres in the rhesus monkey. Biol. Reprod. 26 : 353-366.
EVERETT, N. B. 1945. The present status of the germ-cell problem in vertebrates. Biol. Rev. 20 : 45-55.
FLECHON, J.-E. 1978. Morphological aspects of embryonic disc at the time of its appearance in the blastocyst of farm mammals. Scanning Electron Microscopy 2 : 541-548.
............, D. C. KRAEMER & E. S. E. HAFEZ. 1977. Scanning electron microscopy of early stages of embryonic development in the baboon (*papio cynocephalus*) : Oocyte, zona penetration and morula. C. R. Hebd. Seanc. Acad. Sci., Paris. Sér. D, 284 : 223-226.
GEISERT, R. D., J. W. BROOKBANK, R. M. ROBERTS & F. W. BAZER. 1982. Establishment of pregnancy in the pig. II. Cellular remodeling of the porcine blastocyst during elongation on day 12 of pregnancy. Biol. Reprod. 27 : 941-956.
............, R. H. RENEGAR, W. W. THATCHER, R. M. ROBERTS & F. W. BAZER. 1982. Establishment of pregnancy in the pig. I. Interrelationships between preimplantation development of the pig blastocyst and uterine endometrial secretions. Biol. Reprod. 27 : 925-940.
GILBERT, C. & C. H. HEUSER. 1954. Studies in the development of the baboon (*papio ursinus*). A description of two presomite and two late somite stage embryos. Contrib. Embryol. Carnegie Instit. Washington 35 : 11-54.
GREEN, W. W. & L. M. WINTERS. 1946. Cleavage and attachment stages of the pig. J. Morphol. 78 : 305-316.
GREENSTEIN, J. S. & R. C. FOLEY. 1958. Early embryology of the bovine. I. Gastrula and primitive streak stages. J. Dairy Sci. 41 : 409-421.
GREGORY, P. W. 1930. The early embryology of the rabbit. Contrib. Embryol. Carnegie Instit. Washington 21 : 141-168.
GRIMES, M. R., J. S. GREENSTEIN & R. C. FOLEY. 1958. Observations on the early development of the heart in bovine embryos with six to twenty paired somites. Am. J. Vet. Res. 19 : 591-599.
HALBERT, S. A., P. Y. TAM & R. J. BLANDAU. 1976. Egg transport in the rabbit oviduct : The role of cilia and muscle. Science 191 : 1052-1053.
HALLEY, G. 1955. The placodal relations of the neural crest in the domestic cat. J. Anat. 89 : 133-152.
HAMILTON, W. J. 1934. The early stages in the development of the ferret. Fertilization to the formation of the prochordal plate. Trans. Roy. Soc. Edinb. 58 : 251-278.
.... 1937. The early stages in the development of the ferret. The formation of the mesoblast and notochord. Trans. Roy. Soc. Edinb. 59 :
.... & F. T. DAY. 1945. Cleavage stages of the ova of the horse with notes on ovulation. J.

Anat. 79 : 127-130.

────── & J. A. LAING. 1946. Development of the egg of the cow up to the stage of blastocyst formation. J. Anat. 80 : 194-209.

HARTMAN, C. G., W. H. LEWIS, F. W. MILLER & W. W. SWETT. 1931. First findings of tubal ova in the cow, together with notes on oestrus. Anat. Rec. 48 : 267-275.

HASTINGS, R. A. & A. C. ENDERS. 1975. Junctional complexes in the preimplantation rabbit embryo. Anat. Rec. 181 : 17-34.

HENDRICKX, A. G. & D. C. KRAEMER. 1968. Preimplantation stage of baboon embryos (*Papio sp.*). Anat. Rec. 162 : 111-120.

HESSELDAHL, H. 1972. Ultrastructure of early cleavage stages and preimplantation in the rabbit. Z. Anat. Entw.-gesch. 135 : 139-155.

HEUSER, H. A. 1940. The chimpanzee ovum in the early stages of implantation (about 10 1/2 days). J. Morphol. 66 : 155-173.

HEUSER, C. H. & G. L. STREETER. 1929. Early stages in the development of pig embryos, from the period of initial cleavage to the time of the appearance of limb buds. Contrib. Embryol. Carnegie Instit. Washington 20 : 1-30.

HILL, J. P. & M. TRIBE. 1924. Early development of the cat (*Felis domestica*). Quart. J. Micr. Sci. 68 : 513-602.

HOLST, P. J. 1974. Time of entry of ova into the uterus of the ewe. J. Reprod. Fertil. 36 : 427-428.

HOLST, P. A. & R. D. PHEMISTER. 1971. The prenatal development of the dog : Preimplantation events. Biol. Reprod. 5 : 194-206.

HUNTER, R. M. 1935. The development of the anterior post-otic somites in the rabbit. J. Morphol. 57 : 501-532.

HURST, P. R., K. JEFFERIES, P. ECKSTEIN & A. G. WHEELER. 1978. Ultrastructural study of preimplantation uterine embryos of the rhesus monkey. J. Anat. 126 : 209-220.

石田（一）・新村（末）．1977．発生初期におけるブタ卵子の estradiol-17 B-hydroxysteroid dehydrogenase 活性について．日畜会報 48 : 373-375．

石原（勝）．1979．精子一卵の相互作用．性I．荻田・松本（編）．321-328．中山書店．

岩松（鷹）．1971．ウサギにおける精子の卵内侵入．科学 41 : 101-106．

────── 1979．卵母細胞の成熟と排卵後の卵の輸送．性I．荻田・松本（編）．309-320．中山書店．

────── 1979．受精卵における前核の動態．性I．荻田・松本（編）．343-350．中山書店．

JAINUDEEN, M. R. & E. S. E. HAFEZ. 1973. Egg transport in the macaque (*Macaca fascicularis*). Biol. Reprod. 9 : 305-308.

KING, B. F. & J. M. WILSON. 1983. A fine structural and cytochemical study of the rhesus monkey yolk sac : Endoderm and mesothelium. Anat. Rec. 205 : 143-158.

KRÖLLING, O. 1924. Die Form-und Organentwicklung des Hausrindes (*Bos taurus* L.) im ersten Embryonalmonat. Z. Anat. Entw.-gesch. 72 : 1-54.

────── 1937. Ueber eine Keimblase im Stadium der Gastrula beim Pferd. Z. Mikrosk.-anat. Forsch. 42 : 124-147.

────── 1940. Die Gastrulation beim Pferde. Anat. Anz. 90 : 1-48.

LEWIS, W. H. & C. G. HARTMAN. 1933. Early cleavage stages of the egg of the monkey (*Macacus rhesus*). Contrib. Embryol. Carnegie Instit. Washington 24 : 187-201.

────── 1941. Tubal ova of the rhesus monkey. Contrib. Embryol. Carnegie Instit. Washington 29 : 7-14.

LINARES, T. & W. A. KING. 1980. Morphological study of the bovine blastocyst with phase contrast microscopy. Theriogenology 14 : 123-133.

────── & L. PLÖEN. 1981. The ultrastructure of seven-day old normal (blastocyst) and abnormal bovine embryos. Anat. Histol. Embryol. 10 : 212-226.

MARKEE, J. E. 1944. Intrauterine distrbution of ova in the rabbit. Anat. Rec. 88 : 329-336.

MARSHALL, W. H. & R. K. ENDERS. 1942. The blastocyst of the martan (*Martes*). Anat. Rec. 84 : 307-310.

MELTON, A. A., R. O. BERRY & O. D. BUTLER. 1951. The interval between the time of ovulation and attachment of the bovine embryo. J. Anim. Sci. 10 : 992-1005.

宮崎俊一．1980．受精と膜電位―電気的なはやい多精拒否機構―．科学 50 : 355-362．

MOGHISSI, K. S. & E. S. E. HAFEZ. 1972. Biology of Mammalian Fertilization and Implantation. Charles C. Thomas. Springfield.

新村（末）・石田（一）．1977．ハムスターおよびブタの卵子におけるグルコース6リン酸脱水素酵素の組織化学的研究．家畜繁殖誌 23 : 72-75．

NORBERG, H. S. 1973. Ultrastructural aspects of the preattached pig embryo : Cleavage and early blastocyst stages. Z. Anat. Entw.-gesch. 143 : 95-114.

大浦親善．1979．精子の透明帯通過．性I．荻田・松本（編）．329-336．中山書店．

PANIGEL, M. D. C. KRAEMER, S. S. KALTER, G. C. SMITH & R. K. HEBERLING. 1975. Ultrastructure of cleavage stages and preimplantation embryos of the baboon. Anat. Embryol. 147 : 45-

62.

ROBINSON, A. & A. GIBSON. 1917. Description of a reconstruction model of a horse embryo twenty one days old. Trans. Roy. Soc. Edinb. 51 : 331-346.

SCANLON, P. F. 1972. Frequency of transuterine migration of embryos in ewes and cows. J. Anim. Sci. 34 : 791-794.

STREETER, G. L. 1927. Development of the mesoblast and notochord in pig embryos. Contrib. Embryol. Carnegie Instit. Washington 19 : 73-92.

菅原七郎．1980．哺乳動物卵子における受精過程．化学と生物 18 : 2-14．

豊田裕．1982．卵への精子進入機序．実験生殖生理学の展開．鈴木（編）．25-36．ソフトサイエンス社．

TSUTSUMI, Y. & E. S. E. HAFEZ. 1974. Distribution pattern of rabbit embryos during preimplantation stage. J. Morphol. 144 : 323-336.

若杉昇．1973．卵の初期発生と着床機構．日畜会報 44 : 293-301．

WALES, R. G. 1975. Maturation of the mammalian embryos : Biochemical aspects. Biol. Reprod. 12 : 66-81.

WARWICK, B. L. 1926. Intrauterine migration of ova in the sow. Anat. Rec. 33 : 29-33.

WATERMAN, A. J. 1943. Studies of normal development of the New Zealand white strain of rabbit. I. Oogenesis. II. External morphology of the embryo. Am. J. Anat. 72 : 473-515.

WILLADSEN, S. M. 1981. The developmental capacity of blastomeres from 4-and 8-cell sheep embryos. J. Embryol. Exp. Morphol. 65 : 165-172.

WILLIAMS, L. W. 1908. The later development of the notochord in mammals. Am. J. Anat. 8 : 251-291.

WINTEBERGER-TORRES, S. & J. E. FLECHON. 1974. Ultrastructural evolution of the trophoblast cells of the preimplantation sheep blastocyst from day 8 to day 18. Am. J. Anat. 118 : 143-153.

柳町（隆）・岩松（鷹）．1974．哺乳類の受精．科学 44 : 293-299．

⋯⋯⋯⋯．及川（胤）．1979．受精と多精拒否．性 I．荻田・松本（編）．337-342．中山書店．

3) 着床，脱落膜

BINDON, B. M. 1971. Systematic study of preimplantation stages of pregnancy in the sheep. Austr. J. Biol. Sci. 24 : 131-147.

BOSHIER, D. P. 1968. Histological examination of serosal (fetal) membranes in studies of early embryonic mortality in the ewe. J. Reprod. Fertil. 15 : 81-86.

⋯⋯⋯⋯ 1969. Histological and histochemical examination of implantation and early placentome formation in sheep. J. Reprod. Fertil. 19 : 51-61.

BÖVING, B. G. 1954. Blastocyst-uterine relationship. Cold Spring Harb. Symp. Ouant. Biol. 19 : 9-28.

⋯⋯⋯⋯ 1962. Anatomical analysis of rabbit trophoblast invasion. Conrtib. Embryol. Carnegie Instit. Washington 37 : 33-55.

CALARCO, P. B. & A. MCLAREN. 1976. Ultrastructural observations of preimplantation stages of the sheep. J. Embryol. Exp. Morphol. 36 : 609-622.

CHRISTIE, G. A. 1967. Histochemistry of implantation in the rabbit. Histochemie 9 : 13-29.

CORNER, G. W. 1921. Cyclic changes in the ovaries and uterus of the sow and their relation to the mechanism of implantation. Contrib. Embryol. Carnegie Instit. Washington 18 : 117-146.

DAWSON, A. B. & B. A. KOSTERS. 1944. Preimplantation changes in the uterine mucosa of the cat. Am. J. Anat. 75 : 1-37.

DENKER, H.-W., L. A. ENG & C. E, HAMNER. 1978. Studies on the early development and implantation in the cat. II. Implantation : Proteinase. Anat. Embryol. 154 : 39-54.

ENDERS, A. C. 1981. Embryo implantation, with emphasis on the rhesus monkey and the human. Reproduction 5 : 163-167.

⋯⋯⋯⋯ & A. G. HENDRICKX. 1980. Morphological basis of implantation in the rhesus monkey, In : Progress in Reproductive Biology-Blastocyst-Endometrium Relationships. LEROY, F., C. A. FINN, A. PSYCHOYOS & P. O. HUBINONT (eds.). 270-283. Karger. Basel.

⋯⋯⋯⋯ & S. SCHLAFKE. 1983. Implantation in the rhesus monkey : Initial penetration of endometrium. Am. J. Anat. 167 : 275-298.

⋯⋯⋯⋯ & S. SCHLAFKE. 1969. Cytological aspects of trophoblast-uterine interaction in early implantation. Am. J. Anat. 125 : 1-30.

⋯⋯⋯⋯ 1971. Penetration of the uterine epithelium during implantation in the rabbit. Am. J. Anat. 132 : 219-240.

⋯⋯⋯⋯ 1972. Implantation in the ferret : Epithelial penetration. Am. J. Anat. 133 : 291-316.

⋯⋯⋯⋯, A. O. WELSH & S. SCHLAFKE. 1985. Implantation in the Rhesus monkey : Endometrial responses. Am. J. Anat. 173 : 147-169.

FINDLEY, J. K. 1981. Blastocyst-endometrial interactions in early pregnancy in the sheep. J.

Reprod. Fertil. Suppl. 30 : 171-182.
GREENSTEIN, J. S., R. W. MURRAY & R. C. FOLEY. 1958. Observations on the morphogenesis and histochemistry of the bovine preattachment placenta between 16 and 33 days of gestation. Anat. Rec. 132 : 321-341.
GUILLOMOT, M., J. E. FLECHON & S. WINTERBERGER-TORRES. Conceptus attachment in the ewe : An ultrastructural study. Placenta 2 : 169-182.
HANSSON, A. 1947. The physiology of reproduction in the mink (*Mustela vison Schreb*) with special reference to delayed implantation. Acta Zool. 28 : 1-136.
HEUSER, H. A. 1927. A study of the implantation of the ovum of the pig from the stage of the bilaminar blastocyst to the completion of the fetal membranes. Contrib. Embryol. Carnegie Instit. Washington 19 : 229-243.
金子茂・橋本梼・星冬四郎．1977．脱落膜腫の黄体刺激作用について．家畜繁殖誌 22 : 119-124.
KING, G. J., B. A. ATKINSON. & H. A. ROBERTSON 1982. Implantation and early placentation in domestic ungulates. J. Reprod. Fertil. Suppl. 31 : 17-30.
LARSEN, J. F. 1961. Electron microscopy of the implantation site in the rabbit. Am. J. Anat. 132 : 241-257.
LEE, S. Y., H. W. MOSSMAN, A. S. MOSSMAN & G. DEL PINO. 1977. Evidence of a specific nidation site in ruminants. Am. J. Anat. 150 : 631-640.
LEISER, R. 1979. Blastocyst implantation in the domestic cat. A light and electron microscopic investigation. Anat. Histol. Embryol. 8 : 79-96.
LESCOAT, D., J. SEGALEN & Y. C. CHAMBON. 1982. Blastoyst-endometrial relationships before ova implantation in the rabbit. Arch. Anat. Microsc. Morph. Exp. 71 : 15-26.
MOORE, H. D. M., S. GEMS & J. P. HEARN. 1985. Early implantation stages in the marmoset monkey (*Callithrix jacchus*). Am. J. Anat. 172 : 265-278.
MURRAY, C. B. 1951. The mechanism of attachment of the blastocyst in the cat. J. Anat. 85 : 431.
RICE, C., N. ACKLAND & R. B. HEAP. 1981. Blastocyst-endometrial interactions and protein synthesis during preimplantation development in the pig studied in vitro. Placenta. 2 : 129-142.
STEER, H. W. 1971. Implantation of the rabbit blastocyst : The adhesive phase of implantation. J. Anat. 109 : 215-227.
………… 1971. Implantation of the rabbit blastocyst : The invasive phase. J. Anat. 110 : 445-462.
館（澄）・館鄒．1979．着床と胎盤形成―細胞生物学的機構．性II．荻田・松本（編）．445-452．中山書店．
館鄒・館（澄）．1979．脱落膜の形成機構．性II．荻田・松本（編）．453-460．中山書店．
………… 1982．着床―マクロファージの関与について．実験生殖生理学の展開．鈴木（善）編．224-236．ソフトサイエンス社．
VAN NIEKERK, C. H. 1965. The early diagnosis of pregnancy, the development of the foetal membranes and nidation in the mare. J. South African Vet. Med. Assoc. 36 : 483-488.
WATHES, D. C. & F. B. P. WOODING. 1980. An electron microscopic study of implantation in the cow. Am. J. Anat. 159 : 285-306.
WILLE, K. H. & R. LEISER. 1977. Adenosine triphosphatases in the bovine endometrium and in the trophoblast during implantation. Microscopic and electron microscopic observations. Anat. Anz. 141 : 401-419.
WIMSATT, W. A. 1975. Some comparative aspects of implantation. Biol. Reprod. 12 : 1-40.

4）胎盤

a．馬

ALLEN, W. R. 1975. Influence of fetal genotype upon endometrial cup development and PMSG, and progestagen production in equids. J. Reprod. Fertil. Suppl. 23 : 405-413.
………… 1982. Immunological aspects of the endometrial cup reacition and the effect of xenogenic pregnancy in horses and donkeys. J. Reprod. Fertil. Suppl. 31 : 57-94.
………… D. W. HAMILTON & R. M. MOOR. 1973. Origin of equine endometrial cups. 2. Invasion of the endometrium by tropholast. Anat. Rec. 177 : 485-502.
………… & R. M. MOOR. 1972. Origin of the equine endometrial cups. 1. Production of PMSG by fetal trophoblast cells. J. Reprod. Fertil. 29 : 313-316.
BJÖRKMAN, N. H. 1965. Fine morphology of the area of foetal-maternal apposition in the equine placenta. Z. Zellforsch. 65 : 285-289.
BONNET, R. 1889. Die Eihäute des Pferdes. Verh. Anat. Ges. 3 : 17-38.
CLEGG, M. T., J. M. BODA & H. H. COLE. 1954. The endometrial cups and allantochorionic pouches in the mare with emphasis on the source of equine gonadotrophin. Endocrinolgy 54 : 448-463.
DIKERSON, J. W. T., D. A. SOUTHPATE & J. M.

KING. 1967. The origin and development of the hippomanes in the horse and zebra. II. The chemical composition of the foetal fluids and hippomanes. J. Anat. 101 : 285-293.

DOLINAR, Z. J. 1967. Ueber die Omphaloplazenta der Perissodactyla. Anat. Anz. 120 : 637-642.

────── K. S. LUDWIG & E. MÜLLER. 1963. Ein weitere Beitrag zur Kenntnis der Placenten der Ordnung Perissodactyla : Eine Geburtsplacenta von *Equus asinus* L. Acta anat. 53 : 81-96.

DOUGLAS, R. H. & O. J. GINTHER. 1975. Development of the equine fetus and placenta. J. Reprod. Fertil. Suppl. 23 : 503-505.

FALLON, P. 1967. Ovarian follicle formation in relation to pregnancy in mares. Austr. Vet. J. 43 : 536-540.

FLOOD, P. F. & A. W. MARRABLE. 1975. A histochemical study of steroid metabolism in the equine fetus and placenta. J. Reprod. Fertil. Suppl. 23 : 569-573.

HAMILTON, D. W., W. R. ALLEN & R. M. MOOR. 1973. Origin of equine endometrial cups. III. Light and electron microscopic study of fully developed equine endometrial cups. Anat. Rec. 177 : 503-518.

HEDIGER, H. 1962. Die Hippomanes der Hippopotamiden. Zool. Garten, Leipzig. 26 : 331-336.

HERNANDEZ-JAUREGUI, P. & A. GONZALEZ-ANGULO. 1975. Ultrastructure of endometrial cups in pregnant mare. J. Reprod. Fertil. Suppl. 23 : 401-404.

KAYANJA, F. I. B. 1979. The fine structure of the placenta of the zebra *Equus Burchelli*, GRAY. Afr. J. Ecol. 17 : 105-113.

KING, J. M. 1967. Origin and development of the hippomanes in the horse and zebra. I. Location, morphology and histology of the hippomanes. J. Anat. 101 : 277-284.

KOLSTER, R. 1902. Die Embryotrophe placentarer Säuger, mit besonderer Berückisichtigung der Stute. Anat. Hefte 18 : 455-505.

MOOR, R. M., W. R. ALLEN & D. W. HAMILTON. 1975. Origin and histogenesis of equine endometrial cups. J. Reprod. Fertil. Suppl. 23 : 391-396.

SAMUEL, C. A., W. R. ALLEN & D. H. STEVEN. 1974. Studies on the equine placenta. I. Development of the microcotyledons. J. Reprod. Fortil. 41 : 441-445.

────── 1975. Ultrastructural development of the equine placenta. J. Reprod. Fertil. Suppl. 23 : 575-578.

────── 1976. Studies on the equine placenta. II. Ultrastructure of the placental barrier. J. Reprod. Feprid. 48 : 257-264.

────── 1977. Studies on the equine placenta. III. Ultrastructure of the uterine glands and the overlying trophoblast. J. Reprod. Fertil. 51 : 433-437.

SCHAUDER, W. 1912. Untersuchungen über die Eihäute und Embryotrophe des Pferdes. Arch. Anat. Physiol. 1912 ; 193-247 ; 259-302.

────── 1929. Zur vergleichenden Anatomie der inneren weiblichen Geschlestorgane, embryonalen Anhängsorgane und plazenta des Pferdes und Tapirs. Baum Festschrift : 273-283. M. & H. Schaper. Hannover.

────── 1931. Über die Plazenta des Pferdes in späteren Graviditätsstadien. Deuts. Tierärztl. Wschr. 39 : 162-165.

────── 1933. Über die Bildung der Symplasmen in der Schleimhaut des jungträchtigen Uterus des Pferdes. Münch. Tierärztl, Wschr. 84 : 511-512.

────── 1945. Der gravide Uterus und die Placenta des Tapirs im Vergleich von Uterus und Placenta des Schweines und Pferdes. Morphol. Jahrb. 89 : 407-456.

STEVEN, D. H. 1982. Placentation in the mare. J. Reprod. Fertil. Suppl. 31 : 41-55.

────── & C. A. SAMUEL. 1975. Anatomy of the placental barrier in the mare. J. Reprod. Fertil. Suppl. 23 : 579-582.

TIECKE, A. 1911. Die Hippomanes des Pferdes. Anat. Anz. 38 : 454-460 ; 465-486.

WHITWELL, K. E. 1975. Morphology and pathology of the equine umbilical cord. J. Reprod. Fertil. Suppl. 23 : 599-603.

────── & L. B. JEFFCOTT. 1975. Morphlolgical studies on the fetal membranes of the normal singleton foal at term. Res. Vet. Sci. 19 : 44-55.

WILLIAMS, W. L. & W. J. GIBBONS. 1929. The equine vascualr allantois. Cornell Vet. 19 : 3-16.

YAMAUCHI, S. 1975. Morphology and histochemistry of the endometrial cup. J. Reprod. Fertil Suppl. 23 : 397-400.

b. 豚

ABROMAVICH, C. E. 1926. The morphology and distribution of the rosettes in the fetal placenta of the pig. Anat. Rec. 33 : 69-72.

ASHDOWN, R. R. & A. W. MARRABLE. 1967. Adherence and fusion between the extremities of adjacent embryonic sacs in the pig. J. Anat. 101 : 269-275.

BECZE, J., D. SMIDT & F. SZILVASSY. 1968. Histological and histochemical changes in the placenta of dwarf pigs during pregnancy. Berl. Münch. Tierärztl. Wschr. 81 : 45-49.

BJÖRKMAN, N. H. 1965. On the fine structure of the porcine placental barrier. Acta anat. 62 : 334-342.

BRAMBEL, C. E. 1933. Allantochorionic differentiations of the pig studied morphologically and histochemically. Am. J. Anat. 52 : 397-459.

BUHI, W. C., C. A. DUCSAY, F. F. BARTOL, F. W. BAZER & R. M. ROBERTS. 1983. A function of the allantoic sacs in the metabolism of uteroferrin and maternal Fe by the fetal pig. Placenta 4 : 455-470.

CHEN, T. T., W. F. BAZER, C. DUCSAY & P. W. CHUN. 1979. Uterine secretion in mammals : Synthesis and placenta transport of a purple acid phosphatase in pigs. Biol. Reprod. 13 : 304-313.

CHRISTIE, G. A. 1968. Histochemistry of the placenta of the pig. Histochemie 12 : 208-221.

.... 1968. Distribution of hydroxysteroid dehydrogenases in the placenta of the pig. J. Endocrin. 40 : 285-291.

DANTZER, V. 1982. Transfer tubules in the porcine placenta. Bibliotheca Anat. 22 : 144-149.

.... N. BJÖRKMAN & E. HASSELAGER. 1981. An electron microscopic study of histotrophe in the interareolar part of the porcine placenta. Placenta 2 : 19-28.

DEMPSEY, E. W., G. B. WISLOOKI & E, C, AMOROSO. 1955. Electron microscopy of the pig's placenta, with special reference to the cell-membranes of the emdometrium and chorion. Am. J. Anat. 96 : 65-102.

DOUGLAS, T. A., J. P. RENTON, C. WATTS & H. A. DUCKER. 1972. Placental transfer of iron in the sow (Sus domesticus). Comp. Biochem. Physiol. 43 A : 665-671.

FLOOD, P. F. 1973. Endometrial differentiation in the pregnant sow and the necrotic tips of the allantochorion. J. Reprod. Fertil. 32 : 539-543.

FRIESS, A. E., F. SINOWATZ, R. SKOLEK-WINNISCH & W. TRÄUTNER. 1980. The placenta of the pig. I. Fine structural changes of the placental barrier during pregnancy. Anat. Embryol. 158 : 179-191.

.... 1981. The placenta of the pig. II. The ultrastructure of the areolae. Anat. Embryol. 163 : 43-53.

.... 1982. Structure of the epitheliochorial porcine placenta. Bibliotheca Anat. 22 : 140-143.

GOLDSTEIN, S. R. 1926. A note on the vascular relations and areolae in the placenta of the pig. Anat. Rec. 34 : 25-36.

GREEN, W. W. & L. M. WINTERS. 1946. Cleavage and attachment stages of the pig. J. Morphol. 78 : 305-316.

HEUSER, C. H. 1927. A study of the implantation of the ovum of the pig from the stage of the bilaminar blastocyst to the completion of the fetal membranes. Contrib. Embryol. Carnegie Instit. Washington. 19 : 229-243.

HITZIG, W. H. 1949. Über die Entwicklung der Schweinplacenta. Acta Anat. 7 : 33-81.

石田（一）・新村（末）．1978．ブタの胎盤におけるハイドロオキシステロイド脱水素酵素の組織化学的研究．日畜会報 49 : 444-449.

MCCANCE, R. A. & J. W. T. DICKERSON. 1957. The composition and origin of the foetal fluids of the pig. J. Embryol. Exp. Morph. 5 : 43-50.

MACDONALD, A. A. 1976. Uterine vasculature of the pregnant pig : A scanning electron microscope study. Anat. Rec. 184 : 689-698.

.... 1981. The vascular anatomy of the pig placenta : A scanning electron microscope study. Acta Morph. Neerl. -Scand. 19 : 171-172.

MARRABLE, A. W. 1969. Embryonic membranes of the pig. Vet. Rec. 84 : 598-600.

MINOT, C. S. 1900. Über die mesothelian Zotten der Allantois bei Schwinesembryonen. Anat. Anz. 18 : 127-136.

新村（末）・石田（一）．1978．ブタ胎盤における adenylate cyclase, acid phosphatase 及び alkaline phosphatase の組織化学的研究．家畜繁殖誌, 24 : 129-132.

PERRY, J. S. & I. W. ROWLANDS. 1962. Early pregnancy in the pig. J. Reprod. Fertil. 4 : 175-188.

RENEGAR, R. H., F. W. BAZER & R. M. ROBERTS. 1982. Placental transport and distribution of uteroferrin in the fetal pig. Biol. Reprod. 27 : 1247-1260.

SCHAUDER, W. 1941. Über das Uterusepithel und den Trophoblasten der Placenta des Schweines. Tierärztl. Rundschau 47.

SINOWALTZ, F. & A. E. FRIESS. 1983. Uterine glands of the pig during pregnancy : An ultrastructural and cytochemical study. Anat. Embryol. 166 : 121-134.

STROBAND, H. W. J., N. TAVERNE & M. V. D. BOGARD. 1984. The pig blastocysts : Its ulrtastructure and the uptake of protein macromolecules. Cell Tissue Res. 235 : 347-356.

TIEDEMANN, K. 1979. The allantoic and amniotic epithelia of the pig : SEM and TEM studies. Anat. Embryol. 156 : 53-72.

.... & W. W. MINUTH. 1980. The pig yolk sac.

I. Fine structure of the posthaematopoietic organ. Histochemie 68 : 133-146.
ULBERG, L. C. & J. G. LECCE. 1971. Swine placental function during late gestation. J. Anim. Sci. 32 : 395.
WISLOCKI, G. B. & E. W. DEMPSEY. 1946. Histochemical reactions of the placenta of the pig. Am. J. Anat. 78 : 181-225.
山内（昭）・真田（秀）・島田（昌）．1982．豚胎盤の経時的形態形成に関する研究．日畜会報53： 804-813.

c. 牛（反芻類）

ABROMAVICH, C. E. 1930. Uterus and fetal mambranes of the Indian antelope (*Antilope cervicapra*). Anat. Rec. 46 : 105-124.
AITKEN, R. J. 1974. Delayed implantation in roe deer (*Capreolus capreolus*). J. Reprod. Fertil. 40 : 225-233.
.... 1975. Ultrastructure of the blastocyst and endometrium of the roe deer (*Capreolus capreolus*) during delayed implantation. J. Anat. 119 : 369-384.
............, J. H. BURTON, J. HAWKINS, R. KERR-WILSON, R. V. SHORT & D. H. STEVEN. 1973. Histological and ultrastructural changes in the blastocyst and reproductive tract of the roe deer, *Capreolus capreolus*, during delayed implantation. J. Reprod. Fertil. 34 : 481-493.
ALEXANDER, G. 1964. Studies on the placenta of the sheep (*Ovis aries* L.) : Placental size. J. Reprod. Fertil. 7 : 289-305.
.... 1964. Studies on the placenta of the sheep (*Ovis aries* L.) : Effect of surgical reduction in the number of caruncles. J. Reprod. Fertil. 7 : 307-322.
ANDERSEN, A. 1927. Die Placentome der Wiederkäuer. Morphol. Jahrb. 57 : 410-485.
ASSHETON, R. 1906. The morphology of the ungulate placenta, particularly the development of the sheep and notes upon the placenta of the elephant and hyrax. Phil Trans. Roy. Soc. Lond. B, 198 : 143-220.
ATKINSON, B. A., G. J. King & E. C. Amoroso. 1984. Development of the caruncular and intercaruncular regions in the bovine endometrium. Biol. Reprod. 30 : 763-774.
BARCROFT, J. & D. H. BARRON. 1946. Observations upon the form and relation of the maternal and fetal vessels in the placenta of the sheep. Anat. Rec. 94 : 569-595.
BAUR, R. 1972. Quantitative analysis of placental villous surface growth in *Bos taurus* and man. Z. Anat. Entw. -gesch. 136 : 86-97.

BJÖRKMAN, N. 1954. Morphological and histochemical studies on the bovine placenta. Acta anat. Suppl. 22 : 1-91.
BJÖRKMAN, N. H. 1956. Morphological studies on the epithelia of the intercotyledonary component of the bovine placenta. Acta Morph. Neerl. -Scand. 1 : 41-50.
.... 1965. Fine structure of the ovine placenta. J. Anat. 99 : 283-297.
.... 1968. Fine structure of cryptal and trophoblastic giant cells in the bovine placentome. J. Ultrastruct. Res. 24 : 249-258.
.... 1968. Specializations of endoplasmic reticulm in bovine placental cells. Z. Zellforsch. 90 : 535-541.
.... 1969. Light and electron microscopic studies on cellular alterations in the normal bovine placentome. Anat. Rec. 163 : 17-29.
.... & G. BLOOM. 1956. On the fine structure of the foetal-maternal junction in the bovine placentome. Z. Zellforsch. 45 : 649-659.
BOSHIER, D. P. & H. HOLLOWAY. 1977. The sheep trophoblast and placental function : An ultrastructural study. J. Anat. 124 : 721-735.
BRYDEN, M. M., H. E. EVANS & W. BINNS. 1972. Embryology of the sheep. I. Extraembronic membranes and the development of body form. J. Morphol. 138 : 169-185.
BURTON, G. J., C. A. SAMUEL & D. H. STEVEN. 1976. Ultrastructural studies of the placenta of the ewe : Phagocytosis of erythrocytes by the chorionic-epithelium at the central depression of the cotyledon. Quart. J. Exp. Physiol. 61 : 275-286.
CHANG, M. C. 1952. Development of bovine blastocyst with a note on implantation. Anat. Rec. 113 : 143-161.
DAVIES, J. 1952. Correlated anatomical and histochemical studies on the mesonephros and placenta of the sheep. Am J. Anat. 91 : 263-299.
.... & W. A. WIMSATT. 1966. Observations on the fine structure of the sheep placenta. Acta Anat. 65 : 183-223.
DENT, J. 1973. Ultrastructural changes in the intercotyledonary placenta of the goat during early pregnancy. J. Anat. 114 : 245-259.
............, P. T. McGOVEN & J. L. HANCOCK. 1971. Ultrastructure of goat × sheep hybrid placenta. J. Anat. 109 : 361-363.
DRIEUX, H. & G. THIERY. 1951. La placentation chez les mammifères domestiques. III. Placenta des bovidés. Rec. méd. vét., Paris. 127/1.
EL-NAGGAR, M. A. & M. ABEL-RAOUF. 1971. Foetal membranes and fluids in the Egyptian buffalo.

Zbl. Vet. Med. 18 : 108-123.

FOLEY, R. C. & R. P. REECE. 1954. Histological studies of the bovine uterus, placenta and corpus luteum. Univ. Mass. Agric. Exp. Sta. Bull. 468 : 1-62.

.... & J. H. LEATHEM. 1954. Histochemical observations of the bovine uterus, placenta and corpus luteum during early pregnancy. J. Anim. Sci. 13 : 131-137.

FRIESS, A. E., F. SINOWATZ, R. SKOLEK-WINNISCH & W. TRÄUTNER. 1978. Ultrastructure of the areolae of the placenta of the pregnant cow. Anat. Histol. Embryol. 7 : 360-361.

HAFEZ, E. S. E. 1954. The placentome in the buffalo. Acta Zool. Stockholm 35 : 177-192.

.... 1955. Foetal-maternal attachments in buffalo and camel. Indian J. Vet. Sci. Anim. Husbandry 25 : 109-115.

HAMILTON, W. J., R. J. HARRISON & B. A. YOUNG. 1960. Aspects of placentation in certain *Cervidae*. J. Anat. 94 : 1-33.

HARRISON, R. J. & W. J. HAMILTON. 1952. The reproductive tract and the placenta and membranes of PÈRE DAVID's deer (*Elaphurus davidianus* MILNE EDWARDS). J. Anat. 86 : 203-225.

HARRISON, R. J. & A. R. HYETT. 1954. The development and growth of the placentomes in the fallow deer (*Dama dama* L.). J. Anat. 88 : 338-355.

KAYANJA, F. I. B. & J. EPELU-OPIO. 1976. The fine structure of the placenta of the impala, *Aepyceros melampus* (LICHTENSTEIN, 1812). Anat. Anz. 139 : 396-410.

KELLAS, L. M. 1955. An intraepithelial granular cell in the uterine epithelium of some ruminant species during the pregnancy cycle. Acta anat. 44 : 109-130.

.... 1966. Placental and foetal membranes of the antelope, *Ourebia ourebi* (ZIMMERMANN). Acta anat. 64 : 390-445.

KING, G. J., B. A. ATKINSON & H. A. ROBERTSON. 1979. Development of the bovine placentome during the second month of gestation. J. Reprod. Fertil. 55 : 173-180.

.... 1980. Development of the bovine placentome from days 20-29 of gestation. J. Reprod. Fertil. 59 : 95-100.

.... 1981. Development of the intercaruncular areas during early gestation and establishment of the bovine placenta. J. Reprod. Fertil. 61 : 469-474.

.... 1982. Implantation and early placentation in domestic ungulates. J. Reprod. Fertil. Suppl. 31 : 17-30.

KOLSTER, R. 1903. Weitere Beiträge zur Kenntnis der Embryotrophe bei Indeciduaten (Rind, Schaf, Schwein, Reh, Hirsch). Anat. Hefte 20 : 231-321.

.... 1908. Weitere Beiträge zur Kenntnis der Embryotrophe. III. Über den Uterus gravidus von *Rangifer tarandus*, H. S. M. Anat. Hefte 38 : 101-192.

KRÖLLING, O. 1929. Ueber den Bau der Placentome der Ziege und Gemse (*Rupricapra rupricapra*). Baum Festschrift : 125-138.

.... 1931. Ueber den Bau der Antilopenplazentome. Z. Mikrosk. -Anat. Forsch. 27 : 211-232.

LAWN, A. M., A. D. CHIQUOINE & E. C. AMOROSO. 1969. Development of the placenta in the sheep and goat : An electron microscope study. J. Anat. 105 : 557-578.

LEISER, R. 1975. Kontaktaufnahme zwischen Trophoblast und Uterusepithel während der frühen Implantation beim Rind. Anat. Histol. Embryol. 4 : 63-86.

LENNEP, E. W. VAN. 1961. The histology of the placenta of the one-humped camel (*Camelus dromedarius* L.) during the first half of pregnancy. Acta Morph. Neerl. -Scand. 4 : 180-193.

.... 1963. The placenta of the one-humped camel (*Camelus dromedarius*) during the second half of pregnancy. Acta Morph. Neerl. -Scand. 5 : 373-379.

LUDWIG, K. S. 1962. Beitrag zum Bau des Giraffen Placenta. Acta Anat. 48 : 206-223.

LYNGEST, O. 1971. Studies on reproduction in the goat. VII. Pregnancy and the development of the foetus and the foetal accessories of the goat. Acta Vet. Scand. 12 : 185-201.

MAKOWSKI, E. L. 1968. Maternal and fetal vascular nets in placentas of sheep and goats. Am. J. Obstet. Gynec. 100 : 283-288.

MELLOR, D. J. 1969. Vascular anastomosis and fusion of foetal membranes in multiple pregnancy in the sheep. Rev. Vet. Sci. 10 : 361-367.

MORGAN, G. & F. B. P. WOODING. 1983. Cell migration in the ruminant placenta : A freeze-fracture study. J. Ultrastruct. Res. 83 : 148-160.

MORTON, W. R. M. 1961. Observations on the full-term foetal membranes of three members of the Camelidae (*Camelus dromedarius, Camelus bactrianus* and *Lama lama*). J. Anat. 95 : 200-209.

MOSS, S., J. F. SYKES & T. R. WRENN. 1956. Some

observations on the bovine corpus luteum and endometrium during early stages of pregnancy. Am. J. Vet. Res. 17 : 607-614.

MURAI, T. & S. YAMAUCHI. 1986. Erythrophagocytosis by the trophoblast in a bovine placentome. Jpn. J. Vet. Sci. 48 : 75-88.

MYAGKAYA, G. L. & W. C. DEBRUIJN. 1982. Ferritin in chorionic villi of the sheep placenta. Bibliotheca Anat. 22 : 117-122.

.... & H. VREELING-SINDELAROVA. 1976. Erythrophagocysosis by cells of the trophoblastic epithelium in the sheep placenta in different stages of gestation. Acta Anat. 95 : 234-238.

NAAKTGEBOREN, C. & H. H. ZWILLENBERG. 1961. Untersuchungen über die Auswüchse am Amnion und an der Nabelschnur bei Walen und Huftiere, mit besonderer Berücksichtigung des europäischen Hausrindes. Acta Morph. Neerl. -Scand. 4 : 31-60.

OKANO, A. & R. FUKUHARA. 1980. Histological studies on postpartal uterine involution in Japanese black cows. Jpn. J. Zootech. Sci. 51 : 284-292.

岡野彰・塩谷（康）・小畑（太）・福原（利）．1979．ウシ胎児の成長と羊膜液および尿膜液中の α-fetoprotein 量，日畜会報 50 : 891-892.

PANIGEL, M. & H. LEFREIN, 1960. Note préliminaire sur l'anatomie du cotylédon(placentome) chez les Bovides. Comp. Rend. Assoc. Anat. 46 : 577-580.

PELA GALLI, G. V., M. MASTRONARDI & A. POTENA. 1973. Placental circulation of some ruminants. Acta Med. Vet., Naples 19 : 3-31.

PERRY, J. S., R. B. HEAP & N. ACKLAND. 1975. The ultrastructure of the sheep placenta around the time of parturition. J. Anat. 120 : 561-570.

SCHAUDER, W. 1930. Histologische Untersuchungen Über die Entwicklung der Semiplacentome des Schafes in den verschiedenen Stadien der Trächtigkeit. Z. Mikrosk. -Anat. Forsch. 22 : 90-141.

SEDLACZEK, A. 1912. Über Plazenrarbildung bei Antilopen. Anat. Hefte 46 : 573-598.

SHAGAEVA, V. G. & K. M. KURNOSOV. 1974. Morphogenesis of placenta and its patterns in Camelus bactrianus. Zool. Zhur. 53 : 1058-1065.

SINHA, A. A., U. S. SEAL & A. W. ERICKSON. 1970. Ultrastructure of the amnion and amniotic plaques of the white-tailed deer. Am. J. Anat. 127 : 369-395.

.... & H. W. MOSSMAN. 1969. Morphogenesis of the fetal membranes of the white-tailed deer. Am. J. Anat. 126 : 201-242.

STEGEMAN, H. J. 1972. Study of the maturation of the placenta in sheep. Acta Morph. Neerel. -Scand. 10 : 400.

STEVEN, D. H. 1968. Placental vessels of the fetal lamb. J. Anat. 103 : 539-552.

............, G. J. BURTON & V. L. KEELY. 1982. Electron microscopy of the amnion and allantois in the sheep. Bibliotheca Anat. 22 : 128-133.

.... & C. A. SAMUEL. 1981. Histology and electron microscopy of sheep placental membranes. Placenta Suppl. 2.

...................................., J. SUMAR & P. W. NATHANIELSZ. 1980. Ultrastructural observations on the placenta of the alpaca (Lama pacos). Placenta 1 : 21-32.

STRAHL, H. 1906. Über die Semiplacenta multiplex von Cervus elaphus L. Anat. Hefte 31 : 199-218.

.... 1911. Zur Kenntnis der Wiederkäuerplacentome. Anat. Anz. 40 : 257-264.

TIEDEMANN, K. 1982. The bovine allantoic and amniotic epithelia. SEM and TEM studies. Anat. Embryol. 163 : 403-416.

渡嘉敷（綏）・川島（由）・工藤（規）・橋本（善）・杉村誠．1981．ヤギの妊娠子宮における Globule leucocyte の出現とその微細構造．日獣誌 43 : 725-732.

津村巖・佐々木（博）・南（三）・原田（護）・永原（美）・佐藤（裕）・大久保（吉）．1981．牛臍血管の自然断裂部における肉眼的および組織学的研究．日獣誌 43 : 715-723.

TURNER, W. 1878. Note on the foetal membranes of the reindeer (Rangifer tarandus). J. Anat. Physiol. 12 : 601-603.

.... 1879. On the placenta of the hog deer (Cervus porcinus). J. Anat. Physiol. 13 : 94-98.

.... 1879. On the cotyledonary and diffused placenta of the Mexican deer (Cervus Mexicanus). J. Anat. Physiol. 13 : 195-200.

WATHES, D. C. & F. B. P. WOODING. 1980. An electron microscopic study of implantation in the cow. Am J. Anat. 159 : 285-306.

WEETH. H. J. & H. A. HERMAN. 1952. A histological and histochemical study of the bovine oviducts, uterus, and placenta. Res. Bull. Univ. Missouri Agric. Exp. Sta. 501 : 1-54.

WILLE, K. H. & R. LEISER. 1977. Adenosine triphosphatases in the bovine endometrium and in the trophoblast during implantation. Microscopic and electron microscopic observations. Anat. Anz. 141 : 401-419.

WIMSATT, W. A. 1950. New histological observations on the placenta of the sheep. Am. J. Anat.

87 : 391-457.

·········· 1951. Observations on the morphogenesis, cytochemistry, and significance of the binucleate giant cells of the placenta of ruminants. Am. J. Anat. 89 : 233-282.

WINTERS, L. M., W. W. GREEN & R. COMSTOCK. 1942. Placental development of the bovine. Minn. Agric. Exp. Sta. Tech. Bull. 151.

WISLOCKI, G. B. 1941. The placentation of an antelope (*Phychotragus kirkii nyikae* HELLER). Anat. Rec. 81 : 221-242.

·········· & D. W. FAWCETT. 1949. The placentation of the pronghorned antelope (*Antilopapra americana*). Bull. Mus. Comp. Zool., Harvard Univ. 101 : 545-558.

WOODING, F. B. P. 1980. Electron microscopic localization of binucleate cells in the sheep placenta using phosphotungstic acid. Biol. Reprod. 22 : 357-365.

·········· 1982. The role of the binucleate cell in ruminant placental structure. J. Reprod. Fertil. Suppl. 31 : 31-39.

·········· 1983. Frequency and localization of binucleate cells in the placentomes of ruminants. Placenta 4 : 527-540.

·········· 1984. Role of binucleate cells in fetomaternal cell fusion at implantation in the sheep. Am. J. Anat. 170 : 233-250.

··········, S. G. CHAMBERS, J. S. PERRY, M. GEORGE & R. B. HEAP. 1980. Migration of binucleate cells in the sheep placenta during normal pregnancy. Anat. Embryol. 158 : 361-370.

··········, L. D. STAPLES & M. A. PEACOCK. 1982. Studies of trophoblast papillae on the sheep conceptus at implantation. Am. J. Anat. 134 : 507-516.

·········· & D. C. WATHES. 1980. Binucleate cell migration in the bovine placentome. J. Reprod. Fertil. 59 : 425-430.

WROBEL, K. H. & W. KÜHNEL. 1968. Enzyme histochemistry of the sheep placenta. Morphol. Jahrb. 111 : 590-594.

YAMAUCHI, S., T. KAKISHITA & K. KOTERA. 1969. Histological Study of the pregnant uterus in the cow. II. General histological study on the uterine glands. Bull. Univ. Osaka Pref. B, 21 : 147-166.

山内（昭）・垣下（奉）・小寺（敬）．1969．牛妊娠子宮の組織学的研究．III．子宮内膜（小丘間領域）の脂肪，グリコゲンおよび炭水化物群について．日畜会報 40：520-536．

·········· 小寺（敬）・垣下（奉）．1968．牛妊娠子宮の組織学的研究．I．子宮小丘間領域の内膜について．日畜会報 39：487-504．

YAMAUCHI, S., K. KOTERA & T. KAKISHITA. 1971. Histological study of the pregnant uterus in the cow. IV. Study on iron and calcium in the placenta (Intercaruncular region and placentome). Jpn. J. Zootech. Sci. 42 : 344-357.

山内（昭）・佐々木（文）．1968．牛子宮血管系の形態学的研究．II．子宮壁特に小丘領域の動脈の形態学的研究．日獣誌 30：207-217．

·························1969．牛子宮血管系の形態学的研究．IV．子宮壁特に小丘領域の静脈の形態学的研究．日獣誌 31：253-264．

d. 食肉獣

AMOROSO, E. C. 1952. Allanto-chorionic differentiations in the Carnivora. J. Anat. 86 : 481-482.

ANDERSON, J. W. 1969. Ultrastructure of the placenta and fetal membranes of the dog. 1. Placental labyrinth. Anat. Rec. 165 : 15-36.

BARRAU, M. D., J. H. ABEL, Jr., C. A. TORBIT & W. J. TIETZ, Jr. 1975. Development of the implantation chamber in the pregnang bitch. Am. J. Anat. 143 : 115-130.

·········· & W. J. TIETZ, Jr. 1973. Development of fetal-maternal relationships in the dog. Biol. Reprod. 9 : 103.

BJÖRKMAN, N. H. 1956. A histological study of the foetal-maternal relationship in the paraplacenta of the cat. Acta Morph. Neerl. -Scand. 1 : 203-208.

·········· 1967. Some ultrastructural features of the feline placental barrier. Anat. Rec. 157 : 214.

BUCHANAN, G. D. 1966. Reproduction in the ferret (*Mustela furo*). I. Uterine histology and histochemistry during pregnancy and pseudopregnancy. Am. J. Anat. 118 : 195-216.

CREED, R. F. S. & J. D. BIGGERS. 1963. Development of the raccoon placenta. Am. J. Anat. 113 : 417-445.

···································· 1964. Placental haemophagous organs in the *Procyonidae* and *Mustelidae*. J. Reprod. Fertil. 8 : 133-138.

·········· & R. J. HARRISON. 1965. Preliminary observations on the ultrastructure of the raccoon (*procyon lotor*) placenta. J. Anat. 99 : 933.

DEMPSEY, E. W. & G. B. WISLOCKI. 1956. Electron microscopic observations on the placenta of the cat. J. Biophys. Biochem. Cytol. 2 : 734-754.

DITTRICH, L. & H. KRONBERGER. 1963. Biologisch-anatomische Untersuchungen über die Fortpflanzungsphysiologie des Braunbären (*Ursus arctos* L.) und anderer *Ursiden* in Gefangenschaft. Z. Säugetierk. 28 : 129-155.

ENDERS, A. C. 1957. Histological observations on

the chorioallantoic placenta of the mink. Anat. Rec. 127 : 231-245.

ENDERS, R. K. 1952. Reproduction in mink (*Mustela vision*). Proc. Am. Philosoph. Soc. 96 : 691-755.

HENRICIUS, G. 1889. Über die Entwicklung und Struktur der Placenta beim Hund. Arch. Mikrosk. Anat. Entw. -gesch. 33 : 419-440.

────── 1891. Über die Entwicklung ung Struktur der Placenta bei der Katze. Arch. Mikrosk. Anat. Entw.-gesch. 37 : 357-374.

────── 1914. Über die Embryotrophe der Raubtiere (Hund, Fuchs und Katze) in morphologischer Hinsicht. Anat. Hefte 50 : 115-192.

HILL, J. P. 1900. On the fetal membranes, placentation and parturition of the native cat (*Dasyurus viverrinus*). Anat. Anz. 18 : 364-373.

ITO, J., Y. KISO & S. YAMAUCHI. 1987. Distribution and chronological changes of hydroxysteroid dehydrogenase (HSD) in the cat placenta. Jpn. J. Vet. Sci. 49 : 225-233.

KEHRER, A. 1973. Chorionic development and structure of the placenta zonaria in the cat, dog and fox. Z. Anat. Entw. -gesch. 143 : 25-42.

木曾（康）．1985．イヌの胎盤形成について．形態と経時的変化．獣畜新報 769 : 29-34．

KISO, Y. & S. YAMAUCHI. 1984. Histochemical study on hydroxysteroid dehydrogenases in the trophoblast of the dog placenta. Jpn. J. Vet. Sci. 46 : 219-223.

────────────────────── 1984. Distribution of glucose-6-phosphate dehydrogenase in the trophoblast of the dog placenta. Jpn. J. Zootech. Sci. 55 : 677-681.

LAWN, A. M. & A. D. CHIQUOINE. 1965. Ultrastructure of the placental labyrinth on the ferret (*Mustela pitorius furo*). J. Anat. 99 : 47-69.

LEE, S. Y., J. W. ANDERSON, G. L. SCOTT & H. W. MOSSMAN. 1983. Ultrastructure of the placenta and fetal membranes of the dog. II. The yolk sac. Am. J. Anat. 166 : 313-327.

LEISER, R. & T. KOHLER. 1984. The blood vessels of the cat girdle placenta. Observations on corrosion casts, scanning electron microscopical and histological studies. I. Maternal vasculature. Anat. Embryol. 170 : 209-216.

────── & A. C. ENDERS. 1980. Light and electron microscopic study of the near-term paraplacenta of the domestic cat. I. Polar zone and paraplacental junctional areas. II. Paraplacental hematoma. Acta anat. 106 : 293-311, 312-326.

LEMBERG, R. & J. BARCROFT. 1932. Uteroverdin, the green pigmant of dog's placenta. Proc. Roy. Soc. Lond. B, 110 : 362-372.

LUSEBLINK, F. W. 1892. Die erste Entwicklung der Zotten in der Hundeplacenta. Anat. Hefte 1 : 163-185.

MALASSINÉ, A. 1970. Evolution ultrastructurale du labyrinthe du placenta de chatte. Anat. Embryol. 146 : 1-20.

────── 1977. Étude ultrastructurale du paraplacenta de chatte : Mécanisme de l'érthrophagopytose par la cellule chorionique. Anat. Embryol. 151 : 267-283.

────── 1982. Scanning and transmission electron microscopic observations of the hemophagous organ of the cat placenta. Bibliotheca Anat. 22 : 108-116.

MICHEL, G. 1984. On the structure of the placenta of the bear. Anat. Anz. 155 : 209-215.

MORTON, W. R. M. 1957. Placentation in the spotted hyena (*Grocuta crocuta* ERXLEBEN). J. Anat. 91 : 374-382.

PETRY, G. 1961. Histotopographische und cytologische Studien an der Embroyonalhüllen der Katze. Z. Zellforsch. 53 : 339-393.

RAU, A. S. 1925. Contributions to our knowledge of the structure of the placenta of *Mustelidae*, *Ursidae*, and *Sciuridae*. Proc. Zool. Soc. Lond. 25 : 1027-1070.

SINHA, A. & R. A. MEAD. 1976. Morphological changes in the trophoblast, uterus, and corpus luteum during delayed implantation in the western skunk. Am. J. Anat. 145 : 331-356.

STRAHL, H. 1890. Untersuchungen über den Bau der Placenta. III. Der Bau der Hundeplacenta. Arch. Anat. Physiol. Anat. Sect. 185-202.

TIEDEMANN, K. 1976. On the yolk sac of the cat. Endoderm and mesothelium. Cell Tissue Res. 173 : 109-127.

────── 1977. On the yolk sac of the cat. II. Erythropoietic phases, ultrastructure of aging primitive erythroblasts, and blood vessels. Cell Tissue Res. 183 : 71-89.

────── 1979. The amniotic, allantoic, and yolk sac epithelia of the cat. SEM and TEM studies. Anat. Embryol. 158 : 75-94.

TORBIT, C. A., J. H. ABEL, Jr. & W. J. TIETZ. 1973. Iron transport by uterine macrophages during early pregnancy in the bitch. II. Autoradiography. III. Electron microscopy. Cytobiologie 7 : 337-348 ; 349-360.

WIMSATT, W. A. 1963. Delayed implantation in the Ursidae, with particular reference to the black bear (*Ursus americanus* PALLAS), In : Delayed Implantation. ENDERS, A. C. (ed.). 49-76. Univ. Chicago Press. Chicago.

────── 1974. Morphogenesis of the fetal mem-

branes and placenta of the black bear (*Ursus americanus* PALLAS). Am. J. Anat. 140 : 471-495.
WISLOCKI, G. B. & E. W. DEMPSEY. 1946. Histochemical reactions in the plancenta of the cat. Am. J. Anat. 78 : 1-45.
WRIGHT, P, L. 1942. Delayed implantation in the long-tailed weasel (*Mustela frenata*), the short-tailed weasel (*Mustela cicognani*), and the marten (*Martes americana*). Anat. Rec. 83 : 341-353.
WYNN. R. M. & E. C. AMOROSO. 1964. Placentation in the spotted hyena (*Grocuta crocuta* ERXLEBEN), with particular reference to the circulation. Am. J. Anat. 115 : 327-362.
.... & N. BJÖRKMAN. 1968. Ultrastructure of the feline placental membrane. Am. J. Obstet. Gynec. 102 : 34-43.
.... & J. R. CORBETT. 1969. Ultrastructure of the canine placenta and amnion. Am. J. Obstet. Gynec. 103 : 878-887.
ZHEMKOVA, Z. P. 1962. The use of sex chromatin in identifying embryonic and maternal tissues of the placenta : New observations on the hemochorial nature of the cat placenta. J. Embryol. Exp. Morph. 10 : 127-139.

e. 齧歯類

CARTER, A. M., J. GOTHLIN & T. OLIN. 1971. Angiographic stuby of the structure and function of the uterine and maternal placental vasculature in the rabbit. J. Reprod. Fertil. 25 : 201-210.
DAVIES, J. 1956. Histochemistry of rabbit placenta. J. Anat. 90 : 135-142.
.... & N. S. HALMI. 1953. A note on the myogenic origin of the obplacental giant cells of the rabbit uterus. Anat. Rec. 116 : 227-235.
.... & J. I. ROUTH. 1957. Composition of the foetal fluids of the rabbit. J. Embryol. Exp. Morphol. 5 : 32-39.
FROBOSE, H. 1931. Beiträge zur mikroskopischen Anatomie des Kanninchenuterus. I. Ueber einkernige Risenzellen in der Obplacenta und über die "*Glande myometriale endocrine*" Z. Mikrosk. -anat. Forsch. 23 : 121-168.
HAFEZ, E. S. E. & Y. Tsutsumi. 1966. Changes in endometrial vascularity during implantation and pregnancy in the rabbit. Am. J. Anat. 118 : 249-282.
小寺（敬）．1986．ウサギ胎盤構成層に関する形態学的研究．家畜繁殖誌 32：69-77.
LARSEN, J. F. 1963. Electron microscopy of the chrioallantoic placenta of the rabbit. I. The placental labyrinth and the multinucleate giant cells of the intermediate zones. J. Ultrastruct. Res. 7 : 535-549.
.... 1963. Electron microscopy of the chorioallantoic placenta of the rabbit. II. Decidua and the maternal vessels. J. Ultrastruct. Res. 8 : 327-338.
.... 1963. Histology and fine structure of the avascular and vascular yolk sac placenta and the obplacental giant cells in the rabbit. Am. J. Anat. 112 : 269-284.
MAXIMOW, A. 1898. Zur Kenntnis des feineren Baues des Kanninchenplacenta. Arch. Mikrosk. Anat. Entw. -gesch. 51 : 68-136.
.... 1900. Die ersten Entwicklungsstadien der Kanninchenplacenta. Arch. Mikrosk. Anat. Entw. -gesch. 56 : 699-740.
MORRIS, B. 1950. The structure of the foetal yolk sac splanchnopleure of the rabbit. Quart. J. Micr. Sci. 91 : 237-249.
MOSSMAN, H. W. 1926. The rabbit placenta and the problem of placental transmission. Am. J. Anat. 37 : 433-497.
PARRY, H. J. 1950. The vascular structure of the extraplacental uterine mucosa of the rabbit. J. Endocrin. 7 : 86-99.
RENTON, J. & E. AUGHEY. 1968. Observations on the chorioallantoic placenta of the rabbit with special reference to Fe transfer. Res. Vet. Sci. 9 : 215-254.
SINHA, A. A. 1968. The intertubular cleft and membranous whorl in the rabbit placenta. Anat. Rec. 160 : 187-200.
TUCHMANN-DUPLESSIS, H. & R. BERTOLAMI. 1955. Étude histologique du placenta de la lapine. Compt. Rend. Assoc. Anat. 41 : 727-737.

f. 霊長類

BAKER, C. A. & A. G. HENDRICKX. 1977. Number of umbilical vessels in the squirrel monkey (*Saimiri sciureus*). Folia Primatol. 27 : 230-233.
BENIRSCHKE, K. & C. J. MILLER. 1982. Anatomical and functional differences in the placenta of primates. Biol. Reprod. 26 : 29-53.
BURTON, G. J. 1980. Early placentation in the dusky leaf monkey (*Presbytis obscura*). Placenta 1 : 187-195.
BUTLER, H. 1967. The giant cell trophoblast of the Senegal galago (*Galogo senegalensis*) and its bearing on the evolution of the primate placenta. J. Zool. Lond. 152 : 195-207.
BUTLER, H. & K. R. ADAM. 1964. The structure of the allantoic placenta of the Senegal bush baby (*Galogo senegalensis senegalensis*). Folia Primatol. 2 : 22-49.

ENDERS, A. C. 1965. A comparative study of the fine structure of the trophoblast in several hemochorial placentas. Am. J. Anat. 116 : 29-68.

FREESE, U. E. 1969. The fetal-maternal-placental circulation. A redefinition of the uteroplacental vascular relationship and the intervillous space in the human and rhesus monkey, In : The Feto-placental Unit. PECILE, A. & C. FINZI (eds.). 18-22. Excerpta Medica. Amsterdam.

---------- 1972. Maternal-fetal vascular relationship in the human and rhesus monkey, In : Biology of Reproduction. Basic and Clinical Studies. VELARDO, J. T. & B. A. KASPROW (eds.). Pan Amer. Assoc. Anat. New Orleans.

----------, K. RANNINGER & H. KAPLAN. 1966. The fetal-maternal circulation of the placenta. II. An X-ray cinematographic study of pregnant rhesus monkey. Am. J. Obstet. Gynec. 94 : 361-366.

GÉRARD, P. 1932. Études sur l'ovagenèse et l'ontogenèse chez les L'émuriens du genre Galago. Arch. Biol. 43 : 93-151.

GRUENWALD, P. 1972. Expansion of placental site and maternal blood supply of primate placentas. Anat. Rec. 173 : 189-204.

---------- 1973. Lobular structure of hemochorial primate placentas and its relation to maternal vessels. Am. J. Anat. 136 : 133-152.

HART, D. B. & L. GULLAND. 1893. The anatomy of advanced pregnancy in *Macacus* rhesus studied by casts and microscopically. J. Anat. 27 : 361-376.

HERBERG, H. P. 1935. Utero-Placentargefässe bei Makaken. Z. Mikrosk. Anat. Forsch. 37 : 1-16.

HERTIG, A. T. 1935. Angiogenesis in the early human chorion and in the primary placenta of the macaque monkey. Contrib. Embryol. Carnegie Instit. Washington 25 : 37-81.

HILL, J. P., F. E. INCE & A. S. RAU. 1928. The development of the foetal membrane in *Loris*, with special reference to the mode of vascularization of the chorion in the *Lemuroidea* and its phylogenetic significance. Proc. Zool. Soc. Lond. 1928 : 699-716.

HOUSTON, M. L. 1969. The villous perieod of placentogenesis in the baboon (*Papio sp.*). Am. J. Anat. 126 : 1-15.

---------- 1969. The development of the baboon (*papio sp.*) placenta during the fetal period of gestation Am. J. Anat. 126 : 17-29.

JENKINSON, J. W. 1915. The placenta of the lemur. Quart. J. Micr. Sci. 61 : 171-184.

KING, B. F. 1980. Developmental changes in the fine structure of the rhesus monkey amnion. Am. J. Anat. 157 : 285-307.

---------- 1981. Developmental changes in the fine structure of the chorion laeve (smooth chorion) of the rhesus monkey placenta. Anat. Rec. 200 : 163-175.

---------- 1984. The fine structure of the Placenta and chorionic vesicles of the bush baby, *Galago crassicaudata*. Am. J. Anat. 169 : 101-116.

---------- & J. J. MAIS. 1982. Developmental changes in rhesus monkey placental villi and cell columns (scanning electron microscopy). Anat. Embryol. 165 : 361-376.

KOLLMAN, J. 1900. Ueber die Entwicklung der Placenta bei den Makaken. Anat. Anz. 17 : 465-479.

LUCKETT, W. P. 1970. The fine structure of the Placental villi of the rhesus monkey (*Macaca mulata*). Anat. Rec. 167 : 141-164.

LUDWIG, K. S. 1961. Beitrag zum Bau der Gorilla-Placenta. Acta anat. 45 : 110-123.

---------- 1961. Ein weiterer Beitrag Zum Bau der Gorilla-Placenta. Acta anat. 46 : 304-310.

MARTIN, C. B. Jr. 1970. Gross anatomy of the placenta of rhesus monkeys. Obstet. Gynec. 36 : 167-177.

PANIGEL, M. 1968. Anatomie vasculaire, histologie et ultrastructure du placenta à la fin de la gestation chez certains primates; *Macaca* (*Cynomologus*)irus et *Cercopithecus* (*Erythrocebus*) *patas*. Bull. Assoc. Anat., Nancy 140 : 1270-1286.

---------- 1969. Comparative structure and ultrastructure of the placental membrane in some nonhuman primates (*Galago demidovii, Erythrocebus patas, Macaca irus* (*fascicularis*), *Macaca mulatta, Papio cynocephalus*). Bull. Assoc. Anat., Paris 145 : 319-337.

---------- & J. -L. BRUN. 1968. Vascular anatomy, histology and ultrastructure of placenta at the end of gestation in certain primates : *Macaca irus* and *Cercopithecus patas*. Compt. Rend. Assoc. Anat. 55rd Reunion : 1270-1286.

RAMSEY, E. M. 1949. The vascular pattern of the endometrium of the pregnant rhesus monky (*Macaca mulatta*). Contrib. Embryol. Carnegie Instit. Washington 33 : 113-147.

---------- 1954. Venous drainage of the placenta of the rhesus monkey (*Macaca mulatta*). Contrib. Embryol. Carnegie Instit. Washington 35 : 151-173.

---------- 1954. Circulation in the maternal placenta of primates. Am. J. Obstet. Gynec. 67 : 1-15.

---------- 1956. Circulation in the maternal placenta

of the rhesus monkey and man, with observations on the marginal lakes. Am. J. Anat. 98 : 159-190.
.... & J. W. S. HARRIS. 1966. Comparison of uteroplacental vasculature and circulation in the rhesus monkey and man. Contrib. Embryol. Carnegie Instit. Washington 38 : 59-70.
ROSSMAN, I. 1940. The deciduomal reaction in the Rhesus monkey (*Macaca mulatta*). Am. J. Anat. 66 : 277-365.
SOMA, H. 1983. Notes on the morphology of the chimpanzee and orang-utan placenta. Placenta 4 : 279-290.
.... & K. BENIRSCHKE. 1977. Observations on the fetus and placenta of a proboscis monkey (*Nasalis larvatus*). Primates 18 : 277-284.
STARCK, D. 1956. Primitiventwicklung und plazentation der primaten. Primatologia 1 : 723-886.
STIEVE, H. 1944. Vergleichend anatomische Untersuchungen über das Zottenraumgitter in der primatenplacenta. Z. Mikrosk. Anat. Forsch. 54 : 480-542.
.... 1948. Der Bau der Primatenplacenta. Anat. Anz. 96 : 299-329.
STRAHL, H. & H. HAPPE. 1904. Neue Beiträge zur Kenntnis von Affenplacenten. Anat. Anz. 24 : 454-464.
TURNER, W. 1876. On the placentation of the lemurs. Trans. Roy. Soc. Lond. 166 : 569-587.
.... 1879. On the placentation of the apes, with a comparison of the structure of their placenta with that of the human female. Phil. Trans. Roy. Soc. Lond. 169 : 523-562.
WAGENEN, G. VAN, H. R. CATCHPOLE, J. NEGRI & D. BUTZKO. 1965. Growth of the fetus and placenta of the monkey (*Macaca mulatta*). Am. J. Phys. Anthopol. 23 : 23-33.
WALDEYER, W. 1890. Bemerkungen über den Bau der Menschen und Affenplacenta. Arch. Mikrosk. Anat. 35 : 1-51.
WALSH, S. W., J. A. RESKO, M. M. GRUMBACH & M. J. NOVY. 1980. In utero evidence for a functional fetoplacental unit in rhesus monkey. Biol. Reprod. 23 : 264-270.
WEHRENBERG, W. B., D. P. CHAICHAREON, D. J. DIERSCHKE, J. H. RANKIN & O. J. GINTHER. 1977. Vascular dynamics of the reproductive tract in the female rhesus monkey : Relative contributions of ovarian and uterine arteries. Biol. Reprod. 17 : 148-153.
WISLOCKI, G. B. 1926. Remarks on the Placentation of a platyrrhine monkey (*Ateles geoffroyi*). Am. J. Anat. 36 : 467-487.

.... 1929. On the placentation of the primates, with a consideration of the phylogeny of the placenta. Contrib. Embryol. Carnegie Instit. Washington 20 : 51-80.
.... 1932. Placentation in the marmoset (*Oedipomidas geoffroyi*) with remarks on twinning monkeys. Anat. Rec. 52 : 381-400.
.... 1933. Gravid reproductive tract and placenta of the chimpanzee. Am. J. Phys. Anthropol. 18 : 81-92.
.... 1943. Hemopoiesis in the chorionic villi of the placenta of platyrrhine monkeys. Anat. Rec. 85 : 349-363.
.... & H. S. BENNET, 1943. The histology and cytology of the human and monkey placenta with special reference to the trophoblast. Am. J. Anat. 73 : 335-449.
.... & C. G. HARTMAN, 1929. On the placentation of a macaque (*Macacus rhesus*) with observations on the origin of the blood constituting the placental sign. Bull. Johns Hopkins Hosp. 44 : 165-185.
.... & G. L. STREETER. 1938. On the placentation of the macaque (*Macaca mulatta*) from the time of implantation until the formation of the definitive placenta. Contrib. Embryol. Carnegie Instit. Washington 27 : 1-66.
WYNN, R. M. & J. DAVIES. 1965. Comparative electron microscopy of the hemochorial placenta. Am. J. Obstet. Gynec. 91 : 533-549.
............, M. PANIGEL & A. H. MACLENNAN. 1971. Fine structure of the placenta and fetal membranes of the baboon. Am. J. Obstet. Gynec. 109 : 638-648.

5) 受精卵と胚の操作

CHANG, M. C. 1950. Development and fate of transferred rabbit ova or blastocysts in relation to the ovulation time of recipients. J. Exp. Zool. 114 : 197-226.
.... 1954. Development of parthenogenetic rabbit blastocysts induced by low temperature storage of unfertilized ova. J. Exp. Zool. 125 : 127-150.
浜野(清)・豊田裕, 1986. 高濃度で培養された射出精子による胚卵子の体外受精, 家畜繁殖誌 32 : 177-183.
INOUE, T., Y. MIYAKE, H. KANAGAWA & T. ISHIKAWA. 1980. Non-surgical collection and surgical transfer of bovine embryos. Jpn. J. Vet. Sci. 42 : 609-613.
IRITANI, A., Y. TSUNODA, M. MIYAKE & Y. NISHIKAWA. 1975. Enhanced respiration and reduction of tetracycline binding of boar and

bull spermatozoa following incubation in the female genital tract. Jpn. J. Zootech. Sci. 46: 531-537.

金川弘司.1985.家畜における受精卵移植技術の進歩,日本獣医学の進展.日本獣医学会創設100周年記念出版.308-312.

KATO, S., H. KUSUNOKI N. MIYAKE, T. YASUI & S. KANDA. 1985. Penetration in vitro of zona-free hamster eggs by ejaculated goat spermatozoa preincubated in the uterus isolated from super-ovulated hamsters. Jpn. J. Zootech Sci. 56: 62-66.

MINATO, Y. & Y. TOYODA, 1982. Induction of cumulus expansion and maturation division of porcine oocyte-cumulus complexes in vitro. Jpn. J. Zootech. Sci. 53: 480-487.

三宅(晃)・入江(達)・森(啓)・加藤(雅)・尾川(昭).1984.白金イリジウム針による牛桑実期胚の切断方法.家畜繁殖誌,30:24p-30p.

MOTOMURA, M. & Y. TOYODA. 1980. Scanning electron microscopic observations on the sperm penetration through the zona pellucida of mouse oocytes fertilized in vitro. Jpn. J. Zootech. Sci. 51: 595-601.

長嶋(比),尾川(昭),1981,ラットと家兎における切断二分雄桑実期胚の発達および凍結生存性に関する研究,家畜繁殖誌 27:12-19.

‥‥‥‥藤倉朗・尾川(昭),1982.マウスと家兎の2細胞期胚より分離した単一割球の発達能および凍結生存性に関する研究,家畜繁殖誌28:20-23.

丹羽(皓).1983.哺乳動物における体外受精,日畜会報54:1-17.

尾川(昭),1972.哺乳動物胚の培養,日畜会報43:347-354.

‥‥‥ 1982, 哺乳動物胚の顕微手術およびその適用実験,実験生殖生理学の展開,鈴木(善)(編),77-89,ソフトサイエンス社.

OGAWA, S. K. MIYAKE, N. SEIKE & H. KANAGAWA. 1983. Microsurgical technique for the bisection of early embryos in mouse, rabbit and cow. Jpn. J. Anim. Reprod. 29: 198-208.

‥‥‥‥, K. SATOH, M. HAMADA & H. HASHIMOTO. 1972. In vitro culture of rabbit blastocysts expanded at the stage close to implantation. Jpn. J. Zootech. Sci. 43: 400-406.

POLGE, C. 1982. Embryo transplantation and preservation in domestic animals. Jpn. J. Anim. Reprod. 28: 221-222.

佐伯(和)・佐藤(正)・森(一)・榊原(賢)・西根(俊)・清家昇・田端(経).1985.ウシ受精卵切断二分離による1卵性双児の作出,家畜繁殖誌,31:218-224.

佐久間(勇)・石橋功(編).1978.受精卵の保存と移植.家畜繁殖研究会昭和53年シンポジウム,家畜繁殖誌,24:i-1 viii.

佐藤(英)・入谷明・西川(義),1978.ウシ卵胞卵の体外成熟および活性化現象について,日畜会報49:236-242.

‥‥‥‥‥‥‥‥‥‥ 1978.ブタ卵胞卵の体外培養における成熟分裂速度について,日畜会報 49:400-405.

‥‥‥‥‥‥‥‥‥‥ 1979.培養ブタ卵胞卵における"核の形成"と分割について,家畜繁殖誌25:95-99.

SEIDEL, G. E. Jr. 1981. Superovulation and embryo transfer in cattle. Science 211: 351-358.

SEIDEL, S. M. & G. E. SEIDEL. 1983. Embryo transfer bibliography X. Theriogenology 20: 241-256.

清家昇・寺西(正)・宇高(健)・酒井実・金川(弘)・尾川(昭)・森(一)・西根(俊).1984.ウシ分割受精卵の移植による受胎例について,家畜繁殖誌,30:31p-36P.

杉江佶.1966.牛の人工受胎.科学36:618-624.

‥‥‥‥ 1966.牛の人工受胎について,日畜会報37:43-51.

‥‥‥‥ 1979.哺乳動物の受精卵移植,性II,荻田・松本(編).397-406.中山書店.

鈴木(達)・高橋(芳)・下平(乙)・樋谷(良)・高橋(則).1982.ウシ受精卵の非手術的移植と過剰排卵処理牛の7-8日目に採取した血清を含む培地内での培養試験.家畜繁殖誌,28:119-122.

高橋(芳),1981.試験管法により体外培養したウシ受精卵の形態学的観察,家畜繁殖誌27:40-44.

TAKAHASHI, Y. & H. KANAGAWA. 1986. Development and viability of day-7 and-8 bovine embryos cultured in a simple defined synthetic medium using a test tube system. Jpn. J. Vet. Sci. 48: 561-567.

高倉(宏)・高橋(芳)・伊藤(剛)・酒井豊・津田(秋)・堂地修,1985.2分離,裸化半胚の体外培養および移植後の生存性.家畜繁殖誌,31:122-125.

TERVIT, H. R., M. W. COOPER, P. G. GOOLD & G. M. HASZARD. 1980. Nonsurgical embryo transfer in cattle. Theriogenology 13: 63-71.

戸津川清・三浦(源)・菅原(七)・竹内(三).1978.着床前家兎胚盤胞の発生に及ぼす栄養膜細胞の穿刺.家畜繁殖誌24:77-80.

‥‥‥‥菅原(七)・竹内(三).1974.家兎胚盤胞の雌雄鑑別の方法および同処理胚の回復について.日畜会報45:319-326.

角田(幸)・入谷明・西川(義).1977.家兎受精卵のラット生殖器道内における発育に関する研究,日畜会報48:499-508.

‥‥‥‥ 小島(敏)・相馬正・小栗(紀)・杉江佶.1983.ヤギ2分離胚の移植試験.家畜繁殖誌29:154-156.

TSUNODA, Y. & T. SUGIE. 1979. Production of hetero-antibody to isolated pig zonae pellucidae. Jpn. J. Zootech. Sci. 50 : 493-498.

角田（幸）・安井司・杉江佶．1984．2分離胚の移植によるヤギ一卵生双子の作出．日畜会報 55 : 643-647.

内海（恭）．1984．哺乳動物卵子の凍結と移植．日畜会報 55 : 523-534．

若杉昇・渡辺（智）．1983．細胞工学ならびに胚操作を応用した遺伝的コントロール，実験動物の遺伝的コントロール，富田・江崎・早川（編）．42-57．ソフトサイエンス社．

WILLADSEN, S. M. & C. POLGE. 1981. Attemps to produce monozygotic quadruplets in cattle by blastomere separation. Vet. Rec. 108 : 211-213.

吉羽（宣）・大竹（通）・塩谷（康），1985．ヒツジの切断二分離胚移植による一卵性双子の作出．家畜繁殖誌 31 : 126-129．

6) 染色体，細胞遺伝，性分化，性比，間性

BLUE, M. G., A. N. BRUERE & H. F. DEWES. 1978. The significance of the XO syndrome in infertility of the mare. NZ Vet. J. 26 : 137-141.

BOSU, W. T. K., B. F. CHICK & P. K. BASRUR. 1978. Clinical, pathological and cytogenetic observations on two intersex dogs. Cornell Vet. 68 : 376-390.

BOUTERS, R., M. VANDERPLASSCHE & A. DE MOOR. 1972. An intersex (male pseudohermaphrodite) horse with 64 XX/65 XXY mosaicism. Equine Vet. J. 4 : 150-153.

Bruce. A. N., R. B. MARSHALL & D. P. J. WARD. 1969. Testicular hypoplasia and XXY set chromosome complement in two rams : the ovine counterpart of KLINEFELTER's syndrome in man. J. Reprod. Physiol. 19 : 103-108.

BUOEN, L. C., B. E. EILTS, A. RUSHMER & A. F. WEBER. 1983. Sterility associated with an XO karyotype in a Belgian mare. J. A. V. M. A. 182 : 1120- 1121.

DANTCHAKOFF, V. 1951. La différentiation du sexe chez les vertébrés. Arch. Anat. micr. Morph. exp. 39 : 367-394.

出口（栄）・平山（秀），1985．XY 型性腺不全症ヒツジの一例について，日畜会報 56 : 472-475．

DUNN, H. O., R. H. JOHNSON, Jr. & R. L. QUAAS. 1981. Sample size for detection of Y-chromosomes in lymphocytes of possible freematins. Cornell Vet. 71 : 297-304.

............, R. M. KENNY & R. H. LEIN. 1968. XX/XY chimerism in a bovine true hermaphrodite : an insight into the understanding of freemartinism. Cytogenetics 7 : 390-402.

............, D. H. LEIN & K. MCENTEE. 1980. Testicular hypoplasia in a hereford bull with 61 XXY karyotype : the bovine counterpart of human KLEINFELTER's syndrome. Cornell Vet. 70 : 137-146.

............, K. MCENTEE, C. E. HALL, R. H. JOHNSON, Jr. & W. H. STONE. 1979. Cytogenetic and reproductive studies of bulls born co-twin with freemartins. J. Reprod. Fertil. 57 : 21-30.

............, K. MCENTEE & W. HANSEL. 1970. Diploid-triploid chimerism in a bovine true hermaphrodite. Cytogenetics 9 : 245-259.

............, D. SMILEY, J. R. DUNCAN & K. MCENTEE. 1981. Two equine true hermaphrodites with 64 XX/64 XY and 63 XO/64 XY chimerism. Cornell Vet. 71 : 2.

............, J. T. VAUGHAN & K. MCENTEE. 1974. Bilateral cryptorchid stallion with female karyotype. Cornell Vet. 64 : 265-275.

FEHILLY, C. B., S. M. WILLADSEN & E. M. TUCKER. 1984. Interspecific chimerism between sheep and goat. Nature 307 : 633-635.

FELTS, J. A., M. G. RANDALL, R. W. GREEN & R. W. SCOTT. 1982. Hermaphroditism in a cat. J. A. V. M. A. 181 : 925-926.

藤本（十），1975，性腺と生殖器官の発生・分化．性 I，荻田・松本（編），21-28，中山書店．

浜口哲．1979．精巣の分化と H-Y 抗原．性 I，荻田・松本（編）．29-34，中山書店．

HARE, W. C. D. 1980. Cytogenetics, In : Current Therapy in Theriogenology : Diagnosis, Treatment and Prevention of Reproductive Diseases in Animals. MORROW, D. A. (ed.). 119-142. W. B. Saunders. Philadelphia.

............, R. A. MCFEELY & D. F. KELLY. 1974. Familial 78 XX pseudohermaphroditism in three dogs. J. Reprod. Fertil. 36 : 207-210.

JOHNSON, S. D., L. C. BUOEN, J. E. MADL, A. F. WEBER & F. O. SMITH. 1983. X-chromosome monosomy (37 XO) in a Burmese cat with gonadal dysgenesis. J. A. V. M. A. 182 : 985-989.

JOSSO, N. 1981. Differentiation of the genital tract : stimulators and inhibitors, In : Mechanisms of Sex Differentiation in Animals and Man. AUSTIN, C. R. & R. G. EDWARDS (eds.). 165-203. Academic Press. New York.

JOST, A. 1947. Recherches sur la différenciation sexuelle de l' embryon de lapin. Arch. Anat. Microsc. Morph. Exp. 36 : 151-200 ; 242-270 ; 271-315.

.... 1965. Gonadal hormones in the sex differentiation of the mammalian fetus, In : Organogenesis. DE HAAN & H. URSPRUNG (eds.). 611-628. Holt, Rinehart and Winston.

New York.

.... 1970. Hormonal factors in the sex differentiation of the mammalian fetus. Phil. Trans. Roy. Soc. Lond. B, 259 : 119-131.

............, B. VIGIER & J. PREPIN. 1972. Freematins in cattle : the first steps of sexual organogenesis. J. Reprod. Fertil. 29 : 349-379.

川村（智），1969．両生類の複二倍体を作るまで，科学 39：407-415.

LATIMER, H. B. & P. B. SAWIN. 1955. Morphogenetic studies of the rabbit. XIII. The influence of the dwarf gene upon organ size and variability in race X. Anat. Rec. 123 : 447-466.

MALOUF, N., K. BENIRSCHKE & D. HOEFNAGEL. 1967. XX/XY chimerism in a tricolored male cat. Cytogenetics 6 : 228-241.

McFEELY, R. A. 1967. Chromosome abnormalities in early embryos of the pig. J. Reprod. Fertil. 13 : 579-581.

枡田（博）・英強・和出靖．1978．リンパ肉腫（リンパ性白血病）の牛における染色体異常，日畜会報 49：802-807.

.... 岡本昭・和出靖．1975．豚における常染色体異常例，日畜会報 46：671-676.

.... 塩谷（康）・福原（利）・1980．黒毛和種牛における染色体のロバートソン型転座，日畜会報 51：26-32.

.... 高橋（敏）・副島（昭）・和出靖・1978，黒毛和種種雄牛およびその子牛に認められた染色体の centric fusion．日畜会報 49：853-858.

.... 和出靖，1976．牛の異性4仔に認められた性染色体のキメラ，家畜繁殖誌22：115-117.

MASUDA, H., Y. WAIDE & T. HOSODA. 1974. Giemsa banding patterns of bovine chromosomes. Jpn. J. Zootech. Sci. 45 : 424-425.

三宅（陽）・井上（忠）・石川恒・河田（啓）・河田（芳）・小倉（忠）・三宅勝・武石（昌）・常包正・三好（憲），1981，乳牛の異性3，4および5児の多胎10組と性染色体キメラに関する研究，家畜繁殖誌27：80-85.

MIYAKE, Y., T. ISHIKAWA, M. YOSHIDA, T. ABE & M. KOMATSU. 1982. An additional case of fertile bovine heterosexual twin female with sex-chromosomal chimerism (XX/XY). Jpn. J. Anim. Reprod. 28 : 105-108.

村松晋，1981，家畜の染色体研究に関する進歩，日畜会報52：839-849.

村松隆・河西（直），1975.和牛3品種の産子性比について，家畜繁殖誌21：94-97.

長井（幸）．1981．哺乳動物における性分化と遺伝的調節機構，科学 51：217-225.

西田司一・万場（光）・瀬田（季）・大塚順・首藤（新）・所（和）・1969．家畜の産子性比について，豚(1)，日畜会報 40：449-462.

............大塚順・林（英）・1976．家畜の産子性比について，豚(6)，家畜繁殖誌22：106-108.

............大橋（昭）・菅原（兼）・山岸（芳）・1972．家畜の産子性比について，豚(3)，日畜会報 43：187-192.

............斉藤馨，1971．家畜の産子性比について，ブタ(2)，日畜会報42：71-78.

............渡辺（忠）．1976．家畜の産子性比について，競走馬，家畜繁殖誌，22：18-22.

............山岸（豊）・菅谷（孝）1977．家畜の産子性比について，ブタ(7)，家畜繁殖誌 23：55-59.

OMURA, Y., Y. FUKUMOTO & K. OHTAKI. 1983. Chromosome polymorphism in Japanese Sika, *Cervus (Sika) nippon*. Jpn. J. Vet. Sci. 45 : 23-30.

大野乾，1979，性の本質と第一次（性腺）性決定機構，性Ⅰ．荻田・松本（編），3-12．中山書店．

OHNO, S. & L. C. CHRISTIAN. 1976. Hormone-like role of H-Y antigen in bovine freemartin gonad. Nature 261 : 597-598.

PARKES, S. P. & R. A. GRIESEMER. 1965. Current status of chromosome analysis in veterinary medicine. J. A. V. M. A. 146 : 138-145.

RAJAKOSKI, E. & E. S. E. HAFEZ. 1963. Derivatives of cortical cords in adult freemartin gonads of bovine quintuplets. Anat. Rec. 147 : 457-467.

ROSSANT, J., B. A. CROY, V. M. CHAPMAN, L. SIRACUSA & D. A. CLARK. 1981. Interspecific chimeras in mammals : a new experimental system. J. Anim. Sci. 55 : 1241-1248.

SHARP, A. J., S. S. WACHTEL & K. BENIRSCHKE. 1979. H-Y antigen in a fertile XY female horse. J. Reprod. Fertil. 58 : 157-160.

SHORT, R. V. 1969. Cytogenetic and endocrine studies of freemartin heifer and its bull co-twin. Cytogenetics 8 : 369-388.

SILVERS, W. K. & S. S. WACHTEL. 1977. H-Y antigen : behavior and function. Science 195 : 956-960.

SMITH, M. C. & H. O. DUNN. 1981. Freemartin condition in a goat. J. A. V. M. A. 178 : 735-737.

STEWART, R. W. *et al.* 1972. Canine intersexuality in a pug breeding kennel. Cornell Vet. 62 : 464-473.

TAKASHIMA, Y., H. TAKAHASHI, S. TAKAHASHI & Y. MIZUMA. 1985. A microcomputer usage for the measuremant of chromosomes and the preparation of karyotype. Jpn. J. Zootech. Sci. 57 : 725-735.

TOYAMA, Y. 1974. Sex chromosome mosaicism in five swine intersexes. Jpn. J. Zootech. Sci. 45 :

551-557.
WACHTEL, S. S. 1977. H-Y antigen and the genetics of sex determination. Science 198 : 797-798.
WILKES, P. R., W. V. WIJERATNE & I. B. MUNRO. 1981. Reproductive anatomy and cytogenetics of freemartin heifers. Vet. Rec. 108 : 3499-3503.
山内（昭）・秋岡（照），1959．豚偽雌雄同体例の観察．日畜会報 29：350-356.

7) 奇 形

BARONE, R., R. BOIVIN & M. LOMBARD. 1973. Sur la nature de l' ectocardie cervicale. A propos de deux nouveaux chez le veau. Rev. Med. vet. 124 : 655-678.
BRENT, R. L. 1980. Radiation teratogenesis. Teratology 21 : 281-298.
CHO, D. Y. & H. W. LEIPOLD. 1977. Congenital defects of the bovine central nervous system. Vet. Bull. 47 : 489-504.
CORK, L. C. J. C. TRONCOSCO & D. L. PRICE. 1981. Canine inherited ataxia. Ann. Neurol. 9 : 492-499.
CSIZA, C. K., A. DE LAHUNTA, F. W. SCOTT & J. H. GILLESPIE. 1972. Spontaneous feline ataxia. Cornell vet. 62 : 300-322.
DENNIS, S, M. & H. W. LEIPOLD. 1972. Anencephaly in sheep. Cornell Vet. 62 : 272-281.
DE UZĆATEGUI, M. L. C. & E. KLEISS. 1972. La ciclopia. Nota preliminar sobre una observación en el cerdo, Sus scrofa L. Zbl. Vet. Med., C, 1 : 21-26.
GREENE, H. J., H. W. LEIPOLD, K. HUSTON & M. M. GUFFY. 1973. Bovine congenital defects : arthrogryposis and associated defects in calves. Am. J. Vet. Res. 34 : 887-891.
GUILLERY, R. W., V. A. CASAGRANDE & M. D. OBERDORFER. 1974. Congenital abnormal vision in Siamese cats. Nature 252 : 195-199.
浜名克己．1985．家畜の先天異常．日本獣医学の進展．日本獣医学会創設100周年記念出版．323-326．
・・・・・・・・・・・下別府功．1983．ウシの先天異常：1972-1981年に宮崎県において観察された482例．家畜繁殖誌 29：⑯—⑳．
HUSTON, R., G. SAPERSTEIN, D. SCHONEWEIS & H. W. LEIPOLD. 1978. Congenital defects in pigs. Vet. Bull. 48 : 645-675.
・・・・・・・・・・・・・・・・・・・・・・・・・・・・・・・・・・・・・ & H. W. LEIPOLD. 1977. Congenital defects in foals. J. Equine Med. Surg. 1 : 146-161.
石川恒．1977．染色体異常による牛の奇形．家畜繁殖誌 22：lvii
JAMES, C. C. M., L. P. LASSMAN & B. E. TOMLINSON. 1969. Congenital anomalies of the lower spine and spinal cord in Manx cats. J. Pathol. 97 : 269-276.
JOLLY, R. D. & H. W. LEIPOLD. 1973. Inherited disease of cattle. A perspective. N. Z. Vet. J. 21 : 147-155.
KEMLER, A. G. & J. E. MARTIN. 1972. Incidence of congenital cardiac defects in bovine fetuses. Am. J. Vet. Res. 33 : 249-251.
LEIPOLD, H. W., S. M. DENNIS & K. HUSTON. 1972. Congenital defects of cattle : nature, cause, and effect. Adv. Vet. Sci. Comp. Med. 16 : 103-150.
MAYHEW, I. G., A. G. WATSON & J. A. HEISSAN. 1978. Congenital occipitoatlantoaxial malformation in the horse. Equine Vet. J. 10 : 103-113.
MIYAKE, Y., T. INOUE, H. KANAGAWA, H. SATO & T. ISHIKAWA. 1982. Four cases of anomalies of genital organs in horses. Zbl. Vet. Med., A, 29 : 602-608.
望月宏・橋本（善）．1981．家畜における先天異常．先天異常 21. (1)：25-52.
MORGAN, J. P. 1968. Congenital anomalies of the vertebral column of the dog. A study of the incidence and significance based on a radiographic and morphologic study. J. Am. Vet. Rad. Soc. 9 : 21-29.
PATTERSON, D. F. 1977. A catalogue of genetic disorders of the dog, In : Current Veterinary Therapy. VI. Small Animal Practice. 73-88. KIRK, R. (ed.). W. B. Saunders. Philadelphia.
PRIESTER, W. A., G. G. GLASS & N. S. WAGGONER. Congenital defects in domesticated animals. General considerations. Am. J. Vet. Res. 31 : 1871-1879.
ROONEY, J. R. & W. C. FRANKS. 1964. Congenital cardiac anomalies in horses. Pathol. Vet. 1 : 454-464.
SANDUSKY, G. E. & C. W. SMITH. 1981. Congenital cardiac anomalies in calves. Vet. Rec. 108 : 163-165.
SAPERSTEIN, G., H. W. LEIPOLD & S. M. DENNIS. 1975. Congenital defects of sheep. J. A. V. M. A. 167 : 314-322.
SAUNDERS, L. Z. 1952. Congenital optic nerve hypoplasia in collie dogs. Cornell Vet. 42 : 67-80.
SCHARDEIN, J. L. 1980. Congenital abnormalities underlying pregnancy : a clinical review. Teratology 22 : 251-270.
VAN DE LINDE-SIPMAN, J. S. et al. 1973. Congenital heart anomalies in the cat. A description of 16 cases. Zbl. Vet. Med., A, 20 : 419-425.
WHITTEM, J. H. 1957. Congenital Abnormalities in calves : arthrogryposis and hydranencephaly. J. Pathol. Bacteriol. 73 : 375-387.

8) 組織発生，器官発生

a. 消化器，呼吸器，内分泌器

BOYDEN, E. A. & D. H. THOMPSETT. 1961. The Postnatal growth of the lung in the dog. Acta anat. 47 : 185-215.

BRYDEN, M. M., H. E. EVANS & W. BINNS. 1973. Embryology of the sheep. III. The respiratory system, mesenteries, and colon in the fourteen to thirty-four day embryo. Anat. Rec. 175 : 725-736.

江口（保）．1972．胎仔および新生仔における甲状腺の実験内分泌学．日畜会報 43 : 53-61.

HASHIMOTO, Y. 1953. Histologic ftudies of the lung of the cattle foetus. Bull. Naniwa Univ., B, 3 : 23-28.

KANO, Y., K. FUKAYA, M. ASARI & Y. EGUCHI. 1981. Studies on the development of the fetal and neonatal bovine stomach. Anat. Histol. Embryol. 10 : 267-274.

LAMBERT, P. S. 1948. The development of the stomach in the ruminant. Vet. J. 104 : 302-310.

SPOONER, B. S. & N. K. WESSELS, 1970. Mammalian lung development : interactions in primordium formation and bronchial morphogenesis. J. Exp. Zool. 175 : 445-454.

WARNER, E. D. 1958. The organogenesis and early histogenesis of the bovine stomach. Am. J. Anat. 102 : 33-59.

WHALEN, R. C. & H. E. EVANS. 1978. Prenatal dental development in the dog, *Canis familiaris* : chronology of tooth germ formation and calcification of deciduous teeth. Anat. Histol. Embryol. 7 : 152-163.

b. 支持組織，循環器

BARONE, R. & M. BIDAUD. 1967. Le developpement du systeme arterial du bassin et du membre pelvien chez le Cheval. Bull. Soc. Sci. Vet. Med. Comp. 69 : 165-175.

BATES, A. M. 1948. The early development of the hypoglossal musculature in the cat. Am. J. Anat. 83 : 329-356.

BUTLER, E. G. 1927. The relative role played by the embryonic veins in the development of the mammalian vena cava posterior. Am. J. Anat. 39 : 267-353.

CIRGIS, A. 1930. The development of the heart in the rabbit. Proc. Zool. Soc. Lond. 49 : 755-782.

COULTER, C. B. 1909. The early development of the aortic arches of the cat, with special reference to the presence of a fifth arch. Anat. Rec. 3 : 578-592.

EDE, D. A. 1976. Cell interactions in vertebrate limb development, In : The Cell Surface in Animal Embryogenesis and Development. POSTE, G. & G. NICHOLSON (eds.). 495-543. Elsevier/North Holland. Amsterdam.

ERICKSON, B. H. & R. L. MURPHREE. 1964. Limb development in prenatally irradiated cattle, sheep and swine. J. Anim. Sci. 23 : 1066-1071.

FIELD, E. J. 1946. The early development of the sheep heart. J. Anat. 80 : 75-88.

HALL, B. K. 1977. Chondrogenesis of the somite mesoderm. Adv. Anat. Embryol. Cell Biol. 53 : 1-50.

HAMMOND, W. S. 1937. The developmental transformation of the aortic arches in the calf (*Bos taurus*), with special reference to the formation of the arch of the aorta. Am. J. Anat. 62 : 149-177.

HANSON, F. B. 1919. The development of the sternum in *Sus sorofa*. Anat. Rec. 17 : 1-21.

HEUSER, C. H. 1923. The branchial vessels and their derivatives in the pig. Contrib. Embryol. Carnegie Instit. Washington 15 : 121-139.

HODGES, P. C. 1953. Ossification of the fetal pig. A radiographic study. Anat. Rec. 116 : 315-325.

HUBBERT, W. T. & E. J. HOLLEN. 1971. Cellular blood elements in the developing bovine fetus. Am. J. Vet Res. 32 : 1213-1219.

HUNTER, R. M. 1935. The development of the anterior postotic somites in the rabbit. J. Morphol. 57 : 501-531.

HUNTINGTON, G. S. & C. F. W. MCCLURE. 1920. The development of the veins in the domestic cat. Anat. Rec. 20 : 1-30.

市川（康）．1979．血液細胞の分化．科学 49 : 28-35.

菊地（建）・星野（忠）・市川収．1968．筋の発生，分化に関する研究．1．錯綜筋（M. complexus）による赤色筋と白色筋への分化についての検討．日畜会報 39 : 306-312.

楠原（征）．1978．骨の形成と吸収に関する研究．日畜会報 49 : 843-852.

LEHMAN, H. 1905. On the embryonic history of the aortic arches in mammals. Anat. Anz. 26 : 406-424.

LEWIS, F. T. 1905. The development of the lymphatic system in rabbits. Am. J. Anat. 5 : 95-111.

LINDSAY, F. E. F. 1969. Observations on the loci of ossification in the prenatal and postnatal bovine skeleton. II. The sternum. Brit. Vet. J. 125 : 422-428.

MANASEK, F. J. 1976. Heart development : interactions involved in cardiac morphogenesis, In : The Cell Surface in Animal Embryogenesis and

Development. POSTE, G. & G. NICHOLSON (eds.). Elsevier/North Holland. Amsterdam.

MARTIN, E. W. 1960. The development of the vascular system in 5-21 somite dog embryos. Anat. Rec. 137 : 378.

真崎 (知). 1981. 筋細胞の分化. 科学 51 : 234-239.

MEAD, C. S. 1909. The chondrocranium of an embryo pig, *Sus scrofa*. Am. J. Anat. 9 : 167-215.

MORRILL, C. V. 1916. On the development of the atrial septum and the valvular apparatus in the right atrium of the pig embryo, with a note on the fenestration of the anterior cardinal veins. Am. J. Anat. 20 : 351-373.

NODEN, D. M. 1982. Patterns and organization of craniofacial skeletogenic and myogenic mesenchyme ; a perspective, In : Factors and Mechanisms Influencing Bone Growth. DIXON, A. D. & B. SARNAT (eds.). 167-203. A. R. Liss. New York.

OLIVEIRA, M. C., P. PINTO E. SILVA, A. M. ORSI, S. MELLO DIAS & R. M. DEFINE. 1980. Observaciones anatómicas sobre el cierre del foramen oval in el perro (*Canis familiaris*). Anat. Histol. Embryol. 9 : 321-324.

OTTAWAY, C. W. 1944. The anatomical closure of the foramen ovale in the equine and bovine heart : a comparative study with observations on the foetal and adult states. Brit. Vet. J. 100 : 111-118 ; 130-134.

SABIN, F. R. 1911. A critical study of the evidence presented in several recent articles on the development of the lymphatic system. Anat. Rec. 5 : 417-446.

.... 1915. On the fate of the posterior cardinal veins and their relation to the development of the vena cava and azygos in pig embryos. Contrib. Embryol. Carnegie Instit. Washington 3 : 5-32.

.... 1917. Origin and development of the primitive vessls of the chick and pig. Contrib. Embryol. Carnegie Instit. Washington 6 : 61-124.

SCHULTE, H. VON W. 1916. The fusion of the cardiac anlagen and the formation of the cardiac loop in the cat (*Felis domestica*). Am. J. Anat. 20 : 45-72.

STICKLAND, N. C. 1978. A quantitative study of muscle development in the bovine foetus (*Bos indicus*). Anat. Histol. Embryol. 7 : 193-205.

VITUMS, A. 1969. Development and transformation of the aortic arches in the equine embryos with special attention to the formation of the definitive arch of the aorta and the common brachiocephalic trunk. Z. Anat. Entw.-gesch. 128 : 243-270.

.... 1981. The embryonic development of the equine heart. Anat. Histol. Embryol. 10 : 193-211.

WINQVIST, G. 1954. Morphology of the blood and the hemopoietic organs in cattle under normal and some experimental conditions. Acta anat. Suppl. 21 ad Vol. 22 : 1-157.

山内 (昭)・木曾 (康)・呉良凱. 1986. 豚胎子肝における造血活性の組織学的ならびに組織計測的研究. 食肉に関する助成研究調査成果報告書 4 : 12-19. 伊藤記念財団.

山内 (昭). 佐々木 (文). 1970. 牛子宮の血管分布の研究. V. 胎児子宮における血管系の形態形成. 獣医学誌 32 : 59-67.

c. 尿生殖器

AITKEN, R. N. C. 1959. Observations on the development of the seminal vesicles, prostate and bulbourethral glands in the ram. J. Anat. 93 : 43-51.

BACKHOUSE, K. M. & H. BUTLER. 1960. The gubernaculum testis of the pig. J. Anat. 94 : 107-120.

BAUMENS, V., G. DIJKSTRA & C. J. SWENSING. 1981. Testicular descent in the dog. Anat. Histol. embryol. 10 : 97-110.

BERGIN, W. C., H. T. GIER, G. B. MARION & J. R. COFFMAN. 1970. A developmental concept of equine cryptorchidism. Biol. Reprod. 3 : 82-92.

BERTON, J. P. 1965. Anatomie vasculaire du mesonephros chez certain mammiferes. I. Le mesonephros del'embryon de porc. Compt. Rend. Assoc. Anat 124 : 171-190.

BOK, G. & V. DREWS, 1983. The role of the Wolffian ducts in the formation of the sinus vagina : an organ culture study. J. Embryo. Exp. Morphol. 73 : 275-295.

BREMER, J. L. 1916. The interrelations of the mesonephros, kidney and placenta in different classes of mammals. Am. J. Anat. 19 : 179-210.

BRYDEN, M. M., H. EVANS & W. BINNS. 1980. Development of the urogenital system in the sheep embryo. Ciencias Morfologicas en America 2 : 21-29.

BULMER, D. 1956. The early stages of vaginal development in the sheep. J. Anat. 90 : 123-134.

CANFIELD, P. 1980. Development of the bovine metanephros. Anat. Histol. Embryol. 9 : 97-107.

CHANDRA, H. 1964. The Correlation of growth and function in the developing mesonephros and metanephros in goat embryos. J. Anat. Soc. India 13 : 18-23.

COLE, H. H., G. H. HART, W. R. LYONS & H. R. CATCHPOLE. 1931. The development and hormonal content of fetal horse gonads. Anat. Rec.

56 : 275-293.
Cox, V. S., L. J. Wallace & C. R. Jensen. 1978. An anatomic and genetic study of canine cryptorchidism. Teratology 18 : 233-240.
Gersh, I. 1937. The correlation of structure and function in the developing mesonephros and metanephros. Contrib. Embryol. Carnegie Instit. Washington 26 : 33-58.
Glenister, T. W. 1956. The development of the penile urethra in the pig. J. Anat. 90 : 461-477.
Gruenwald, P. 1942. The development of the sex cords in the gonads of man and mammals. Am. J. Anat. 70 : 359-397.
Günter, G. 1927. Zur Entwicklung der ausseren Genitalien des Kanninchens. I. Über die Entwicklung des Penis beim Kanninchen. Z. Anat. Entw.-gesch. 84 : 275-333.
Hay, D. A. & A. P. Evan. 1979. Maturation of the glomerular visceral epithelium and capillary endothelium in the puppy kidney. Anat. Rec. 193 : 1-22.
Inomata, T., Y. Eguchi, M. Yamamoto, M. Asari, Y. Kano & K. Mochizuki. 1982. Development of the external genitalia in bovine fetuses. Jpn. J. Vet. Sci. 44 : 489-496.
Jung, P. 1937. Die Entwicklung des Schweine-Eierstockes bis zur Geburt. Z. Mikrosk. Anat. Forsch. 41 : 27-74.
Kanagasuntheram, R. & S. Anandaraja. 1960. Development of the terminal urethra and prepuce in the dog. J. Anat. 94 : 121-129.
Kawakami, E., T. Tsutsui, Y. Yamada & M. Yamauchi. 1984. Cryptorchidism in the dog : Occurrence of cryptorchidism and semen quality in the cryptorchid dog. Jpn. J. Vet. Sci. 46 : 303-308.
Latimer, H. B. 1951. The growth of the kidneys and the bladder in the fetal dog. Anat. Rec. 109 : 1-12.
Leeson, T. S. 1959. An electron microscopy study of the mesonephros and metanephros of the rabbit. Am. J. Anat. 105 : 165-195.
────── & J. S. Baxter. 1957. The correlation of structure and function in the mesonephros and metanephros of the rabbit. J. Anat. 91 : 383-390.
Moon, Y. S. & M. H. Hardy. 1973. The early differentiation of the testis and interstitial cells in the fetal pig, and its duplication in organ culture. Am. J. Anat. 138 : 253-268.
Pelliniemi, L. J. 1975. Ultrastructure of the early ovary and testis in the pig embryos. Am. J. Anat. 144 : 89-112.
────── 1975. Ultrastructure of gonadal ridge in male and female pig embryo. Anat. Embryol.

147 : 19-34.
Price, J. M., P. K. Donahoe, Y. Ito & W. H. Hendren III. 1977. Programmed cell death in the Mullerian duct induced by Mullerian inhibiting substance. Am. J. Anat. 149 : 353-376.
Wensing, C. J. S. 1968. Testicular descent in some domestic mammals. I. Anatomical aspects of testicular descent. Proc. Ned. Akad. Wet. 71 : 423-434.
────── 1973. Testicular descent in some domestic mammals. The nature of the gubernacular change during the process of testicular descent in the pig. Proc. Ned. Akad. Wet. 76 : 190-202.
Zamboni, L., J. Bezard & P. Mauleon. 1979. The role of the mesonephros in the development of the sheep fetal ovary. Ann. Biol. Anim. Biochim. Biophys, 19 : 1153-1178.
────── & S. Upadhyay. 1982. The contribution of the mesonephros to the development of the sheep fetal testis. Am. J. Anat. 165 : 339-356.

d. 神経系，感覚器，皮膚

Aguirre, G. D., L. F. Rubin & S. I. Bistner. 1972. Development of the canine eye. Am. J. Vet. Res. 33 : 2399-2413.
Altman, J. W. & W. J. Anderson. 1972. Experimental reorganization of the cerebellar cortex. I. Morphological effects of elimination of all microneurons with prolonged X-irradiation started at birth. J. Comp. Neurol. 146 : 355-406.
Bennett, P, M. & P. H. Harvey. 1985. Brain size, development and metabolism in birds and mammals. J. Zool. 207 : 491-509.
Bistner, S. I., L. F. Rubin & G. D. Aguirre. 1973. Development of the bovine eye. Am. J. Vet. Res. 34 : 7-12.
Dexler, H. 1904. Beiträge zur Kenntnis des feineren Baues des Zentralnervensystems der Ungulaten. Gegenb. Morphol. Jahrb. 32 : 288-389.
江口（吾）．1965．虹彩が水晶体に変る─metaplasia にみられる細胞分化．科学 35 : 126-132.
……・岡田（節）．1973．細胞培養における分化の転換─色素細胞から水晶体へ─科学 43 : 363-366.
江口（保）．1985．周生期の視床下部・下垂体・副腎系の機能形態学的発達．日本獣医学の進展，日本獣医学会創設 100 周年記念出版 3-8．
Engel, H. N. & D. D. Draper. 1982. Comparative prenatal development of the spinal cord in normal and dysraphic dogs : Embryonic stage. Am. J. Vet. Res. 43 : 1729-1734.
藤田（暫）．1973 ニューロンの発生と分化．科学 43 : 530-540．
Greiner, J. V. & T. A. Weidman. 1980. Histogenesis of the cat retina. Exp. Eye Res. 30 :

439-453.

.... 1983. Histogenesis of the rabbit retina. Exp. Eye Res. 34 : 749-765.

HOUSTON, M. L. 1968. The early brain development of the dog. J. Comp. Neurol. 134 : 371-384.

JOHNS, P. R., A. C. RUSOFF & M. W. DUBIN. 1979. Postnatal neurogenesis in the kitten retina. J. Comp. Neurol. 187 : 545-556.

金光晟．1973．神経系の発生 I．一脊髄ニューロンの発生順位．科学 43 : 691-697.

............1978．脳の系統発生とヒトの進化．科学 48 : 235-239.

万年甫・金光晟．1973．神経系の発生 II．一神経結合の選択性一科学 43 : 750-756.

.......................1974．神経系の発生 III．一神経結合の可変性一科学 44 : 46-53.

NODEN, D. M. 1980. The migration and cytodifferentiation of neural crest cells, In : Current Research Trends in Prenatal Craniofacial Development. PRATT, R. M. & R. L. CHRISTIANSEN (eds.). 3-25. Elsevier/North Holland. New York.

PHEMISTER, R. D. 1968. The postnatal development of the canine cerebellar cortex. J. Comp. Neurol. 134 : 243-254.

RAKIC, P. 1977. Prenatal development of the visual system in rhesus monkey. Phil. Trans. Roy. Soc. Lond. 278 : 245-260.

RAWLES, M. E. 1948. Origin of melanophores and their role in the development of color patterns in vertebrates. Physiol. Rev. 28 : 383-408.

SHIEVELY, J. N., G. P. EPLING & R. JENSEN. 1971. Fine structure of the postnatal development of the canine retina. Am. J. Vet. Res. 32 : 205-228.

SMITH, D. E. & I. DOWNS. 1978. Postnatal development of the granule cell in the kitten cerebellum. Am. J. Anat. 151 : 527-538.

WESTON, J. A. 1970. The migration and differentiation of neural crest cells. Adv. Morphogenesis 8 : 41-114.

9) 個体発性

a. 馬

ANTHONY, R. & J. DE GRZYBOWSKI. 1930. Le neopallium des *Equidés*. Étude de développement de ses plissment. J. Anat. 64 : 147-169.

BARONE, R. & Y. BERTIN. 1966. Recherches sur l' évolution staturale et le développement viscéral chez le foetus des *Equidés*. Rev. Méd. Vét. 117 : 1059-1086.

BARONE, R. & M.. BIDAUD. 1967. Le développement du système artérial du bassin et du membre pelvien chez le Cheval. Bull. Soc. Sci. Vét. Méd. Comp. 69 : 165-175.

BARONE, R. & C. BOUTELIER. 1956-1957. La morphogenèse de l'encéphale chez le Cheval. Bull. Soc. Sci. vet. 59 : 367.

.... 1958. Observations sur les vésicules encéphaliques de l'embryon de Cheval. Compt. Rend Assoc. Anat. 44 : 145-156.

BARONE, R. & J. P. LAPLACE, 1965. Un embryon de jument de 12.5 mm. Rev. Méd. Vét. 116 : 761-786.

BETTERIDGE, K. J., M. D. EAGLESOME, D. MITCHELL, P. F. FLOOD & R. BARIAULT. 1982. Development of horse embryos up to twenty-two days after ovulation : Observations on fresh specimens. J. Anat. 135 : 191-209.

BUTTERFIELD, R. M. & R. G. MATHEWS. 1979. Ovulation and the movement of the conceptus in the first 35 days of pregnancy in theroughbred mares. J. Reprod. Fertil. Suppl. 27 : 447-452.

CARLSON, O. 1927. Beitrag zur Kenntnis der emryonalen Entwicklung des Extremitätenskeletts beim Pferd und Rind. Gegenb. Morphol. Jahrb. 58 : 153-196.

.... 1927. Beitrag zur Kenntnis der embryonalen Entwicklung des Extermitätenskeletts beim pferd und Rind. II. Die spätere Entwicklung der Phalangen und die Verknöchrung des Skeletts. Gegenb. Morphol. Jahrb. 58 : 367-412.

.... 1928. Beitrag zur Kenntnis der Embryonalen Entwicklung des Beckenskelettes beim Pferd und Rind. Gegenb. Morphol. Jahrb. 60 : 323-358.

COLE, H. H. & G. H. HART. 1933. The development and hormonal content of fetal horse gonads. Anat. Rec. 56 : 275-293.

DEXLER, H. 1904. Beiträge zur Kenntnis des feineren Baues des Zentralnervensystems der Ungulaten. Gegenb. Morphol. Jahrb. 32 : 288-389.

DOUGLAS, R. H. & O. J. GINTHER. 1975. Development of the equine fetus and placenta. J. Reprod. Fertil. Suppl. 23 : 503-505.

ERNST, R. 1954. Die Bedeutung der Wadepidermis (*Hupnychium*) des Pferdehufes für die Hornbildung. Acta anat. 22 : 15-48.

EWART, J. C. 1893. The development of the skeleton of the limbs of the horse with observations on polydactyly. J. Anat. 28 : 236-256 ; 342-369.

.... 1898. A critical period in the development of the horse. Adam and Charles Black. London.

.... 1915. Studies on the development of the horse. I. Development during the third week.

Trans. Roy. Soc. Edinb. 51 : 287-329.
GONZÁLEZ-ANGULO, A., P. HERNÁNDEZ-JÁUREGUI & H. MÁRQUEZ-MONTER. 1971. Fine structure of gonads of the fetus of the horse (*Equus caballus*). Am. J. Vet. Res. 32 : 1665-1676.
HAMILTON, W. J. & F. T. DAY. 1945. Cleavage stages of the ova of the horse with notes on ovulation. J. Anat. 79 : 127-130.
HARRISON, B. M. & L. A. MOHN. 1932. Some stages in the development of the pharynx of the embryo horse. Am. J. Anat. 50 : 233-250.
HARRISON, B. M. & E. H. SHRYOCK. 1940. Cytogenesis in the pars distalis of the horse. Anat. Rec. 78 : 449-471.
橋本(善)・江口(保). 1955. 牛馬胎児生殖腺の組織学的所見. II. 馬胎児. 日畜会報 26 : 267-272.
JULIAN, L. M. 1952. Studies on the subgros anatomy of the bovine liver, III. Comparative arrangement of the blood vessels of the livers of the bovine and equine fetuses. Am. J. Vet. Res. 13 : 201-203.
KAYANJA, F. I. B., S. GOMBE & G. RUMNEY. 1974. Gonadal ultrastructure and steroids in foetal zebra. Anat. Histol. Embryol. 3 : 187-190.
KOHN, A. 1926. Über den Bau des embryonalen Pferdeierstockes. Z. Anat. Entw. -gesch. 79 : 366-390.
KRÖLLING O. 1937. Ueber eine Keimblase im Stadium der Gastrula beim Pferd. Z. Mikrosk. -anat. Forsch. 42 : 124-147.
.... 1940. Die Gastrulation beim Pferde. Anat. Anz. 90 : 1-48.
MACARTHUR, E., R. V. SHORT & A. J. O'DONNELL. 1967. Formation of steroids by the equine foetal testis. J. Endocrin. 38 : 331-336.
MÁRQUEZ-MONTER, H., P. HERNÁNDEZ-JÁUREGUI, E. RUIZ-FRAGOSO & A. GONZÁLEZ-ANGULO. 1972. Gonadogenesis in the horse (*Equus caballus*). Pathologia 10 : 159-167.
MARRABLE, A. W. & P. F. FLOOD. 1975. Embryological studies on the Dartmoor pony during the first third of gestation. J. Reprod. Fertil. Suppl. 23 : 499-502.
MOSER, F. 1933. Über die Zahnentwicklung beim Pferd. Gegenb. Morphol. Jahrb. 73 : 238-256.
MUGGIA, G. 1931. Der Knorpelschädel eines Pferdeembryos. Z. Anat. Entw. -gesch. 95 : 297-325.
PETTEN, J. L. 1932. Beitrag zur Kenntnis der Entwiclung des Pferdeovariums. Z Anat. Entwigesch. 99 : 338-383.
ROBINSON, A. & A. GIBSON. 1917. Description of a reconstruction model of a horse embryo twenty one days old. Trans. Roy. Soc. Edinb. 51 : 331-346.

UEHARA, N., H. SAWAZAKI & K. MOCHIZUKI. 1985. Changes in the skeletal muscles volume in horses with growth. Jpn. J. Vet. Sci. 47 : 161-163.
ULRICH. E. 1926. Zur embryonalen Entwicklung des Pferdearmes. Gegenb. Morphol. Jahrb. 56 : 189-222.
VAN NIEKERK, C. H. 1965. The early diagonosis of pregnancy, the development of the foetal membranes and nidation in the mare. J. South African Vet. Med. Assoc. 36 : 483-488.
.... & W. R. ALLEN. 1975. Early embryonic development in the horse. J. Reprod. Sertil. 23 : 495-498.
VERMEULEN, H. A. 1909. Die Tuba auditiva beim Pferde und iher physiologische Bedeutung. Gegenb. Morphol. Jahrb. 40 : 411-479.
VITUMS, A. 1969. Development and transformation of the aortic arches in the equine embryos with special attention to the formation of the definitive arch of the aorta and the common brachiocephalic trunk. Z. Anat. Entw. -gesch. 128 : 243-270.
.... 1977. Development of the equine hypophysis cerebri, with a reference to its blood supply. Anat. Histol. Embryol. 6 : 119-134.
.... 1981. The embryonic development of the equine heart. Anat. Histol. Embryol. 10 : 193-211.
YAMAUCHI, S. 1979. Histological development of the equine fetal adrenal gland. J. Reprod. Steril. Suppl. 27 : 487-491.
............, M. MATZUDA & J. ITO. 1983. Growth of bovine and equine fetus. Consideration from the viewpoint of the development of bones. Proc. V World Conf. Anim. Prod. 2 : 207-208.

b. 牛

ASARI, M., K. FUKAYA, M. YAMAMOTO, Y. EGUCHI & Y. KANO. 1981. Developmental changes in the inner surface structure of the bovine adomasum. Jpn. J. Vet. Sci. 43 : 211-219.
ASARI, M., H. OSHIGE, S. WAKURI, K. FUKAYA & Y. KANO. 1985. Histological development of bovine abomasum. Anat. Anz. 159 : 1-11.
AYALON, N. 1978. A review. of embryonic mortality in cattle. J. Reprod. Fertil. 54 : 483-493.
BERGMANN, R. 1922. Beiträge zur Altersbestimmung von Kalbföten der schwarzbunten Niederungsrasse. Arch. Tierheilk. 47 : 292-315.
BISTNER, S. I., L. RUBIN & G. AGUIRRE. 1973. Development of the bovine eye. Am. J. Vet. Res. 34 : 7-12.
BLIN, C. P. & C. FOURNIER. 1963. Diagnose de l'âge

intrameternal et periodisation du dèveiopp-ment dans léspèce bovine. Econ. Méd. Anim. 4 : 12-32.

BRACKETT, B. G., Y. K. OH, J. F. EVANS & W. J. DONAWICK. 1980. Fertilization and early development of cow ova. Biol. Reprod. 23 : 189-205.

BRANDT, K. 1928. Die Entwicklung des Hornes beim Rinde bis zum Beginn der Pneumatisation des Hornzapfens. Gegenb. Morphol. Jahrb. 60 : 428-468.

BROMAN, I. 1947. Über die Entstehung und sekundäre Verschiebung der äusseren Geschlechtsteile bei Wiederkäuern. Acta anat. 3 : 15-54.

CANFIELD, P. 1980. Development of the boivne metanephros. Anat. Histol. Embryol. 9 : 97-107.

CHANG, M. C. 1952. Development of bovine blastocyst with a note on implantation. Anat. Rec. 113 : 143-161.

CRIMSON, R. O., L. E. McDONALD & C. E. WALLACE. 1980. Oviduct (uterine tube) transport of ova in the cow. Am. J. Vet. Res. 41 : 645-647.

DOUGHRI, A. M., K. P. ALTERA & R. A. KAINER. 1972. Some developmental aspects of the bovine fetal gut. Zbl. Vet. Med. A, 19 : 417-434.

江口（保）・橋本（善）．1957．牛胎児副腎皮質の組織学的研究並びに Lipid 出現の時期について．日畜会報 27 : 307-312.

.... 1959．牛胎児甲状腺の組織学的所見．日畜会報 30 : 103-108.

EL-GHANNAM, F. & M. A. EL-NAGGAR. 1974. The prenatal development of the buffalo ovary. J. Reprod. Fertil. 41 : 479-483.

ERICKSON, B. H. 1966. Development and radioresponse of the prenatal bovine ovary. J. Reprod. Fertil. 10 : 97-105.

············ & R. L. MURPHREE. 1964. Limb development in prepatally irradiated cattle, sheep and swine. J. Anim. Sci. 23 : 1066-1071.

FEDRIGO, G. & L. OTTAVIANI. 1967. Prime osservazioni istologiche ed istochimiche su alcune ghiandole endocine di feti bovini e delle rispettive madri. Nuova Vet. 43 : 605-619.

FUKUYA, K., T. INOMATA, M. ASARI, Y. EGUCHI & Y. KANO. 1979. Anatomical notes on the course of the esophagus in thoracic cavity in bovine fetuses and neonates based on observation of resin-casts of thoracic hollow organs. Jpn. J. Vet. Sci. 41 : 369-376.

FUKAYA, K., I. KANEKO, M. ASARI, Y. EGUCHI & Y. KANO. 1979. Anatomical notes on the attachment of the diaphragm to the abdominal viscera particularly to the stomach in bovine fetuses and neonates. Jpn. J. Zootech. Sci. 50 : 811-820.

福原（利）．1976．和牛の発育について．日畜会報 47 : 561-569.

GJESDAL, F. 1969. Age determination of bovine foetuses. Acta vet. Scand. 10 : 197-218.

GREEN, W. W. 1946. Comparative growth of the sheep and bovine animal during prenatal life. Am. J. Vet. Res. 7 : 395-402.

GREENSTEIN, J. S. & R. C. FOLEY. 1958. Early embryology of the bovine. I. Gastrula and primitive streak stages. J. Dairy Sci. 41 : 409-421.

.... 1958. The early embryology of the cow with notes on comparable human development. Internat. J. Fertil. 3 : 67-79.

············, R. W. MURRAY & R. C. FOLEY. 1958. Observations on the morphogenesis and histochemistry of the bovine preattachment placenta between 16 and 33 days of gestation. Anat. Rec. 132 : 321-341.

GRIMES, M. R., J. S. GREENSTEIN & R. C. FOLEY. 1958. Observations on the early development of the heart in bovine embryos with six to twenty paired somites. Am. J. Vet. Res. 19 : 591-599.

HAFEZ, E. S. E. & E. RAJAKOSKY. 1964. Placental and fetal development during multiple bovine pregnancy. Anatomical and physiological studies. Anat. Rec. 150 : 303-316.

HAGER, G. 1965. Zur Histo-und Morphogenese der Nebennieren des Rinderfetus. Zbl. Vet. Med., A, 12 : 57-114.

············ & W. HEINKE. 1966. Funktionsentwicklung der Nebenniere beim Rind. I. Histochemische Untersuchugen zum Auftreten der Markhormone. Acta Histochem. 25 : 141-150.

.... 1967. Zum Verhalten einiger Enyzme in der fetalen Nebenniere des Rindes. Zbl. Vet. Med., A. 14 : 198-207.

HAMILTON, W. J. & J. A. LAING. 1946. Development of the egg of the cow up to the stage of blastocyst formation. J. Anat. 80 : 194-209.

HAMMOND, J. 1927. The Physiology of Reproduction in the Cow. Cambridge Univ. Press. Cambridge.

HAMMOND, W. S. 1937. The developmental transformation of the aortic arches in the calf (*Bos taurus*), with special reference to the formation of the arch of the aorta. Am. J. Anat. 62 : 149-177.

HARTMAN, C. G., W. H. LEWIS, F. W. MILLER & W. W. SWETT. 1931. First findings of tubal ova in the cow, together with notes on oestrus. Anat. Rec. 48 : 267-275.

橋本（善）・江口（保）．1955．牛馬胎児生殖腺の組織

学的所見. I. 牛胎児. 日畜会報 26 : 259-265.
.... 1957. 牛胎児の胎児内造血組織について. I. 肝造血, II. 脾造血, III. 大腿骨骨髄の造血開始時期について, IV. リンパ系器官及びその他一般組織の造血について. 日獣誌 19 : 41-46 ; 47-51 ; 71-76 ; 115-120.
HOLLMANN, P. 1963. Über Herkunft und Bedeutung der gliösen Elemente in der Epiphysis cerebri. Untersuchungen an Haussäugetieren. Zbl. Vet. Med., A. 10 : 203-226.
HUBBERT, W. T. & E. J. HOLLEN. 1971. Cellular blood elements in the developing bovine fetus. Am. J. Vet. Res. 32 : 1213-1219.
HUBBERT, W. T., D. E. HUGHES, OLE H. V. STALHEIM & G. D. BOOTH. 1974. Weight changes of rhombencephalon and eye lens in the developing bovine fetus. Am. J. Vet. Res. 35 : 769-772.
............, O. H. V. STALHEIM & G. D. BOOTH. 1972. Changes in organ weithts and fluid volumes during growth of the bovine fetus. Growth 36 : 217-233.
INOMATA, T., Y. EGUCHI, M. YAMAMOTO, M. ASARI, Y. KANO & K. MOCHIZUKI. 1982. Development of the external genitalia in bovine fetuses. Jpn. J. Vet. Sci. 44 : 489-496.
KANO. Y., K. FUKUYA, M. ASARI & Y. EGUCHI. 1981. Studies on the development of the fetal and neonatal bovine stomach. Anat. Histol. Embryol. 10 : 267-274.
KAUFMANN, J. 1959. Untersuchungen über die Frühentwicklung des Kleinhirns beim Rind. Schweiz. Arch. Tierheilk. 101 : 49-75.
KINGSBURY, B. F. 1935. Ultimobranchial body and thyroid gland in the fetal calf. Am. J. Anat. 56 : 445-479.
.... 1936. On the mammalian thymus, particularly thymus IV : The development in the calf. Am. J. Anat. 60 : 149-183.
.... & W. M. ROGERS. 1927. The development of the palatine tonsil : calf (Bos taurus). Am. J. Anat. 39 : 379-435.
KRÖLLING, O. 1924. Die Form-und Ooganentwcklung des Hausrindes (Bos traurus L.) im ersten Embryonalmonat. Z. Anat. Entw. -gesch. 72 : 1-54.
LINARES, T. & W. A. KING. 1980. Morphological study of the bovine blastocyst with phase contrast microscopy. Theriogenology 14 : 123-133.
LINDNER, G. M. & R. W. WRIGHT. 1983. Bovine embryo morphology and evaluation. Theriogenology 20 : 407-416.
LINDSAY, F. E. F. 1969. Observations on the loci of ossification in the prenatal and neonatal bovine skeleton. I. The appendicular skeleton. Brit. Vet. J. 125 : 101-111.
.... 1969. Observations on the loci of ossification in the prenatal and postnatal bovine skeleton. II. The sternum. Brit. Vet. J. 125 : 422-428.
LUCKHAUS, G. 1966. Die Pars cranialis thymi beim fetalen Rind. Zbl. Vet. Med. A, 13 : 414-427.
LYNE, A. G. & M. J. HEIDEMAN. 1959. The prenatal development of skin and hair in cattle (Bos taurus L.). Austr. J. Biol. Sci. 12 : 72-95.
.... 1960. The prenatal development of skin and hair in cattle. II. Bos indicus X Bos taurus. Austr. J. Biol. Sci. 13 : 584-599.
MENEELY, R. B. 1952. Note on the ageing of the bovine embryo. Vet Rec. 64 : 509-511.
MASSIP, A., J. MULNARD, P. VAN DER ZWALMEN, C. HANZEN & F. ECTORS. 1982. The behaviour of cow blastocyst in vitro : cinematographic and morphometric analysis. J. Anat. 134 : 399-405.
MASSIP, A., P. VAN DER ZWALMEN, J. MULNARD & W. ZWIJSEN. 1983. Atypical hatching of a cow blastocyst leading to separation of complete twin half blastocysts. Vet Rec. 112 : 301.
MELTON, A. A., R. O. BERRY, & O. D. BUTLER. 1951. The interval between time of ovulation and attachment of the bovine embryo. J. Anim. Sci. 10 : 993-1005.
MILART, Z. 1964. The morphogenesis of the brain in cattle. I. Morphogenesis of the rhombencephalon. II. Morphogenesis of the midbrain and forebrain. Arch. Exp. Vet. med. 18 : 633-648 : 1139-1150.
MIYAZAWA, K., I. TOMODA & K. USUI. 1985. A histochemical study of alkaline phosphatase of the kidney in bovine fetuses and calves. Jpn. J. Vet. Sci. 47 : 895-900.
MOUSTAFA, L. A. & E. S. E. HAFEZ. 1971. Prenatal development of the bovine reproductive system. J. Reprod. Med. 7 : 99-113.
NICHOLS, C. W., Jr. 1944. The embryology of the calf : Fetal growth weights, relatvie age and certain body measurements. Am. J. Vet. Res. 5 : 135-141.
............, I. L. CHAIKOFF & J. WOLFF, 1949. The relative growth of the thyroid gland in the bovine fetus. Endocrinology 44 : 502-509.
岡野彰・居在家 (義)・島田 (和)・大石 (孝)・宮重 (俊). 1985. 黒毛和種における胎子発育について. 家畜繁殖誌 31 : 147-149.
PERNKOPF, E. 1931. Die Entwicklung des Vorderdarmes, insbesondere des Magens der Wiederkäuer. Z. Anat. Entw. -gesch. 94 : 490-622.
SCHUMMER, A. 1932. Zur Formbildung und Lagever-

änderung des embryonalen Wiederkäuermagens. Z. Anat. Entw.-gesch. 99 : 265-303.
SHEA, B. F. 1981. Evaluating the bovine embryo. Theriogenology 15 : 31-42.
STICKLAND, N. C. 1978. A quantitative study of muscle development in the bovine foetus (*Bos indicus*). Anat. Histol. Embryol. 7 : 193-205.
SWETT, W. W., C. A. MATTHEWS & M. A. FOHRMAN. 1948. Development of the fetus in the dairy cow. U. S. D. A. Tech. Bull. No. 964.
武石（昌）・中村多・津曲（茂）・柴田真・奥田勝・石井（厳）・常包正・与斉篤. 1980. 乳牛の胎生期における乳器の形態的発育に関する研究. 家畜繁殖誌 26 : 134-137.
............・常包正. 1970. 牛胎児の下垂体前葉の内分泌学的並びに組織化学的研究. 日大農獣学術報告 27 : 57-65.
TURNER, C. W. 1930. The anatomy of the mammary gland of cattle. I. Embryonic development Mo. Agric. Exp. Sta. Res. Bull. No. 140.
.... 1931. The anatomy of the mammary gland of cattle. II. Fetal development. Mo. Agric. Exp. Sta. Res. Bull. No. 160.
.... 1952. The anatomy of the mammary glands of swine. In : The Mammary Gland. I. The Anatomy of the Udder of Cattle and Domestic Animals. 279-314. Lucas Brothers. Columbia.
WARNER, E. D. 1958. The organogenesis and early histogenesis of the bovine stomach. Am. J. Anat. 102 : 33-59.
WINQVIST, G. 1954. Morphology of the blood and the hemopoietic organs in cattle under normal and some experimental conditions. Acta anat. Suppl. 21 ad Vol. 22 : 1-157.
WINTERS, L. M., W. W. GREEN & R. F. COMSTOCK. 1942. Prenatal development of the bovine. Univ. Minn. Agric. Exp. Sta. Tech. Bull. No. 151.
山内昭二. 1961. 和牛における性腺の胎生発達に関する研究. 大阪府大紀要 B, 12 : 73-118.
.... 1964. 和牛における子宮角, 特に子宮小丘の形態形成に関する研究. 日畜会報 35, 特別号 : 92-100.
.... 1965. 和牛における子宮頸の形態形成に関する研究. 日畜会報 36 : 479-487.
.... 1980. 解剖. 牛病学. 大森他（編）. 近代出版.
............, M. MATZUDA & J. ITO. 1983. Growth of bovine and equine fetus. Consideration from the viewpoint of the development of bones. Proc. V World Conf. Anim. Prod. 2 : 207-208.
............・佐々木（文）. 1970. 牛子宮管分布の研究, V. 胎児子宮における血管系の形態形成. 日獣誌 32 : 59-67.

c. 羊, 山羊, 鹿

AITKEN, R. N. C. 1959. Observations on the development of the seminal vesicles, prostate and bulbourethral glands in the ram. J. Anat. 93 : 43-51.
AMOROSO, E. C. 1939. Tubal journey and rate of cleavage of the goat's ovum. J. Anat. 73 : 672-674.
............, W. F. B. GRIFFTHS & W. J. HAMILTON. The early development of the goat (*Capra hircus*). J. Anat. 76 : 377-406.
BATTEN, E. H. 1958. The origin of the acoustic ganglion in the sheep. J. Embryol. Exp. Morphol. 6 : 597-613.
.... 1960. The placodal relations of the glossopharyngeal nerve in the sheep : a contribution to the early development of the carotid body. J. Comp. Neurol. 114 : 11-37.
BANZIE, D. 1950. Growth of the skeleton of the foetal sheep. Brit. Vet. J. 106 : 231-234.
BISCHOFF, T. L. W. 1854. Entwicklungsgeschichte des Rehes. J. Ricker. Giessen.
BLIN, P. C. & A. BOSSAVY. 1963. Dynamique topographique du foie, des estomacs et de l'intestin du foetus et preiodisation foetale chez le mouton de Lacaune. Econ. Méd. anim. 4 : 69-93 : 141-160.
BONNET, R. 1889. Beiträge zur Embryologie der Wiederkäuer, gewonnen am Schafe. Arch. Anat. Physiol. Leipzig. 1-106.
BOYD, J. D., W. J. HAMILTON & J. HAMMOND, Jr. 1944. Transuterine (internal) migration of the ovum in sheep and other mammals. J. Anat. 78 : 5-14.
BRYDEN, M. M., H. E. EVANS & W. BINNS. 1972. Embryology of the sheep. I. Extraembryonic membranes and the development of body form. J. Morphol. 138 : 169-185.
............1972. Embryology of the sheep. II. The alimentary tract and associated glands. J. Morphol. 138 : 187-206.
............1973. Embryology of the sheep. III. The respiratory system, mesenteries, and colon in the fourteen to thirty-four day embryo. Anat. Rec. 175 : 725-736.
............1980. Development of the urogenital system in the sheep embryo. Ciencias Morfologicas en America 2 : 21-29.
BULMER, D. 1956. The early stages of vaginal devel-

opment in the sheep. J. Anat. 90 : 123-134.
CHANDRA, H. 1964. The correlation of growth and function in the developing mesonephros and metanephros in goat embryos. J. Anat. Soc. India 13 : 18-23.
CHANG, T. K. 1949. Calcification in the fetus of normal and Ancon sheep. Anat. Rec. 105 : 723-735.
CHANG, M. C. & E. A. ROWSON. 1965. Fertilization and early development of Dorset horn sheep in spring and summer. Anat. Rec. 152 : 303-316.
CLARK, R. T. 1934. Studies on the physiology of reproduction in the sheep. II. The cleavage stages of the ovum. Anat. Rec. 60 : 135-159.
CLOETE, J. H. L. 1939. Prenatal growth in the Merino sheep. Onderst. J. Vet. Sci. Anim. Ind. 13 : 417-546.
DANILOVA, L. V. 1963. Somite differentiation in the Karakul sheep embryo. Fed. Proc. 22 : T 677-689.
DUN, R. B. 1955. Agenig the merino foetus. Austr. Vet. J. 31 : 153-154.
EATON, O. N. 1952. Weight and length measurments of fetuses of Karakul sheep and goats. Growth 16 : 175-187.
FIELD, E. J. 1946. The early development of the sheep heart. J. Anat. 80 : 75-88.
GALPIN, N. 1935. The prenatal development of the coat of the New Zealand Romney lamb. J. Agric. Sci. 25 : 344-360.
GERNEKE, W. H. 1963. The embryological development of the pharyngeal region of the sheep. Onderst. J. Vet. Res. 7 : 395-402.
GREEN, W. W. 1946. Comparative growth of the sheep and bovine animal during prenatal life. Am. J. Vet. Res. 7 : 395-402.
.... & L. M. WINTERS, 1945. Prenatal development of the sheep. Univ. Minn. Agric. Exp. Sta. Tech. Bull. No. 169.
HARDY, M. H. & A. G. LYNE. 1956. The prenatal development of wool follicles in Merino sheep. Austr. J. Biol. Sci. 9 : 423-441.
HARRIS, H. 1937. The foetal growth of sheep. J. Anat. 71 : 516-527.
HATT, S. D. 1967. The development of the deciduous incisor in the sheep. Res. Vet. Sci. 8 : 143-150.
JOUBERT, D. M. 1956. A Study of prenatal growth and development in the sheep. J. Agric. Sci. 47 : 382-428.
LASCELLES, A. K. 1959. The time of appearnace of ossification centers in the Peppin-type Merino. Austr. J. Zool. 7 : 79-86.
LUBBERHUIZEN, H. W. 1931. Entwicklung der Hypophyse beim Schaf. Z. Anat. Entw. -gesch, 96 : 1-53.
LYNGEST, O. 1971. Studies on reproduction in the goat. VII. Pregnancy and the development of the foetus and the foetal accessories of the goat. Acta Vet. Scand. 12 : 185-201.
MALON, A. P. & H. H. CURSON. 1936. Studies in sex physiology. No. 15. Further observations on the body weight and crown-rump length of Merino fetuses. Onderst. J. Vet. Sci. Anim. Ind. 7 : 239-249.
MAULÉON, P. 1973. Modification expérimentale de l'apparition et de l'évolution de la prophase méiotique dans l'pvaire d'embryon de brebis. Ann. Biol. anim. Bioch. Biophys. 13 : 89-102.
NAAKTGEBOREN, C. & H. J. STEGMAN. 1969. Untersuchungen über den Einfluss des Uterus und der Placenta auf das fetale Wachstum und das Geburtsgewicht, mit besonderer Berücksichtigung des Schafes. Z. Tierzucht. Zuchtungsbiol. 85 : 245-290.
ROMANES, G. J. 1947. The prenatal medullation of the sheep's nervous system. J. Anat. 81 : 64-81.
ROWSON, L. E. A. & R. M. MOOR. 1966. Development of the sheep conceptus during the first fourteen days. J. Anat. 100 : 777-785.
RUTTLE, J. L. & A. M. SORENSEN, Jr. 1965. Prenatal development of the wool follicle in Rambouillet sheep. J. Anim. Sci. 24 : 69-75.
SAKURAI, T. & F. KEIBEL. 1906. Normentafel zur Entwicklungsgeshichte des Rehes (*Cervus capreolus*). Gustav Fischer. Jena.
SCHWARZTRAUBER, J. 1903. Kloake und Phallus des Schafes und Schweines. Gegenb. Morphol. Jahrb. 32 : 23-57.
STEPHENSON, S. K. 1959. Wool follicle development in the New Zealnad Romney and N-type sheep. IV. Prenatal growth and changes in body proportions. Austr. J. Agric. Res. 10 : 433-452.
.... & L. J. LAMBOURNE. 1960. Prenatal growth in Romney and Southdown cross and Australian Merino sheep. I. Introduction and external growth patterns in the two breeds. Austr. J. Agric. Res. 11 : 1044-1062.
SUGIMURA, M., Y. SUZUKI, S. KAMIYA & T. FUJITA. 1981. Reproduction and prenatal growth in the wild Japanese serow, *Capricornis crispus*. Jpn. J. Vet. Sci. 43 : 553-555.
THURLEY, D. C. 1972. Prenatal growth of the adrenal gland in sheep. N. Z. Vet. J. 20 : 177-179.
TRAHAIR, J. & P. ROBINSON. 1986. The development of the ovine small intestine. Anat. Rec. 214 : 294-303.

TSUKAGUCHI, R. 1912. Zur Entwicklungsgeschichte der Ziege (*Capra hircus*). Anat. Hefte 46 : 415-492.

WINTERBERGER-TORRES, S. & J. E. FLECHON. 1974. Ultrastructural evolution of the trophoblast cells of the preimplantation sheep blastocyst from day 8 to day 18. Am. J. Anat. 118 : 143-153.

WINTERS, L. M. & G. FEUFFEL. 1936. Studies on the physiology of reproduction in sheep. IV. Foetal development. Univ. Minn. Tech. Bull. No. 118.

d. 豚

ANDERSON, L. L. 1978. Growth, protein content and distribution of early pig embryos. Anat. Rec. 190 : 143-154.

BAKER, L. N., A. B. CHAPMAN, R. H. GRUMMER & L. E. CASIDA. 1958. Some factors affecting litter size and fetal weight in purebred and reciprocal cross matings of Chester White and Poland China swine. J. Anim. Sci. 17 : 612-621.

BERTON, J. P. 1965. Anatomie vasculaire du mésonéphros chez certain mammifères. I. Le mésonéphros del'embryon de porc. Compt. Rend Assoc. Anat. 124 : 171-190.

BLACK, J. L. & B. H. ERICKSON. 1965. Oogenesis and ovarian development in the prenatal pig. Anat. Rec. 161 : 45-56.

BROMAN, I. 1946. Über die Entstehung und sekundäre Verschiebung der äusseren Geschlechtsteile beim Schwein. Acta anat. 1 : 418-440.

DONE, J. T. & C. N. HEBERT. 1968. The growth of the cerebellum in the foetal pig. Res. Vet. Sci. 9 : 143-148.

DVORAK, M. 1972. Adrenocortical function in foetal, neonatal and young pigs. J. Endocr. 54 : 473-481.

Dürbeck, W. 1907. Die äusseren Genitalien des Schweines. Gegenb. Morphol. Jahrb. 36 : 517-543.

GEISERT, R. D., J. W. BROOKBANK, R. M. ROBERTS & F. W. BAZER. 1982. Establishment of pregnancy in the pig. II. Cellular remodeling of the porcine blastocyst during elongation on day 12 of pregnancy. Biol. Reprod. 27 : 941-956.

............, R. H. RENEGAR, W. W. THATCHER, R. M. ROBERTS & F. W. BAZER. 1982. Establishment of pregnancy in the pig. I. Interrelationships between preimplantation development of the pig blastocyst and uterine endometrial secretions. Biol. Reprod. 27 : 925-940.

GJESDAL, F. 1972. Age determination of swine foetuses. Acta vet. Scand. 40 : 1-29.

GLENISTER, T. W. 1956. The development of the penile urethra in the pig. J. Anat. 90 : 461-477.

GREEN, W. W. & L. M. WINTERS. 1946. Cleavage and attachment stages of the pig. J. Morphol. 78 : 305-316.

HAFEZ, E. S. E. 1958. Reproduction, placentation and prenatal development in swine as affected by nutritional environment. J. Anim. Sci. 17 : 1212.

HANSON, F. B. 1919. The development of the sternum in *Sus scrofa*. Anat. Rec. 17 : 1-21.

HAUSMAN, G. J. & R. G. KAUFMAN. 1986. The histology of developing porcine adipose tissue. J. Anim. Sci. 63 : 642-658.

林（良）・西田（隆）・望月（公）．1977．日本産イノシシの歯牙による年齢と性の判定．日獣誌 39 : 165-174．

HENNEBERG, B. 1922. Anatomie und Entwicklung der äusseren Genitalorgane des Schweines und vergleichend-anatomische Bemerkungen. I. Weibliches Schwein. Z. Anat. Entw. -gesch. 63 : 431-493.

.... 1924. Anatomie und Entwicklung der äusseren Genitalorgane des Schweines und vergleichend-anatomische Bemerkungen. II. Männliches Schwein. Z Anat. Entw. -gesch. 75 : 265-318.

HEUSER, C. H. 1923. The branchial vessels and their derivatives in the pig. Contrib. Embryol. Carnegie Instit. Washington 15 : 121-139.

.... 1927. A study of the implantation of the ovum of the pig from the stage of the bilaminar blastocyst to the completion of the fetal membranes. Contrib. Embryol. Carnegie Instit. Washington 19 : 229-243.

.... & G. L. STREETER. 1929. Early stages in the development of pig embryos, from the period of initial cleavage to the time of the appearance of limb buds. Contrib. Embryol. Carnegie Instit. Washington 20 : 1-30.

HODGES, P. C. 1953. Ossification of the fetal pig. A radiographic study. Anat. Rec. 116 : 315-325.

HUGHES, P. E. & M. A. VARLEY. 1980. Fertilization and conception ; pregnancy, In : Reproduction in the Pig. Chapts. 6 and 7. Butterworths. London.

JUNG, P. 1937. Die Entwicklung des Schwein-Eierstockes bis zur Geburt. Z. Mikrosk. Anat. Forsch. 41 : 27-74.

KATZNELSON, Z. S. 1965. Zur Frühentwicklung der Nebenniere des Schweines. Z. Mikrosk. Anat. Forsch. 73 : 187-199.

.... 1966. Späthistogenese der Nebenniere des Schweines. Z. Mikrosk. Anat. Forsch. 74 : 193-208.

KEIBEL, F. 1897. Normentafeln zur Entwicklungsgeschichte des Schweines (*Sus scrofa domesticus*). Gustav Fischer. Jena.

KEMPERMANN, C. T. 1934. Beiträge zur Entwicklung des Genitaltraktus der Säuger. II. Die Entwicklung der Vagina des Hausschweines bis drei Tage nach dem Wurf. Gegenb. Morphol. Jahrb. 74 : 221-261.

LARSEL, O. 1954. The development of the cerebellum of the pig. Anat. Rec. 118 : 73-107.

LENKEIT, W. 1927. Über das Wachstum des Brustkorbes und der Brustorgane (Herz, Lunge, Thymus) während der Entwicklung beim Schweine. Z. Anat. Entw. -gesch. 82 : 605-642.

LOHSE, J. K. & N. L. FIRST. 1981. Development of the porcine fetal adrenal in late gestation. Biol. Reprod. 25 : 181-190.

LOWREY, L. G. 1911. Prenatal growth of the pig. Am. J. Anat. 12 : 107-138.

MARRABLE, A. W. 1971. The Embryonic Pig. A Chronological Account. A. Wheaton & Co. Exeter.

━━━━ & R. R. ASHDOWN. 1967. Quantitative observations on pig embryos of Known ages. J. Agric. Sci. 69 : 443-447.

MATSUHASHI, H., T. NISHIDA & K. MOCHIZUKI. 1975. Juxtaglomerular cell granules in the developmental mesonephros and metanephros of swine embryos. Jpn. J. Vet. Sci. 37 : 261-269.

MEAD, C. S. 1909. The chondrocranium of an embryo pig. *Sus scrofa*. Am. J. Anat. 9 : 167-215.

MEYER, W. & S. GORGEN. 1986. Some observations on dermis development in fetal porcine skin. Anat. Anz. 161 : 297-308.

MOON, Y. S. & J. I. RAESIDE. 1972. Histochemical studies on hydroxysteroid dehydrogenase activity of fetal pig testes. Biol. Reprod. 7 : 278-287.

MORRILL, C. V. 1916. On the development of the atrial septum and the valvular apparatus in the right atrium of the pig embryo, with a note on the fenestration of the anterior cardinal veins. Am. J. Anat. 20 : 351-373.

新山（雅）．1975．イノシシの新生児における肢骨骨化点の出現状況．日畜会報 46 : 213-218．

━━━━・籠田（勝）・糟谷泰．1970．豚における出生後の肢骨骨化点出現のX線学的研究．日畜会報 41 : 182-189．

NORBERG, H. S. 1973. Ultrastructural aspects of the preattached pig embryo : Cleavage and early blastocyst stages. Z. Anat. Entw. -gesch. 143 : 95-114.

PATTEN, B. 1952. Embryology of the pig. 3rd Ed. Blakiston. New York.

PELLINIEMI, L. J. 1975. Ultrastructure of the early ovary and testis in pig embryo. Am. J. Anat. 144 : 89-112.

PERRY, J. S. & J. G. ROWELL, 1969. Variation in foetal weight and vascular supply along the uterine horn of the pig. J. Reprod. Fertil. 19 : 527-534.

SABIN, F. R. 1915. On the fate of the posterior cardinal veins and their relation to the development of the vana cava and azygos in pig embryos. Contrib. Embryol. Carnegie Instit. Washington 3 : 5-32.

━━━━ 1917. Origin and development of the primitive vessels of the chick and pig. Contrib. Embryol. Carnegie Instit. Washington 6 : 61-124.

SAJONSKI, H., A. SMOLLICH & M. SUCKOW. 1965. Beitrag zur quantitativen Organentwicklung (Herz, Lunge, Leber, Niere, Milz) des Schweines während der Fetalzeit. Mh. Vet. Med. 20 : 696-703.

佐々木（博）・新村（未）・石田（一），1979．妊娠13日におけるブタ胞胚の微細構造について　日畜会報 50 : 721-726.

SCHWARZTRAUBER, J. 1903. Kloake und Phallus des Schafes und Schweines. Gegenb. Morphol. Jahrb. 32 : 23-57.

SHANKLIN, W. M. 1944. Histogenesis of the pig neurohypophysis. Am. J. Anat. 74 : 327-353.

STREETER, G. L. 1927. Developmen of the mesoblast and notochord in pig embryos. Contrib. Embryol. Carnegie Instit. Washington 19 : 73-92.

TURNER, C. W. 1952. The anatomy of the mammary glands of swine, In : The Mammary Gland. I. The Anatomy of the Udder of Cattle and Domestic Animals. 279-314. Lucas Brothers. Columbia.

THYNG, F. W. 1911. The anatomy of a 7.8 mm pig embryo. Anat. Rec. 5 : 17-45.

ULLREY, D. E., J. I. SPRAGUE, D. E. BECKER & E. R. MILLER. 1965. Growth of the swine fetus. J. Anim. Sci. 24 : 711-717.

VAN STRAATEN, H. W. M. & C. J. G. WENSING. 1978. Leydig cell development in the testes of the pig. Biol. Reprod. 18 : 86-93.

VAN VORSTENBOSCH, C. J. A. H. V., B. COLENBRANDER & C. J. G. WENSING. 1982. Leydig cell development of pig testis in the early fetal period : An ultrastructural study. Am. J. Anat. 165 : 305-318.

━━━━, E. SPEK, B. COLENBRANDER & C. J. G. WENSING. 1984. Sertoli cell develoment of pig testis in the fetal and neonatal period. Biol. Reprod. 31 : 565-577.

VOGLER, A. 1926 Intrauterine Verknöcherung der

Ossa faciei des Schweines. Gegenb. Morphol. Jahrb. 55 : 568-606.
WALDORF, D. P., W. C. FOOTE, H. L. SELF, A. B. CHAPMANN & L. E. CASIDA. 1957. Factors affecting fetal pig weight late in gestation. J. Anim. Sci. 16 : 976-985.
WARWICK, B. L. 1928. Prenatal growth of swine. J. Morphol. Physiol. 46 : 59-84.
WENHAM, G., I. MCDONALD & F. W. H. ELSLEY. 1969. A radiographic study of the skeleton of the fetal pig. J. Agric. Sci. 72 : 123-130.
山内（昭），1985．豚胎盤の胎仔栄養物質移送と胎仔の発育に関する形態学的研究．食肉に関する助成研究調査成果報告書 3：131-140．伊藤記念財団．
………木曾（康）・呉良凱，1986．豚胎子肝における造血活性の組織学的ならびに組織計測的研究．食肉に関する助成研究調査成果報告書 4：12-19．伊藤記念財団．

e. 犬

ANDERSEN, A. C. & M. GOLDMAN. 1970. Growth and development, In : The Beagle as an Experimental Dog. ANDEREN, A. C. (ed.). Iowa State Univ. Press. Ames.
……… & M. E. SIMPSON. 1973. The Ovary and Reproductive Cycle of the Dog (Beagle). Geron-X. Los Altos.
BISCHOFF, T. L. W. 1845. Entwicklungsgeschichte des Hunde-Eies. Braunschweig.
BONNET, R. 1897(I), 1901(II), 1902(III). Beiträge zur Embryologie des Hundes. Anat. Hefte 9 : 419-512(I) ; 16 : 231-332(II) ; 20 : 323-499(III).
BOYDEN, E. A. & D. H. THOMPSETT. 1961. The postnatal growth of the lung in the dog. Acta anat. 47 : 185-215.
EISENBRANDT, D. L. & R. D. PHEMISTER. 1979. Postnatal development of the canine kidney : quantitative and qualitative morphology. Am. J. Anat. 154 : 179-194.
ENGEL, H. N. & D. D. DRAPER. 1982. Comparative prenatal development of the spinal cord in normal and dysraphic dogs : Fetal stage. Am. J. Vet. Res. 43 : 1735-1743.
EVANS, H. E. 1958, Prenatal ossification in the dog. Anat. Rec. 130 : 406.
……… 1979. Reproduction and prenatal development, In : Miller's Anatomy of the Dog. 2nd Ed. EVANS, H. E. & G. C. CHRISTENSEN (eds.). W. B. Saunders. Philadelphia.
EVANS, H. M. & H. H. COLE. 1931. An introduction to the study of the oestrus cycle in the dog. Mem. Univ. Calif. 9 : 65-118.
FOX, M. W. 1971. Integrative Development of Brain and Behaviour in the Dog. Univ. Chicago Press. Chicago.
福島（慎）・青砥（幸）・河田（啓）・中尾（敏）・森好（政）・黒沢（隆）・中出（哲），1985．超音波映像診断法による犬の妊娠診断および胎子の発育過程の観察．家畜繁殖誌 31：57-62.
GIER, H. T. 1950. Early embryology of the dog. Anat. Rec. 108 : 561-562.
HARE, W. C. D. 1961. The ages at which the centers of ossification appear roentgengraphically in the limb bone of the dog. Am. J. Vet. Res. 22 : 825-835.
HAY, D. A. & A. P. EVAN. 1979. Maturation of the glomerular visceral epithelium and capillary endothelium in the puppy kidney. Anat. Rec. 193 : 1-22.
HENDRICKX, A. G. 1964. The pharyngeal pouches of the dog. Anat. Rec. 149 : 475-483.
HOLST, P. A. & R. D. PHEMISTER. 1971. The prenatal development of the dog : preimplantation events. Biol. Reprod. 5 : 194-206.
HOUSTON, M. L. 1968. The early brain development of the dog. J. Comp. Neurol. 134 : 371-383.
KANAGASUNTHERAM, R. & S. ANANDARAJA. 1960. Development of the terminal urethra and prepuce in the dog. J. Anat. 94 : 121-129.
KARBE, E. 1965 The development of the cranial lymph nodes in the dog. Anat. Anz. 116 : 155-164.
KINGSBURY, B. F. J. ROEMER. 1940. The development of the hypophysis in the dog. Am. J. Anat. 66 : 449-481.
LATIMER, H. B. 1949. The prenatal growth of the heart and lungs in the dog. Anat. Rec. 104 : 287-298.
……… 1950. Variation in the number and in the weights of the fetuses in each litter in a series of puppies. Growth 14 : 107-110.
……… 1951. The growth of the kidneys and the bladder in the fetal dog. Anat. Rec. 109 : 1-12.
……… 1955. The prenatal growth of the testes in the dog. Growth 19 : 207-213.
……… 1965. Changes in the relative organ weights in the fetal dog. Anat. Rec. 153 : 421-428.
……… & R. L. CORDER. 1948. The growth of the digestive system in the fetal dog. Growth 12 : 285-309.
MARTIN, E. W. 1960. The development of the vascular system in 5-21 somite dog embryos. Anat. Rec. 137 : 378.
OLIVEIRA, M. C., P. PINTO E. SILVA, A. M. ORSI, S. MELLO DIAS & R. M. DEFINE. 1980. Observaciones anatómicas sobre el cierre del foramen oval in el perro (*Canis familiaris*). Anat.

Histol. Embryol. 9 : 321-324.
OLMSTEAD, M. 1911. Das Primordialcranium eines Hundeembryos. Anat. Hefte 43 : 339-367.
RONALD, L. H. 1978. Adrenal cortex of the dog (*Canis familiaris*). I. Histomorphologic changes during growth, maturity and aging. Anat. Histol. Embryol. 7 : 1-27.
SACK, W. O. 1964. The early development of the embryonic pharynx of the dog. Anat. Anz. 115 : 59-80.
SCHAEFFER, H. 1934. Die Ossifikationsvorgänge im Gliedmassenskelett des Hundes. Gegenb. Morphol. Jahrb. 74 : 472-514.
SCHLIEMANN, H. 1966. Zur Morphologie und Entwicklung des Craniums von *Canis lupus familiaris* L. Gegenb. Morphol. Jahrb. 109 : 501-603.
TIETZ, W. J. & W. G. SELIGER. 1967. Temporal relationship in early canine embryogenesis. Anat. Rec. 157 : 333-334.
TURNER, C. W. & E. T. GOMEZ. 1934. The normal and experimental development of the mammary gland. II. The male and female dog. Res. Bull. Mo. Agric. Exp. Sta. No. 207.
WHALEN, R. C. & H. E. EVANS. 1978. Prenatal dental development in the dog, *Canis familiaris*: chronology of tooth germ formation and calcification of deciduous teeth. Anat. Histol. Embryol. 7 : 152-163.
YONAMINE, H., N. OGI, T. ISHIKAWA & H. ICHIKI. 1980. Radiographic studies on skeletal growth of the pectoral limb of the Beagle. Jpn. J. Vet. Sci. 42 : 417-425.

f. 猫

BATES, A. M. 1948.The early development of the hypoglossal musculature in the cat. Am. J. Anat. 83 : 329-356.
BAUTZMANN, H. & W. SCHMIDT. 1960. Vergleichend elektron-mikroskopische Untersuchungen am Amnion von Sauropsiden und Mammaliern (Huhn, Katze, Mensch). Z. Zellforsch. 51 : 571-588.
.... & P. LEMBURG. 1960. Experimental electron- and lightmicroscopical studies on the function of the amnion-apparatus of the chick, cat and man. Anat. Anz. 108 : 305-310.
BOYD, L. S. 1968. Radiographic appearance of the centers of ossification of the bones in the feline. Brit. Vet. J. 124 : 365-370.
COULTER, C. B. 1909. The early development of the aortic arches of the cat, with special reference to the presence of a fifth arch. Anat. Rec. 3 : 578-592.
DENKER, H. -W., L. A. ENG, U. MOOTZ & C. E. HAMNER. 1978. Studies on the early development and implantation in the cat. I. Cleavage and blastocyst formation: Differentiation of trophoblast and embryonic knot cells. Anat. Anz. 144 : 457-468.
DREWS, M. 1933. Über Ossifikationsvorgänge am Katzen und Hundeschädel. Gegenb. Morphol. Jahrb. 73 : 185-237.
DÜRBECK, W. 1907. Die äusseren Genitalien der Hauskatze. Gegenb. Morphol. Jahrb. 36 : 544-565.
GILBERT, P. W. 1947. The origin and development of the extrinsic ocular muscles in the domestic cat. J. Morphol. 81 : 151-193.
HALLEY, G. 1955. The placodal relations of the neural crest in the domestic cat. J. Anat. 89 : 133-152.
HAMMOND, W. S. 1941. The development of the aortic arch bodies in the cat. Am. J. Anat. 69 : 265-293.
HILL, J. P. & M. TRIBE. 1924. Early development of the cat (*Felis domestica*). Quart. J. Micr. Sci. 68 : 513-602.
HUNTINGTON, G. S. & C. F. W. MCCLURE. 1920. The development of the veins in the domestic cat. Anat. Rec. 20 : 1-30.
木村（正），1959．猫における生殖腺の発生学的研究．広島大医解剖第一講座業績集　5 : 31-47.
LATIMER, H. B. 1931. The Prenatal growth of the cat. I I. The growth of the dimensions of the head and trunk. Anat. Rec. 50 : 311-332.
.... 1933. The prenatal growth of the cat. III. The growth in length of the two extremities and their parts. Anat. Rec. 55 : 377-394.
.... 1935. The prenatal growth of the cat. IV. Changes in the relative proportions. Univ. Kansas Sci. Bull. 22 : 61-77.
.... & J. M. AIKMAN. 1931. The prenatal growth of the cat. I. The growth in weight of the head, trunk forelimbs and hind limbs. Anat. Rec. 48 : 1-26.
LEISER, R. 1979. Blastocyst implantation in the domestic cat. A light and electron microscopic investigation. Anat. Histol Embryol. 8 : 79-96.
MURRAY, C. B. 1951. The mechanism of attachment of the blastocyst in the cat. J. Anat. 85 : 431.
POHLMANN, E. H. 1910. Die embryonale Metamorphose der Physiognomie und der Mundhöle des Katzenknopfes. Gegenb. Morphol. Jahrb. 41 : 615-680.
SCHAEFFER, H. 1932. Die Ossifikationsvorgänge im Gliedmassenskelett der Hauskatze. Gegenb.

Morphol. Jahrb. 70 : 548-600.
SCHULTE, H. VON W. 1916. The fusion of the cardiac anlagen and the formation of the cardiac loop in the cat (*Felis domestica*). Am. J. Anat. 20 : 45-72.
TERRY, R. J. 1917. The primordial cranium of the cat. J. Morphol. 29 : 281-433.
TURNER, C. W. & W. R. DEMOSS. 1934. The normal and experimental development of the mammary gland. I. The male and female domestic cat. Res. Bull. Mo. Agric. Exp. Sta. No. 207.

g. 兎

ASSHETON, R. 1894. A reinvestigation into the early stages of the development of the rabbit. Quart. J. Micr. 37 : 113-164.
BADEN, W. 1927. Zur Entwicklung der äusseren Genitalien das Kanninchens. II. Über die Entwicklung der Klitoris beim Kanninchen. Z. Anat. Entw.-gesch. 84 : 334-413.
BENOS, D. J. 1981. Developmenatal changes in epithelial transport characteristics of preimplantation rabbit blastocysts. J. Physiol. 316 : 191-202.
BERGSTROM, S. & C. LUTWAK-MANN. 1974. Surface ultrastructure of the rabbit blastocyst. J. Reprod. Fertil. 36 : 421-422.
BÖVING, B. G. 1956. Rabbit blastocyst distribution. Am. J. Anat. 98 : 403-434.
BRUCE, J. A. 1941. Time and order of appearance of ossification centers and their development in the skull of rabbit. Am. J. Anat. 68 : 41-67.
CIRGIS, A. 1930. The development of the heart in the rabbit. Proc. Zool. Soc. Lond. 49 : 755-782.
CRARY, D. D. 1964. Development of the external ear in the Dachs rabbit. Anat. Rec. 150 : 441-448.
.... & P. B. SAWIN. 1957. Morphogenetic studies of the rabbit. XVIII. Growth of ossification centers of the vertebral centra during the 21 st day. Anat. Rec. 127 : 131-150.
DAVIES, J. & J. I. ROUTH. 1957. Composition of the foetal fluids of the rabbit. J. Embryol. Exp. Morphol. 5 : 32-39.
DENKER, H.-W. & H.-J. GERDES. 1979. The dynamic structure of rabbit blastocyst coverings. I. Transformation during regular preimplantation development. Anat. Embryol. 157 : 15-34.
ELCHLEPP, J. G. 1952. The urogenital organs of the cotton tail rabbits (*Sylvilagus floridanus*). J. Morphol. 91 : 169-198.
GONDOS, B. & L. A. CONNER. 1973. Ultrastructure of developing germ cells in the fetal rabbit testis. Am. J. Anat. 136 : 23-42.
GREGORY, P. W. 1930. The early embryology of the rabbit. Contrib. Embryol. Carnegie Instit. Washington 21 : 141-168.
GÜNTHER, G. 1927. Zur Entwicklung der äusseren Genitalien des Kanninchens. I. Über die Entwicklung des Penis beim Kanninchen. Z. Anat. Entw.-gesch. 84 : 275-333.
HASSELDAHL, H. 1972. Ultrastructure of early cleavage stages and preimplantation in the rabbit. Z. Anat. Entw.-gesch. 135 : 139-155.
HUNTER, R. M. 1935. The development of the anterior post-otic somites in the rabbit. J. Morphol. 57 : 501-532.
INABA, T., J. MORI & R. TORII. 1986. Use of echography in rabbits for pregnancy diagnosis. Jpn. J. Vet. Sci. 48 : 1003-1006.
JOST, A. 1947. Recherches sur la différenciation sexuelle de l'embryon de lapin. Arch. Anat. Microsc. Morph. Exp. 36 : 151-200 ; 242-270; 271-315.
LEESON, T. S. 1959. An electron microscope study of the mesonephros and metanephros of the rabbit. Am. J. Anat. 105 : 165-195.
.... & J. S. BAXTER. 1957. The correlation of structure and function in the mesonephros and metanephros of the rabbit. J. Anat. 91 : 383-390.
.... & C. R. LEESON. 1958. Observations on the histochemistry and fine structure of the notochord in rabbit embryos. J. Anat. 92 : 278-285.
LIPSETT. M. B. & W. W. TULLNER. 1965. Testosterone synthesis by the fetal rabbit gonad. Endocrinology 77 : 273-277.
MINOT, C. S. & E. TAYLOR. 1905. Normal Plates of the Development of the Rabbit (*Lepus cuniculus* L.) Gustav Fischer. Jena.
SAWIN, P. B. & D. D. CRARY. 1956. Morphogenetic studies of the rabbit. XVI. Quantitative racial differences in ossification pattern of the vertebrae of embryos as an approach to basic principles of mammalian growth. Am. J. Phys. Anthropol. 14 : 625-648.
TOGARI, C., S. SUGIYAMA & Y. SAWASAKI. 1952. On the prenatal histogenesis of the thyroid gland of the rabbit with special emphasis on its histometrial measurements. Anat. Rec. 114 : 213-229.
WATERMAN, A. J. 1943. Studies of normal development of the New Zealand white strain of rabbit. I. Oogenesis. II. External morphology of the embryo. Am. J. Anat. 72 : 473-515.
ZIMMERMANN, W. 1964. Methoden für experimentelle Untersuchungen am Kanninchen während der frühen Embryonalentwicklung. Zbl. Bakt. 194 : 255-266.

h. 猿

Bourne, G. H. (ed.). 1972. The Chimpanzee. Vol. 5. Histology, Reproduction and Restraint. S. Karger. Basel.

Butler, H. 1972. The chronology of embryogenesis in the lesser galago: A Preliminary account. Folia Primatol. 18: 368-378.

───────1983. The embryology of the lesser galago (*Galago senegalensis*), In: Contribution to Primatology. Szalay, F. S.(ed.). 19: 1-156. S. Karger. Basel.

Chambers, P. L. & J. P. Hearn. 1985. Embryonic, foetal and placental development in the common marmoset monkey (*Callithrix jacchus*). J. Zool. 207: 545-561.

Corner, G. W. & G. W. Bartelmez. 1954. Early abnormal embryos of the rhesus monkey. Contrib. Embryol. Carnegie Instit. Washington 35: 1-9.

Enders, A. C., A. G. Hendrickx & P. E. Binkred. 1982. Abnormal development of blastocysts and blastomeres in the rhesus monkey. Biol. Reprod. 26: 353-366.

Gilbert, C. & C. H. Heuser. 1954. Studies in the development of the baboon(*Papioursinus*). A description of two presomite and two late somite stage embryos. Contrib. Embryol. Carnegie Instit. Washington 35: 11-54.

Hartman, C. G. & G. W. Corner. 1941. The first maturation division of the Macaque ovum. Contrib. Embryol. Carnegie Instit. Washington 29: 1-6.

Hendrickx, A. G. 1971. Embryology of the Baboon. Univ. Chicago Press. Chicago.

───────& D. C. Kraemer. 1968. Preimplantation stage of baboon embryos (*Papio sp.*). Anat. Rec. 162: 111-120.

───────& R. H. Sawyer. 1975. Embryology of rhesus monkey, In: The Rhesus Monkey. Bourne, G. H. (ed.). Vol 2: 142-171. Academic Press. New York.

Heuser, C. H. 1938. Early development of the primitive mesoblast in embryos of the rhesus monkey. Carnegie Instit. Washington Publ. No. 501, Cooperation in Reserch 383-387.

───────& G. L. Streeter. 1941. Development of the macaque embryo. Contrib. Embryol. Carnegie Instit. Washington 29: 15-55.

Hill, J. P. 1932. The developmantal history of the primates. Phil. Trans. Roy. Soc. Lond. B, 221: 45-178.

大島清. 1974. 霊長類の生殖生理I. 科学 44: 11-19.

─────1974. 霊長類の生殖生理II. 科学 44: 95-102.

Panigel, M. D. C. Kraemer, S. S. Kalter, G. C. Smith & R. K. Heberling. 1975. Ultrastructure of cleavage stages and preimplantation embryos of baboon. Anat. Embryol. 147: 45-62.

Wagenen, V. G. & C. W. Asling. 1964. Ossification in the fetal monkey (*Macaca mulata*). Estimation of age and progress of gestation by roentgenography. Am. J. Anat. 114: 107-125.

i. 鶏

Arens, M. & C. Stranznicky. 1986. The development of the trigeminal(V) motor nucleus in normal and tubocurare treated chick embryos. Anat. Embryol. 174: 67-72.

Bautzmann, H. & W. Schmidt. 1960. Vergleichend elektron-mikroskopische Untersuchungen am Amnion von Sauropsiden und Mammaliern (Huhn, Katze, Mensch). Z. Zellforsch. 51: 571-588.

───────────────── & P. Lemburg. 1960. Experimental electron-and light-microscopical studies on the function of the amnion-apparatus of the chick, cat and man. Anat. Anz. 108: 305-310.

Bellairs, R. 1963. Differentiation of the yolk sac of the chick studied by electron microscopy. J. Embryol. Exp. Morphol. 11: 201-225.

Bennett, P. M. & P. H. Harvey. 1985. Brain size, development and metabolism in birds and mammals. J. Zool. 207: 491-509.

Boyden, E. A. 1924. An experimental study of the development of the avian cloaca, with special reference to a mechanical factor in the growth of the allantois. J.Exp. Zool. 40: 437-471.

Cairns, J. 1975. The function of the ectodermal apical ridge and distinctive characteristics of adjacent mesoderm in the avian wing bud. J. Embryol. Exp. Morphol. 34: 155-168.

D'Amico-Martel, A. & D. M. Noden. 1983. Contributions of placodal and neural crest cells to avian cranial peripheral ganglia. Am. J. Anat. 166: 445-468.

da la Cruz, M. V., S. Muñoz-Armas & L. Muñoz-Castellanos. 1972. Development of the Chick Heart. Johns Hopkins Univ. Press. Baltimore.

土井守・河南(保)・加藤(征)・苅田淳. 1985. ニワトリ胚子の松果体組織に及ぼす連続照明および連続暗黒の影響. 日畜会報 56: 588-597.

Eyal-Giladi, H. & S. Kochav. 1976. From cleavage to primitive streak formation: a complementary normal table and a new look at the first stages of the development of the chick. I. General morphology. Develop. Biol. 49: 321-337.

FANCSI, T. & F. FEHER. 1979. Ultrastructural studies of chicken embryo chorioallantoic membrane during incubation. Anat. Histol. Embryol. 8 : 151-159.

FEHÉR, G. 1975. Ontogenetic development of the stalk of the yolk sac in domestic birds, and its role in the absorption of the yolk. Anat. Histol. Embryol. 4 : 113-126.

............, T. FANCSI & G. MAJOROS. 1980. Ultrastructural studies of goose embryo chorioallantoic membrane. Anat. Histol. Embryol. 9 : 363.

FENBERG, R. N., C. H. LAKTER & D. C. BEEBE. 1986. Localized vascular regression during limb morphogenesis in the chicken embryo. 1. Spatial and temporal changes in the vascular pattern. Anat. Rec. 214 : 405-409.

FITZE-GSCHWIND, V. 1973. Development of chorioallantoic membrane of the chicken. Adv. Anat. Embryol. Cell Biol. 47 : 1-52.

FLUMERFELT, B. A. & M. A. GIBSON. 1969. Histology and histochemistry of the developing choriollantoic membrane in the chick (*Gallus demesticus*). Can. J. Zool. 47 : 323-331.

FRASER, B. A. 1986. Vasculogenesis and chondrogenesis in the chick wing. Acta anat. 125 : 142-144.

FREEMAN, B. M. & M. A. VANCE. 1974. Development of the Avian Embryo. A Behavioral and Physiological Study. Wiley. New York.

FUJIHARA, N., K. TANAKA & H. NISHIYAMA. 1973. In vitro fertilization of fowl ova. Jpn. J. Zootech. Sci. 44 : 564-568.

FUJIMOTO, T., A. UKESHIMA & R. KIYOFUJI. 1976. The origin, migration and morphology of the primordial germ cells in the chick embryo. Anat. Rec. 185 : 139-154.

藤岡(俊). 1954. 鶏の下顎骨の発生, 特に隅骨の存在について, 解剖誌 29 : 229-233.

..........1955. 鶏の孵卵中における化骨中心の発現の時間及び順序について, 解剖誌 30 : 140-150.

GRODZINSKI, Z. 1934. Zur Kenntniss der Wachstumvorgänge der Area vasculosa beim Hühnchen. Bull. Int. Acad. Polon. Sci. Let., B, Sci. Nat. II : 415-427.

HODGES, R. D. 1974. The Histology of the Fowl. Academic Press. London.

HONJO, S. & T. KUTII. 1959. The effects of thyroxine and thiouracil upon the time and order of appearance of ossification centers of chick embryos. Jpn. J. Vet. Sci. 21 : 9-18.

HOSHI, H. & T. MORI. 1971. Fine structure of the chorionic epithelium of chick embryos. Arch. Hist. Jap. 33 : 45-58.

ITEN, L. E. & D. J. MURPHY. 1980. Pattern regulation in the embryonic chick limb : supernumerary limb formation with anterior (non-ZPA) limb bud tissues. Dev. Biol. 75 : 373-385.

JUURLINK, B. H. J. & M. A. GIBSON. 1973. Histogenesis of the yolk sac in the chick. Can. J. Zool. 51 : 509-519.

KANNAN, Y. & J. KANDA. 1985. Change in size of tibial osteoblasts in embryonic chick treated with parathyroid hormone. Jpn. J. Zootech. Sci. 56 : 152-154.

KEIBEL, F. & K. ABRAHAM. 1900. Normentafel zur Entwicklungsgeschichte des Huhnes (*Gallus domesticus*). Gustav Fischer. Jena.

KENNY, T. P. & M. A. GIBSON. 1970. Histological and histochemical study of the development of the amnioallantois in the chick, *Gallus domesticus*. Can. J. Zool. 48 : 1079-1086.

菊地(建)・玉手(英). 1982. 鶏胚発生に伴う錯綜筋の発達. 日畜会報 53 : 651-655.

.... 1982. 鶏胚筋線維の形態分化とその増殖機構. 日畜会報 53 : 715-722.

.... 1982. 鶏胚発生筋の筋芽細胞および筋管の微細構造. 日畜会報 53 : 723-728.

.... 1983. 鶏胚発生筋細胞の細胞融合の微細構造. 日畜会報 54 : 25-32.

KUTSUNA, M.1933. Beiträge zur Kenntnis der Entwicklung des Lymphgefässsystems der Vogel. Acta Schol. Med. Univ. Imp. Kyoto 16 : 6-35.

LAKTER, C. H., R. N. FENBERG & D. C. BEEBE. 1986. Localized vascular regression during limb morphogenesis in the chicken embryo. 2. Morphological changes in the vasculature. Anat. Rec. 214 : 410-417.

LEESON, T. S. & C. R. LEESON. 1963. Chorioallantois of the chick. Light and electron microscope observations at various times of incubation. J. Anat. 97 : 585-595.

LEMBURG, P. 1962. Histophysiologische Untersuchungen zum Problem des Flüssigkeit und Stofftransportes in der frühen Embryonalentwicklung. Experimentelle Studien am Fruchthüllensystem vom Hühnerei. Z. Zellforsch. Mikrosk. Anat. 57 : 737-765.

LEVI-MONTALCINI, R. 1950. The origin and development of the visceral system in the spinal cord of chick embryo. J. Morphol. 86 : 253-284.

LILLIE, F. R. 1952. The Development of the Chick. 3 rd Ed. Henry Holt and Co. New York.

松井(寛)・広瀬昶・沢崎坦. 1975. 鶏胚の発生過程における心電図波形と心形態. 日畜会報 46 : 522-530.

MIZUNO, T. & Y. HIKAMI. 1967. Growth of muscle

fiber in chick embryos. Jpn. J. Zootech. Sci. 38 : 553-558.

MOBBS, I. G. & D. B. MCMILLAN. 1979. Structure of the endodermal epithelium of the chick yolk sac during early stages of development. Am. J. Anat. 155 : 287-310.

.... 1981. Transport across endodermal cells of the chick yolk sac during early stages of development. Am. J. Anat. 160 : 285-308.

NARBITZ, R. & V. K. KAPAL. 1986. Scanning electron microscopical observations on the differentiating mesonephros of the chick embryo. Acta anat. 125 : 183-190.

.... & P. P. TELLIER. 1974. Differentiation of the chick chorionic epithelium : An experimental study. J. Embryol. Exp. Morphol. 32 : 365-374.

NEWGREEN, D. F., M. SCHEEL & V. KASTNER. 1986. Morphogenesis of sclerotome and neural crest in avian embryos. In vivo and in vitro studies on the role of notochordal extracellular material. Cell Tissue Res. 244 : 299-313.

NODEN, D. M. 1983. The role of the neural crest in pattering of avian cranial skeletal, connective and muscle tissues. Dev. Biol. 96 : 144-165.

.... 1983. The embryonic origins of avian craniofacial muscles and associated connective tissues. Am. J. Anat. 168 : 257-276.

尾村（嘉）．1976．鳥類の染色体による雌雄判定．日獣誌 38：281-288.

PATTEN, B. M. 1971. Early Embryology of the Chick. 5 th Ed. McGraw-Hill. New York.

RO, S. & K. KONDO. 1977. Variations in feminization of the gonads of male embryos given various amounts of estrogen on day 4 of incubation in the Japanese quail. Jpn. J. Zootech. Sci. 48 : 766-771.

ROMANOFF, A. L. 1960. The Avian Embryo. Structural and Functional Development. McMillan. New York.

ROSENQUIST, G. C. 1970. Aortic arches in the chick embryo : origin of the cells as determined by radioautographic mapping. Anat. Rec. 168 : 351-359.

SABIN, F. R. 1917. Origin and development of the primitive vessels of the chick and pig. Contrib. Embryol. Carnegie Instit. Washington 6 : 61-124.

SADLER, W. W. 1955. Chronological relationship of the disappearance of the vitelline membrane and the closure of the amnio-chorion in avian embryos and its implications. Poultry Sci. 34 : 754-760.

SETHI, N. & M. BROOKES. 1971. Ultrastructure of the blood vessels in the chick allantois and choriallantois. J. Anat. 109 : 1-15.

STERN, C. D. & G. W. IRELAND. 1981. An integrated experimental study of endoderm formation in avian embryos. Anat. Embryol. 163 : 245-263.

SUMMERBILL, D. 1976. Interaction between proximodistal and anterioposterior positional coordinates during chick limb development. J. Embryol. Exp. Morphol. 36 : 227-237.

田名部（雄）．1984．比較内分沁学的見地からみた家禽の性分化．日畜会報 55：449-457．

TAZAWA, H. & T. ONO. 1974. Microscopic observation of the chorioallantoic capillary bed of chicken embryos. Respiration Physiol. 20 : 81-89.

TERADA, T., M. WATANABE & Y. TSUTSUMI. 1984. Possible significance of accessory reproductive fluid exhibition of fertilizing ability of spermatozoa in the domestic fowl, *Gallus domesticus*. Jpn. J. Zootech. Sci. 55 : 52-58.

THOMPSON, R. P. & T. P. FITZHARRIS. 1979. Morphogenesis of the truncus arteriosus of the chick embryo heart : the formation and migration of mesenchymal tissue. Am. J. Anat. 154 : 545-556.

TUCKER, G. C., G. CIMENT & J. P. THIERY. 1986. Pathways of avian neural crest migration in the developing gut. Dev. Biol. 116 : 439-450.

UESHIMA, T., M. SHIOZAWA & M. UEHARA. 1975. Migration layers of the developing cerebellum in the fowl. Jpn. J. Vet. Sci. 37 : 199-208.

VENZKE, W. G. 1954. The morphogenesis of the testes of chicken embryos. Am. J. Vet. Res. 40 : 450-456.

WACHTLER, F., B. CHRIST & H. J. JACOB. 1982. Grafting experiments on determination and migratory behaviour of presomitic, somitic and somatopleural cells in avian embryos. Anat. Embryol. 164 : 369-378.

YAMANO, S. 1981. Development of the *Corpus vasculare paracloacale* in the male chick embryo. Jpn. J. Vet. Sci. 43 : 459-468.

(附III) 用語索引

(和英羅対照)

(ア)	(英語)	(ラテン語)	(頁)
亜中央着糸染色体	submetacentric chromosome	Chromosoma submetacentricum	11
アブミ骨	stapes	Stapes	156
アポクリン汗腺	apocrine sweat glands	Glandula sudorifera apocrina	226
後産	afterbirth		44, 110
暗域（胚盤）	opaque area	Area opaque	50
(イ)			
遺残体	residual body	Corpus residuale	4
異数性	heteroploidy	Heteroploidea	11
胃脾ヒダ	gastrolienal ligament	Lig. gastrolienale	178
育嚢	marsupium		85
一価染色体	univalent chromosome	Chromosoma univalens	8
一次気管支	primary bronchus	Bronchus primarius	140
一次極体（一次極細胞）	first polar cell, first polocyte	Corpus polare primum (I), Polocytus primarius	6
一次〔心房間〕孔	primary (interatrial) foramen	Foramen (interatriale) primus	168
一次口蓋	primary palate	Palatum primum	120
一次骨	primary bone	Os primarium	152
一次骨化中心（骨幹中心）	primary center of ossification	Centrum ossificationis primarium (Centrum diaphysiale)	148
一次絨毛	primary villus	Villus primarius	75, 89
一次〔骨〕髄腔	primary marrow cavity	Cavitas medullaris primaria	150
一次精母細胞	primary spermatocyte	Spermatocytus primarius	2
一次〔心房〕中隔	primary septum	Septum primum	168
一次脳胞	primary brain vesicle		202
一次鼻腔	primary nasal cavity		119
一次卵母細胞	primary oocyte	Ovocytus primarius (I)	5
一倍性（体）	haploidy	Haploidea	8
一卵性双生子	monovular twins		105
陰核	clitoris	Clitoris	198
陰茎縫線	raphe penis	Raphe penis	197
咽頭嚢（鰓嚢）	pharyngeal pouches	Sacci pharyngeales	128
〔下垂体〕咽頭部	pharyngeal hypophysis	Pars pharyngea	127
陰嚢	scrotum	Scrotum	197
陰唇陰嚢隆起	labioscrotal swellings	Tubercula labioscrotalia	197
陰嚢腔（鞘状腔）	scrotal cavity	Cavitas scrotalis	194
陰嚢中隔	scrotal septum	Septum scroti	197
陰嚢縫線	scrotal raphe	Raphe scrotalis	197
(ウ)			
〔静脈洞〕右角	right sinal horn	Cornu dextrum	169
羽芽	feather germ		223

羽枝	barbs		224
羽髄	feather pulp		223
羽包	feather follicle		223

(エ)

会陰	perineum	Perineum	118, 187
永久歯	permanent tooth	Dens permanens	125
栄養膜	trophoblast	Trophoblastus	32, 45, 52, 75
栄養膜外胚葉	trophectoderm	Trophectoderm	75
栄養膜合胞体層（合胞体栄養膜）	syncytial trophoblast	Syncytiotrophoblastus (Syntrophoblastus)	97
栄養膜細胞層	cytotrophoblast	Cytotrophoblastus	94, 97
栄養被膜（絨毛膜胞）→初期絨毛膜嚢			56
S状心	S-shaped heart	Cor sigmoideum	167
X-染色体（女性染色体）	X-chromosome	X-chromosoma (Gonosoma feminum)	10
エックリン汗腺	eccrine sweat glands	Glandula sudorifera eccrina	226
エナメル芽細胞	ameloblast	Ameloblastus	123
エナメル器	enamel organ	Organum enameleum	123
エナメル小柱	enamal prism	Prisma enameli	124
エナメル髄	enamel reticulum	Reticulum enameleum	123
遠位中心子	distal centriole	Centriolum distale	3
沿軸中胚葉（上分節）	paraxial mesoderm (epimere)	Mesoderma paraxiale (Epimerus)	63
延髄	myelencephalon, medulla oblongata	Medulla oblongata	205
円板（乳頭）陥凹	excavation of optic disc	Excavatio disci	217

(オ)

横隔膜	diaphragm	Diaphragma	143
黄色卵黄	yellow yolk		20
黄体期（プロジェステロン期）	luteal phase	Phasis lutealis (progesterorius)	101
黄体〔内分泌〕細胞	luteal (lutein) cell, luteocyte	Endocrinocytus corporis lutei (Luteocytus)	101
横中隔	transverse septum	Septum transversum	136, 143
横突棘筋系	transverso-spinalis system		163
雄の子宮	uterus masculinus	Uterus masculinus	193
オリーブ核	olivary nucleus	Nucleus olivaris	205

(カ)

下顎隆起	mandibular process	Prominentia mandibularis	119
下眼瞼	lower eyelid	Palpebra inferior	217
蝸牛管	cochlear duct	Ductus cochlearis	219
過剰排卵	superovulation	Ovulatio superovulatoria (Superovulatio)	35
下垂体	hypophysis (pituitary gland)	Hypophysis (Glandula pituitaria)	127, 209
下垂体嚢	hypophyseal pouch (Rathke's pouch)	Saccus hypophysialis	60, 127

下分節	hypomere	*Hypomerus*	63
カラザ	chalaza		20
顆粒層	stratum granulosum, granular layer	*Stratum granulosum*	222
顆粒層黄体細胞	granulosa lutein cell	*Granulosaluteocytus*	101
カンヌキ骨		*Pessulus*	140
灰白質	gray substance	*Substantia grisea*	202
灰白隆起	tuber cinereum	*Tuber cinereum*	209
外エナメル上皮	outer enamel epithelium	*Epithelium enameleum externum*	123
外頚動脈	external carotid artery	*Arteria carotis externa*	170
外耳道	external acoustic meatus	*Meatus acusticus externus*	129
外鞘	sheath (periderm)		224
外側口蓋突起	lateral palatine process	*Processus palatinus lateralis*	120
〔前〕外側舌隆起	distal tongue swelling, anterolateral lingual swelling	*Tuberculum linguale distale*	120
外側鼻隆起	lateral nasal elevation, lateral nasal process	*Prominentia nasalis lateralis*	119
外側分節動脈	lateral segmental arteries	*Aa. segmentales laterales*	171
外套	pallium	*Pallium*	209
外套層	mantle layer	*Stratum palliare*	200
海馬	hippocampus	*Hippocampus*	210
外排泄腔窩	external cloacal pit	*Fovea externa cloacalis*	117, 136
外胚葉	ectoderm	*Ectoderm*	47
外リンパ隙	perilymphatic space	*Spatium perilymphaticum*	220
蓋板	dorsal plate, roof plate	*Lamina dorsalis*	201
外皮（総皮）	common integument	*Integumentum commune*	222
外鼻孔	nostril, naris	*Naris externa*	119
海綿〔状〕骨（小柱状骨）	spongy bone	*Os spongiosum* (*Os trabeculare*)	147
鈎瓜	claw	*Unguicula*	225
角	horn	*Cornu*	226
角質層	stratum corneum, horny layer	*Stratum corneum*	222
核小体	nucleolus	*Nucleolus*	7
核分裂	karyokinesis	*Divisio nuclearis*	7
核膜	nuclear envelope	*Nucleolemma*	7
核癒合	karyogamy		25
角膜	cornea	*Cornea*	216
顎骨口蓋分裂		*Gnathopalatoschisis*	126
顎前骨（一次口蓋）	primary (premaxillary) palate	*Premaxilla* (*Palatum primum*)	120
割球	blastomere	*Blastomerus*	29, 33
合胞体	syncytium		146
〔肝〕鎌状ヒダ	falciform ligament	*Plica falciformis*	137
感覚上皮	sensory epithelium	*Epithelium sensorium*	220
幹絨毛	stem villus	*Villus peduncularis*	100
冠状静脈洞	coronary sinus	*Sinus coronarius*	169
〔肝〕冠状ヒダ	coronary ligament	*Plica coronaria*	137
汗腺	sweat gland	*Glandula sudorifera*	226
肝胃ヒダ	hepatogastric ligament	*Plica hepatogastrica*	143

肝円索	round ligament of liver	*Lig. teres hepatis*	177
肝憩室	hepatic diverticulum	*Diverticulum hepaticum*	136
間質細胞	interstitial cell of Leydig	*Cellula interstitialis*	190
間質成長	interstitial growth	*Incrementum interstitiale*	147
肝十二指腸ヒダ	hepatoduodenal ligament	*Plica hepatoduodenalis*	143
陥入	invagination	*Invaginatio*	47
間脳	intermediate brain	*Diencephalon*	202, 208
間脳腔	intermediate brain cavity	*Cavitas diencephalica*	208
〔子宮〕間膜縁	mesometrial border	*Margo mesentericus*	42
肝輸出静脈（肝静脈）	efferent veins of liver	*Vv. efferentes hepatis* (*Venae hepaticae*)	174
肝輸入静脈	afferent veins of liver	*Vv. afferentes hepatis*	174
間葉	mesenchyme	*Mesenchyma*	67
間葉細胞	mesenchymal cell		64, 146
眼球結膜	eyeball conjunctiva, bulbar conjunctiva	*Tunica conjunctiva bulli* (*bulbaris*)	217
眼筋	ocular muscles	*Musculi bulbi*	217
眼〔胞〕茎	optic stalk	*Pedunculus opticus*	213
眼瞼	eyelid	*Palpebrae*	217
眼瞼結膜	lid conjunctiva, palpebral conjunctiva	*Tunica conjunctiva palpebrarum*	217
眼瞼ヒダ	lid fold, palpebral fold	*Plicae palpebrales*	217
眼瞼裂	palpebral fissure	*Rima palpebrarum*	217
眼杯	optic cup	*Cupula optica*	214
眼杯縁	rim of cup	*Labrum cupulae*	214
眼杯外層	external layer of cup	*Lamina externa cupulae*	214
眼杯腔	cup cavity	*Cavitas cupulae*	214
眼杯内層	internal layer of cup	*Lamina interna cupulae*	214
眼杯裂	optic fissure	*Fissura optica*	214
眼胞	eye prominence	*Vesicula optica*	202, 213

（キ）

気管支肺芽	bronchopulmonary buds	*Gemmae bronchopulmonariae*	140
器官発生（器官形成）	organogenesis	*Organogenesis*	115
奇静脈	azygous vein	*V. azygos*	173
基底層	basal layer, stratum germinativum	*Stratum basale*	222
基底脱落膜	decidua basalis	*Decidua basalis*	44, 98
奇乳	witches' milk		229
キヌタ骨	incus	*Incus*	156
気室	air chamber		20
気嚢	air sac		142
キメラ	chimera		12
基板	ventrolateral plate, basal plate	*Lamina ventrolateralis*	201
脚鱗	scales		224
橋	pons	*Pons*	206
橋核	pontine nucleus	*Nuclei pontis*	206
橋屈〔曲〕	pontine flexure	*Flexura pontina*	203
橋背部	dorsal part of pons	*Pars dorsalis pontis*	206
橋腹側部（橋底部）	ventral part of pons	*Pars ventralis pontis*	206
境界溝	limiting groove, sulcus limitans	*Sulcus limitans*	201

胸骨中胚葉	sternal mesoderm	*Mesoderma sternale*	154
胸骨堤	sternal bar		154
胸骨軟骨	sternal cartilage	*Cartilago sternalis*	154
胸骨分節	sternebrae	*Sternebrae*	154
胸骨稜	sternal crest	*Crista sterni*	155
胸腺	thymus	*Thymus*	130
胸腺〔上皮性〕細網細胞	reticular cell of thymus	*Epithelioreticulocytus thymi*	130
胸腺小体〔Hassall〕	thymic corpuscle, Hassall's body	*Corpusculum thymicus*	130
強膜	sclera	*Sclera*	216
強膜骨	sclerotomicum	*Os sclerotomicum*	158, 216
胸〔膜〕腹〔膜〕腔	pleuroperitoneal cavity	*Cavum pleuroperitoneale*	143
胸〔膜〕腹膜	pleuroperitoneal membrane	*Membrana pleuroperitonealis*	143
胸〔膜〕腹膜ヒダ	pleuroperitoneal fold	*Plica pleuroperitonealis*	144
胸〔膜〕腹膜裂孔	pleuroperitoneal opening	*Hiatus pleuroperitonealis*	143
胸膜腔	pleural cavity	*Cavitas pleuralis*	143
丘陵歯	bunodont		125
球形嚢	saccule	*Sacculus*	218
旧外套	archipallium	*Archipallium*	210
嗅球	olfactory bulb	*Bulbus olfactorius*	210
嗅結節	olfactory tubercle	*Tuberculum olfactorium*	210
嗅脳溝	rhinal sulcus	*Sulcus rhinalis*	210
嗅索	olfactory tract	*Tractus olfactorius*	210
嗅上皮	olfactory epithelium	*Epithelium olfactorium*	221
嗅脳	olfactory brain	*Rhinencephalon*	210
嗅脳腔	cavity of olfactory brain	*Cavitas rhinencephalica*	210
嗅部	olfactory area	*Regio olfactoria*	221
キュービエ管→総主静脈	ducts of Cuvier		167
〔湾〕曲	flexure	*Flexura*	107
曲精細管	contorted seminiferous tubules	*Tubuli seminiferi contorti*	190
近位中心子	proximal centriole	*Centriolum proximale*	16
均等分裂	equational division	*Divisio equalis*	8, 9
均等卵（分）割	equal total cleavage	*Fissio totalis equalis*	29
筋芽細胞	myoblast	*Myoblastus*	161
筋原基	muscle primordia	*Primordia muscularia*	164
筋細糸（筋フィラメント）	myofilament	*Myofilamentum*	161
筋細線維	myofibril	*Myofibrilla*	161
筋節	myomerus	*Myomerum*	64
筋の発生	myogenesis	*Myogenesis*	154
筋板	myotome	*Myotomus*	64, 161

（ク）

クモ膜下腔	subarachnoid space	*Cavum subarachnoideale*	201
クラッチ	clutch		24
クローム親性細胞	chromaffine cells	*Cellulae chromaffinae*	212

（ケ）

〔精子〕頸	neck	*Cervix*	16
頸屈〔曲〕（項曲）	neck flexure, cervical flexure	*Flexura cervicalis*	107, 203
形質転換マウス	transgenic mice		38

日本語	English	Latin	Page
楔状束核	cuneate nucleus	Nucl. cuneatus	205
形成域（胚盤）	formative area	Area formativa	50
形態発生（形態形成）	morphogenesis	Morphogenesis	115
系統発生	phylogeny	Phylogenesis	1
頸動脈小体	carotid body (glomus caroticum)	Glomus caroticum	212
結合節（底鰓節）	connector, copula	Copula	121, 139
結合組織漿膜性胎盤膜	syndesmochorial interhemal membrane	Membrana interhaemalis syndesmochorialis	94
〔精子〕結合部	connecting piece	Pars conjungens	16
血管域		Area vasculosa	51
血管周囲鞘	perivascular sheath		45
血球芽細胞（血芽球）	hemocytoblast	Haemocytoblastus (Hemo-)	78, 164
血腫部	hematoma zone		93
血漿膜性胎盤膜	hemochorial interhemal membrane	Membrana interhaemalis haemochorialis (hemo-)	98
血島	blood islands	Insulae sanguineae	76, 78, 164
血内皮胎盤	hemoendothelial placenta	Placenta haemoendothelialis	99
血リンパ節	hemal node	Nodus lymphaticus haemalis	178
月経	menstruation	Menses (Catamenia)	98
月経性脱落膜	decidua menstrualis	Decidua menstruationis	98
月状歯	solenodont		125
瞼板	tarsus	Tarsus superior et inferior	217
瞼板腺〔Meibom〕	tarsal gland	Glandula tarsalis	217, 227
原基	primordium	Primordium	66
原口	blastopore	Blastoporus	47
原口唇	blastopore lip	Labia blastoporalia	48
原口唇外側部（側唇）	blastopore (lateral lip)	Labia blastoporalia Pars lateralis	48
原口唇背側部（背唇）	blastopore (dorsal lip)	Labia blastoporalia Pars dorsalis	48
原口唇腹側部（腹唇）	blastpore (ventral lip)	Labia blastoporalia Pars ventralis	48
原始胃	primitive stomach	Gaster primitiva (Ventriculus primitivus)	132
原始窩	primitive pit	Fovea primitiva	51
原始外胚葉	primary ectoderm, primitive ectoderm, ectoblast		52
原始結節	primitive knot	Nodus primitivus	51
原始溝	primitive groove	Sulcus primitivus	51
原始後鼻孔	primitive choana	Choana primitiva	120
原始心	primitive heart	Cor primordiale	166
原始心外膜	primitive epicardium	Epicardium primitivum	166
原始心筋層	primitive myocardium	Myocardium primitivum	166
原始心室	primitive ventricle	Ventriculus primitivus	166
原始心内膜	primitive endocardium	Endocardium primitivum	166
原始心房	primitive atrium	Atrium primitivum	166, 167
原始腎盤	primitive pelvis		184
原始髄膜	primitive meninx	Meninx primitiva	155
原始生殖茎	primitive phallus	Phallus primitivus	196

原始生殖細胞	primordial germ cells	Cellulae germinales primordiales	1, 189
原始線条	primitive streak	Linea primitiva	51
原始内胚葉	primitive endoderm		52
原始尿生殖洞	primitive urogenital sinus	Sinus urogenitalis primitivus	197
原始背側腸間膜	primitive dorsal mesentery	Mesenterium dorsale primitivum	143
原始腹側腸間膜	primitive ventral mesentery	Mesenterium ventrale primitivum	65, 136, 143
原始毛細血管網	primitive capillary net	Rete capillare primitivum	164
原始卵胞	primordial ovarian follicle	Folliculus ovaricus primordialis	4, 191
減数分裂（還元分裂）	meiosis	Meiosis (Cyclus meioticus)	8, 9
原腸	archenteron	Archenteron	47, 52
原腸形成	gastrulation	Gastrulatio	47
原腸胚	gastrula	Gastrula	47
原胚子	archicyte	Archicytos	39, 46

（コ）

鼓室	tympanic cavity	Cavitas tympanica	129
鼓室階	scala tympani	Scala tympani	220
鼓状胞		Bulla tympaniformis	140
鼓膜	tympanic membrane	Membrana tympani	129
個体発生	ontogenesis	Ontogenesis	1
古皮質	paleopallial cortex	Palaeocortex (Paleocortex)	209
固有卵巣索	proper ligament of ovary	Lig. ovarii proprium	194
口咽頭膜（頬咽頭膜）	oropharyngeal membrane	Membrana oropharyngealis (buccopharyngealis)	116
口窩	stomodeun	Stomatodeum (Stomodeum)	116
口蓋扁桃	palatine tonsil	Tonsilla palatina	130
口蓋縫線	palatine raphe	Raphe palati	126
口蓋裂	cleft palate	Palatum fissum	120
口腔	mouth, oral cavity	Cavitas oris	119
口腔前庭	vestibule	Vestibulum oris	122
口唇	lip	Labia oris	122
口板	oral plate		116
口膜	oral membrane		116
口裂	rima (orifice) of mouth	Rima oris	116
項結節	nuchal tubercle	Tuberculum nuchale	107
硬口蓋	hard palate	Palatum durum	126
〔染色体〕交叉	chiasma	Chiasma	9
虹彩	iris	Iris	216
虹彩顆粒	iridic granules	Granulum iridicum	216
厚糸期（パキテン期）	pachytene phase	Phasis pachytenica	8
合糸期（ザイゴテン期）	zygotene phase	Phasis zygotenica	8
甲状腺	thyroid gland	Gl. thyroidea	130
甲状腺憩室（甲状腺窩）	thyroid diverticulum	Diverticulum thyroideum	130
甲状舌管	thyroglossal duct	Ductus thyroglossalis	130
後眼房	posterior chamber	Camera posterior bulbi	217
〔有糸分裂〕後期	anaphase	Anaphasis	8

後胸骨		Metasternum	155
後肢軸動脈	axial artery of lower limb	A. axialis membri caudalis	172
後主静脈	postcardinal vein	V. postcardinalis	173
後腎	metanephros	Metanephros	180, 184
後腎憩室	metanephric diverticulum	Diverticulum metanephricum	184
後腎小体→腎小体			185
後腎小胞	metanephric vesicle		185
後大静脈	caudal vena cava	V. cava caudalis	173
後腸	hindgut	Metenteron	66, 117
後腸間膜動脈	caudal mesenteric artery	A. mesenterica caudalis	174
後頭椎板	occipital sclerotomes	Sclerotomi occipitales	156
後脳隆起	metencephalic prominence	Prominentia metencephalica	202
後鼻孔→内鼻孔		Choana	120
〔下垂体〕後葉→神経下垂体			
喉頭蓋隆起	epiglottic ridge		139
喉頭気管管	laryngotracheal tube	Tubus laryngotrachealis	140
喉頭気管溝	laryngotracheal groove, respiratory groove	Sulcus laryngotrachealis	131, 139
喉頭室	laryngeal ventricle	Ventriculus laryngis	140
肛門	anus	Anus	118, 187
肛門窩	anal pit, proctodeum	Proctodeum	118
肛門洞	proctodeum	Proctodeum	188
肛門膜	anal membrane	Membrana analis	118, 187
〔神経〕膠芽細胞（グリア芽細胞）	spongioblast cell, spongioblast	Spongioblastus	201, 216
膠原線維	collagenous fiber	Fibra collagenosa	146
膠様組織	mucoid connective tissue (Wharton's jelly)	Textus mucoideus connectivus	65, 146
項尾長	neck-rump lengh		109, 203
硬膜下腔	subdural space	Cavum subdurale	201
交連板	commissural plate	Lamina commissuralis	210
黒質	substantia nigra	Substantia nigra	208
骨芽細胞	osteoblast	Osteoblastus	148
骨芽細胞層	osteoblast layer	Lamina osteoblastica	125
骨格芽体	skeletal blastema	Blastema skeletale	159
骨格筋	skeletal muscle	Musculus skeletalis	161
骨基質	bone matrix	Matrix ossea	148
骨形成層	osteogenic layer	Stratum osteogeneticum	148
骨小柱	trabecula of bone	Trabecula ossea	151
骨髄組織	bone marrow tissue	Textus myeloideus	150
骨性頭蓋	bony skull	Osteocranium	156
骨性肋骨	bony rib	Costa ossea	154
骨端	epiphysis	Epiphysis	150
骨端中心→二次骨化中心		Centrum epiphysiale	150
骨端閉鎖	closure of epiphysis		150
骨（の）発生	osteogenesis	Osteogenesis	147
骨膜	periosteum	Periosteum	148
骨迷路	osseous labyrinth	Labyrinthus osseus	220

(サ)

〔静脈洞〕左角	left sinal horn	*Cornu sinistrum*	169
臍	umbilicus	*Umbilicus*	84, 110
臍静脈	umbilical vein	*V. umbilicalis*	79, 84, 173
臍帯	umbilical cord	*Funiculus umbilicalis*	83
臍帯体腔	umbilical coelom (omphlocele)	*Coeloma umbilicale*	83
臍腸間膜静脈	omphalomesenteric vein	*V. omphalomesenterica*	78, 173
臍腸間膜動脈	omphalomesenteric artery	*A. omphalomesenterica*	78, 171
臍動脈	umbilical artery	*A. umbilicalis*	79, 84, 172
臍動脈索	lateral vesical fold	*Lig. umbilicale mediale*	172
鰓弓	branchial arches 1-5, visceral arches 1-5	*Arcus branchiales I-V*	129, 156
鰓弓→内臓頭蓋			
鰓溝	branchial grooves 1-4, visceral grooves 1-4	*Sulci branchiales I-IV*	129, 156
鰓溝性器官	branchiogenous organ		130
鰓後体	ultimobranchial body	*Corpus ultimobranchiale*	131
鰓膜	branchial membrane, visceral membrane	*Membrana branchialis*	129
鰓裂	branchial cleft		129
細糸期（レプトテン期）	leptotene phase	*Phasis leptotenica*	8
細糸前期（レプトテン前期）	preleptotene phase	*Phasis proleptotenica*	8
細胞周期	cell cycle	*Cyclus cellularis*	7
細胞体分裂	cytokinesis	*Cytokinesis*	7
細胞分裂	cell division	*Divisio cellularis*	7
細胞領域基質	interteritorial matrix	*Matrix interteritorialis cellularum*	147
最長筋系	longissimus system		163
〔肝〕三角ヒダ	triangular ligament	*Plica triangularis*	137
三胎妊娠	triembryonic gestation	*Gestatio triembryonica*	105
三倍性（体）	triploidy	*Triploidea*	12

(シ)

シーセル嚢	Seesel's pocket		116, 127
シナプス（接合期）	synapsis phase	*Synapsis*	8
支持細胞〔Sertoli〕	sustentacular cell	*Cellula sustentacularis*	1, 190
思春期	pubertal phase	*Phasis pubertalis*	6
雌性前核	female pronucleus	*Pronucleus femininus*	25, 27
脂腺	sebaceous gland	*Gl. sebacea*	226
脂肪組織	adipose tissue	*Textus adiposus*	146
四倍性（体）	tetraploidy	*Tetraploidea*	12
糸球体	glomerulus	*Glomerulus*	183
糸球体包	glomerular capsule	*Capsula glomeruli*	183
糸粒体鞘	mitochondrial sheath	*Vagina mitochondrialis*	16
歯骨	dental bone	*Os dentale*	156
歯根上皮鞘	epithelial root sheath	*Vagina radicalis epithelialis*	124
歯小嚢	dental sac	*Sacculus dentalis*	125
歯小皮	dental cuticle	*Cuticula dentis*	124
歯槽	alveolus	*Alveolus dentalis*	125

歯堤	dental lamina	Lamina dentalis	122
歯乳頭	dental papilla	Papilla dentis	123
子宮円索	round ligament of uterus	Lig. teres uteri	194
子宮筋腺	myometrial gland		45
子宮小丘	caruncle	Caruncula (Cotyledo materna)	91
子宮腟原基	uterovaginal primordium	Primordium uterovaginale	192
子宮内分布	implantation spacing	Distributio in utero	41
子宮内膜（粘膜）	endometrium	Endometrium (Tunica mucosa)	44
子宮内膜陰窩	endometrial crypt	Crypta endometrialis	89, 100
子宮内膜杯	endometrial cup	Cupulae endometriale	45
子宮乳	uterine milk		41
〔胎盤〕子宮部	maternal component, maternal placenta	Pars materna	91
子葉状胎盤（叢毛胎盤）	placentomatous placenta, cotyledonary placenta	Placenta placentomatosa (P. cotyledonaria)	89
視〔神経〕交叉	optic chiasm	Chiasma opticum	208
視交叉陥凹	recessus opticus	Recessus opticus	208, 213
視室	optic cavity	Cavitas optica	213
視床下溝	hypothalamic sulcus	Sulcus hypothalamicus	208
視床間橋	interthalamic adhesion	Adhesio interthalamica	208
視神経	optic nerve	Nervus opticus	215
視神経外鞘	dural sheath of optic nerve	Vagina externa nervi optici	215
視神経管→眼〔胞〕茎	optic canal	Canalis opticus	205
視神経内鞘	pial sheath of optic nerve	Vagina interna nervi optici	215
視葉	optic lobe	Lobus opticus	208
耳窩	otic pit	Fovea otica	218
耳管	auditory tube	Tuba auditiva	129
耳管咽頭口	entrance to auditory tube	Ostium pharyngeum tubae auditivae	129
耳管鼓室陥凹	tubotympanic recess	Recessus tubotympanicus	129
耳小骨	auditory ossicles	Ossicula auditus	156, 220
耳道腺	ceruminous gland	Gl. cerminosa	226
耳包	otocyst	Vesicula otica (Otocystis)	202, 218
自律神経節	autonomic ganglia	Ganglia autonomica	211
〔子宮〕自由縁	free border (antimesometrial border)	Margo liber	99
自由絨毛	free villus	Villus liber	98
色素上皮層	pigmented layer	Stratum pigmentosum	214
軸下筋系	hypaxial musculature		162
軸糸（軸細糸）	axonema	Axonema (Filamentum axiale)	16
軸上筋系	epaxial musculature		162
〔脳〕室間孔（右，左）	interventricular foramen	Foramen interventriculare (dexter/sinister)	209
疾走新生子	runner		113
室ヒダ（前庭ヒダ）	vestibular fold	Plica vestibularis	140
斜隔膜	oblique septum	Septum obliquum	145
〔左心房〕斜静脈	oblique vein	V. obiqua	169
主下静脈	subcardinal vein	V. subcardinalis	173

主上静脈	supracardinal vein	V. supracardinalis	173
〔精子〕主部	principal piece	Pars principalis	16
受精	fertilization	Fertilisatio	24
受精能獲得	capacitation		25
受精膜	fertilization membrane	Membrana fertilisationis	18, 25
受精卵（原胚子）	fertilized egg	Archicytos	46
受精卵移植	embryo transfer, artificial pregnancy		34
受胎	conception	Conceptio	35
周縁椎間靱帯	peripheral intervertebral ligaments		153
〔有糸分裂〕終期	telophase	Telophasis	8, 9
周期黄体	cyclic corpus luteum, corpus luteum of menstruation	Corpus luteum cyclicum (menstruationis)	101
終糸	terminal filament, filum terminale	Filum terminale	202
終着糸染色体	telocentric chromosome	Chromosoma telocentricum	11
終脳腔	cavity of endbrain, telocele (lateral ventricles)	Cavitas telencephalica	209
終脳隆起	endbrain prominence	Prominentia telencephalica	202
終末絨毛	terminal villus	Villus terminalis	89, 100
終末静脈（洞）	terminal sinus	Sinus terminalis	76, 78
終末部（精子）	end piece	Pars terminalis	16
〔完成〕終板	lamina terminalis	Lamina terminalis definitiva	62, 209
出血体（赤体）	corpus rubrum	Corpus hemorrhagicum	101
出産（分娩）	birth, parturition	Parturitio, Partus	109
縦隔	mediastinum	Mediastinum	144
絨毛間腔	intervillous space	Spatium intervillosum	98, 99
絨毛叢→胎盤小葉			91
絨毛尿膜	allanto-chorion	Chorio-allantois	79, 80
絨毛膜	chorion	Chorion	79, 80
絨毛膜〔嚢〕腔（胚外体腔）	chorionic cavity (extraembryonic coelom)	Cavitas chorionica (Coeloma extraembryonicum)	56, 74
絨毛膜絨毛	chorionic villi	Villi chorii	75
絨毛膜無毛部	smooth chorion	Chorion laeve (leve)	91
絨毛膜胞	chorionic sac	Vesicula chorionica	88
絨毛膜有毛部	villous chorion (placental disk)	Chorion frondosum (Discus placentalis)	92
絨毛羊膜	chorio-amnion	Chorio-amnion	75
初期絨毛膜嚢	early chorionic sac	Saccus chorionicus immaturus (Vesicula chorionica)	56
初生羽	primary down feather		223
松果体芽	pineal bud	Gemma pinealis	208
小陰唇	labia minora	Labium minus pudendi	198
小羽枝	barbules		224
少〔卵〕黄卵	oligolecithal egg	Ovum oligolecithale	17
小割球	micromere	Micromerus	33
小頭	capitulum	Capitulum	16

小脳	cerebellum	*Cerebellum*	205
小脳原基	cerebellar primordium	*Primordium cerebellare*	205
小脳虫部	cerebellar vermis	*Vermis*	205
小脳テント	membranous tentorium cerebelli	*Tentorium cerebelli*	209
小脳半球	cerebellar hemisphere	*Hemispherium cerebelli*	205
小網	lesser omentum	*Omentum minus*	133
小葉間乳管	interlobular milk duct		229
小弯	lesser curvature	*Curvatura ventriculi minor*	132
硝子体	vitreous body	*Corpus vitreum*	216
硝子体動脈	hyaloid artery	*A. hyaloidea*	214
硝子軟骨	hyaline cartilage	*Cartilago hyalina*	147
鞘状突起囊	vaginal sac	*Saccus vaginalis*	194
漿尿膜絨毛	chorio-allantoic villi	*Villi chorio-allantoici*	75
漿尿膜胎盤	chorioallantoic placenta	*Placenta chorioallantoica*	80
漿膜（絨毛膜）	chorion (serosa)	*Chorion*	56, 74, 75
漿膜卵黄囊胎盤	choriovitelline placenta	*Placenta choriovitellina*	80
静脈管	ductus venosus	*Ductus venosus*	175
静脈管索	ligamentum venosum	*Lig. venosum*	177
静脈洞	venous sinus	*Sinus venosus*	166
上衣	ependyma	*Ependyma*	202
上衣層	ependymal layer	*Stratum ependymale*	200
上顎隆起	maxillary process	*Prominentia maxillaris*	119
上眼瞼	upper eyelid	*Palpebra superior*	217
上皮小体	parathyroid glands	*Glandula parathyroidea*	130
上皮漿膜性胎盤膜	epitheliochorial interhemal membrane	*Membrana interhaemalis epitheliochorialis*	94
上分節	epimere	*Epimerus*	63
常染色体	autosome	*Autosoma*	10
娘染色体	daughter chromosome	*Chromosoma filiale*	8
植物極	vegetal pole	*Polus vegetalis*	17, 20
触毛	tactile hair	*Pilus tactilis*	222
唇歯肉溝	labiogingival groove	*Sulcus labiogingivalis*	122
唇歯肉堤	labiogingival band, labiogingival lamina	*Taenia (Tenia) labiogingivalis*	122
新生子	neonate	*Neonatus*	112
新皮質	neopallial cortex	*Neocortex*	210
真胎盤	true placenta	*Placenta vera*	87
真皮	dermis	*Dermis (Corium)*	222
〔中〕心〔卵〕黄卵	centrolecithal egg	*Ovum centrolecithale*	17
心間膜	mesentery of heart	*Mesocardia*	166
心球	bulb of heart	*Bulbus cordis*	167
心筋	cardiac muscle	*Musculus cardiacus*	161
心筋心外膜原基	primordium of epimyocardiun	*Primordium epimyocardiale*	166
心原基	heart primordium	*Primordium cardiacum*	165
心室間孔	interventricular foramen	*Foramen interventriculare*	169
心〔臓〕ゼリー	cardiac jelly	*Cardioglia*	166
心室中隔	interventricular septum	*Septum interventriculare*	169
心内膜原基	primordium of endocardium	*Primordium endocardiale*	166
心内膜隆起	endocardial cushion	*Tuber endocardiale*	168
心房中隔	interatrial septa	*Septum interatriale*	168

心膜腔	pericardial cavity	*Cavitas pericardialis*	142
心隆起	heart prominence	*Prominentia cardiaca*	165
神経下垂体（後葉）	neurohypophysis	*Neurohypophysis (Lobus posterior)*	127
神経下垂体芽	neurohypophyseal bud	*Gemma neurohypophysialis*	209
神経芽細胞	neuroblast	*Neuroblastus*	201
神経管	neural tube	*Tubus neuralis*	62, 200
神経溝	neural groove	*Sulcus neuralis*	62
神経孔	neuropore	*Neuroporus*	62
神経線維鞘	neurilemma	*Neurolemma*	200, 211
神経腸管	neurenteric canal	*Canalis neurentericus*	51
神経堤	neural crest	*Crista neuralis*	62, 200
神経堤分節	crest segments	*Segmenta cristalia*	200
神経頭蓋（脳頭蓋）	neural cranium, neurocranium	*Neurocranium*	155
神経胚	neurula	*Neurula*	62
神経発生	neurogenesis	*Neurogenesis*	200
神経板	neural plate	*Lamina neuralis*	62
神経ヒダ	neural fold	*Plica neuralis*	62
腎形成索（腎形成中胚葉）	nephrogenic cord, mesonephrogenic tissue		183
腎口	nephrostome	*Nephrostoma*	180
腎小体	renal corpuscle	*Corpusculum renale*	185
腎小葉→皮質小葉			185
腎単位→ネフロン			
腎乳頭	renal papilla	*Papilla renalis*	185
腎杯	renal calyx	*Calix renalis*	185
腎板	nephrotome	*Nephrotomus*	64, 180
腎葉	renal lobe	*Lobus renalis*	185
腎小葉（小腎）	renculus		185
人工授精	artificial insemination		21
人工妊娠	artificial pregnancy		34
陣痛	labour pain		109

（ス）

水晶体	lens	*Lens*	216
水晶体窩	lens pit	*Fovea lentis*	216
水晶体血管膜	vascular coat of lens	*Tunica vascularis lentis*	216
水晶体上皮	lens epithelium	*Epithelium lentis*	216
水晶体線維	lens fiber	*Fibrae lentis*	216
水晶体プラコード（水晶体板）	lens placode	*Placoda lentis*	216
水晶体胞	lens vesicle	*Vesicula lentis*	216
錐体交叉（運動交叉）	pyramidal decussation, motor decussation	*Decussatio pyramidium (D. motoria)*	205
錐体路	pyramidal tract	*Tractus pyramidalis*	205
〔甲状腺〕錐体葉	pyramidal lobe	*Lobus pyramidalis*	130
膵島，ランゲルハンス島，膵内分泌部	pancreatic islet	*Insulae pancreaticae, Pars endocrina pancreatis*	138
水平筋板中隔	horizontal septum		162
髄核	pulpy nucleus	*Nucleus pulposus*	62, 153
髄質索	medullary cords	*Chorda medullaris*	195
髄鞘（ミエリン層）	myelin sheath	*Stratum myelini*	200

髄脳隆起	myelencephalic prominence	Prominentia myelencephalica	202
髄膜	meninges	Meninges	209

（セ）

セメント質	cementum	Cementum	125
星状筋上皮細胞（籠細胞）	stellate myoepithelial cell	Myoepitheliocytus stellatus	229
声帯ヒダ	vocal fold	Plica vocalis	140
〔胎子の〕生毛（ウブゲ）	fetal hair, lanugo	Lanugo	223
成熟分裂	maturation divisions	Divisiones maturationis	3, 8
正中口蓋突起	median palatine process	Processus palatinus medianus	120
正中臍ヒダ	median umbilical ligament	Plica umbilicalis mediana	187
正中舌芽（無対舌結節）	median tongue bud, tuberculum impar	Gemma lingualis media	120
正中部	median portion	Pars mediana	209
性染色質小体〔Barr〕	sex chromatin	Corpusculum chromatini sexualis	8
性染色体	sex chromosome	Gonosoma	10
性比	sex ratio		22
生殖茎	phallus	Phallus	199, 198
生殖結節	genital tubercle	Tuberculum genitale	196, 198
生殖細胞	germ cells	Cellulae germinales	189
生殖子（生殖細胞）	germ cell, gamete, gonocyte	Gametus（Gonocytus）	1, 8
生殖子形成（発生）	gametogenesis	Gametogenesis	1
生殖子成熟	gamete maturation	Maturatio gametorum	25
生殖索	gonadal cords	Chordae gonadales	189
生殖巣（生殖腺）	sex gland, gonad	Gonadum	188
生殖巣（腺）堤	gonadal ridge	Crista gonadalis	6, 189
生殖隆起	genital swelling	Tuber genitale	197
成熟期（生殖子形成）	maturation period		2
成長期（生殖子形成）	growth period		2
精管	ductus deferens	Ductus deferens	187, 191
精丘	seminal colliculus	Colliculus seminalis	193
精子	sperm cell	Spermatozoön（Spermium）	1, 3
精子形成（精子発生）	spermatogenesis	Spermatogenesis	1
精子形成（狭義）（精子完成）	sperm transformation	Spermiogenesis	3
精子細胞	spermatid	Spermatidium	3
精子侵入	sperm penetration	Penetratio spermi	23
精細管	seminiferous tubules	Tubuli seminiferi	190
精祖細胞	spermatogonium	Spermatogonium	1
精祖細胞 A	spermatogonium type A	Spermatogonium A	2
精祖細胞 B	spermatogonium type B	Spermatogonium B	2
精巣	testis	Testis	190
精巣下降	testicular descent, descent of testis	Descensus testis	193
精巣上体	epididymis	Epididymis	25, 191
精巣上体管	ductus epididymidis	Ductus epididymidis	190
精巣上体間膜	mesepididymis	Mesepidiymis	194

精巣上体垂	appendix epididymidis	*Appendix epididymidis*	190
精巣靱帯	proper ligament of testis	*Lig. testis*	194
精巣垂	appendage of testis	*Appendix testis*	193
精巣導帯	gubernaculum of testis	*Gubernaculum testis*	194
精巣傍体	paradidymis	*Paradidymis*	190
精巣網	testicular rete	*Rete testis*	190
精巣輸出管	efferent ductules	*Ductuli efferentes testis*	190
赤核	red nucleus	*Nucleus ruber*	208
赤血球	erythrocyte	*Erythrocytus*	164
赤道板	equatorial plate	*Lamina equatorialis*	7
脊索	notochord	*Notochorda*	60
脊索鞘	notochordal sheath	*Vagina notochordalis*	153
脊索突起	notochordal process	*Processus notochordalis*	60
脊索板	notochordal plate	*Lamina notochordalis*	60
脊髄上昇	ascensus medullae	*Ascendus medullare spinalis*	202
脊髄中心管	central canal	*Canalis centralis*	201
接合期	synapsis phase	*Phasis synapsis*	8
接合子	zygote	*Zygotum*	8
石灰化軟骨	calcified cartilage	*Cartilago calcificata*	148
線維芽細胞	fibroblast	*Fibroblastus*	146
線維細胞	fibrocyte	*Fibrocytus*	146
線維織骨（胎子骨）	woven fibered bone	*Os intertextum (Os prenatale)*	151
線維鞘	fibrous sheath	*Vagina fibrosa*	16
線維軟骨	fibrocartilage	*Cartilago fibrosa (C. collagenosa)*	147
腺下垂体（前葉）	adenohypophysis	*Adenohypophysis (Lobus anterior)*	127
線条体	corpus striatum	*Corpus striatum*	209
染色質	chromatin	*Chromatinum*	2
染色質顆粒	chromatin (granule)	*Granulum chromatini*	7
染色体	chromosome	*Chromosoma*	7
染色体脚	arm of chromosome	*Crus chromosomatis*	10
染色分体	chromatid		9
先（尖）体（帽）〔先（尖）体小胞, Galea〕	acrosome (acrosomal vesicle, cap)	*Acrosoma (Vesicula acrosomalis, Galea)*	3, 15
先（尖）体顆粒	acrosomal granule	*Granulum acrosomale*	3
先（尖）体外膜	outer acrosomal membrane	*Membrana acrosomalis externa*	15
先（尖）体質	acrosomal contents	*Substantia acrosomalis*	15
先（尖）体内膜	inner acrosomal membrane	*Membrana acrosomalis interna*	15
先体反応	acrosome reaction		26
腺胞	alveolus	*Alveolus*	229
泉門	fontanelles	*Fonticulus*	157
前眼房	anterior chamber	*Camera anterior bulbi*	217
〔有糸分裂〕前期	prophase	*Prophasis*	7
前肢軸動脈	axial artery of upper limb	*A. axialis membri cranialis*	171
前主静脈	precardinal vein	*V. precardinalis*	173
前腎	pronephros	*Pronephros*	180
前腎管	pronephric duct	*Ductus pronephricus*	180
前腎細管	pronephric tubule	*Tubuli pronephrici*	180

前腎小体	pronephric corpuscle		181
前先（尖）体顆粒	proacrsomal granule	Granulum proacrosomale	3
前大静脈	cranial vena cava	V. cava cranialis	173
前腸	foregut	Pre-enteron	66, 116
前庭階	scala vestibuli	Scala vestibuli	220
前庭神経節	vestibular ganglion	Ganglion vestibulare	220
前庭囊	vestibular pouch	Saccus vestibularis	218
前頭結節	tuber frontale	Tuberculum frontale	107
前頭隆起	frontal elevation, frontal process	Prominentia frontalis	119
前脳隆起	forebrain prominence	Prominentia prosencephalica	202
全能性	totipotency		34
全卵（分）割	total cleavage, holoblastic cleavage	Fissio totalis	29
全卵割卵	holoblastic egg	Ovum holoblasticum	31
前立腺	prostate gland	Prostata	197
前立腺小室（男性腟）	prostatic utricle	Vagina masculina	193
〔下垂体〕前葉→腺下垂体			

（ソ）

鼠径靱帯→鼠径ヒダ			
鼠径ヒダ	inguinal fold	Plica inguinalis	194
組織発生（組織形成）	histogenesis	Histogenesis	115
疎線維性結合組織	loose connective tissue	Textus connectivus collagenosus laxus	146
嗉囊	crop		132
桑実胚	morula	Morula	31
爪鞘（爪ヒダ）	horny sheath		226
双胎妊娠	diembryonic gestation	Gestatio diembryonica	105
相同染色体	homologous chromosome	Chromosoma homologum	8
巣内新生子	nestling		112
総脚	crus commune	Crus membranaceum commune	219
総主静脈	common cardinal vein	V. cardinalis communis	173
総腎乳頭, 腎稜	renal crest	Crista renalis, Papilla renalis communis	185
総背側腸間膜	common (dorsal) mesentery	Mesenterium dorsale commune	134, 137
叢毛胎盤	cotyledonary placenta	Placenta cotyledonaria	89
増加期（生殖子形成）	multiplication period		1, 4
造後腎芽体	metanephrogenic mass	Blastema metanephrogenicum	184
造心〔臟〕中胚葉	cardiogenic mesoderm	Mesoderma cardiogenicum	165
臟側中胚葉	splanchnic (visceral) mesoderm	Mesoderma splanchnicum (viscerale)	64
ゾウゲ（象牙）芽細胞	odontoblast	Odontoblastus	123
ゾウゲ（象牙）質	dentin	Dentinum	124
ゾウゲ（象牙）前質	predentin	Predentinum	124
側脳室	lateral ventricle	Ventriculus lateralis	204
側脳室脈絡組織	choroid plexus of lateral ventricle	Tela choroidea ventriculi lateralis	209
側板中胚葉（下分節）	lateral plate mesoderm (hypomere)	Mesoderma laminae lateralis (Hypomerus)	63, 64

(タ)

多〔卵〕黄卵	megalecithal egg	*Ovum megalecithale*	17
多絨毛流	multivillous stream		101
多精	polyspermy	*Polyspermia*	25, 27
多胎妊娠	polyembryonic gestation	*Gestatio polyembryonica*	103
多胎の	polytocous		41
多倍性（体）	polyploidy	*Polyploidea*	12
体腔	body cavities	*Coelomata*	65, 142
体腔糸球体	coelomic glomeruli	*Glomerulus coelomaticus*	180
体肢芽	limb bud	*Gemma membri*	159
体肢芽の間葉	limb bud mesenchyme	*Mesenchyma gemmae membri*	161
体節	somite	*Somitus*	63
胎脂	vernix caseosa	*Vernix caseosa*	227
胎子（児）	fetus	*Fetus*	46
胎子栄養素	embryotroph		86
胎子結合組織	embryonal connective tissue		65
胎子―胎盤系	feto-placental unit		101
〔胎盤〕胎子部	fetal component, fetal placenta	*Pars fetalis*	87
胎生	viviparity	*Viviparitas*	42
胎生期〔血液〕循環	embryonic circulation	*Circulatio embryonica*	165, 176
〔副腎〕胎生皮質	fetal cortex		212
胎盤	placenta	*Placenta*	43, 75, 85
胎盤関門→胎盤膜			
胎盤形成	placentation	*Placentatio*	87
胎盤小葉（絨毛叢）	cotyledon (fetal cotyledon)	*Lobulus (Cotyledo fetalis)*	91
胎盤節	placentome	*Placentom (Placentomum)*	91, 100
胎盤中隔	placental septa	*Septa placentalis*	98
胎便	meconium		135, 222
胎盤膜（胎盤関門）	interhemal membrane (placental barrier)	*Membrana interhemalis (Limes placentae)*	94
胎膜	fetal membranes	*Membrana fetales*	72
対向流	countercurrent stream		100
帯状胎盤	zonary placenta	*Placenta zonaria*	92
袋内新生子	pouch young		112
第一咽頭嚢	first pharyngeal pouch	*Saccus pharyngealis primus*	129
第一鰓膜	first branchial membrane	*Membrana branchialis prima*	129
第一大動脈弓（第一鰓弓動脈）	aortic arch I	*Arcus aorticus primus (I)*	167
第二咽頭嚢	pharyngeal pouch II	*Saccus pharyngealis secundus (II)*	130
第二鰓弓	second branchial arch, second visceral arch	*Arcus branchialis secundus*	129, 156
第三眼瞼（瞬膜）	third eyelid	*Palpebra tertia (Membrana nictitans)*	217
第三脳室	third ventricle	*Ventriculus tertius*	204, 208
第三脳室脈絡組織	choroid plexus of third ventricle	*Tela choroidea ventriculi terti*	208

第四脳室	fourth ventricle	Ventriculus quartus	205
第四脳室蓋	tectum of fourth ventricle	Tegmen ventriculi quarti	205
第四脳室脈絡組織	tela choriodea ventriculi quarti	Tela chorioidea ventriculi quarti	205
大陰唇	labia majora	Labia majus pudendi	198
大割球	macromere	Macromerus	33
大静脈洞	sinus venarum cavarum	Sinus venarum cavarum	169
大動脈弓	aortic arch	Arcus aortae	170
〔完成〕大動脈弓	[definitive] aortic arch	Arcus aortae definitivus	170
大動脈傍体	paraaortic body	Corpora paraaortica	212
大脳横裂	transverse fissure (of brain)	Fissura transversa cerebri	209
大脳回	ridge (gyrus) of brain	Gyri cerebri	209
大脳鎌	falx cerebri	Falx cerebri	209
大脳脚	crura cerebri	Crus cerebri	208
大脳溝	groove (sulcus) of brain	Sulci cerebri	209
大脳縦裂	longitudinal fissure (of brain)	Fissura longitudinalis cerebri	209
大脳半球	cerebral hemisphere	Hemispherium cerebrale	209
大脳皮質	cerebral cortex	Cortex cerebri	210
大網	greater omentum	Omentum majus	133, 178
大弯	greater curvature	Curvatura ventriculi major	132
脱落膜	decidua	Decidua (Membranae deciduae)	44, 88
脱落膜細胞	decidual cell	Cellulae diciduales	44
脱落膜胎盤	deciduate placenta	Placenta deciduata	87
単一管状心	single tubular heart	Cor tubulare simplex	166
端〔卵〕黄卵	telolecithal egg	Ovum telolecithale	17
単精	monospermy	Monospermia	25, 27
単胎妊娠	monembryonic gestation	Gestatio monembryonica	103
単胎の	monotocous		40
淡明層	stratum lucidum, clear layer	Stratum lucidum	222
弾性線維	elastic fiber	Fibra elastica	146
弾性軟骨	elastic cartilage	Cartilago elastica	147

(チ)

緻密骨	compact bone	Os compactum	147
〔外〕緻密細線維	coarse outer fiber	Fibrae densae externae	16
腟前庭	vestibule of vagina	Vestibulum vaginae	187
腟弁（処女膜）	hymen	Hymen	192
着床	implantation	Implantatio (Nidatio)	43
中央着糸染色体	metacentric chromosome	Chromosoma metacentricum	11
中〔卵〕黄卵	mediolecithal egg	Ovum mesolecithale	17
中間中胚葉（中分節）	intermediate mesoderm (mesomere)	Mesoderma intermedium (Mesomerus)	63, 64
中間部	pars intermedia	Pars intermedia	128
〔有糸分裂〕中期	metaphase	Metaphasis	7, 9
中心子	centriole	Centriolum	3, 7
〔細胞〕中心体	cell center, centrosphere	Cytocentrum	14

中心椎間靱帯	central suspensory ligament		153
中心微細管	central microtubule	*Microtubulus centralis*	16
中心付着	central attachment	*Affixio centralis*	43
中腎	mesonephros	*Mesonephros*	180, 183
中腎管	mesonephric duct	*Ductus mesonephricus*	183
中腎原組織→腎形成索			
中腎細管	mesonephric tubule	*Tubuli mesonephrici*	183
中腎小体	mesonephric corpuscle	*Corpusculum mesonephricum*	183
中腎小胞	mesonephric vesicle		183
中腎ヒダ	mesonephric fold	*Plica mesonephrica*	183
中腎傍管	paramesonephric (female) duct	*Ductus paramesonephricus*	191
中腸	midgut	*Mesenteron*	66, 133
中脳蓋	tectum mesencephali	*Tectum mesencephali*	208
中脳腔	midbrain cavity	*Cavitas mesencephalica*	208
中脳屈〔曲〕	midbrain flexure	*Flexura mesencephalica*	203
中脳水道	mesencephalic aqueduct, cerebral aqueduct	*Aqueductus cerebri*	208
中脳隆起	midbrain prominence	*Prominentia mesencephalica*	202
中背曲	dorsal flexure		107
中胚葉	mesoderm	*Mesoderma*	47, 63
中皮	mesothelium	*Mesothelium*	65
〔精子〕中部	middle piece	*Pars media*	16
中分節→中間中胚葉	mesomere	*Mesomerus*	64
腸間膜	mesenteries	*Mesenteria*	143
腸間膜動脈	mesenteric arteries	*Aa. mesentericae*	171
腸臍		*Umbilicus entodermicus*	174
腸の臍ループ	umbilical loop of gut	*Ansa umbilicalis intestini*	134
腸肋筋系	iliocostal system		163
頂尾長	crown-rump length		109, 203
直精細管	straight tubules	*Tubuli seminiferi recti*	190

(ツ)

ツチ骨	malleus	*Malleus*	156
椎間円板	intervertebral disc	*Discus intervertebralis*	153
椎節	scleromerus		64
椎板	sclerotome	*Sclerotomus*	64, 153
壺（ラゲナ）	lagena	*Lagaena (Lagena)*	220
爪真皮（爪床）	pododerm		226
爪母茎	nail matrix	*Matrix unguis*	226

(テ)

テトラソミー	tetrasomy		12
蹄	hoof	*Ungula*	225
底板	ventral plate, floor plate	*Lamina ventralis*	201

(ト)

トリソミー	trisomy		12
〔精子〕頭	head	*Caput*	15
頭屈〔曲〕	cephalic flexure	*Flexura cephalica*	107, 203
頭側脚	cranial limb	*Crus craniale*	134

日本語	英語	ラテン語	ページ
頭側（前）神経孔	rostral neuropore, anterior neuropore	*Neuroporus rostralis*	62
頭頂結節	tuber parietale	*Tuberculum parietale*	107, 203
頭部ヒダ	head fold	*Plica capitalis*	65
等〔卵〕黄卵	isolecithal egg	*Ovum isolecithale*	17
透明帯	clear zone, zona pellucida	*Zona pellucida* (*Membrana pellucida*)	18
透明帯反応	zona reaction		27
透明中隔	septum pellucidum (septum telencephali)	*Septum pellucidum*	210
動原体	centromere, kinetochore	*Centromerus* (*Kinetochorus*)	8, 10
瞳孔	pupil	*Pupilla*	214
同質要胎（4胎）子	identical quadruplets		37
同質双胎子	identical twin		37
同種移植	allograft		45, 86
導帯索	inguinal ligament	*Chorda gubernaculi* (*Lig. inguinale*)	194
導帯ヒダ	gubernacular fold	*Plica gubernacularis*	194
動脈円錐	conus arteriosus	*Conus arteriosus*	169
動脈幹	arterial trunk	*Truncus arteriosus*	168
動脈管	arterial duct, ductus arteriosus	*Ductus arteriosus*	112, 170
動脈管索	lig. arteriosum	*Lig. arteriosum*	170
動物極	animal pole	*Polus animalis*	17, 20
洞房口	sinoatrial orifice	*Ostium sinuatriale*	169
鈍頭歯（丘陵歯）	bunodont		125

（ナ）

日本語	英語	ラテン語	ページ
内エナメル上皮	inner enamel epithelium	*Epithelium enameleum internum*	123
内頚動脈	internal carotid artery	*A. carotis interna*	170
内細胞塊（胚結節）	inner cell mass (embryoblast)	*Massa cellularis interna* (*Embryoblastus*)	32
内糸球体	internal glomerulus		181
内耳	internal ear	*Auris interna*	218
内臓頭蓋（鰓弓）	visceral cranium, viscerocranium	*Viscerocranium* (*Arcus branchiales*)	129, 155
内側鼻隆起	medial nasal process	*Prominentia nasalis medialis*	119
内腸骨動脈	internal iliac artery	*A. iliaca interna*	172
内胚葉	endoderm	*Endoderma*	47
内皮芽細胞	endothelioblast	*Endothelioblastus*	78, 164
内皮漿膜性胎盤膜	endotheliochorial interhemal membrane	*Membrana interhemalis endotheliochorialis*	97
内皮内皮性胎盤膜	endothelio-endothelial placenta	*Membrana interhemalis endothelio-endothelialis*	99
内鼻孔（後鼻孔）	naris interna, internal nostril	*Choana*	120
ナメクジウオ型	archigastrula		47
内リンパ管	endolymphatic duct	*Ductus endolymphaticus*	218
軟口蓋（口蓋帆）	soft palate	*Palatum molle* (*Velum palatinum*)	126
軟骨	cartilage	*Cartilagines*	146

軟骨芽細胞	chondroblast	*Chondroblastus*	146
軟骨基質	cartilage matrix	*Matrix cartilaginea*	146
軟骨細胞	chondrocyte	*Chondrocytus*	146
軟骨細胞柱	trabecula of chondrocyte	*Columella chondrocyti*	148
軟骨小腔	lacuna of cartilage	*Lacuna cartilaginea*	147
軟骨小柱	columella	*Columella*	158
軟骨性骨（置換骨）	cartilage bone	*Os cartilagineum*	147
軟骨性骨発生	intracartilaginous ossification	*Osteogenesis cartilaginea*	147
軟骨性椎骨	cartilaginous vertebra	*Vertebra cartilaginea*	153
軟骨性頭蓋	cartilaginous skull	*Chondrocranium*	155
軟骨性肋骨	cartilaginous rib	*Costa cartilaginea*	153
軟骨内骨化	endochondral ossification	*Ossificatio endochondralis*	147
軟骨の発生	cartilage development	*Chondrogenesis*	146
軟骨膜	perichondrium	*Perichondrium*	147

（二）

二価染色体	bivalent chromosome	*Chromosoma bivalens*	8
二丘体	bigeminal bodies	*Corpora bigemina*	208
二次極体（二次極細胞）	second polar cell, second polocyte	*Corpus polare secundum (II), Polocytus secundarius*	6
二次〔心房間〕孔	secondary (interatrial) foramen	*Foramen (interatriale) secundum*	168
二次口蓋	secondary palate	*Palatum proprium*	120
二次口腔	secondary oral cavity		120
二次骨	secondary bone	*Os secundarium*	152
二次骨化中心（骨端中心）	secondary ossification center	*Centrum ossificatio secundarium (Centrum epiphysiale)*	150
二次絨毛	secondary villus	*Villus secundarius*	75
二次精母細胞	secondary spermatocyte	*Spermatocytus secundarius*	3
二次〔心房〕中隔	secondary septum	*Septum secundum*	168
二次脳胞	secondary brain vesicle		203
二次鼻腔	secondary nasal cavity		120
二次（層板性）膜性骨	secondary (lamellar) membrane bone	*Os membranaceum lamellosum (secundarium)*	151
二次卵母細胞	secondary oocyte	*Ovocytus secundarius (II)*	6
二倍性（体）	diploidy	*Diploidea*	8, 12
二卵性双生子	diovular twins		105
肉柱	muscular ridges, tuberculae carneae	*Trabeculae carneae*	170
乳管	lactiferous duct, milk duct	*Ductus lactifer*	229
乳管洞（乳槽）	sinus lactiferous, teat cistern, gland cistern	*Sinus lactifer*	229
乳歯	deciduous tooth	*Dens deciduus*	122
乳線→乳腺堤			
乳腺	mammary gland	*Glandula mammaria*	227
乳腺堤	mammary ridge, milk line	*Crista mammaria*	227

乳頭	nipple	*Papilla mammae*	228
乳頭管	papillary duct, teat canal	*Ductus papillaris*	229
乳頭口	teat orifice	*Ostia papillaria*	229
乳頭体	mamillary body	*Corpus mamillare*	209
〔乳管洞〕乳頭部（仮乳頭）	teat sinus (cistern)	*Pars papillaris* (*Sinus lactifer*)	229
乳点	milk point		228
尿管芽	ureteric bud		184
尿細管	uriniferous tubule	*Tubuli uriniferi*	185
尿生殖溝	urogenital groove, primitive urethrolabial groove	*Sulcus urogenitale*	187, 197
尿生殖洞	urogenital sinus	*Sinus urogenitalis*	187
尿生殖洞口	urogenital orifice	*Ostium urogenitale*	197
尿生殖ヒダ	urogenital folds	*Plica urogenitalis*	196, 198
尿生殖膜	urogenital membrane	*Membrana urogenitalis*	118, 187
尿直腸中隔	urorectal septum	*Septum urorectale*	118, 187
尿道	urethra	*Urethra*	197
尿洞	urodeum	*Urodeum*	188
尿道球腺	bulbourethral gland	*Gl. bulbourethralis*	197
尿道溝	urethral groove of penis	*Sulcus urethralis*	197
尿膜嚢	allantois	*Allantois*	78, 79
尿膜（嚢）管	allantoic duct, urachus	*Ductus allantoicus* (*Urachus*)	79, 187
尿膜血管	allantoic vessel	*Vasa allantoica*	84
尿膜静脈	allantoic vein	*V. allantoica*	79, 165, 175
尿膜動脈	allantoic artery	*A. allantoica*	79, 165
尿膜隆起	allantoic ridge	*Torus allantoidis*	79
妊娠	pregnancy, gestation	*Pregnantia* (*Graviditas, Gestatio*)	103
妊娠黄体	corpus luteum of pregnancy	*Corpus luteum graviditatis*	101
妊娠性脱落膜, 真性脱落膜	decidua vera	*Decidua graviditatis*	98
妊馬血清性性腺刺激ホルモン	pregnant mare serum gonadotropin		35, 45, 103

（ネ）

| ネフロン | nephron | *Nephronum* | 185 |
| 捻転 | torsion | | 107 |

（ノ）

脳弓	fornix	*Fornix*	210
脳室	ventricle of brain	*Ventriculus encephali*	204
脳脊髄クモ膜	craniospinal arachnoid	*Arachnoidea mater craniospinalis*	201
脳脊髄硬膜	craniospinal dura	*Dura mater craniospinalis*	201
脳室間孔→室間孔			
脳神経	cranial nerves	*Nn. craniales*	210
脳脊髄神経節	craniospinal ganglia	*Ganglia craniospinalia*	211
脳脊髄軟膜	craniospinal pia	*Pia mater craniospinalis*	201
脳頭蓋→神経頭蓋			
脳胞	cerebral vesicles	*Vesiculae encephalicae*	202
脳梁	corpus callosum	*Corpus callosum*	210

(ハ)

破殻歯	egg tooth		122
破骨細胞	osteoclast	Osteoclastus	148
馬尾	cauda equina	Cauda equina	202
肺横隔膜	pulmonary diaphragm	Diaphragma pulmonalis	144
肺芽	lung bud	Gemma pulmonaria	140
肺動脈	pulmonary artery	A. pulmonalis	170
背側胃間膜	dorsal mesogastrium	Mesogastrium dorsale	132
背側枝	dorsal branches	Rami dorsales	171
背側膵	dorsal pancreas	Pancreas dorsale	137
背側膵芽	dorsal pancreatic bud	Gemma pancreatica dorsalis	137
背側膵管	dorsal pancreatic duct	Ductus pancreaticus dorsalis	138
背側節間動脈	dorsal intersegmental arteries	Aa. intersegmentales dorsales	171
背側大動脈	dorsal aorta	Aorta dorsalis	170
背側軟骨（ライヘルト軟骨）	dorsal cartilage, Reichert cartilage	Cartilago dorsalis, Cartilago Reicherti	156
胚移植	embryo transfer, embryo transplantation		34
胚下腔	subgerminal cavity	Cavitas subgerminalis	32
胚外体腔→絨毛膜〔嚢〕腔			56, 74
胚外体腔膜（ヒューザー膜）	exocelomic membrane (Heusser's membrane)	Membrana exocoelomica	53
胚外中胚葉	extraembryonic mesoblast	Mesoblastus extraembryonicus	56
胚子（胎芽）	embryo	Embryo	1, 29, 46
胚子結合組織	embryonal connective tissue		64
胚子発生（胚子形成）	embryogenesis	Embryogenesis	1, 29
胚内中胚葉	intraembryonic mesoderm	Mesoderma intraembryonicum	56
胚盤（胚結節）	embryonic disk, germ disc	Discus embryonicus	20, 50
胚盤胞	blastocyst	Blastocystis	32
胚部	embryonic mass	Massa embryonica	53
胚葉	germinal layers	Strato germinalia	47
胚葉形成	germ layer formation	Stratificatio germinalis	47
〔膵〕背葉	dorsal lobe		138
排泄腔	cloaca	Cloaca	118
排泄腔膜	cloacal membrane	Membrana cloacalis	117
排卵	ovulation	Ovulatio	23
白質	white substance	Substantia alba	202
白色卵黄	white yolk		20
白膜	tunica albuginea	Tunica albuginea	190
薄束核	gracile nucleus	Nucleus gracilis	205
発生学	embryology	Embryologia	46
パラガングリオン（傍節）	paraganglia	Paraganglia	212
半規管	semicircular ducts	Ductus semicirculares	219
半奇静脈	hemiazygous vein	V. hemiazygos	173
半月弁	semilunar valve	Valva semilunaris	170
半胎盤	semiplacenta		87

反間膜縁→自由縁	anti-mesometrial border		42
盤状胎盤	discoid placenta	Placenta discoidea	93
盤状卵（分）割	discoidal cleavage	Fissio partialis discoidalis	31
汎毛胎盤	diffuse placenta	Placenta diffusa	88

（ヒ）

ヒダ形成	folding	Plicatio	73
非正倍数性	aneuploidy	Aneuploidea	11
非脱落胎盤	contradeciduate placenta	Placenta contradeciduata	45
脾臓	spleen	Lien	178
〔脾〕脾葉	splenic lobe		138
ヒト絨毛性性腺刺激ホルモン	human chorionic gonadotropin (HCG)		35, 103
ヒューザー膜→胚外体腔膜			53
皮下組織	subcutaneous layer, hypodermis	Tela subcutanea	222
皮質粒（表層〔果〕粒）	cortical granules	Granula corticalia	27
皮板	dermatome	Dermatomus	64
皮膚腺	skin glands	Glandulae cutis	226
被包脱落膜	decidua capsularis	Decidua capsularis	44, 98
被毛	ordinary hair		222
肥大軟骨細胞	hypertrophic cartilage cell	Chondrocytus hypertrophicus	148
披裂隆起	arytenoid swelling	Tuber arytenoideum	139
左門脈	left hepatic portal vein	V. portae sinistra	175
鼻窩	olfactory pit	Fovea nasalis	119
鼻中隔	nasal septum	Septum nasi	120
鼻粘膜嗅部	olfactory mucosa	Regio olfactoria	221
尾（精子）〔鞭毛〕	tail, flagellum	Cauda, Flagellum	16
尾結節	tuberculum coccygeum	Tuberculum caudale	109, 203
尾骨小体	coccygeal body	Glomus coccygeum	212
尾鞘	manchette	Manicula caudalis	3
尾状核	caudate nucleus	Nucleus caudatus	209
尾側脚	caudal limb	Crus caudale	134
尾側結節		Nodus caudalis	51
尾側（後）神経孔	caudal neuropore, posterior neuropore	Neuroporus caudalis	62
尾部ヒダ	tail fold	Plica caudalis	65
微細管	microtubule	Microtubulus	3
微小絨毛叢	microcotyledon		89
微小操作	micromanipulation		35
表層卵（分）割	superficial cleavage	Fissio partialis superficialis	31
表皮	epidermis	Epidermis	222
表皮細管	horn tubule	Tubulus epidermalis	225
表面上皮	surface epithelium	Epithelium superficiale	188

（フ）

ファブリシウス嚢	cloacal bursa	Bursa Fabricii	136
フリー・マーチン	free martin		12, 105
プール方式	pool system		101
プロスタグランジン	prostaglandin $F_2\alpha$ ($PGF_2\alpha$)		35
孵化	hatching		111

不等〔卵〕黄卵	anisolecithal egg	*Ovum anisolecithale*	17
不等卵（分）割	unequal total cleavage	*Fissio totalis inequalis*	31
付加成長	appositional growth	*Incrementum appositionale*	147
付属肢骨格	appendicular skeleton	*Skeleton appendiculare*	159
付着茎（体茎）	connecting stalk, body stalk	*Pedunculus connexens, Pedunculus corporis*	76
付着絨毛	anchoring villus	*Villus ancoralis*	98
部分卵（分）割	partial cleavage, meroblastic cleavage	*Fissio partialis*	31
部分卵割卵	meroblastic egg	*Ovum meroblasticum*	31
腹腔動脈	celiac artery	*Truncus coeliacus*	172
腹側胃間膜	ventral mesogastrium	*Mesogastrium ventrale*	132
腹側枝	ventral branches	*Rami ventrales*	171
腹側膵	ventral pancreas	*Pancreas ventrale*	137
腹側膵芽	ventral pancreatic buds	*Gemmae pancreaticae ventrales*	137
腹側膵管	ventral pancreatic duct	*Ductus pancreaticus ventralis*	137
腹側軟骨（メッケル軟骨）	ventral cartilage	*Cartilago ventralis, Cartilago Meckeli*	156
腹側分節動脈	ventral segmental arteries	*Aa. segmentales ventrales*	171
腹膜腔	peritoneal cavity	*Cavitas peritonealis*	143
複糸期（双糸期）（ディプロテン期）	diplotene phase	*Phasis diplotenica*	9
副乳房	primitive udder, accessory udder	*Mamma accessoria*	229
〔膵〕腹葉	ventral lobe		138
糞洞	coprodeum	*Coprodeum*	136, 188
分化	differentiation	*Differentiatio*	72
分界溝	terminal groove	*Sulcus terminalis*	121, 169
分離期（ディアキネシス）	diakinesis	*Diakinesis*	9
分界稜	terminal crest	*Crista terminalis*	169
分裂間期	interphase	*Periodus intermitotica*	7

（ヘ）

平滑筋	smooth muscle	*Musculus nonstriatus*	161
平衡斑	macula	*Maculae*	220
閉鎖卵胞	atretic follicle	*Folliculus atreticus*	5
壁側脱落膜	decidua parietalis	*Decidua parietalis*	44, 98
壁側中胚葉	somatic (parietal) mesoderm	*Mesoderma somaticum (parietale)*	64
壁内付着	interstitial attachment	*Affixio interstitialis*	43
辺縁層（縁帯）	marginal layer	*Stratum marginale*	201
辺縁双微細管	peripheral microtubule	*Diplomicrotubulus periphericus*	16
偏心付着	eccentric attachment	*Affixio eccentrica*	43
扁桃小窩	tonsillar crypts	*Fossulae tonsillares*	130
（尾）鞭毛	flagellum	*Flagellum (Cauda)*	3, 16

（ホ）

| 保護障壁 | protective barrier | | 45 |
| 頬 | cheek | *Bucca* | 122 |

包皮	prepuce	*Preputium*	197
抱よう新生子	breast young		112
放線冠	corona radiata	*Corona radiata*	19
胞状垂	vesicular appendage	*Appendix vesiculosa*	191
胞胚	blastula	*Blastula*	31, 45
胞胚腔	blastula cavity	*Blastocoelia*	31, 32
胞胚葉	blastoderm	*Blastoderma*	31
母染色体	parental chromosome	*Chromosoma maternum*	8
膀胱	urinary bladder	*Vesica urinaria*	189
紡錘状筋上皮細胞	spindle-form myoepithelial cell	*Myoepitheliocytus fusiform*	229
房室管	atrioventricular canal	*Canalis atrioventricularis*	167
房室口心内膜隆起	atrioventricular endocardial cushion	*Tuber endocardiale atrioventriculare*	168
房室弁	atrioventricular valve	*Valva atrioventricularis*	170
〔膜〕膨大部	membranous ampulla	*Ampulla membranacea*	219
膨大部稜	crista ampullaris	*Crista ampullaris*	220

(マ)

膜性骨（付加骨）	membrane bone	*Os membranaceum*	147
膜性骨発生	intramembranous ossification	*Osteogenesis membranacea*	151
膜〔骨〕性頭蓋	membranous skull	*Desmocranium*	156
膜迷路	membranous labyrinth	*Labyrinthus membranaceus*	218
末端着糸染色体	acrocentric chromosome	*Chromosoma acrocentricum*	11
末端部	pars distalis	*Pars distalis*	127
満期	term	*Terminus*	44

(ミ)

未分化期	indifferent stage	*Status indifferens*	189
味蕾	taste buds	*Caliculus gustatorius* (*Gemma gustatoria*)	121, 220
右門脈	right hepatic portal vein	*V. portae dextra*	175
耳プラコード（耳板）	otic placode	*Placoda otica*	218
脈絡膜	choroid membrane	*Chor(i)oidea*	216

(ム)

無胎盤類	aplacentalia		85
無脱落膜胎盤	adeciduate placenta, nondeciduate placenta	*Placenta indeciduata*	87
無羊膜類	anamnia, anamniota		72

(メ)

メッケル軟骨→腹側軟骨			50
明域	clear area	*Area pellucida*	150
迷〔細〕管	aberrant ductules	*Ductuli aberrantes*	190
鳴管	syrinx		140
迷路胎盤	labyrinthine placenta	*Placenta labyrinthina*	93

(モ)

| モザイク | mosaic | | 12 |
| モノソミー | monosomy | | 12 |

モンロー腔		Cavum Monroi	207
〔舌〕盲孔	blind foramen	Foramen caecum (cecum)	126
毛	hair	Pilus	222
毛芽	hair bud	Gemma pili	222
毛細リンパ管	lymph capillaries	Vas lymphocapillare	178
毛球	hair plug		222
毛帯交叉（知覚交叉）	decussation of lemniscus (sensory decussation)	Decussatio lemniscorum (D. sensoria)	205
毛乳頭	hair papilla	Papilla pili	222
毛包	hair follicle	Folliculus pili	222
毛母基	hair matrix	Matrix pili	222
毛様〔体〕小帯	ciliary zonule	Zonula ciliaris	216
毛様体	ciliary body	Corpus ciliare	215, 216
網嚢	omental bursa	Bursa omentalis	133
網嚢孔	epiploic foramen	Foramen epiploicum	133
網膜	retina	Retina	214
網膜視部	visual portion of retina	Pars optica retinae	214
網膜櫛	pecten	Pecten	217
網膜中心動脈	central artery of retina	A. centralis retinae	214
網膜盲部	nonvisual portion of retina	Pars caeca (ceca) retinae	215
〔視床〕網様体核	reticular nuclei of thalamus	Nucl. reticularis thalami	208
〔肝〕門脈	portal vein	V. portae (portalis) hepatis	174

（ユ）

輸出リンパ管	efferent lymphatic vessel	Vas lymphaticum efferens	178
輸入リンパ管	afferent lymphatic vessel	Vas lymphaticum afferens	178
雄性前核	male pronucleus	Pronucleus masculinus	25, 27
有棘層	stratum spinosum (prickle-cell layer)	Stratum spinosum	222
有糸分裂	mitosis	Mitosis (Cyclus mitoticus)	7
有糸分裂紡錘	mitotic spindle	Fuscus mitoticus	7
有胎盤類	placentalia		42, 85
有羊膜類	amniote	Amniota	62, 72
誘起排卵	induced ovulation	Ovulatio inducta	35
誘導	induction	Inductio	72

（ヨ）

葉状腎	lobated kidney	Ren lobatus	186
腰仙曲	lumbo-sacral flexure		107
羊水	amniotic liquid	Liquor amnioticus	74
羊膜	amnion	Amnion	53, 72
羊膜形成	amniogenesis	Amniogenesis	73
羊膜腔	amniotic cavity	Cavitas amniotica	53, 74
翼板	dorsolateral plate, alar plate	Lamina dorsolateralis	201

（ラ）

ラートケ嚢→下垂体嚢	Rathke's pouch		60, 127
ライヘルト軟骨→背側軟骨			156

日本語	English	Latin	Page
ラセン器〔Corti〕	spiral organ	*Organum spirale*	220
ラセン神経節	spiral ganglion	*Ganglion spirale cochleae*	220
ラテブラ	latebra		20
ランゲルハンス島→膵島			138
卵円窩	fossa ovalis	*Fossa ovalis*	169
卵円窩縁	limbus fossae ovalis	*Limbus fossae ovalis*	169
卵円孔	oval foramen	*Foramen ovale*	168
卵円孔縁		*Limbus foraminis ovalis*	169
卵円孔弁→一次中隔	valve of fetal oval foramen	*Valvula foraminis ovalis*	169
卵黄管	yolk sac duct, vitelline duct	*Ductus vitellinus*	76
卵黄茎	yolk stalk, vitelline stalk	*Pedunculus vitellinus*	66, 76
卵黄茎遺残	yolk stalk remnant	*Vestigium pedunculi vitellini*	84
卵黄血管	yolk sac vessels, vitelline vessels	*Vasa vitellina*	76, 77, 165
卵黄臍	yolk sac umbilicus		76
卵黄質	deuteroplasm	*Deuteroplasm (Vitellus)*	5, 17
卵黄周囲腔	circumvitelline space	*Spatium perivitellinum*	19, 26
卵黄栓	yolk plug	*Embolus vitellinus*	49
卵黄嚢	yolk sac, vitelline sac	*Saccus vitellinus*	66, 76
卵黄嚢循環	vitelline circulation	*Circulatio vitellina*	78, 176
卵黄嚢静脈	vitelline vein	*V. vitellina*	78, 165
卵黄嚢胎盤	yolk sac placenta, vitelline placenta	*Placenta vitellina*	78
卵黄嚢動脈	yolk sac artery, vitelline artery	*A. vitellina*	78, 165, 171
卵黄膜	vitelline membrane	*Membrana vitellina (Ovolemma)*	18, 20, 27, 76
卵殻	shell		20
卵殻膜	shell membrane		20
卵（分）割	cleavage	*Fissio*	29
卵丘	cumulus oophorus	*Cumulus oöphorus*	25
卵形嚢	utricle	*Utriculus*	218
卵細胞核	nucleus of ovum	*Ovonucleus*	17
卵細胞質	ooplasm	*Ovoplasma*	17
卵細胞膜	oolemma	*Ovolemma*	17, 26
卵子	egg cell	*Ovum*	1, 6, 46
卵子形成（卵子発生）	oogenesis	*Ovogenesis*	4
卵生	oviparity	*Oviparitas*	42
卵祖細胞	oogonium	*Ovogonium*	4
卵巣下降	migration of ovary	*Descensus ovarii*	194
卵巣支質	ovarian stroma	*Stroma ovarii*	191
卵巣上体	epoophoron	*Epoophoron*	191
卵巣髄質	ovarian medulla	*Medulla ovarii*	191
卵巣導帯	gubernaculum of ovary	*Gubernaculum ovarii*	194
卵巣皮質	cortex of ovary	*Cortex ovarii*	191
卵巣傍体	paroophoron	*Paroophoron*	191
卵白層			20
卵白嚢	albumen sac		80
卵胞〔上皮〕細胞	follicular cell, granulosa cell	*Epitheliocytus follicularis, Cellulae folliculares*	5, 19
卵胞洞	antrum, follicular cavity	*Antrum folliculare*	101

| 卵胞膜黄体細胞 | theca lutein cell | *Thecaluteocytus* | 101 |
| 卵膜《広義の》（卵包被） | envelopes | *Involucra* | 17 |

（リ）

梨状葉	piriform lobe	*Lobus piriformis*	210
リンパ節	lymph node	*Nodus lymphaticus* (*Lymphnodus*)	178
リンパ節原基	lymph node primordia	*Primordia nodorum lymphaticorum*	178
リンパ嚢	lymph sac	*Sacci lymphatici*	178
立毛筋	arrector pili muscle	*Musculus arrector pili*	222
隆起部	pars tuberalis	*Pars tuberalis*	128
菱形窩	rhomboidal fossa	*Fossa rhomboidea*	205
菱脳腔	rhombocele	*Cavitas rhombencephalica*	205
菱脳隆起	hindbrain prominence	*Prominentia rhombencephalica*	202
両分子宮	bipartite uterus	*Uterus bipartitus*	40
輪	ring	*Annulus* (*Anulus*)	4

（ル）

| 涙腺 | lacrimal gland | *Glandula lacrimalis* | 217 |

（レ）

| レンズ核 | lentiform nucleus | *Nucleus lentiformis* | 209 |
| 連嚢管 | ductus reuniens, utriculosaccular duct | *Ductus utriculosaccularis* | 218 |

（ロ）

| 漏斗 | infundibulum | *Infundibulum* | 208 |
| 漏斗部 | infundibulum | *Pars infundibularis* | 127, 192 |

（ワ）

Y－染色体（男性染色体）	Y-chromosome	*Y-chromosoma* (*Gonosoma masculinum*)	10
若羽	juvenile feathers		224
湾曲	flexure	*Flexura*	107

JCLS 〈㈱日本著作出版権管理システム委託出版物〉	
2005	2005年3月10日 新編第1版発行
新 編 家畜比較発生学	
著者との申し合せにより検印省略	著作者 加藤 嘉太郎（かとう よしたろう） 山内 昭二（やまうち しょうじ）
©著作権所有	発行者 株式会社 養賢堂 代表者 及川 清
定価 8400 円 (本体 8000 円 税 5%)	印刷者 株式会社 精興社 責任者 青木 宏至
発行所 株式会社 養賢堂	〒113-0033 東京都文京区本郷5丁目30番15号 TEL 東京(03)3814-0911 振替00120-7-25700 FAX 東京(03)3812-2615 URL http://www.yokendo.com/

ISBN4-8425-0370-X C3061

PRINTED IN JAPAN　　　　製本所　株式会社三水舎

本書の無断複写は、著作権法上での例外を除き、禁じられています。本書は、㈱日本著作出版権管理システム（JCLS）への委託出版物です。本書を複写される場合は、そのつど㈱日本著作出版権管理システム（電話03-3817-5670、FAX03-3815-8199）の許諾を得てください。